“十三五”国家重点出版物出版规划项目
面向可持续发展的土建类工程教育丛书
21世纪高等教育建筑环境与能源应用工程系列规划教材

# 建筑概论

第2版

主　编　王新泉
副主编　董云霞
参　编　郎秀琴　李立峰　王总映　张　苗
　　　　杨建中　刘　洁　高长征
主　审　李　虎

机械工业出版社

本书是按照高等学校土建学科教学指导委员会建筑环境与能源应用工程专业指导委员会制定的“建筑环境与能源应用工程专业本科（四年制）培养方案”的要求，为适应建筑环境与能源应用工程专业等公用设备工程领域相近专业，如能源与动力工程、给排水科学与工程、环境工程、安全工程等专业开设“建筑概论”课程的教学需要而编写的。

本书内容丰富，图文并茂，共11章，概括地介绍了建筑工程的基本知识和国内外建筑技术的新发展；阐明了工业与民用建筑设计的基本原理和方法，以及建筑物的组成及其构造和做法。

本书编者以求精、求新、求实，突出重点，避免烦琐的教学理念，将各方面的碎片予以整合，从局部走向整体。在内容上突出了新材料、新结构、新技术的运用，并从理论上加以阐述。书中有大量插图，可使读者更好地理解、消化、掌握本书的主要内容。本书是一本内容体系新颖、独具特色的“建筑概论”课程的教材，适合公用设备工程领域各专业以及工程管理和工程造价等专业选用，也可供从事与土木建筑工程有关的工程技术人员和管理人员参考。

本书配有PPT课件，免费提供给选用本书作为教材的授课教师，需要者根据书末的“信息反馈表”索取，或登录机械工业出版社教育服务网（www.cmpedu.com）注册后下载。

**图书在版编目（CIP）数据**

建筑概论/王新泉主编. —2版. —北京：机械工业出版社，2018.11（2024.1重印）

“十三五”国家重点出版物出版规划项目 21世纪高等教育建筑环境与能源应用工程系列规划教材

ISBN 978-7-111-61102-8

Ⅰ.①建… Ⅱ.①王… Ⅲ.①建筑学-高等学校-教材 Ⅳ.①TU

中国版本图书馆CIP数据核字（2018）第233385号

机械工业出版社（北京市百万庄大街22号 邮政编码100037）
策划编辑：刘 涛 责任编辑：刘 涛 高凤春
责任校对：肖 琳 封面设计：路恩中
责任印制：单爱军
北京虎彩文化传播有限公司印刷
2024年1月第2版第6次印刷
184mm×260mm · 24.25印张 · 594千字
标准书号：ISBN 978-7-111-61102-8
定价：59.80元

# 序

建筑环境与设备工程（2012年更名为建筑环境与能源应用工程）专业是教育部在1998年颁布的全国普通高等学校本科专业目录中将原“供热通风与空调工程”专业和“城市燃气供应”专业进行调整、拓宽而组建的新专业。专业的调整不是简单的名称的变化，而是学科科研与技术发展，以及随着经济的发展和人民生活水平的提高，赋予了这个专业新的内涵和新的元素，创造健康、舒适、安全、方便的人居环境是21世纪本专业的重要任务。同时，节约能源、保护环境是这个专业及相关产业可持续发展的基本条件。它们和建筑环境与设备工程（建筑环境与能源应用工程）专业的学科科研与技术发展总是密切相关，不可忽视。

新专业的组建及其内涵的定位，首先是由社会需求决定的，也是和社会经济状况及科学技术的发展水平相关的。我国的经济持续高速发展和大规模建设需要大批高素质的本专业人才，专业的发展和重新定位必然导致培养目标的调整和整个课程体系的改革。培养“厚基础、宽口径、富有创新能力”，符合注册公用设备工程师执业资格要求，并能与国际接轨的多规格的专业人才是本专业教学改革的目的。

机械工业出版社本着为教学服务，为国家建设事业培养专业技术人才，特别是为培养工程应用型和技术管理型人才做贡献的愿望，积极探索本专业调整和过渡期的教材建设，组织有关院校具有丰富教学经验的教师编写了这套建筑环境与设备工程（建筑环境与能源应用工程）专业系列教材。

这套系列教材的编写以“概念准确、基础扎实、突出应用、淡化过程”为基本原则，突出特点是既照顾学科体系的完整，保证学生有坚实的数理科学基础，又重视工程教育，加强工程实践的训练环节，培养学生正确判断和解决工程实际问题的能力，同时注重加强学生综合能力和素质的培养，以满足21世纪我国建设事业对专业人才的要求。

我深信，这套系列教材的出版，将对我国建筑环境与设备工程（建筑环境与能源应用工程）专业人才的培养产生积极的作用，会为我国建设事业做出一定的贡献。

陈在康

# 第2版前言

岁月不居。《建筑概论》于2008年由机械工业出版社出版迄今，已十年矣。这样一本小书，十年间，重印8次，被诸多高校老师选作教材，其中还有不少一流名校，可见还是颇受非建筑专业师生欢迎的，其对教学质量的维系及教学效果的提升亦贡献了些微之力。幸甚的是，本书被国家新闻出版广电总局选入“十三五”国家重点出版物出版规划项目；为了进一步全面提升本书质量，作者亦自2015年起，即着手修订，历时3年多，现束册，付之梨枣。藉此，谨向本书所有读者、出版印刷发行流程中各个环节的人员表示衷心的感谢。

第2版与第1版相比，总体量虽相差不大，但对全书内容体系做了全面调整，主要体现在以下四个方面。

一是，增补了新的内容。

本次修订，除全书新增三章即“第7章　建筑工业化与装配式建筑”“第8章　建筑设备与智能建筑”“第10章　城市地下综合管廊”外，还在某些“章”中新增部分“节”，如在“绪论”中新增了“0.5　建筑方针”一节，在第1版“第7章　建筑节能”的基础上，增补有关绿色建筑的内容后，重新撰写成“第6章　绿色建筑与建筑节能”。此外，还给每章都增编了习题。我认为，习题除了是教材的组成部分，还是某些知识的补充；教师对教材特点的把控、学生对教材内容的理解往往是通过对教材例题与习题的深度研习而实现的。

二是，精简合并了部分内容。

(1) 第2版的“0.4　房屋建筑工程的建设过程”一节，是将第1版“第11章　房屋建筑工程的建设过程”精简后并入“绪论”的。

(2) 第2版的“1.3　特殊建筑材料”一节，是将第1版的“1.4”“1.5”“1.6”节精简、合并而成的。

(3) 第2版的“第2章　民用建筑及其结构”，是将第1版的“5.2”“5.5”“5.6”节精简后，整合为相应的“2.7　墙体承重结构体系”“2.8　框剪和框筒结构体系”“2.9　空间结构体系”节，并重新命名。

(4) 第2版的“第3章　工业建筑及其结构”，是由第1版的第“2.5”“2.8”“5.3”“5.4”“4.9”“2.9.3”节整合而成的。

(5) 第2版的“第4章　房屋建筑构造”与“第9章　建筑外部空间环境”，分别是在第1版“第4章”与“第3章”基础上，经精简、改写而成的。

(6) 第2版的“第5章　高层建筑”，是在第1版“第8章”基础上，将第1版“绪论”中有关高层建筑的内容移入后，整合、改写而成的。

(7) 第2版的“第11章　建筑安全”，是在第1版“第9章　建筑防火防爆与安全疏散”基础上，将第1版“0.4.3　建筑抗震设防分类”移入后，经精简、整合后重新撰写的。

三是，删除了部分内容。

第2版删除了第1版的“第5章　建筑结构体系”与“第10章　构筑物”，但将其部分内容并入了相应的章节。此外，大刀阔斧地砍掉了很大一部分引用的规范、标准中的条文。我认为，首先，本书是概论性教材，重在讲清楚基本概念、知识体系架构及其之间的逻辑关系，而非具体的工程技术措施；其次，把某些规范、标准中具体条文“搬”到教材中来，一则增加了教材的体量，二则教师在授课过程中，如果在讲解某部分内容时认为有必要详细介绍相关规范或标准对之要求，自然会加以补充。

四是，补偏救弊。限于篇幅，恕不一一列举。

关于选用本书作为教材时，教授内容的取舍与增补问题。我认为，这不是一个“教材话题”，而是一个“课程话题”。“教材”与“课程”是两个不同的概念。所谓教材，实则只是某专业所开设的某门课程的主要教学参考资料。当教师选用某本书作为某专业某门课程的教材时，通常都要根据授课对象的具体情况及该门课程教学大纲的教学要求（课程的知识结构体系与内容体系），对教材的内容进行筛选，决定哪些内容可少讲或不讲，哪些内容要细讲，甚至要补充一些资料多讲（教材的扩展性），也就是我们平常说的，有些内容要“照着讲”（即按照学科思想和特点，阐述必要的教学内容），有些内容要“接着讲”（即与时俱进地引入前沿发展问题，及时更新教学内容）。可见，教材只是给某专业的学生提供学习某门课程的主要学习参考书（教材不是要把什么问题都讲得清清楚楚的，要留有让学生自己刨根问底的问题），是学生在教师指导下研习探究某类相关知识的路线导引图（授课教师宜有意识地引导学生利用教材所列参考文献），是师生一起通过研究，提升对某一类相关知识（即“课程”）的分析能力、处理能力，培养学生怀疑精神和批判性思维的过程，同时，也激活了教材、激活了课程，进而激活了教学。

今年6月，在教育部召开的“新时代全国高等学校本科教育工作会议”上，教育部部长第一次提出“金课”，接着在8月，教育部又印发了《关于狠抓新时代全国高等学校本科教育工作会议精神落实的通知》[教育部“教高函（2018）8号”]，要求“要全面梳理各门课程的教学内容，淘汰‘水课’、打造‘金课’，合理提升学业挑战度、增加课程难度、拓展课程深度，切实提高课程教学质量。”课程，是教育中的最微观的问题，是落实“立德树人成效”的具体化、操作化和目标化的问题，也是当今中国大学普遍存在的短板和关键问题。我认为，推进课程内容更新、深化课堂教学改革、提高课堂教学质量、推动课堂革命是大学打造“金课”的紧迫任务和神圣使命。我认为，“教学”与“讲授”是两个不同的概念。“教学就是教学生学”（陶行知），“教是为了不教”（叶圣陶）。大学课堂教学是学生学习过程和人才培养过程（“教学永远具有教育性”），也是一个学术活动（科学研究）过程。在“教学论”中，“教”与“学”的关系是最基本、最核心的一对关系。相对于“教”而言，“学”是二者关系的主要方面，是本源性和本体性的存在，是决定教学质量的内因和根本。“学”没有发生，“教”就没有发生。只有当“学”发生时“教”才发生，没有“学”的“教”就失去了“教”的价值和意义。在“教”与“学”的关系上，要突出以“学”为本，要回归到“学”上来。我认为，教学改革要在教师引导学生“学”上，下功夫，只有当由教师的“教”转向学生的“学”了，才能体现“以学生发展为中心”的理念，才能真正建立以“学”为中心、为主导的新的课堂教学。大学课堂教学并不简单，需要智慧，需要积累，需要全身心投入，更需要琢磨、研究。“研究”只是“手段”，研究的目的不在于“学术性”，而在于“教育性”。只有通过研究才能了解、通晓大学的教学之道，把握大学的教学规律和机制，不断更新教学观念，掌握有效教学策略，形成教学个性和教学风格，从而成为一个有自己的教学主张和思想的教育家型的大学教师。所以，我认为，大学课堂教学也是一种学术活动。教师要改进教学，就必须研究教学，围绕教学凸显教学的学术性，提高教学的学术水平。教学涵育学术，学术支持教学。教学是教师的一项专门技术。

关于十年才修订再版问题。生命是拿时间计算的，我所懵懂的却偏偏是时间。本书早就该修订再版了，早在2012年就草拟了修订大纲。可是，2013年我到河南省土木建筑学会工作后，总是被学会各种事务裹缠着，根本抽不出一块相对完整的时间，允许我坐下来梳理梳理思绪。屈指数来，我到学会工作已5年矣。在我生命中，这5年真是一段特殊而重要的岁月，就好像是一个突发的天外之力把我从一条轨道上撞到了另一条轨道上，它迫使我暂时搁下我的学术计划，而把更多的精力用来思考、应对一些令我困惑而又不熟悉的难题。表面看来，我似乎脱离了学术轨道，但我又坚信，我没有脱离，因为码字一直是我的一种生活方式，是我生命的一部分，是我心中一条热闹而又寂寞的“道”。今生，我再也找不出这样一个时段，它往我生命里注入那么多正能量，我庆幸我生活的态度没有改变，在岁月中沉淀着、丰富着自己，我满怀感激。

去年冬，我应邀到某高校演讲。一位学生找到我，递上一本《建筑概论》，我打开一看，扉页上有我的签名，落款日期是2009年夏。这位学生告诉我，书是他叔叔的，他是读了这本书才决定学建筑的，……。我自嘲道，这本书已经这么老了，你还要吗？他说，我要。它一点都不老，何况它还是有故事的。《建筑概论》讲的都是一些最基本的知识。基本的东西，是不会老的。子在川上曰：逝者如斯夫。流水尚可高筑大坝暂为挽留，时间却是怎么也留不住的。留不住的就随它去，留得住的就让它留下来。不知诸君以为然否。

本书第2版修编大纲由王新泉教授提出，经多次研讨、修改后定稿。整个修编工作都是在王新泉教授亲自主持、协调下完成的。参加本书第2版编写工作的有（按姓名汉语拼音音序排）董云霞、高长征、郎秀琴、李立峰、刘洁、王新泉、王总映、杨建中、张苗；此外，朱长江、吕广辉、王龙、陶彪也参加了本书部分编务工作。

借本书修订再版大果之际，谨向使用本书第1版并提出宝贵建议、意见的（按校名汉语拼音音序排）北京建筑大学邹越、成都理工大学程锦发、东南大学王晓、广东工业大学张慧珍、桂林航天工业学院陈洪杰、河南工业大学金立兵、黑龙江八一农垦大学薛辉、华北水利水电大学陈贡联、华南理工大学李琼、火箭军工程大学刘顺波、江西理工大学秦艳华、兰州交通大学曾发翠、辽宁科技大学高振星、南京工程学院何培玲和贾彩虹、南京工业大学鹿世化、山西大学徐清浩、天津工业大学宋佳钫、武汉工程大学周朝霞、武汉商学院黄文、西安科技大学董丁稳、西南交通大学杨玉容和周密、新疆建设职业技术学院依巴丹、延边大学李珍淑、中南大学饶政华、中原工学院高龙等老师表示诚挚的、深切的谢意。

本书基本概念精准明确、深度广度适中、内容多元而丰富、知识体系合理且有新意、知识点布局得当，这一特色，经修订后得到了进一步彰显，适合各类高校的建筑环境与能源应用工程、给排水科学与工程、安全科学与工程、消防工程、建筑电气与智能化、环境工程等专业及相近专业选作“建筑概论”课程的教材。然经纬万端，罅漏难免，期望大家不吝斥谬，以匡不逮。

写着这些文字，不觉晨光熹微，一只鸟儿飞临窗口，隔着玻璃朝我啾啾地说话儿。我不知她叫什么，更听不懂她的语言，唯引为吉兆耳。

缀数语，为2版前言。

2018年夏末

# 第1版前言

按照高等学校土建学科教学指导委员会建筑环境与设备工程专业指导委员会制定的“建筑环境与设备工程专业本科（四年制）培养方案”的要求，“建筑概论”课程是建筑环境与设备工程专业的必修课程㊀。现在呈现在读者面前的这本《建筑概论》就是为了适应建筑环境与设备工程专业本科“建筑概论”课程教学需要而编写的。本书也能够满足公用设备工程领域热能与动力工程专业、给水排水工程及与其相近专业，如环境工程、安全工程、食品科学与工程、化学工程与工艺、油气贮运工程专业㊁开设“建筑概论”课程的教学需要。本书还适合作为工程管理专业、工程造价专业等工程管理类专业“建筑概论”课程的教材。

公用设备工程师（从事暖通空调、给水排水、动力等专业技术人员）从事房屋公用设备工程技术工作必须与建筑设计、结构设计、建筑施工等有关方面密切协作，了解、掌握与房屋建筑相关的工程技术资料，才能合理地对建筑设备、设施、装置及其系统进行设计、安装、运行管理，这就要求公用设备工程师必须掌握一定的建筑工程知识。公用设备工程领域的建筑环境与设备工程、给水排水工程、热能与动力工程专业的学生学习本课程的目的也在于此。

全书内容共分11章。在绪论中就人类活动与建筑的关系、建筑的基本功能、建筑构成要素、现代人对建筑环境的要求等问题做了简明扼要的论述后，图文并茂地介绍了建筑的产生与发展，详细阐述了建筑与建筑设备的关系。全书围绕房屋建筑构造，紧密结合民用与工业建筑特点，在深入浅出地重点讲述建筑工程材料（第1章）、房屋建筑设计（第2章）、房屋建筑构造（第4章）、建筑结构体系（第5章）等基本知识的基础上，结合公用设备工程领域各专业的学生实际学习需要，对建筑与外部空间环境（第3章）、建筑防火防爆与安全疏散（第6章）、建筑节能（第7章）、高层建筑（第8章）、智能建筑（第9章）、管道支架、地沟、管线共同沟（综合管沟）和水池等构筑物（第10章）做了详细讲述。此外，还专辟一章（第11章），对房屋建筑工程的建设过程，包括基本建设程序、设计过程、招投标程序、土建施工和设备安装过程、竣工验收程序等内容也做了介绍。

编者在构建全书内容体系时，着力考虑的问题有三。其一，公用设备工程领域各专业所设置的课程体系中，没有相应的先修课程支撑本课程的相关知识，也没有表面上看起来与本课程直接相关的后续课程相衔接，但实际上后续的专业课处处都要应用本课程的知识。因此，在构建本书内容体系和编写时充分考虑了这一问题，编写时尽可能结合公用设备工程领域各专业工程实际阐述与“建筑”相关的内容，力求避免就“建筑”讲“建筑”。其二，公用设备工程领域各专业在工程实际中遇到的一些与“建筑”有关的问题，在各专业所设置的课程的内容体系中均没有相应的内容，例如管道和管线的走向、敷设与建筑的外部空间环境（如场地条件，相关建筑形状、规模、色彩等空间特性与形象空间、周边景观等）的和谐处理，建筑防火防爆与安全疏散等。编者在构建全书内容体系时，充分考虑了这个问题，在本书中编写了相关的内容。其三，编者认为，公用设备工程领域各专业学生通过“建筑概

---

㊀ 见本书参考文献［1］。

㊁ 见《注册公用设备工程师执业资格制度暂行规定》（2003年3月27日人事部、建设部人发［2003］24号发布）。

论”课程的学习，应该明白“建筑是一种文化，它不是一个简单的房子的概念……它是一个文化的载体……自身被赋予了很大的文化内涵。”㊀能够从文化角度认识建筑，欣赏建筑空间中所包容的生活与时代精神，从建筑与文化的交互对照中，把握建筑的意义与价值。这样，在布置建筑设备、设施、管道时就能更好地理解建筑师的设计意图，与建筑师密切配合，使建筑设备、设施、管道与建筑成为和谐的一体。编者藉此希望公用设备工程领域各专业学生能学会阅读建筑，从对建筑直觉感受的形式美提升到意境美，通过解读而感悟到建筑所内含的意义和文化的底蕴。编者认为，枯燥的技术性课程人文性讲述，是可以提高学生学习兴趣的。本书在编写时力求能达到此目的。

本书由王新泉撰写绪论，第3章3.1、3.3~3.5，第8章8.1、8.2、8.3.1、8.4，第9章；王萱撰写第2章，第3章3.2，第7章，第8章8.3.2~8.3.6；潘洪科撰写第4章与第11章；张长华撰写第10章10.1、10.3；周义德撰写第6章；海然撰写第5章；杨建中撰写第1章，第10章10.2、10.4。本书编写大纲由王新泉拟订，并承担了全书统稿、定稿工作。在全书组稿、统稿过程中潘洪科协助王新泉教授做了不少编务工作。

本书由同济大学博士生导师张庆贺、祝彦知主审。两位先生在百忙中分别对本书编写大纲和书稿做了认真仔细的审读，并提出了许多很有见地的宝贵意见与建议；原高等院校建筑环境与设备工程专业教学指导和评估委员会委员，现全国注册工程师公用设备管委会暖通空调专家组组长张家平认真仔细地审读了本书初稿，提出了很有见地的建议。三位先生的意见与建议对本书质量的提高起到了重要作用。在此，谨向他们致以最诚挚的谢意。

本书编写动议始于2000年，编写过程中得到了刘丰军、孙犁、徐玉梅等教授的支持和帮助，他们为本书部分章节提供了不少资料，在此以表感谢。本书在编写中参阅了许多文献资料，在此向文献作者表示感谢！

国内曾出版过供建筑环境与设备工程（暖通空调工程）专业、给水排水工程专业教授“建筑概论”课程的教材，且被广泛采用。本书与之相比，无论是体系、结构，还是内容都是新的，面向的读者群也是新的。“物之初生，其形必丑”，为利本书修改、完善，恳请专家、学者、读者不吝赐教，或批或点或评，编者均不胜感谢，在此先致诚挚谢意。

为了适应和满足“建筑概论”课程的教学需要，本书配备有“‘建筑概论’数字化教学资源库”，为教师提高课程教学质量提供数字化资源支撑，教师可利用本库提供的文本文稿、例题习题、图形图像、音频视频、动画等媒体素材集成具有个性化的课程教学方案。

主编联系方式：safetywxq@126.com

王新泉

2008年2月

㊀ http://www.cas.ac.cn/html/Dir/2001/12/14/5874.htm

# 目 录

# 0

# 绪　　论

## 0.1　人类活动与建筑

### 0.1.1　人类活动的基本类型

研究表明，人类的活动通常可以划分为必要性活动、自发性活动和社会性活动三种基本类型。

必要性活动：人类为了生存和繁衍所必须进行的活动称之为必要性活功。例如饮食、睡眠、家务、育儿、上学、工作（生产）、购物等。人类从事必要性活动所在的空间大多属于生活环境与工作（生产）环境。

自发性活动：人类出于兴趣和自愿所进行的活动称之为自发性活动。例如娱乐、游玩、休闲、旅游，文艺欣赏（观剧）等。进行这种自发性活动所在的环境多为生活环境或公共环境。

社会性活动：有赖于其他社会成员共同参与的各种活动称为社会性活动。例如交友、体育活动、庆典活动、宴会等。社会性活动多数在公共环境中进行。

进一步的研究还表明，人类的大部分时间是在居住空间（居室）或生产工作空间（办公室）中度过的。图 0-1 表示一个普通成年人（29～35 岁）每天从事各类活动的时间分布情况。由图 0-1 可以看出，一般成年人每天从事必要性活动（除其他以外的活动）占一天总时间的 94%（20 多个小时），其中在自己家里休息和做家务等活动的时间占一天总时间的 49%（约 12h）；工作时间占一天总时间的 35%（约 8.4h）。由此可见，人类的大部分活动是在建筑空间（居住空间或生产工作空间）中进行的。

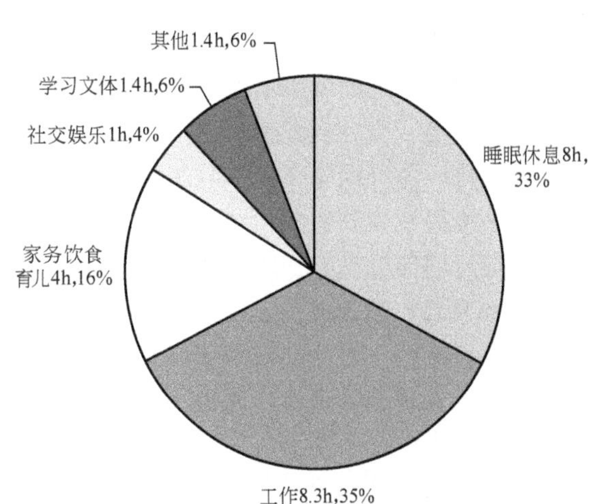


图 0-1　普通成年人每天从事各类活动的时间分布

### 0.1.2　建筑及其基本功能

建筑，最早是人类为挡风雨、避寒暑、御兽袭，用树枝、石块等天然材料构筑的栖身场所，所以建筑的基本功能是给人们提供生活、工作及休息等的活动空间。随着社会进步，建筑成为人类运用一定的物质材料和工程技术手段，依据科学规律和美学原则，为了满足一定功能要求，能够为人类提供从事各种活动而创建的相对稳定的人造空间。具体说，建筑物就是供人们进行生产、生活或其他活动的房屋或场所，如住宅、医院、学校、商店等；人们不能直接在其内进行生产、生活的建筑称为构筑物，如水塔、烟囱、桥梁、堤坝、纪念碑等；建筑是建筑物和构筑物的通称。

### 0.1.3 现代人对建筑环境的要求

随着社会的进步，科学技术的发展，人们的物质生活水平和精神生活需求的日益提高，人类对建筑环境的要求也越来越高。建筑，除了应该满足人类最基本的防御功能和生活空间的需要之外，现代人还希望房间宽敞、明亮、使用方便、舒适、色彩宜人、充满生活情趣等。现代人对居住环境的要求是多方面的（图0-2）。

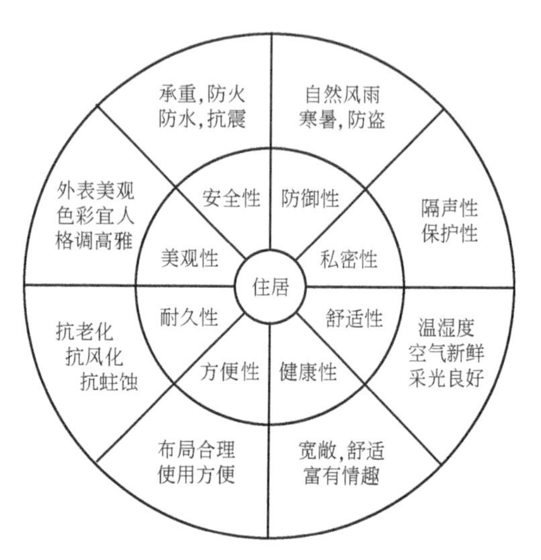

图 0-2 现代人对居住环境的要求

（1）**安全性** 要求建筑物在自重及荷载作用下能安全地使用，在发生地震、台风等自然灾害时不倒塌，在火灾、爆炸等突发性事故发生时不产生毒气、不蔓延，能提供足够的避难时间，保证居住者的人身安全。这就要求构成建筑物的材料具有足够的强度、抗冲击能力、耐火性，所用的建筑材料为不燃性或难燃性材料。

（2）**防御性** 要求建筑物具有坚实的防御功能，能抵御自然界的风、雨、雹、雪等气候条件的变化。冬天保暖，夏季隔热，为居住者提供舒适的居住空间，同时具有防盗、防侵入的功能，使居住者具有安全感。为实现这一点，要求用于建筑的材料具有保温、隔热性能，门窗等开门部位具有密闭性、坚实性。

（3）**私密性** 建筑是从整个开放空间中分隔出一个仅为居住者所有的空间，为居住者提供一个保存隐私、充分放松与自由的空间。为了达到这种私密性要求，并且不妨碍他人，要求房屋具有良好的隔声性能和密闭性能要求，要求墙体、地面、顶棚等围护结构要隔声、防止振动，使用窗帘遮挡来自外部的视线等。

（4）**耐久性** 耐久性是指建筑物在长期使用过程中，能够保证其安全性和功能不明显降低的性能。建筑是一个使用时期比较长的商品。在长期使用过程中，除了受到重力、地震、台风等荷载作用之外，还要受到各种环境因素的作用，包括大气因素、化学腐蚀、生物作用等。例如，温度、湿度的交替变化，阳光的照射，风吹雨淋等自然气候的作用，环境中的酸、碱、盐类物质的侵蚀作用，霉菌、虫蛀等生物作用。建筑的耐久性反映了建筑物长期在这些环境因素的作用下，能否保持设计时的安全性、防御性及各种使用功能。

耐久性不仅影响建筑物在长期使用过程中的安全性，还直接影响建筑物的经济成本。建筑物的成本不仅仅指建设时的初始投资，还应包括日常运行、维修、保养，直到最后解体的全部费用。耐久性好的建筑物使用寿命长，用于维修、保养的费用少。长期以来，我国一直比较注重建造当时的初始投资，片面地认为减少了初始造价就是降低了建筑物的成本，而忽略了建筑物整个生命过程的全部费用，致使许多建筑物建成不久，就出现各种问题，如开裂、漏水、局部塌陷、污染等，不仅影响使用功能，还要投入大量的资金来进行维修，有些严重的破损甚至超出了可维修的范围，使得建筑物处于病态工作，缩短了使用寿命，使建筑物的成本变得很高。

（5）**健康性**　由图 0-1 可以看出，现代人每天绝大多数时间是在建筑物中活动，因此室内空气的新鲜程度，光线是否充足，温、湿度是否适宜，空气中有毒气体的含量是否在规定的范围之内等因素，直接影响居住者的身体健康。早在 20 世纪 70 年代，发达国家就已经开始研究建筑材料释放和散发的气体和物质对居室空气的影响，以及对人体健康的危害程度，在室内空气中检测出 1500 多种有机物质，并认定其中有 20 多种为致癌物质。把由于室内装饰、装修使用了有毒的材料而影响人体健康的病症称为“病态建筑综合症”，由此提出了“健康住宅”的概念。

1987 年联合国世界卫生组织（the World Health Organization，WHO）发表了一份调查报告指出，居住在新建和改建住宅中的人们有 30%存在着“病态建筑综合症”，其有害物质主要来自室内装饰材料。为此，世界卫生组织指定了室内空气中有机化合物总挥发量（Total Vapor-phase Organic Compounds，TVOC）不能超过 $300\mu g/m^3$ 的建议。欧洲地区制定的室内环境质量标准的建议为，室内空气中甲醛、氧化氮、一氧化碳、二氧化碳、氡气、人造矿物纤维、有机物等总和最大量不得超过 $0.15mg/m^3$。可见住宅的健康性越来越引起人们的关注，这就要求用于室内的装饰装修材料不含有毒物质，同时房间的采光、换气要符合健康标准。

（6）**舒适性**　健康性是人们对建筑物的基本要求，而舒适性则是对生活的质量提出了更高的要求。进入现代社会，人们已不满足于生存的基本条件，追求更加舒适、浪漫、富有情趣的人生。居住环境的舒适性对人们的生活质量影响很大。

建筑材料对居住环境舒适性的影响，主要取决于材料的色彩、质感、花纹等视觉效果，触摸材料时的冷暖、软硬、光滑还是粗糙等触觉性能，材料的传热性能、吸湿性能等方面。例如，与混凝土地板相比，木地板热导率（导热系数）小，脚感舒适，视觉效果也有一种豪华感，高级地毯则更能够产生豪华感。室内墙面用纸面石膏板或贴壁纸，看上去比石膏墙面或石灰抹面更加舒适、美观。但舒适不完全等于健康。例如，塑料壁纸看上去很华美、漂亮，但是由于它不透气，有些高分子材料释放有毒气体，影响居住者的身体健康。塑料地板、壁纸等材料在遭遇火灾燃烧时多数会产生有毒气体。柔软的席梦思床垫对儿童的骨骼发育并不一定有利。所以在选择室内装饰材料时要综合考虑健康性与舒适性。

（7）**方便性**　影响家庭居住方便性的主要因素有整体布局、生活设施配套程度、面积、功能是否齐全等。现代居住的标准模式是拥有卧室、起居室、厨房、餐厅、浴室和卫生间，集中供暖、供气和冷热水。随着生活水平的提高，电视、冰箱、空调、洗衣机等家用电器成为家庭生活必需品，这些电器的安放位置要合理，同时还要考虑到未来社会的发展，在空间上留有充分的余地。现代人越来越重视厨房和卫浴间的面积和使用功能，以及厨房、卫生间是否容易清理等。

（8）**美观性**　建筑物的美观性包括建筑物的个体美观性和与周围环境的协调美。个体美观性又包括整体造型、色彩等外观效果和内部的颜色、光线、风格等室内艺术效果。建筑物的外部美观性影响街区和城市的风格，而建筑物的室内美观性直接影响居住者的情绪、心态和健康，与人们的日常生活联系十分密切。

## 0.2 建筑构成要素

如果要说建筑的构成要素的话，它应该是多方面的，但从根本上看，建筑是由建筑功能、建筑技术和建筑形象三个基本要素构成的，简称为“建筑三要素”。

（1）**建筑功能** 建筑功能是指建筑物在物质和精神方面必须满足的使用要求。当人们说某个建筑物适用或者不适用时，一般是指它能否满足某种功能要求。所以建筑的功能要求是建筑物最基本的要求，也是人们建造房屋的主要目的。在人类社会，建筑的功能除了满足人的物质生活要求之外，还有社会生活和精神生活方面的功能要求，因此，建筑功能具有一定的社会性。

建筑是以空间形式存在的，人类建造房屋的目的就是使用建筑空间。古代中国哲学家老子认为：“凿户牖以为室，当其无，有室之用。故，有之以为利，无之以为用。”意思就是说，开凿门窗造房屋，有了门窗，四壁中间的空间，才有房屋的作用。以四壁及屋顶围合方式形成的建筑空间称为室内空间。人们除使用建筑室内空间外，还充分利用各种各样的建筑外部空间，外部空间可以通过覆盖、设立、肌理变化等方式来形成。如马路上的斑马线区域、广场上纪念碑的周围区域、体育场雨篷下的场地等。不同的功能要求产生了不同类型的建筑空间，例如生产性建筑、居住建筑、公共建筑等各类建筑。各类建筑特点是不同的，所以建筑功能是决定建筑物性质、类型和特点的主要因素。

建筑也是实在的、静态的，而时间却是动态的、概念的。看起来建筑似乎与时间无关，其实，对建筑的使用与认识都是离不开时间要素的。建筑功能要求是随着社会生产和生活的发展而发展的，从构木为巢到现代化的高楼大厦，从手工业作坊到高度自动化的大型工厂，建筑功能越来越复杂多样，人们对建筑功能的要求也越来越高。所以，有人把时间称为建筑空间的第四维。建筑具有时间与空间的统一性。

（2）**建筑技术** 现代建筑的发展主要表现在扩大空间、提高层数以及提高使用舒适度等方面，这些发展都是以建筑的物质技术条件的不断发展来保证的。建筑的物质技术条件一般包含建筑结构、建筑材料、建筑构造、建筑设备和建筑施工技术等五个方面。

1）建筑结构。建筑结构是构成建筑空间环境的骨架，建筑所需的各类可能空间都是由建筑结构提供的，建筑结构承受建筑物的全部荷载，并抵抗由于风雪、地震、土壤沉降、温度变化等可能因素对建筑引起的破坏，以确保建筑坚固耐久，在使用过程中安全稳定。

2）建筑材料。建筑材料是人类从事建设活动的物质基础，它直接影响建筑物或构筑物的性能、功能、寿命和经济成本，从而影响人类生活空间的安全性、方便性、舒适性和经济性，建筑材料对于建筑的发展意义非常重大。因此，长期以来人类一直在从事着建筑材料的性能研究工作，并不断地开发新材料，以满足建筑物的承载安全、尺寸规模、功能和使用寿命等方面的要求，以及人们对所构筑的生存环境的安全性、舒适性、方便性和美观性等更高的追求（详见本书第2章）。例如，钢材、水泥和钢筋混凝土的出现，促进了高层框架结构的发展；新塑胶材料的出现使大跨度的索膜结构成为可能。此外，性能优良、有利于健康、容易清洁、美观节能的建筑装修材料对建筑构造、建筑装修、改善建筑室内环境都具有十分重要的意义。

3）建筑设备。建筑的供暖、通风、空调系统，给水排水系统，供电照明系统等设施、设备是保证建筑空间真正具有使用功能的基本技术条件。而且，随着社会进步，物质文化生活水平的提高，人们对生活质量有了更高的要求，要求建筑拥有智能化系统，而计算机技术和各种自动控制设备的发展及其在建筑领域中的应用，解决了现代建筑中各种复杂的使用要求，进一步提高了人们的生活质量（详见本书第 8 章）。建筑设备的不断改进与完善是现代建筑发展的必然趋势。

4）建筑施工。建筑物只有通过施工这个环节才能使设计变为现实。施工机械化、工厂化及装配化等手段不仅降低建筑工人的劳动强度，也大大提高了建筑施工的速度。先进的施工技术，是使现代建筑中各种复杂的使用要求得以实现的具体的生产过程和方法，是保证建筑满足一定功能要求和艺术要求的物质技术条件。

5）建筑构造。建筑物是运用各种材料制成的构、配件所组成的，以建筑构件选型、选材、安装工艺为主要内容的建筑构造方法是建筑物使用安全与有效的可靠保障。

如图 0-3 所示，建筑的物质技术条件都是受社会生产水平和科学技术水平制约的。例如，随着生产和科学技术的发展，各种新材料、新结构、新设备不断出现，同时工业化施工水平不断提高，建筑的物质技术条件也出现了新的面貌；而建筑的物质技术条件进一步现代化，必然会给建筑功能和建筑形象带来新的变化。新的功能要求由于技术上可能而产生了，如多功能大厅、超高层建筑等；新的建筑形象由于材料、结构的改变而出现了，如薄壳、悬索等结构的建筑形象。同样建筑在满足社会的物质要求和精神要求的同时，也会反过来向物质技术条件提出新的要求，推动物质技术条件进一步发展。

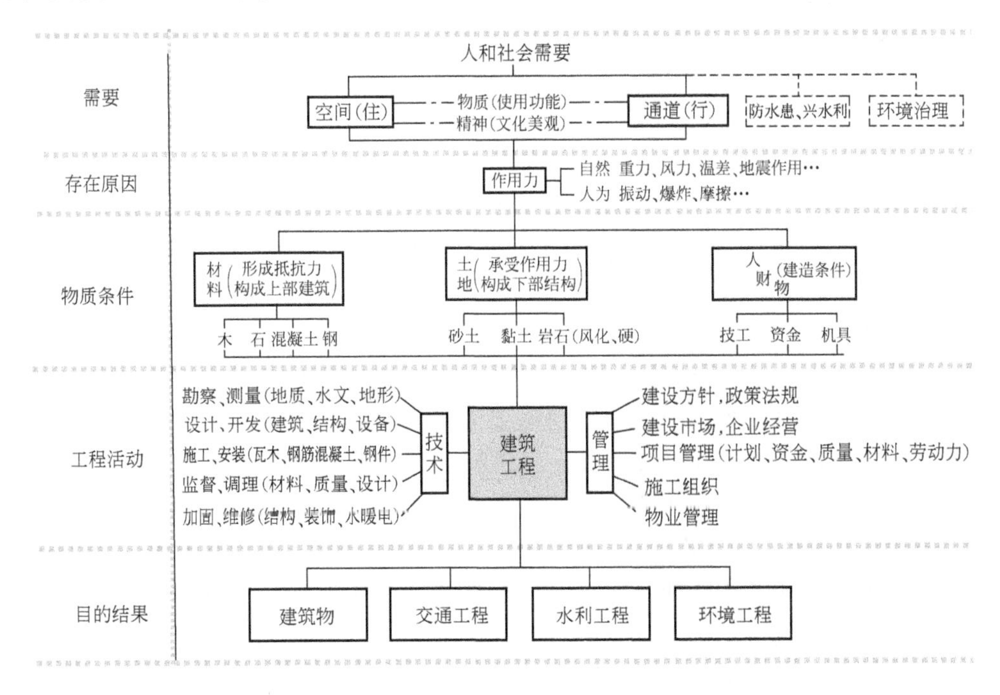


图 0-3 建筑功能与建筑物质技术条件的关系示意图

总之，物质技术条件是建筑发展的重要因素，只有在物质技术条件具有一定水平的情况下，建筑的物质功能要求和艺术形象要求才有可能充分实现。

（3）**建筑形象** 建筑不但满足了人们的各种物质活动要求，还能够通过空间、造型、色彩、质感等表现形式，并考虑民族传统和自然环境条件，通过物质技术条件的创造，构成一定的建筑形象，给人以精神感受。因此，建筑还是能够满足人的精神活动需求的艺术品，其许多表现形式，如色彩的和谐、恰当的比例、虚实对比关系等是符合美学规律或法则的，但建筑作为一个实用对象，它的艺术性又区别于绘画、雕刻等纯艺术，有其相对的独立性。

建筑作为一种物质产品，它在满足人类的物质需求的同时，又能够满足人类的精神需求。建筑，可以说是部石刻的书籍，是人类历史所保存起来的纪念品。俄国作家果戈理说："建筑是世界的年鉴，当歌曲和传说已经缄默，而它还在说话呢，……。"㊀

构成建筑形象的因素，包括建筑群体和单体的体形、内部和外部的空间组合、立面构图、细部处理、材料的色彩和质感以及光影和装饰的处理等。如果对这些因素处理得当，就能产生良好的艺术效果，给人以一定的感染力，如庄严雄伟、朴素大方、轻松愉快、简洁明朗、生动活泼等。由于建筑首先是一种物质资料的生产，因此建筑形象就不能离开建筑的功能要求和物质技术条件而任意创造，否则就会走到形式主义、唯美主义的歧途。

建筑形象并不单纯是一个美观问题，它还常常反映社会和时代的特征，表现出特定时代的生产水平、文化传统、民族风格和社会精神面貌；表现出建筑物一定的性格和内容。例如埃及的金字塔、希腊的神庙、中世纪的教堂、中国古代的宫殿，近现代出现的摩天大楼以及北京的人民大会堂等，它们都有不同的建筑形象，反映着不同的社会文化和时代背景。建筑的社会文化性是建筑的一个重要属性，它是由建筑的民族与地域特征和历史与时代特征所构成的。

建筑的民族性是指不同的民族，由于伦理、宗教、观念的不同，使建筑的表现形式有着明显的差异，如藏族的碉楼、傣族的竹楼、蒙古族的毡包。地域性则是指同一民族中，因为所处的自然条件不同及生活方式、风俗习惯的不同，反映在建筑形态方面的不同。

如果说民族性与地域性是建筑在空间方面的属性，那么历史性与时代性则是建筑在时间方面的属性。随着岁月的流逝，古代建筑也许不再适应今天的需要了，但它对当代建筑发展的影响仍将继续存在，建筑发展的这种连续性就是历史性。建筑的历史是不断向前发展的，科学技术的变革使建筑的内容和形式也发生了根本的变革，建筑的时代性便是指由各种新材料、新工艺带来的新形式。

尽管古代建筑和现代建筑有很大的不同，世界各地的建筑形式各异，但它们的形式美学法则是共同的。钱学森说"建筑是科学的艺术，也是艺术的科学"。

在上述三个基本构成要素中，满足功能要求是建筑的首要目的；材料、结构、设备等物质技术条件是达到建筑目的的手段；而建筑形象则是建筑功能、技术和艺术内容的综合表现。这三者之中，建筑功能常常是主导的，对技术和建筑形象起决定作用；物质技术条件是实现建筑的手段，因而建筑功能和建筑形象一定程度上受到它的制约。建筑形象也不完全是被动的，在同样的条件下，根据同样的功能和艺术要求。使用同样的建

㊀ 尼古莱·瓦西里耶维奇·果戈理（Никола́й Васи́льевич Го́голь，英译：Nikolai Vasilievich Gogol，1809年4月1日~1852年3月4日）是俄国作家，善于描绘生活，将现实和幻想结合，具有讽刺性的幽默，他最著名的作品是《死魂灵》（或译《死农奴》）和《钦差大臣》。

筑材料和结构，也可创造出不同的建筑形象，达到不同的美学要求。优秀的建筑作品是集三者于一身的。

## 0.3 建筑的产生与发展

### 0.3.1 建筑的起源

建造房屋是人类最早的生产活动之一。早在原始社会，人类就开始用树枝、石块等天然材料构筑用于栖身的场所（图 0-4），以遮风挡雨，防寒避暑，抵御兽袭。人类原始居住形式经历了穴居、巢居、半穴居、地面建筑等多种类型。

我国最早的原始人群住所是北京猿人居住的岩洞。《易经·系辞》中说："上古穴居而野处，后世圣人易之以宫室。"《墨子·辞过》中说："古之民，未知为宫室时，就陵阜而居，穴而处。"《墨子·节用》也说："古人因陵丘堀穴而处。"《新语》中再度提到："天下人民，野居穴处，未有室屋，则与禽兽同域。于是黄帝乃伐木构材，筑作宫室，上栋下宇，以避风雨。"说明先民在未有宫室之前，很长时期内都过着穴居的生活（图 0-5a、d~f），但穴的位置是有选择的，或"就陵阜而居"，或"因陵丘堀穴而处"，今天黄土高原地区仍流行的窑洞（图 0-29a）居住方式便是这种原始穴居方式的延续。穴居向地面的发展是巢居（图 0-5b）。《庄子·盗跖篇》云："古者禽兽多而人少，于是民皆巢居以避之，昼捡橡栗，暮栖木上，故命之曰有巢氏之民。"《风俗通》中也记载道："上古之时草居患'宿恙'，噬人虫也，故相问：'无恙乎？'"巢居比穴居更能防禽兽，避害虫，有着比穴居相对优越的居住环境。巢居遗迹已难寻，但南方某些少数民族部落中至今仍使用的干阑式建筑（图 0-5g）便是这种居住方式遗俗的延续。

图 0-4　原始社会的建筑

A—树枝棚　B—法国布列塔尼半岛石柱　C—苏格兰蔗棚　D—苏格兰蜂巢形石屋　E—爱尔兰蜂巢形石屋　F—法国萨伏依石室　G—石栏　H—天然石洞　I—爱尔兰石屋平面

从穴居向巢居的发展过程中，还有一种过渡性的居住形式，即半穴居。1954 年在西安半坡村发现的遗址中，就有着大量的半穴居的建筑，多为方形袋穴（图 0-5Ⓕ）。同时期长江流域的地面建筑因地下水位高，多建在高地上。可见，先人在构建原始居住建筑时就知道根据居住环境特点确定适当的建筑形式。

人类在很早以前就会巧妙地运用当地石材、木材、土、草、藤、竹等天然建筑材料搭建简单的房屋（表0-1），扩大居住空间，以御风寒雨雪虫蛇猛兽。

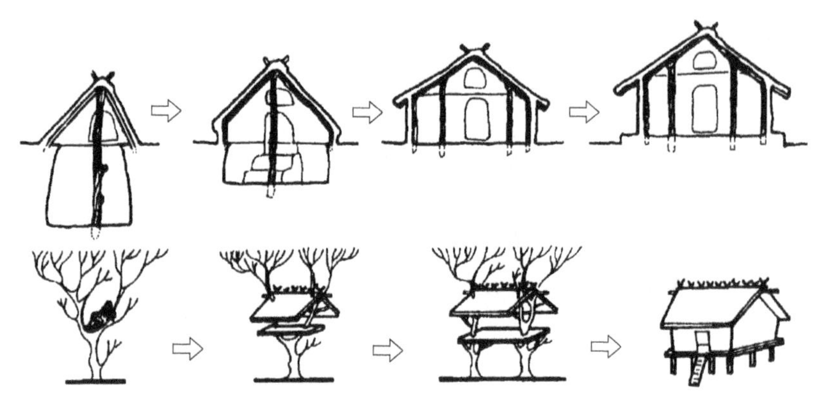

a）从原始的穴居和巢居发展到真正意义上的建筑

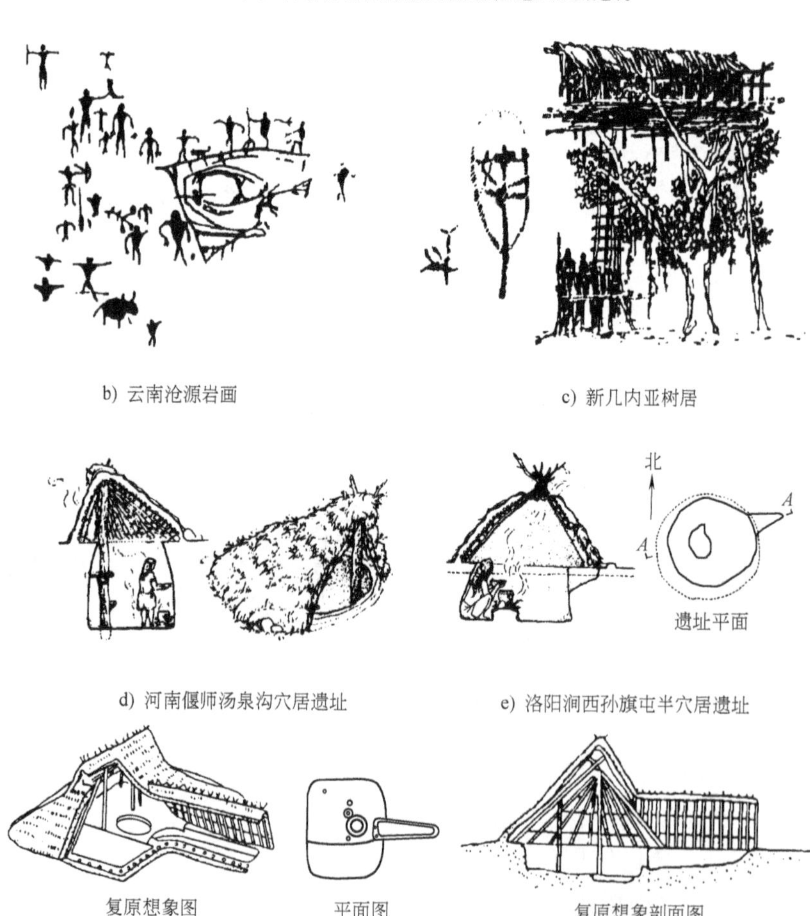


b）云南沧源岩画

c）新几内亚树居

d）河南偃师汤泉沟穴居遗址

e）洛阳涧西孙旗屯半穴居遗址

f）半坡村遗址平面及其复原想象图

图0-5 建筑的形成与发展

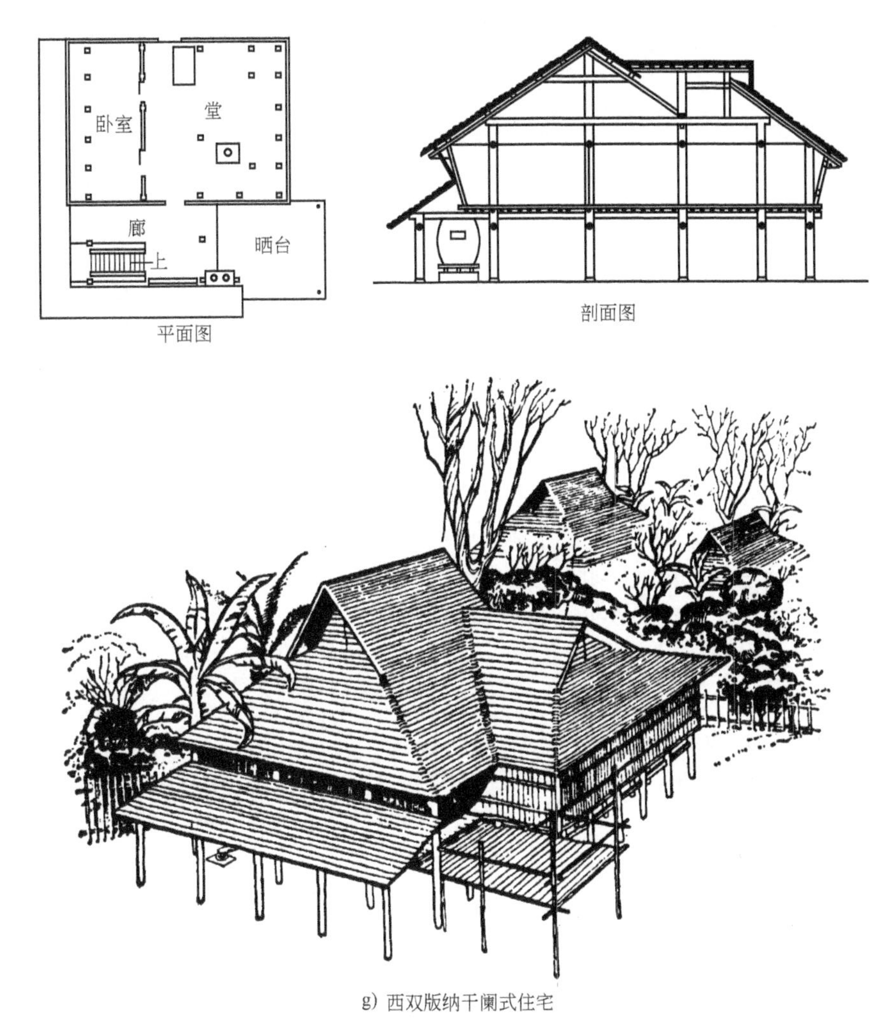


g) 西双版纳干阑式住宅

图 0-5　建筑的形成与发展（续）

表 0-1　公元前 1000 年前已知的几种结构原理

| 序号 | 结构 | 简 要 说 明 | 示 意 图 |
|---|---|---|---|
| 1 | 悬挂结构 | 柱,绳索和钉(或桩)<br>直至公元 1900 年出现钢索和钢链时始充分发展 | |
| 2 | 梁柱结构 | A. 石材　B. 木材<br>是古埃及和古希腊建筑的基本结构形式。发展极其缓慢,直至现代,当钢和钢筋混凝土使其潜力得以大大发挥后,开始得以发展起来。预应力使其跨度大大增加 | |
| 3 | 圆券 | 在岩石或坚实土质上挖孔洞 | |

（续）

| 序号 | 结构 | 简要说明 | 示意图 |
|---|---|---|---|
| 4 | 拱 | 楔形石块组成。由于两侧的横推力而得以坚固、稳定 | |
| 5 | 悬臂结构 | 挑石、石材、木材的出挑尺寸大受限制。现代用钢、钢筋混凝土及桁架则大大增加了其出挑的可能性 | |
| 6 | 挑石券 | 只有垂直压力而无横推力 | |
| 7 | 穹窿 | 挑石穹窿，无横推力。此结构原理主要发展于亚洲西部地区，它又和券结构原理相结合成为回教建筑的基础 | |
| | | 纯粹以土或混凝土组成的圆顶，或其内有骨架，骨架外铺草后涂以泥而成。此方法主要用于民居建筑 | |
| | | 产藤条地区发展的一种结构。在印度以石材做此形式，也有以挑石留窿仿形式 | |

## 0.3.2 建筑的发展

西方古典建筑是一种以石制的梁柱作为基本构件的建筑体系。这一体系的发展从古代希腊、罗马时期一直延续到20世纪初，涉及欧洲及世界许多国家和地区。古希腊、罗马建筑艺术是古希腊、罗马文化的一个重要组成部分，取得过辉煌的成就。盛极一时的古希腊、罗马建筑对后世影响最大的是它在宗教庙宇建筑中以石制的梁柱构造大空间，形成了一种非常完美的建筑形式（图0-6、图0-7）。特别是罗马人运用当地出产的天然混凝土，发展了拱和穹顶结构，它在建筑空间处理及结构、材料、施工等方面都达到了很高的水平。例如，阿蒙（Ammon）神庙（图0-8），罗马大斗兽场（图0-9）建筑平面呈椭圆形，长轴长188m、短轴长156m，立面高48.5m。重建于公元前5世纪的雅典卫城（图0-10）更被视为古希腊建筑典范，图0-11为古罗马纳姆广场鸟瞰图，图0-12

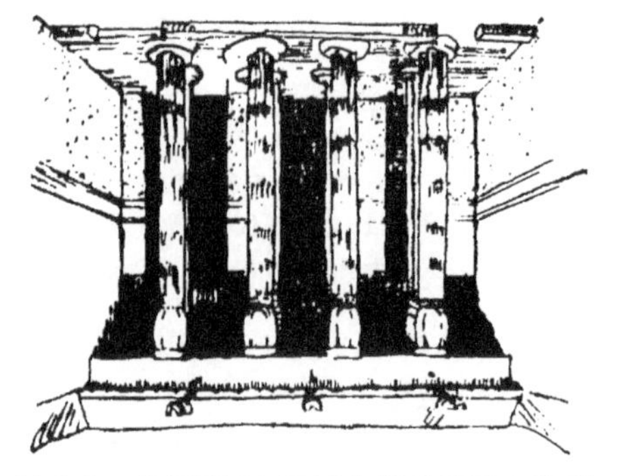

图0-6 公元前14世纪古埃及民居中凉廊

是公元前 40 年罗马的美斯莫斯竞技场，图 0-13 为 118—125 年建成的罗马万神庙（拱顶直径达 43m）。

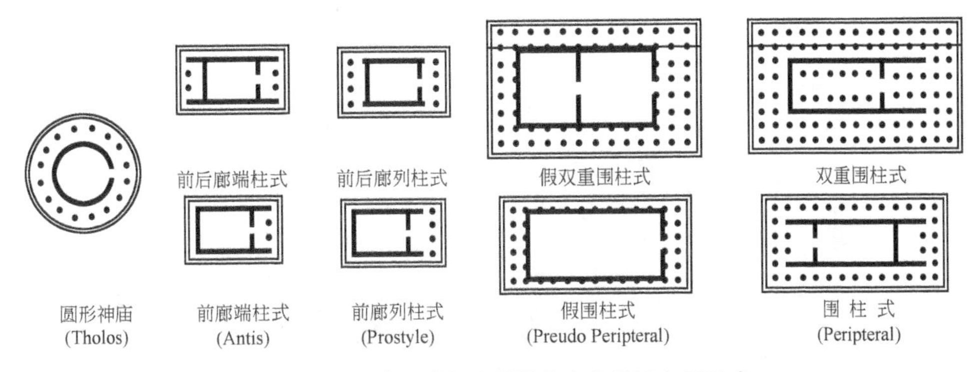


图 0-7　公元前 5 世纪古希腊神庙的平面布置形式

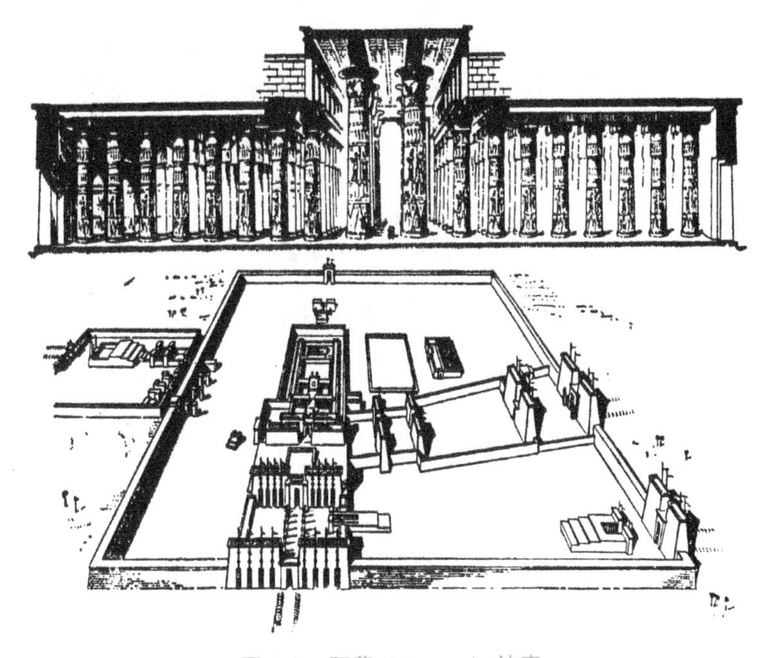

图 0-8　阿蒙（Ammon）神庙

建于公元前 16 世纪末~12 世纪初，由 134 根大圆柱构成的柱厅面积为 5000m²，中间 12 根圆柱最大，柱高 20m，柱径 3.6m。上为柱厅剖面图，下为复原图鸟瞰图。

宗教在欧洲人生活中占有重要地位，于是建造了很多大型宗教庙宇。这个时期建筑师们在古希腊、古罗马的柱式基础上，结合当时建造技术、材料和施工方法等，总结了一套以各种拱顶、券廊、柱式为建筑构图手段的建筑立面形式，使建筑技术进一步发展。例如 532—537 年建成的君士坦丁堡圣索菲亚教堂（图0-14）大穹窿顶直径约 33m，地面至顶尖的高度为 60m。意大利佛罗伦莎圣玛利亚大教堂（图 0-15）长 169m，宽 104m，始建于 1296 年，1387 年建成 82m 高塔，1420—1436 年建中央大屋顶，1462 年完成中央大屋顶，中央大屋顶内直径为 45.5m，地面至屋顶尖亭子的高度为 107m。这些宗教建筑是欧洲古建筑的标志性建筑，它们对欧洲后来的建筑有很大影响（图 0-16、图 0-17）。

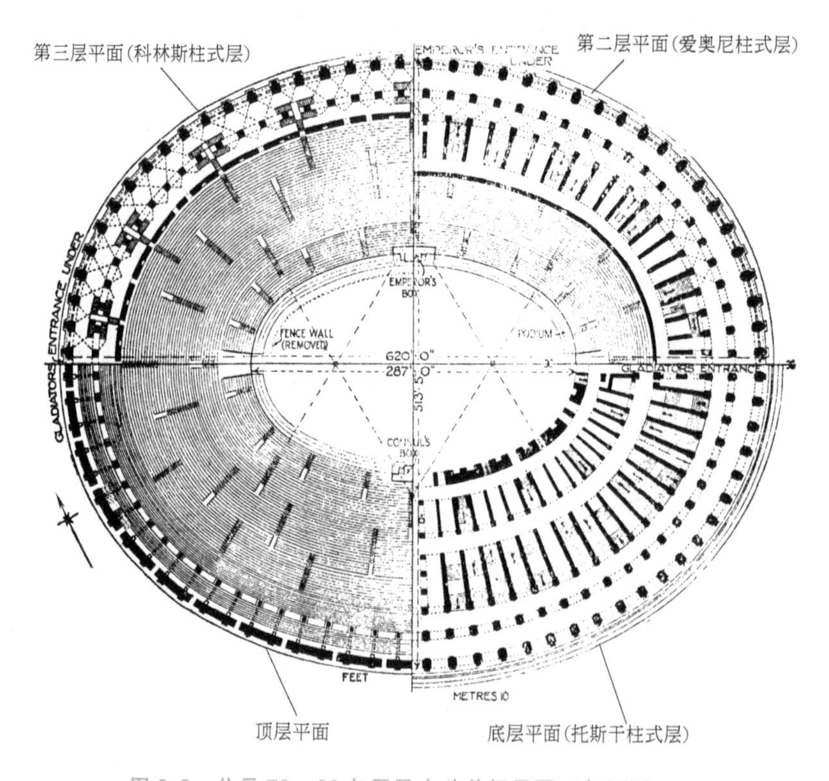


图0-9 公元70—80年罗马大斗兽场平面(复原图)

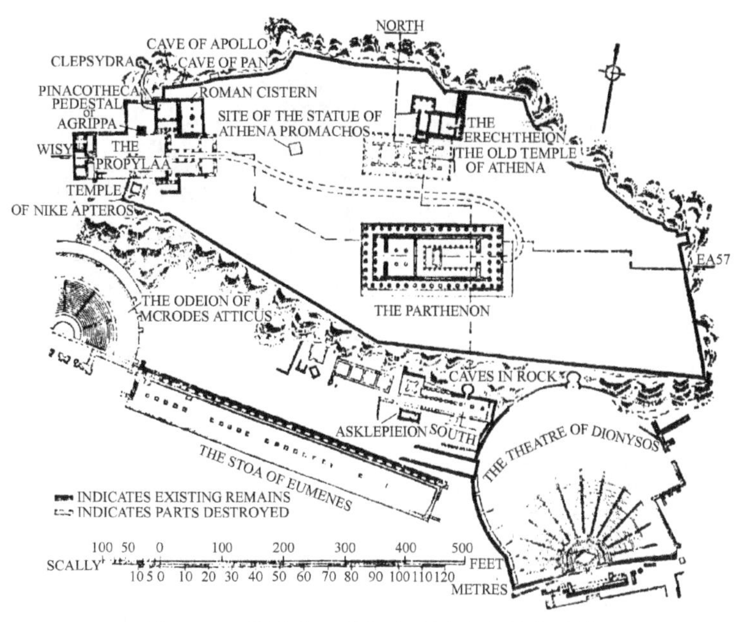


图 0-10　公元前 5 世纪中叶重建的雅典卫城

图 0-11　古罗马纳姆广场鸟瞰图

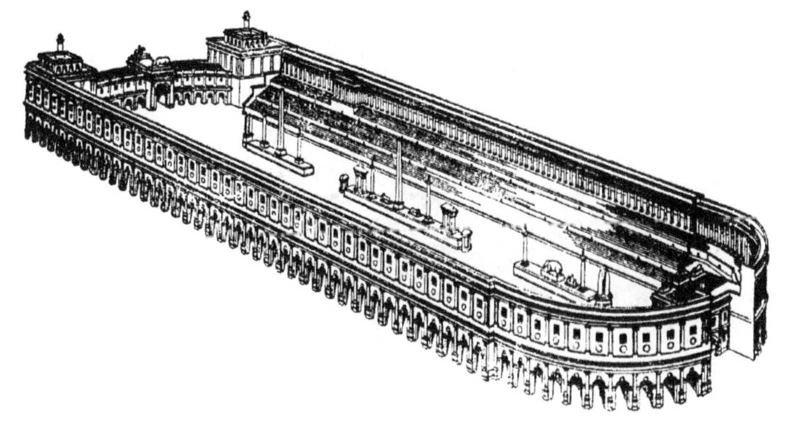

图 0-12　罗马公元前 40 年美斯莫斯竞技场（110m×595m，可容纳 250000 人）

图0-13 万神庙立面图（左）与剖面图（右）

图0-14 君士坦丁堡圣索菲亚教堂（532—537年）

a）东北立面 b）横剖面 c）纵剖面 d）结构系统平面示意图

e）屋顶结构示意图 f）结构系统示意图 g）轴测剖视图

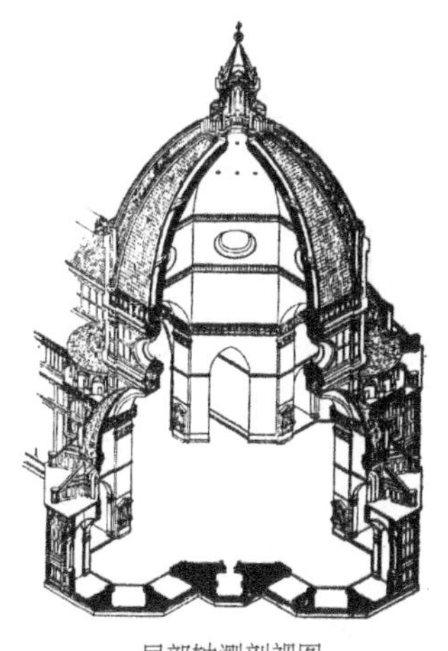

局部轴测剖视图

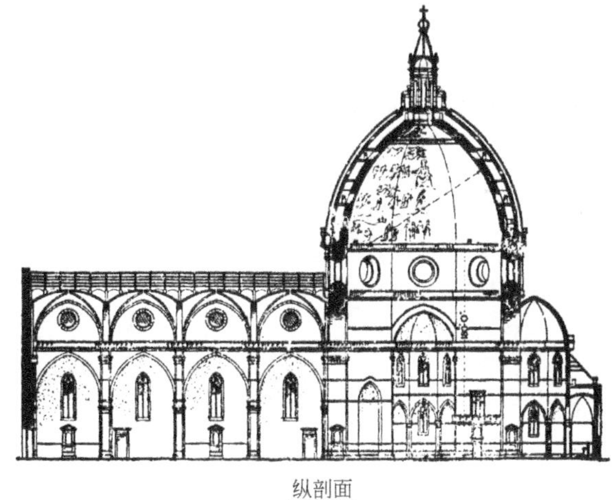
纵剖面

图 0-15 圣玛利亚大教堂

我国建筑木构架形式在世界建筑史上占有重要地位，是世界古代建筑中延续时间最久的建筑体系之一，其影响广及日本、朝鲜及东南亚一些国家。在浙江余姚河姆渡村遗址中发现了距今已有六七千年的大量木制榫卯构件，在河南安阳发掘出来的殷墟遗址中发现了距今已有四千年历史的夯土台基上排列整齐的卵石柱础和木柱的遗迹，都可说明我国传统木构架形式在那时已初步形成。随着生产力的发展和社会的进步，中国建筑逐步发展形成了一个不同于世界上其他以石或砖结构为主的建筑体系，是世界上唯一以木材为主要建筑材料的木结构体系，独具风姿。从公元前 5 世纪末的战国时期到清代后期，前后 2400 多年间，我国古代建筑无论宫廷建筑、宗教建筑还是民居多采用木构架形式，其基本做法一般是以立柱和横梁组成构架，柱子与屋顶之间一般用额枋、斗拱过渡（图 0-18），屋顶部分在外形上占有突出的地位，形式多样，而且屋面曲折，屋角起翘，屋檐出挑（图 0-19）等做法不仅有很高的艺术价值，而且还起着保护墙身和遮阳但不挡光的作用。特别是在中国的宫殿建筑中，由于是以木结构为主，建筑的体量不能太大，体型不能很复杂，为了表达宫殿的尊崇壮丽，建筑群向横向铺展，通过多样化的院落，以各单体的烘托对比，庭院

正立面图

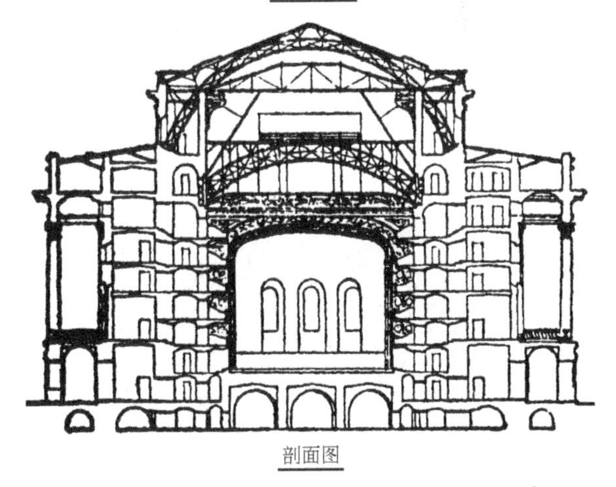
剖面图

图 0-16 俄罗斯亚历山大剧院（1828—1832 年）

的流通变化，庭院空间和建筑实体的虚实互映，室内外空间的交融，达到量的壮丽和形的丰富，渲染出强烈的气氛，如北京故宫（图0-20）。故宫旧称紫禁城，是中国明、清两代皇宫，被誉为世界五大宫之一，始建于公元1406年（永乐四年），1420年（永乐十八年）基本竣工，明初主持设计者是蒯祥（1397—1481年，字廷瑞，苏州人）。故宫南北长961m，东西宽753m，面积约为$72.5\times10^4m^2$，建筑面积$15.5\times10^4m^2$。

图0-17 彼得堡海军部大厦中央部分立面（1806—1823年）

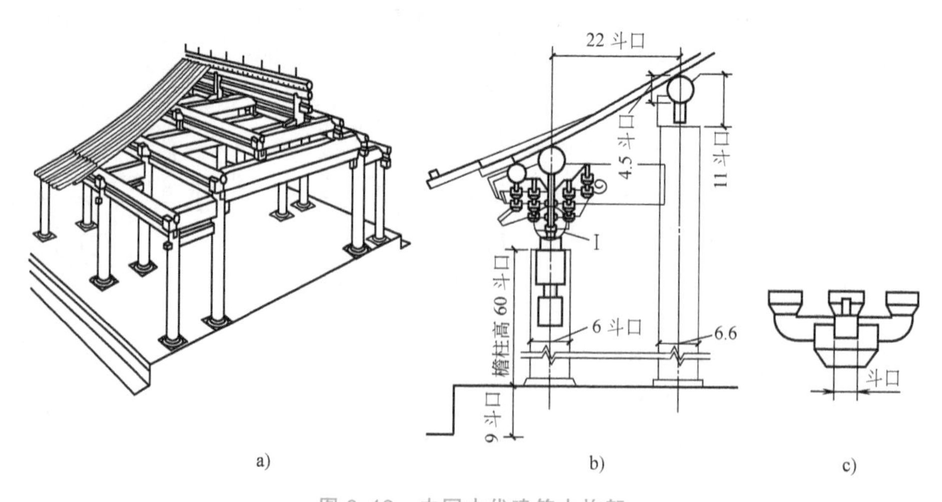


图0-18 中国古代建筑木构架

a）木构架示意图 b）斗拱 c）Ⅰ节点放大

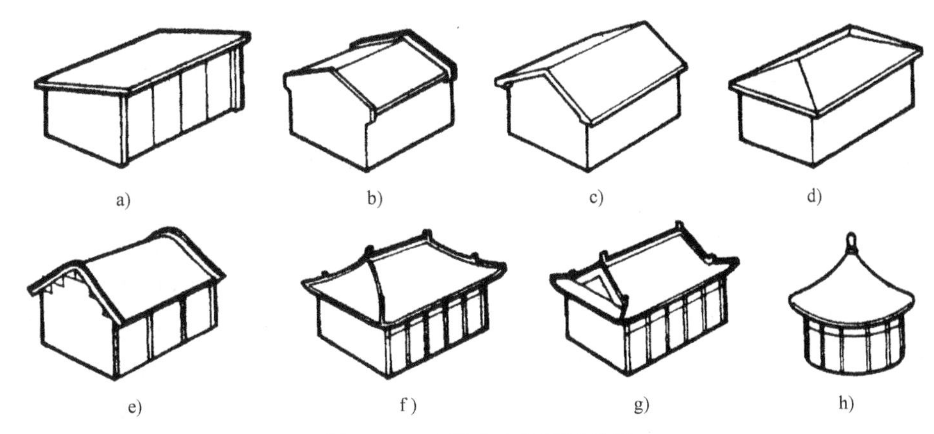


图 0-19 中国式建筑屋顶类型

a）单坡顶 b）硬山两坡顶 c）悬山两坡顶 d）四坡顶
e）卷棚顶 f）庑殿顶 g）歇山顶 h）圆攒尖顶

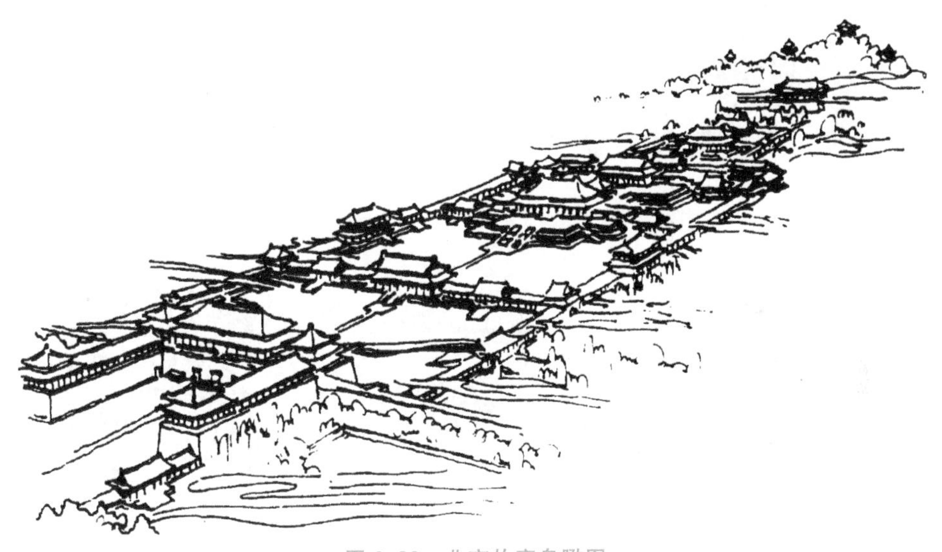

图 0-20 北京故宫鸟瞰图

宫城周围环绕着高 12m，长 3400m 的宫墙，形式为一长方形城池，墙外有 52m 宽的护城河环绕，形成一个森严壁垒的城堡。故宫宫殿建筑均是木结构。

故宫建筑的整体布置采用形体变化、起伏高低的手法，使之组合成为一体。故宫规模宏伟，布局整齐，主次分明，色彩华丽，在功能和视觉上都体现了王权至上的思想。纵观故宫建筑可以发现，中国的古代建筑风格完全不同于西方古建筑。西方古建筑以石材为主，建筑造型曲线、曲面为多，强调竖向的延伸和单体形象的突兀变化，追求高耸、崇高。而中国古建筑以木材为主，建筑造型以方正、平直的直线为多，追求郑重、宽阔和博大。体现了中西建筑艺术的不同。

图 0-21 山西五台山佛光寺大殿

建于唐大中 11 年（公元 857 年）的山西五台山佛光寺大殿（图 0-21）是一座中型

殿堂，平面长方形，正面七间，屋顶为单檐庑殿，屋坡也很缓和。殿内有一圈内柱，把全殿空间分为两部分，内柱所围的空间称“内槽”，内柱和檐柱之间的一圈空间称“外槽”。内槽有佛坛，上有五组造像，与建筑配合默契，空间较高，天花下坦率地暴露梁架，既是结构所必需，又是体现结构美和划分空间的重要手段；外槽较低较窄，是内槽的衬托，空间形象上也取得对比，但梁架和天花的手法与内槽一致，全体一气呵成，有很强的整体感和秩序感。佛光寺大殿是我国保存年代最长、现存最大的著名木构件建筑，其造型端庄深厚，反映了我国木构架建筑的特征，建筑风格与建筑形式和世界上其他木构架体系（图0-22）完全不同。另外，中国的楼阁式塔建筑也以木结构为多，也有砖石的，或砖心木檐，不论哪种材料，形象都模仿木结构楼阁。在保存下来的中国传统建筑中，不但凝聚了中国先辈的巨大劳动，更体现了古人卓越的艺术智慧，具有历史价值和艺术价值，是中华民族伟大历史的见证和文化艺术珍品，是全人类共同的文化遗产。

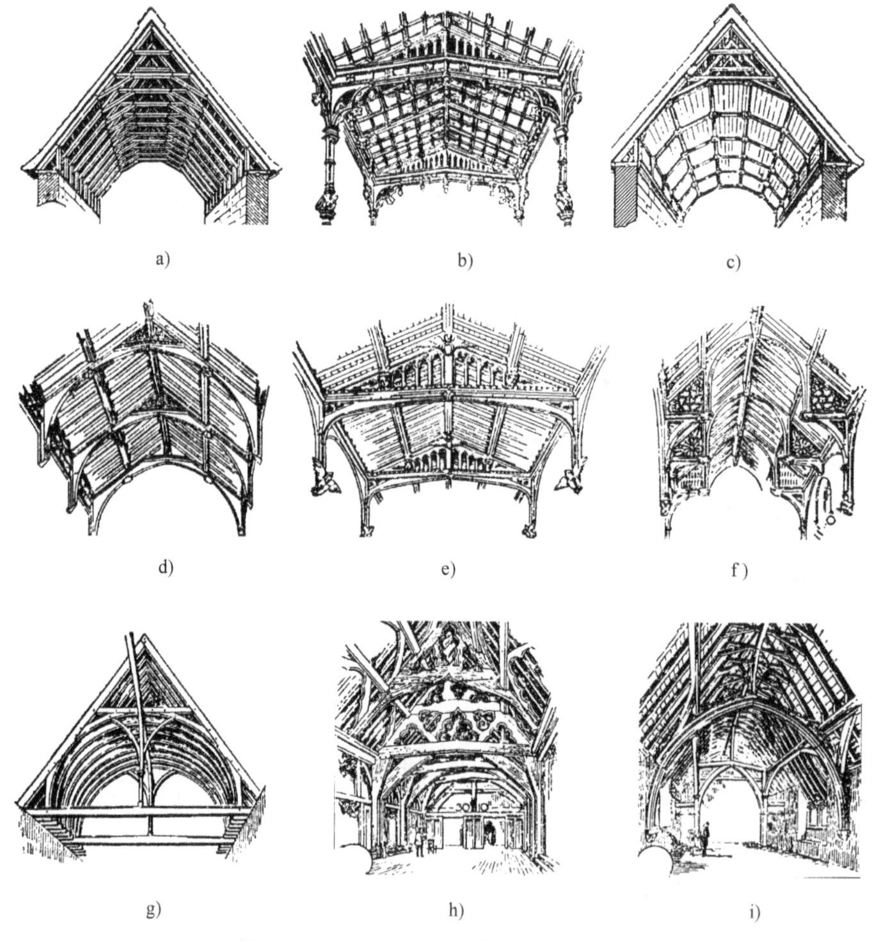


图0-22 中世纪英吉利教堂木屋顶形式

a）三角形屋架 b）拉梁屋架 c）筒形屋架 d）圆领形屋架 e）拉梁屋架 f）锤形屋架
g）1140年房屋的木屋架 h）14世纪房屋的木屋架 i）15世纪房屋的木屋架

建筑物虽种类繁多，功能各异，但人类从事建筑活动开始于居住建筑，人类几千年的文明史中，包含着丰富的居住文化，即使是在科技空前发达的现代社会，居住建筑仍然是人类使用最普遍、使用时间最多、对人们的生活质量影响最大的建筑形式。从前，由于受交通运输的制约，人们在建造房屋之前，首先要考察当地有哪些可供使用的材料；其次，为了满足房屋建筑最基本的防御功能，要根据当地的气候条件来选取合适的结构形式。这样世界各地的居住建筑就由于自然气候、材料资源以及社会风土人情、风俗习惯与做法特点形成了异彩纷呈、姿态万千的居住建筑形式。例如，在寒冷地区采用高墙厚重型结构；在多雪地带采用大坡度屋顶；在炎热、多雨潮湿的地方采用大开口、易通风的开放型结构形式等。不论是欧洲的城堡式住宅（图 0-23～图 0-28），还是北京的四合院、西南的吊脚楼、秦晋的窑洞、闽南的土楼、广西的麻栏、草原的毡包、高原的碉房、傣家的竹楼、云南一颗印式住宅等（图 0-29），建造所使用的材料、采取的建筑结构形式，都反映了当时人们巧妙地利用当地材料，适应当地的气候特点来营造居所的智慧。这里还需要特别指出的是我国的造园艺术。我国的园林是以人工山水为主题，运用借景、对景等构景手法创造出移步景异，小中见大的景观效果，如著名的皇家园林颐和园。此外，明清时期在江南也营造了一些园林式住宅，如图 0-29h 所示。

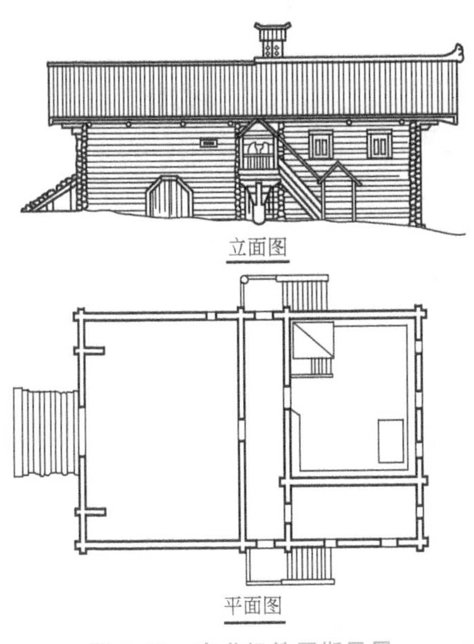


图 0-23　中世纪俄罗斯民居

图 0-24　14 世纪英吉利凯脱城

图 0-25　12 世纪英吉利林肯城

图 0-26　15 世纪英吉利 Mayfield

图 0-27 12 世纪纽伦堡一座老屋

图 0-28 1498 年纽伦堡关税局

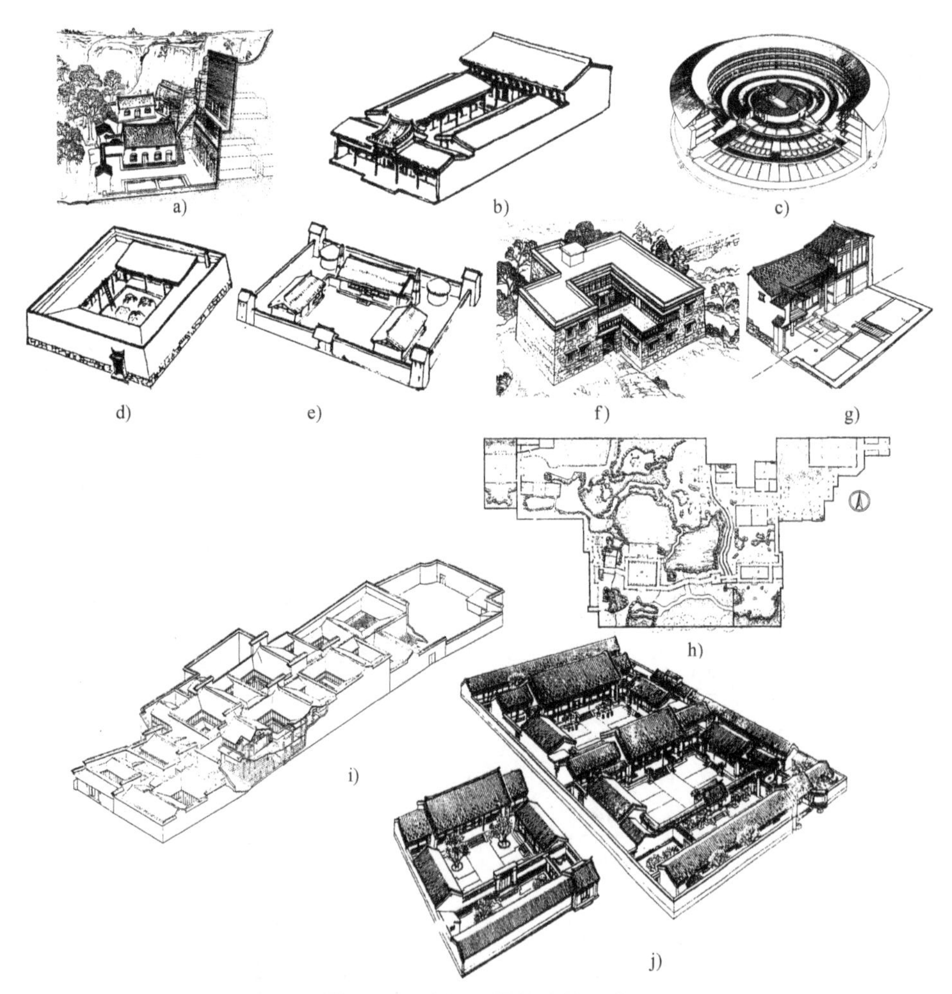


图 0-29 中国民居的建筑形式

a）中国西北地区窑洞式住宅 b）秦晋地区狭长式院落 c）客家土楼 d）中国西北地区高墙住宅 e）北方寒冷地带分散型院落 f）西藏碉楼 g）云南一颗印式住宅 h）苏州原颜氏宗祠（怡园） i）苏州原李宅轴测图 j）北京四合院

中国民居在20世纪后半叶发生了很大变化。20世纪50年代初期，由于土地国有化、住房分配制度、经济水平和建设能力等因素的限制，我国在一些城市兴建了大量比较经济的简易住宅，包括连续型平房和低层、多层等住宅样式。这类住房的人均居住面积大约只有 $4m^2$，使用功能很不完善，但初步解决了居住问题。20 世纪 60 年代，我国城市住宅标准为每套居住面积 $18m^2$，人均居住面积为 $4m^2$，每家按 $2\sim2.5m^2$ 标准设计合用厨房，基本上实现了餐寝分开，北方地区多为楼内公用厕所，南方则在楼外设置公共厕所，楼层层数以 3~4 层为主（图 0-30）。20 世纪 70 年代，我国城市住宅出现单元套房的设计模式，提出平面要分房明确，保证一户一厨—厕。1977 年每套住宅的建筑面积为 $38m^2$，1978 年提高到 $42\sim45m^2$，其平面布局如图 0-31 所示，实现了寝、餐、厕分开，但是没有起居室和浴室，也很少进行室内装修。住宅建筑的层数一般为 4~5 层，更加注重配套性。20 世纪 80 年代，我国每套住宅建筑面积增至 $50m^2$，平面布局趋于合理，使用功能趋于完善，图 0-32 所示为标准单元套型住宅平面图，基本上做到起居与卧室分开，人们开始追求居住环境的美观和舒适性。20 世纪 90 年代初，在北京、上海等大城市率先出现了 10~13 层的高层公寓住宅（图 0-33）。此后，随着经济的发展，城市中心地区用地紧张，城市近郊建造了许多住宅小区，除了多层、高层的公寓式住宅（图 0-34）之外，还建造了许多单户别墅型个人住宅，我国居民的居住水平有了显著提高。

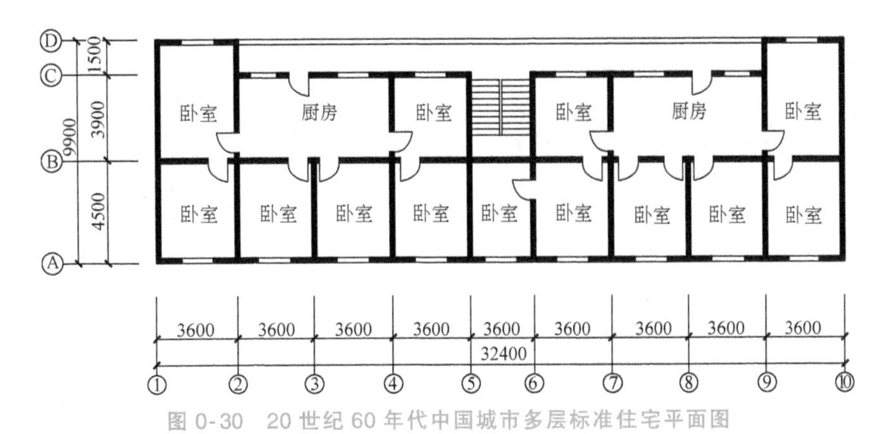


图 0-30　20 世纪 60 年代中国城市多层标准住宅平面图

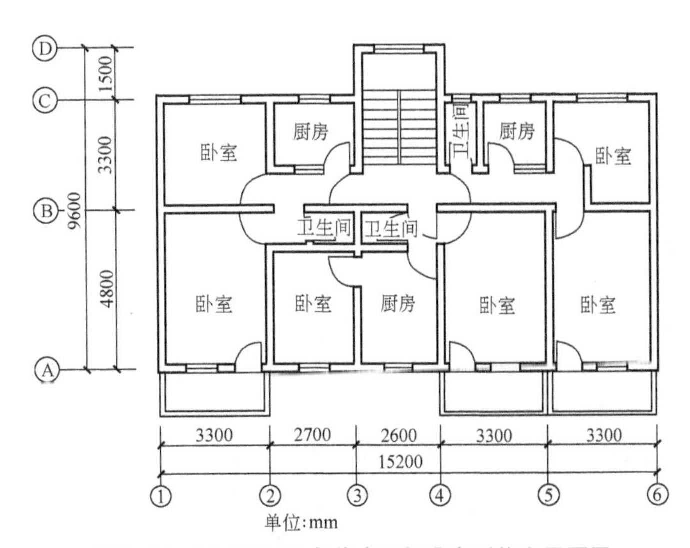


图 0-31　20 世纪 70 年代中国标准套型住宅平面图

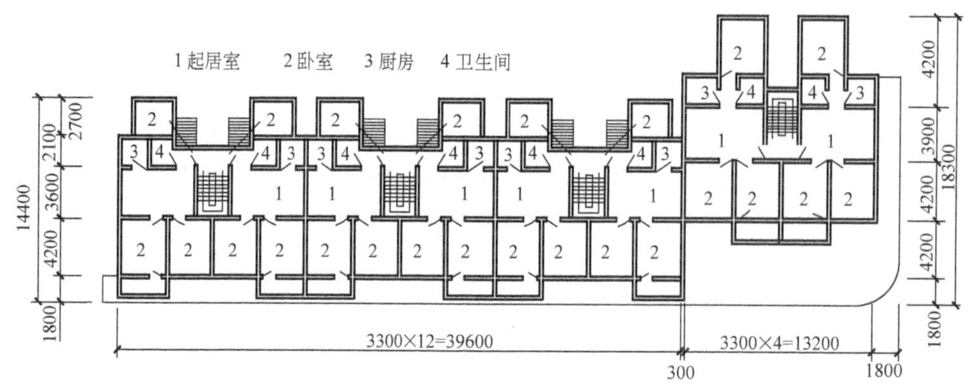


图 0-32 20 世纪 80 年代中国城市标准单元式套型住宅平面图

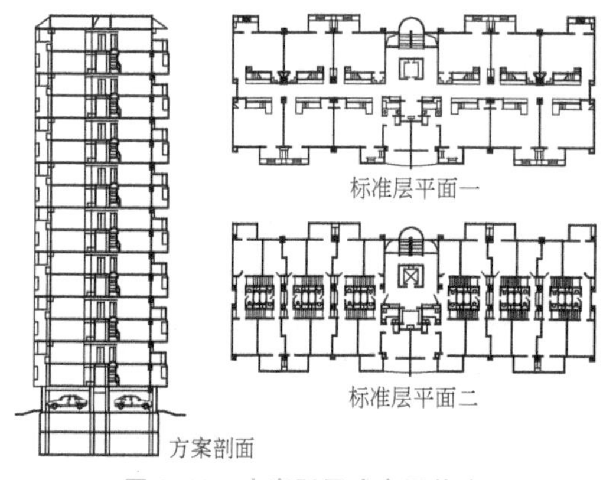


图 0-33 内廊跃层式高层住宅

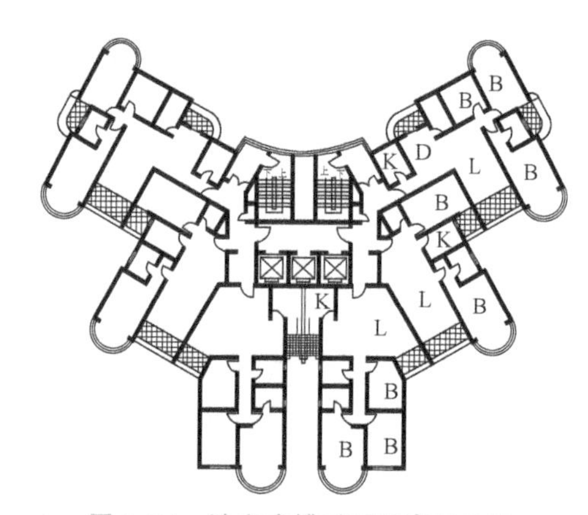


图 0-34 独立式蝶形平面高层住宅

随着社会的进步，建筑除了用来满足个人或家庭生活的需求外，还用来满足整个社会的各种物质生活及精神生活的需求，这些需求促使各类公共建筑类型不断产生。同时，随着生产技术水平的提高，人类的物质生活及精神生活也在由低级向高级不断发展，特别是现代生产力的快速发展，建筑的类型日益丰富，建筑规模不断扩大，建筑的功能日趋完善，建筑的形象也发生了巨大的变化。所以，有人说建筑是一面镜子，它可以映射出社会的政治、经济、文化诸方面的状况。

第一次世界大战后，创造现代建筑的任务被提到日程上，涌现出一批思想敏锐，而且具有一定建筑经验的建筑师、工程师，他们在前人革新实践的基础上，纷纷提出了各自的见解，提出比较系统、彻底的建筑改革主张，倡导“新建筑”运动，到 20 世纪 20 年代形成了一套完整的理论体系，代表人物是德国的格罗皮乌斯（Walter Gropius），代表作是于 1926 年 12 月 4 号正式建成的德国包豪斯学院校舍（图 0-35）。包豪斯学院是建在德国魏玛的一所培养新型设计人才的工艺学校的简称。包豪斯学院建筑主要特点是，把建筑物的实用功能作为建筑设计的出发点，按照各部分的实用要求互相联系，突出它们各自的位置和体型，格罗皮乌斯还采用各种形体的对比手法，如大小、长短、虚实、透明与不透明、厚薄等，产生清新活泼的美感，显得单纯朴素、富有变化，给人以独特的印象。包豪斯引发了建筑新潮流并对欧美 20 世纪的建筑产生了重大影响，包豪斯学院校舍在 1996 年被列入世界遗产名录。

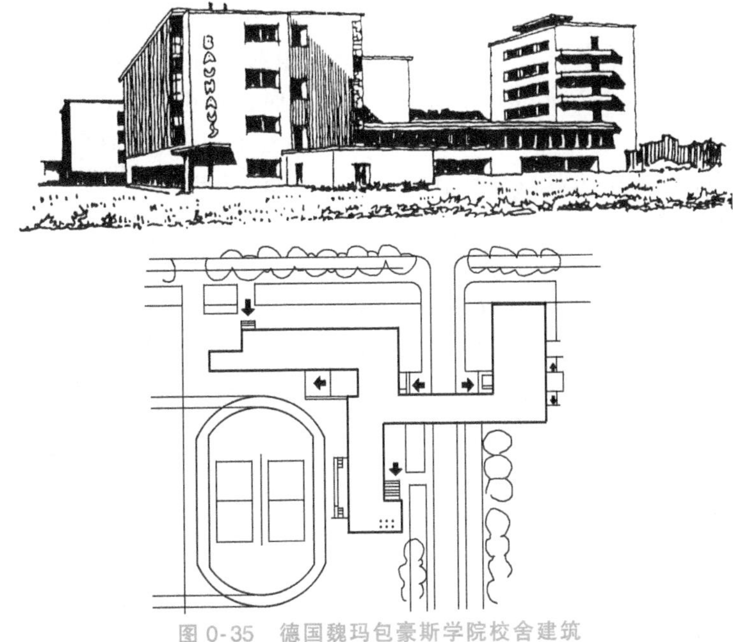


图 0-35 德国魏玛包豪斯学院校舍建筑

第二次世界大战后，建筑活动与建筑思潮有很大的变化和发展。由于各国政治、经济、文化传统各不相同，建筑活动和思潮也很不一致，因此发展也极不平衡，西欧和美国为建筑现代化继续探索创造做出新贡献，其他地区和国家也相继走入现代化。

法国1959年在巴黎建成20世纪空间跨度最大的国家工业与技术中心陈列大厅，其薄壳平面呈三角形，跨度218m，矢高48m，双层钢筋混凝土顶共厚120mm。我国最早的薄壳为1948年在常州建造的圆柱面壳仓库，1958年北京火车站候车大厅采用边长为30m×30m现浇钢筋混凝土双曲扁壳。1961年可容纳3000人的同济大学大礼堂落成（图0-36），建筑面积

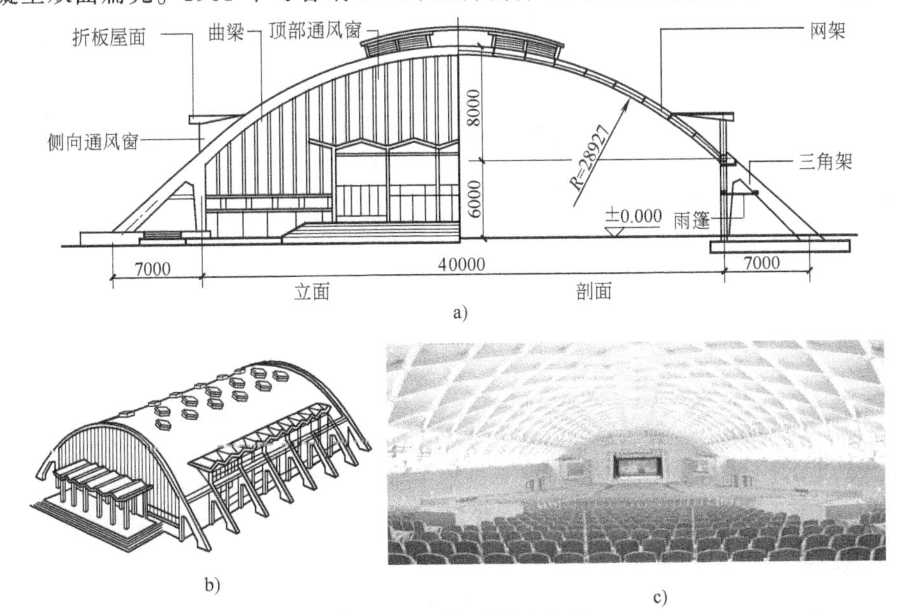


图 0-36 同济大学大礼堂

a）立面与剖面图 b）轴测图 c）改建后大厅内部实景

达 3600$m^2$（改建后为 7000$m^2$），采用整体式钢筋混凝土拱形网架薄壳结构，大厅外跨 54m，净跨 40m，开阔的大厅内没有一根柱子，大厅拱形屋顶网架结构中的菱形结构网格单元极富韵律感，与意大利的罗马小体育馆异曲同工。建成之时，是亚洲地区最大的无柱中空大礼堂。其保护性改建工程于 2005 年 11 月开工，2007 年元月 5 日正式恢复使用。1999 年，同济大学大礼堂以其简洁的结构造型特点被列入“建国 50 周年上海经典建筑”，该建筑目前是上海市历史保护建筑。

澳大利亚悉尼歌剧院（图 0-37）是一座极富个性的象征性建筑作品。它的设计师是丹麦的伍重，于 1957 年设计，1973 年建成。歌剧院坐落在三面环水的贝尼朗岛，面临大海，由几对弧面组成屋顶，分别覆盖着歌剧院、音乐厅及休息厅，所有弧面外均贴白色瓷砖，整个建筑远观像一艘迎风扬帆乘风破浪的大船，又像一组白色的贝壳。它现已成为悉尼城的标志性建筑。

图 0-37 澳大利亚悉尼歌剧院

美国 1962 年在纽约曼哈顿市附近建成的候机楼（图 0-38）是用四片薄钢筋混凝土曲壳塑造而成的，它的外形如一只振翅欲飞的鸟，内部也都是些曲线曲面，建筑师成功地利用了混凝土的可塑性，创造了一个令人激动的建筑形象。华盛顿国家美术馆东馆（图 0-39）是由华人建筑师贝聿铭设计的，建造于 20 世纪 70 年代初。建筑师巧妙地利用地形，创造了变化丰富的室内外空间环境。

图 0-38 纽约肯尼迪机场环球航空公司候机楼

图 0-39 华盛顿国家美术馆东馆

## 0.4 房屋建筑工程的建设过程

### 0.4.1 房屋建筑工程的基本建设程序

房屋建筑的建设过程的基本建设程序，是指一栋房屋的建造由开始拟定计划至建成投入使用必须遵循的程序。它是由项目建设自身所具有的固定性，生产过程的连续性和不可间断性，以及建设周期长短、资源占用多少、建设过程工作量大小、牵涉面大小、内外协作关系复杂程度等技术经济特点决定的；它不是人们主观臆造的，是在认识工程建设客观规律的基础上总结出来的，是建筑工程项目建设过程的客观规律的反映。人们可以认识和利用这一客观规律来为社会主义建设服务，但是不能随心所欲地改变它，废除它，违反它，颠倒它。如果违反了它，其经济上的损失和资源的浪费将是不可估量的。

我国房屋工程项目建设程序是随着我国社会主义建设的进行，随着人们对建设工作认识的日益深化而逐步建立、发展起来的，并将随着我国经济体制改革的深入进一步完善。我国现行的房屋建筑的基本建设程序总体上包括规划、设计、施工三大阶段，如图 0-40 所示。具体的程序主要有计划书（即设计任务书）的编制上报和审批、城镇规划管理部门同意拨地、招投标工作、房屋的设计、房屋的施工与设备安装以及工程验收和交付使用后的回访总结等环节。每个阶段都有其具体的内容和规定。本章将在下面几节予以介绍。

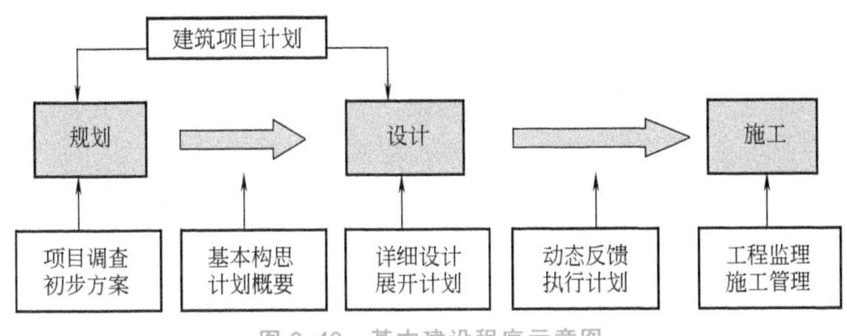


图 0-40　基本建设程序示意图

### 0.4.2　计划任务书阶段

主管部门对计划任务书的批文，是指经上级主管部门审核，对建设单位提出的拟建报告和计划任务书的一个批复文件。该批文表明该建筑工程项目已被正式列入了国家计划。该文件包括核定的工程性质、内容、用途、总建筑面积、总投资、建筑标准（单位建筑面积控制造价）及房屋使用期限要求等。

### 0.4.3　规划管理部门批复阶段

规划管理部门同意拨地的批文，是经城镇规划管理部门审核同意工程项目用地的批复文件。为了加强城镇建设的统一规划与管理，一切工程项目都须事先得到城镇规划管理部门的同意后，方可进行设计。规划管理部门是根据主管部门的批文和城镇建设规划上的要求同意拨地的。该批文包括基地范围地形图及指定用地的范围，该地段周围道路等规划要求，城镇建设对该房屋建筑的设计要求及其他有关问题。

### 0.4.4　房屋设计阶段

有了上述两个批文后，建设单位即可据此向建筑设计部门办理设计委托手续，进入房屋的设计阶段。关于设计阶段的划分，国家建设部门规定一般建设项目按两阶段进行设计，即初步设计和施工图设计。对于技术上复杂而又缺乏设计经验的项目，经主管部门指定，可增加技术设计阶段，在上述两个阶段之间进行。

房屋建造全过程中的设计阶段是比较关键的环节，它按照建设方针和技术政策，把计划任务书的文字资料，编制成表达房屋形象的全套图样并附必要的文字说明。在进行建筑设计之前，应进行必要的准备工作，包括熟悉设计任务书，对设计任务书提出的要求进行分析研究，收集必要的设计原始资料和数据，深入基地现场调查实际情况等。为了使设计能做到技术先进、经济合理、便于施工，常在初步设计之前，在调查研究的基础上，设计出几种方案进行比较，经审查选优确定，然后再进入初步设计阶段。

### 1. 建筑设计概述

一个设计单位要获得某项建筑工程的设计权，除了必须具有与该项目工程的登记相适应的设计资质外，在一般情况下，对于符合国家规定的工程建设项目招标范围和规模标准规定的各类项目，还应通过设计招标来赢得设计资格。当接受了建设方的委托，并与之依法签订相关合同后，设计方必须经过一定的设计程序，由参与设计的各个工种之间密切配合，才能在有关部门的监督下完成设计任务。

（1）**建筑设计的内容** 广义上，建筑设计是指建筑工程设计，是设计一幢建筑物或建筑群所要做的全部工作，包括建筑设计、结构设计、设备设计等方面的内容。狭义的建筑设计是指建筑设计专业本身的设计工作，一般是由建筑师根据建设单位提供的设计任务书，综合分析建筑功能、建筑规模、基地环境、结构施工、材料设备、建筑经济、建筑美观等因素，在满足总体规划的前提下提出建筑设计方案，并逐步完善，完成全部建筑施工图设计。结构设计是结构工程师在建筑设计的基础上，选择合理的结构方案，确定结构布置，进行结构计算及构件设计，完成全部结构施工图设计。设备设计是相关专业的工程师根据建筑设计完成的，包括给水排水、电气照明、供暖通风、通信、动力等专业的设计方案、设备选型和布置、施工方式，并绘制全部的设备施工图。

（2）**建筑设计的基本原则** 建筑设计是一项政策性强、综合性强、涉及面广的创作活动。建筑设计成果不仅能体现当时的科学技术水平、社会经济水平、地方特点、文化传统和历史的影响，还必然受到当时有关建筑方针政策的制约。建筑设计除了执行国家有关工程建设的方针政策以外，还应遵守下列基本原则：

1）遵守当地城市（乡）建设规划部门制定的城乡建设规划及其实施条例。

2）讲求建筑的经济效益、社会效益和环境效益的最佳统一。

3）合理利用土地和空间，提倡社会化综合开发和综合性建筑。

4）在满足当前需要的同时，要适当考虑将来提高和改造的可能。

5）节约建筑能耗，保证围护结构的热工性能。

6）标准化与多样化结合，共性与个性相结合。

7）建筑环境应综合考虑防火、抗震、防空和防洪等安全措施。

8）在国家或地方公布的各级历史文化名城、历史文化保护区、文物保护单位和风景名胜区的各项建设，应当按照国家或地方制定的有关条例和保护规划来进行。

### 2. 设计的准备工作

（1）**熟悉设计任务书** 设计任务书是建设单位提出的设计要求，它包括下列内容；

1）建设项目总的要求和建造目的的说明。

2）房屋的具体使用要求、建筑面积，以及各类用途房间之间的面积分配。

3）建设项目的总投资和单位面积造价、土建费用、房屋设备费用以及道路等室外设施费用的分配明细。

4）建设基地范围、大小，既有建筑、道路、地段环境的说明，并附有地形测量图。

5）供电、供水和供暖、空调等设备方面的要求，并附有电源、水源使用许可文件。

6）设计期限和项目的建设进程要求。

设计人员应按照技术政策、规范和标准，校核任务书的内容，并从具体条件出发，对任务书中的一些内容提出补充或校改意见。

（2）**收集必要的设计原始资料和数据**

1）气象资料：建设项目所在地区的温度、湿度、日照、风雪、风向和风力，以及土的冻结深度等。

2）基地地形及地质水文资料：基地高程与地形、土壤种类及承载力、地下水位及地震烈度等。

3）水电等设备管线资料：基地的给水、排水、电缆等管线布置，以及架空供电线路等资料。

4）设计项目的有关定额指标：国家或项目所在地区有关设计项目的定额指标，如住宅每户平均建筑面积标准、学校教室、实验室的面积标准等。

（3）**设计前的调查研究**

1）建筑物的使用要求。深入访问使用单位中有实践经验的人员，调查同类已建房屋的使用情况，进行分析和总结，对所设计房屋的使用要求做到心中有数。

2）建筑材料、制品、构配件的供应情况和施工技术条件。了解项目所在地区建筑材料的品种、规格、价格等供应情况，构配件的种类和规格，新型建筑材料的性能、价格以及采用的可能性。结合当地施工技术和起重、运输等设备条件，了解并分析不同结构方案实现的可能性。

3）基地踏勘。亲自到项目所在建设基地进行现场踏勘，核对已有资料与基地现状是否符合。

4）传统建筑经验和生活习惯。传统建筑中有许多结合当地地理、气候条件的有益经验，可以根据具体情况运用到所设计的工程中去。同时，在设计中还要考虑当地的生活习惯和人们喜闻乐见的建筑形象。

### 3. 初步设计阶段

初步设计是建筑设计的第一阶段，它的任务是提出设计方案。设计内容包括确定建筑物的组合方式；选定所用建筑材料和结构方案；确定建筑物在基地上的位置；说明设计意图；分析论证设计方案在技术上、经济上的合理性和可行性，并提出概算书。初步设计的图样和设计文件主要有：

1）总平面图。

2）建筑平面图、立面图、剖面图及简要说明。

3）结构系统的说明。

4）供暖通风、给水排水、电气照明、煤气供应等系统的说明。

5）主要材料用量。

6）各项技术经济指标。

7）总概算等。

在进行初步设计的过程中，要求建筑、结构、水（给水排水）、暖（供暖通风）、电（电气供热）等各专业工种之间互相提出要求，提供资料，经共同研究协商，解决矛盾，以取得各专业工种之间的协调统一，并为各工种下一阶段顺利进行施工图设计打下基础。

初步设计文件应有一定的深度，以满足设计审查、主要设备材料订货、投资控制、施工图设计的编制以及施工准备等方面的需要。

#### 4. 技术设计阶段

技术设计也称为扩大初步设计阶段，其主要任务是在批准的初步设计的基础上，进一步确定各专业工种之间的技术问题。技术设计的内容在为各工种之间提供资料、提出要求的前提下，共同研究和协调编制拟建工程各工种的图样和说明书，为各工种编制施工图打下基础。经送审并批准的技术设计是编制施工图的依据。

技术设计的图样和设计文件中，要求建筑图标注有关的详细尺寸，并编制建筑部分的技术说明书。要求结构图绘出房屋的结构布置方案，并附初步计算说明。其他专业也要提供相应的设备图样及说明书。

#### 5. 施工图设计阶段

施工图设计是建筑设计的最后阶段，其任务是编制满足施工要求的全套图样。应在批准的初步设计和技术设计阶段的基础上进行施工图设计。在施工图设计阶段，主要是将上一阶段所确定的内容进一步具体化，为满足设备材料的安排、施工图预算的编制、施工要求、保证施工质量、加快施工进度提供必要条件。施工图设计的内容包括绘制各专业工种的施工图、详图、说明等。施工图设计的图样及设计文件主要有：

1）建筑总平面图。应详细标明基地上建筑物、道路、设施等所在位置的尺寸、标高，并附必要的说明。常用比例1：500、1：1000、1：2000。

2）各层建筑平面图、各立面图及必要的剖面图。除表达初步设计或技术设计内容以外，还应详细标出墙段、门窗洞口及一些细部尺寸、详细索引符号等。常用比例1：100、1：200。

3）建筑构造节点详图。主要包括檐口、墙身、楼梯、门窗以及各构件的连接点和各部分的装饰详图等。根据需要可采用1：1、1：2、1：5、1：10、1：20、1：50等比例。

4）各工种的施工图。如基础平面图和基础详图、楼板及屋顶平面图和详图、结构构造节点详图等结构施工图；给水排水、电器照明、供暖、空调等设备施工图。

5）建筑、结构及设备设计的说明书。一般写在图样的适当部位或首页上。

6）结构及设备设计的计算书。

7）工程预算书。

施工图经由审图单位认可或按照其意见修改并通过复审，并提交规定的建设工程质量监督部门备案后，施工图设计阶段全部完成。

### 0.4.5 工程施工的招投标

建筑工程招标投标，是在市场经济条件下进行工程建设项目的发包与承包时，所采用的一种交易方式。采用招标投标方式进行交易活动的最显著特征，是将竞争机制引入了交易过程，它具有公平竞争、减少或杜绝行贿受贿等腐败和不正当竞争行为，节省和合理使用资金，保证建设项目质量等明显的优越性。

为了规范这种交易方式，确立招标投标的法律制度，是十分必要的。1999年8月30日，第九届全国人大常委会第十一次会议审议并通过了《中华人民共和国招标投标法》，标志着我国的招标投标活动在法制的轨道上，已经进入到了一个规范的、公平竞争的崭新阶段。继《中华人民共和国招标投标法》发布之后，国家各相关部委又先后发布了《工程建设项目招标范围和规模标准规定》《招标公告发布暂行办法》《工程建设项目自行招标试行办法》《工程建设项目招标代理机构资格认定办法》《建筑工程设计招标投标管理办法》《房屋建筑和市政基础设施工程施工招标投标管理办法》《评标委员会和评标方法暂行规定》等法规文件。

工程施工招标分为公开招标和邀请招标。公开招标，是指招标人以招标公告的方式邀请不特定的施工单位投标；邀请招标，是指招标人以投标邀请书的方式邀请特定的施工单位投标。依法必须进行施工招标的工程，全部使用国有资金投资或者国有资金投资占控股或者主导地位的，应当公开招标，但经国家有关部门或省人民政府依法批准可以进行邀请招标的重点建设项目除外；其他工程可以实行邀请招标。

工程招标投标按照招标投标管理权限与基建、技改项目立项审批或备案权限相一致的原则，实行省、市（州）、县分级管理，其招标投标活动进入相应的有形建筑市场进行，不得违规越级交易、私下交易和场外交易。

工程招标投标应坚持公开、公平、公正的原则，以技术水平、管理水平、合理造价和社会信誉开展竞争。

工程施工招标投标程序包括：

1）建设工程项目报建。

2）审查招标工程条件和招标单位资质。

3）编制招标文件及送审。

4）发布招标公告或发出投标邀请书。

5）投标人资格审查。

6）招标文件的发放。

7）勘察现场。

8）招标文件的澄清、修改、答疑。

9）投标文件的编制与递交。

10）工程标底价格的编制、报审（设有标底的）。

11）开标。

12）评标。

13）中标。

14）签订合同。

### 0.4.6　施工过程

施工过程大体可分为准备、主体工程和装修三个阶段。

#### 1. 建设单位施工前的准备工作

除设备订货以外，主要是进行“三通一平”工作，即通路（修通施工行车运输道路）、通水（引进施工用水）、通电（引进施工用电）和平整施工场地，以及委托监理、审核设计图样、落实协作配套条件、进行施工招标并签订施工合同等（如前所述）。此外，还须搭设一些临时棚屋，组织材料供应和安排施工队伍各工种的配备。最后，完成房屋的定位放线工作。

#### 2. 主体工程施工阶段

主体工程施工阶段是指房屋各主体结构和构造组成部分的施工，主要包括挖基槽土方，砌基础墙，回填土，逐层砌筑墙、柱，吊装楼板、楼梯、屋面板等。施工是实现建设蓝图的物质生产活动和决定性环节。施工单位必须严格按照施工合同，有关法律、法规和工程建设技术标准的规定，以及国家现行的建筑安装工程施工、安装验收规范和操作规程进行施工，确保工程质量。对不符合质量要求的，要及时采取措施，不留隐患，按期全面完成工程任务量。建筑施工企业应编制科学严密的施工组织设计，制定质量、安全、技术、文明施工等各项保证措施，按照施工、安装顺序合理组织施工安装。确保工程质量、施工安全和现场文明施工。

组织建筑施工时，首先遇到的是组织施工方式的问题，建筑工程的施工是由许多个施工过程组成的，每一个施工过程都可以组织一个或多个施工班组来完成，各个班组都需要安排其施工的先后顺序和时间。对于不同的工程施工情况应采取不同的组织方式，一般可采用依次施工、平行施工和流水施工三种方式。其中，流水施工是一种很科学地安排生产过程的组织方法，得到最为广泛的应用。现就这三种施工方式的特点和效果举例分析如下：

1）依次施工：依次施工也称顺序施工，即指前一个施工过程（或工序）完工后，再开始下一个过程，依次完成全部过程。表0-2所示为某钢筋混凝土构件（共三种）的制作过程采用依次施工的进度安排。

表0-2 依次施工进度安排计划表

| 施工过程 | 施工天数/d | 每天人数/人 | 施工进度/d | | | | | | | | |
|---|---|---|---|---|---|---|---|---|---|---|---|
| | | | 3 | 6 | 9 | 12 | 15 | 18 | 21 | 24 | 27 |
| 支模板 | 3 | 3 | | | | | | | | | |
| 绑扎钢筋 | 3 | 3 | | | | | | | | | |
| 浇混凝土 | 3 | 3 | | | | | | | | | |

从表0-2可以看出，依次施工的特点是工人人数少，所需物资（设备、材料）少，但施工工期长，而且专业施工班不能连续工作，发生窝工现象。这种组织方式主要适用于工程量小、规模小、工作面有限的小工程。

2）平行施工：平行施工是将全部工程的各施工过程同时安排施工、同时完工的组织方式。同样以上面的钢筋混凝土预制构件为例，三个构件同时开始，平行进行，同时完成，见表0-3。

表0-3 平行施工进度安排计划表

| 施工过程 | 施工天数/d | 每天人数/人 | 施工进度/d | | | |
|---|---|---|---|---|---|---|
| | | | 3 | 6 | 9 | |
| 支模板 | 3 | 9 | | | | |
| 绑扎钢筋 | 3 | 9 | | | | |
| 浇混凝土 | 3 | 9 | | | | |

从表 0-3 可以看出，采用平行施工方式的特点是工期短，工作面能充分利用，施工段上没有闲置，但工人人数多，所需物资多，造成物资供应紧张，且临时设施大量增加，大大增加了施工费用。这种组织方式主要适用于规模大、工期紧，有充分的工作面且不计较工程代价的工程。

3）流水施工：流水施工是将拟建工程从施工工艺的角度分解成若干个施工过程，并按施工过程成立相应的施工班组，同时将拟建工程从平面或空间角度划分成若干个施工段，让各专业施工班组按照工艺的顺序排列起来，依次在各个施工段上完成各自的施工过程，就像流水一样从一个施工段转移到另一个施工段，这种方式能保证工程项目施工全过程在时间上和空间上，有节奏，均衡、连续地进行下去，直到完成全部工程任务。表 0-4 所示为上面的钢筋混凝土预制构件施工采用流水施工组织方式的情况。

表 0-4　流水施工进度安排计划表

| 施工过程 | 施工天数/d | 每天人数/人 | 施工进度/d | | | | | |
|---|---|---|---|---|---|---|---|---|
| | | | 3 | 6 | 9 | 12 | 15 | |
| 支模板 | 3 | 9 | ① | ② | ③ | | | |
| 绑扎钢筋 | 3 | 9 | | ① | ② | ③ | | |
| 浇混凝土 | 3 | 9 | | | ① | ② | ③ | |

从表 0-4 可以看出，采用流水施工，经济效益高于依次施工和平行施工，其特点是工人人数少，消耗物资少，工期合理，各个施工班组能连续地进行施工，无窝工现象，工作面不空闲，生产过程均衡、有节奏。

由于流水施工具有以上特点，因而成为工程施工组织的首选方式。

3. 装修阶段

装修阶段包括做房面防水，室内外墙面抹灰，做地面，安门窗以及油漆粉刷等。各种设备系统的管线埋设安装工作，如给水排水、供暖、电气照明等管线是在房屋施工的各阶段中穿插进行的。

## 0.4.7　竣工验收程序

竣工验收阶段也可以看成施工的最后阶段，是工程建设必不可少的一个重要环节。在交工验收前，施工单位内部应先进行预验收，检查各分部分项工程的施工质量，整理各项交工验收的技术经济资料。在此基础上，由建设单位组织竣工验收，经上级主管部门验收合格后，办理验收签证书，并交付使用。下面就交工验收阶段的程序与组织工作做一简单介绍。

1. 检验批及分项工程的验收程序与组织

检验批由专业监理工程师组织项目专业质量检验员等进行验收；分项工程由专业监理工程师组织项目专业技术负责人等进行验收。

检验批和分项工程是建筑工程施工质量的基础，因此，所有检验批和分项工程均应由监理工程师或建设单位项目技术负责人组织验收。验收前，施工单位先填好“检验批和分项工程的验收记录”（有关监理记录和结论不填），并由项目专业质量检查员和项目专业技术负责人分别在检验批和分项工程质量检验记录中相关栏目中签字，然后由监理工程师组织，严格按规定程序进行验收。

2. 分部工程的验收程序与组织

分部工程应由总监理工程师（或建设单位项目负责人）组织施工单位项目负责人和项目技术、质量负责人等进行验收；由于地基基础、主体结构技术性能要求严格，技术性强，关系到整个工程的安全，因此规定与地基基础、主体结构分部工程相关的勘察、设计单位工程项目负责人和施工单位技术、质量部门负责人也应参加相关分部工程验收。

3. 单位（子单位）工程的验收程序与组织

（1）**竣工初验收的程序** 当单位工程达到竣工验收条件后，施工单位应在自查、自评工作完成后，填写工程竣工报验单，并将全部竣工资料报送项目监理机构，申请竣工验收。总监理工程师应组织各专业监理工程师对竣工资料及各专业工程的质量情况进行全面检查，对检查出的问题，应督促施工单位及时整改。对需要进行功能试验的项目（包括单机试车和无负荷试车），监理工程师应督促施工单位及时进行试验，并对重要项目进行监督、检查，必要时请建设单位和设计单位参加；监理工程师应认真审查试验报告单并督促施工单位搞好成品保护和现场清理。

经项目监理机构对竣工资料及实物全面检查、验收合格后，由总监理工程师签署工程竣工报验单，并向建设单位提出质量评估报告。

（2）**正式验收** 建设单位收到工程验收报告后，应由建设单位（项目）负责人组织施工（含分包单位）、设计、监理等单位（项目）负责人进行单位（子单位）工程验收。单位工程由分包单位施工时，分包单位对所承包的工程项目应按规定的程序检查评定，总包单位应派人参加。分包工程完成后，应将工程有关资料交总包单位。建设工程经验收合格的，方可交付使用。

建设工程竣工验收应当具备下列条件：

1）完成建设工程设计和合同约定的各项内容。

2）有完整的技术档案和施工管理资料。

3）有工程使用的主要建筑材料、建筑构配件和设备的进场试验报告。

4）有勘察、设计、施工、工程监理等单位分别签署的质量合格文件。

5）有施工单位签署的工程保修书。

在竣工验收时，对某些剩余工程和缺陷工程，在不影响交付的前提下，经建设单位、设计单位、施工单位和监理单位协商，施工单位应在竣工验收后的限定时间内完成。

参加验收各方对工程质量验收意见不一致时，可请当地建设行政主管部门或工程质量监督机构协调处理。

4. 单位工程竣工验收备案

单位工程质量验收合格后，建设单位应在规定时间内将工程竣工验收报告和有关文件，报建设行政管理部门备案。

1）凡在中华人民共和国境内新建、扩建、改建各类房屋建筑工程和市政基础设施工程的竣工验收，均应按有关规定进行备案。

2）国务院建设行政主管部门和有关专业部门负责全国工程竣工验收的监督管理工作，由县级以上地方人民政府建设行政主管部门负责本行政区域内工程的竣工验收备案及管理工作。

## 0.5 建筑方针

### 0.5.1 我国不同时期的建筑方针

1956年，国务院曾结合当时的国情以及建筑行业状况和以后的发展规划，在《关于加强建筑设计工作的决定》中提出“民用建筑设计时，必须全面掌握适用、经济、在可能条件下注意美观的原则。”

“适用”，包括满足使用功能要求，即恰当的确定建筑面积，合理的布局，必需的技术设备，良好的设施以及保温、隔声的环境。“适用”涉及技术和工艺、材料和设备，直接体现在建设标准上。“适用”必须“以人为本”，包括结构、场地安全，要考虑建筑物内外对使用人的健康影响。在这里，“安全”是指结构的安全度，建筑物耐火等级及防火设计、建筑物的耐久年限等。

“经济”，主要包括节约建筑造价，降低能源消耗及运行、维修和管理费用等，缩短建设周期。既要注意建筑物本身的经济效益，即提高资源的利用率达到经济的目的，又要注意建筑物的社会和环境的综合效益，即资源节约和保护环境。

“美观”，是建筑艺术的美，应当把建筑外观和内在空间相结合，与四周环境相协调；体现地域特点和民族文化，反映人们的审美情趣，反映社会经济进步而带来的对建筑审美的新要求；综合考虑新技术、新材料、新工艺以及新观念，突出时代精神。

“适用、经济、在可能条件下注意美观的原则”是中华人民共和国成立以后提出的第一个具有明确定义的建筑方针。该方针提出后，在相当长一个时期内，为我国建筑事业发展起到了积极的灯塔作用。

1986年，中华人民共和国建设部总结在以往建设实践经验的基础上，提出建筑业的主要任务是“全面贯彻适用、安全、经济、美观”的方针。

1996年，在新版《中国建筑技术政策》一书中，将“适用、安全、经济、美观”的建筑方针升华、优化为“适用、经济、美观”的建筑原则，使其更符合国家的可持续发展战略以及“以人为本”的建筑设计原则。

2005年，中国建筑学会学术年会直接以“发展的城市、创新的建筑”为主题，对新时期、新形势下，我国的建筑方针应该所具有的新内涵进行了深入的交流和探讨。

2016年，《中共中央　国务院关于进一步加强城市规划建设管理工作的若干意见》中明确提出了“适用、经济、绿色、美观”的建筑方针。

### 0.5.2 新时期建筑方针的解读

我国在2016年提出的“适用、经济、绿色、美观”的建筑方针，是按照“五位一体”总体布局和“四个全面”战略布局，牢固树立和贯彻落实“创新、协调、绿色、开放、共享”的发展理念，认识、尊重、顺应建筑发展规律，更好发挥法治的引领和规范作用，依法规划、建设和管理城市的基本原则。

“适用、经济、绿色、美观”的建筑方针与我国以前提出的建筑方针相比，写入了一个具有重大意义的新词“绿色”。当今，人类面对能源危机、环境危机、生态危机的现状，对可持续发展的战略已经达成一致共识。在建筑的全寿命周期内，最大限度地节约资源（节能、节地、节水、节材，习称“四节”）[⊖]，保护环境和减少污染，为人们提供健康、适用和高效的使用空间，让建筑与自然和谐共生，是建筑科技工作者所追求的目标。

“适用、经济、绿色、美观”的建筑方针，为我国建筑事业的发展指明了方向，也为繁荣建筑创作指明了方向。

## 习　　题

**一、选择题**

1. 建筑构成三要素中，（　　）是建筑物最基本的要求，也是人们建造房屋的主要目的。

A. 建筑技术　B. 建筑功能　C. 建筑形象　D. 建筑的经济性

2. 建筑是建筑物和构筑物的统称，（　　）属于建筑物。

A. 住宅、办公楼　B. 学校、堤坝　C. 展览馆、电塔　D. 烟囱、工厂

3. 西安半坡遗址是原始社会中国北方（　　）建筑发展的见证。

A. 半穴居　B. 巢居　C. 穴居　D. 蜂巢居

4. 印度、巴比伦和罗马人热衷的居住形式主要是（　　），这种自撑式弧形结构使得建筑在跨度和高度上不断增加。

A. 地面建筑　B. 梁架　C. 拱券　D. 蜂居

5. 世界上唯一以木材为主要建筑材料的木构体系是（　　）建筑。

A. 中国　B. 日本　C. 朝鲜　D. 东南亚

6. 《易·系辞》中所说的“昔先王未有宫室，冬则居营窟，夏则居橧巢”指的是我国最早原始居住群体以（　　）的居住形式过渡。

A. 蜂居　B. 巢居　C. 帐篷　D. 穴居

7. 原始社会居住建筑常见类型有（　　）。

A. 穴居　B. 石环　C. 巢居　D. 地面

8. 中国古代建筑的基本构架形式是（　　）。

A. 抬梁　B. 穿斗　C. 石环　D. 石台

**二、问答题**

1. 请用框图叙述建设工程的基本建设程序。

2. 一般来说，建筑设计分为哪几个阶段？在进行设计之前，需要做哪些准备工作？

3. 建筑设计的初步设计阶段、技术设计阶段、施工图设计阶段的工作目的、任务、要求和提交的工作成果有什么不同？

4. 一般来说，建筑施工分为哪几个阶段？每个阶段的工作目的、任务、要求和完成的工作成果有什么不同？

---

⊖ 这里的“四节”（节能、节地、节水、节材）宜从广义的角度上加以理解。它主要是强调减少各种资源的浪费，减少环境污染，减少二氧化碳排放，在满足人的使用要求的基础上，打造健康、高效的使用空间，体现建筑的人文性质。

5. 简述建筑工程的招标投标工作。

6. 简述中西方建筑的差异。

7. 请结合本书“图 0-2 现代人对居住环境的要求”，简要叙述现代人对建筑环境的要求。

8. 公元前 27 年，古罗马著名建筑师马可·维特鲁威（Marcus Vitruvius Pollio）在总结当时建筑经验的基础上，参照著名建筑师赫莫琴尼（hermogenes，3rd century BC）等人的著作，写了本有关建筑和工程实践的论著《De Architectura》，汉译名为《建筑十书》。该书是从古代流传至今的唯一的一部完整的设计专著，在中世纪以手稿的形式传播，到了 1486 年才首次以印刷版的形式出现在罗马。从那时起，该著作经过多次编辑和移译，几个世纪以来一直被看作是有关古典建筑的权威著作。《建筑十书》分为 10 卷，内容有城市规划与建筑概论，建筑材料，神庙构造与希腊柱式的应用，公共建筑（剧场、浴室），私家建筑，地坪与饰面，水力学，计时、测量与天文，以及土木与军用机械等。维特鲁威在这部著作里，首次明确提出“实用、坚固、美观”的建筑原则（习称“建筑的三要素”），至今仍启迪着全世界建筑界学人，成为经典建筑思想。

请结合本书“图 0-1 普通成年人每天从事各类活动的时间分布”，简要论述为何从古至今在提及建筑原则时，总是把“适用（实用）”放在第一位。

9. 科学、技术、工程是三个不同的概念，它们之间既有区别又有联系。

（1）科学　科学指关于事物的基本原理和事实的有组织有系统的知识。科学的任务是研究关于事物和事实（自然界和社会）的本质和机理，以及探索它们发展的客观规律。其中，基础科学（Basic Science）如数学、物理、化学、天文、地学、生物等，其任务是研究自然界最基本的客观规律。近百余年来发展了技术科学（Technological Science），如固体力学、流体力学、机械学、电工学、电子学等，其任务是研究相邻几门工程方面共同性的自然规律。科学家（Scientist）则是从事科学研究的专门家，包括自然科学家和社会科学家。

（2）技术　技术指根据生产实践经验和自然科学原理而发展成的各种生产工艺、作业方法、操作技能、设备装置的总和。技术的英文名词有两个：Technology 和 Technique。前者全名为技术学，是一种学术，有它的理论基础，也有实用技术；后者是单纯经验性的技术。技术的任务是利用和改造自然，以其生产的产品为人类服务。其中工程技术有土木、机械、电机、电信、化工、计算机等；农业技术有种植、畜牧、造林、园艺等。技术家（Technologist）则是从事技术工作的专门家，工程师、农艺师、医师等都称为技术家。

由上可知，科学是基础，应用科学原理可以开发技术；技术的发展，会出现新的现象和问题，人们对它们进行研究，就能进一步发展科学。所以，科学与技术相互促进，相辅相成，而且互相渗透，两者之间没有明确的界线。

（3）工程　工程是将自然科学的原理应用到工农业生产部门中而形成的各学科的总称，其目的在于利用和改造自然来为人类服务（《辞海》）；但工程并不等于科学。工程是应用科学知识使自然资源最佳地为人类服务的一种专门技术（《简明大英百科全书》）；但工程并不等于技术，它还受到政治、经济、法律、美学等非技术内容的影响。工程是利用和改造自然的实践过程；技术存在于工程之中。工程中含有丰富的艺术内涵，包括工程形象的创造、工程管理的艺术以及工程师的想象力和创造力，但工程不等于艺术。工程的完整概念是运用科学原理、技术手段、实践经验，利用和改造自然，生产开发对社会有用的产品和实践活动的总称；任何工程都是工程师的艺术作品和全体工程人员的劳动成果。

请运用“科学、技术、工程”的概念，进一步阐述建筑三要素（建筑功能、建筑技术和建筑形象）之间的辩证关系。

# 第 1 章 建筑材料

## 1.1 概述

### 1.1.1 建筑材料的分类与标准化

1. 建筑材料的分类

构成各类建筑物和构筑物的材料称为建筑材料，它包括建筑物、构筑物的基础、梁、板、柱、墙体、屋面、地面等所用到的各种材料。

建筑材料有不同的分类方法。如按建筑材料的功能与用途分类，可以分为结构材料、防水材料、保温材料、吸声材料、装饰材料、地面材料、屋面材料等。也可以按建筑材料的化学成分分类，可以分为无机材料、有机材料和复合材料，见表 1-1。

表 1-1 建筑材料按化学成分分类

<table>
<tr><td rowspan="8">无机材料</td><td rowspan="2">金属材料</td><td colspan="2">黑色金属:钢、铁</td></tr>
<tr><td colspan="2">有色金属:铝及铝合金、铜及铜合金等</td></tr>
<tr><td rowspan="6">非金属材料</td><td colspan="2">天然石材:花岗岩、石灰岩、大理岩、砂岩、玄武岩等</td></tr>
<tr><td colspan="2">烧结与熔融制品:烧结砖、陶瓷、玻璃、铸石、岩棉等</td></tr>
<tr><td rowspan="2">胶凝材料</td><td>水硬性胶凝材料:各种水泥等</td></tr>
<tr><td>气硬性胶凝材料:石灰、石膏、水玻璃、菱苦土等</td></tr>
<tr><td colspan="2">混凝土及砂浆等</td></tr>
<tr><td colspan="2">硅酸盐制品等</td></tr>
<tr><td rowspan="3">有机材料</td><td colspan="3">植物材料:木材、竹材及其制品等</td></tr>
<tr><td colspan="3">合成高分子材料:塑料、涂料、胶粘剂、密封材料等</td></tr>
<tr><td colspan="3">沥青材料:石油沥青、煤沥青及其制品等</td></tr>
<tr><td rowspan="4">复合材料</td><td rowspan="2">无机材料基复合材料</td><td colspan="2">混凝土、砂浆、钢筋混凝土等</td></tr>
<tr><td colspan="2">水泥刨花板、聚苯乙烯泡沫混凝土等</td></tr>
<tr><td rowspan="2">有机材料基复合材料</td><td colspan="2">沥青混凝土、树脂混凝土、玻璃纤维增强塑料(玻璃钢)等</td></tr>
<tr><td colspan="2">胶合板、竹胶板、纤维板等</td></tr>
</table>

2. 建筑材料的标准化

目前我国绝大多数建筑材料都有相应的技术标准，它包括产品规格、分类、技术要求、验收规则、代号与标志、运输与储存及抽样方法等。

建筑材料生产企业必须按照标准生产，并控制其质量。建筑材料使用部门则按照标准选用并按标准验收产品。

我国的建筑材料标准分为国家标准、部委行业标准、地方标准和企业标准。国家标准和部委行业标准都是全国通用标准，是国家指令性文件，各级生产、设计、施工等部门均必须严格遵照执行。按要求执行的程度分为强制性标准和推荐标准（以/T 表示）。

建筑材料有关的标准及其代号主要有：国家标准 GB；建筑工程国家标准 GBJ；建设部行业标准 JGJ；建筑工业行业标准 JG；国家建筑材料工业局标准 JC；中国石油化学总公司标准 SH；冶金部标准（原）YB；化工部标准（原）HG；林业部（原）标准 LY；国家级专业标准 ZB（有关建筑材料的为 ZBQ，专业标准现已改为行业标准）；中国工程建设标准化协会标准 CECS；地方标准 DB；企业标准 QB 等。

标准的表示方法由标准名称、部门代号、标准编号、批准年份四部分组成，如《低合金高强度结构钢》（GB/T 1591—2008），又如《建筑生石灰》（JC/T 479—2013）。标准是根据一定时期的技术水平制定的，因而随着技术的发展与使用要求的不断提高，需要对标准进行修订。20 世纪 80 年代末以来，为提高产品的水平，适应日益提高的建筑要求，并与国际标准接轨，国家修订了大量的标准，并制定了大量的新标准。

工程中使用的建筑材料除必须满足产品标准外，有时还必须满足有关的设计规范、施工及验收规范或技术规程等的规定。这些规范对建筑材料的选用、使用、质量要求及验收等还有专门的规定（其中有些规范或规程的规定与建筑材料产品标准的要求相同）。如混凝土用砂、石，除满足《建设用砂》（GB/T 14684—2011），《建设用卵石、碎石》（GB/T 14685—2011）外，还须满足《普通混凝土用砂、石质量及检验方法》（JGJ 52—2006）标准的规定。又如各防水材料除满足其产品质量要求外，当用于屋面工程时还须满足《屋面工程技术规范》（GB 50345—2012）的规定。

随着我国加入 WTO，使用其他国家建筑材料也越来越多，目前涉及的国外标准主要有：国际标准 ISO，美国钢铁学会标准 AISI，美国国家标准 ANSI，美国阀门和管件制造厂标准化协会标准 MSS，美国焊接协会标准 AWS，美国规格学会标准 ASI，美国材料试验协会标准 ASTM，美国机械工程师学会标准 ASME，英国国家标准 BS，德国国家标准 DIN，法国国家标准 NF，日本工业标准 JIS 等。

### 1.1.2 建筑材料的基本状态参数

#### 1. 材料的密度

（1）**密度** 材料在绝对密实状态下（材料内部不含任何孔隙），单位体积的质量称为材料的密度，定义式如下

$$\rho=\frac{m}{V} \tag{1-1}$$

式中 $\rho$——材料的密度（$g/cm^3$）；

$m$——材料的质量（g）；

$V$——材料在绝对密实状态下的体积（不含内部任何孔隙的体积）（$cm^3$）。

所谓绝对密实状态下的体积，是指不包括材料内部孔隙的固体物质的实体积。材料的密度 $\rho$ 大小取决于材料的组成与材料的微观结构。当材料的组成与微观结构一定时，材料的密

度 $\rho$ 为常数。

除少数材料如钢、铝合金、玻璃、沥青等外，大多数建筑材料均含有一定数量的孔隙。测定含孔材料的绝对密实体积 $V$ 的简单方法，是将材料磨细成细粉末，使材料内部的所有孔隙外露（即全部成为开口孔隙），用排液法测得的粉末体积，即为绝对密实体积。由于磨的越细，内部孔隙消除的越完全，测得的体积也越精确，因此，一般要求细粉颗粒的粒径小于 0.2mm。

（2）**表观密度** 材料单位表观体积的质量称为表观密度，定义式如下

$$\rho_0 = \frac{m}{V_0} \tag{1-2}$$

式中 $\rho_0$——材料的表观密度（$kg/m^3$，或 $g/cm^3$）；

$m$——材料的质量（kg，或 g）；

$V_0$——材料的表观体积（$m^3$，或 $cm^3$）。

所谓材料的表观体积，是指包括材料实体积和内部（闭口）孔隙的体积。

测定材料的表观体积，通常采用排液置换法或水中称重法。

（3）**体积密度** 体积密度指材料在自然状态下，单位体积的质量（原称容重），定义式如下

$$\rho' = \frac{m}{V'} \tag{1-3}$$

式中 $\rho'$——材料的体积密度（$kg/m^3$ 或 $g/cm^3$）；

$m$——材料的质量（kg 或 g）；

$V'$——材料在自然状态下的体积（$m^3$ 或 $cm^3$），包括材料实体积和内部闭口孔隙和开口孔隙的体积。

测定材料自然状态体积的方法较简单，若材料外观形状规则，可直接度量外形尺寸，按几何公式计算。若外观形状不规则，可用排液法求得，为了防止液体由孔隙渗入材料内部而影响测值，应在材料表面涂蜡。

材料的体积密度与含水状况有关，材料含水时，质量增加，体积也会发生不同程度的变化。因此，一般测定材料体积密度时，以干燥状态为准，而对含水状态下测定的体积密度，须注明含水率的多少。

（4）**堆积密度** 散粒材料或粉末状材料在自然堆积状态下，单位体积的质量称为堆积密度，定义式如下

$$\rho_1 = \frac{m}{V_1} \tag{1-4}$$

式中 $\rho_1$——材料的堆积密度（$kg/m^3$）；

$m$——材料的质量（kg）；

$V_1$——材料的堆积体积（$m^3$）。

散粒材料堆积状态下的外观体积，既包含了颗粒自然状态下的体积，又包含了颗粒之间的空隙体积、散粒材料的堆积体积，常用其所填充满的容器的标定容积来表示；散粒材料的堆积方式是松散的，为自然堆积；也可以是捣实的，为紧密堆积；由紧密堆积测试得到的是紧密堆积密度。

测定材料的堆积密度时，材料的质量可以是任意含水状态下的，但须说明材料的含水率。通常所指的堆积密度是在气干状态下的，称为气干堆积密度，简称堆积密度。材料在绝干状态时，称为绝干堆积密度，以$\rho'_{od}$来表示（$\rho'_{od}=m/V'_o$）。

材料的堆积密度与材料的体积密度、含水率、堆积的紧密程度等有关。

在建筑工程中，计算材料的用量、构件及建筑物的自重、材料的配合比以及材料的运输量与储存量时经常要用到材料的密度、表观密度、体积密度和堆积密度等。

2. 密实度与孔隙率

（1）**密实度** 材料体积（自然状态）内固体物质的充实程度称为材料的密实度$D$，定义式如下

$$D=\frac{V}{V'}\times100\%=\frac{\rho'}{\rho}\times100\% \tag{1-5}$$

密实度$D$反映材料的密实程度，$D$越大，材料越密实。

（2）**孔隙率** 孔隙率是指材料内部孔隙体积占材料在自然状态下体积的百分率，它以$P$表示，定义式如下

$$P=\frac{V'-V}{V'}\times100\%=\left(1-\frac{\rho'}{\rho}\right)\times100\% \tag{1-6}$$

密实度和孔隙率两者之和为1，两者均反映了材料的密实程度，通常用孔隙率来直接反映材料密实程度；孔隙率的大小对材料的物理性能和力学性能均有影响，而孔隙特征、孔隙构造和大小对材料性能影响较大。构造分为封闭（闭口）孔隙（与外界隔绝）和连通（开口）孔隙（与外界连通）；按孔隙的尺寸大小分为粗大孔隙、细小孔隙、极细微孔隙。孔隙率小，并均匀分布的闭合小孔材料，建筑性能好。

3. 填充率与空隙率

（1）**填充率** 散粒材料在自然堆积状态下，其中的颗粒体积占自然堆积状态下的体积百分率称为材料的填充率$D'$，定义式如下

$$D'=\frac{V'}{V_1}\times100\%=\frac{\rho_1}{\rho'}\times100\% \tag{1-7}$$

（2）**空隙率** 散粒材料在堆积状态下，颗粒间空隙体积（开口孔隙与间隙之和）占堆积体积的百分率称为材料的空隙率$P'$，定义式如下

$$P'=\frac{V_1-V_0}{V_1}\times100\%=\left(1-\frac{\rho_1}{\rho_0}\right)\times100\% \tag{1-8}$$

## 1.2 常用建筑材料

在建筑工程中，建筑材料有很多种，常用的建筑材料有气硬性胶凝材料、水硬性胶凝材料、石材、混凝土、砂浆、金属材料、木材、防水材料等。

### 1.2.1 气硬性胶凝材料

土木工程中将能够把散料材料或块状材料粘结成一个整体的材料称为胶凝材料。按化学成分分类，可分为有机胶凝材料和无机胶凝材料。有机胶凝材料如各种沥青、树脂、橡胶

等。无机胶凝材料按硬化条件分为气硬性胶凝材料和水硬性胶凝材料。气硬性胶凝材料只能在空气中凝结硬化，即在空气中保持和发展其强度，但气硬性胶凝材料的耐水性差，不宜用于潮湿环境。常用的气硬性胶凝材料有石灰、石膏、水玻璃和菱苦土等。

1. 石灰

石灰是一种古老的建筑材料。因其原料来源广泛，生产工艺简单，成本低廉，故目前仍被广泛用于建筑工程中。

1）石灰的性质。

a. 保水性、可塑性好。石灰熟化生成的 $Ca(OH)_2$ 颗粒极其细小，比表面积（材料的总表面积与其质量的比值）很大，使得氢氧化钙颗粒表面吸附有一层较厚水膜，即石灰的保水性好。由于颗粒间的水膜较厚，颗粒间的滑移较易进行，即可塑性好。这一性质常被用来改善水泥砂浆的保水性。

b. 凝结硬化慢、强度低。石灰的凝结硬化很慢，且硬化后的强度很低，如石灰砂浆 28d 抗压强度只有 0.2~0.5MPa。

c. 耐水性差。潮湿环境中石灰浆体不会产生凝结硬化。硬化后的石灰浆体的主要成分为 $Ca(OH)_2$ 和少量的 $CaCO_3$。由于 $Ca(OH)_2$ 可微溶于水，所以石灰的耐水性很差。

d. 干燥收缩大。$Ca(OH)_2$ 颗粒吸附的大量水分，在凝结硬化过程中不断蒸发，并产生很大的毛细管压力，使石灰浆体产生很大的收缩而开裂，因此石灰除做粉刷墙面外一般不单独使用。

2）石灰的应用。石灰在建筑工程上的应用主要是：

a. 利用熟化石灰制成石灰砂浆或水泥石灰混合砂浆，用于抹灰和砌筑。

b. 利用石灰与石英砂、粉煤灰、矿渣等为主要原料，生产人造石材——硅酸盐混凝土及其制品。因其主要产物为水化硅酸钙，所以称为硅酸盐混凝土。常用的硅酸盐混凝土制品有各种粉煤灰砖及砌块、灰砂砖及砌块、加气混凝土等。

c. 熟化后的石灰与黏土拌和成灰土或石灰土，再加砂或石屑、炉渣等形成三合土。经夯实或压实，灰土和三合土的密实度增加，并且黏土中含有少量的活性 $SiO_2$ 和活性 $Al_2O_3$ 与 $Ca(OH)_2$ 反应生成了少量的水硬性产物，所以两者的密实程度、强度和耐水性得到改善。所以，灰土和三合土广泛用于建筑工程的基础和道路的垫层或基层。

d. 磨细生石灰、纤维状填料（如玻璃纤维）或轻质骨料加水搅拌成型为坯体，然后再通入 $CO_2$ 进行人工碳化（约 12~24h）而成的一种轻质板材，作为非承重的内隔墙板以及顶棚等。

另外，生石灰块及生石灰粉应在干燥条件下运输和储存，且应防潮、防水。

2. 石膏

石膏是以 $CaSO_4$ 为主要成分的常用气硬性胶凝材料。

（1）**石膏的主要品种** 当生产石膏的原材料质量不同以及燃烧时压力与温度的不同，可以得到不同品种的石膏。

1）建筑石膏。将天然 $CaSO_4 \cdot 2H_2O$ 在石膏炒锅或沸腾炉内燃烧且温度控制在 107~170℃ 范围时，$CaSO_4 \cdot 2H_2O$ 脱水为细小晶体的 β 型 $CaSO_4 \cdot 0.5H_2O$（又称熟石膏），再经磨细制得。建筑石膏呈白色或白灰色粉末，密度为 2.6~2.75g/cm$^3$，堆积密度为 800~1000kg/m$^3$。建筑石膏多用于建筑工程中的抹灰、粉刷、砌筑砂浆及生产各种石膏制品。

2）模型石膏。模型石膏的主要成分也是β型 $CaSO_4 \cdot 0.5H_2O$，但杂质少、色白。模型石膏主要用于陶瓷的制坯工艺的成型和装饰浮雕等。

3）高强度石膏。将 $CaSO_4 \cdot 2H_2O$ 在密闭压蒸釜内蒸炼脱水成为α型半水石膏，再经磨细制得。与β型半水石膏相比，α型半水石膏的晶体粗大且密实，达到一定稠度所需的用水量小，且只有建筑石膏的一半。因此，这种石膏硬化后结构密实、强度较高，硬化7d时的强度可达15~40MPa。高强度石膏的密度为2.6~2.8g/cm$^3$，堆积密度为1000~1200kg/m$^3$。高强度石膏主要用于要求较高的抹灰工程、装饰制品和石膏板。另外，掺入防水剂还可制成高强度防水石膏和无收缩的粘结剂等。

4）粉刷石膏。粉刷石膏是天然 $CaSO_4 \cdot 2H_2O$ 或废石膏经适当工艺所得到的粉状生成物。当配适量的缓凝剂、保水剂等化学外加剂后制成抹灰用胶结料。

石膏的品种虽很多，但在建筑中应用最多的为建筑石膏。

（2）**建筑石膏的特点**

1）凝结硬化时间短。建筑石膏在加水拌和后，浆体在几分钟内便开始失去可塑性，30min内完全失去可塑性而产生强度，2h可达3~6MPa。

2）凝结硬化时体积微膨胀。石膏浆体在凝结硬化初期会产生微膨胀，膨胀率为0.5%~1.0%。这一特点使石膏制品的表面光滑、细腻，尺寸精确、形体饱满、装饰性好。

3）孔隙率大、体积密度小。建筑石膏在拌和时，为使浆体具有施工要求的可塑性，需加入建筑石膏用量的60%~80%（质量分数）的用水量，而建筑石膏水化的理论需水量为18.6%（质量分数），所以大量的自由水蒸发时会在建筑石膏制品内部形成大量的毛细孔隙。因此，建筑石膏制品的体积密度只有800~1000kg/m$^3$，属于轻质材料。

4）保温性和吸声性好。建筑石膏制品的孔隙率大，且均为微细的毛细孔，所以热导率小，一般为0.12~0.20W/(m·K)，保温性好。大量的毛细孔隙对吸声有一定的作用，特别是穿孔石膏板（板中有贯穿的孔径为6~12mm的孔眼）对声波的吸收能力强。

5）强度较低。建筑石膏的强度较低，但其强度发展较快，2h的抗压强度可达3~6MPa，7d抗压强度为8~12MPa。

6）具有一定的调湿性。由于建筑石膏制品内部的大量毛细孔隙对空气中的水蒸气具有较强的吸附能力，所以对室内的空气湿度有一定的调节作用。

7）防火性好、但耐火性差。建筑石膏制品的热导率小，传热慢，且 $CaSO_4 \cdot 2H_2O$ 受热脱水产生的水蒸气阻碍火势的蔓延，起到防火作用。但 $CaSO_4 \cdot 2H_2O$ 脱水后，强度下降，因而不耐火。

8）耐水性、抗渗性、抗冻性差。建筑石膏制品孔隙率大，抗渗性和抗冻性均较差，且 $CaSO_4 \cdot 2H_2O$ 可微溶于水，遇水后强度大大降低，故建筑石膏是不耐水的材料。

（3）**建筑石膏的应用**　建筑石膏主要用于室内抹灰和粉刷料、制作石膏板等。石膏板具有轻质、隔热保温、吸声、防火、尺寸稳定、吸湿性大可调节室内温度和湿度及施工方便等性能，在建筑中得到广泛的应用，是一种很有发展前途的新型建筑材料。例如，纸面石膏板、纤维石膏板、装饰石膏板、空心石膏板以及各种装饰型和吸声型板等。建筑石膏在存储中应注意防雨、防潮。

### 3. 水玻璃

水玻璃是一种气硬性胶凝材料。在建筑工程中常用来配制水玻璃砂浆及水玻璃混凝土等。有时也可单独使用水玻璃或以水玻璃为主要原料配制涂料。

（1）**水玻璃的特性**

1）粘结力强、强度较高。水玻璃在硬化后，其主要成分为二氧化硅凝胶和氧化硅，因而具有较高的粘结力和强度。例如，用水玻璃配制的混凝土的抗压强度可达15~40MPa。

2）耐酸性、耐热性好。由于水玻璃硬化的主要成分为二氧化硅，可以抵抗除氢氟酸、过热磷酸外的所有无机酸和有机酸，所以可用水玻璃配制耐酸混凝土、耐酸砂浆等。水玻璃凝结硬化后形成二氧化硅网状骨架，在高温下强度下降不大。故可用水玻璃配制耐热混凝土、耐热砂浆等。

3）耐碱性、耐水性差。水玻璃凝结硬化后不耐碱、不耐水。为提高耐碱性，常采用中等浓度的酸对已硬化的水玻璃进行酸洗处理。

（2）**水玻璃的应用**

1）作材料表面处理用，提高材料抗风化能力。用密度为1.35g/$cm^3$的水玻璃浸渍或涂刷黏土砖、水泥混凝土、硅酸盐混凝土、石材等多孔材料，可提高材料的密实度、强度、抗渗性、抗冻性及耐水性等。

2）加固地基。将水玻璃和氯化钙（$CaCl_2$）溶液交替压注到土壤中，生成的硅酸凝胶在潮湿环境下，因吸收土壤中水分处于膨胀状态，使地基土壤固结，减少地基沉降。

3）配制速凝防水剂。

4）修补砖墙裂缝。把水玻璃、粒化高炉矿渣粉、砂及氟硅酸钠按适当比例拌和后，直接压入砖墙裂缝，可起到粘结和补强作用。水玻璃应在密闭条件下存放。长时间存放后，水玻璃会产生一定的沉淀，使用前应搅拌均匀。

### 1.2.2 水泥

水泥是重要的建筑材料之一，在建筑上应用很广。水泥呈粉末状，与水混合后，经过物理化学反应由塑性浆体变成坚硬的石状体，并能将散粒状材料胶结成为整体，所以水泥是一种良好的矿物胶凝材料。就硬化条件而言，水泥浆体不但能在空气中硬化，在水中能更好地硬化，其强度能保持并继续增长，故水泥属于水硬性胶凝材料。水泥品种很多，工程中最常用的是硅酸盐系水泥。建筑工程通常采用的水泥主要有：硅酸盐水泥、普通硅酸盐水泥、矿渣硅酸盐水泥、火山灰质硅酸盐水泥、粉煤灰硅酸盐水泥等，其各有特点，其中以普通硅酸盐水泥应用最为广泛。

#### 1. 硅酸盐水泥及普通硅酸盐水泥

将石灰质原料（如石灰岩）和黏土质原料磨细，按一定比例配成“生料”，在窑中经1300~1450℃的高温煅烧后，生成以硅酸钙为主要成分的“熟料”，冷却后加入3%~5%的石膏，再磨细成粉末状材料，即为硅酸盐水泥，代号P·Ⅰ和P·Ⅱ。凡由硅酸盐水泥熟料、少量混合材料、适量石膏磨细制成的水硬性胶凝材料，称为普通硅酸盐水泥（简称普通水泥），代号P·O。水泥加水拌和成为水泥浆，开始它是一种可塑性的胶体物质，可以流动、变形，并可塑造成任意形状，具有粘结能力。但随着时间的增长，由于一系列复杂的物理、化学反应，水泥浆逐渐失去塑性，最后硬化成为固体。

水泥浆从水泥加水拌和起，到初步凝结的时间称为“初凝时间”，到完全变硬的时间称为“终凝时间”，这些时间都是由试验测定的。有关标准规定，硅酸盐水泥的初凝时间不得早于45min；终凝时间不得迟于6.5h；普通硅酸盐水泥的初凝时间不得早于45min；终凝时间不得迟于10h。这是因为在施工中，从水泥加水调拌起，到使用于建筑构件上，要经过搅拌、运输、浇捣或砌筑几个过程，如初凝时间太短，则感措手不及；反之，如终凝时间太长，则将影响施工进度。水泥浆在初凝以后，如再行操作将增加困难；在终凝以后，如再受振动，将产生质量事故。水泥初凝时间不符合要求，该水泥报废；终凝时间不合格，视为不合格。

水泥强度是指水泥胶砂的强度而不是净浆的强度，它是评定水泥强度等级的依据。

按《水泥胶砂强度检验方法（ISO法）》(GB/T 17671)，质量比为1∶3的水泥和标准砂，用0.5的水灰比拌和后，按规定的方法制成胶砂试件，在标准温度（20±1)℃的水中养护，测3d和28d的试件抗折和抗压强度，划分强度等级。硅酸盐水泥强度等级分为42.5、42.5R、52.5、52.5R、62.5、62.5R（带“R”早强型，不带“R”普通型)；普通硅酸盐水泥强度等级分为42.5、42.5R、52.5、52.5R。

2. 其他各种水泥

火山灰质硅酸盐水泥，代号P·P，是在硅酸盐水泥熟料中掺入火山灰质混合材料（占成品质量的20%~50%)，并加入适量石膏共同磨细而成的，简称火山灰质水泥。矿渣硅酸盐水泥，代号P·S，它是在硅酸盐水泥熟料中掺入粒化高炉矿渣（占成品质量的20%~70%)，并加入适量石膏共同磨细而成的，简称矿渣水泥。粉煤灰硅酸盐水泥，代号P·F，它是在硅酸盐水泥熟料中掺入粉煤灰（占成品质量的20%~40%)，并加入适量石膏共同磨细而成的，简称粉煤灰水泥。以上三种水泥的用途也较广。因混合材料掺入量很大，所以它们的性质与普通水泥有所不同。它们对硫酸盐类腐蚀的抵抗力及抗水性较强，水化热较低，因此，适用于地下、水中及经常受较高水压的工程，以及大体积的混凝土工程。因其凝结速度较慢，故用于地面以上工程时须加强养护。矿渣水泥还具有耐热性较好的特点，故适用于冶炼车间、锅炉间等受热工程，也可配制耐热混凝土。上述三种水泥的强度等级分别为32.5、32.5R、42.5、42.5R、52.5、52.5R。

水泥使用前，应分批对其强度、安定性进行复验。检验批应以同一生产厂家、同一编号为一批。当在使用中对水泥质量有怀疑或水泥出厂超过三个月（快硬硅酸盐水泥超过一个月）时，应复查试验，并按其结果使用。不同品种的水泥，不得混合使用。

### 1.2.3 混凝土

混凝土是由胶结材料、细骨料、粗骨料和水按一定的比例配合，经搅拌、浇筑、养护，然后凝结硬化而成的坚硬固体。普通混凝土的胶结材料是水泥，细骨料用砂，粗骨料用碎石或卵石，表观密度为2600~2700kg/m$^3$。也可用轻骨料陶粒（陶粒是用易熔黏土经焙烧膨胀制得的)、浮石、炉渣，膨胀矿渣珠等代替碎石、卵石。表观密度为1200~1800kg/m$^3$，质量轻，并兼有保温效果，称为轻骨料混凝土或轻混凝土。建筑工程对混凝土质量的基本要求是：具有符合设计要求的强度；具有与施工条件相适应的和易性；具有与工程环境相适应的耐久性；材料组成经济合理，生产制作节约能源。

按照用途不同，混凝土分为防水混凝土、防辐射混凝土、耐酸混凝土、装饰混凝土、耐火混凝土、补偿收缩混凝土、水下浇筑混凝土等。

#### 1. 普通混凝土的组成材料

普通混凝土（简称为混凝土）是由水泥、砂、石和水所组成的，另外还常加入适量的掺合料和外加剂。在混凝土中，砂、石起骨架作用，称为骨料；水泥与水形成水泥浆，水泥浆包裹在骨料表面并填充其空隙。在硬化前，水泥浆起润滑作用，赋予拌合物一定的和易性，便于施工。水泥浆硬化后，则将骨料胶结为一个坚实的整体。

#### 2. 普通混凝土的主要技术性质

混凝土在未凝结硬化以前，称为混凝土拌合物。它必须具有良好的和易性，便于施工，以保证能获得良好的浇灌质量。混凝土拌合物凝结硬化以后，应具有足够的强度，以保证建筑物能安全地承受设计荷载，并应具有必要的耐久性。

### 1.2.4 建筑砂浆

#### 1. 砂

砂是岩石风化形成的产物，按其产源分为河砂、海砂和山砂等，按其粗细程度可分为细砂、中砂、粗砂。细砂、中砂只能在砂浆中使用，且用在强度和耐久性要求不高的建筑物上。粗砂一般用在混凝土中。砂在使用前要过筛。如果砂中含有黏土等杂质较多时，使用前还应用水冲洗干净。

#### 2. 砂浆

砂浆在砌体中的作用是将砌体内的块体连成一整体，并抹平块体表面而促使应力的分布较为均匀。砂浆填满块体间的缝隙，减少了砌体的透气性，因而提高了砌体的隔热性能。此外，砂浆填满块体间的缝隙后，还可以提高砌体的抗冻性。

砂浆是由胶结材料（水泥、石灰等）、细骨料（砂）和水拌和而成的。常用的砂浆有三种，由石灰、砂、水拌和而成的石灰砂浆；由水泥、石灰、砂、水拌和而成的混合砂浆；由水泥、砂、水拌和而成的水泥砂浆。

水泥砂浆和混合砂浆宜用于砌筑潮湿环境以及强度要求较高的砌体，但处于潮湿环境中的砖石基础不宜用混合砂浆。石灰砂浆只宜用于砌筑强度要求不高的、干燥环境中的砌体和干土中的基础，而不宜用于潮湿环境中的砌体和湿土中的砖石基础。

砂浆的强度用强度等级表示。砂浆的强度等级为龄期28d的砂浆立方体（70.7mm×70.7mm×70.7mm）的抗压极限强度。砂浆的强度等级分为M20、M15、M10、M7.5 、M5和M2.5。其中M表示砂浆（MORTAR），后面的数值表示砂浆的强度大小，单位为MPa。

#### 3. 特种砂浆

特种砂浆由中砂、石英砂、石英粉等与石油沥青、石棉粉按一定配合比搅拌而成，分别称为沥青砂浆、耐酸沥青砂浆、耐酸沥青胶泥。这些特种砂浆具有耐酸、耐腐蚀的特性。除此之外，根据性能不同、用途不同，还有耐油砂浆、耐热砂浆、钢屑砂浆、不发火砂浆、重晶石砂浆等。在实际工程中，可根据工程性质和用途配制或选用相应的特种砂浆。

### 1.2.5 烧结砖及石材

烧结砖及石材是砌体结构的主要砌筑材料。其大多用于建筑物或构筑物中承受竖向荷载作用的墙、柱、拱、桥墩、基础等受压构件和结构中。

1. 烧结砖

（1）**黏土砖** 黏土砖是由黏土制成砖坯，经过干燥，入窑烧至900~1000℃而成的。烧制黏土砖在我国已有数千年的历史。由于黏土砖具有取材容易，制作方便，抗压强度较高，抗冻融和耐久性都较好的特点，多年来一直成为砌体结构广泛应用的建筑工程材料。但它也存在着一些缺点：占用农田影响农业生产；自重较大（表观密度约为1800kg/m$^3$）；施工效率低。目前，黏土砖已被其他砌筑材料逐渐代替，如烧结多孔砖、蒸压砖等。

黏土砖的标准尺寸为240mm(长)×115mm(宽)×53(厚)mm。黏土砖的主要强度指标是它的抗压强度。黏土砖的强度等级有MU30、MU25、MU20、MU15和MU10。MU表示砌体中的块体（MASONRY UNITY），后面的数值表示黏土砖的强度大小，单位为MPa。

（2）**其他砖** 为解决黏土砖与农田争土的矛盾，可以利用大量工业废料，如粉煤灰、电石灰、矿渣等开发和研制新型墙体材料。

1）蒸压灰砂砖是以石灰和砂为主要原料，经坯料制备、压制成型、蒸压养护而成的实心砖，简称灰砂砖。蒸压灰砂砖的强度等级有MU25、MU20、MU15和MU10。

2）蒸压粉煤灰砖是以粉煤灰、石灰为主要原料，掺加适量石膏和骨料，经坯料制备压制成型、高压蒸汽养护而成的实心砖，简称粉煤灰砖。灰砂砖和粉煤灰砖的规格尺寸与普通烧结砖相同。蒸压粉煤灰砖的强度等级有MU25、MU20、MU15和MU10。

3）硅酸盐砌块是以炉渣为骨料，以粉煤灰、碎石灰、磷石膏等工业废料为胶结料，加水搅拌、振动成型、蒸养而成的。这种砌块不能用于防潮层以下的部位，一般情况下只作填充物使用。硅酸盐砌块的强度等级有MU20、MU15、MU10、MU7.5和MU5。

此外，建筑工程上还经常应用烧结空心砖和多孔砖作为墙体材料。

2. 石材

石材包括由天然石材开采所得的毛石及经加工制成的板状石材、料石和碎石。建筑工程常用天然石材有下面几种：

（1）**花岗石** 花岗石主要成分为长石、石英和云母。其表观密度约2500~2800kg/m$^3$，抗压强度140~250MPa，耐用年限约75~200年，质地坚硬，琢磨费工，造价较高，多用于建筑物的基础、地面及外墙装修等。

（2）**石灰岩** 石灰岩主要成分为碳酸钙或白云石。其表观密度约960~2500kg/m$^3$，抗压强度约22~140MPa，耐用年限约20~40年，质地较硬，易于琢磨，多用于建筑物的基础、墙身、台阶等处。石灰岩还是制造水泥的主要材料。

（3）**砂岩** 砂岩主要成分为二氧化硅和石英颗粒等。其表观密度约220~2500kg/m$^3$，抗压强度约为48~140MPa，耐用年限约20~180年，其品质好坏随粘结物质的种类而异。砂岩多用于基础、墙身、台阶、纪念碑及其他装饰处。

（4）**大理石** 大理石表观密度约2500~2700kg/m$^3$，抗压强度约70~120MPa，耐用年限约40~100年，颜色多样，纹理美丽、自然，易于雕琢磨光，建筑上主要用于建筑室内装饰工程。

### 1.2.6 木材

木材作为建筑工程材料有着重要而独特的地位，即使在各种新型结构材料与装饰材料不断涌现的情况下，其重要地位仍然不可替代。建筑工程中，承重构件的屋架，建筑配件的门窗、墙裙、暖气罩和施工时用的脚手架、模板等，都可用木材制作。

木材的分类：建筑工程中用的木材，通常以三种型材供货：①原木：伐倒后经修枝并截成一定长度的木材；②板材：宽度为厚度三倍及三倍以上的型材；③枋材：宽度不及厚度三倍的型材。

板材及枋才统称为锯材，按照国家标准分为特种锯材和普通锯材，分别适用于不同的建筑部位。木材的利用率很低，为提高木材的利用率，避免浪费，物尽其用，充分利用木材的边角料，生产出了各种人造板材，广泛应用于建筑工程中。常用的人造板材有以下几种：

1. 胶合板

胶合板又称层压板，是将原木旋切成大张薄片，各片纤维方向相互垂直交错，用胶粘剂加热压制而成的，如三合板、五合板等。

生产胶合板是合理利用木材，改善木材力学性能的有效途径，它能获得较大幅宽的板材，消除各向异性，克服木节和裂纹等缺陷的影响。胶合板可用于隔墙板、顶棚、门芯板、室内装修和家具等。

2. 纤维板

纤维板是将树皮、刨花、树枝等木材废料经切片、浸泡、磨浆、施胶、成型及干燥或热压等工序制成。为了提高纤维板的耐燃性和耐腐性，可在浆料里施加或在湿板坯表面喷涂耐火剂或防腐剂。纤维板材质均匀，完全避免了木节、腐朽、虫眼等缺陷，且胀缩性小、不翘曲、不开裂。纤维板按密度大小分为硬质纤维板、中密度纤维板和软质纤维板。

硬质纤维板密度大、强度高，主要用作壁板、门板、地板、家具和室内装修等。中密度纤维板是家具制造和室内装修的优良材料。软质纤维板表观密度小、吸声绝热性能好，可作为吸声或绝热材料使用。

3. 胶合夹心板

胶合夹心板有实心板和空心板两种。实心板内部将干燥的短木条用树脂胶拼成，表皮用胶合板加压加热粘结制成。空心板内部则由厚纸蜂窝结构填充，表面用胶合板加压加热粘结制成。

胶合夹心板板幅面宽，尺寸稳定，质轻且构造均匀，多用作门板、壁板和家具。

现代建筑工程中，为了保护人类生态环境，保护森林，国家已限制普通门窗、承重构件、模板、脚手架等使用普通木材，代之为铝合金门窗、塑钢门窗、钢筋混凝土构件、钢模板、竹模板、钢脚手架等。

### 1.2.7 建筑钢材

钢材是建筑主要的结构材料。钢的主要成分是铁和碳，其中碳的质量分数为2%以下。其分类方法很多，主要有：

1）按化学成分分为碳素钢和合金钢。碳素钢根据含碳量分为低碳钢（碳的质量分数小于0.25%）、中碳钢（碳的质量分数为0.25%～0.6%）和高碳钢（碳的质量分数大于0.6%）。合金钢按合金元素的总含量分为低合金钢（合金元素的质量分数小于5%），中合金钢（合金元素的质量分数为5%～10%）和高合金钢（合金元素的质量分数大于10%）。

2）按冶炼方法分为平炉钢、转炉钢和电炉钢。

3）按脱氧程度分为沸腾钢、半镇静钢和镇静钢。

4）按炉衬材料分为酸性炉钢、碱性炉钢等。

常用的建筑钢材主要是碳素结构钢和低合金结构钢。建筑钢材按其形状有型钢（工字钢、角钢、槽钢、钢板等)、钢筋和钢丝等。建筑钢材主要用于钢筋混凝土结构和钢结构。

1. 钢筋

(1) **钢筋的分类** 钢筋是建筑工程中使用量最大的钢材品种之一，其材质包括碳素结构钢和低合金高强度结构钢两大类。常用的有热轧钢筋、冷加工钢筋以及钢丝、钢绞线等。供货状态为直条或盘圆。

1) 热轧钢筋。钢筋混凝土结构对钢筋的要求是机械强度较高，具有一定的塑性、韧性、冷加工性等技术性能。

根据《钢筋混凝土用热轧光圆钢筋》(GB 13013[㊀]) 和《钢筋混凝土用热轧带肋钢筋》(GB 1499) 的规定，热轧钢筋分为HPB235、HRB335、HRB400、HRB500四种牌号，各牌号钢筋也可按习惯依次称作Ⅰ级、Ⅱ级、Ⅲ级、Ⅳ级钢筋。其中HPB235钢筋由碳素结构钢轧制而成，其余均由低合金高强度结构钢轧制而成，外表带肋。带肋钢筋横截面为圆形，长度方向有两条轴对称纵肋及均匀分布的横肋，横肋呈月牙形。

随钢筋级别的提高，其屈服强度和极限强度逐渐增加，而其塑性则逐渐下降。带肋钢筋依直径大小分两个系列，小直径6~25mm，大直径28~50mm。综合钢筋的强度、塑性、工艺性和经济性等因素，非预应力钢筋混凝土可选用HPB235、HRB335和HRB400钢筋，而预应力钢筋混凝土则宜选用HRB500、HRB400和HRB335钢筋。

2) 冷加工钢筋。在常温下通过对热轧钢筋进行机械加工（冷拉、冷拔、冷轧）而成的钢筋称为冷加工钢筋。常见的品种有冷拉热轧钢筋、冷轧带肋钢筋和冷拔低碳钢丝。

冷拉热轧钢筋是在常温下将热轧钢筋拉伸至超过屈服点小于抗拉强度的某一应力，然后卸载，即制成了冷拉热轧钢筋。冷拉可使屈服点提高17%~27%，材料脆性增加、屈服阶段缩短，伸长率降低，冷拉时效后强度略有提高。实践中，可将冷拉、除锈、调直、切断合并为一道工序，这样可以简化施工工艺流程，提高生产效率。冷拉既可以节约钢材，又可制作预应力钢筋。

冷拔低碳钢丝是将直径6.5~8mm的Q235或Q215盘圆条通过小直径的拔丝孔逐步拉拔而成直径3~5mm。由于经多次拔制，其屈服强度可提高40%~60%，同时失去了低碳钢的良好塑性。《混凝土结构工程施工质量验收规范》(GB 50204) 规定，冷拔低碳钢丝分为两级，甲级用于预应力混凝土结构构件中，乙级用于非预应力混凝土结构构件中。

冷轧带肋钢筋是用低碳钢热轧盘圆条直接冷轧或经冷拔后再冷轧，形成两面或三面带横肋的钢筋。《冷轧带肋钢筋》(GB 13788) 中规定，冷轧带肋钢筋分为CRB550、CRB650、CRB800、CRB970、CRB1170五个牌号。CRB550为普通钢筋混凝土用钢筋，其他牌号为预应力混凝土钢筋。冷轧带肋钢筋克服了冷拉、冷拔钢筋握裹力低的缺点，而具有冷拉、冷拔钢筋相近的强度，因此广泛应用于中、小型预应力钢筋混凝土结构构件中。

3) 热处理钢筋。热处理是指将钢材按一定规则加热、保温和冷却，改变其组织结构，从而获得需要性能的一种工艺过程，有正火、淬火、回火和退火四种做法。

热处理钢筋是钢厂将热轧的带肋钢筋（中碳低合金钢）经淬火和高温回火调质处理而成的，即以热处理状态交货时成盘供应，每盘供货长度约200m。《预应力混凝土用热处理钢

㊀ 按《标准编写规则》(GB/T 20001) 和相关文献规定，标准后不带年份，表示该标准任何版本均适用。全书同，不另注。

筋》(GB 4463）规定，公称直径6mm、8.2mm、10mm，屈服强度$\sigma_{0.2} \geqslant 1325MPa$，抗拉强度$\sigma_b \geqslant 1470MPa$，伸长率$\delta_{10} \geqslant 6\%$。热处理钢筋强度高、用材省、锚固性好、预应力稳定，主要用作预应力钢筋混凝土轨枕，也可以用于预应力混凝土板、吊车梁等构件。

4）碳素钢丝、刻痕钢丝和钢绞线。预应力混凝土需使用专门的钢丝，这些钢丝用优质碳素结构钢经冷拔、热处理、冷轧等工艺过程制得，具有很高的强度，安全可靠，且便于施工。预应力混凝土用钢丝分为碳素钢丝（矫直回火钢丝，代号J)、冷拉钢丝（代号L）及矫直回火割痕钢丝（代号JK）三种。

碳素钢丝（矫直回火钢丝）由碳的质量分数不低于0.8%的优质碳素结构钢盘条，经冷拔及回火制成。碳素钢丝具有很好的力学性能，是生产刻痕钢丝和钢绞线的母材。

将碳素钢丝表面沿长度方向压出椭圆形刻痕即为刻痕钢丝。压痕后，成盘的刻痕钢丝需作低温回火处理后交货。

钢绞线是将碳素钢丝若干根，经绞捻及热处理后制成。钢绞线强度高、柔性好，特别适用于曲线配筋的预应力混凝土结构、大跨度或重荷载的屋架等。

钢丝和钢绞线主要用于大跨度、大负荷的桥梁以及电杆、枕轨、屋架、大跨度吊车梁等，安全可靠，节约钢材，且不需冷拉、焊接接头等加工，因此在建筑工程中得到广泛应用。

（2）**钢筋的性能**

1）抗拉性能。抗拉性能是钢筋的最主要性能，因为钢筋在大多数情况下是作为抗拉材料来使用的。表征抗拉性能的技术指标主要是屈服点（也叫屈服强度)、抗拉强度（全称抗拉极限强度）和伸长率。

2）冷弯性能。冷弯性能是指钢材在常温下承受变形的能力，是钢材的重要工艺性能。冷弯性能指标是通过试件被弯曲的角度（90°、180°）及弯心直径$d$对试件厚度$a$（或直径）的比值（$d/a$）区分的。试件按规定的弯曲角和弯心直径进行试验，试件弯曲处的外表面无裂断、裂缝或起层，即认为冷弯性能合格。

冷弯试验是通过试件弯曲处的塑性变形实现的，它能揭示钢材是否存在内部组织不均匀、内应力和夹杂物等缺陷。在拉力试验中，这些缺陷常因塑性变形导致应力重分布而得不到反映。因此，冷弯试验是一种比较严格的试验，对钢材的焊接质量也是一种严格的检验，能揭示焊件在受弯表面存在的裂纹和夹杂物。

（3）**冲击韧度** 冲击韧度指钢材抵抗冲击载荷的能力。其指标是通过标准试件的弯曲冲击韧性试验确定的。按规定，将带有V形缺口的试件进行冲击试验。试件在冲击荷载作用下折断时所吸收的功，称为冲击吸收功（或V形冲击功）Akv(J)。钢材的化学成分、组织状态、内在缺陷及环境温度等都是影响冲击韧度的重要因素。Akv值随试验温度的下降而减小，当温度降低达到某一范围时，Akv急剧下降而呈脆性断裂，这种现象称为冷脆性。发生冷脆时的温度称为脆性临界温度，其数值越低，说明钢材的低温冲击韧度越好。因此，对直接承受动荷载而且可能在负温下工作的重要结构，必须进行冲击韧度检验。

（4）**硬度** 钢材的硬度是指表面层局部体积抵抗较硬物体压入产生塑性变形的能力。表征值常用布氏硬度值HB表示，HB值用专门试验测得。

（5）**耐疲劳性** 在反复荷载作用下的结构构件，钢材往往在应力远小于抗拉强度时发生断裂，这种现象称为钢材的疲劳破坏。疲劳破坏的危险应力用疲劳极限来表示，它是指疲劳试验中试件在交变应力作用下，于规定的周期基数内不发生断裂所能承受的最大应力。

(6) **焊接性能** 钢材的焊接性能反映焊接后在焊缝处的性质与母材性质的一致程度。影响钢材焊接性能的主要因素是其化学成分及其含量。如硫产生热脆性，使焊缝处产生硬脆及热裂纹。碳的质量分数超过0.3%，钢筋的焊接性能显著下降等。

### 2. 型钢

将钢坯热轧或将钢板冷弯、冲压、组焊而成的具有一定形状截面的型材称为型钢。建筑常用的型钢可分为热轧型钢、冷弯型钢及焊接型钢等，其材质有普通型钢和低合金钢型钢。建筑工程常用的热轧型钢有角钢、槽钢、工字钢等。此外，还有冷弯薄壁型钢、钢板和压型钢板。

(1) **热轧型钢** 常用的热轧型钢有角钢（等边和不等边）、工字钢、槽钢、T型钢、H型钢、Z型钢等。

我国建筑用热轧型钢主要采用碳素结构钢Q235—A（碳的质量分数约为0.14%~0.22%），强度适中，塑性和焊接性较好，而且冶炼容易，成本低廉，适合建筑工程使用。

(2) **冷弯薄壁型钢** 冷弯薄壁型钢通常是用2~6mm薄钢板冷弯或模压而成，有角钢、槽钢等开口薄壁型钢及方形、矩形等空心薄壁型钢，可用于轻型钢结构。冷弯薄壁型钢的标示方法与热轧型钢相同。

(3) **钢板和压型钢板** 用光面轧辊轧制而成的扁平钢材，以平板状态供货的称钢板，以卷状供货的称钢带。钢板和压型钢板主要是由碳素结构钢热轧或冷轧而成的。

按厚度来分，热轧钢板分为厚板（厚度大于4mm）和薄板（厚度为0.35~4mm）两种；冷轧钢板只有薄板（厚度为0.2~4mm）一种。厚板可用于焊接结构；薄板可用作屋面或墙面等围护结构，或作为涂层钢板的原料，如制作压型钢板等。

薄钢板经冷压或冷轧成波形、双曲形、V形等形状，称为压型钢板。压型钢板具有单位质量轻、强度高、抗震性能好、施工快、外形美观等特点，主要用于围护结构、楼板、屋面等。

(4) **轻钢龙骨** 轻钢龙骨由镀锌钢带或薄钢板轧制而成，具有强度高、自重轻、通用性强、耐火性好、安装简易等优点。轻钢龙骨可装配各种类型的石膏板、钙塑板、吸声板等，用作墙体和吊顶的龙骨支架。

## 1.3 特殊建筑材料

### 1.3.1 防水材料

防水材料是指能够防止雨水、地下水及其他水渗透的重要组成材料，主要作用是防潮、防漏、防渗，避免水和盐分对建筑物的侵蚀，保护建筑构件。由于基础的不均匀沉降、结构的变形、建筑材料技的热胀冷缩和施工质量等原因，造成建筑物外装饰产生缝隙，防水材料能否适应这些缝隙的位移、变形是衡量其性能优劣的重要标志。防水材料质量的好坏直接影响到人们的居住环境、生活条件及建筑物的寿命和正常使用功能。

传统的沥青基防水材料具有温度适应性差、耐老化时间短、抗拉强度和延伸率低、使用寿命短等缺陷，不能满足现代化建筑工程的需要。随着我国建筑防水材料技术的发展，传统的沥青油毡防水材料逐渐被淘汰，由高聚物改性防水材料和合成高分子防水材料替代。

依据防水材料的外观形态，防水材料一般分为：防水卷材、防水涂料、密封材料和刚性防水材料等。

1. 防水卷材

（1）**聚合物改性沥青防水卷材** 聚合物改性沥青防水卷材是在沥青中添加适量的高聚物改性剂，以合成高分子聚合物改性沥青为涂盖层，纤维织物或纤维毡为胎体，粉状、粒状、片状或薄膜材料为覆面材料制成的可卷曲片状防水材料。它克服了传统沥青防水卷材温度稳定性差、延伸率低的缺点，具有高温不流淌、低温不脆裂、拉伸强度高、延伸率较大等优异性能，且价格适中。常见的有SBS改性沥青防水卷材、APP改性沥青防水卷材、沥青复合胎柔性防水卷材等。此类防水卷材一般单层铺设，也可多层使用，根据不同卷材可采用热熔法、冷粘法、自粘法等方法施工。

1）SBS改性沥青防水卷材。SBS改性沥青防水卷材是弹性体沥青防水卷材中的一种，是对沥青改性效果最好的高聚物。它的延伸率较高，可达到150%，大大高于普通沥青卷材，对结构的变形有很强的适应性。该类卷材使用玻璃纤维毡或聚酯毡两种胎基。弹性体沥青防水卷材以$10m^2$卷材的标称质量（kg）作为卷材的标号；玻璃纤维毡胎基的卷材分为25号、35号和45号三种标号，聚酯毡胎基的卷材分为25号、35号、45号和55号四种标号。按卷材的物理性能SBS改性沥青防水卷材分为合格品、一等品和优等品三个等级。

该类防水卷材适用于各类建筑防水、防潮工程，尤其适用于寒冷地区和结构变形频繁的建筑物防水。其中，35号及其以下品种用作多层防水；35号以上的品种可用作单层防水或多层防水的面层，并可采用热熔法施工。

2）APP改性沥青防水卷材。APP改性沥青防水卷材是塑性体沥青防水卷材中的一种。塑性体沥青防水卷材是用沥青或热塑性塑料（如无规聚丙烯APP）改性沥青（简称“塑性体沥青”）浸渍胎基，两面涂以塑性体沥青涂盖层，上表面撒以细砂、矿物粒（片）料或覆盖聚乙烯膜，下表面撒以细砂或覆盖聚乙烯膜所制成的一类防水卷材。塑性体沥青防水卷材以$10m^2$卷材的标称质量（kg）作为卷材的标号；按卷材的物理性能APP改性沥青防水卷材分为合格品、一等品和优等品三个等级。

该类防水卷材适用于各类建筑防水防潮工程，与SBS改性沥青防水卷材相比，APP改性沥青防水卷材具有更好的耐热度和良好的耐紫外线抗老化的能力，尤其适用于高温或有强烈太阳辐射地区的建筑物防水。

3）沥青复合胎柔性防水卷材。沥青复合胎柔性防水卷材是指以橡胶、树脂等高聚物材料作改性剂制成的改性沥青材料为基料，以两种材料的复合毡为胎基体，细砂、矿物料（片）料、聚酯膜、聚乙烯膜等为覆盖材料，用浸涂、滚压等工艺制成的防水卷材。

该类卷材与沥青卷材相比，柔韧性有较大改善，复合毡作胎基比单独聚乙烯膜胎基卷材抗拉强度增高。玻璃纤维毡与玻璃网格布复合毡为胎基的卷材抗拉强度也比单一玻璃纤维毡胎基卷材高。它适用于工业与民用建筑的屋面、地下室、卫生间等的防水防潮，也可用于桥梁、停车场、隧道等建筑物的防水。

（2）**合成高分子防水卷材** 合成高分子防水卷材是以合成橡胶、合成树脂或它们两者的共混体为基料，加入适量的化学助剂和填充料等，经混炼、压延或挤出等工序加工而成的可卷曲的片状防水材料。其又可分为加筋增强型与非加筋增强型两种。合成高分子防水卷材具有抗拉强度和抗撕裂强度高、断裂伸长率大，耐热性和低温柔性好、耐腐蚀、耐老化等一系列优异的性能，是新型高档防水卷材。常用的有再生胶防水卷材、三元乙丙橡胶防水卷材、三元丁丙橡胶防水卷材、聚氯乙烯防水卷材、氯化聚乙烯防水卷材、氯化聚乙烯-橡胶共混型防水卷材等。合成高分子防水卷材一般单层铺设，可采用冷粘法或自粘法施工。

1）三元乙丙（EPDM）橡胶防水卷材。三元乙丙橡胶防水卷材是以三元乙丙橡胶为主体，掺入适量的硫化剂、促进剂、软化剂、填充料等，经过配料、密炼、拉片、过滤、压延或挤出成型、硫化、检验和分卷包装而成的防水卷材。

由于三元乙丙橡胶分子结构中的主链上没有双键，当它受到紫外线、臭氧、湿和热等作用时，主链上不易发生断裂，故耐老化性能最好，化学稳定性良好。因此，三元乙丙橡胶防水卷材有优良的耐候性、耐臭氧性和耐热性。此外，它还具有质量轻、使用温度范围宽、抗拉强度高、延伸率大、对基层变形适应性强、耐酸碱腐蚀等特点。三元乙丙橡胶防水卷材适用于防水要求高，耐用年限长的建筑工程的防水。

2）氯化聚乙烯防水卷材。氯化聚乙烯防水卷材是以聚乙烯经过氯化改性制成的新型树脂——氯化聚乙烯树脂为主要原料，掺入适量的化学助剂和填充料，采用塑料或橡胶的加工工艺，经过捏和、塑炼、压延、卷曲、分卷、包装等工序，加工制成的弹塑性防水材料。该卷材的主体原料——氯化聚乙烯树脂中的氯的质量分数为30%~40%。

氯化聚乙烯防水卷材不但具有合成树脂的热塑性能，而且还具有橡胶的弹性。由于氯化聚乙烯分子结构本身的饱和性以及氯原子的存在，使其具有耐候、耐臭氧和耐油、耐化学药品以及阻燃性能。它适用于各类工业、民用建筑的屋面防水、地下防水、防潮隔气、室内墙地面防潮、地下室卫生间的防水及冶金、化工、水利、环保、采矿业防水防渗工程。

3）聚氯乙烯（PVC）防水卷材。聚氯乙烯防水卷材是以聚氯乙烯树脂为主要原料，掺加填充料和适量的改性剂、增塑剂、抗氧化剂和紫外线吸收剂等，经混炼、压延或挤出成型，分卷包装而成的防水卷材。

聚氯乙烯防水卷材根据其基料的组成与特性分为S型和P型。其中，S型是以煤焦油与聚氯乙烯树脂混熔料为基料的防水卷材；P型是以增塑聚氯乙烯树脂为基料的防水卷材。该种卷材的尺度稳定性、耐热性、耐腐蚀性、耐细菌性等均较好，适用于各类建筑的屋面防水工程和水池、堤坝等防水抗渗工程。

4）氯化聚乙烯-橡胶共混型防水卷材。氯化聚乙烯-橡胶共混型防水卷材是以氯化聚乙烯树脂和合成橡胶共混物为主体，加入适量的硫化剂、促进剂、稳定剂、软化剂和填充料等，经过素炼、混炼、过滤、压延或挤出型、硫化、分卷包装等工序制成的防水卷材。

氯化聚乙烯-橡胶共混型防水卷材兼有塑料和橡胶的特点，它不仅具有氯化聚乙烯所特有的高强度和优异的耐臭氧、耐老化性能，而且具有橡胶类材料所特有的高弹性、高延伸性和良好的低温柔性。因此，该类卷材特别适用于寒冷地区或变形较大的建筑防水工程。

### 2. 刚性防水材料

所谓刚性防水材料就是指以水泥、砂石为原料，掺入少量外加剂、高分子聚合物等材料，通过调整配合比，抑制或减少孔隙率，改变孔隙特征，增加各原材料接口间的密实性等方法，配制成具有一定抗渗透能力的水泥砂浆、混凝土类防水材料。

刚性防水材料利用材料本身防水，耐久性好，而且省去了附加防水层，降低了工程造价，简化了施工工序。但要求在施工时，包括防水外加剂的选择、防水水泥基材料的配制、搅拌、浇筑和养护等每道工序都要严格按照要求进行，否则将失去防水效果。刚性防水材料不宜用于受冲击荷载的工程和结构变形较大的工程。

（1） **刚性防水材料的分类和特点** 刚性防水材料是通过调整配合比、掺入外加剂或使用新品种水泥等方法提高自身的密实性、憎水性和抗渗性的不透水性防水材料（混凝土或砂浆）。一般可分为普通刚性防水材料、外加剂刚性防水材料和膨胀水泥刚性防水材料三大类。

刚性防水材料有着较高的抗压强度、抗拉强度及一定的抗渗能力，是一种既可防水又可兼作承重和围护结构的多功能材料。与采用卷材防水相比较，刚性防水材料具有以下特点：①兼有防水和承重两种功能，节约材料，加快施工速度；②材料来源广泛，成本低廉；③在结构构造复杂的情况下，施工简便，防水性能可靠；④渗漏水时易于检查，便于修补；⑤耐久性好。

（2） **常见的刚性防水材料**

1）普通刚性防水材料。普通刚性防水材料是用调整配合比的方法，来达到提高自身密实度和抗渗性的一种防水材料。其技术原理是通过材料和施工两个方面来抑制和减少防水材料内部孔隙的生成，改变孔隙的特征，堵塞漏水通路，从而使之不依赖其他附加防水措施，仅靠提高自身密实性达到防水的目的，如防水混凝土和水泥砂浆防水层。

a. 防水混凝土。防水混凝土包括：普通防水混凝土、掺外加剂防水混凝土和膨胀水泥防水混凝土。普通防水混凝土是以调整配合比的方法来提高自身密实性和抗渗性的一种混凝土；掺外加剂防水混凝土是通过掺入化学外加剂提高密实度达到抗渗要求的一种混凝土；膨胀混凝土则是掺入膨胀剂后，混凝土内部毛细管通路被堵塞从而达到抗渗要求的一种混凝土。防水混凝土适用于需要结构自身具备抗渗、防水性能的建筑物或构筑物。

b. 水泥砂浆防水层。水泥砂浆防水层是一种刚性防水层，它是依靠提高砂浆层的密实性来达到防水要求的。这种防水层取材容易，施工方便，防水效果较好，成本较低，适用于地下砖石结构的防水层或防水混凝土结构的加强层。但水泥砂浆防水层抵抗变形的能力较差，当结构产生不均匀下沉或受较强烈振动荷载时，易产生裂缝或剥落。对于受腐蚀、高温及反复冻融的砖砌体工程，不宜采用。水泥砂浆防水层又可分为：

a）刚性多层法防水层。利用素灰（即较稠的纯水泥浆）和水泥砂浆分层交叉抹面而构成的防水层，具有较高的抗渗能力。

b）刚性外加剂法防水层。在普通水泥砂浆中掺入防水剂，使水泥砂浆内的毛细孔填充、胀实、堵塞，获得较高的密实度，提高抗渗能力。常用的外加剂有氯化铁防水剂、铝粉膨胀剂、减水剂等。

2）膨胀水泥刚性防水材料。膨胀水泥刚性防水材料以膨胀剂或膨胀水泥为胶结料配制而成的防水材料。其主要依靠水泥本身的水化反应和结晶膨胀来提高抗渗能力。膨胀水泥刚性防水材料在硬化初期产生体积膨胀，在约束条件下，它通过水泥石与钢筋的粘结，使钢筋张拉，被张拉的钢筋对混凝土本身产生压缩应力，当材料内部产生 $0.2\sim0.7\mathrm{N/mm^2}$ 的自应力值时，可大致抵消由于干缩和形变产生的拉应力，从而达到补偿收缩并具有抗裂防渗的效果。

### 3. 其他防水材料

（1） **沥青油毡瓦** 沥青油毡瓦是以玻璃纤维毡为主要胎基材料，经浸渍和涂盖优质氧化沥青后，上表面覆彩色矿物粒料或片料，下表面覆细砂隔离材料和自粘沥青点并覆防粘膜，经切割制成的瓦状屋面防水材料。沥青油毡瓦具有轻质、美观的特点，适用于各种形式的屋面。

（2）**混凝土屋面瓦** 混凝土屋面瓦也称水泥屋面瓦，它是以水泥为基料，加入金属氧化物、化学增强剂并涂饰透明外层涂料制成的屋面瓦材。

（3）**金属屋面** 金属屋面是以彩色涂层钢板、镀锌钢板等薄钢板经辊压冷弯成V形、O形或其他形状的轻质高强度屋面板材构成。它具有自重轻、构造简单、材料单一、构件标准定型装配化程度高、现场安装快、施工期短等优点。金属屋面材料属环保型、节能型材料，主要有非保温压型钢板、防结露压型钢板和保温压型钢板三大类。

（4）**聚氯乙烯瓦** 聚氯乙烯瓦（UPVC轻质屋面瓦）是一种新型的屋面防水材料。聚氯乙烯瓦是以硬质聚氯乙烯（UPVC）为主体材料，并分别加以热稳定剂、润滑剂、填料以及光屏蔽剂、紫外线吸收剂、发泡剂等，经混合、塑化并经三层共挤出成型而得到的三层共挤芯层发泡板。

铅合金防水卷材是一种以铅、锡等金属合金为主体材料的防水卷材。它防水性能好、耐腐蚀，并有良好的延展性、焊接性，性能稳定，抗X射线、抗老化能力强。

（5）**“膜结构”防水屋面** 膜材是新型膜结构建筑屋面的主体材料，它既为防水材料又兼为屋面结构。膜结构建筑是一种具有时代感的建筑物。它的特点是不需要梁（屋架）和刚性屋面板，只以膜材由钢支架、钢索支撑和固定。膜结构建筑造型美观、独特，结构形式简单，表现效果很好，目前已被广泛用于体育场馆、展厅等。

#### 4. 防水涂料

防水涂料是一种流态或半流态物质，可用刷、喷等工艺涂布在基层表面，经溶剂或水分挥发或各组分间的化学反应，形成具有一定弹性和一定厚度的连续薄膜，使基层表面与水隔绝，起到防水、防潮作用。由于防水涂料固化成膜后的防水涂膜具有良好的防水性能，能形成无接缝的完整防滴水膜。因此，防水涂料适用于工业与民用建筑的屋面防水工程、地下室防水工程和地面防潮、防渗等，特别适用于各种不规则部位的防水。

防水涂料按成膜物质的主要成分不同，可分为聚合物改性沥青防水涂料和合成高分子防水涂料两类。

1）聚合物改性沥青防水涂料。它是指以沥青为基料，用合成高分子聚合物进行改性制成的水乳型或溶剂型防水涂料。这类涂料在柔韧性、抗裂性、抗拉强度、耐高低温性能、使用寿命等方面比沥青基涂料有很大改善。品种有再生橡胶改性防水涂料、氯丁橡胶改性沥青防水涂料、SBS橡胶改性沥青防水涂料、聚氯乙烯改性沥青防水涂料等。它适用于Ⅱ、Ⅲ、Ⅳ级防水等级的屋面、地面、混凝土地下室和卫生间等的防水工程。

2）合成高分子防水涂料。它是指以合成橡胶或合成树脂为主要成膜物质制成的单组分或多组分的防水涂料。这类涂料具有高弹性、高耐久性及优良的耐高低温性能，品种有聚氨酯防水涂料、丙烯酸酯防水涂料、环氧树脂防水涂料和有机硅防水涂料等。它适用于Ⅰ、Ⅱ、Ⅲ级防水等级的屋面、地下室、水池及卫生间等的防水工程。

### 1.3.2 密封材料

密封材料是能承受位移并具有高气密性及水密性，嵌入建筑接缝中的不定型和定型的材料。不定型密封材料通常是黏稠状的材料，分为弹性密封材料和非弹性密封材料。定型密封材料是具有一定形状和尺寸的密封材料，如密封条、止水带等。

密封材料按构成类型分为溶剂型、乳液型和反应型；按使用时的组分分为单组分密封材料和多组分密封材料；按组成材料分为改性沥青密封材料和合成高分子密封材料。

为保证防水密封的效果，密封材料应具有高水密性和气密性，良好的粘结性，良好的耐高低温性和耐老化性能，一定的弹塑性和拉伸-压缩循环性能。密封材料的选用，首先考虑它的粘结性能和使用部位。密封材料与被粘基层的良好粘结，是保证密封的必要条件，因此，应根据被粘基层的材质、表面状态和性质来选择粘结性良好的密封材料。建筑物中不同部位的接缝，对密封材料的要求不同，如室外的接缝要求较高的耐候性，伸缩缝则要求较好的弹塑性和拉伸-压缩循环性能。

#### 1. 不定型密封材料

常用的不定型密封材料有：沥青嵌缝油膏、聚氯乙烯接缝膏、塑料油膏、丙烯酸类密封膏、聚氨酯密封膏、聚硫密封膏和硅酮密封膏等。

（1）**沥青嵌缝油膏** 沥青嵌缝油膏是以石油沥青为基料，加入改性材料、稀释剂及填充料混合制成的密封膏。改性材料有废橡胶粉和硫化鱼油；稀释剂有松焦油、松节重油和机油；填充料有石棉绒和滑石粉等。

（2）**聚氯乙烯接缝膏和塑料油膏** 聚氯乙烯接缝膏是以煤焦油和聚氯乙烯（PVC）树脂粉为基料，按一定比例加入增塑剂（邻苯二甲酸二丁酯、邻苯二甲酸二辛酯）、稳定剂（三盐基硫酸铝、硬脂酸钙）及填充料（滑石粉、石英粉）等。塑料油膏是在140℃温度下用塑料代替聚氯乙烯树脂粉的，其他原料和生产方法同聚氯乙烯接缝膏。

（3）**丙烯酸类密封膏** 丙烯酸类密封膏是丙烯酸树脂掺入增塑剂、分散剂、碳酸钙、增量剂等配制而成的，通常为水乳型。它具有良好的粘结性能、弹性和低温柔性，无溶剂污染，无毒，具有优异的耐候性。

丙烯酸类密封膏主要用于屋面、墙板、门、窗嵌缝，但它的耐水性不算很好，所以不宜用于经常泡在水中的工程，不宜用于广场、公路、桥面等有交通来往的接缝中，也不宜用于水池、污水厂、灌溉系统、堤坝等水下接缝。

（4）**聚氨酯密封膏** 聚氨酯密封膏一般用双组分配制，甲组分是含有异氰酸基的预聚体，乙组分含有多羟基的固化剂与增塑剂、填充料、稀释剂等。使用时，将甲乙两组分按比例混合，经固化反应成弹性体。

聚氨酯密封膏的弹性、粘结性及耐气候老化性能特别好，与混凝土的粘结也很好，同时不需要打底。所以聚氨酯密封材料可以作屋面、墙面的水平或垂直接缝，尤其适用于游泳池工程。它还是公路及机场跑道的补缝、接缝的好材料，也可用于玻璃、金属材料的嵌缝。

（5）**硅酮密封膏** 硅酮密封膏是以聚硅氧烷为主要成分的单组分和双组分室温固化型的建筑密封材料。目前大多为单组分系统，它以氧烷聚合物为主体，加入硫化剂、硫化促进剂以及增强填料组成。硅酮密封膏具有优异的耐热、耐寒性和良好的耐候性；与各种材料都有较好的粘结性能；耐拉抻-压缩疲劳性强，耐水性好。硅酮密封膏分为F类和G类两种类别。其中，F类为建筑接缝用密封膏，适用于预制混凝土墙板、水泥板、大理石板的外墙接缝，混凝土和金属框架的粘结，卫生间和公路缝的防水密封等；G类为镶装玻璃用密封膏，主要用于镶嵌玻璃和建筑门、窗的密封。

#### 2. 定型密封材料

定型密封材料包括密封条带和止水带，如铝合金门窗橡胶密封条、丁腈橡胶-PVC门窗密封条、自粘性橡胶、橡胶止水带、塑料止水带等。定型密封材料按密封机理的不同可分为遇水非膨胀型和遇水膨胀型两类。

### 1.3.3 绝热材料

建筑上将主要起保温、绝热作用，且热导率不大于0.23W/(m·K)的材料统称为绝热材料。绝热材料主要用于屋面、墙体、地面、管道等的隔热与保温，以减少建筑物的供暖和空调能耗，并保证室内的温度适宜人们工作、学习和生活。绝热材料的基本结构特征是轻质（密度不大于600kg/$m^3$）、多孔（孔隙率一般为50%~95%）。

绝热材料除应具有较小的热导率外，还应具有适宜的或一定的强度、抗冻性、耐水性、防水性、耐热性、耐低温性和耐腐蚀性，有时还要求吸湿性或吸水性能要低等。优良的绝热材料应是具有很高孔隙率（且以封闭、细小孔隙为主）、吸湿性和吸水性较小的有机或无机非金属材料。多数无机绝热材料的强度较低、吸湿性或吸水性较高，应用时应注意。

常用的绝热材料一般有：

1）矿渣棉。密度为110~130kg/$m^3$，热导率小于0.044W/(m·K)，最高使用温度为600℃，作绝热保温填充材料用。

2）岩棉。密度为80~150kg/$m^3$，热导率小于0.044W/(m·K)，作绝热保温填充材料用。

3）岩棉板（管壳、毡、带等）。密度为80~160kg/$m^3$，热导率为0.040~0.050W/(m·K)，最高使用温度为400~600℃。用于墙体、屋面、冷藏库、热力管道等。

4）膨胀珍珠岩制品（块、板、管壳等）。密度为200~500kg/$m^3$，热导率为0.055~0.116W/(m·K)，抗压强度为0.2~1.2MPa，且以水玻璃膨胀珍珠岩制品的性能较好。用于屋面、墙体、管道等。

5）膨胀蛭石。密度为80~200kg/$m^3$，热导率为0.046~0.07W/(m·K)，最高使用温度为1000~1100℃，作保温绝热填充材料用。

6）有机绝热材料。有机绝热材料目前被广泛使用，常用有机绝热材料制品的原料、制造工艺及特点见表1-2。

7）金属绝热材料。常用的金属绝热材料主要有铝箔与锡箔，因其体轻，且防潮、保温、保冷性能均好，工程上常用铝箔与锡箔作为夹层墙体或屋面。

表1-2 常用有机绝热材料制品的原料、制造工艺及特点

| 名称 | 主要原料或工艺 | | 主要特点 |
|---|---|---|---|
| 聚氨酯泡沫塑料制品 | 有机树脂 | 软质 | 软质轻，弹性好，撕力强，防震性佳 |
| | | 硬质 | 强度高，不吸水，不易变形，使用温度范围较宽，可与其他材料粘结，发泡施工方便，可直接浇注发泡 |
| 聚苯乙烯泡沫塑料制品 | 有机树脂 | 膨胀型工艺 | 轻巧方便，使用普遍。容易切割，吸水率低、抗压强度较高，耐-80℃低温，但使用温度不能高于75℃ |
| | | 挤出型工艺 | 由于强度高，耐气候性能优异，今后将会有较大发展，宜用于倒置屋面、地板保温等 |

### 1.3.4 吸声材料

建筑结构中将主要起吸声作用，且吸声系数不小于0.2的材料称为吸声材料。吸声材料主要用于大中型会议室、教室、报告厅、礼堂、播音室、影剧院等的内墙壁、吊顶等。吸声材料主要分为多孔吸声材料和柔性吸声材料（具有封闭孔隙和一定弹性的材料，如聚氯乙烯泡沫塑料等）。对材料进行构造上的处理也可获得较好的吸声性，如穿孔吸声结构（穿有一定尺寸孔隙的薄板，其后设有空气层或多孔材料）、微穿孔吸声结构（穿有小于1mm孔隙的薄板）及薄板吸声结构（薄板后设有空气层的结构）。其中多孔吸声材料是最重要和用量最大的吸声材料。

多孔吸声材料的主要特征是轻质、多孔，且以较细小的开口孔隙或连通孔隙为主。当材料表面的孔隙为封闭孔隙时，或在多孔吸声材料表面喷涂涂料后，材料的吸声性将大幅度下降。增加材料的厚度可增加对低频声音的吸收效果，但对吸收高频声音的效果不大。

建筑上对吸声材料的主要要求是有较高的吸声系数，同时还要求材料应具有一定的强度、耐水性、耐候性、装饰性、防水性、耐水性、耐腐蚀性等。多数吸声材料的强度低、吸水率大，使用时应予以重视。

常用吸声材料有：石膏砂浆（掺有水泥、玻璃纤维等）、水泥膨胀珍珠岩板、矿渣棉、玻璃棉、超细玻璃棉、酚醛玻璃纤维板、泡沫玻璃、脲醛泡沫塑料、软木板、木丝板、穿孔纤维板、胶合板、穿孔胶合板等。

### 1.3.5 其他材料

#### 1. 建筑装饰材料

建筑工程上将主要起装饰和装修作用的材料称为建筑装饰材料。建筑装饰材料主要用于建筑物的内外墙面、地面、吊顶、室内环境等的装饰和装修。另外还起到保护建筑物，延长建筑物使用寿命的作用。建筑工程的装饰一般在结构工程和水电等安装基本完成后进行。

建筑工程上使用的装饰材料除具有适宜的颜色、光泽、线条与花纹图案、质感，即装饰性之外，还应具有一定的强度、硬度、防火性、阻燃性、耐火性、耐候性、耐水性、抗冻性、耐污染性、耐腐蚀性等，有时还要具有一定的吸声性、隔声性和隔热保温性。

常用的建筑装饰材料种类有：人造石材（一般指人造大理石和人造花岗石），陶瓷制品[一般指外墙面砖、釉面内墙砖、地砖、陶瓷锦砖（俗名马赛克）、玻璃瓦和卫生陶瓷等]，玻璃制品（一般指普通平板玻璃、磨砂玻璃、压花玻璃、钢化玻璃、加丝玻璃、吸热玻璃和玻璃锦砖等），装饰混凝土（一般指彩色混凝土、清水装饰混凝土和露骨料装饰混凝土等），装饰砂浆（一般指彩色砂浆、水磨石、水刷石、斩假石和干粘石等），金属装饰材料（一般指铝合金装饰板、不锈钢装饰板和彩色压型钢板等），装饰涂料（一般指油漆涂料、内墙涂料、外墙涂料、地面涂料以及特殊涂料等）。另外还有塑料装饰材料。

#### 2. 建筑塑料

塑料是指以树脂为基本材料或基体材料，加入适量的填料和添加剂后制得的材料和制品。塑料中的树脂一般为合成树脂，其在制品的成型阶段为具有可塑性的黏稠状液体，在制品的使用阶段则为固体。塑料在建筑上可作为结构材料、装饰材料、保温材料、地面材料等。

塑料的种类虽然很多，但在建筑上广泛应用的仅有十多种，并均加工成一定形状和规格的物品。下面介绍几种常用的塑料制品。

（1）**塑料贴面装饰板** 塑料贴面装饰板又称塑料贴面板，是以浸渍三聚氰胺甲醛树脂的花纹纸为面层，与浸渍酚醛树脂的牛皮纸叠合后，经热压制成的装饰板。它是一种很薄的装饰板材（0.8~1.5mm），一般不能单独使用，需粘贴在基材（如胶合板、纤维板、刨花板等）上。它可仿制各种花纹图案，色调丰富多彩，表面硬度大，耐热、耐烫、耐燃、易清洗。表面分有镜面型和柔光型。塑料贴面板适用于建筑内部墙、柱面、墙裙、顶棚等的装饰和护面，也可用于家具、车船等的表面装饰。

（2）**塑料地板块** 目前使用的塑料地板块主要采用聚氯乙烯、重质碳酸钙及各种添加剂，经混炼、热压或压延等工艺制成。塑料地板块按材质分为硬质、半硬质、软质；按结构分为单层、多层复合。用量较大的为半硬质塑料地板块。塑料地板块的图案丰富，颜色多样，并具有耐磨、耐燃、尺寸稳定、价格低等优点。塑料地板块的尺寸一般为300mm×300mm，厚度为2~5mm。塑料地板块适合用于人流不大的办公室、家庭等的地面装饰。

（3）**塑料壁纸** 塑料壁纸是以聚氯乙烯为主，加入各种添加剂和颜料等，以纸或中碱玻璃纤维布为基材，经涂塑、压花或印花及发泡等工艺制成的塑料卷材。塑料壁纸的品种主要有单色压花壁纸、印花压花壁纸、有光印花壁纸、平光印花壁纸、发泡壁纸及特种壁纸等（防水壁纸、防火壁纸、彩色砂粒壁纸等）。

塑料壁纸的花色品种多，可制成仿丝绸、仿织锦缎、仿木纹等凹凸不平的花纹图案。塑料壁纸美观、耐用、易清洗、施工方便，发泡塑料壁纸还具有较好的吸声性，因而广泛用于室内墙面、顶棚等的装修。但塑料壁纸的缺点是透气性较差。

（4）**塑料卷材地板** 目前使用的塑料卷材地板主要为聚氯乙烯塑料卷材地板。塑料卷材地板与塑料地板块相比，具有易于铺贴、整体性好等优点。这种地板适合用于人流不大的办公室和家庭等的地面装饰。

（5）**塑料门窗** 目前的塑料门窗主要是采用改性硬质聚氯乙烯，并加入适量的各种添加剂，经混炼、挤出等工序制成。改性后的硬质聚氯乙烯具有较好的可加工性、稳定性、耐热性和抗冲击性。塑料门窗的外观平整美观，色泽鲜艳，经久不褪，装饰性好，并具有良好的耐水性、耐腐蚀性、隔热保温性、隔声性、气密性、水密性和阻燃性，使用寿命可达30年以上。

塑料门窗有全塑门窗和复合塑料门窗之分。复合塑料门窗是在门窗框内部嵌入金属型材以增加塑料门窗的刚性，提高门窗的抗风压能力。增强用的金属型材主要为铝合金型材和钢型材。塑料门按其结构形式分有镶板门、框板门和折叠门。塑料窗按其开启形式有平开窗、上旋窗、下旋窗、垂直滑动窗、垂直旋转窗、垂直推拉窗、水平推拉窗和百叶窗等。

（6）**蜂窝塑料板** 蜂窝塑料板是由两张薄的面板和一层较厚的蜂窝状孔形的芯材牢固粘合在一起的多孔板材，其孔的尺寸较大（5~200mm），孔隙率很高。蜂窝状芯材是由浸渍高聚物（酚醛树脂等）的片状材料（牛皮纸、玻璃布、木纤维板等）经加工粘合成的形状类似蜂窝的六角形空心板材。面板为塑料板、胶合板或浸渍高聚物的牛皮纸、玻璃布等。蜂窝塑料板具有抗压强度、抗折强度高，热导率低［0.046~0.056W/(m·K)］、抗震性能好的特点。蜂窝塑料板主要用作隔热保温材料和隔声材料。

（7）**玻璃纤维增强塑料**（玻璃钢） 玻璃纤维增强塑料，俗称玻璃钢。它是由合成树脂胶结玻璃纤维或玻璃纤维布（带、束等）而成的复合材料。合成树脂的用量一般为30%～40%，常用的合成树脂为酚醛树脂、不饱和聚酯树脂、环氧树脂等，用量最大的为不饱和聚酯树脂。

玻璃钢的性能主要取决于合成树脂和玻璃纤维的性能、它们的相对含量以及它们之间的粘结力。合成树脂和玻璃纤维的强度越高，特别是玻璃纤维的强度越高，则玻璃钢的强度越高。玻璃钢属于各向异性材料，其强度与玻璃纤维的方向密切相关，纤维方向的强度最高，玻璃布层之间的强度最低。

玻璃钢的最大优点是轻质、高抗拉（抗拉强度可接近碳素钢）、耐腐蚀。其主要缺点是弹性模量小、变形大。目前玻璃钢制品主要有波形瓦、平板、管材、薄壳容器、浴盆和洗脸盆等。波形瓦与平板主要用于屋面、阳台拦板、隔墙板、夹芯墙板的面板；管材主要用于化工防腐；薄壳容器主要用作防腐和压力容器。

## 1.4 新型建筑材料

### 1.4.1 新型建筑材料的定义

新型建筑材料是相对于传统建筑材料来讲的，是在传统建筑材料基础上产生的新一代建筑材料。传统建筑材料主要包括烧土制品（砖、瓦、玻璃类）、砂石、灰（石灰、石膏、菱苦土、水泥）、混凝土、钢材、木材和沥青等七大类。新型建筑材料主要包括新型墙体材料、保温隔热材料、防水密封材料和装饰装修材料等。

新型建筑材料在国外是一个泛指的名词，意思是新的建筑材料（New Building Materials）。新型建筑材料这个名词出现于我国改革开放之初，在我国它属于一个专业名词，界定“新型建筑材料”所包含的内容是一个比较复杂的问题，一般认为新型建筑材料是除传统的砖、瓦、灰、砂、石外，其品种和功能处于增加、更新、完善状态的建筑材料。就是说把“新型”的概念规范为既不是传统材料，也不是在花色品种和性能方面大致已经处于很少变化的材料。

凡具有轻质高强和多功能的建筑材料，均属新型建筑材料。即使是传统建筑材料，为满足某种建筑功能需要经再复合或组合而成的材料，也属新型建筑材料。新型建筑材料实际上就是新品种的房建材料，既包括新出现的原料和制品，也包括原有材料的新制品。

新型建筑材料是指最近发展或正在发展中的有特殊功能和效用的一类建筑材料，它具有传统建筑材料从来没有或无法比拟的功能，具有比已使用的传统建筑材料更优异的性能。

新型建筑材料认定的基本条件包括：非黏土作原料的产品；产品的能耗指标和性能达到目前国内同类产品的领先水平；产品的生产和施工达到我国及上海市的环保要求；利用工业废弃物、城市废弃物比率达到目前同类产品领先水平，产品质量达到国家、行业或地方有关标准；产品已有国家、行业或地方标准，产品内控质量标准达到国内领先水平，生产规模在国内同行业中较大；产品没有国家、行业或上海地方标准，其产品企业标准应达到国际同类产品的先进水平，使用寿命长于国内先进水平。新型建筑材料认定品种目录包括：墙体材料、管道工程材料、建筑涂料、建筑门窗、防水材料、道路工程材料、桥隧和混凝土基础及结构工程材料、综合利用建筑材料和其他节能材料。

### 1.4.2　新型建筑材料的分类

新型建筑材料品种繁多，形成一套具有共识的分类原则对新型建筑材料的发展非常必要。由于新型建筑材料一直处于不断更新发展状态，因此，它的分类和命名还没有统一标准，目前的分类方法有：

（1）**按用途分类**　目前一般把建材分为16类：墙体材料，屋面和楼板构件，混凝土外加剂，建筑防水材料，建筑密封材料，绝热、吸声材料，墙面装饰材料，顶棚装饰材料，地面装饰材料，卫生洁具，门窗、玻璃及配件，给水排水管道、工业管道及其配件，胶粘剂，灯饰和灯具，其他材料。

（2）**按建筑各部位使用建筑材料的状况分类**　即除水泥、玻璃、钢材、木材四大主要原材料及传统的砖、瓦、灰、砂、石外，在12个建筑部位上所需要的品种花色日新月异的建筑材料，其制品均可列为“新型建筑材料”范围内。按照各部位使用的状况不同分为：①外墙材料：包括承重与非承重的单一外墙材料和复合外墙材料；②屋面材料：包括坡屋面材料和平屋面材料；③保温隔热材料：包括无机类保温材料、有机类保温材料和无机有机复合类材料；④防水密封材料：包括沥青防水卷材、高分子防水卷材、防水涂料、建筑密封材料和防水止漏材料；⑤外门窗：包括分户门、阳台门、外窗、坡屋面窗等；⑥外墙装饰材料：包括外墙涂料、装饰面材（如石材、陶瓷、玻璃、塑料、金属等装饰材料）；⑦内墙隔断与壁柜：如分户隔墙、固定隔断与壁柜等；⑧内门：包括卧室门、居室门、储藏室门、厨卫房门等；⑨室内装饰材料：包括内墙涂料、壁纸、壁布、地面装饰材料、吊顶装饰材料、装饰线材等；⑩卫生设备：如卫生洁具、卫生间附件、水暖五金配件等；⑪门锁及其他建筑五金；⑫其他材料：如管道、室外铺地材料等。

（3）**按原材料来源分类**　新型建筑材料按原材料来源分为四类：①以基本建设的主要材料水泥、玻璃、钢材、木材为原料的新产品，如各种新型水泥制品、新型玻璃制品等；②以传统的砖、瓦、灰、砂、石为原料推出的新品种，如各种加气混凝土制品、各种砌块等；③以无机非金属新材料为原料生产的各种制品，如各种玻璃钢制品、玻璃纤维制品等；④采用各种新的原材料制作的各种建筑制品，如铝合金门窗、各种化学建材产品、各种保温隔声材料制品、各种防水材料制品等。

### 1.4.3　新型建筑材料的特点

随着我国建筑节能和墙体材料革新力度的逐步加大，建筑保温、防水、装饰装修标准的提高及居住条件的不断改善，对新型建筑材料的需求不仅仅是数量的增加，更重要的是质量的提高，这就必然涉及材料的更新换代。随着人们生活水平和文化素质的提高，自我保护意识的增强，人们对建筑材料功能的要求日益提高，要求建筑材料不但要有良好的使用功能，还要求无毒、对人体健康无害、对环境不会产生不良影响，即新型建筑材料应是所谓的“生态建材”或“绿色建材”。

新型建筑材料产品在生产过程中，能源和物质投入、废物和污染物的排放与传统建筑材料相比都应该减少到最低程度，制造过程中副产物能重新利用，产品不污染环境，并可回收利用。可以说，新型建筑材料是可持续发展的建筑材料产业，其发展对促进节约能源、保护耕地、减轻环境污染和缓解交通运输压力具有十分积极的作用。

新型建筑材料的特点是技术含量高，功能多样化；生产与使用节能、节地，综合利用废弃资源，有利于生态环境保护；适应先进施工技术，改善建筑功能，降低成本，具有巨大市场潜力和良好发展前景。

发展新型建筑材料应遵循的原则是以市场为导向，以提高经济效益为中心，以满足建筑业的发展需求为重点，努力将新型建筑材料培育成建材行业新的经济增长点。坚持节能、节土、节水，充分利用各种废弃物，保护生态环境，贯彻可持续发展战略。依靠科技进步和技术创新，努力发展科技含量高、附加值高的新产品，推进企业技术装备水平的提高和产品结构的升级，实现良性发展。坚持因地制宜的方针，引导和支持各地发展适合当地资源条件、建筑体系和建筑功能要求的新型建筑材料，做到生产和推广应用一体化。注重开发系列化、功能多样化的产品，提高新型建筑材料整体配套水平。鼓励利用荒山、荒坡黏土资源，江河清淤、疏浚的淤泥生产黏土质墙体材料。

## 1.5 未来的建筑材料

从一万年前人类使用天然石材、木材等建造简单的房屋，到后来生产和使用陶器、砖瓦、石灰、三合土、玻璃、青铜等建筑材料，中间经历了数千年，其发展速度极为缓慢。从公元前两三千年到18世纪，土木工程材料的发展虽然有了较大的进步，但仍然非常缓慢。19世纪发生的工业革命，大大推动了工业的发展，也极大地推动了建筑材料的发展，相继出现的钢材、水泥、混凝土、钢筋混凝土，已成为现代建筑的主要结构材料。20世纪又出现了预应力混凝土。近几十年来，随着科学技术的进步和建筑工业发展的需要，一大批新型建筑材料应运而生，出现了塑料、涂料、新型建筑陶瓷与玻璃、新型复合材料（纤维增强材料、夹层材料等）。材料科学的发展和电子显微镜、X射线衍射仪等现代材料研究方法的进步，使得对材料的微观结构、显微结构、宏观结构、性质及其相互间关系的认识有了长足的进步，对正确合理使用材料和按工程要求设计材料起到了非常有益的作用。依靠材料科学和现代工业技术，人们已开发出了许多高性能和多功能的新型材料。而社会的进步、环境保护和节能降耗及建筑业的发展，又对建筑材料提出了更高、更多的要求。

### 1.5.1 未来建筑材料的发展方向

#### 1. 高性能化

将研制轻质、高强、高耐久性、高耐火性、高抗震性、高保温性、高吸声性、优异装饰性及优异防水性的材料。这对提高建筑物的安全性、适用性、艺术性、经济性及使用寿命等有着非常重要的作用。

#### 2. 复合化、多功能化

利用复合技术生产多功能材料、特殊性能材料及高性能材料。这对提高建筑物的使用功能、经济性及加快施工速度等有着十分重要的作用。

#### 3. 绿色化

充分利用地方资源，充分利用工业废渣生产土木工程材料，以保护自然资源，保护环境，维护生态环境的平衡。生产和开发能够降解有害气体、抑菌与杀菌以及能够自洁的材料。

4. 节能化

研制和生产低能耗（包括材料生产能耗和建筑使用能耗）的新型节能建筑材料。这对降低建筑材料和建筑物的成本以及建筑物的使用能耗，节约能源起到十分有益的作用。

5. 智能化

将生产和应用自感知、自调节、自修复材料，实现建筑物和构筑物的自我监控。

### 1.5.2 未来建筑材料的主要类型

1. 轻质高强型材料

随着城市化进程加快，城市人口密度日趋加大，城市功能日益集中和强化，因此需要建造高层建筑，以解决众多人口的居住问题和行政、金融、商贸、文化等部门的办公空间。同时，社会的进步，经济的发展，传统劳动习惯的改变，给人们带来了更多的闲暇时间，人们的观念也将发生变化，除了满足物质生活的需求之外，人们将更加追求精神上、情趣上的享受。大型公共建筑的需求量将增多，如大型体育馆、音乐厅、综合性商场大厦、高级宾馆、饭店等。因此，未来的建筑物将向更高、更大跨度发展。目前我国上海环球金融中心高达492m，未来社会建筑物的高度还会继续增高。日本已经提出高度超过1000m的超超高层建筑的设想。而要建造这样大型、超超高层的建筑物，就要求所使用的结构材料具有轻质、高强、耐久等优良特性。

2. 高耐久性材料

到目前为止，普通建筑物和结构物的使用寿命一般设定在50~100年。现代社会基础设施的建设日趋大型化、综合化，如超高层建筑、大型水利设施、海底隧道、人工岛等，耗资巨大，建设周期长，维修困难，因此对于结构物的耐久性要求越来越高。此外，随着人类对地下、海洋等苛刻环境的开发，也要求高耐久性的材料。

材料的耐久性直接影响建筑物、结构物的安全性和经济性能。耐久性是衡量材料在长期使用条件下的安全性能。造成结构物破坏的原因是多方面的，一般仅仅由于荷载作用而破坏的事例并不多，由于耐久性原因产生的破坏日益增多。尤其是处于特殊环境下的结构物，例如水工结构物、海洋工程结构物，耐久性比强度更重要。同时，材料的耐久性直接影响结构物的使用寿命和维修费用。长期以来，我国比较注重建筑物在建造时的初始投资，忽略在使用过程中的维修、运行费用，以及使用年限缩短所造成的损失。在考虑建筑物的成本时，也往往片面地考虑建造费用，想方设法减少材料使用量，或者采用档次低的材料，在计算成本时也往往以此作为计算的依据。但是建筑物、结构物是使用时间较长的产品，其成本计算包括初始建设费用，使用过程中的光、热、水、清洁、换气等运行费用，保养、维修费用和最后解体处理等全部费用。如果材料的耐久性能好，不仅使用寿命长，而且维修量小，将大大减少建筑物的总成本。所以应注重开发高耐久性的材料，同时在规划设计时，应考虑建筑物的总成本，不要片面地追求节省一次性初始投资。

3. 新型墙体材料

2000多年以来，我国的房屋建筑墙体材料一直沿用传统的黏土砖。1997年我国黏土砖的产量已达到5300亿块，烧制这些黏土砖将破坏大面积的耕地。从建筑施工的角度来看，以黏土砖为墙体的房屋建筑运输量大，施工速度慢。目前我国每平方米房屋建筑面积的建筑材料的运输质量约为1200~1300kg，其中黏土砖约占2/3，即为800kg左右。由于不设置保温层，外墙厚度一般为37cm，降低了房屋的有效使用面积。同时房屋的保温隔声效果和居住的热环境及舒适性差，用于建筑取暖的能耗较大。

基于以上原因，改革墙体材料已成为国家保护土地资源、节省建筑能耗的一项重要的技术政策，国家也制定了一系列改革与建筑节能目标，开发新型墙体材料将是一项重要任务。

4. 装饰、装修材料

随着社会经济水平的提高，人们越来越追求舒适、美观、清洁的居住环境。20世纪80年代以前，我国普通住宅基本不进行室内装修，地面大多为水泥净浆抹面，墙面和顶棚为白灰喷涂或抹面，木质门框、窗框涂抹油漆以防止腐蚀和虫蛀。20世纪80年代，随着我国经济对外开放和国内经济搞活，与国际交流日益增多，首先在公共建筑、宾馆、饭店和商业建筑开始了装饰与装修。而进入90年代以来，家居装修在建筑业中占有很大的比重。随着住房制度的改革，商品房、出租公寓的增多，人们开始注重装扮自己的居室，营造温馨的居住环境。一个普通城市个人住宅，装修费用平均占房屋总造价的1/3左右。而装修材料的费用大约占装修工程的1/2以上。各种综合的家居建材商店、建材城等应运而生，各类装修材料，尤其是中、高档次的材料使用量日益增大。

家庭生活在人们的全部生活内容中占1/2以上的时间，人们越来越重视家居空间的质量和舒适性、健康性，为了实现美好的居室环境，未来社会对房屋建筑的装饰、装修材料的需求仍将继续增大。

5. 环保型建材

所谓环保型建材，是考虑了地球资源与环境的因素，在材料的生产与使用过程中，尽量节省资源和能源，对环境保护和生态平衡具有一定积极作用，并能为人类构造舒适环境的建筑材料。环保型建材应具有以下特性：

1）满足结构物的力学性能、使用功能以及耐久性的要求。

2）对自然环境具有友好性、符合可持续发展的原则，即节省资源和能源，不产生或不排放污染环境、破坏生态的有害物质，减轻对地球和生态系统的负荷，实现非再生性资源的可循环使用。

3）能够为人类构筑温馨、舒适、健康、便捷的生存环境。

现代社会经济发达、基础设施建设规模庞大，建筑材料的大量生产和使用一方面为人类构筑了丰富多彩、便捷的生活设施，同时也给地球环境和生态平衡造成了不良的影响。为了实现可持续发展的目标，将建筑材料对环境造成的负荷控制在最小限度之内，需要开发研究环保型建筑材料。例如利用工业废料（粉煤灰、矿渣、煤矸石等）可生产水泥、砌块等，利用废弃的泡沫塑料生产保温墙体板材，利用废弃的玻璃生产贴面材料等，这样既可以减少固体废渣的堆存量，减轻环境污染，又可节省自然界中的原材料，对环境和地球资源的保护具有积极的作用。免烧水泥可以节省水泥生产所消耗的能量。高流态、自密实免振混凝土，在施工工程中不需振捣，既可节省施工能耗，又能降低施工噪声。

6. 景观材料

景观材料是指能够美化环境，协调人工环境与自然之间的关系，增加环境情趣的材料，如绿化混凝土、自动变色涂料、楼顶草坪、各种园林造型材料。现代社会由于工业生产活跃，道路及住宅建设量大，城市的绿地面积越来越少，一座城市几乎成了钢筋混凝土的灰岛。而在郊外，由于修筑道路、水库大坝、公路、铁路等基础设施，破坏自然景观的情况也时有发生。为了保护自然环境，增加绿色植被面积，绿化混凝土、楼顶草坪、模拟自然石材或木材的混凝土材料，各种园林造型材料受到人们的青睐。

7. 耐火、防火材料

现代建筑物趋向高层化，居住形式趋于密集化，加之城市生活能源设施逐步电气化、燃气化，使得火灾发生的概率增大，并且火灾发生时避难的难度增大，因此火灾已成为城市防灾的重要内容。对一些大型建筑物，要求使用不燃材料或难燃材料，小型的民用建筑也应采用耐火材料，所以要开发能防止火灾蔓延、燃烧时不产生毒气的建筑材料。

8. 智能化材料

所谓智能化材料，即材料本身具有自我诊断和预告破坏、自我调节和自我修复的功能，以及具有可重复利用性。这类材料当内部发生某种异常变化时，能将材料的内部状况，如位移、变形、开裂等情况反映出来，以便在破坏前采取有效措施；同时，智能化材料能够根据内部的承载能力及外部作用情况进行自我调整。例如吸湿放湿材料，可根据环境的湿度自动吸收或放出水分，能保持环境湿度平衡；自动调光玻璃，根据外部光线的强弱，调整进光量，满足室内的采光和健康的要求。智能化材料还具有类似于生物的自我生长、新陈代谢的功能，对破坏或受到伤害的部位进行自我修复。当建筑物解体的时候，材料本身还可重复使用，减少建筑垃圾。这类材料的研究开发目前处于起步阶段，关于自我诊断、预告破坏和自我调节等功能已有初步发展。

总之，为了提高生活质量，改善居住环境和出行环境，人类一直在开发、研究能够满足各种性能要求的建筑材料，使建筑材料的品种不断增多，功能不断完善，性能不断提高。随着社会的发展，科学技术的进步，人们对居住、工作、出行等环境质量的要求将越来越高，对建筑材料的功能与性质也将提出更高的要求，这就要求人类不断地研究开发具有更优良的性能、同时与环境协调的各类建筑材料，在满足现代人日益增长的需求的同时，符合可持续发展的原则。

## 习　　题

**一、选择题**

1. 高铝水泥的3d强度（　　）同强度等级的硅酸盐水泥。

A. 低于　　B. 等于　　C. 高于

2. 材料的热导率随温度的升高而（　　）。

A. 减少　　B. 不变　　C. 增大

3. 石油沥青的大气稳定性——沥青试验在加热蒸发前的“蒸发损失百分率”和“热法后针入度比”评定（　　）。

A. 蒸发损失百分率越小，蒸发针入度越大，表示沥青老化慢

B. 蒸发损失百分率越小，蒸发针入度越大，表示沥青老化快

C. 蒸发损失百分率越大，蒸发针入度越大，表示沥青老化慢

4. 外墙砂浆胶凝材料选用以（　　）为主。

A. 石灰　　B. 石膏　　C. 水泥

5. 以下对涂料的描述，（　　）是错误的。

A. 水溶性涂料和乳液型涂料统称水性涂料

B. 有机涂料均可用于内外墙

C. 涂料基本成分为：成膜基础、分散介质、原料和填料

6. 防水防潮石油沥青增加了保证低温变形性能的脆点指标，随牌号增加，其应用范围（ ）。

A. 越窄 B. 越宽 C. 无影响

7. 对于普通石油沥青，建筑工程一般不单独使用，而是用于掺配，其原因是（ ）。

A. 含蜡较高，性能较差 B. 针入度较小 C. 针入度较大，黏性较大

8. 钢筋混凝土中的钢筋、混凝土处于强碱性环境中，钢筋表面形成一种钝化膜，其对钢筋的影响是（ ）。

A. 加速锈蚀 B. 防止锈蚀 C. 提高钢筋的强度

9. 多孔吸声材料的吸声系数，一般从低频到高频逐渐增大，故其对（ ）声音吸收效果较好。

A. 低频 B. 高频 C. 中高频

10. 木材含水率变化对于下列哪两种强度影响较大？（ ）

A. 顺纹抗压强度 B. 顺纹抗拉强度 C. 抗弯强度 D. 顺纹抗剪强度

**二、问答题**

1. 简述建筑材料的分类方法。为什么通常按化学成分分类？按化学成分分类时，可将建筑材料分为哪几类？

2. 绝大多数建筑材料都有相应的技术标准，请说说理由。

3. 建筑材料的基本状态参数有哪些？如何计算？

4. 常用的建筑材料有哪些？请简要说明其特性及应用范围。

5. 特殊建筑材料是指哪些建筑材料？请简要说明其特性及应用范围。

6. 何谓建筑装饰材料？其主要用途是什么？

7. 建筑上广泛应用的塑料制品有哪些？

8. 何谓新型建筑材料？主要包括哪几类材料？有什么特点？

9. 未来建筑材料主要有哪几类？其发展趋势是什么？

# 第 2 章 民用建筑及其结构

2

## 2.1 建筑的基本组成

建筑物通常是由基础、墙或柱、楼地层、楼梯、屋顶、门窗等几部分组成的（图 2-1）。

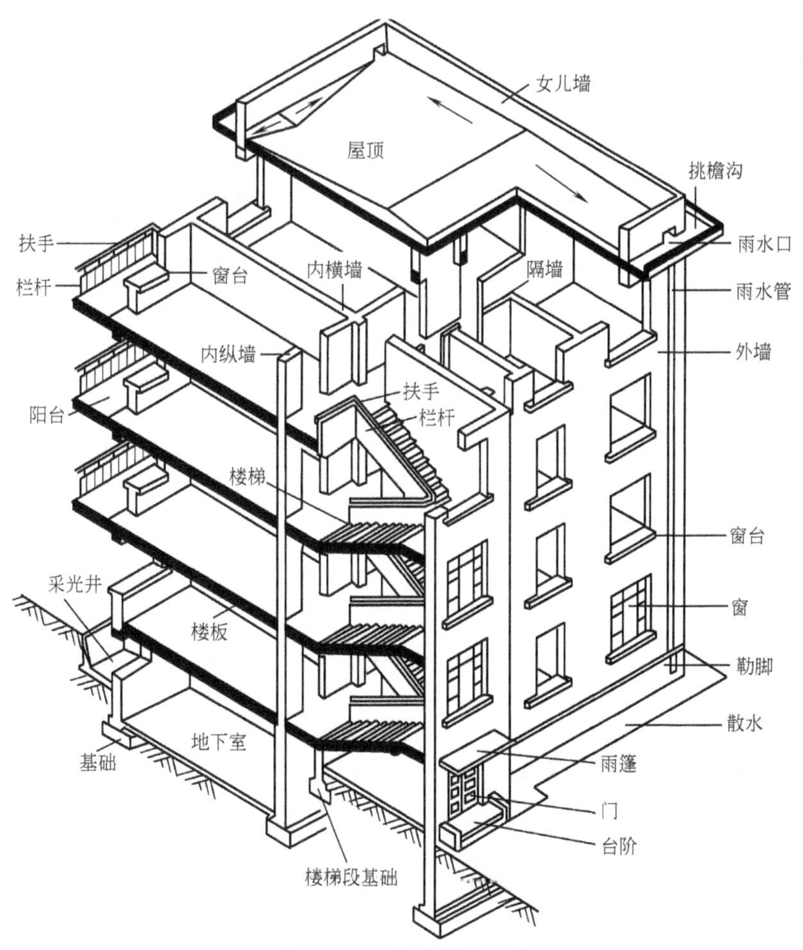


图 2-1 民用建筑的组成

基础位于建筑物的最下部，埋于自然地坪以下，承受上部传来的荷载，并传给下面的土层（该土层称为地基）。基础是房屋的主要受力构件，其构造要求是坚固、稳定、耐久，能经受冰冻、地下水及所含化学物质的侵蚀，保持足够的使用年限。

墙或柱是房屋的竖向构件。承重构件的墙或柱，承受着由屋盖和各楼层传来的各种荷载，并将荷载传给基础，构件设计必须满足强度和刚度要求。作为墙体，外墙还有围护的功能，抵御风霜雪雨及寒暑对室内的影响；内墙还有分隔房间的作用，所以对墙体还有保温、隔热、隔声等要求。

楼地层指楼板层和地坪层。楼板层是建筑物的水平承重构件，对房屋有竖向分隔空间的作用，承受着各楼层上的家具、设备、人等的质量和楼层自重；同时楼层对墙或柱有水平支撑的作用，传递着风、地震等侧向水平荷载，并将各种荷载传递给墙或柱。地坪层是首层房间人们使用接触的部分。楼地层要有良好的刚度、强度、隔声、防水、防潮等能力，表面要求美观、耐磨损等。

屋顶既是承重构件又是围护构件。作为承重构件，承受着直接作用于屋顶的各种荷载，同时在房屋顶部起着水平传力构件的作用，并把本身承受的荷载直接传给墙或柱。屋顶要有足够的刚度、强度和防水、保温、隔热等能力。

楼梯是建筑的竖向通行设施。对楼梯的基本要求是有足够的通行能力，以满足人们在平时和紧急状态时通行和疏散。同时还应有足够的承载能力，并满足坚固、耐磨、防滑等要求。

门窗属于围护构件，具有采光通风的作用。门的基本功能还有保持建筑物内部与外部或各个内部空间之间的相互联系与分隔。有的门窗还应具有保温、隔热、隔声的性能。

## 2.2 建筑物的分类、分等与分级

### 2.2.1 建筑物的分类

到目前为止，建筑物的类型已有很多种，各种建筑物都有不同的使用要求和特点，因此有必要对建筑物进行分类，其目的主要有以下五点：

1）便于总结各种类型建筑设计的特殊规律，以提高设计水平。

2）便于研究由于社会生活和科学技术的发展而提出的新的功能要求，了解建筑类型发展的远景，以保证建筑设计更符合实际要求。

3）便于根据不同类型的建筑特点，提出明确的任务，制定规范、定额、指标，以指导建筑设计和施工。

4）便于分析研究同类建筑的共性，以便进行标准设计和工业化建造体系设计。

5）便于掌握建筑标准，合理控制建设工程投资等。

建筑物分类的方法很多，最常用的分类方法是按建筑物的用途进行分类。按建筑物的使用功能，可大致分为生产性建筑、居住建筑和公共建筑三种类型。

#### 1. 生产性建筑

生产性建筑主要指供工农业生产用的建筑物，包括各种工业建筑和农牧业建筑。

（1）**工业建筑** 工业建筑是为工业生产服务的，除了应满足工业生产的要求外，还必须注意给工人创造良好的安全生产工作条件。由于工业部门种类很多，如冶金、机械、食品、纺织等，各类中又有很多不同的工厂，如钢铁厂、造船厂、糖果厂、毛纺厂等，各种工厂都是由许多用途的建筑物和构筑物组成的。所以在一个工厂中，又可按建筑在生产中的用途分为：

1）生产用建筑物。全厂最主要的生产工艺过程是在此类建筑物中进行的，生产用建筑物包括各种主要生产车间，如机械制造工业中的铸工车间、锻工车间、机械加工车间、机械装配车间等。

2）生产辅助用建筑物。这类建筑物是各类工厂中为主要车间服务的车间，如机修车间、工具车间等。

3）动力用建筑物。各类工厂中的发电站、锅炉房、变电所、煤气站、压缩空气站等，都属于动力类建筑物。

4）仓储用建筑物。工厂中储藏类建筑是指用以储存各种材料、原料、半成品及成品的仓库等。

5）运输用建筑及构筑物。这类建筑物是指工厂中的汽车库、各种栈桥等。

6）给排水系统用建筑物与构筑物。这类建筑物是指工厂中的水泵房、水塔、净水设施、冷却塔等。

7）全厂性行政福利建筑物。这类建筑物是指工厂中的行政管理用建筑物与生活福利建筑物等。

工业建筑按厂房层数，可分为单层和多层两类：

1）单层工业建筑。这种厂房用得最广泛，适用于生产设备和产品的质量较大，且采用水平方向运输的生产，如冶金工业、重型机械制造工业等。

2）多层工业建筑。食品、化学、无线电、精密仪器制造等工业，由于生产设备和产品的质量较轻，且生产工艺和运输适合采用垂直方式，多层工业建筑可以全部为多层，也可以多层与单层混合组成。

工业建筑按厂房内部温度状况，可分为三类：

1）冷加工车间。

冷加工车间是指在常温下进行加工的车间，如机械加工、机械装配、机修车间等。这类车间中的生产热源比较少，室温比较正常，因此其围护结构一般需要满足保温隔热要求。

2）热加工车间。

热加工车间是指在高温状况下进行加工的车间，如铸工、锻工、炼钢车间等。这类车间发热量比较大，往往伴有烟尘污染，因此须有良好的通风条件，其围护结构一般不要求保温。

3）空气调节车间。空气调节车间是指在温湿度控制较严格的条件下进行生产的车间，如精密仪器、光学仪器等厂的某些车间（也称为恒温湿车间），和在温湿度控制为一般要求的条件下进行生产的车间，如纺织厂的车间。为了保证必要的温湿度状况，须备有空气调节装置。它的围护结构要求具有较高的保温隔热能力。

（2）**农牧业建筑**　农牧业建筑主要包括谷物及种子仓库、牲畜厩舍、蘑菇房、粮食与饲料加工站、拖拉机站等。

#### 2. 居住建筑

居住建筑主要指供家庭和集体生活起居用的建筑物，包括各种类型的住宅、公寓、别墅和宿舍等。

#### 3. 公共建筑

公共建筑主要指供人们从事各种政治、文化、行政办公以及其他商业、生活服务等公共事业所需要的，作为社会活动用的建筑物。各类公共建筑的设置和规模，主要根据城乡总体规划来确定，由于公共建筑通常是城镇或地区中心的组成部分，是广大人民政治文化生活的活动场所，因此公共建筑在满足房屋使用要求的同时，建筑物的形象也要起到丰富城市面貌的作用。公共建筑按使用功能的特点，可分为以下建筑类型：

1）行政办公建筑，如政府机关、商贸工矿企业、学校等机构的办公楼等。

2）学校建筑，如中、小学校，各类专科学校以及高等学校的教学楼等。

3）文化、科技性建筑，如少年宫、文化馆、俱乐部、图书馆以及各种科技馆、科学实验楼等。

4）集会及观演性建筑，如会堂、电影院、剧院、音乐厅、杂技场等。

5）展览性建筑，如各种展览馆、博物馆、美术馆等。

6）体育建筑，如健身房、运动场、体育馆、游泳池等。

7）商业建筑，如各种商店、市场、百货公司等。

8）生活福利及服务性建筑，如托儿所、幼儿园、食堂、饭店、酒店、宾馆、浴室、银行等。

9）医疗建筑，如综合性医院、各种专科医院、卫生站、门诊所、疗养院等。

10）邮电、通信、广播建筑，如电信局、电话局、广播电视台、卫星地面转播站等。

11）交通建筑，如汽车站、火车站、地铁站、航空港、轮船码头等。

12）纪念性建筑，如陵园、纪念碑、纪念堂等。

13）风景园林建筑，如公园游廊、亭台茶室、动物园、植物园等。

建筑物分类有时还按建筑层数、规模以及主要承重结构的材料来分。例如，按建筑层数分为低层建筑、多层建筑、高层建筑、超高层建筑；按建筑规模分为大量性建筑、大型性建筑；按建筑主要承重结构（指墙柱、楼板层、屋顶）的材料分为木结构建筑、砖石建筑、钢筋混凝土结构建筑（主要承重结构构件全是用钢筋混凝土做成的）、钢-钢筋混凝土混合结构（大型公共建筑中，应大跨空间的需要，屋顶采用钢结构，而其他主要承重构件采用钢筋混凝土结构）、钢结构（主要承重结构构件全是用钢做成的，如电视塔）；按房屋结构的承重方式分为墙承重结构（用承重的墙来支承屋顶和楼板层的荷载，如砖木结构）、骨架结构（用柱与梁组成的骨架来支承荷载，如钢筋混凝土结构和钢结构）、内骨架结构（房屋外围用墙承重，内部用柱子承重，即由外墙与内柱共同承重，如商场）等。

随着社会和科学技术的发展，一些建筑类型正在消失，如宫殿等；一些建筑类型正在转化，例如手工业作坊正在转化为现代化的工业厂房；而更多的新的建筑类型正在产生，如核电站、卫星站、大型客机机场等。

### 2.2.2 建筑物的分等

建筑物按其耐火程度和使用性质分为不同的建筑等级。

#### 1. 按建筑物的耐火程度分等

建筑物的耐火等级是由建筑材料的燃烧性能和建筑构件最低的耐火极限决定的，而建筑物的耐火性能标准则主要是由建筑物的重要性和其在使用中的火灾危险性来确定的。例如，具有重要政治意义的建筑物或使用贵重设备的工厂和实验楼，以及使用人数众多的大型公共建筑或使用易燃原料的车间和热加工车间等，都应采用耐火性能较高的建筑材料和结构形式。有些建筑为了保证在3~4h燃烧时间内不发生结构倒塌，还必须在结构设计中通过耐火计算，而一般建筑则可采用耐火性能较低的建筑材料和结构形式。详见本书第11章。

#### 2. 按建筑物使用性质与耐久年限分等

建筑物的耐久性一般包括抗冻、抗热、抗蛀、抗腐性能等。耐久年限在 100 年以上，耐火等级不低于二级的国家性和国际性的高级建筑为Ⅰ等。耐久年限在 50～100 年，耐火等级不低于三级的较高级的公共建筑和居住建筑为Ⅱ等。耐久年限在 25～50 年，耐火等级不低于三～四级的一般公共建筑和居住建筑为Ⅲ等。耐久年限在 5～20 年的称为简易房屋。耐久年限在 5 年以下的叫临时建筑。详见本书第 4 章。

### 2.2.3　民用建筑的分级

《民用建筑工程设计收费标准》按复杂程度将各类民用建筑工程划分为 6 个等级，即特级、一级、二级、三级、四级、五级。

#### 1. 特级工程

特级工程是指以下三类建筑：

1）列为国家重点项目或以国际活动为主的大型公共建筑以及有全国性历史意义或技术要求特别复杂的中小型公共建筑。如国宾馆、国家大会堂，国际会议中心、国际大型航空港、国际综合俱乐部，重要历史纪念建筑、博物馆、美术馆，三级以上的人防工程等。

2）空间高大且有声、光等特殊要求的建筑，如剧院、音乐厅等。

3）30 层以上建筑。

#### 2. 一级工程

一级工程是指以下两类建筑：

1）高级大型公共建筑以及有地区性历史意义或技术要求复杂的中小型公共建筑。如高级宾馆、旅游宾馆，高级招待所、别墅，省级展览馆、博物馆、图书馆，高级会堂、俱乐部，科研实验楼（含高校），300 床以下医院、疗养院、医技楼、大型门诊楼，大中型体育馆、室内游泳馆、室内滑冰馆，大城市火车站、航运站、候机楼，摄影棚、邮电通讯楼，综合商业大楼、高级餐厅，四级人防、五级平战结合人防等。

2）16～29 层或高度超过 50m 的公共建筑。

#### 3. 二级工程

二级工程是指以下两类建筑：

1）中高级的大型公共建筑以及技术要求较高的中小型公共建筑。如大专院校教学楼，档案楼，礼堂、电影院，省部级机关办公楼，300 床以下医院、疗养院，地市级图书馆、文化馆、少年宫，俱乐部、排演厅、报告厅、风雨操场，大中城市汽车客运站，中等城市火车站、邮电局、多层综合商场、风味餐厅，高级小住宅等。

2）16～29 层住宅。

#### 4. 三级工程

三级工程是指以下两类建筑：

1）中级、中型公共建筑。如重点中学及中专的教学楼、实验楼、电教楼，社会旅馆、饭馆、招待所、浴室、邮电所、门诊所、百货楼，托儿所、幼儿园，综合服务楼、2 层以下商场、多层食堂，小型车站等。

2）7～15 层有电梯的住宅或框架结构建筑。

### 5. 四级工程

四级工程是指以下两类建筑：

1）一般中小型公共建筑。如一般办公楼、中小学教学楼、单层食堂、单层汽车库、消防车库、消防站、蔬菜门市部、粮站、杂货店、阅览室、理发室、水冲式公厕等。

2）7层以下无电梯住宅、宿舍及砖混建筑。

### 6. 五级工程

五级工程是指一二层、单功能、一般小跨度结构建筑。

以上分级标准中，大型工程一般系指建筑面积在 $10000m^2$ 以上的建筑；中型工程一般系指建筑面积在 $3000\sim10000m^2$ 的建筑；小型工程一般系指建筑面积在 $3000m^2$ 以下的建筑。

## 2.3 建筑设计概述

一个设计单位要获得某项建筑工程的设计权，除了必须具有与该项目工程的登记相适应的设计资质外，在一般情况下，对于符合国家规定的工程建设项目招标范围和规模标准规定的各类项目，还应通过设计招标来赢得设计资格。当接受了建设方的委托，并与之依法签订相关合同后，设计方必须经过一定的设计程序，由参与设计的各个工种之间密切配合，才能在有关部门的监督下完成设计任务。

### 2.3.1 建筑设计的内容

广义上，建筑设计是指建筑工程设计，是设计一幢建筑物或建筑群所要做的全部工作，包括建筑设计、结构设计、设备设计等方面的内容。狭义的建筑设计是指建筑设计专业本身的设计工作，一般是由建筑师根据建设单位提供的设计任务书，综合分析建筑功能、建筑规模、建筑场地环境、结构施工、材料设备、建筑经济、建筑美观等因素，在满足总体规划的前提下提出建筑设计方案，并逐步完善，完成全部建筑施工图设计。结构设计是结构工程师在建筑设计的基础上，选择合理的结构方案，确定结构布置，进行结构计算及构件设计，完成全部结构施工图设计。设备设计是相关专业的工程师根据建筑设计完成的，包括给水排水、电气照明、供暖通风、通信、动力等专业的设计方案，设备选型和布置、施工方式，并绘制全部的设备施工图。

### 2.3.2 建筑设计的基本原则

建筑设计能体现当时的科学技术水平、社会经济水平、地方特点、文化传统和历史的影响，是一项政策性强、综合性强、涉及面广的创作活动。建筑设计除了要执行“适用、经济、绿色、美观”的建筑方针（见《中共中央国务院关于进一步加强城市规划建设管理工作的若干意见》，2016年）外，还应遵守下列基本原则：

1）遵守当地城市（乡）建设规划部门制定的城乡建设规划及其实施条例。

2）讲求建筑的经济效益、社会效益和环境效益的最佳统一。

3）合理利用土地和空间，提倡社会化综合开发和综合性建筑。

4）在满足当前需要的同时，要适当考虑将来提高和改造的可能。

5）降低建筑能耗，保证围护结构的热工性能。

6）标准化与多样化结合，共性与个性相结合。

7）建筑环境应综合考虑防火、抗震、防空和防洪等安全措施。

8）在国家或地方公布的各级历史文化名城、历史文化保护区、文物保护单位和风景名胜区的各项建设，应当按照国家或地方制定的有关条例和保护规划来进行。

### 2.3.3 建筑设计的依据

#### 1. 人体尺度和人体活动所需的空间尺度

建筑是供人使用的，建筑空间主要是由人体空间和活动空间构成的，当然建筑设计要考虑人的行为心理和精神感受，建筑空间还要考虑使用者的心理空间需求。

人体尺度和人体活动所需的空间尺度（图 2-2）是建筑设计的主要依据。建筑物中房

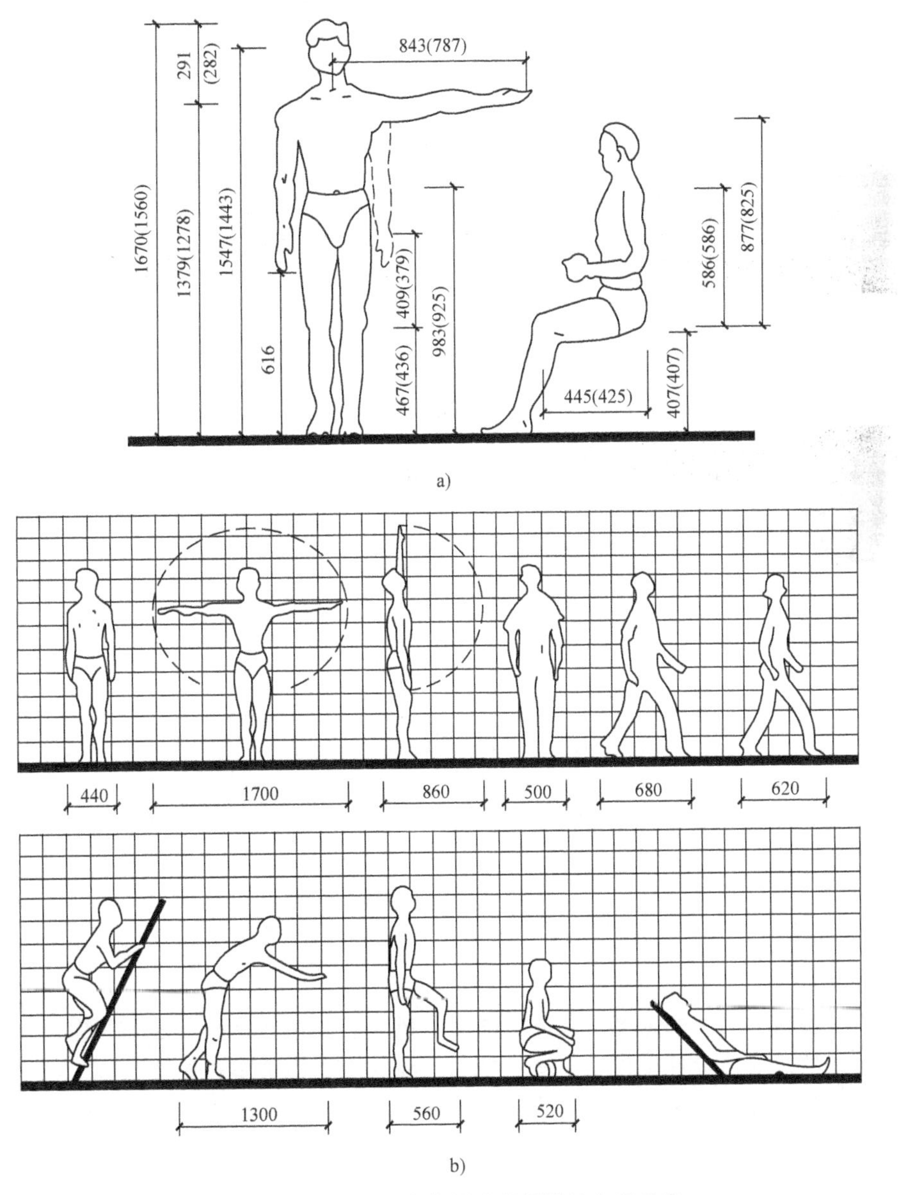


图 2-2　人体尺度和人体活动所需要的空间尺度

a）人体尺度（括号内为女子人体尺度）　b）人体活动所需空间尺度

间大小、门洞尺寸、走廊宽度、踏步尺度等，都是依据人体基本尺寸和活动人数确定的。

2. 家具和设备的尺寸和使用它们的必要空间

家具和设备在房间中是必不可少的，进行建筑的平面和空间设计时，必须妥善地布置家具和设备，并考虑其周边的必要使用空间，因而家具、设备尺寸和使用它们的必要空间是确定建筑空间的重要依据。常用室内家具尺寸见表2-1。

表2-1 常用室内家具尺寸 （单位：mm）

<table>
<tr><th colspan="3">种类</th><th>长(直径)</th><th>宽</th><th colspan="2">高</th><th>备注</th></tr>
<tr><td rowspan="4">柜</td><td colspan="2">电视柜</td><td>1800~2400</td><td>400~600</td><td colspan="2">550~720</td><td></td></tr>
<tr><td rowspan="2">衣柜</td><td>矮衣柜</td><td>950~1200</td><td>550~650</td><td colspan="2">1200~1400</td><td rowspan="2">衣柜门宽度:400~650</td></tr>
<tr><td>大衣柜</td><td>950~1200</td><td>550~650</td><td colspan="2">2000~2400</td></tr>
<tr><td colspan="2">书柜(架)</td><td>600~1200</td><td>250~400</td><td colspan="2">1800~2100</td><td>隔板层高:220~400</td></tr>
<tr><td rowspan="5">桌</td><td>办公桌</td><td>固定式</td><td>900~1800</td><td>450~700</td><td colspan="2">700~750</td><td></td></tr>
<tr><td>书桌</td><td>活动式</td><td>900~1800</td><td>650~800</td><td colspan="2">700~780</td><td></td></tr>
<tr><td rowspan="3">餐桌</td><td>圆形</td><td>500~1800</td><td></td><td colspan="2" rowspan="3">700~780</td><td rowspan="3"></td></tr>
<tr><td>方形</td><td>700~2250</td><td></td></tr>
<tr><td>矩形</td><td>1500~2400</td><td>800~1200</td></tr>
<tr><td rowspan="4">茶几</td><td colspan="2">小型</td><td>600~750</td><td>450~600</td><td colspan="2" rowspan="4">380~500</td><td rowspan="4"></td></tr>
<tr><td colspan="2">中型</td><td>1200~1350</td><td>380~750</td></tr>
<tr><td colspan="2">大型</td><td>1500~1800</td><td>600~800</td></tr>
<tr><td colspan="2">三人沙发茶几</td><td>1000~1350</td><td>700~1000</td></tr>
<tr><td rowspan="3">椅</td><td colspan="2" rowspan="3">靠背椅</td><td rowspan="3">400~560</td><td rowspan="3">400~440</td><td colspan="2">400~500</td><td>座面高度</td></tr>
<tr><td rowspan="2">椅背高</td><td>630</td><td>支撑肩膀</td></tr>
<tr><td>910</td><td>支撑头部</td></tr>
<tr><td rowspan="4">沙发</td><td colspan="2">单人式</td><td>800~950</td><td>850~900</td><td colspan="2" rowspan="4">350~420<br>700~900</td><td rowspan="4">坐垫高度<br>靠背高度</td></tr>
<tr><td colspan="2">双人式</td><td>1260~1500</td><td>800~900</td></tr>
<tr><td colspan="2">三人式</td><td>1750~1960</td><td>800~900</td></tr>
<tr><td colspan="2">四人式</td><td>2320~2520</td><td>800~900</td></tr>
<tr><td rowspan="4">床</td><td colspan="2">单人床</td><td>1800~2100</td><td>850~1200</td><td colspan="2"></td><td></td></tr>
<tr><td colspan="2">双人床</td><td>1800~2100</td><td>1350~1800</td><td colspan="2"></td><td></td></tr>
<tr><td colspan="2">圆床</td><td>1860~2500</td><td></td><td colspan="2"></td><td></td></tr>
<tr><td colspan="2">床头柜</td><td>500~650</td><td>400~550</td><td colspan="2">500~800</td><td></td></tr>
</table>

3. 气象条件

气象条件包括大气中的温度、湿度、雨雪、风向、风速、日照、云雾等物理状态和物理现象。气候条件对建筑设计有很大影响，例如，我国南方多是湿热地区，建筑风格以开敞通透为主，北方干冷地区建筑风格则趋向封闭、严谨。建筑物的保温、隔热、防水、排水、朝向、采光等构造都取决于气象条件，日照与风向通常是确定房屋朝向和间距的主要因素。

4. 地形、地质情况和地震烈度

建筑场地的平缓起伏、地质构成、土壤特性与承载力的大小，对建筑物的平面组合、结构布置、结构选型和建筑体型都有明显的影响。当地形平缓时，常将建筑首层设在同一标高上；当地形坡度起伏时，常将房屋结合地形错层建造；复杂的地质条件要求基础采用不同的结构和构造处理等。

地震烈度表示地面建筑物受地震破坏的程度。震级是地震的强烈程度，是一次地震释放能量的大小。地震烈度的大小与地震震级、震源深度、到地震中心的距离及场地土质等有关。我国将地震烈度划分为12度，6度及以下的地区地震对建筑的损害影响较小，9度以上地区一般不宜进行工程建设。建筑物抗震设防的重点是地震烈度为7度、8度、9度的地区。

5. 水文条件

水文条件是指地下水位的高低及地下水的性质。地下水位的高低决定建筑物基础埋深和地下室防水措施，地下水的性质决定基础和地下室是否需做防腐处理等。

6. 技术要求

建筑设计应遵循国家制定的标准、规范、规程以及各地或各部门颁发的标准［如《建筑设计防火规范》（GB 50016—2014）、《住宅设计规范》（GB/T 50096—2011）等］，以提高建筑科学管理水平，保证建筑工程质量，加快基本建设步伐。

设计标准化是实现建筑工业化的前提。只有设计标准化，做到构件定型化，减少构配件规格、类型，才有利于大规模采用工厂生产，提高工业化水平。因此，建筑设计应实行国家规定的建筑模数协调统一标准。

## 2.4 建筑模数协调与部件优先尺寸

### 2.4.1 建筑模数协调

建筑模数是选定的尺寸单位，作为尺度协调中的增值单位，也是建筑设计、部件生产、施工安装等生产活动进行尺度协调的基础。

模数协调是应用模数实现尺寸协调及安装位置的方法和过程。模数协调工作是各行各业生产活动中一项最基本的技术工作。在房屋建设过程中，遵循模数协调原则，全面实现尺寸配合，可保证其在功能、质量、技术和经济等方面获得优化，促进房屋建设从粗放型生产转化为集约型的社会化协作生产。我国实现建筑产业现代化，实际上是工业化、标准化和集约化的过程。没有标准化，就没有真正意义上的工业化；而没有系统的尺寸协调，就不可能实现标准化。

建筑模数协调应实现的目标是：①实现建筑的设计、制造、施工安装等活动的互相协调；②能对建筑各部位尺寸进行分割，并确定各部件的尺寸和边界条件；③优选某种类型的标准化方式，使得标准化部件的种类最优；④有利于部件的互换性；⑤有利于建筑部件的定位和安装，协调建筑部件与功能空间之间的尺寸关系。

为推进房屋建筑工业化，实现建筑或部件的尺寸和安装位置的模数协调，住房和城乡建设部于2013年8月颁布了国家标准《建筑模数协调标准》（GB/T 50002—2013），同时废止了原《建筑模数协调统一标准》（GBJ 2—1986）和《住宅建筑模数协调标准》（GB/T 50100—2001）。

（1）**基本模数**　基本模数是模数协调中的基本单位，其数值为100mm，符号为M，

1M＝100mm。整个建筑物或其一部分以及建筑组合件的模数化尺寸都应该是基本模数的倍数。

（2）**导出模数** 导出模数分为扩大模数和分模数，其基数应符合下列规定：

1）扩大模数是基本模数的整数倍数。扩大模数基数应为2M、3M、6M、9M、12M……

2）分模数是基本模数的分数值，一般为整数分数。分模数基数应为M/10、M/5、M/2。

（3）**模数数列** 以基本模数、扩大模数、分模数为基础，扩展成的一系列尺寸。

1）模数数列应根据功能性和经济性原则确定。

2）建筑物的开间或柱距，进深或跨度，梁、板、隔墙和门窗洞口宽度等分部件的截面尺寸宜采用水平基本模数和水平扩大模数数列，且水平扩大模数数列宜采用2*n*M、3*n*M（*n*为自然数）。

3）建筑物的高度、层高和门窗洞口高度等宜采用竖向基本模数和竖向扩大模数数列，且竖向扩大模数数列宜采用*n*M。

4）构造节点和分部件的接口尺寸等宜采用分模数数列，且分模数数列宜采用M/10、M/5、M/2。

国家标准《建筑模数协调标准》（GB/T 50002—2013）还对模数协调原则与应用等做了有关规定，在建筑设计、部件生产、施工安装等生产活动中可查阅应用。

### 2.4.2 部件优先尺寸

部件是建筑功能的组成单元，由建筑材料或分部件构成。在一个及以上方向的协调尺寸符合模数的部件称为模数部件。分部件则是作为一个独立单位的建筑制品，是部件的组成单元，在长、宽、高三个方向有规定尺寸。在一个及以上方向的协调尺寸符合模数的分部件称为模数分部件。

部件的尺寸对部件的安装有着重要的意义。在指定领域中，部件基准面之间的距离可用标志尺寸、制作尺寸和实际尺寸来表示（图2-3），对应着部件的基准面、制作面和实际面。

标志尺寸是指符合模数数列的规定，用来标注建筑物定位线或基准面之间的垂直距离以及建筑部件、建筑分部件、有关设备安装基准面之间的尺寸。

制作尺寸是指制作部件或分部件所依据的设计尺寸。

实际尺寸是指部件、分部件等生产制作后的实际测得的尺寸。

技术尺寸是指在模数尺寸条件下，非模数尺寸或生产过程中出现误差时所需的技术处理尺寸。

基准面是指部件或分部件按模数要求设立的参照面（系），包括为安装和建造的需要而设立的面；安装基准面为部件或分部件的安装而设立的基准面；辅助基准面是在基准面之间根据需要设置的其他基准面；基准线是指两个以上基准面的交线或其投影线。

制作面是指部件预先假设的制作完成后的面。

实际面是指部件实际制作完成的面。

对于设计人员而言，更关心的是部件的标志尺寸，设计师根据部件的基准面来确定部件的标志尺寸。

对制造者来说，关心的是部件的制作尺寸，必须保证制作尺寸符合基本公差的要求。

对承建商而言，需要关注部件的实际尺寸，以保证部件间的安装协调。

优先尺寸是从基本模数、导出模数和模数数列中事先挑选出来的模数尺寸。它与地区的经济水平和制造能力密切相关。优先尺寸越多，则设计的灵活性越大，部件的可选择性越强，但制造成本、安装成本和更换成本也会增加；优先尺寸越少，则部件的标准化程度越高，但实际应用受到的限制越多，部件的可选择性越低。

在指定领域的场合中，部件基准面与部件制作面之间的距离称为“连接空间”（亦称“空隙”），部件制作面和部件实际面之间的距离称为“误差”。

部件的安装应根据部件的标志尺寸以及部件公差，规定部件安装中的制作尺寸、实际尺寸和允许公差之间的尺寸关系。

《建筑模数协调标准》（GB/T 50002—2013）的 4.3.1 条指出，部件的尺寸在设计、加工和安装过程中的关系应符合下列规定（图 2-3）：

1）部件的标志尺寸应根据部件安装的互换性确定，并应采用优先尺寸系列。

2）部件的制作尺寸应由标志尺寸和安装公差决定。

3）部件的实际尺寸与制作尺寸之间应满足制作公差的要求。

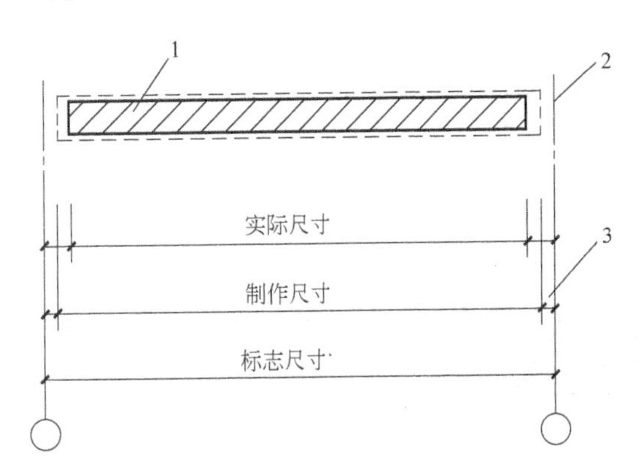

图 2-3　部件的尺寸
1—部件　2—基准面　3—装配空间

《建筑模数协调标准》（GB/T 50002—2013）的 4.3.2 条指出，部件优先尺寸的确定应符合下列规定：

1）部件的优先尺寸应由部件中通用性强的尺寸系列确定，并应指定其中若干尺寸作为优先尺寸系列。

2）部件基准面之间的尺寸应选用优先尺寸。

3）优先尺寸可分解和组合，分解或组合后的尺寸可作为优先尺寸。

4）承重墙和外围护墙厚度的优先尺寸系列宜根据 1M 的倍数及其与 M/2 的组合确定，宜为 150mm、200mm、250mm、300mm。

5）内隔墙和管道井墙厚度优先尺寸系列宜根据分模数或 1M 与分模数的组合确定，宜为 50mm、100mm、150mm。

6）层高和室内净高的优先尺寸系列宜为 $n$M。

7）柱、梁截面的优先尺寸系列宜根据 1M 的倍数与 M/2 的组合确定。

8）门窗洞口水平、垂直方向定位的优先尺寸系列宜为 $n$M。

## 2.5　民用建筑的平面设计

进行建筑设计时，一般是先从平面设计入手，然后进行剖面和立面设计。这是因为平面所表示的内容与建筑使用功能联系密切，反映了人们实际活动面的组织情况，涉及房间的大小、形状及相互关系，楼梯的位置、数量，门窗的位置、尺寸，墙柱等承重结构的布局。平面设计的过程是研究解决建筑的功能和结构的经济合理性的过程。但建筑物具有三度空间，因此，在进行建筑设计时，需要对从不同角度反映建筑物各种特征的平、立、剖面设计进行综合考虑。因为平、立、剖面设计之间是相互联系和制约的，所以单独考虑其中任何一方面都不能合理地、综合地解决好设计问题。

各类民用建筑的平面主要是由使用部分、交通联系部分和结构部分组成的，其中使用部分和交通联系部分是平面设计所关注的重点。使用部分又可分为主要使用房间和辅助房间。建筑物的种类不同，主要使用房间也不相同。例如教学楼中的教室和实验室，图书馆楼中的阅览室、展览厅，影剧院会堂的观众厅和休息厅，商业建筑中的营业厅等均属于主要使用房间。辅助房间是为主要使用房间的使用者提供服务的，如卫生间、厨房、库房、配电房等。

## 2.5.1 主要使用房间的平面设计

（1）**房间的面积** 确定房间面积首先应确定房间的使用人数，它决定着室内家具与设备的多少，决定着交通面积的大小。确定使用人数的依据是房间的使用功能和建筑标准。在实际工作中，房间的面积主要是依据国家有关规范规定的面积定额指标，结合工程实际情况确定。例如，中学普通教室使用面积定额为 1.12$m^2$/人，实验室为 1.8$m^2$/人；办公楼中一般办公室为 3.0$m^2$/人，有桌会议室为 2.3$m^2$/人。

其次，要考虑家具设备的影响。任何房间为满足使用要求，都需要有一定数量的家具、设备，并进行合理的布置，如教室中的课桌椅、讲台，卧室中的床、衣橱等。

另外，还应考虑房间的交通面积的影响。房间的交通面积是指连接各个使用区域的面积，如教室中课桌行与行之间的距离一般取 550mm 左右。图 2-4 所示为教室中面积分析示意图。

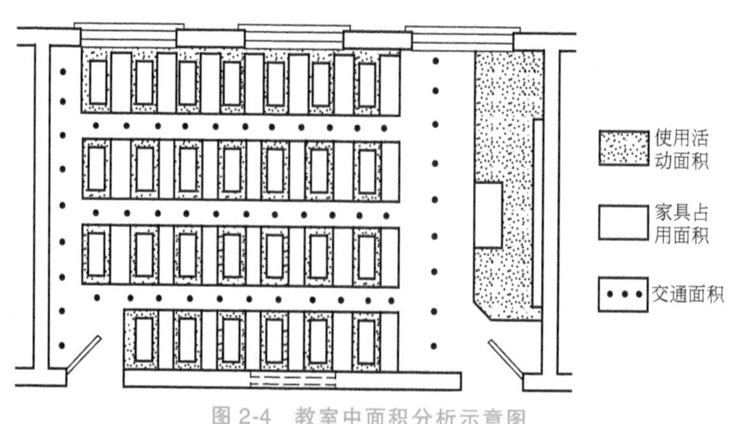


图 2-4 教室中面积分析示意图

（2）**确定房间形状、尺寸** 房间尺寸是指房间的面宽和进深，面宽常常是由一个或多个开间组成。影响房间形状和大小的主要因素有：房间的使用特点及容纳的人数，家具设备种类、数量及布置方式，室内交通活动，采光通风，结构经济合理性及建筑模数等因素。

房间的形状可采用矩形、扇形、方形、多角形、圆形等形式。因为矩形房间便于布置家具和设备，房间尺寸易于调整统一，结构布置简单，便于与周围房间组合，因此矩形平面在建筑中采用较多。

如果建筑物中单个使用房间的面积很大，又有特殊的使用要求（音质要求、视线要求和疏散要求等），就可能采用其他形状。如影剧院会堂的观众厅，在平面设计中要考虑观众的人数、座位的排距、首排和末排与舞台设计视点或银幕的距离、每排座位的数目、走道的布置与宽度、水平控制角的允许值以及音响效果等因素，将观众厅设计成矩形、扇形、钟形等各种形状。有时按照剧种或表演内容的特点，也可把观众厅设计成环行看台，围绕在圆形或矩形表演场的四周，如杂技场、体育馆等。

有些公共建筑结合环境特点、功能要求及建筑师艺术构思，把房间设计成三角形、多边形及不规则形等。

以中学教室为例，面积相同的教室，可能有很多种平面形状和尺寸，影响其平面形状的首要因素是所容纳的人数及课桌的排列方式。同样 50 座教室不同的排列方式会有不同的形状，如图 2-5 所示。若考虑到学生上课时的视听质量，同时给教师授课留有足够的空间，方便学生上下课时进出教室留有通道，教室最后一排的后沿至黑板的水平距离不宜大于 8.5m，第一排座位前沿与黑板的最小距离不宜小于 2m，前排边座的学生与黑板面远端的水平夹角不应小于 30°，桌椅纵向走道宽度不小于 0.55m，教室后排应设置宽度不小于 0.6m 的横向过道。另外，课桌端部与墙面的净距不小于 0.12m，黑板的宽度不应小于 4.0m，高度不应小于 1.0m，如图 2-6 所示。满足上述要求的中小学普通教室的布置形状的可能性如图 2-7 所示。

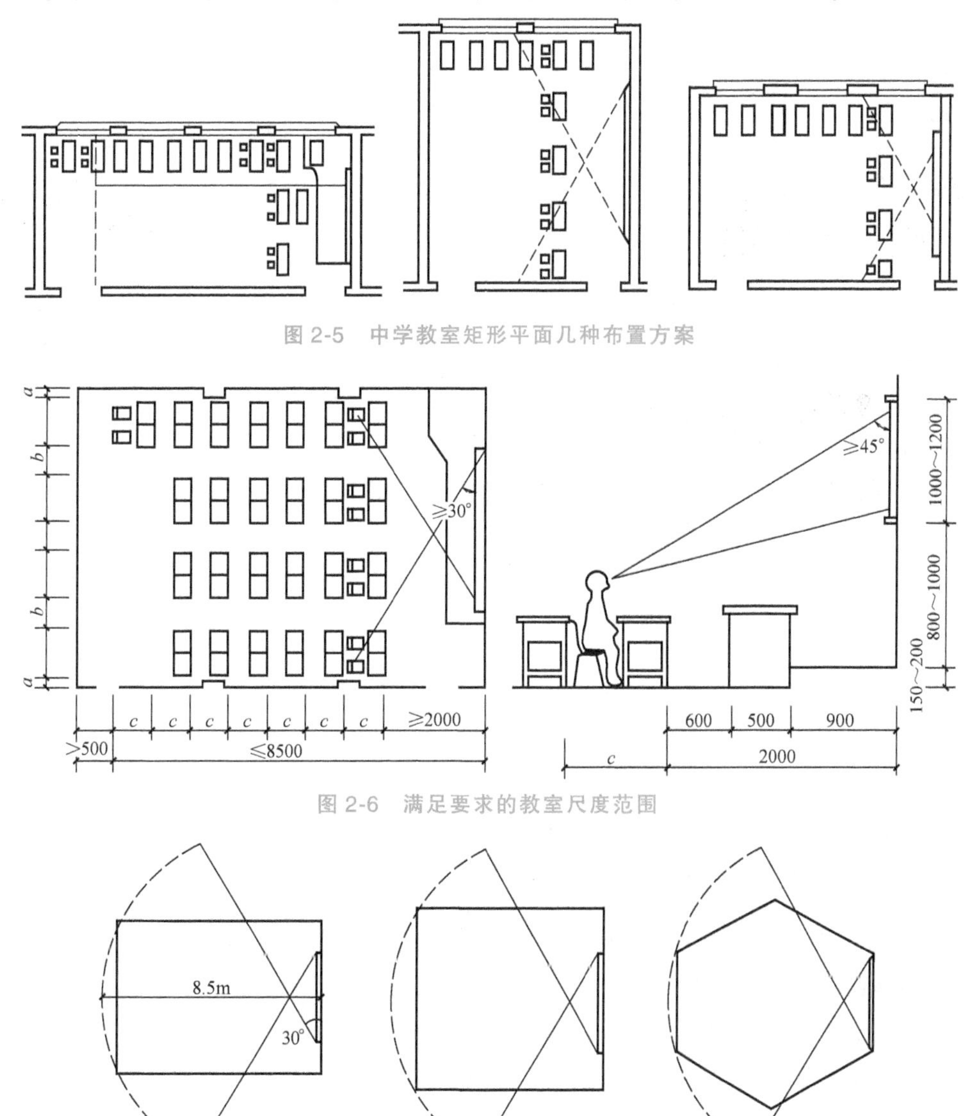


图 2-5　中学教室矩形平面几种布置方案

图 2-6　满足要求的教室尺度范围

图 2-7　基本满足视听要求的教室平面范围及形状的几种可能性

在考虑房间的大小和形状时，除应满足功能要求外，对工程技术、建筑材料和经济效果等问题也不容忽视。

（3）**房间门窗布置** 门窗的大小、位置和开启方向都影响着房间的使用效果，因此，在考虑房间的尺度和形状的同时，也要充分考虑有关门窗的问题。

1）一般民用建筑房间门的尺度，主要取决于人和家具设备的尺度、人流的多少和房门使用的情况。普通的教室、办公室、居室等，一般用单扇门，宽度约900~1000mm。其他房间，根据用途不同可以有所增减。但宽度不宜过大，否则使用不便且开关时占用面积较多。房间中门的最小宽度为700mm，双扇门宽1200~1800mm。

2）门的数量由房间的面积和容纳人数决定，当房间的面积超过$60m^2$，且人数超过50人时应设两个或两个以上的门。剧院、礼堂等观众厅安全出口的数目均不应小于2个。

3）门的位置要结合房间的具体使用情况，满足消防疏散的要求。一般来说，居室中的门宜设在靠近墙角的地方，便于房间家具布置，且面积利用率较高，如图2-8所示。对于套间式的房间，应尽量使两个门的位置比较靠近，这样可以缩短交通路线，便于布置家具。但对于多人同住一室的房间，如学生宿舍，为便于双排床位布置，应把门设在墙面的中间。至于影剧院会堂等公共场所的门，应分散布置，以保证场内人们的安全疏散。

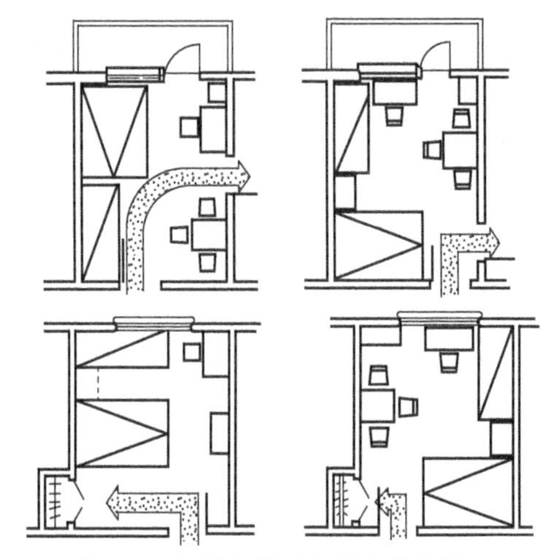
图2-8 门的位置对家具布置的影响

4）一般房间门宜内开，以避免占用走道和影响公共交通。人数较多的公共建筑，有爆炸、火灾危险的实验室和影剧院会堂等的太平门，须把门开向走道或直通室外，便于紧急情况下人流疏散。

5）窗的设计主要考虑室内采光、通风、立面美观、建筑节能及经济等方面的要求。对于用途不同的房间，其采光通风要求也不相同。一般按采光面积比作为确定房间开窗面积的参考，采光面积比是窗口透光部分的面积和房间地面面积之比。例如，教室、办公室的采光面积比1/6~1/8；而采光要求较高的阅览室为1/4~1/6；采光要求较低的门厅为1/8~1/10；楼梯间、走道的采光要求更低，可在1/10以下。

至于窗的宽高比例，应结合室内照度的均匀性，建筑物的立面处理等因素综合考虑。

6）窗的位置。采用天然采光方式，接近窗户的地方光线比较亮，远离窗户的地方光线就比较暗。对于教室、实验室、阅览室等房间，当只从外墙面上的窗户采光时，为使室内各处的光线比较均匀，就要考虑窗的设置位置、间距、高宽尺度等方面的问题。以教室为例，当窗在外墙面上均匀布置但间距较大时，在靠近外墙处光线的均匀性就较差；若将间距改小，且把靠近黑板处的墙面留得大些，则不但减缓了黑板眩光的作用，也可使光线的均匀性更好。

7）窗的开启方式。一般能满足采光要求的窗，只要有一半以上的窗扇做成可以开启的，就能满足通风要求，关键在于如何组织自然通风，在这方面，门的作用是不容忽略的。

门窗最好分别设置在相对的墙面上或两者相距较远，利于室内穿堂风的组织。

窗扇外开时，不占室内空间，防雨作用较好，但窗扇受风吹雨淋易坏，对楼房来说，修理擦洗也不方便。窗的开启方式一般应根据使用条件而定，如小学校教学楼的窗扇以内开为好，为解决窗扇内开占用室内空间的问题，可利用远心铰链，使窗扇折向墙面。

### 2.5.2 辅助房间的平面设计

辅助房间的面积和形状的设计方法与主要使用房间相类似，可以按照辅助房间中的设备所需空间和人活动所需空间的大小及其他相应的综合要求来确定。确定的方法有：

1）根据主要使用部分房间的面积和人数，按一定的比例来确定。例如，一个24个班规模为1200名学生的中学所需的厕所面积要多大？根据国家有关规定，每20名学生一个蹲位，若每个蹲位为900mm×1200mm（1.08$m^2$），这样就可以确定厕所面积的大小。再如商场的库房面积的确定，一般按营业厅的面积1/7~1/5来确定。

2）根据辅助用房的设备类型和个数确定其大小。卫生间平面布置举例如图2-9所示。

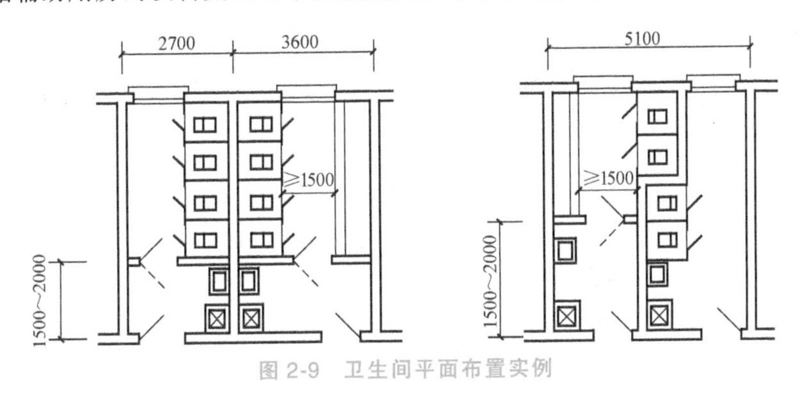


图2-9 卫生间平面布置实例

3）根据国家及地区的有关定额指标规定确定。

### 2.5.3 交通联系部分的平面设计

交通联系部分即走道、门厅及休息厅、楼梯、电梯等，它们的大小、形状和位置的确定，主要考虑以下几方面：满足高峰时段人流货流通过所需要的安全尺度；符合紧急情况下规范所规定的疏散要求；方便各使用空间的联系；满足采光和通风等方面的要求。

（1）**走道** 走道又称为过道、走廊。按走道的使用性质不同，可分为：完全为交通需要而设置的走道，不允许安排其他功能的用途；主要为交通联系同时也兼有其他功能的走道，走道的宽度和面积应相应增加；多种功能综合使用的走道。

当考虑两股人流行走，较少人流使用的走道净宽不得小于1100mm；对于大量人流使用的走道，为了满足人的行走和紧急情况下的疏散要求，《建筑设计防火规范》（GB 50016—2014）规定了下限，如教学楼建筑单侧有房间时不小于1800mm，两侧有房间时不小于2100mm。

走道的长度对消防疏散影响很大（这里指的长度是到达消防出口的距离），应根据建筑物的耐火等级、走道布置方式和建筑物的使用性质来决定走道的长度。

（2）**门厅、过厅** 门厅是起着内外空间过渡和集散人流作用的交通枢纽；过厅一般位于体形复杂的建筑物各分段的连接处或建筑物内部某些人流物流集中交汇处，起着缓冲作用。导向性明确是过厅和门厅设计中的重要问题。有些公共建筑物的门厅还兼有其他功能，如设有布告宣传栏、休息座、小卖部等，这就要求有效地组织交通路线并有足够的面积尺度，避免阻塞。门厅面积主要根据建筑物的使用性质和规模来确定，如中小学教学楼门厅可按 0.06~0.08$m^2$/学生计；电影院门厅按 0.13$m^2$/座位计。门厅对外出入口的总宽度不得小于通向该厅的走道、楼梯宽度总和，以避免疏散时产生“瓶颈”现象。

（3）**楼梯、电梯** 为了方便与安全，楼梯必须与走道、直通室外的门厅、出入口等直接联系在一起，楼梯的数量和位置是设计中的一个重要问题。

楼梯的宽度和数量主要根据使用性质、使用人数和防火规范来确定。一般多层建筑楼梯不得少于两部。按位置和使用性质楼梯分为主楼梯、次要楼梯、消防楼梯等。主要楼梯和主要入口结合起来，设在交通汇合的枢纽处；次要楼梯设在相对次要的位置，起辅助疏散的作用。主楼梯宽度一般为 1800~2100mm；次要楼梯宽度一般为 1200~1500mm。所有楼梯梯段宽度的总和应按照有关建筑设计防火规范的最小宽度进行校核。

电梯多用于高层或有特殊需要的建筑物中，如旅馆、大型商店、医院等；自动扶梯用于有频繁、连续人流的公共建筑中，如商场、火车站、航空港等。

### 2.5.4 建筑平面组合

前面已经介绍了一栋建筑物可分为使用部分和交通联系部分，建筑物的各个使用部分需要通过交通联系部分加以连通。以下要讨论各个房间及交通联系部分建筑空间在水平方向的组合问题，当作为单个房间研究时，它们可以有几种不同的尺度和形状，但当进行平面组合时，必然受到整体的制约。因此，建筑平面组合必须在协调统一的原则下，使每个房间既符合使用要求，又照顾到结构与施工的方便。

#### 1. 平面组合中的功能分析

对建筑物的使用部分而言，它们相互间会因使用性质的不同或使用要求的不同需要根据其关系的疏密进行功能分区，即把功能类似、联系紧密、形状大小接近的房间组合在一起，形成不同的功能区，按各部分之间的联系和分隔、使用顺序、交通路线等进行组合，使各个功能区既保持相对独立，又能取得有机联系，功能合理，满足使用要求。进行建筑平面功能分析，主要包括以下几方面：

（1）**分析房间的主次关系** 一幢建筑物根据它的功能特点不同，平面中各房间相对而言有主次之分。例如住宅中的客厅、卧室是主要的使用房间，厨房、厕所等是相对次要的使用房间（图 2-10）；影剧院建筑中的观众厅是主要的使用房间，办公室、休息室、化妆室、道具室、卫生间等是次要的使用房间。主要房间应考虑布置在朝向好、比较安静的地方，以取得较好的日照、采光、通风条件。图 2-11 所示是住宅功能分析及平面示例图。

（2）**分析房间的内外关系** 建筑物中各类房间有的主次关系不是很明显，但内外关系比较突出，例如商店的营业厅、食堂的餐厅等使用房间，它们对外部人员联系比较密切，应当布置在靠近人员来往、位置明显、出入方便的部位；而商店的办公室、库房及食堂的厨房主要是内部活动或内部工作用的房间，应布置在次要部位，避开外来人流干扰。图 2-12 所示是某小商店功能分析及平面图。

（3）**分析房间的分隔与联系关系** 房间较多且功能又复杂的建筑，对房间之间的联系

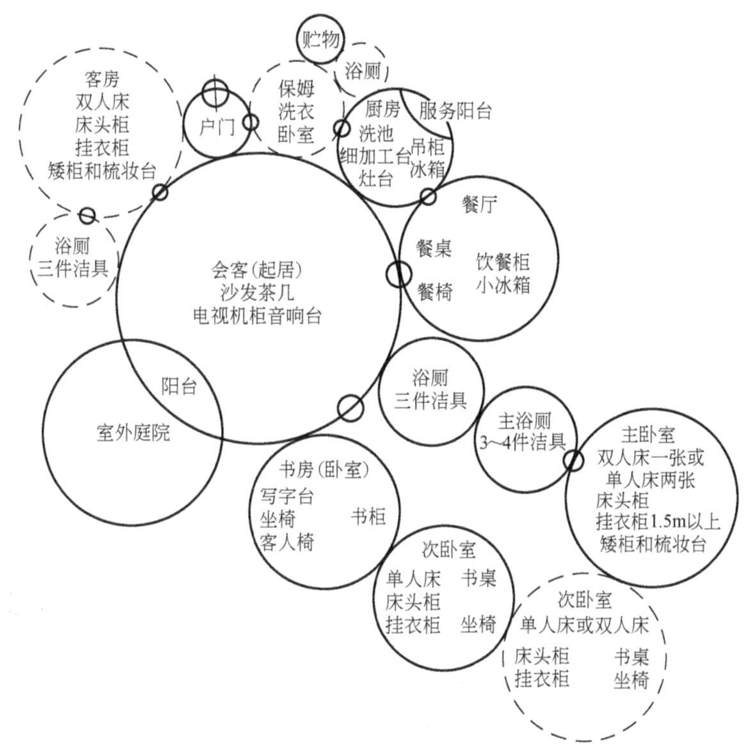


图 2-10　住宅功能分析方法示意

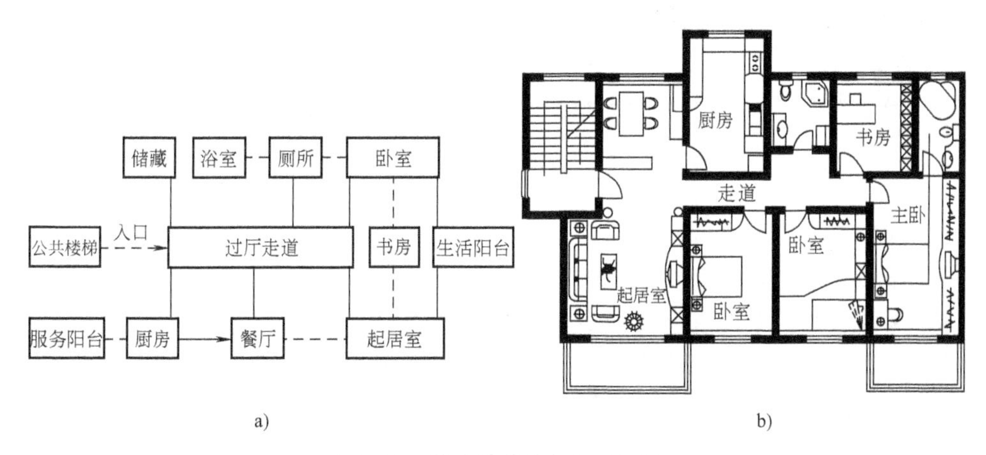


图 2-11　住宅功能分析及平面图

a）功能分析图　b）平面图

和分隔要求较高，应考虑房间的分隔和联系问题。例如医院建筑，有门诊、住院、辅助医疗和生活服务用房等几部分。其中，门诊和住院部分均与辅助医疗部分（包括化验、理疗、放射、药房等房间）关系密切，要求联系方便；但住院部分要求安静，门诊部分则比较嘈杂，它们之间要有一定的分隔，如图2-13 所示。

（4）**分析房间的使用顺序与交通路线**　某些建筑物中不同使用性质的房间，在使用过程中有一定的先后顺序，人流线性较强，如医院门诊部从挂号、候诊、诊疗、划价、收费、

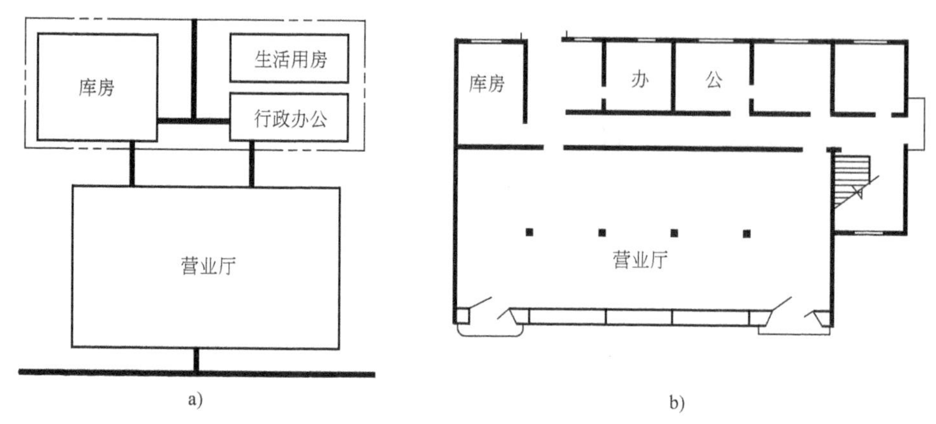


图 2-12 某小商店功能分析及平面图

a）功能分析图 b）平面图

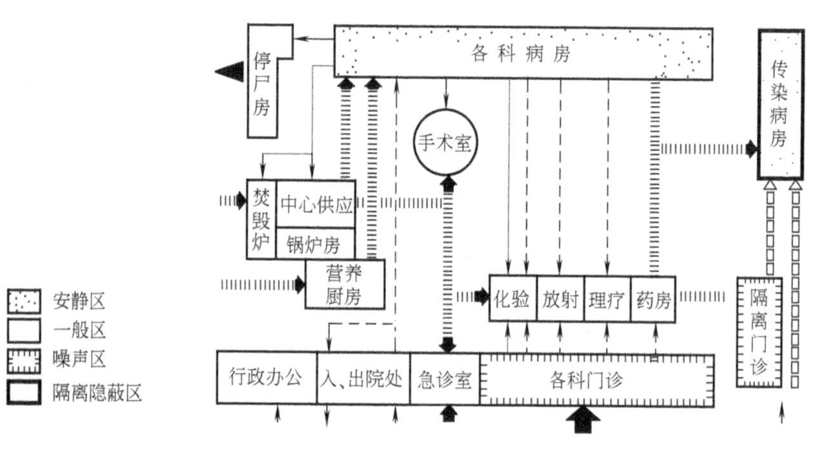


图 2-13 医院建筑房间功能分析图

取药的各房间，车站建筑的问讯、售票、候车、检票、通过站台上车的各房间。在平面组合时要很好地考虑这些房间的使用顺序和人流路线，使各部分联系方便、交通路线短捷，尽量避免迂回和交叉干扰。图 2-14 所示为小型火车站流线分析及平面方案图。

在建筑内部管线比较多的房间，如住宅中的厨房、厕所、医院中的手术室、治疗室、辅助医疗室等，它们的位置在满足使用要求的同时应使设备管线尽可能布置得简捷集中，设备管线上下对齐。

2. 建筑平面组合的形式

（1）**走道式组合** 利用走廊将各个使用房间联系在一起的组合方式称为走道式组合。这种组合方式能使各个使用房间不被穿越，满足各个使用房间单独使用的要求。常用于教学楼、集体宿舍、办公楼、旅馆等建筑类型（图 2-15）。

（2）**套间式组合** 房间之间直接连通的布置方式就是套间组合，各个房间之间的联系较为简捷，房间的交通部分与使用部分结合在一起，适用于房间之间使用顺序较强、联系密切、不需要单独分隔的建筑，如展览馆、纪念馆、火车站、百货商店等（图 2-16）。

（3）**大厅式组合** 以一个面积较大，使用人数较多，有一定视听要求的大厅为中心，

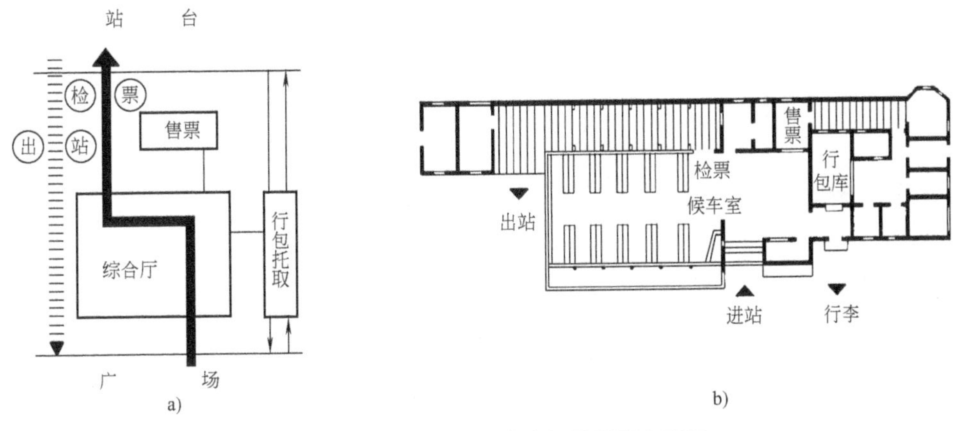


图 2-14 小型火车站流线分析及平面方案图

a）流线分析图 b）方案平面图

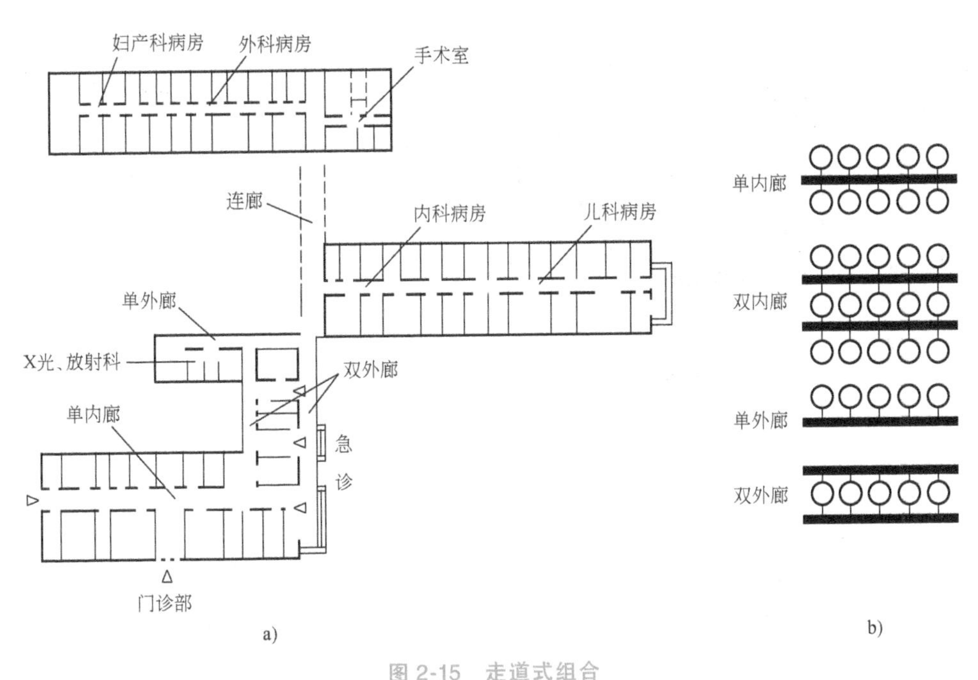


图 2-15 走道式组合

a）走道式组合平面示例 b）走道式组合示意图

其他房间围绕其周围布置的组合形式。这种组合方式交通路线组织问题比较突出，应使人流通行顺畅，导向明确，同时应合理选择覆盖和围护大厅的结构方式，一般适用于影剧院、体育馆等建筑类型（图 2-17）。

（4）**单元式组合** 以楼梯间或电梯间等垂直交通来联系，将功能上联系紧密的房间组合成一个单元，单元有独立的出入口，然后以一种或几种定型单元重复布置的形式，称为单元式组合。这种组合方式平面集中、紧凑，单元之间相对独立，一般适用于住宅、幼儿园、疗养院等建筑类型（图 2-18）。

上述四种平面组合方式，在各类建筑平面中并不都是以单一形式出现，经常是以一种方

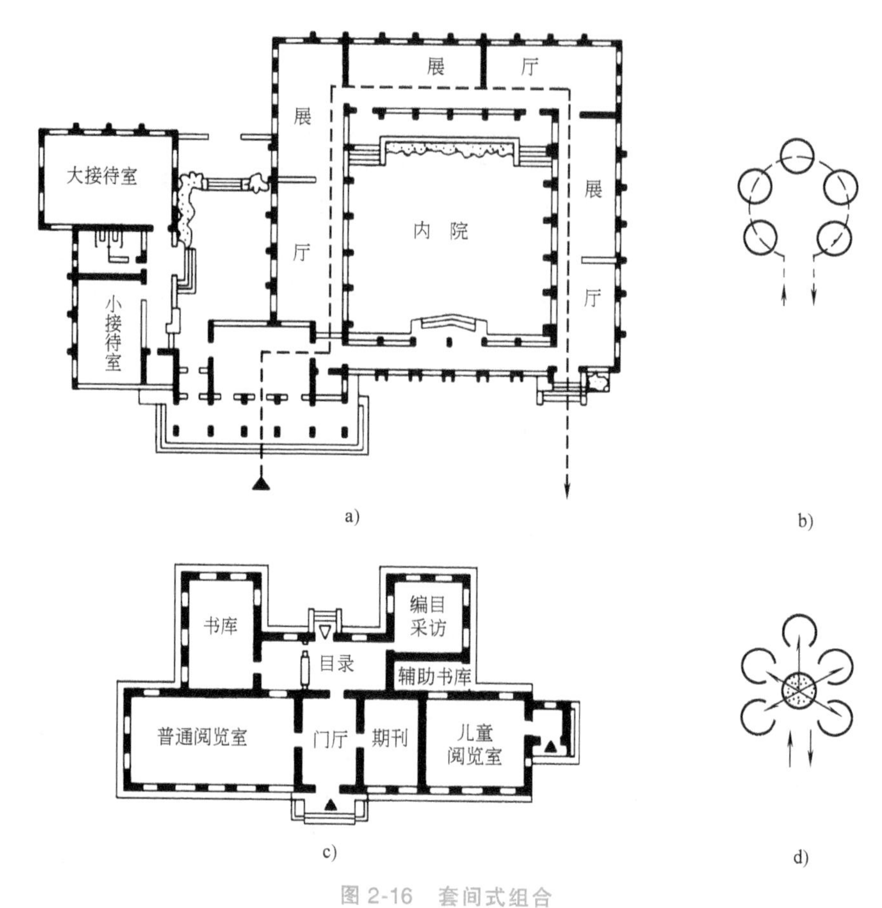


图 2-16 套间式组合

a）串联套间式组合形式的纪念馆 b）串联式套间组合形式示意
c）门厅套间式组合形式的县级图书馆 d）门厅套间式组合形式示意

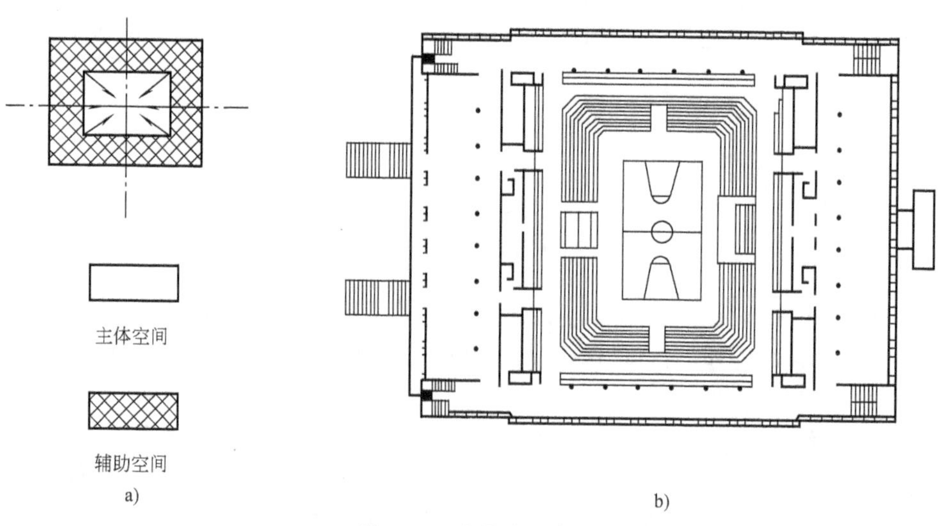


图 2-17 大厅式组合

a）大厅式组合示意 b）某体育馆平面图

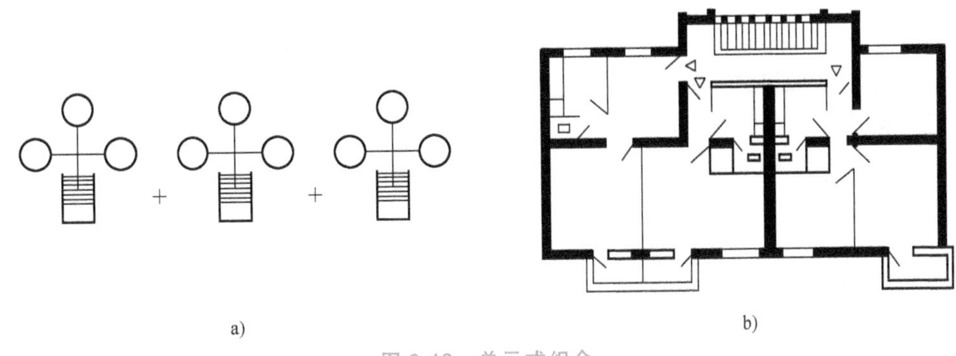


图 2-18　单元式组合

a）单元式组合示意　b）住宅单元

式为主，多种方式并存的形式出现，即混合式组合方式，随着建筑使用功能的发展和变化，平面组合方式也将会发生变化。

## 2.6　民用建筑的剖面设计

由于建筑物具有三维空间，因此在进行方案设计的时候，必将涉及房间的空间情况、结构体系等有关高度方面的问题，这就要对反映建筑物竖向空间组合的剖面设计进行研究。

### 2.6.1　房间的高度

从建筑工程的角度来讲，房间的高度包括“层高”与“净高”两个含义。层高指房屋一层的高度，是指该层楼地面到上一层楼地面之间的距离。净高是该层楼地面到结构层（梁、板）底面或顶棚下表面之间的距离，层高减去楼板层的厚度即为净高（图 2-19）。房间的高度的确定应满足以下几方面的要求：

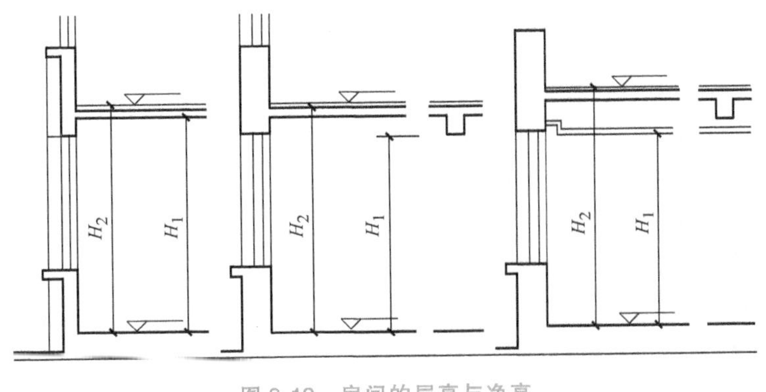


图 2-19　房间的层高与净高

$H_1$—净高　$H_2$—层高

（1）**人体活动及家具设备的要求**　不同房间使用要求不同、家具设备不同，其净高也不同。面积小、使用人数少的房间净高较低，如住宅净高 2.4m 已能满足要求；面积较大、使用人数较多的房间，如中学教室的净高就高些，一般为 3.1～3.4m。集体宿舍考虑布置双层床，其净高不小于 3.2m，医院手术室考虑手术台和无影灯及操作空间，净高不小于 3.2m。

（2）**采光、通风等卫生要求** 室内天然采光的强弱及照度是否均匀，除了与窗的大小、平面位置有关外，还和窗户在剖面中的高低有关。加大窗宽，可使房间在宽度方向的光线比较均匀。加大窗高，可使房间在深度方向的光线比较均匀。房间进深越大，要求侧窗上沿的位置越高，窗顶高度与房间进深的关系如图 2-20 所示。通常是通过在内墙上设置高窗或利

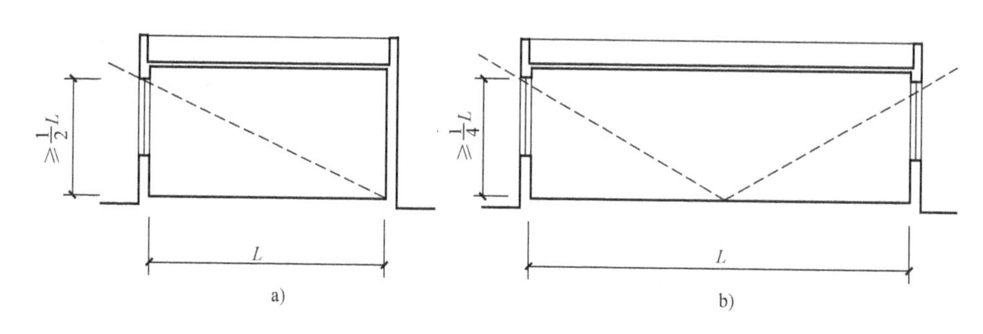


图 2-20 采光对房间高度的影响

a）单侧采光 b）双侧采光

用天窗来组织房间室内通风，进风口和出风口在剖面中的位置直接影响室内净高。对于容纳人数较多的公共用房的高度还受卫生条件要求的影响，空气容量的取值与房间用途有关，如中小学为 3~5$m^3$/人，电影院观众厅为 4~5$m^3$/座。

（3）**结构构造与设备要求** 房间的高度、剖面形状还与梁、板等结构构件厚度、空间结构的形状以及顶棚上下设备的高度有关。如图 2-21 所示，支承预制板的钢筋混凝土梁由矩形截面改为花篮形，若保持层高不变，则净高增加了一个板厚，提高了房屋的使用空间；若保持净高不变则降低了层高，节省了造价。一般砖混结构层高每降低 100mm，可节省投资 1%左右。

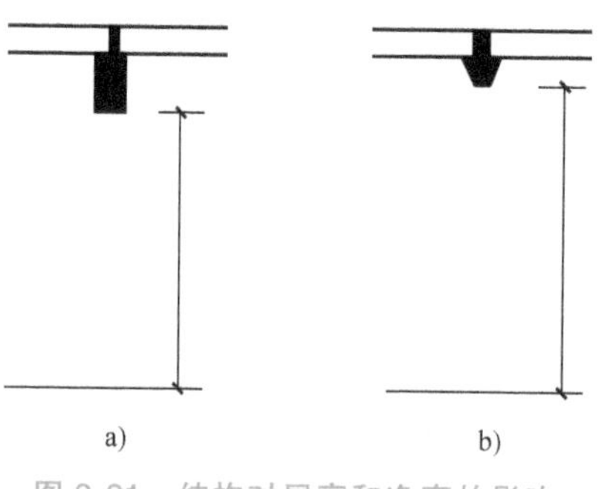


图 2-21 结构对层高和净高的影响

a）一般矩形梁 b）花篮梁

（4）**室内空间比例要求** 一般情况下，房间面积大的房间净高应高一些，面积小的净高应低一些。室内空间长、宽、高比例关系不同，常给人以不同的感受。如住宅居室空间过高、过大，不能给人以亲切、宁静的感觉；公共用房如果高度过低，则会使人感到压抑、沉闷。一般民用建筑的高宽比 1∶1~1∶3 为好。

常用房间的层高：住宅一般 2.7~2.9m；宿舍、办公室、旅馆客房一般2.8~3.3m；学校教室一般 3.6~3.9m。

由于各房间功能不同而引出房高的差异，在设计方案考虑平面组合时应同时考虑剖面组合，使它们在平、剖面的布局中都得到合理的安排，例如中小学建筑中的教学区与办公区之间楼层的高差问题。有些情况是需要迁就的，如设在教学区的厕所应与教室采用统一的层高。

## 2.6.2　建筑物的层数

楼房不仅在用地方面比平房节约，其主要组成部分如基础、房顶也都比平房利用率高，在一定条件下，还能降低市政设施如给水排水、道路、煤气、照明等管线的费用。大量性建筑如住宅，在一定范围内适当增加房屋层数可降低房屋造价。层数的确定主要考虑以下几方面：

（1）**房屋本身的使用性质**　建筑物使用性质不同，对层数要求不同，如幼儿园为安全及方便儿童使用一般1~2层，小学教学楼不应超过4层，中学教学楼不应超过5层，办公楼及旅馆可以建多层、高层。

（2）**城市总体规划的要求**　城市规划从改善城市面貌和节约用地等方面考虑，对不同地段的新建房屋明确规定建造的层数或高度。城市航空港附近地区，从飞行安全考虑对新建房屋的层数和高度有所限制。

（3）**建筑防火要求**　建筑物耐火等级不同相应的层数限制标准不同，一级、二级耐火等级的多层房屋，住宅应在九层及九层以下，公共建筑不应超过24层。

（4）**结构类型和材料的影响**　结构类型不同，建筑材料不同，房屋合理的层数也不同，一般砖混结构6层左右，钢筋混凝土框架结构20层左右，剪力墙结构35层左右。

## 2.6.3　房间的剖面形状

房间剖面形状有矩形和非矩形两类。大多数民用建筑都采用矩形，因为矩形剖面简单、整齐，便于竖向空间组合，结构简单，施工方便，造价低。非矩形剖面用于一些有特殊使用要求或采用特殊结构形式的建筑，如影剧院的观众厅、体育馆的比赛大厅、教学楼的阶梯教室等，为满足一定的视线要求，其地面应有一定的坡度（图2-22）。剧院的观众大厅要有良好的音质效果，应对顶棚的形状和材料进行设计，使其一次反射声均匀分布（图2-23）。

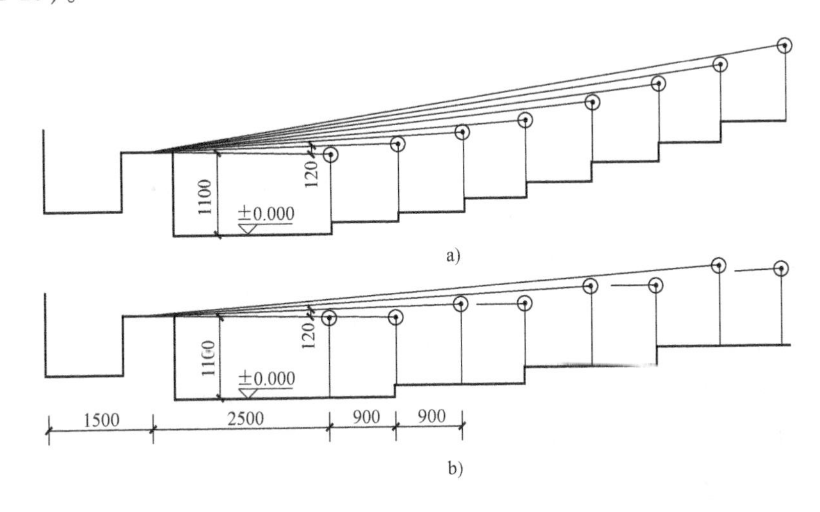


图2-22　阶梯教室地面升高示意图

a）每排升高120mm　b）每两排升高120mm

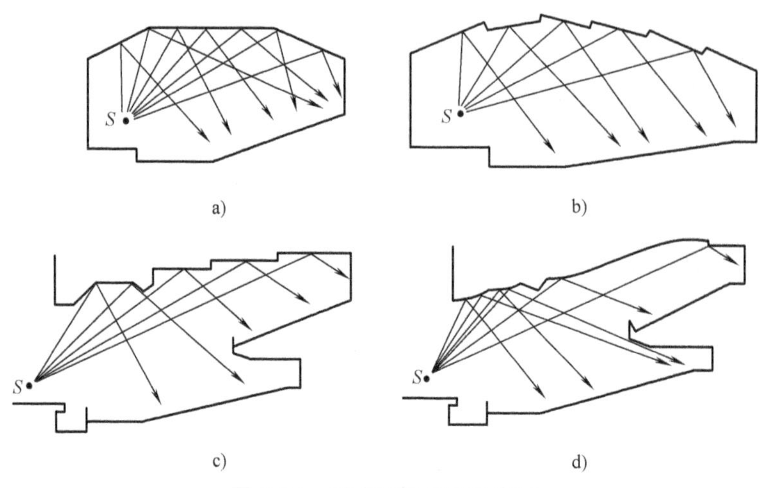


图2-23 剧院顶棚处理示意图

### 2.6.4 一般民用建筑中有关的几个高度

（1）**窗台高度** 窗台高度应根据使用要求、人体尺度和家具设备高度来确定。一般窗台高度900mm左右，这样的尺寸与桌高度（约800mm）和人正坐时视线高度（约1200mm）配合恰当；幼儿建筑窗台高度常采用650~700mm；展览馆为便于墙面布置展品，窗台高度提高到2500mm；疗养院和风景区建筑常做成落地窗。

（2）**室内外高差** 室内外高差的作用是为保证室内地面的干燥和防止雨水倒灌。考虑正常的使用、建筑物沉降、经济因素，室内外地面高差一般在150~600mm之间。设计常取底层室内地坪相对标高±0.000，低于底层地坪为负值，高于底层地坪为正值。易于积水和经常用水冲洗的房间地坪比其他房间地坪低一些（约20~50mm），以免溢水。

## 2.7 墙体承重结构体系

在建筑中，由柱、梁、板等构件连接而成的能承受荷载和其他间接作用（如温度变化、地基不均匀沉降等）的体系，叫建筑结构。

建筑结构可从它所用的建筑材料和结构的受力体系、构造特点来分类。

按建筑结构所用的建筑材料的不同，可分为钢结构、钢筋混凝土结构和混合结构。

按组成房屋结构的构件类型及构造特点来划分，可以把房屋结构分为：墙体承重结构、骨架承重结构（如框架及单层刚架和排架结构等）、框剪结构、框筒结构和空间结构体系等。本书将分别加以讨论。

墙体承重结构广泛用于层数不多的多层建筑上。按照承重墙的原材料可分为砌体墙承重结构体系和钢筋混凝土墙承重结构体系。

### 2.7.1 砌体墙承重结构体系

建筑物的承重体系由砌体墙构成的结构为砌体墙承重结构体系。砌体墙由混凝土空心砌块、加气混凝土砌块、硅酸盐砌块、粉煤灰硅酸盐砌块等块材通过砂浆砌筑而成。砌体墙承重结构的历史悠久，由于取材广泛，因此应用非常普遍。其优点主要是造价低廉、耐火性能好、施工方便、工艺比较简单。我国目前在工业与民用建筑中，特别是在县镇以下的建筑中，广泛采用的仍是砌体墙承重结构。但其主要的缺点是自重大、强度低、抗震性能差、施工进度缓慢、不能适应建筑工业化的要求。

### 2.7.2 钢筋混凝土墙承重结构体系

建筑物的承重体系由钢筋混凝土墙构成的结构称为钢筋混凝土墙承重结构。相对于砌体墙承重结构，钢筋混凝土墙承重结构强度高、抗震性能好、施工进度较快，但经济成本有所增加。

### 2.7.3 承重墙体的布置和承重方案

承重墙的布置不仅影响建筑物的平面和空间尺寸，而且还决定着荷载的传递方式及建筑物的空间刚度。按墙体的承重体系，大致可分为以下几种方案：

1. 横墙承重

如图 2-24a 所示，预制铺板支承在横墙上，横墙是主要承重墙。纵墙只起围护、隔断和维持横墙整体的作用，故纵墙是自承重墙（内纵墙可承受走廊板的重量，但必须荷载较小）。荷载主要传递路线为：屋（楼）面荷载→横墙→基础→地基。

此方案的优点是因横墙是主要承重墙，故横墙数量较多，房屋横向刚度较大，有利于抵抗风荷载、地震荷载等横向水平荷载的作用以及调整地基横向的不均匀沉降。由于外纵墙不是承重墙，故外纵墙的立面处理比较方便，可开设较大的门窗洞。其缺点是横墙间距很密，房间布置的灵活性差，故多用于小开间的民用房屋，如多层的住宅、宿舍和旅馆等居住建筑。

2. 纵墙承重

如图 2-24b 所示，预制铺板支承在纵墙上（有时楼板支承在梁上，梁支承在纵墙上）。纵墙是主要承重墙，横墙只承受小部分荷载，横墙的设置主要为了满足房屋刚度和整体性的需要，它的间距可以比较大。荷载主要传递路线为：屋（楼）面荷载→纵墙→基础→地基。

该方案的优点是房间的空间可以较大，平面布置比较灵活，墙面积小。其缺点是房屋的横向刚度较差，纵墙受力集中，纵墙较厚或要加壁柱。这种方案适用于使用上要求有较大的空间，或开间尺寸有变化的房屋，如教学楼、实验楼、办公楼、医院、仓库和单层工业厂房等。纵墙承重结构不宜用于层数较多的房屋。

3. 纵横墙承重

如图 2-24c 所示，根据房间的开间和进深要求，其屋（楼）面荷载一部分由纵墙承重，一部分由横墙承重。这种纵横墙同时承重，即为纵横墙承重方案。这种方案的横墙布置随房间的开间需要而定，横墙间距比纵墙承重方案的要小，所以房屋的横向刚度比纵墙承重方案有所提高。其兼有前两种方案的特点，能更好地适应房屋平面变化的需要，多用于开间、进深尺寸较大且房间类型较多的建筑和平面复杂的建筑中，前者如教学楼、商店等建筑，后者如点式住宅、托儿所、幼儿园等建筑。

4. 内框架承重

内框架承重结构如图 2-24d 所示，由于建筑物使用上的要求，往往采用钢筋混凝土柱代替内承重墙，以取得较大的空间。例如沿街住宅底层为商店的房屋，可采用内框架承重结构。所谓框架指的是用钢筋混凝土浇筑的梁和柱通过结点的牢固联结而构成的承重骨架，房屋内部为框架，房屋四周为砌体结构。墙和柱都是承重结构。这种结构既不是全框架承重，也不是全由墙体承重。其特点是：由于横墙较少，建筑物的空间刚度较差。此外，由于砌体和钢筋混凝土这两种材料的性能不同，在荷载作用下墙的条形基础和柱的单独基础在沉降量方面不易一致，钢筋混凝土柱和砖墙的压缩变形不一样，结构内部容易产生一定的内应力，房屋层数较多时，这一问题应在设计上给予考虑。以柱代替内承重墙在使用上可获得较大的空间，故内框架结构多用于室内需要较大使用空间的建筑，如多层工业厂房、仓库、商场等建筑。

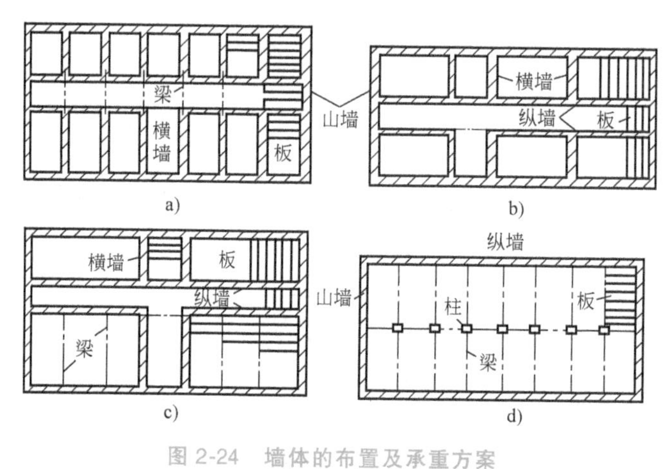


图 2-24 墙体的布置及承重方案

a）横墙承重 b）纵墙承重 c）纵横墙承重 d）内框架承重

## 2.7.4 墙体承重结构的静力计算方案

计算方案也称计算简图（或计算模式）。墙体承重房屋的计算方案随结构布置方案不同而不同，有刚性计算方案、弹性计算方案和刚弹性计算方案之分。

墙体承重结构的设计工作，在确定计算方案之后，就要根据荷载条件、结构构件尺寸以及工程材料特性参数等，进行结构的内力计算。还要根据构件的截面尺寸、材料强度指标等求出构件的承载力。要保证构件承载力不小于构件的计算内力。否则，就要增加构件截面尺寸或采取其他结构措施，直到满足可靠度要求为止。在设计工作中，墙体只能用作受压构件及偏心受压构件。

下面的讨论只限于对墙体承重结构的不同计算方案原理的理解，不做墙体承重结构的内力计算和承载力验算。

### 1. 房屋的空间受力情形

以图 2-25 所示的多层房屋的受力特征来分析房屋的空间工作情况。作用在房屋上的垂直荷载和水平荷载使房屋结构成为一空间受力系统。垂直荷载由楼盖和层盖直接承受，通过墙或柱传到基础再到地基。作用在外纵墙上的水平荷载，例如风荷载，一部分通过屋盖和楼盖传给横墙，再由横墙传至基础和地基；另一部分直接由纵墙传给横墙，再由横墙传至基础和地基。在外墙水平反力作用下，屋盖和楼盖犹如一根在水平方向受弯的梁（两端支承在横墙上)，在跨中产生水平位移$f_{max}$（图2-25b)，横墙可视为一竖直的悬臂梁，在屋盖和楼盖传来的水平力的作用下，要产生水平位移$\Delta$（图2-25c)。这时楼盖的最大水平位移$y_{max}=f_{max}+\Delta$。由于纵墙与楼盖、屋盖是牢固连接的，故纵墙楼盖处的最大水平位移也与$y_{max}$相对应。如果房屋不设横墙，在水平力的作用下屋盖将发生水平位移$u$，$u>y_{max}$（图2-25d)。

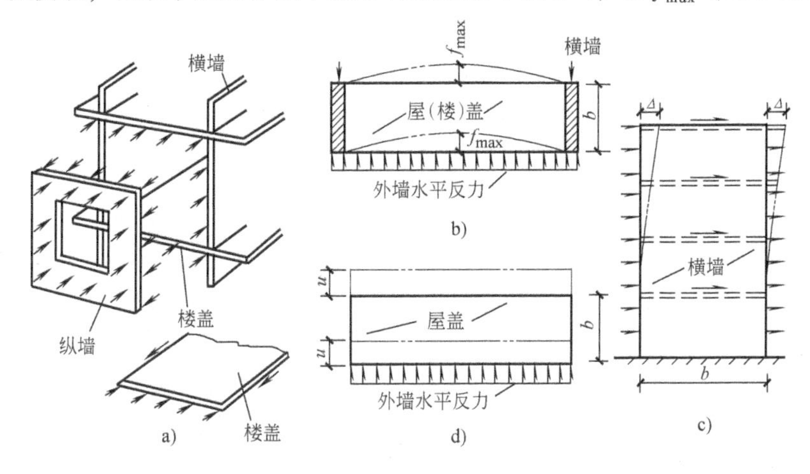


图2-25　房屋的空间工作情况

a）房屋的空间受力情况　b）有横墙屋盖的变形

c）横墙的受力和变形　d）无横墙屋盖的变形

从上面的分析中可看出，纵墙水平横向位移的大小不但与纵墙本身的刚度有关，而且还与屋（楼）盖、横墙的刚度以及横墙的间距有关。所谓房屋的空间刚度就是由这些因素组成的。

### 2. 房屋的静力计算方案

根据房屋空间刚度的大小，房屋的结构计算方案可分为三种：

（1）**刚性方案**　当房屋的空间刚度很大时，尤其是屋（楼）盖和横墙的抗侧移刚度很大时，在水平荷载作用下纵墙顶点水平位移$y_{max}=0$，可以略去不计。这时的计算简图如图2-26a所示，在屋盖、楼盖处各有一不动铰支座。横墙承重结构及一般多层民用建筑，如住宅、教学楼、医院等均属刚性方案房屋。

（2）**弹性方案**　当房屋的空间刚度很小，即横墙间距较大、屋（楼）盖的水平刚度、横墙的抗侧移刚度较小时，在荷载作用下房屋的水平位移较大，不能忽略。这时的计算简图如图2-26b所示，墙（或柱）与屋（楼）盖组成平面排架（或框架)。一般只有单层房屋，如仓库、食堂、单层工业厂房等房屋才属于弹性方案房屋。

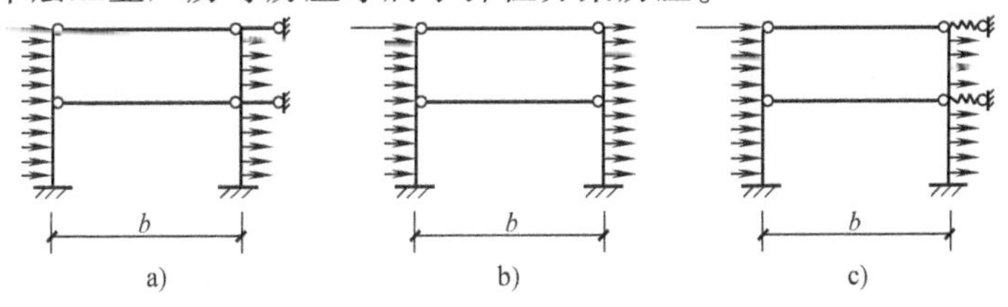


图2-26　房屋的计算方案

a）刚性方案　b）弹性方案　c）刚弹性方案

(3) **刚弹性方案** 这种房屋的空间刚度介于刚性方案和弹性方案之间。在水平荷载作用下产生的侧移虽然较弹性方案小，但又不能忽略不计。于是计算简图如图2-26c所示，屋（楼）盖处安一弹性支座，引进一水平位移折减系数后，按有侧移的平面排架或框架计算。

《砌体结构设计规范》(GB 50003—2011) 规定了三种方案的确定方法，见表2-2。

表2-2 房屋静力计算方案的横墙间距 $s$ （单位：m）

| | 屋盖或楼盖类别 | 刚性方案 | 刚弹性方案 | 弹性方案 |
|---|---|---|---|---|
| 1 | 整体式、装配整体和装配式无檩体系钢筋混凝土屋盖或楼盖 | $s<32$ | $32\leqslant s\leqslant 72$ | $s>72$ |
| 2 | 装配式有檩体系钢筋混凝土屋盖、轻钢屋盖和有密铺望板的木屋盖或木楼盖 | $s<20$ | $20\leqslant s\leqslant 48$ | $s>48$ |
| 3 | 瓦材屋面的木屋盖和轻钢屋盖 | $s<16$ | $16\leqslant s\leqslant 36$ | $s>36$ |

横墙刚度对房屋静力计算影响很大，在刚性、刚弹性方案中的横墙必须是在平面内有很大刚度的承重墙，《砌体结构设计规范》要求刚性及刚弹性方案的横墙必须满足下列条件：

1）横墙中开有洞口时，洞口的水平截面面积不应超过横墙截面面积的50%。

2）横墙厚度不宜小于180mm。

3）单层房屋的横墙长度不宜小于其高度，多层房屋的横墙长度不宜小于 $H/2$（$H$ 为横墙总高度）。

### 2.7.5 墙体承重结构的构造要求

墙体承重结构的房屋要具有良好的空间刚度，墙、柱和屋盖或楼盖、纵墙和横墙之间必须有可靠的连接，各构件间才能协调地传递荷载并相互制约，房屋结构的整体性才能得以保证。此外，在设计方案布置时还须注意以下几点：

#### 1. 材料最低强度等级

6层及6层以上房屋的外墙、潮湿房间的墙以及受振动或层高大于6m的墙（柱）所用材料的最低等级为：砖MU10，砌块MU5，石材MU20，砂浆MU2.5。

#### 2. 须注意横墙间距的大小

横墙间距的大小关系到房屋的构造。因刚性方案的房屋产生的侧移极微，对墙体引起的内力较小，这样比较经济，故对横墙间距要求服从刚性方案对横墙间距的限制，以保证房屋符合刚性构造方案的要求。同时，若横墙间距小于1.5倍建筑物宽度，当地基不均匀沉降时可增强墙体的抗裂性。

#### 3. 纵墙尽可能贯通

纵墙尽可能贯通可增强墙体的抗裂能力，需要设置圈梁时，布置比较容易，效果也比较好。

#### 4. 墙体要适当设置壁柱

当墙体较高和较薄时，为了增加墙体的稳定性，应加设与墙体同时砌筑的壁柱（图2-27）。搁置在砖墙（厚度≤240mm）上跨度大于等于6m的梁，其支承处宜加设壁柱。此外，承受吊车荷载的墙体或承受风荷载为主的山墙应加壁柱。

5. 墙、柱高厚比验算

为保证墙柱的稳定性，墙（柱）的高厚比应按下式验算

$$\beta=\frac{H_0}{h}\leqslant\mu_1\mu_2[\beta]$$

式中　$H_0$——墙柱的计算高度；

$h$——墙厚或矩形柱与 $H_0$ 相对应的短边长度；

$\mu_1$——对于承重墙取 1，对于非承重墙取大于 1（例如 $h=240$mm 时，$\mu_1=1.2$）；

$\mu_2$——有门窗洞口墙的修正系数，$\mu_2=1-0.4\frac{b_s}{s}$（图 2-28）；

$[\beta]$——墙柱的允许高厚比，见表 2-3。若墙体带有壁柱，整片墙和壁柱间墙的高厚比均应验算。

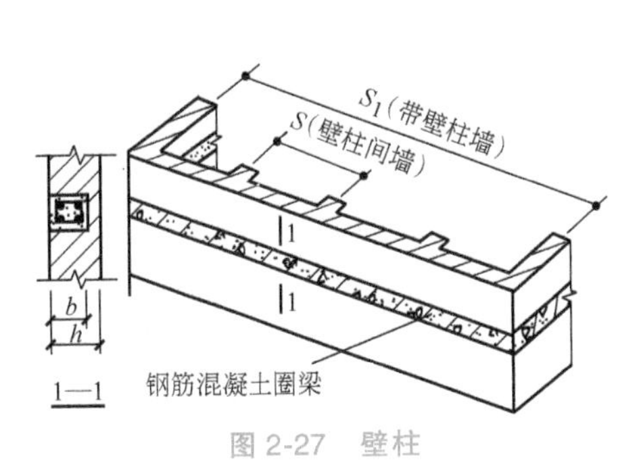


图 2-27　壁柱

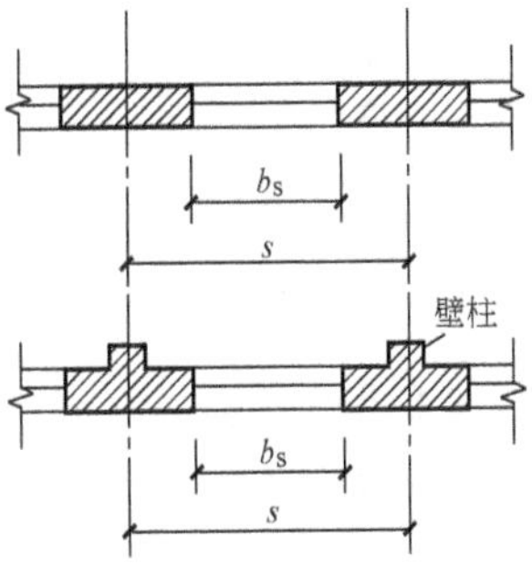

$b_s$
$s$
壁柱
$b_s$
$s$

图 2-28　门窗洞口的宽度

表 2-3　墙柱允许的高厚比 [β] 值

| 砂浆强度等级 | 墙 | 柱 |
|---|---|---|
| M0.4 | 16 | 12 |
| M1 | 20 | 14 |
| M2.5 | 22 | 15 |
| M5 | 24 | 16 |
| ≥M7.5 | 26 | 17 |

6. 墙体要适当的设置伸缩缝

由于材料具有热胀冷缩的性质，不同的材料其收缩性能不同。实验数据表明，墙体承重结构中的钢筋混凝土屋（楼）盖和墙体材料的线膨胀系数及收缩率都不同。在墙体承重结构房屋中，屋（楼）盖搁置在墙体上，两者共同工作。当受到温度影响时，两者线膨胀系数的差异必将导致屋（楼）盖和墙体伸缩的不同，形成两者之间相互作用的剪应力，剪应力又引起主拉应力，当剪应力或主拉应力超过墙体材料的极限强度时，在屋（楼）盖下边的外墙将会产生水平裂缝和包角缝，或者在顶层靠近房屋两端的窗洞处产生“八字”裂缝。房屋越长，产生的温度变化引起的拉力越大，墙体开裂越严重。为了防止房屋在正常使用条件下出现裂缝，除了在屋盖上采取一些保温隔热措施外，还应在墙体中设置伸缩缝，把屋盖、楼盖和墙体断开分成几个长度较小的独立单元，常用的墙体承重结构温度伸缩缝的最大

间距见表2-4。温度伸缩缝宽≥30mm。

7. 墙体要适当的设置沉降缝

当房屋建造于土层性质差别较大的地基上，房屋相邻部分的高度、荷载、结构刚度、地基基础等方面有显著差别时，为了避免房屋开裂，宜在差异部位设置沉降缝。采用沉降缝时，缝宽一般大于5cm，房屋层数越多时，缝宽应越大，最大可达12cm以上。

表2-4 墙体承重结构温度伸缩缝的最大间距

| 砌体墙类别 | 屋盖和楼盖类别 | | 间距/m |
| --- | --- | --- | --- |
| 各种砌体 | 整体式或装配整体式钢筋混凝土结构 | 有保温层或隔热层的屋盖、楼盖 | 50 |
| | | 无保温层或隔热层的屋盖 | 40 |
| | 装配式无檩体系钢筋混凝土结构 | 有保温层或隔热层的屋盖楼盖 | 60 |
| | | 无保温层或隔热层的屋盖 | 50 |
| | 装配式有檩体系钢筋混凝土结构 | 有保温层或隔热层的屋盖 | 75 |
| | | 无保温层或隔热层的屋盖 | 60 |
| 粘土砖、空心砖砌体 | 黏土瓦或石棉水泥瓦屋盖<br>木屋盖或楼盖<br>砖石屋盖或楼盖 | | 100 |
| 石砌体 | | | 80 |
| 硅酸盐块体和混凝土砌块砌体 | | | 75 |

沉降缝与伸缩缝的不同之处在于沉降缝不但墙体要断开，而且沿沉降缝平面内所有的上部结构以及基础全部都要断开。沉降缝的宽度一般在50~120mm之间，房屋层数越多宽度宜越大。

## 2.8 框剪和框筒结构体系

### 2.8.1 框剪体系

框架结构建筑空间布置比较灵活，可形成较大的室内空间。但侧向刚度差、抵抗水平荷载的能力小；剪力墙结构的侧向刚度较大、抵抗水平荷载的能力大，但平面布置不灵活，一般不能形成较大的空间。将两者结合起来，取长补短，在框架结构的适当部位，设置一定数量的钢筋混凝土剪力墙，使大部分水平荷载由剪力墙承受，剪力墙与框架协同工作使得结构的承载力明显增大，建筑空间的布置也比较灵活。这种结构体系称为框架-剪力墙结构体系，简称框剪体系。

在地震区，这种结构体系能使地震荷载作用下的非结构性破坏减少，在25层以下的办公楼、大饭店等高层建筑中得到广泛应用。

1. 框剪体系的受力及变形

框剪体系的房屋中，剪力墙大约可承受70%以上的水平荷载。若剪力墙布置的太多，则其承载能力得不到充分的发挥。所以，剪力墙布置的位置和数量与结构的体形、平面形状、高度等的关系是框架-剪力墙结构布置的关键问题。通常剪力墙宜布置在建筑物两端、楼梯间、电梯间、平面刚度有变化处以及恒载较大处。纵横向墙应该能够连接在一起，以增大剪力墙的刚度。上下层剪力墙应对齐，且宜直通到顶。若剪力墙不全部直通到顶，则应沿高度逐渐减少，避免刚度突变。图2-29为框架-剪力墙结构的布置示例。如图2-29所示，利用楼梯间和电梯间，在四周设置剪力墙，形成一个钢筋混凝土剪力墙的竖向井筒，这个竖向核心井筒承受部分垂直荷载，主要承受大部分水平荷载。由于它的刚度很大，且位于结构中心因而大大提高了结构整体刚度和承载能力。

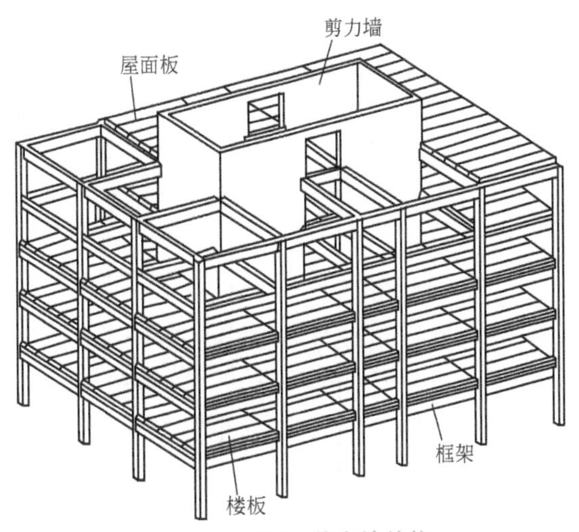


图2-29　框架-剪力墙结构

由于框架和剪力墙的协同工作，使框架-剪力墙结构在变形方面也有良好的效果。框架和剪力墙在单独承受风荷载或地震作用时，变形曲线的形状有明显的不同。剪力墙的变形呈弯曲型，而框架的变形呈剪切型。当它们共同工作时，水平位移减小，如图2-30所示。

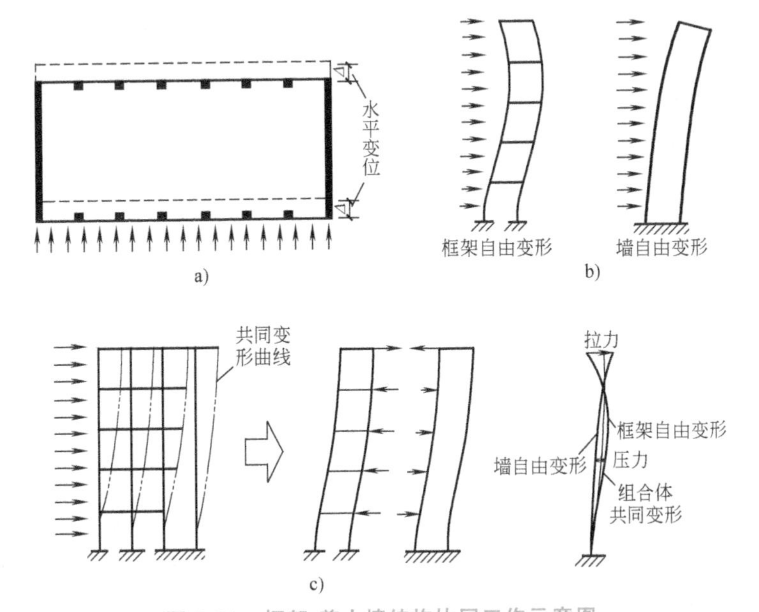


图2-30　框架-剪力墙结构协同工作示意图

a）框架-剪力墙结构水平变位　b）框架、剪力墙独自变形　c）框架-剪力墙结构协同变形

### 2. 框剪体系的构造

在框架-剪力墙结构中，剪力墙周边有梁和柱与其相连，因此从构造角度看这种剪力墙称为周边有梁柱的剪力墙。对于这种剪力墙，混凝土的强度等级不宜低于C20；墙厚不应小于140mm，且不小于墙的净高和净宽中较小值的1/25。

当墙厚小于200mm时，可按单排配筋；当墙厚大于或等于200mm时，应配置双排钢筋。钢筋间距均不得大于300mm。竖向和横向钢筋配筋率应相同（无抗震设防要求时，不宜小于0.15%；有抗震设防要求时不宜小于0.25%）。

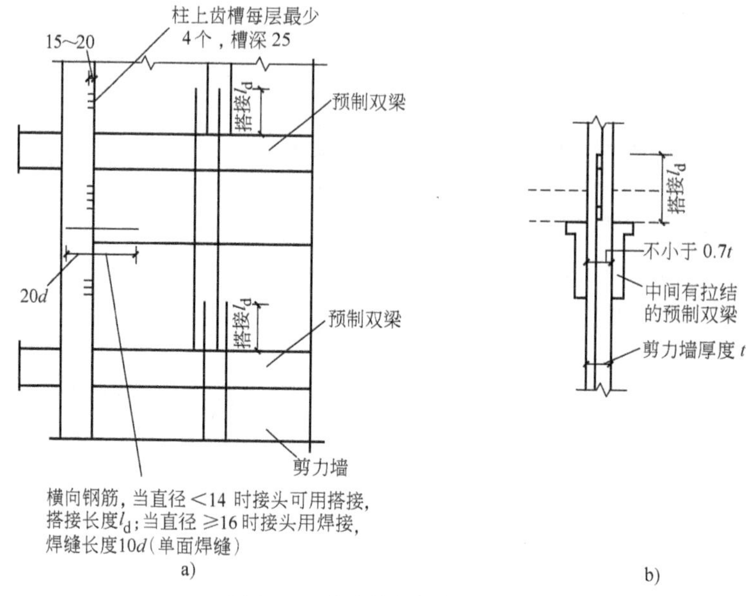


图 2-31 剪力墙与梁柱的连接

现浇剪力墙与预制框架柱之间的钢筋应相互连接，如图 2-31a 所示。当剪力墙横向分布钢筋直径 $d \geqslant 16$mm 时应采用焊接；当直径 $d \leqslant 14$mm 时可采用搭接。竖向和横向钢筋的锚固端应加直钩，钩长为 $6d$，直钩应垂直于墙面。

剪力墙的竖向钢筋应在上、下层间贯通。剪力墙与梁的连接构造如图2-31b 所示。在框架-剪力墙结构中，当采用装配式楼板时，每层均应浇筑不低于 C20 的混凝土面层，厚度不小于 40mm，双向配置ф4~6 钢筋，间距 250mm；当设防烈度为 7~8 度时，需配置板缝底筋，并用吊筋与面筋相连；现浇面层与剪力墙应有钢筋连接。设防烈度为 9 度时，宜采用现浇混凝土结构。为将水平力可靠地通过楼板传给剪力墙，预制楼板与剪力墙的接触面应做成齿槽形。

## 2.8.2 框筒体系

随着结构高度的增加，对高层建筑的刚度要求也增大。筒体结构体系因其具有较大刚度，有较强的抗侧力能力，能形成较大的使用空间，在超高层建筑中运用较为广泛。所谓筒体结构体系，就是由若干片纵横交接的框架、抗剪桁架所围成的筒状封闭结构。每一层的楼面结构又加强了各片框架或抗剪桁架之间的相互连接，形成一个空间构架，整个空间构架具有很大的空间刚度。根据筒体的布置、组成、数量的不同，可分为框架筒、筒中筒、束筒等结构体系，这里主要介绍框筒体系。

### 1. 框筒体系的组成

框筒体系是由密集排列成矩形网格的梁和柱刚性连接在一起组成的（图 2-32），在建筑物外围由密柱深梁组成的封闭式筒体通过悬臂作用来抵抗侧向荷载，

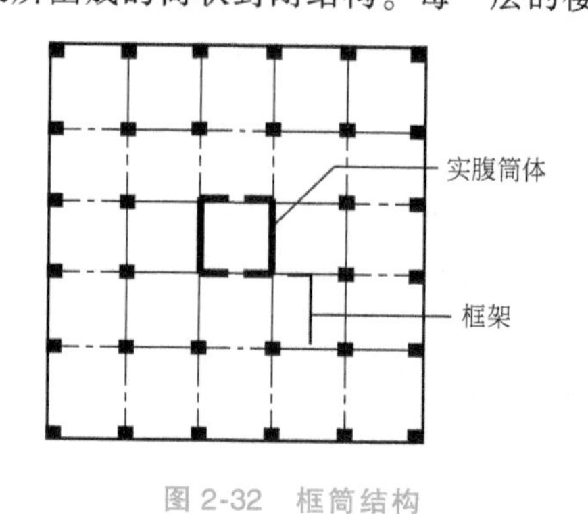


图 2-32 框筒结构

内部柱子或核心假定只承受重力荷载。

2. 框筒体系的受力及变形

框架筒在侧向荷载作用下，若框架筒能作为一整体并按单纯的悬臂实壁筒受弯，则框架筒中柱的内力分布如图 2-33 中虚线所示。由于存在框架横梁的剪切变形，使框架柱的实际内力呈非线性分布的这种现象称为剪力滞后效应。剪力滞后效应使得房屋的角柱要承受比中柱更大的轴力，并且结构的侧向挠度将呈现明显的剪切型变形。

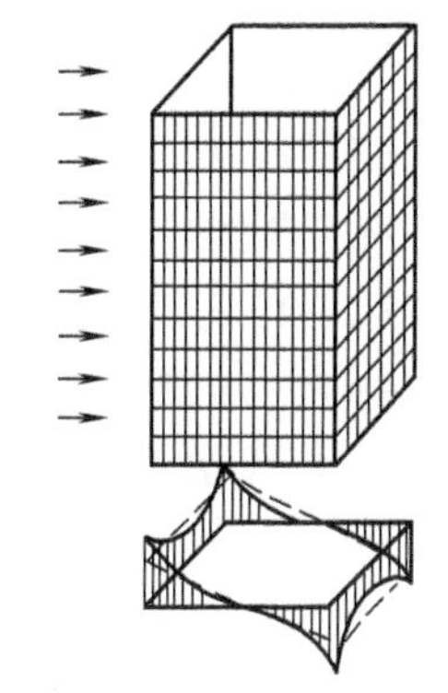
图 2-33　框架筒的剪力滞后效应

框筒结构的剪力滞后效应越明显，则对筒体效能的影响越严重。影响框筒结构的剪力滞后效应的因素主要是梁与柱的线刚度比、结构平面形状及其长宽比。当平面形状一定时，梁、柱线刚度比越小，剪力滞后效应越明显。反之，框架柱中的轴力越趋均匀分布，结构的整体性能也越好。结构平面形状对筒体的空间刚度影响很大，正方形、圆形、正三角形等结构平面布置方式能使筒体的空间作用较充分地得到发挥。

## 2.9　空间结构体系

大跨度空间结构是目前发展最快的结构类型。大跨度建筑及作为其核心的空间结构技术的发展状况是代表一个国家建筑科技水平的重要标志之一。

所谓空间结构体系，就是加强结构中的纵向联系，使它和横向构件组成一个屋盖结构整体，几个方向的构件在屋面荷载作用下共同受力。既取消了不必要的荷载层层重复传递，又能使内力在屋盖结构中比较均匀。因此，这类结构体系不但经济性好，而且整体刚度大，抗震性能也很好，通常横向跨越 30m 以上的空间。这种大跨度结构不仅出现于工业建筑中的大跨度厂房、飞机装配车间和大型仓库等，而且也出现于民用建筑中的影剧院、体育馆、展览馆、大会堂、航空港候机大厅及其他大型公共建筑。

### 2.9.1　空间结构的发展概况

自然界有许许多多令人惊叹的空间结构，如蛋壳、海螺等是薄壳结构；蜂窝是空间网格结构；肥皂泡是充气膜结构；蜘蛛网是索网结构；棕榈树叶是折板结构等。因此，从某种意义上来说，空间结构是一种仿生结构，它们比平面结构更美观、经济和高效。多种空间结构的出现和发展，总是和社会需要、科学技术水平以及物质条件紧密相连。古代已经出现了空间结构的雏形，如人类为了生存的需要开凿洞穴，以兽皮覆盖成帐篷，以稻草覆盖成穹窿等，都是利用天然材料以简易的手段构成了空间结构。随着社会的进步，建筑材料和建筑技术的发展，出现了各种不同结构形式的空间结构。

从至今犹存的古罗马宗教建筑和中国的古建筑中，仍可见到许多用石、木、混凝土等建筑材料建成的形式各异的空间结构。但由于当时社会需要、科技条件的限制，空间结构的发展极为缓慢。直至 19 世纪，钢材的大量生产，钢结构与钢筋混凝土结构的广泛应用以及社会需要的增加，空间结构才有了迅速的发展。尤其在现代社会中，由于科技的进步，社会生活的丰富，对建筑结构的跨度提出了新的要求。以飞机工业为例，20 世纪 40 年代的大型客机，机翼宽 32.5m、尾翼高 8.5m，而到 70 年代已发展为机翼宽 60m，尾翼高 20m，这就需要有更大跨度更高空间的飞机装配车间和飞机库；在体育建筑中，为容纳更多观众和适应大型体育比赛的需要，要求有大跨度的体育馆；在工业厂房中，为满足工艺改革的需要，也要求建造大柱网的联合车间等。为适应这些需要，若仍采用传统的梁、桁架、拱、刚架等平面结构，经济效果往往很差。而空间结构由于具有多向受力的特点，改变了平面结构的受力状态，使材料能更合理地得到利用，应用于大跨度结构可以取得较好的经济效果。因此，空间结构在各类大跨度建筑中得到了越来越多的应用，特别是近二三十年来高强度钢材的使用，计算机的普及和有限元分析方法的广泛应用，为大跨度空间结构的发展创造了更为有利的条件。例如，法国巴黎的国家工业与技术展览中心（三角形平面，跨度 206m，钢筋混凝土的双层波形薄壁拱壳，图 2-34），美国亚特兰大百年奥运会佐治亚穹顶（椭圆形平面，240.790m×192.020m 的双曲抛物型准张拉整体体系，图 2-35），德国法兰克福机场的机库（270m×100m 的双跨悬索结构，图 2-36），瑞士苏黎世克洛腾机场的机库（125m×128m，钢网架结构，图 2-37），以及美国密歇根州庞蒂亚光城体育馆（168m×220m，八角形平面，充气结构，图 2-38）等都是当代世界上一些著名的大跨度空结构。

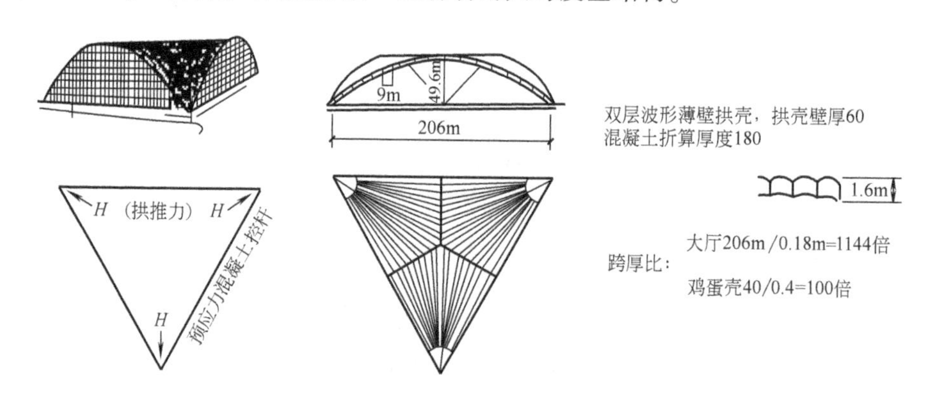


图 2-34 法国巴黎的国家工业与技术展览中心

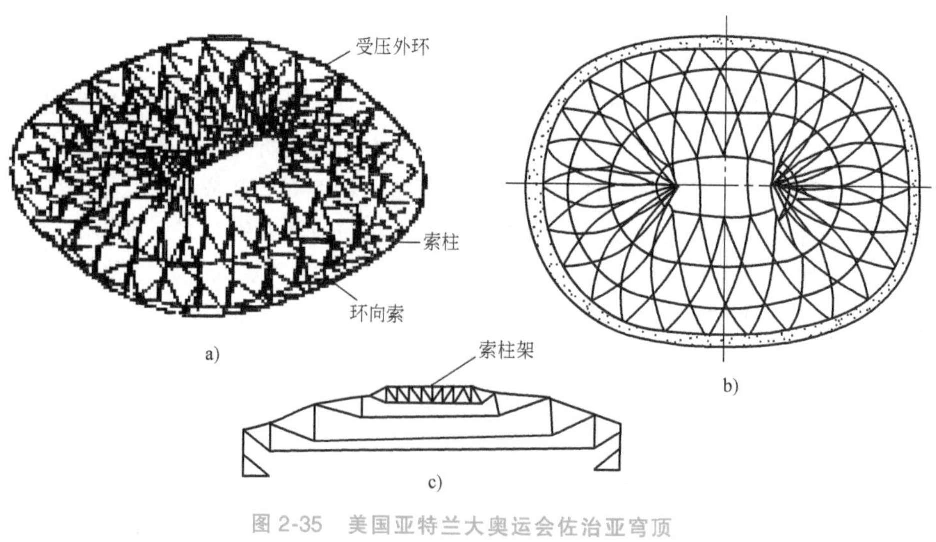


图 2-35 美国亚特兰大奥运会佐治亚穹顶

a）结构形式 b）施工中 c）实景

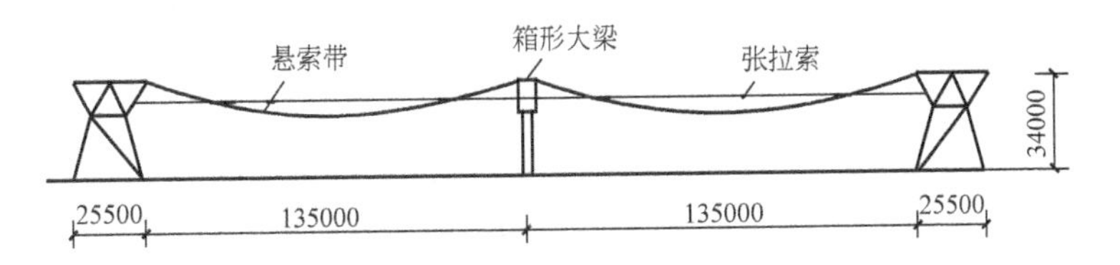


图 2-36 德国法兰克福机场的机库结构

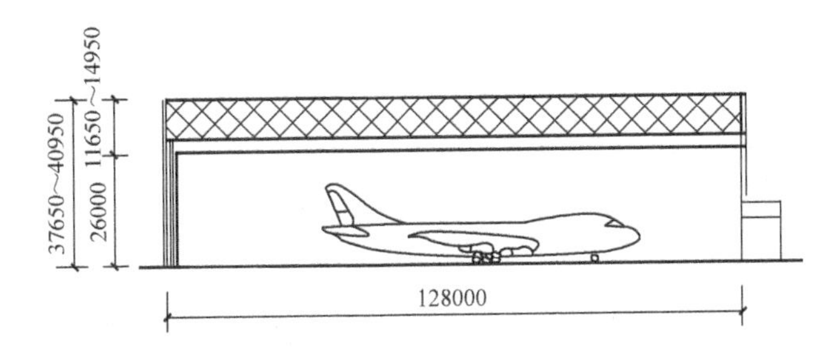


图 2-37 瑞士苏黎世克洛腾机场的机库

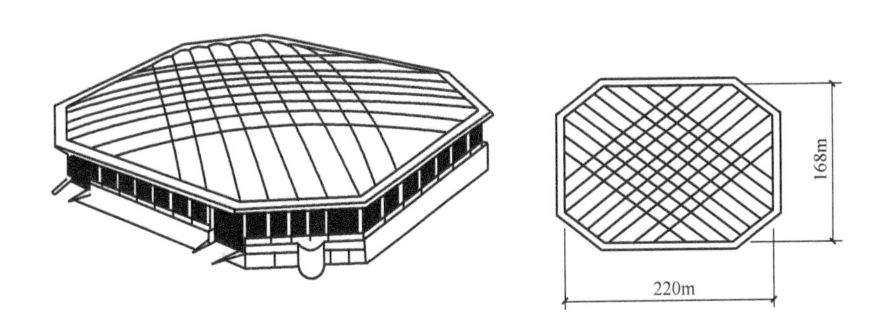


图 2-38 美国密歇根州庞蒂亚光城体育馆

随着我国社会主义建设事业的发展，在建筑结构中，大跨度空间结构的应用也逐渐增多。对于簿壳结构、悬索结构、网架结构、膜结构等都已有许多工程实践，对充气结构也有一定的试验研究。例如，1959年建成的首都人民大会堂(图2-39)，钢屋架的跨度达60m，完全由中国人自行设计兴建，仅用10个多月竣工，为我国建筑史上的一大创举。首都人民大会堂是全国人民代表大会开会的地方，也是国家领导人和人民群众举行政治、外交活动的场所。此后，随着我国国民经济的不断发展，人民生活水平的不断提高，全国各地陆续兴建了不少展

图 2-39 首都人民大会堂

览馆、体育馆和剧院会场等建筑物，规模越来越大。比较著名的有：1961 年建成的采用双层悬索结构的北京工人体育馆（圆形平面，直径 94m，图 2-40）和 1969 年建成的浙江省体育馆（椭圆形平面，直径 60m×80m，图2-41），1967 年建成的平板网架结构的首都体育馆（矩形平面，99m×112m，图 2-42），1973 年建成的采用平板网架结构的上海体育馆（圆形平面，直径 110m，悬挑 7.5m，图2-43），以及许多省、市已建成的大型体育馆、大型公共建筑和工业厂房等，都反映了我国空间结构的迅速发展趋势。

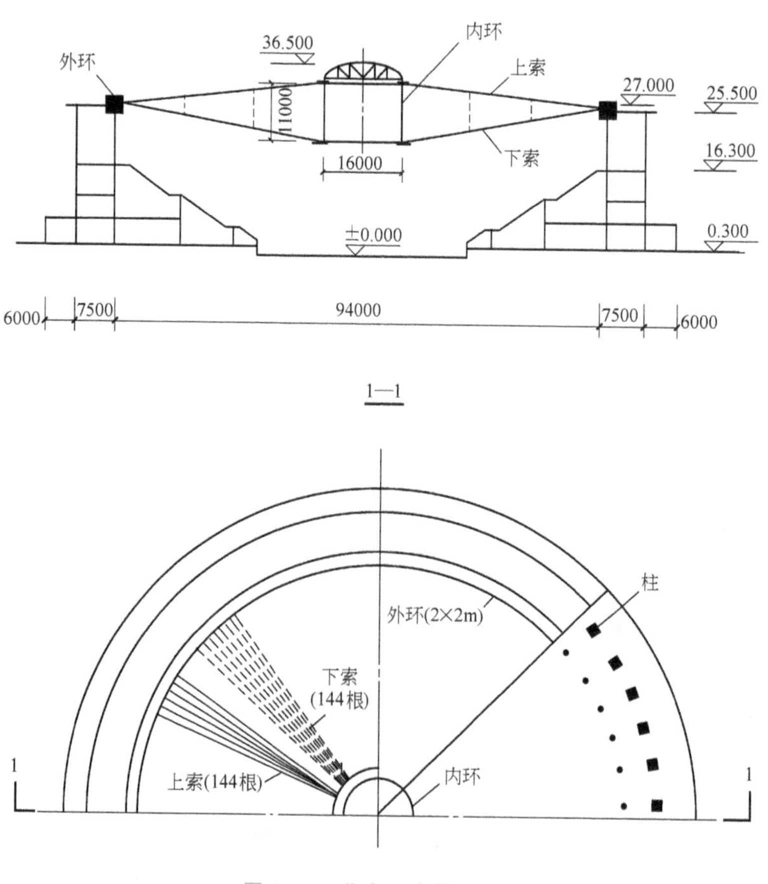


图 2-40 北京工人体育馆

当前我国空间结构中以网架结构发展最快，应用最广。特别是在近年来兴建的体育建筑中，大多数都采用了网架结构。如 2008 年北京奥运会的场馆之一——国家体育场“鸟巢”（图 2-44），目前是世界上跨度最大的钢结构建筑，它的形象完美纯净，外观即为建筑的结构，立面与结构达到了完美的统一。结构的组件相互支撑，形成了网络状的构架，它就像树枝编织的鸟巢。工程主体建筑呈空间马鞍椭圆形，南北长 333m、东西宽 294m、高 69m。主体钢结构形成整体的巨型空间马鞍形钢桁架编织式“鸟巢”结构，钢结构总用钢量为 4.2 万 t，混凝土看台分为上、中、下三层，看台混凝土结构为地下 1 层，地上 7 层的钢筋混凝土框架-剪力墙结构体系。钢结构与混凝土看台上部完全脱开，互不相连，形式上呈相互围合，基础则坐在一个相连的基础底板上。

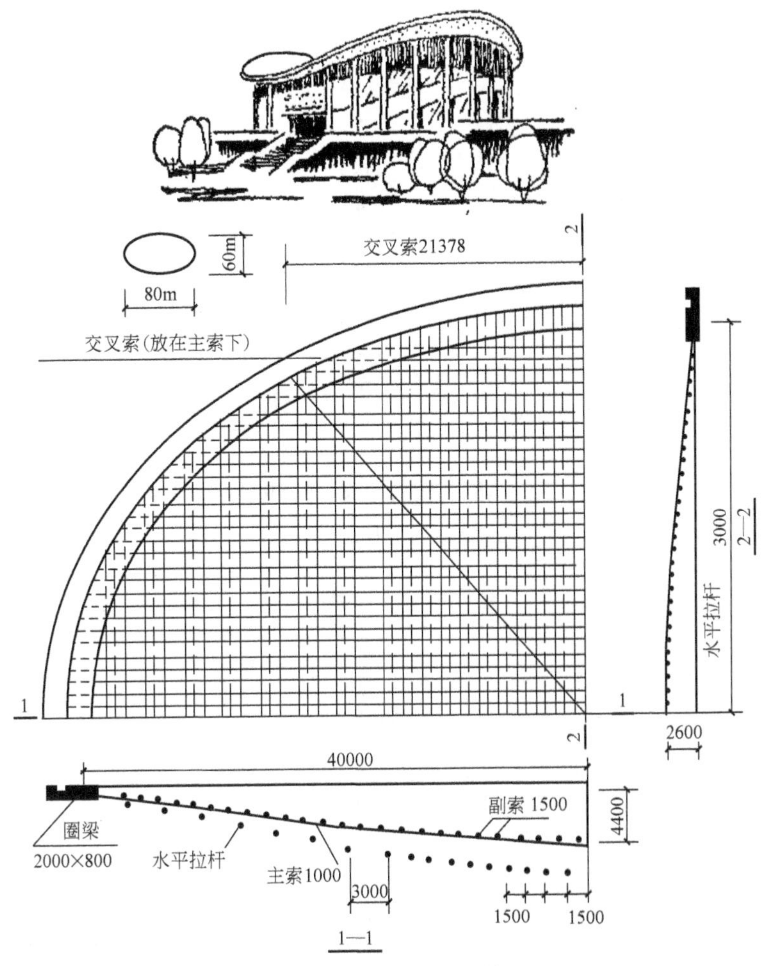


图 2-41　浙江省体育馆

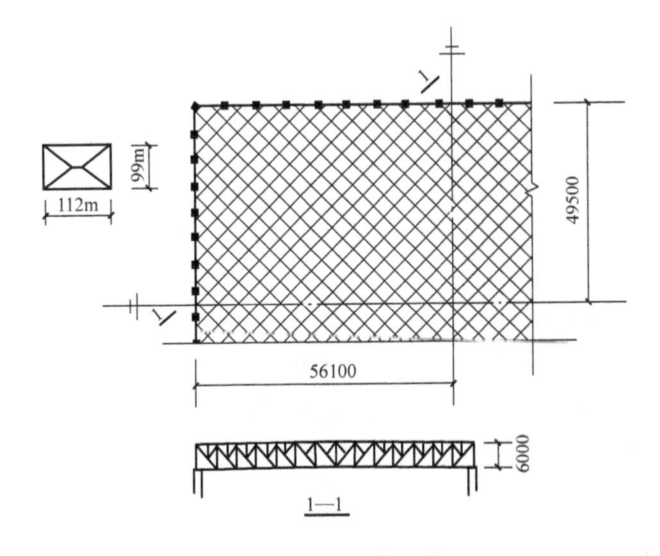


图 2-42　首都体育馆

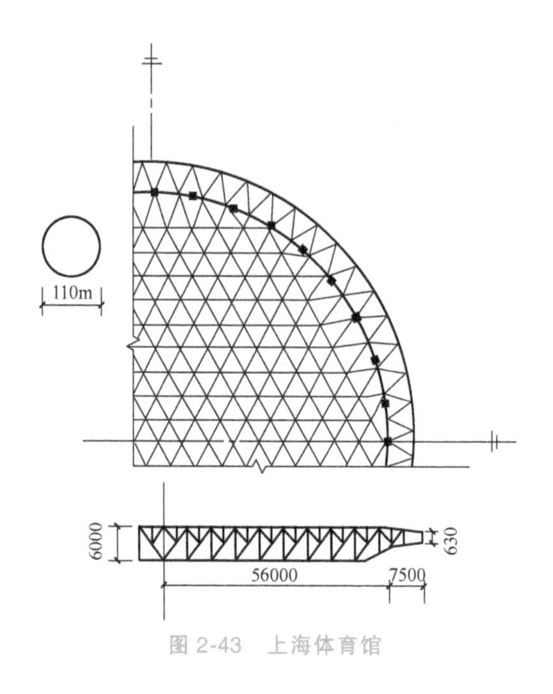


图2-43 上海体育馆

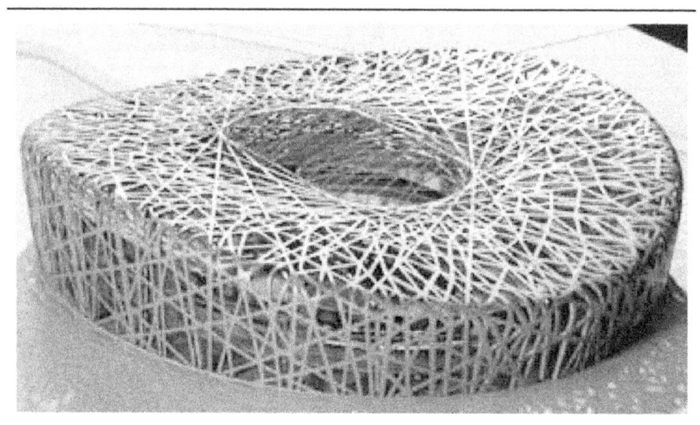

图2-44 鸟巢

国家体育场屋顶钢结构上覆盖了双层膜结构，即固定于钢结构上弦之间的透明的上层ETFE膜和固定于钢结构下弦之下及内环侧壁的半透明的下层PTFE声学吊顶。“鸟巢”结构屋架工程为国内第一个双向张弦工程，也是建成后国内外跨度最大的双向张弦桁架结构（114m×144.5m）。其结构形式为单曲面、双向张弦桁架钢结构，上层为正交正放的平面桁架；下层预应力索，通过钢撑杆下端的双向索夹节点，形成双向空间预应力索网。整个屋架通过8个三向固定球铰支座、6个两向可动球铰支座和70个单向滑动球铰支座支承在钢筋混凝土劲性柱顶。工程总用钢量约为2800t。该钢屋架工程的技术难点在于其采用的“大跨度双向张弦空间网格结构”，此结构形式目前居国际领先水平，能同时满足国家体育馆结构设计的三个要素——一是符合建筑设计的美观要求；二是承载方式安全可靠；三是结构受力体系先进合理。工程施工中采用了累积滑移技术。施工过程中，钢索的张拉顺序和预应力值的控制、滑移措施设计和滑移过程控制、特殊连接节点的设计是施工的三大难点和重点。

膜结构建筑是 21 世纪最具代表性的一种全新的建筑形式，至今已成为大跨度空间建筑的主要形式之一。它集建筑学、结构力学、精细化工、材料科学与计算机技术等为一体，建造出具有标志性的空间结构形式，它不仅体现出结构的力量美，还充分表现出建筑师的设想，享受大自然浪漫空间。在 2008 年的奥运会建筑设计上，膜结构应用就得到完美的体现。

“水立方”（图 2-45）是世界上最大的膜结构工程，除了地面之外，外表都采用了膜结构——ETFE 材料，蓝色的表面出乎意料的柔软但又很充实。相关资料表明，这种材料的寿命为 20 多年，但实际会比这个长。目前世界上只有三家企业能够完成这个膜结构。考虑到场馆的节能标准，膜结构具有较强的隔热功能；另外，修补这种结构非常方便，膜结构还非常轻巧，并具有良好的自洁性，尘土不容易粘在上面，尘土也能随着雨水被排出。膜结构自身就具有排水和排污的功能以及去湿和防雾功能，尤其是防结露功能，对游泳运动尤其重要。

图 2-45 水立方

总之，由于大跨度空间结构的设计与施工技术一般比较复杂，需要集中运用许多新技术、新材料、新工艺，因此，它已经成为一个国家建筑科学技术水平的重要标志之一。

### 2.9.2 空间结构的形式

在工程结构中属于空间结构范畴的形式很多。按结构延伸方向分为水平和竖向空间结构；按结构材料分有钢、铝合金、混凝土、塑料以及木结构；按结构组成特征分则有薄壁空间结构、网格结构、悬索结构、充气结构、张拉式膜结构、空间框架结构、塔桅结构、块体结构等，以及在此基础上派生、组合而成的形形色色的结构；按制作方法的不同则有预制装配式和现场就地制作等类型。下面简单地介绍了一些当前应用于大跨度建筑的主要结构形式。

#### 1. 薄壁空间结构

薄壁空间结构是指结构的两向尺度远远大于第三向尺度的曲面或折平面结构。前者称为薄壳结构，后者则为折板结构。它们多由钢筋混凝土浇制而成。和传统的梁、柱结构相比，薄壳结构的传力路线直接，壳体主要受压，受力性能比较好，能充分发挥混凝土的强度，同时它将承重与围护两种功能融合为一。因此，薄壳结构可以做到厚度小、自重轻、耗用材料少。此外，采用钢筋混凝土薄壳时，可利用对空间曲面的切割与组合，建成许多造型奇特新颖且能适用于各种平面形状的壳体结构。但是由于薄壳结构的形状复杂，一般多采用钢筋混凝土整体浇灌而成，因而施工中耗用模板及脚手架较多，所需劳动量也较大，往往使其应用受到限制。折板结构则是一种连续折平面的薄壁空间结构，它的受力性能良好，构造简单，施工方便，钢筋混凝土折板结构在我国已得到广泛应用，但折板单元的运输比较困难，跨度也不能太大。例如，目前国内采用的预应力钢筋混凝土 V 形折板的跨度一般只能用到 18～24m。如果将这些 V 形单元组合成折板拱，结构跨度虽可增加，但施工过程中需采取相应措施，因而也就增加了施工安装过程的复杂性。

薄壳结构的圆顶可为光滑的，也可为带肋的。我国最大直径的混凝土圆顶为新疆某金工车间的圆顶屋盖，世界上最大的混凝土圆顶为美国西雅图金郡圆球顶，直径为202m。

加拿大多伦多可伸缩的多功能体育馆屋顶为钢结构，其外墙间距为218m，圆形直径为192.4m，1989年建成。

日本福冈体育馆圆顶也是可伸缩的多功能体育馆，直径为213m，1993年建成。

2. 悬索结构

悬索结构是将桥梁中的悬索应用到房屋建筑中，可以说是土木工程中结构形式互通互用的典型范例。它是由悬挂在支承结构上的一系列高强度钢索所组成的一种张力结构。随着支承结构与钢索布置的不同，可以构成多种结构体形的悬索结构，以适应各种平面形状和外形轮廓的要求。由于这种结构充分发挥和利用了材料的力学性能，因而它具有自重轻、耗用钢材少、能经济地跨越很大的跨度的特点，同时在安装屋盖时也不需要大型起重设备。但应注意采取有效措施保证屋盖结构具有足够的刚度和稳定性。目前在大跨度建筑中这种结构得到了较多的应用。我国从20世纪60年代以来，先后建成的北京工人体育馆、浙江省体育馆、成都市城北体育馆等悬索屋盖结构都取得了较好的技术经济效果，对悬索结构的理论、设计计算及施工安装等方面也积累了有益的经验。随着生产的发展和人们对建筑造型要求的增加，悬索结构在我国将会得到进一步的应用。如将悬索与梁、板、拱、桁架、薄壳、网架等结合为混合悬挂结构，还可以构成一些受力更为完善的结构体系。

图2-46所示为北京亚运村的朝阳体育馆，其平面呈橄榄形，长、短径分别为96m和66m，屋面结构为索网——索拱结构，由双曲钢拱、预应力三角大墙组成，造型新颖，结构合理。

图2-46 北京亚运村的朝阳体育馆

3. 网格结构

网格结构是将杆件按一定规律布置，通过节点连接而成的一种空间杆系结构。外形可以呈平板状，也可以呈曲面状。前者为平板网架（简称网架），后者为曲面网架（简称网壳）。网架具有多向受力的性能，空间刚度大、整体性强、稳定性好，具有良好的抗震性能和较好的建筑造型效果，同时兼有质量轻、材料省、制作安装方便等特点。平板网架无论在设计方面、计算、构造与施工制作等方面均较曲面网架简便，因此是适用于大、中跨度屋盖体系的一种良好的结构形式，它可以布置成双层或三层。网壳则多采用单层或双层，并按其外形为单曲面或双曲面而构成网状穹顶、网状筒壳以及双曲抛物面网壳等多种形式。

（1）**网架结构** 在形式众多的大跨度空间结构中，网架结构因其经济、安全、适应性强、制作安装方便、设计计算简便等特点，近年来在国内外得到普遍推广与应用。

网架结构是一种空间杆系结构，杆件主要承受轴力作用，截面尺寸相对较小；这些空间交汇的杆件又互相支撑，将受力杆件与支撑系统结合起来，因而用料比较经济。由于结构组成的规律性，大量杆件和节点的形状、尺寸相同，这就给工厂成批生产创造了有利条件，降低了制作费用。同时，这种结构的空间刚度较大，当跨度相同时，网架的高度比平面桁架小。由于以上原因，网架的用钢量也比平面桁架少。

网架结构一般是高次超静定结构，具有多向受力性能，其刚度和整体性较好，能有效地承受集中荷载、非对称荷载以及悬挂式起重机、地震力等动力荷载。例如，1976年京津地区地震后，在对大、中跨度的网架结构检查时，均未发现任何破坏现象。同时，当地基条件不好而出现不均匀沉降或在施工中由于不同步提升而出现局部杆件受力变异时，由于网架结构的多向传力性和内力重分布的结果，不会对网架结构产生太大的影响。

网架结构能适应不同跨度、不同支承条件的公共建筑和工业厂房的要求；在建筑平面形状上也能适应正方形、矩形、多边形、圆形、扇形、三角形以及由此组合而成的各种平面形状的要求；同时，又具有建筑造型轻巧、美观、大方、便于建筑处理和装饰等特点。

（2）**网壳结构**　网壳结构的网格形式与杆件布置方式直接影响结构的受力性能和制作安装的繁简。为了有利于结构的受力和保证结构的刚度，网格应适当地均匀密布，并应注意防止结构出现几何瞬变的可能性。杆件方向应尽可能与主应力方向一致，并使各杆受力均匀。为了有利于制作与安装，在保证结构受力性能的前提下，还应尽可能减少杆件和节点的数目和类型。

由于网壳结构的受力性能良好，结构刚度较大，因此它的自重比平板网架小，用钢量也低，是适用于大、中跨度结构的一种良好的结构形式。它的缺点是曲面外形不仅增加了屋盖表面积和建筑空间，而且也增加了构造处理、支承结构以及施工制作的复杂性。

#### 4. 充气结构

充气结构又称充气薄膜结构，是在玻璃丝增强塑料薄膜或尼龙布罩内部充气形成一定的形状，作为建筑空间的覆盖物。充气结构在建筑结构中应用的历史虽然并不很久，但由于充气结构具有重量轻、施工快、造价低、便于装拆等优点，近年来在国外发展很快，特别在大跨度的体育馆、展览厅以及大型设备厂房等建筑中应用较多，目前已成为应用于大跨度建筑的一种有特色的结构形式。1975 年的美国密歇根州庞蒂亚光城“银色穹顶”空气薄膜结构室内体育馆，平面尺寸为 234.9m×183.0m，高 62.5m，是目前世界上规模最大的空气薄膜结构。

充气结构可分为气承式与气肋式两类。

气承式充气结构是在薄膜覆盖的空间内充气，利用内、外部气压差来承受荷载，如果在薄膜的表面增加附加支承（例如缆索），则可用以覆盖较大的面积。为保证薄膜稳定的外形，需要配备专用的充气设备以维持正常的气压，同时也应与地面有可靠的锚固。

气肋式充气结构是在一定直径的薄膜管内充气，并将这些充气管连成构架来承受荷载。它不需持续地在管内充气，但应使充气管有严格的气密性。它的造价比气承式高，跨度也受到限制。

目前充气结构使用的薄膜材料主要有塑料薄膜（如聚氯乙烯、聚乙烯、聚丙烯等）、涂层织物（如涂聚氯乙烯、聚酯、聚氨酯的玻璃纤维，涂橡胶、石棉、石蜡等的织物）、金属织物、金属薄片等，其中以加工方便、价格便宜、透明度高的聚氯乙烯涂层用得最多。当前我国由于薄膜材料的供应等问题，一时还难以广泛应用。

5. 张拉式膜结构

张拉式膜结构一般是用钢质薄板做成很多块各种板片单元焊接而成的空间结构。1959年建于美国巴顿鲁治的张拉式膜结构屋盖，直径为117m，高35.7m，由一个外部管材骨架形成的短程线桁架系来支承804个双边长为4.6m的六角形钢板片单元，钢板厚度大于3.2mm，钢管直径为152mm，壁厚3.2mm。这是张拉式膜结构应用于大跨结构的第一个例子。

此外，近年来“索穹顶”结构的应用越来越广泛，它是一种特殊形式的索-膜结构，以张力来抵抗外荷载的作用。

总之，空间结构的形式很多，每一种结构形式都有它的优点，也有它的最佳使用范围。一般应根据建筑平面形状、使用要求及施工条件等因地制宜地选择出合理的空间结构方案。

## 2.10 采光与通风

### 2.10.1 概述

1. 采光的基本概念

(1) **天然采光** 白天室内利用天然光线照明的方式叫天然采光。天然光分为直射光和扩散光。在晴天时有直射光和扩散光，全云天时只有扩散光没有直射光。

(2) **采光设计** 采光设计就是根据室内工作面对采光的要求来确定窗的大小、形式和位置，保证室内光线的强度、均匀度，避免眩光，以满足正常生产的需要。天然光质量较高，容易被人眼睛所接受，同时采用天然光又非常经济。因此，采光设计首先应采用天然光来满足室内的照度要求。

(3) **照度 $E_N$ 和采光系数 $C$** 工作面上光线的多少一般用照度来衡量，但是，由于天然采光时刻都在变化，因此，室内工作面照度也必然随之变化。室内工作面某点采光系数为 $C$ 等于室内某点照度 $E_N$ 与同时刻室外全云天水平面上照度 $E_W$ 比值的百分数。在采光设计中用采光系数值作为采光设计的标准。

(4) **采光等级** 根据房间使用对采光的不同要求，将采光分为五种等级，详见本书第3.6节工业建筑采光与通风。

(5) **均匀度和眩光** 均匀度是工作面上的采光系数最低值与平均值之比。如果工作面上的照度差别很大，人易产生视觉疲劳影响工作。在视野内出现的亮度过度或亮度对比过大所引起人的视觉不舒适和疲劳感的光称为眩光。厂房设计应避免在工作区内产生眩光。

(6) **采光方式** 采光方式是指采光口在围护结构上的位置，一般分为侧面采光、上部采光和混合采光。侧面采光是通过墙上设侧窗来采光，顶部采光是通过屋顶开设的天窗来采光，混合采光是在侧面采光的同时加设顶部采光。

(7) **采光面积确定** 采光口的面积、位置、形式通常是根据采光、通风、立面处理等要求综合考虑的。采光面积确定的步骤：根据房间的使用性质，确定房间的采光等级和采光系数最低值 $C$；根据 $C$ 值确定窗地面积比，确定窗的面积。详见本书第3.6节。

2. 通风的基本概念

通风有自然通风和机械通风两种方式。自然通风即利用空气的流动将室外的空气引入室内，再将室内的空气和热量排除到室外。这种方式简单经济，但受气候与环境的影响，有时不够稳定。在通风设计时，一般要尽可能采用自然通风，并恰当选择合理的剖面形式、进风和出风口位置，组织好厂房的自然通风。机械通风是用通风机造成室内外空气的对流来通风或降温。机械通风比较稳定，可以调节，但耗电量大，设备费用也高。

## 2.10.2　民用建筑的采光与通风

对于进深不大的房间，侧窗即可满足采光、通风要求。要注意门窗位置对室内通风效果的影响（图 2-47）。但对于进深较大的房间如展厅，侧窗很难满足要求，为了光线均匀，对于跨度较大的单层房屋，可开设顶部天窗以解决采光问题。

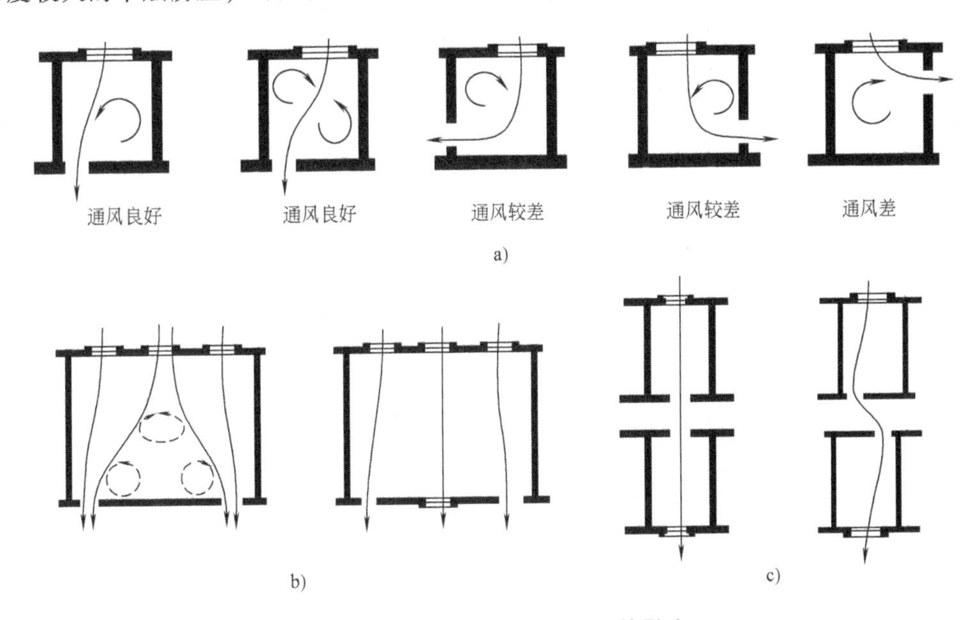


图 2-47　门窗位置对室内通风的影响

a）一般房间门窗相互位置　b）教室门窗相互位置　c）内廊式平面房间门窗相对位置

为了降低夏季室温，利用空气的气压差组织好自然通风是行之有效的方法。除了在平面设计中合理的布置门窗外，在剖面设计中也应考虑自然通风的要求。对于一些跨度大、温度高的房间，如集体食堂的厨房（图 2-48）、公共浴池等，可用开设天窗的办法解决采光与通风问题。而对于大型公共建筑如影剧院会堂、体育馆等，须利用灯光和空气调节装置来解决采光与通风问题。

## 习　　题

**一、解释以下专业术语**

1. 建筑模数、基本模数、扩大模数分模数、模数数列。
2. 房间的进深、层高、净高、窗台高度、室内外高差。

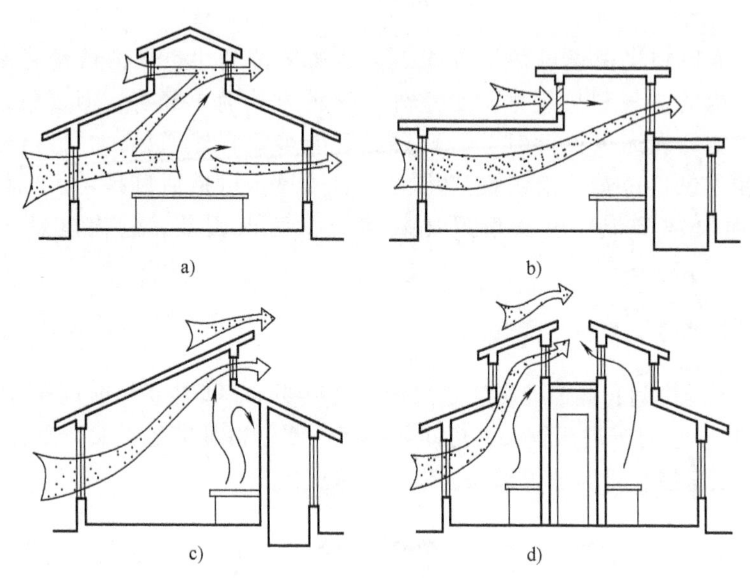


图 2-48 顶部设气窗的厨房剖面图

3. 墙体承重结构体系、砌体墙承重结构体系、钢筋混凝土墙承重结构体系。

4. 横墙承重、纵墙承重、纵横墙承重、内框架承重。

5. 房屋结构计算的刚性方案、弹性方案、刚弹性方案。

6. 框架-剪力墙结构体系（框剪体系）、框筒体系。

**二、问答题**

1. 建筑物基本组成部分有哪些？其主要功能是什么？

2. 建筑设计应遵守哪些基本原则？

3. 设计确定建筑空间的基本依据有哪些？

4. 何谓标志尺寸、构造尺寸和缝隙尺寸？用图表示三者之间的关系。

5. 建筑的平面设计包含哪些基本内容？

6. 举例说明，在确定房间面积大小时通常要考虑哪些因素？

7. 如何确定房间门窗数量、面积大小及具体位置？

8. 建筑物剖面设计的主要内容有哪些？

9. 如何确定窗台高度？

10. 建筑设计中通常以何处作为相对标高±0.000？建筑物室内外地面为什么一定要保持150~600mm的高差？

11. 为什么要对建筑平面功能进行分析？以本地某商用住宅为例，试分析其建筑平面功能。

12. 确定建筑剖面形状要考虑哪些因素？

13. 简述建筑平面组合的形式。

14. 墙体承重结构的构造要求有哪些？

15. 简述框架-剪力墙结构体系（框剪体系）的构造要求。

16. 何谓框筒体系？由哪些构件组成？试分析其受力特点。

17. 简述空间结构体系形式及发展概况。

18. 建筑物窗户的大小、形式和位置是由哪些因素决定的？

19. 试分析建筑物门窗位置对室内自然通风效果的影响。

3

# 第3章 工业建筑及其结构

## 3.1 工业建筑的平面设计

### 3.1.1 生产工艺和建筑平面设计的关系

厂房建筑平面设计和民用建筑的平面设计是有区别的，民用建筑的平面设计主要是由建筑设计人员完成的，而厂房建筑的平面设计是先由工艺设计人员进行工艺平面设计，建筑设计人员在生产工艺平面图的基础上与工艺设计人员配合协商，进行厂房的建筑平面设计，图3-1所示为某金工装配车间的生产工艺平面图。生产工艺平面图的内容包括：生产工艺流程

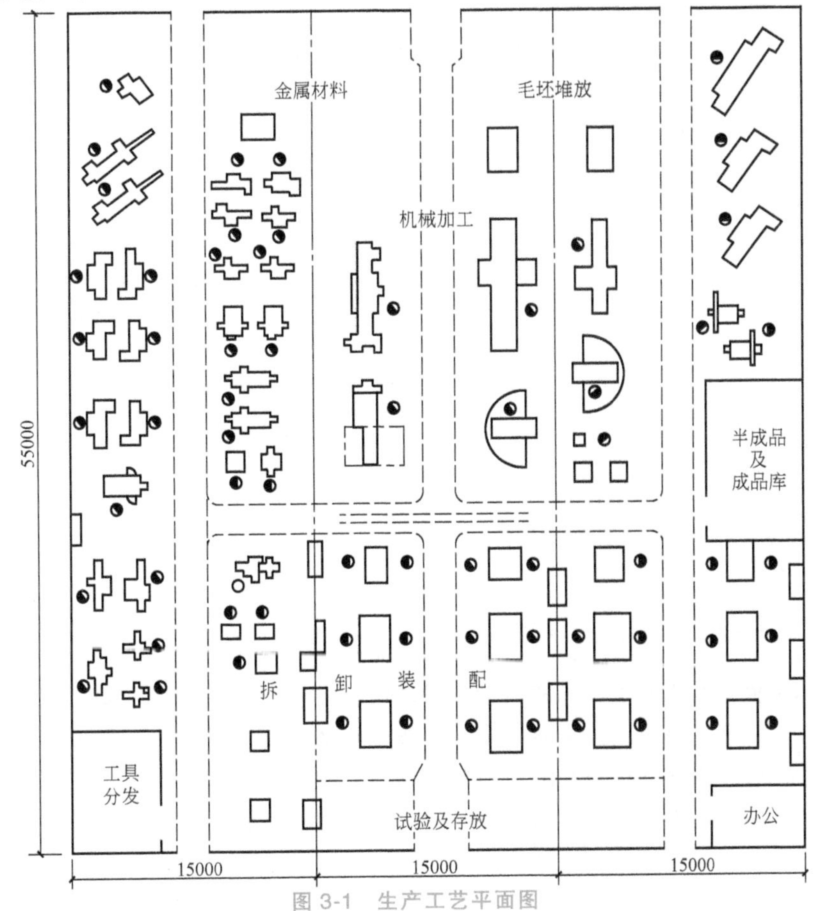


图3-1 生产工艺平面图

的组织、生产设备和起重运输设备的选择和布置、工段的划分、运输通道的宽度及其布置、厂房面积的大小及生产工艺对厂房建筑平面设计的要求等。生产车间是由若干生产工段、辅助工段以及生活间、办公室等辅助部分所组成的。其中生产工段是车间的主要生产部分，在厂房平面布置中除了应与总平面的生产过程相适应外，还应反映出工艺流程的顺序。厂房的建筑平面设计除要首先满足生产工艺的要求外，厂房平面形式应规整、合理、简单，以减少占地面积、节能和简化构造处理；厂房的建筑尺度参数应符合建筑统一化的规定，使构件的生产满足工业化生产的要求。另外，合理解决厂房的采光和通风、合理地布置有害工段及生活用室、妥善处理安全疏散及防火等也是非常重要的。一般应将有产生余热、有害气体以及有爆炸和火灾危险的工段布置在靠外墙处，厂房平面宽度不宜过大，以便利用外墙的窗洞通风和爆炸时泄压。对有空调要求的工段不靠外墙布置，宜布置在厂房的中部，以避免外界气候影响空调。要求厂房内保持一定的温度和湿度的，如纺织厂房，一般将主要生产车间布置在中央，在其四周布置辅助用厂房，以减少外界气候变化对厂房内部温湿度的影响。对生产过程中产生较大噪声的工段或房间应尽量布置在厂房一角，避免相互干扰。

### 3.1.2 平面形式的选择

厂房平面根据生产工艺流程、工段组合、运输组织及采光通风等要求不同，可以布置成各种形式，常用的厂房平面布置形式有：矩形、方形、L形、Π形和山形等（图3-2）。

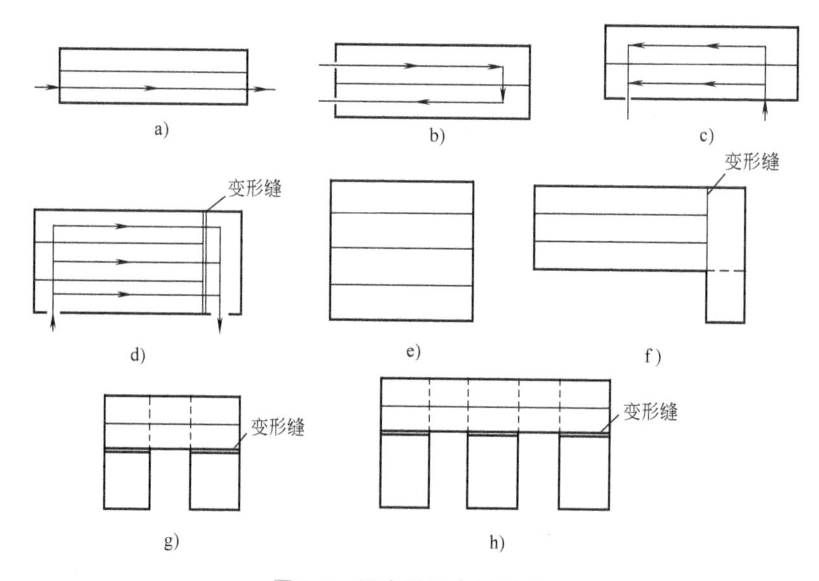


图3-2 厂房平面布置形式

a）矩形 b）矩形 c）矩形 d）矩形 e）方形 f）L形 g）Π形 h）山形

（1）**矩形平面** 矩形平面中最简单的是单跨，它是构成其他平面形式的基本单位；当生产规模较大、要求厂房面积较多时，常用多跨组合的平面，组合方式随工艺流程而变。例如，有的将跨度平行布置，有的将跨度相垂直布置。平行跨布置适用于直线式的生产工艺流程，即原料由厂房一端进入，产品由另一端运出（图3-2a），也适用于往复式的生产工艺流程（图3-2b、c）。这种平面形式较其他形式平面各工段之间靠得较紧，运输路线短捷，工艺联系紧密，工程管线较短；形式规整，占地面积少。如果整个厂房柱顶及起重机轨顶标高相同，则结构构造简单、造价省、施工快，且在宽度不大的情况下室内采光和通风都比较容易解决。跨度相垂直布置适用于垂直式的生产工艺流程，即原料从厂房一端进入，经过加工，到装配工段装配成半成品或成品出厂（图 3-2d）。这种平面形式的优点是工艺流程紧凑，零部件至总装配的运输路线短捷，其缺点是在跨度垂交处结构构造复杂、施工麻烦。矩形平面适用于冷加工或小型热加工车间。

（2）**方形和近似方形平面**　当厂房面积相同时，方形平面的围护结构的周长比其他形式平面约小 25%（图 3-3）。其优点是通用性强，抗震性能好，保温隔热性能好，有利于节能。

（3）**L 形、Π 形和山形平面**　这些类型的厂房各部分宽度不大，但周长较长，可在较长的外墙上设置门窗，使室内的采光、通风、排气、散热和除尘能力强。但这种形式平面都有纵横跨垂交，垂交处构件类型增多、构造处理复杂。由于平面形式复杂，地震时易引起结构破坏，故需设防震缝。此外，外墙长度较长，造价及维修费均较高。

L 形、Π 形和山形平面适合于中型以上的热加工厂房，如机械工业的铸造、轧钢、锻造等车间。这些车间在生产过程中散发出大量的热量和烟尘，平面设计中应使厂房具有良好的自然通风，厂房不宜太宽。

为了组织通风，炎热地区的厂房宽度不宜过大，最好采用长条形，并使厂房长轴与夏季主导风向垂直或大于 45°；Π 形或山形平面的开口应朝向迎风面，并在侧墙上开设门窗。寒冷地区厂房的长边应平行冬季主导风向，对向主导风向的墙上尽量减少门窗面积。

一般当宽度不大时（三跨以下）可选用矩形平面。但当跨数多于三跨时，应将其一跨或二跨和其他跨相垂直布置形成 L 形（图 3-2f）。当生产量较大，产品品种较多，厂房面积很大时，则可采用 Π 形或山形平面（图 3-2g、h）。

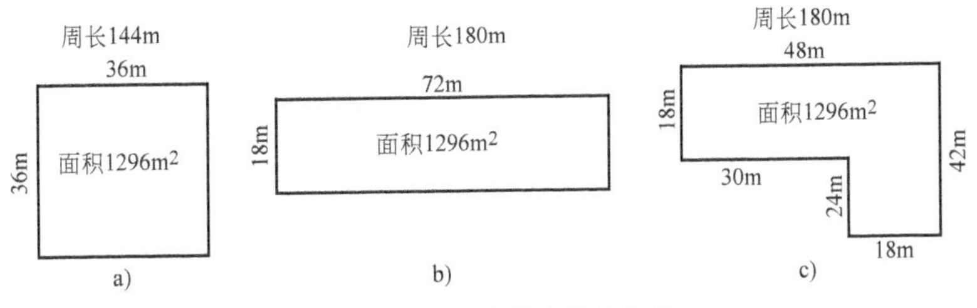


图 3-3　相同面积时周长比较

### 3.1.3　柱网的概念和规定

厂房柱子在平面上排列所形成的网格称为柱网。柱子的位置是通过纵向定位轴线和横向定位轴线来表达的。纵向定位轴线之间的距离为柱跨，横向定位轴线间的距离为柱距。选择柱网就是确定厂房的跨度和柱距。跨度和柱距是柱网的主要参数，如图 3-4 所示。

在柱网中确定跨度的尺寸是主要的，跨度应根据生产设备的尺寸和布置要求、运输设备的运输要求、生产操作的要求等因素来确定。为了减少厂房构件尺寸的类型，加快厂房建设的速度，根据《厂房建筑模数协调标准》（GB/T 50006—2010）的相关规定：厂房的跨度在 18m 和 18m 以下时，采用 3m 的倍数，如 18m、15m、12m、9m 等；在 18m 以上时，应采用 6m 的倍数，如 24m、30m、36m 等。当工艺布置有特殊要求时，可采用 21m、27m 和 33m

的跨度。

厂房的柱距一般采用6m，6m是基本柱距，应用较广，经济效果好。当厂房内布置有大型生产设备需要跨越布置，或运输设备与柱子、设备基础与柱子基础发生冲突时，应考虑采用扩大柱距，即柱距为12m。抗风柱的柱距设置采用15m，在6m柱距厂房中，抗风柱的柱距一般也选用6m。

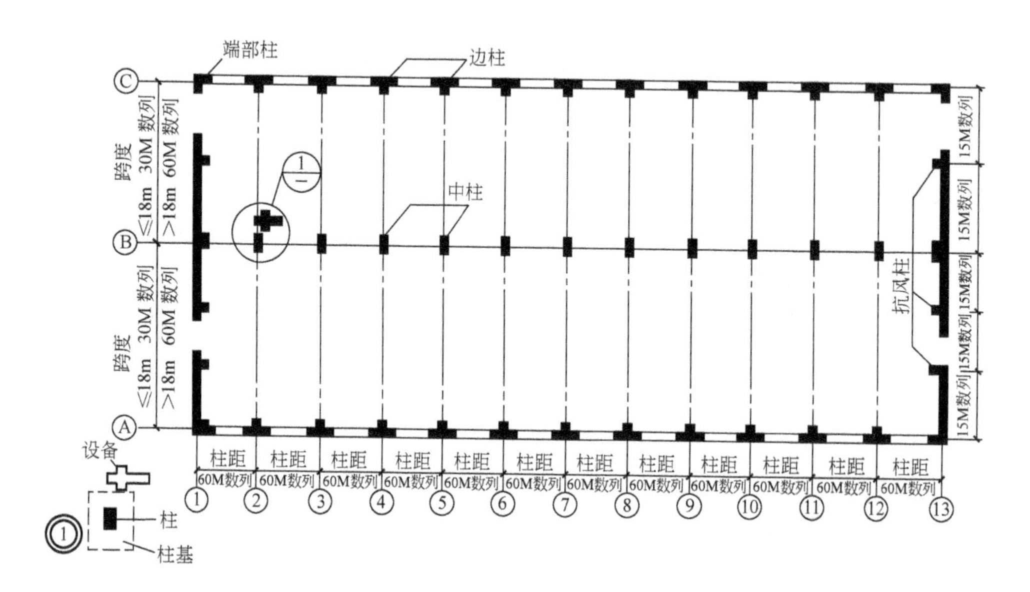


图3-4 单厂柱网及定位轴线示意图

### 3.1.4 厂房的定位轴线

定位轴线是确定建筑物主要构件的位置及标志尺寸的基准线，也是在施工过程中进行施工放线和设备定位的主要依据。一般平行厂房长度方向的定位轴线为纵向定位轴线；垂直厂房长度方向的定位轴线为横向定位轴线。厂房中的柱、墙及其他构件、配件都是由纵、横两根定位轴线来标定其位置的。为了便于查阅图样和施工，定位轴线均应标注上轴线编号。一般横向定位轴线常用①、②、③……表示，且自左向右编写。纵向定位轴线常用A、B、C……除I、O、Z外英文字母顺序表示，且自下往上编写（图3-4）。定位轴线在划分时应考虑构造简单、结构合理，以减少构件的种类，最大限度地使构配件具有通用性和互换性。

（1）**横向定位轴线的确定** 横向定位轴线主要是标定屋面板、吊车梁、连系梁和基础梁等纵向构件的长度标志尺寸。中间柱的横向定位轴线一般与中柱中心线和屋架中心线重合；山墙为非承重墙时山墙内侧设抗风柱，横向定位轴线与山墙内缘及抗风柱外皮重合，山墙为承重墙时，横向定位轴线位于山墙中心或半块砖的倍数位置（图3-5）；承托屋架的端部柱的中心线从横向定位轴线内移600mm，端部柱与山墙间的空隙用砖顶实；屋面板挑出承重端柱600mm，与山墙内缘紧紧相靠（图3-6）。端部柱内移600mm这个原则在变形缝两侧也同样适用，这样可以减少构件类型，方便标准化施工（图3-7）。

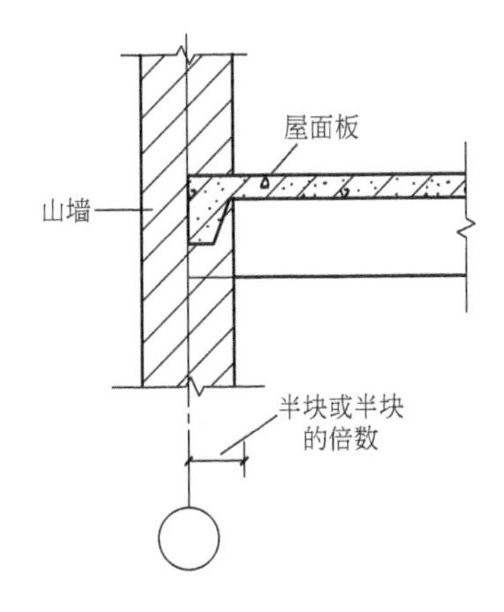


图3-5　承重山墙横向定位轴线

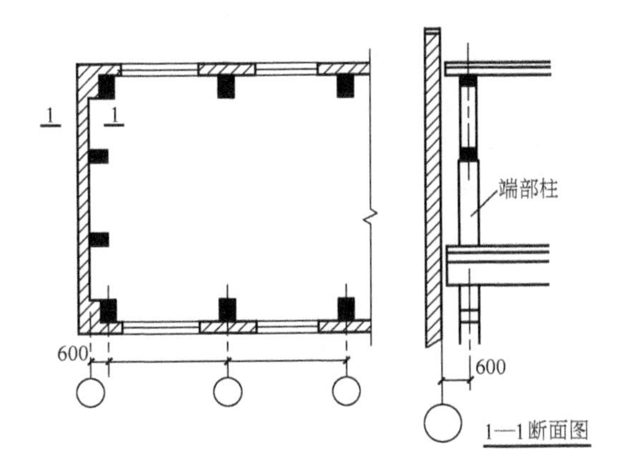


图3-6　非承重山墙横向定位轴线

（2）**纵向定位轴线的确定**

1）屋架跨度与起重机跨度的关系。在支承式梁式起重机和桥式起重机的厂房中，屋架、排架柱、吊车梁的设计应遵循如下关系（图3-8）：

$$L=L_K+2e$$

式中　$L$——屋架跨度，即纵向定位轴线之间的距离（m）；

$L_K$——起重机跨度，同一跨内起重机轨道中心的距离（起重机轮距），可查起重机规格资料；

$e$——纵向定位轴线到起重机轨道中心的距离，一般为750mm，当起重机为重级工作制而且需要设安全走道板或起重机起重量大于50t时，可采用1000mm。

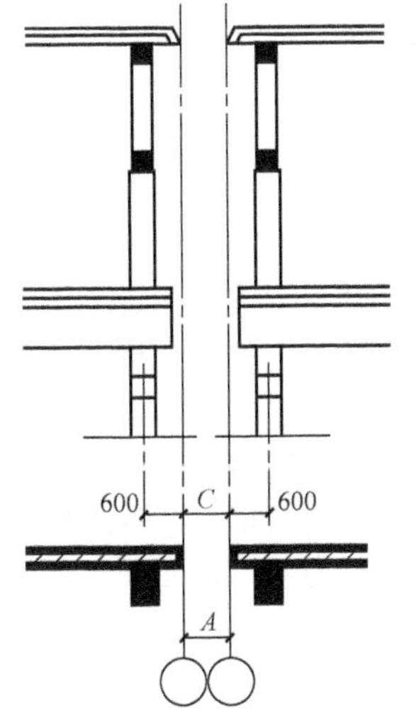


图3-7　变形缝处横向定位轴线

A—插入距　C—变形缝宽度

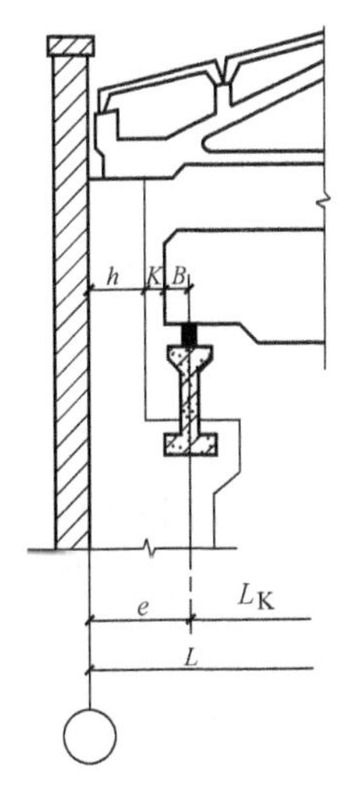


图3-8　起重机与边柱纵向定位轴线关系

2）外墙边柱与纵向定位轴线关系。纵向定位轴线与屋架的外皮取齐。外墙、边柱与纵向外墙的联系有封闭式结合和非封闭式结合。

当起重机起重量小于20t时，$e=h+K+B$。$h$为上柱高度，$B$为起重机桥架端部构造长度，$K$是起重机端部外缘至上柱内缘的安全净空尺寸，$B$和$K$值可从起重机规格中查得数值。这时纵向定位轴线与柱外缘重合，屋面板与纵向外墙内缘紧紧相靠，称为封闭式结合的纵向定位轴线，如图3-9a所示。

当起重机起重量大于20t时，$e+D=h+K+B$。$D$称为联系尺寸，是为保证起重机端部外缘与上柱内缘的安全距离，而将边柱从定位轴线向外移的距离，一般为300mm或300mm的倍数。这时屋面板与纵向外墙之间出现了非封闭的构造间隙，需要非标准的补充构件板，这种方式的纵向定位轴线称为非封闭式结合的纵向定位轴线，如图3-9b所示。

3）平行等高跨中柱与纵向定位轴线关系。平行等高跨中柱中心线一般通过纵向定位轴线。在纵向伸缩缝处一般采用单柱双轴线，插入距$A$等于伸缩缝宽度$C$，上柱中心与插入距中心重合（图3-10）。若当起重机起重量不小于30t或厂房柱距大于6m时，插入距$A$还应包括联系尺寸$D$。

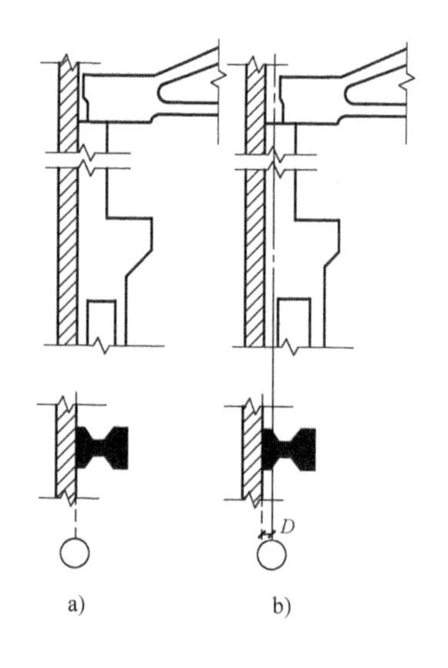


图3-9 外墙、外柱与纵向定位轴线
a）封闭结合 b）非封闭结合

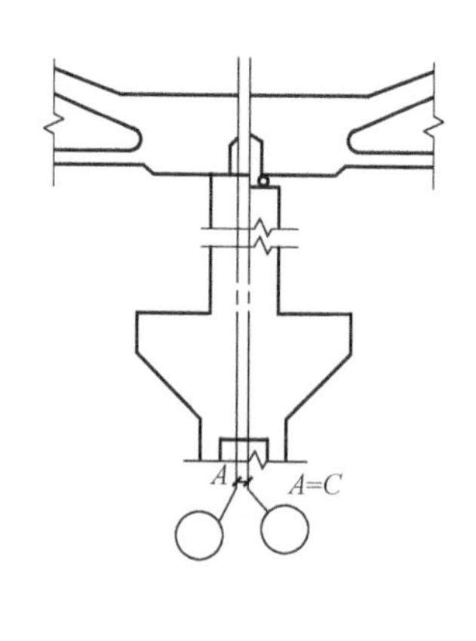


图3-10 设伸缩缝处平行等高跨中柱与纵向定位轴线
$A$—插入距 $C$—变形缝宽度

4）平行不等高跨中柱与纵向定位轴线关系。平行不等高跨中柱常以高跨柱来考虑，高低跨中柱常采用单柱做法。中柱与纵向定位轴线、屋架、屋面板、侧墙的关系如图3-11所示。当厂房宽度较大时需设置纵向变形缝，纵向变形缝处中柱与定位轴线关系如图3-12所示。设置双柱时，应采用两条纵向定位轴线，并设插入距，柱与定位轴线的关系可分别按各自的边柱处理，如图3-13所示。

5）不等高纵横跨连接处定位轴线关系。纵横跨连接处纵向定位轴线与屋架、屋面板、排架柱、侧墙的关系如图3-14所示。

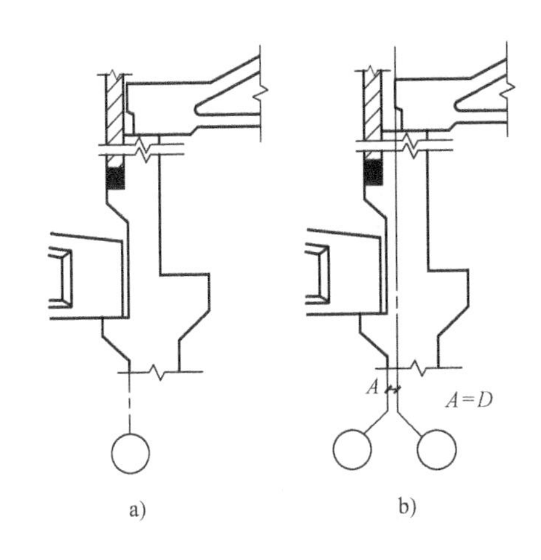


图 3-11　无变形缝不等高跨中柱与纵向定位轴线

a）一条定位轴线　b）两条定位轴线

D—联系尺寸

A—低跨定位轴线与高跨定位轴线之间的插入距

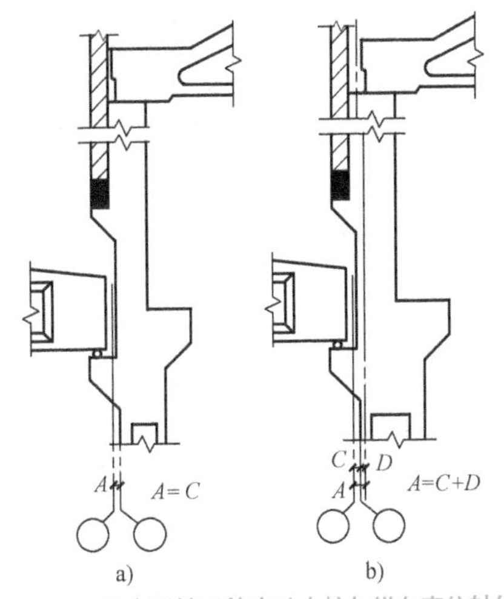


图 3-12　设变形缝不等高跨中柱与纵向定位轴线

a）未设联系尺寸　b）设联系尺寸

D—联系尺寸　C—变形缝

A—低跨定位轴线与高跨定位轴线之间的插入距

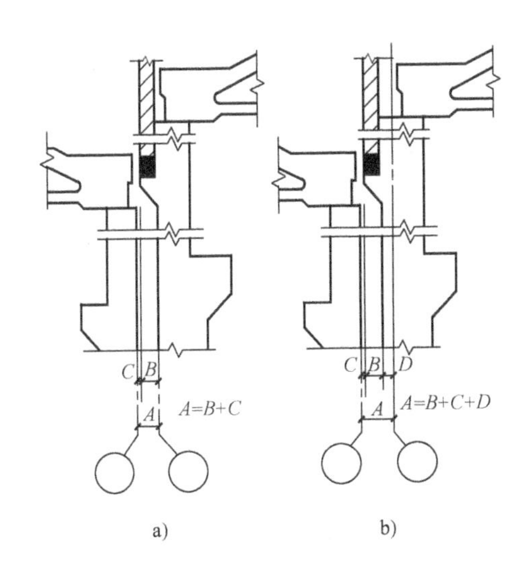


图 3-13　设变形缝处不等高跨双柱与纵向定位轴线

a）未设联系尺寸　b）设联系尺寸

D—联系尺寸　B—墙厚　C—变形缝宽度

A—低跨定位轴线与高跨定位轴线之间的插入距

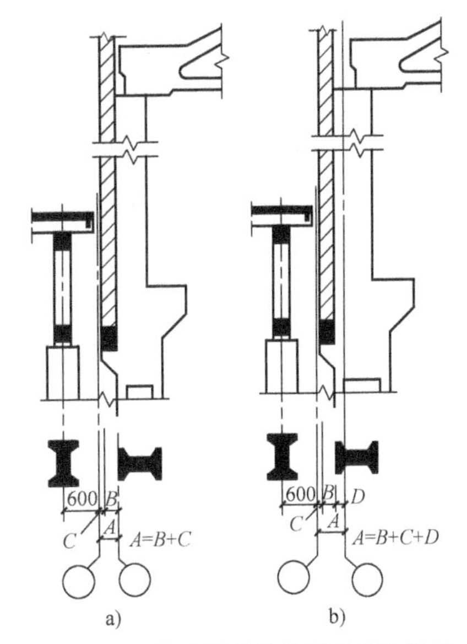


图 3-14　不等高纵横跨连接处定位轴线

a）未设联系尺寸　b）设联系尺寸

D—联系尺寸　B—墙厚　C—变形缝宽度

A—低跨定位轴线与高跨定位轴线之间的插入距

## 3.2　工业建筑的剖面设计

### 3.2.1　生产工艺与剖面设计的关系

厂房的剖面设计是在平面设计的基础上进行的，剖面设计是从厂房的剖面处理上满足生产工艺对厂房提出的各种要求：生产设备的体形和布置，生产工艺流程、生产特点和操作要求，加工件的大小、质量，起重运输设备的种类和起重量，其他运输工具的使用要求等。剖面设计主要解决的问题是：合理确定空间形式和大小；妥善处理天然采光、自然通风和屋面排水；正确选择结构、构造方案；合理选择满足厂房保温隔热要求的围护结构；尽可能提高厂房建筑工业化水平。常见单层厂房的剖面形式如图3-15所示。

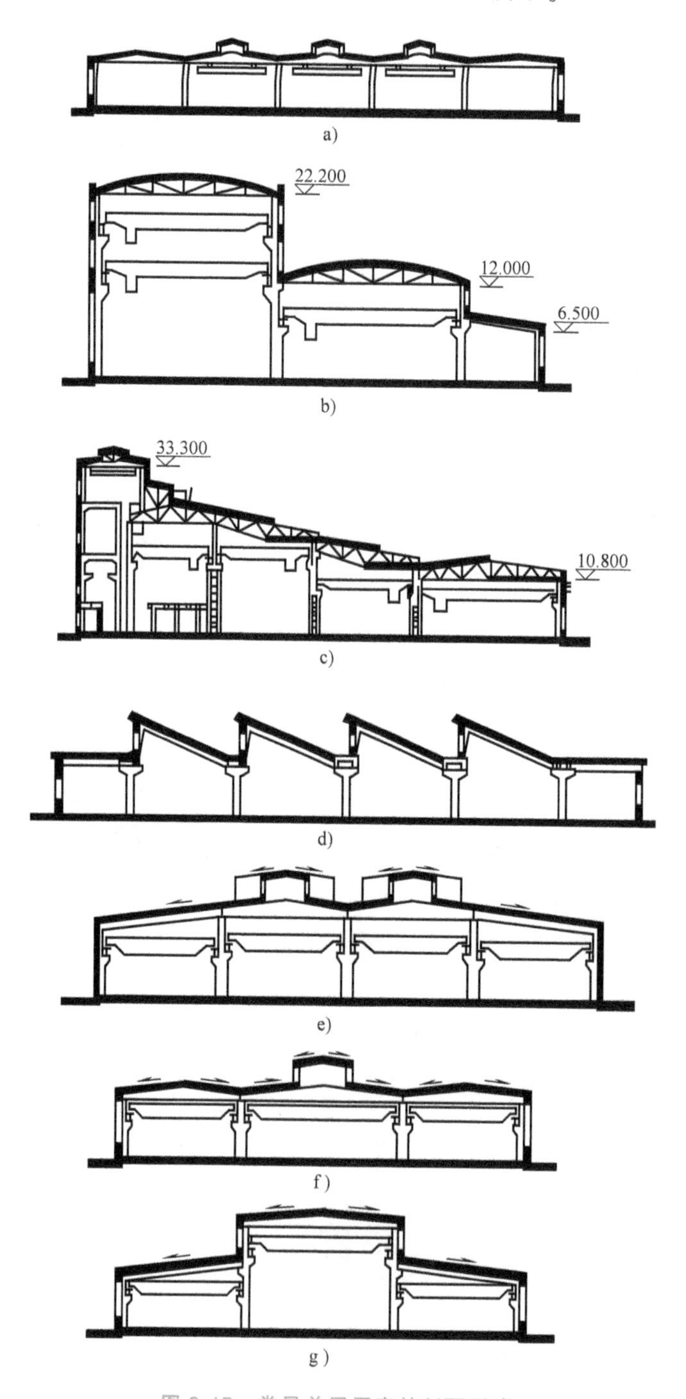


图3-15　常见单层厂房的剖面形式

## 3.2.2　厂房高度

### 1. 柱顶标高

厂房高度是指室内地面至柱顶或屋架（屋面梁）下表面的距离。如果屋顶承重结构是倾斜的，则厂房高度是由地坪到屋顶承重结构的最低点。

（1）**无起重机厂房**　无起重机厂房的柱顶标高是根据最大生产设备的高度和安装检修设备时所需要的净空高度来确定的，同时要考虑厂房的采光通风等要求，并符合《厂房建筑模数协调标准》（GB/T 50006—2010）的扩大3M模数数列，柱顶标高一般不低于3.9m。砌体结构柱顶标高符合1M数列。

（2）**有起重机厂房**　有起重机厂房的高度受起重机的类型、布置方式等因素影响，应考虑生产设备的最大高度、被吊物体的最大高度等参数。对于一般常用的桥式或梁式起重机如图3-16所示，柱顶标高

$$H=H_1+h_6+h_7$$

其中轨顶标高

$$H_1=h_1+h_2+h_3+h_4+h_5$$

式中　$h_1$——生产设备、室内隔断或检修时需要的高度；

$h_2$——被起吊重物的安全超越高度，一般为400~500mm；

$h_3$——被起吊物体的最大高度；

$h_4$——起重机缆索起吊重物的最小高度，主要根据起吊重物的大小而定；

$h_5$——吊钩至轨顶面的最小距离，其数值可根据起重机规格确定；

$h_6$——轨顶至起重机上小车顶部的净空高度，其数值可根据起重机规格确定；

$h_7$——屋架下弦底面至小车顶面的安全高度。

轨顶标高由工艺设计人员提供，应符合6M模数数列，柱顶标高应符合扩大模数3M数列。

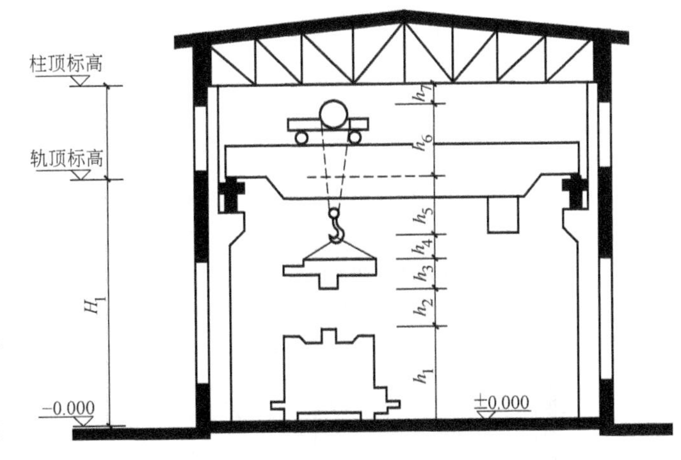


图3-16　厂房高度的确定

### 2. 牛腿顶面标高

支承吊车梁的牛腿标高为轨顶标高减去轨道构造高度和吊车梁高度。根据《厂房建筑模数协调标准》（GB/T 50006—2010）规定，牛腿顶面标高应为扩大模数3M数列，当高度大于7.2m时为扩大模数6M数列。

### 3. 厂房高度的调整

在多跨厂房中，由于各工段的生产工艺及设备的不同，平行多跨厂房可能会出现高低跨。高低跨会使厂房的构件类型增加，构造复杂，施工麻烦。根据《厂房建筑模数协调标准》（GB/T 50006—2010）规定，在工艺有高差的多跨厂房中，当高差不大于1.2m时，低跨所占面积较小时不宜设置高度

差；在不供暖的多跨厂房中，高差不大于1.8m时，也不宜设置高度差。

### 3.2.3 室内外地面标高

根据厂房总图设计的要求，确定室内地面标高，室内外地面的高度差一般为150~200mm。为方便通行，室外入口处应设坡道。有时厂房各车间的地面可根据地形，在满足工艺的前提下，设置不同的标高，以节约造价（图3-17）。

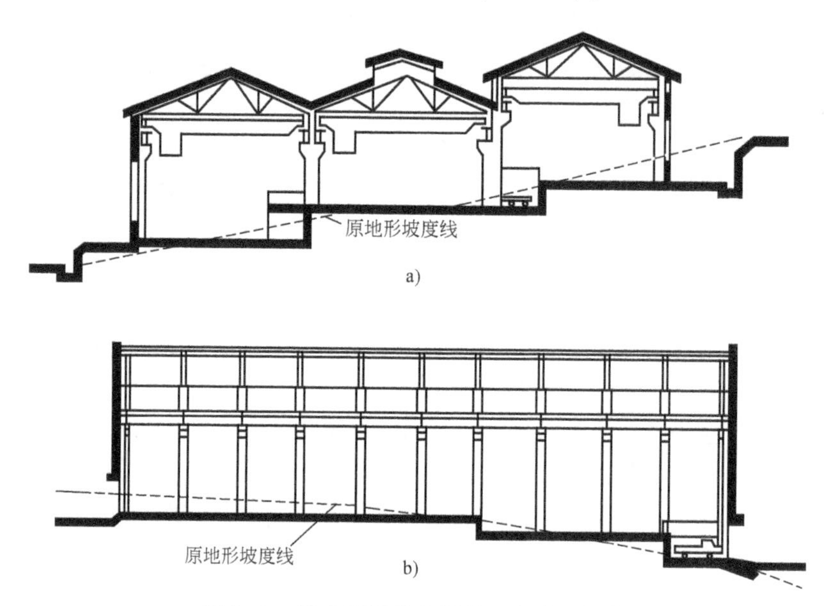


图3-17 结合等高线布置的厂房地面标高

a）平行等高线布置 b）垂直等高线布置

### 3.2.4 厂房空间利用

为节省工程造价，保持统一的柱顶标高，在满足生产的前提下，可利用屋架与屋架之间的空间布置个别高大设备或者降低局部地面标高（图3-18）。保持统一的柱顶标高。

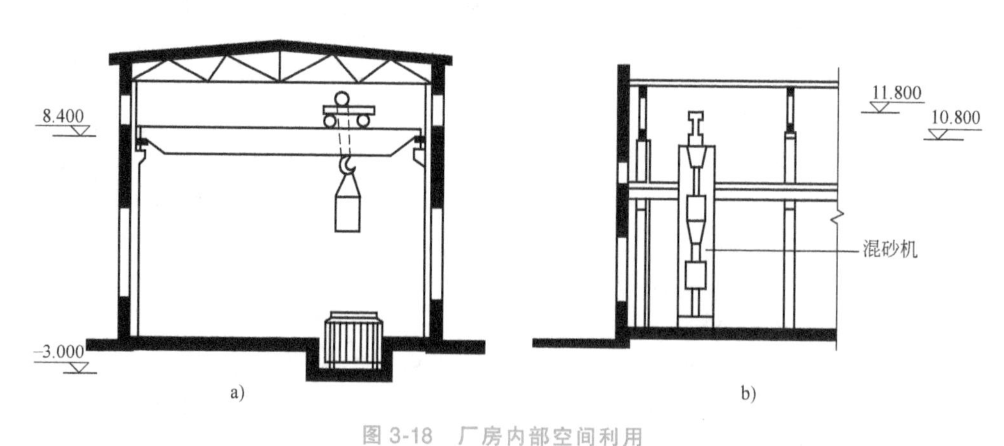


图3-18 厂房内部空间利用

a）设地坑来放置大型设备 b）利用屋架空间布置设备

## 3.3　骨架结构体系

骨架结构体系指的是以建筑物的骨架为主要承重结构的体系，其中骨架可以是由梁、柱组成的框架结构系统，可以是由柱子和楼板组成的板柱结构系统，还可以是由墙、柱子和梁组成的部分框架结构系统，也还有装配构件和部分现浇相结合的半装配式骨架结构系统。本节主要介绍框架结构体系、单层刚架和排架结构体系。

### 3.3.1　框架结构体系

墙体承重的结构体系往往随着建筑物的高度增加而加厚，它不仅耗费大量的建筑材料，也减少了建筑物的使用面积。因此，高层建筑多采用框架结构体系。所谓的框架结构体指的是由梁和柱刚性连接而成骨架的结构，如图 3-19所示。

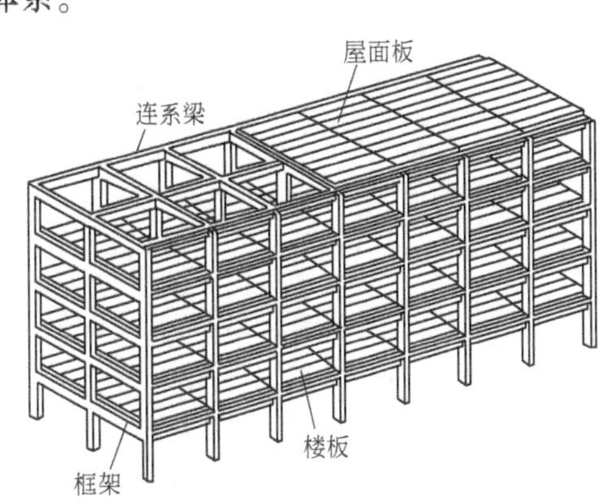


图 3-19　框架结构

#### 1. 框架结构体系的特点

框架结构体系是由梁和柱来承受与传递荷载，墙只起围护和隔离作用。其优点是构件分工明确，能够充分发挥材料的性能。如隔墙可以采用隔声好的材料，外墙可采用保温好、防水好的材料，梁和柱选用高强材料。在建筑上的优点是建筑平面布置灵活，可形成较大的空间。有利于商店、会议厅、休息厅、餐厅等的布置。但框架结构建筑尚存在水平刚度差、抗水平荷载（风荷载、地震荷载）能力不强的缺点。当建筑物层数较多、水平荷载较大时，为满足侧向刚度和强度的要求需增大柱子断面，增加材料用量，经济效果差。因此，在地震区和很高的建筑物采用框架结构是不经济的。

#### 2. 框架体系的结构布置与形式

（1）**框架体系的结构布置**　在房屋结构中，把主要承受楼板重量的框架称为主框架。所以根据楼板的布置方式，可分为以下三种布置方案：

1）横向主框架承重。这种方案的特点是楼板支承在横向框架梁上，柱和横向框架梁就构成了横向主框架，竖向荷载主要由横向框架承受。在各横向框架间沿纵向设置连系梁，如图 3-20 所示。通常房屋纵向柱列较长，柱的数量较多，因而房屋纵向的强度和刚度都比横向易于保证。把主要承重框架横向布置，使房屋横向刚度得以提高，从结构上分析是合理的。因此，横向框架承重方案得到广泛的采用。此外，该方案纵向梁截面高度较小，在建筑上有利于采光，但开间受楼板长度的限制。

2）纵向主框架承重。这种方案的特点是楼板支承在纵向框架梁上，柱和纵向框架梁就构成了纵向主框架，竖向荷载主要由纵向框架承受。纵向框架间可通过连系梁或卡口板连系，如图 3-21 所示。这种布置有利于楼层净高的有效利用，如对于有集中通风要求的厂房，通风管道往往需要很大的净空，为了降低层高以降低房屋造价，常采用这种方式。此外，这种方案在房屋开间布置上也比较灵活，但结构整体的横向刚度较小，房屋层数较少时可考虑采用，一般只用于层数不多的无抗震设防要求的厂房，民用房屋采用较少。

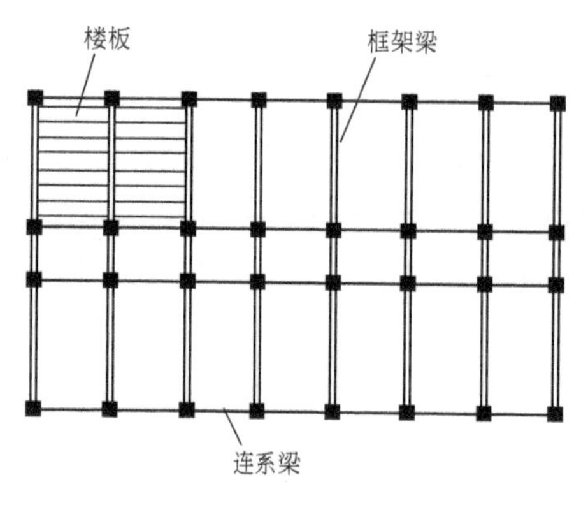


图 3-20　横向框架承重方案

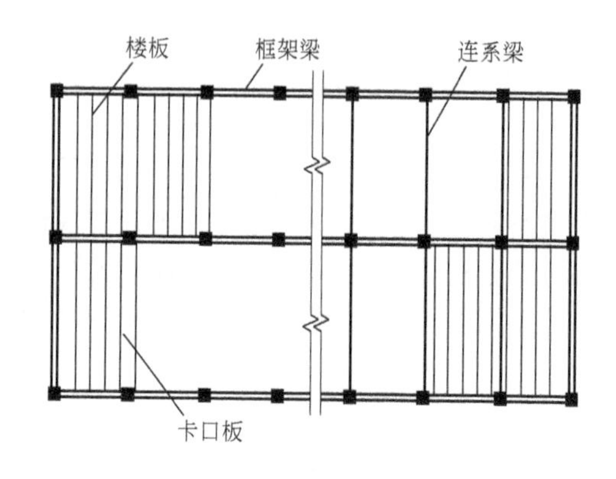


图 3-21　纵向框架承重方案

3）纵横向框架承重。这种方案的特点是楼板支承在纵横方向的框架梁上（或通过次梁），两个方向都是承重主框架，两个方向的刚度都较大，如图 3-22 所示。这种布置一般与生产工艺有密切关系。当生产工艺比较复杂，楼板荷载较重，开洞多的，则需承重框架在纵横两个方向混合布置。此外，对抗震设防有要求的房屋，因地震对纵横两个方向的要求相同，两个方向的框架均应具有足够的刚度和强度，因此也宜采用这种方案。这种布置一般采用现浇整体式框架。

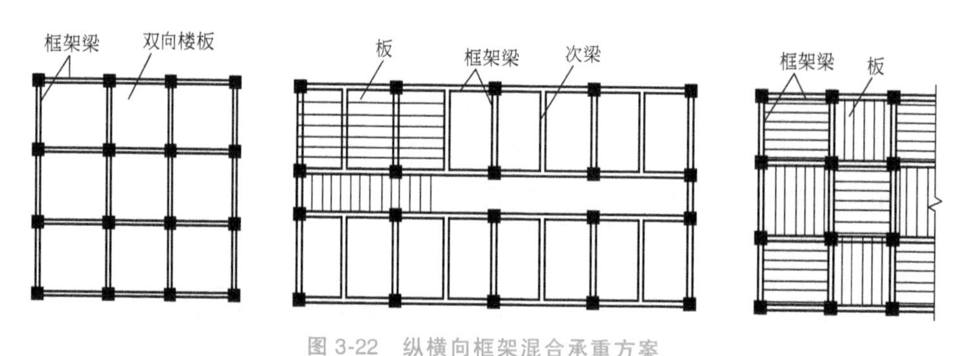


图 3-22　纵横向框架混合承重方案

（2）**框架体系的形式**　框架结构根据施工方法的不同可分为：现浇式、装配式和装配整体式，如图 3-23 所示。

1）现浇式框架。现浇式的框架又分为全现浇框架和半现浇框架。

全现浇框架的全部构件均在现场浇筑。主要优点是结构整体性较好，抗震能力较强，省钢材，造价较低，建筑布置的灵活性大。对使用要求高，功能复杂的多高层房屋宜采用全现浇结构。缺点是由于模板消耗量大，现场工作量较大，工期可能较长。冬期施工须采取防冻措施。近年来随着工业化施工工艺的发展，如采用工具式模板、泵送混凝土等，这些缺点已经逐步得到改善。

半现浇框架指的是梁、柱现浇，板预制；或柱现浇、梁板预制的施工方法。对于现浇梁柱，可采用硬架支模的施工方法，即先用桁架（或其他工具）支承好预制板，板可作为施工平台，然后将梁、板、柱浇为一体。半现浇框架是近年来兴起的一种新的结构形式，施工

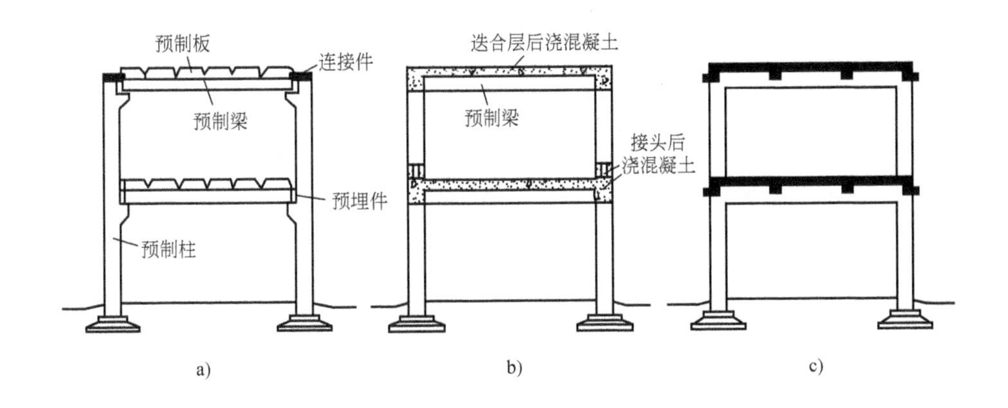


图 3-23　框架结构的施工方法

a）装配式框架　b）装配整体式框架　c）现浇整体式框架

方法比全现浇简单，梁、柱现浇，节点构造简单，整体性好，大面积楼板采用预制构件，可比全现浇框架节约模板约 20%，比装配式框架节约钢材和水泥约 20%，是应用较多的一种施工方法，特别在地震区应用较多。

2）装配式框架。装配式的构件均为预制，在现场通过焊接安装成整体结构。这种施工方法的优点是采用工业化、机械化的构件生产方式，能保证构件的质量，构件规格也可以标准化、定型化。与全现浇框架相比，一般可节省模板约 60%，缩短工期 40%左右。但是节点用钢量大，同时由于必须使用大型运输和吊装机械，造价较现浇式高。这种框架结构整体性差，一般用于非地震区的多层房屋。

3）装配整体式框架。装配整体式的做法是：预制构件安装后，在梁和柱、梁和板之间以配筋或后浇混凝土的方式来加强构件的整体连接，以提高结构的整体性。这种方法具有装配式施工的主要优点，又克服了整体性差的缺陷。不足之处是工序较多，节点构造仍然较复杂。这种施工方法应用较广泛。

### 3. 框架结构的柱网尺寸

框架结构的柱网布置应力求做到简单、规则、整齐，柱网尺寸应符合经济原则并尽量符合模数。

**（1）多层厂房的柱网尺寸**

柱距：一般采用 6m；跨度：按柱网形式不同，有下列两种：

1）内廊式柱网：常用跨度为 6.0m+2.4m+6.0m 或 6.9m+3.0m+6.9m。

2）等跨式柱网：常用跨度为 6m、7.5m、9m、12m 四种（从经济角度考虑不宜超过 9m，一般最常用为 6m）。

**（2）多层民用房屋的柱网尺寸**　因民用房屋种类繁多，功能要求各有不同，柱网尺寸难以硬性统一。但从一般情况考虑，柱网尺寸的适宜范围是：

柱距：3.3~6m（旅馆建筑时，它往往等于两个客房的宽度，故常为 6~8m）。

跨度：6~12m（从经济角度考虑不宜超过 9m）。

最后，必须指出的是，无论工业或民用房屋，柱网布置时，均应考虑房屋长度较大时，需设置伸缩缝，以避免温度开裂。因为伸缩缝将房屋上部结构断开，分成独立的结构单元，所以在缝的两侧应各自设置框架。

4. 框架构件的截面尺寸

框架结构是由梁与柱相互刚接而成的。框架结构的承载能力主要依赖梁与柱的强度，框架房屋的刚度又直接与梁柱的构件刚度有关，所以考虑强度与刚度的需要，框架横梁及柱的截面尺寸可参照下列数字取值：

框架横梁截面：梁高 $h=(1/8\sim1/12)$ 梁跨；梁宽 $b=(1/2\sim1/3)h$。

框架柱截面的宽与高 $\approx(1/15\sim1/20)$ 层高。

框架横梁截面并可按照 $(0.5\sim0.7)M_0$ 进行初步估算（$M_0$ 为简支梁跨中弯矩）。

框架柱截面并可按照 $(1.2\sim1.4)N$ 进行初步估算（$N$ 为轴向压力）。

5. 框架结构的计算简图和受力特点

（1）**计算简图** 在框架结构房屋中，各榀纵向或横向框架都是由梁和楼板连接起来的空间结构，应按照空间结构设计。但框架一般是均匀布置的，而作用其上的竖向荷载和水平荷载一般也是均匀分布的，故空间作用不明显。为了简化计算，可不考虑房屋的空间作用，按平面框架设计。在选取计算单元时，一般选一榀或几榀有代表性的框架按照平面框架进行内力分析和结构设计（图3-24）。

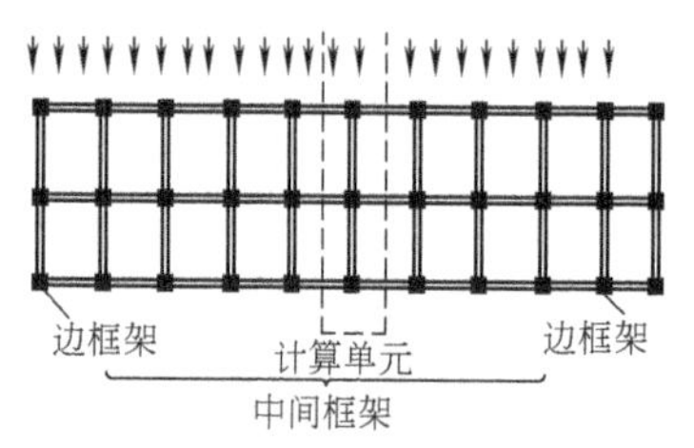

图 3-24 框架计算单元的选取

钢筋混凝土现浇框架的梁与柱、柱与基础均为刚性连接。计算简图如图3-25所示。图中，杆件用其轴线表示，杆件间的连接用节点表示，杆件长度用节点间的距离表示，荷载的作用点也转移到轴线上。在一般情况下，等截面柱子的轴线取截面形心线，当上、下层柱子截面尺寸不同时，取顶层柱的形心线作为柱子的轴线。跨度取柱轴线间距离。当各跨跨度相差不超过10%时，可按具有平均跨度的等跨框架计算。对于斜梁或折梁，当斜度不超过1/8时，可简化为水平梁。当同层中个别梁标高相差小于1m时，可按相同标高处理。柱的高度：底层取基础顶面到二层梁轴线间的高度，其他各层均取相邻两层横梁轴线间的距离。当基础顶面高差小于1m时，底层柱高可按平均高度处理。当梁设有支托时，如支座截面与跨中截面的惯性矩之比小于4时或截面高度比小于1.6时，可不考虑支托影响。

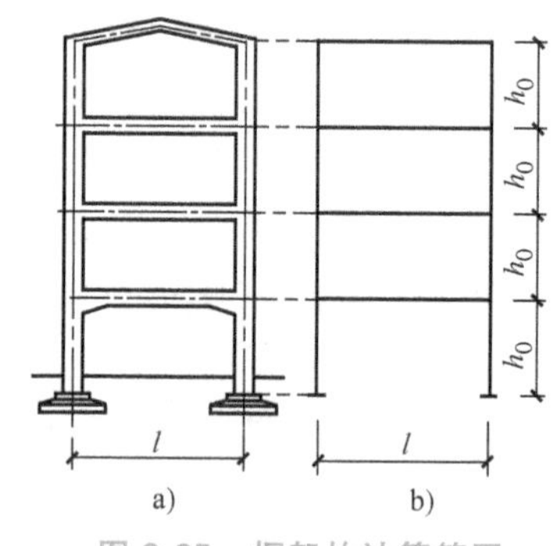

图 3-25 框架的计算简图

（2）**受力特点** 作用在框架上的荷载可分为竖向荷载和水平荷载两类。竖向荷载包括结构自重及楼（屋）面使用活荷载，结构自重根据截面尺寸、建筑构造和材料的表观密度进行计算；楼（屋）面活荷载可从《建筑结构荷载规范》（GB 50009—2012）查得。水平荷载为风荷载，在抗震设防区还要考虑地震作用。对于高度不超过30m且高宽比小于1.5的房屋结构，风荷载的计算方法与单层厂房风荷载的计算方法相同。

1）竖向荷载作用下的内力。图3-26所示为一多层框架，从图中可以看出，当在某一层作用均布荷载时，整个框架只有直接承受荷载的梁以及与它相连的上下柱的弯矩较大，其余梁柱的弯矩都甚小。此外，根据计算，框架的侧移也很小。为了简化计算，假定竖向荷载作用下，每层梁上的荷载对其他各层梁无影响，多层多跨框架的侧移极小，可忽略不计。按此假设，计算时可将各层梁及其上、下柱所组成的框架作为一个独立的计算单元分层计算。分层计算所得的梁弯矩即为其最后的弯矩；因每一柱属于上、下两层，所以每一柱的弯矩则由上、下两层计算所得的弯矩值叠加。这一近似计算方法称为分层法。

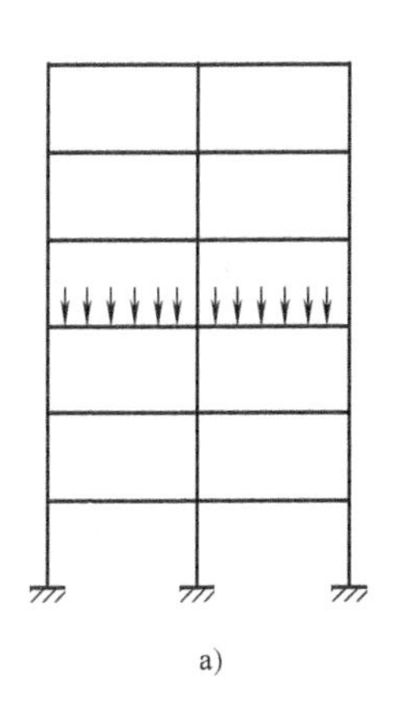

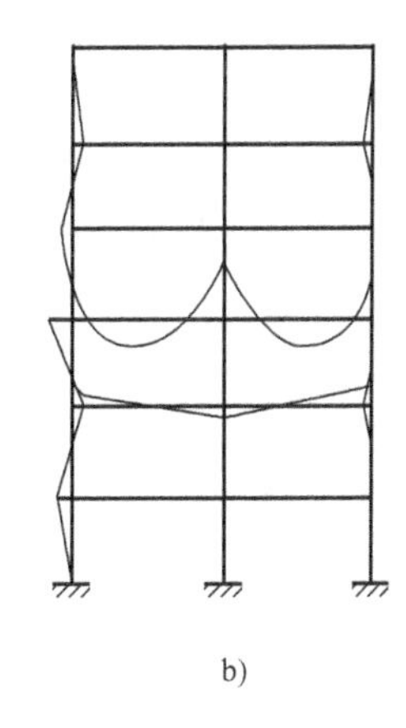

图 3-26　竖向荷载作用下框架的受力

a）荷载作用图　b）弯矩图

图 3-27a 所示的多层框架即可沿高度分成若干个单层无侧移的敞口框架，且每层荷载互不影响，如图 3-27b 所示。一般可用弯矩分配法求出各层框架的弯矩图进行叠加即得总弯矩值。从图 3-27b 可以看出，在分层计算时，假定上、下柱的远端固定，实际上有转角产生，是弹性支承。为消除这种误差，可令除底层各柱以外的其他各层立柱的线刚度，均乘以折减系数。分层计算法适用于梁的线刚度大于柱的线刚度的多层框架。

2）水平荷载作用下的内力。多层框架在风荷载作用下，可简化为受节点水平力的作用，其弯矩图见图 3-28。从图中可以看出，各杆的弯矩图均为直线形，每根立柱都有一个反弯点。如能求出各柱的反弯点位置及在反弯点处的剪力值，则柱和横梁的弯矩即可求得。

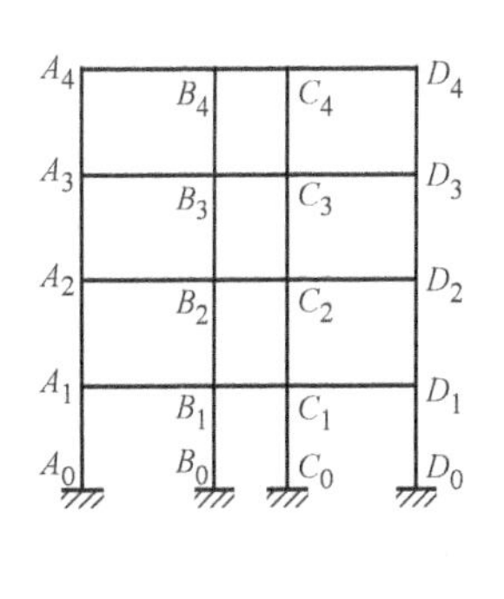


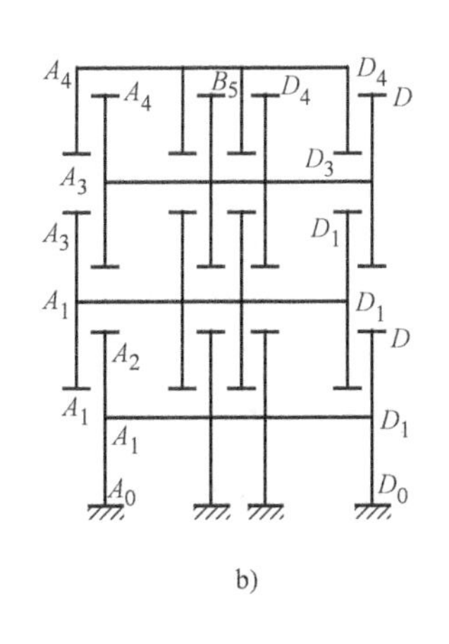

图 3-27　分层计算方法示意图

图 3-28　水平荷载作用卜的弯矩图

6. 框架节点的构造

（1）**现浇框架节点**　现浇框架一般做成刚接节点，图 3-29 所示为顶层梁与柱的刚接节点，按偏心距 $e_0$ 与 $h$（$e_0=M/N$，$M$ 为柱的弯矩，$N$ 为轴向力，$h$ 为柱截面高度）比值的大小可分为图中所示的三种情况。图 3-30 为楼层梁与边柱和中柱的刚接节点。

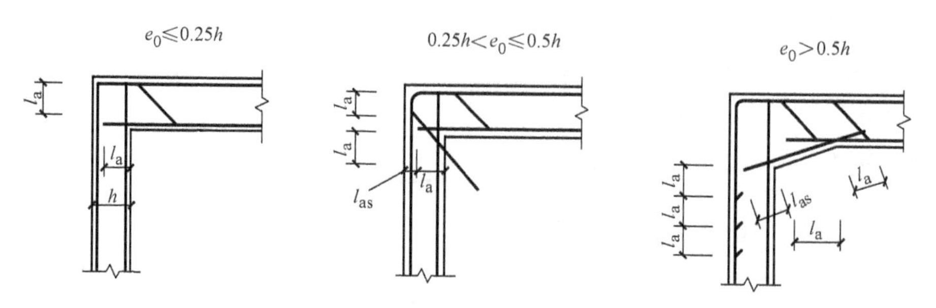


图 3-29 现浇框架顶层梁与柱的节点

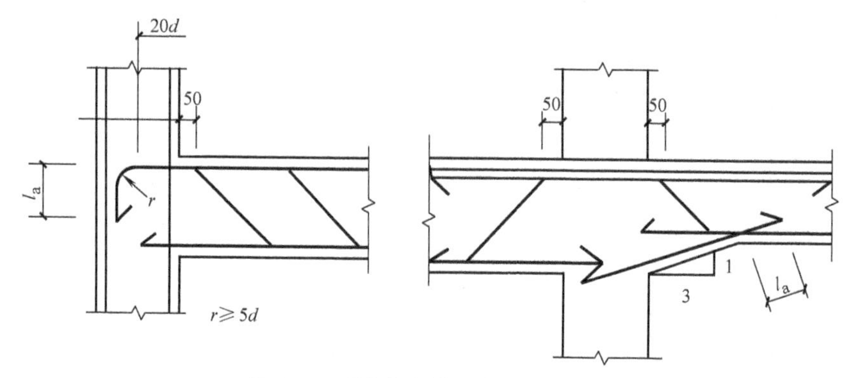


图 3-30 现浇框架楼层梁与柱的节点

节点处裂缝形态如图 3-31 所示。为了避免混凝土被压碎和防止斜裂缝的开展，改善节点内折角处混凝土的局部抗压能力，受拉钢筋在弯转时要有一定的曲率半径，必要时，也可设置附加筋或附加箍筋。

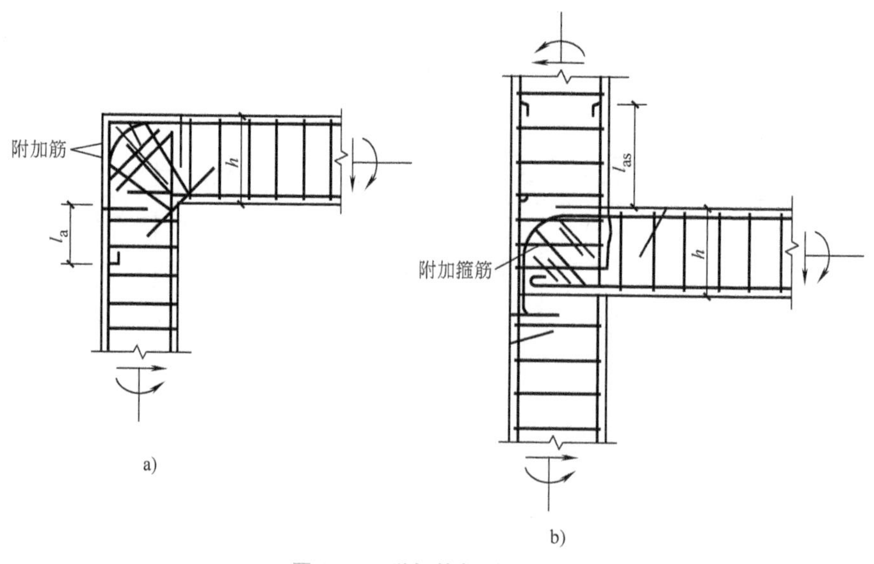


图 3-31 附加筋与附加箍筋

(2) **装配整体式框架节点** 装配整体式框架节点的构造直接影响整个框架的整体性。

目前工程中采用的接头形式较多，常用的有如下几种：

1）整浇装配式梁柱接头。这种接头通过两次后浇混凝土使梁柱形成整体，如图 3-32 所示。第一次后浇混凝土浇至叠合梁顶面，待达到规定强度后再吊装上层柱，上下柱主筋以焊缝连接，然后浇注第二次后浇混凝土，至留下 30mm 缝隙为止。所余缝隙用细石混凝土捻实。这种接头用钢量少，制作简单，安装方便，但现场后浇量大。因其具有很好的刚度和整体性，所以宜用于有抗震设防要求的框架结构。

2）迭压浆锚式梁柱接头。这种接头是通过上下层柱预留钢筋伸入梁端柱体预留孔中，再灌以高强度砂浆来连接，如图 3-33 所示。由于对构件加工精度和灌缝质量等要求较高，所以采用较少。

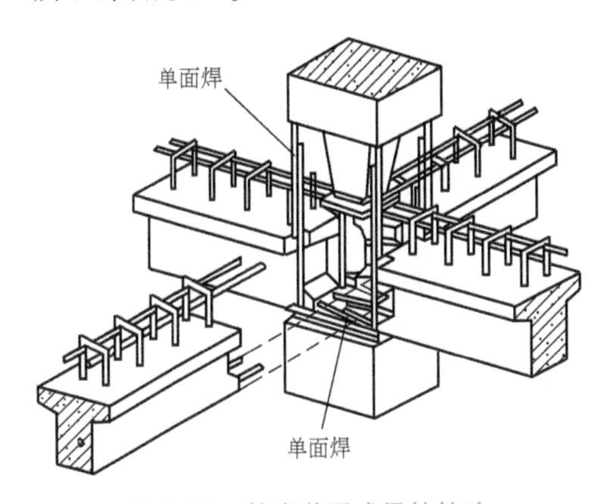

图 3-32　整浇装配式梁柱接头

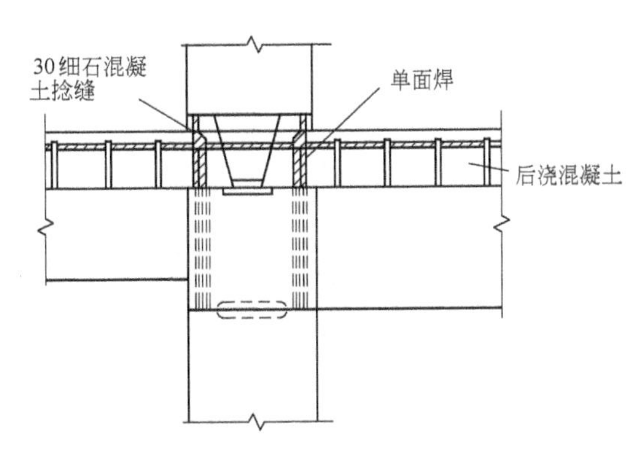

图 3-33　迭压浆锚式梁柱接头

3）齿槽式梁柱接头。齿槽式梁柱接头是梁端与柱侧预留齿槽，再用后浇混凝土浇筑形成整体，如图 3-34 所示。这种接头需设临时钢牛腿支托，混凝土用量少，无牛腿，不减少净空。但新旧混凝土交接面易裂缝，故抗震力差，一般用于连系梁与柱的连接，也可用于轻型荷载作用下的承重框架梁与柱的连接。

4）明牛腿式梁柱接头。明牛腿梁柱接头是从柱侧预留牛腿来支承预制梁，如图 3-35 所示。其特点是安装方便，工作可靠，承载能力高。因外露牛腿减小净空，且建筑效果较差，所以一般多用于工业建筑。

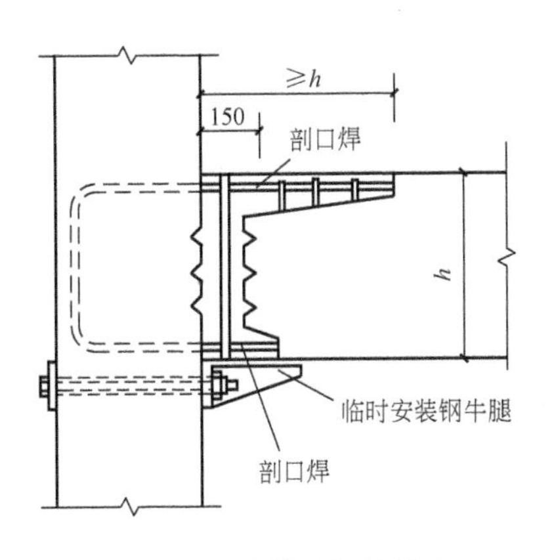

图 3-34　齿槽式梁柱接头

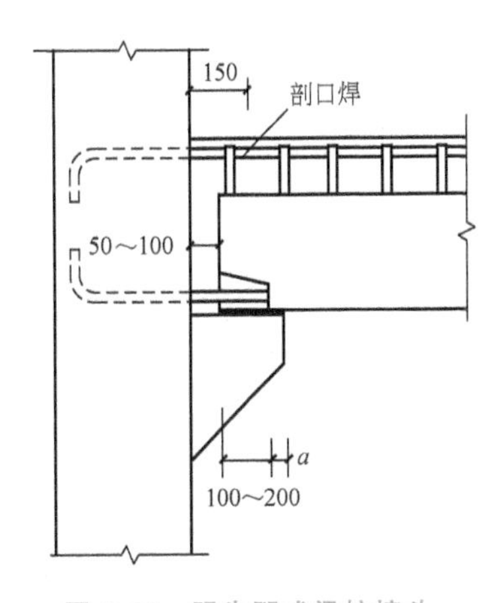

图 3-35　明牛腿式梁柱接头

5）暗牛腿式梁柱接头。暗牛腿即指牛腿处在梁高范围内，在接头浇注了混凝土后，从外观上看不出牛腿，如图3-36所示。暗牛腿建筑效果好，有利于管线的布置，但其承载能力不大，一般仅在节点处的剪力不大时采用。

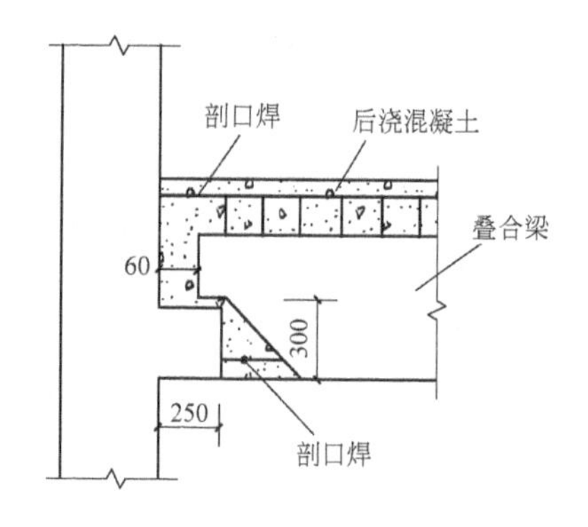


图3-36 暗牛腿式梁柱接头

6）榫式柱接头。当柱需直接接长时，常采用榫式接头，如图3-37所示。榫式接头构造简单、安装方便、工作可靠，但其主筋需采用剖口焊，施焊技术要求高。为了增加柱端的局部承压能力，上柱端应至少放置四片钢筋网，下柱应至少放置二片钢筋网。

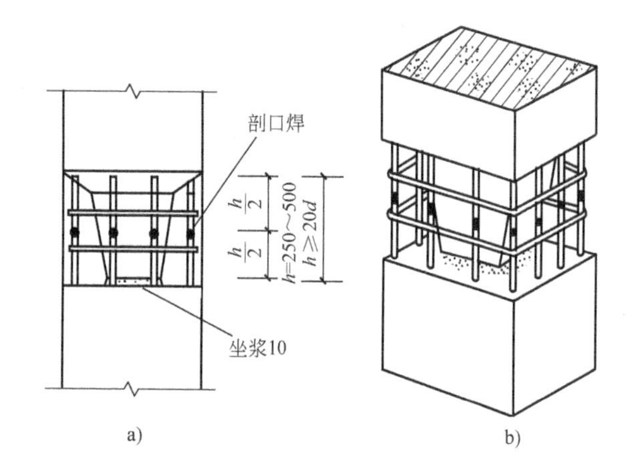


图3-37 榫式柱接头

## 3.3.2 单层刚架和排架结构体系

框架结构节点（构件或杆件相互连接的部位）的连接可以是刚接，也可以是铰接。由梁和柱刚接连接而构成的框架称为刚架，由梁（或桁架）和柱铰接连接而构成的单层框架称为排架，如图3-38所示。单层刚架和排架结构体系多用于单层钢筋混凝土结构的工业厂房中。

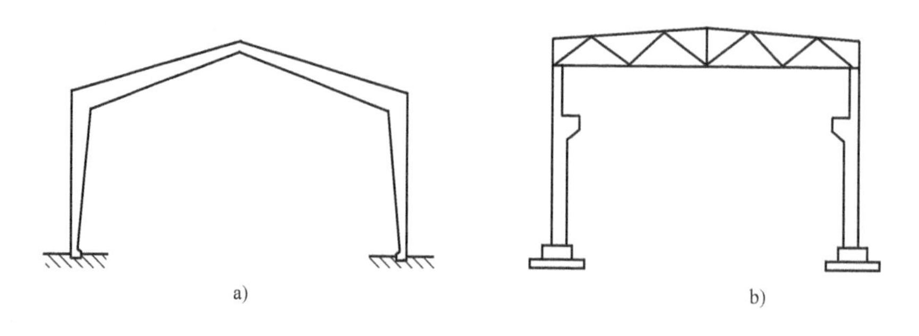


图3-38 单层刚架和排架结构体系

a）单层刚架 b）单层排架

1. 单层刚架结构体系

刚架结构也称框架结构。单层刚架结构一般是由直线形杆件（梁和柱）组成具有刚性节点的结构。

（1）**单层刚架的受力特点及种类** 单层刚架结构的工业厂房所承受的荷载包括永久荷载、可变荷载和偶然荷载三种。永久荷载指的是长期作用在厂房上的不变荷载，如各种构件的自重等；可变荷载指作用在厂房上的雪荷载、风荷载、起重机运行时的起动和制动力、积灰荷载和施工荷载等可变荷载；偶然荷载指爆炸力和撞击力等，一般不予考虑。此外，厂房可能还承受地震作用和温度作用等间接作用。就上述荷载的传递路线可分为竖向荷载、横向水平荷载、纵向水平荷载三部分。单层工业厂房的荷载传递路线如图3-39a、b和c所示。

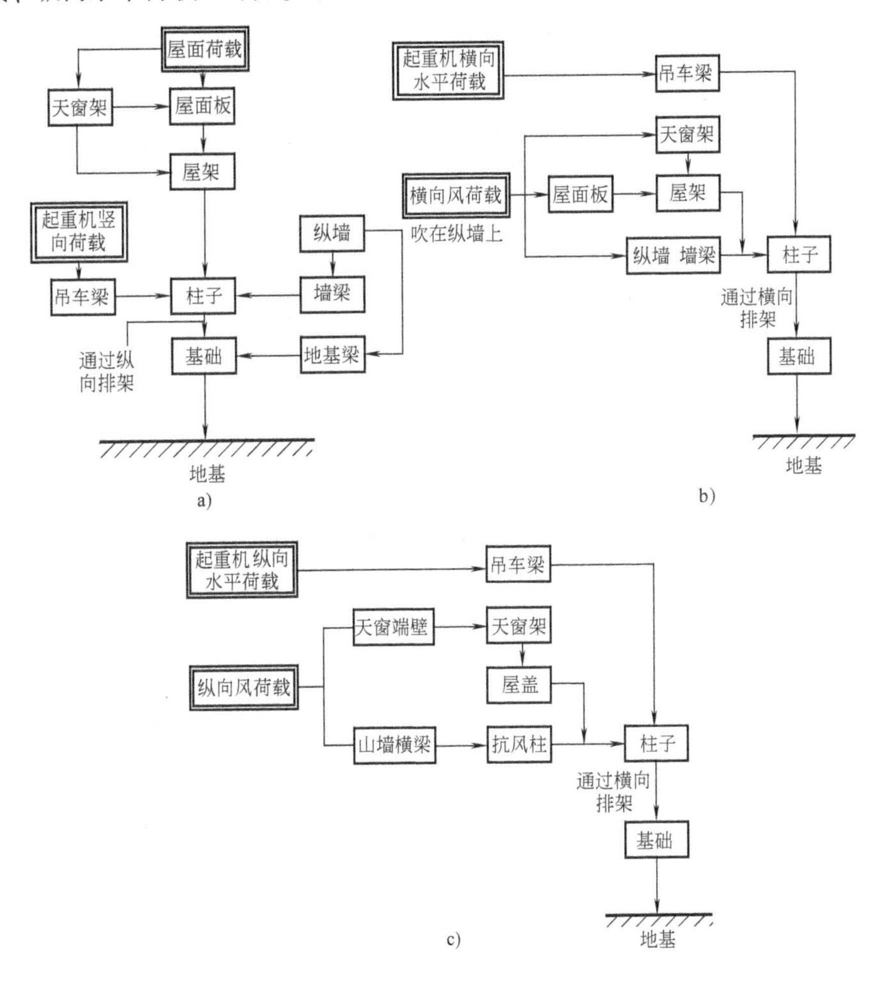


图3-39 单层工业厂房的荷载传递路线图

a）竖向荷载传递示意图 b）横向水平荷载传递示意图 c）纵向水平荷载传递示意图

单层刚架结构中，刚架受力后，刚结点的几何形状始终保持不变，即刚结点对杆件的转动具有约束作用，所以在竖向荷载作用下，柱对梁的约束减少了梁的跨中弯矩；水平荷载作用下，梁对柱的约束减少了柱内弯矩。梁和柱由于整体刚性连接，因而刚度都得到了提高。

目前常用的刚架结构有钢筋混凝土门式刚架与钢框架结构，如图3-40和图3-41所示。

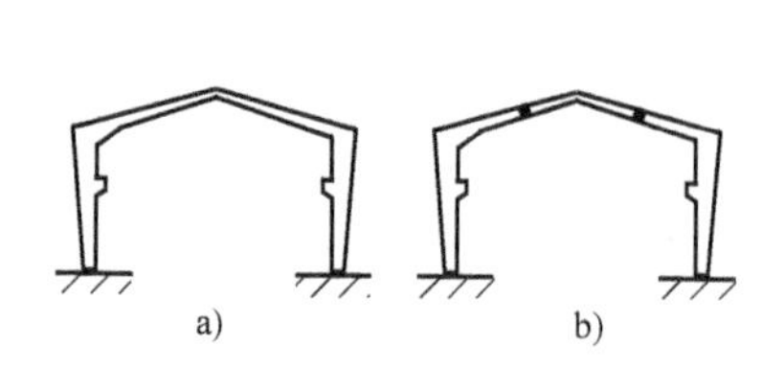


图 3-40 钢筋混凝土门式刚架

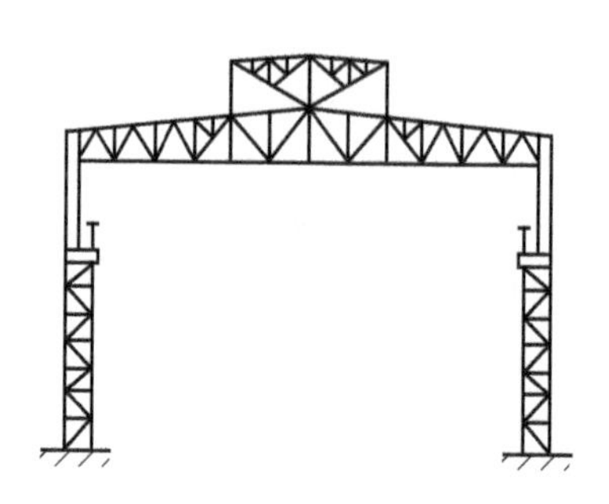

图 3-41 钢框架结构

一般情况下，当跨度与荷载相同时，刚架结构比排架结构轻巧，并可节省钢材约 10%，混凝土约 20%。横梁为折线形的门式刚架更具有受力性能良好、施工方便、造价较低和建筑造型美观等特点。由于横梁是折线形的，使室内空间加大，适于双坡屋面的单层中、小型建筑，在工业厂房和体育馆、礼堂、食堂等民用建筑中得到广泛应用。门式刚架刚度较差，受力后产生跨变，因此用于工业厂房时，起重机起重量不宜超过 10t。

门式刚架按其结构组成和构造的不同，可分为无铰刚架、两铰刚架和三铰刚架三种形式。在相同的荷载作用下，无铰刚架柱底弯矩大，因此基础材料用量较多。无铰刚架是超静定的，结构整体刚度较大，但地基发生不均匀沉降时，将使结构产生附加内力，所以地基条件较差时，必须考虑其影响。两铰和三铰刚架材料的用量相差不大，两铰刚架也是超静定的，所以地基不均匀沉降对结构内力的影响也要考虑。三铰刚架为静定结构，地基发生不均匀沉降时，不使结构产生附加内力。但当其跨度较大时，半榀三铰刚架的悬臂太长使吊装不便，而且吊装内力也较大。三铰刚架的刚度较差，故适用于小跨度建筑以及地基较差的情况。对于较大跨度，宜采用两铰刚架。实际工程中，多采用两铰和三铰刚架以及由它们组成的多跨结构，如图 3-42 所示。无铰刚架很少采用。

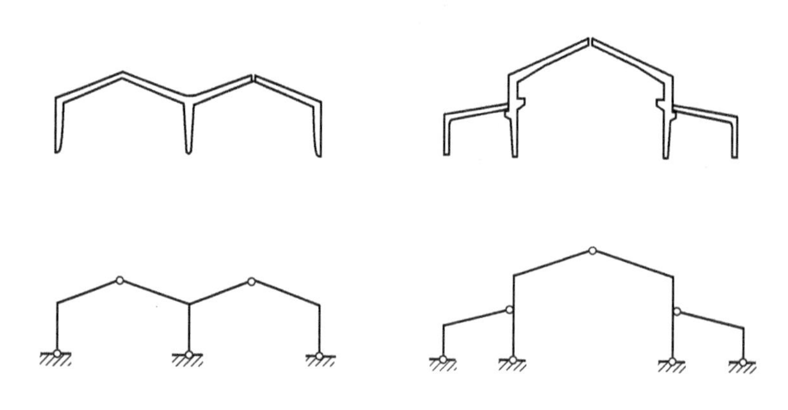

图 3-42 多跨刚架的形式

（2）**单层刚架的截面形式及构造** 一般情况下，杆件的截面随内力大小相应变化是最经济合理的。图 3-43 为三种刚架的弯矩图。从弯矩的分布看，柱与梁的转角截面弯矩较大，铰结点弯矩为零。因此，转角截面的内侧产生压应力集中现象，应力分布集度随内折角的形式而变化，尤其柱的刚度比梁大的多时，边缘压应力骤增，如图 3-44 所示。

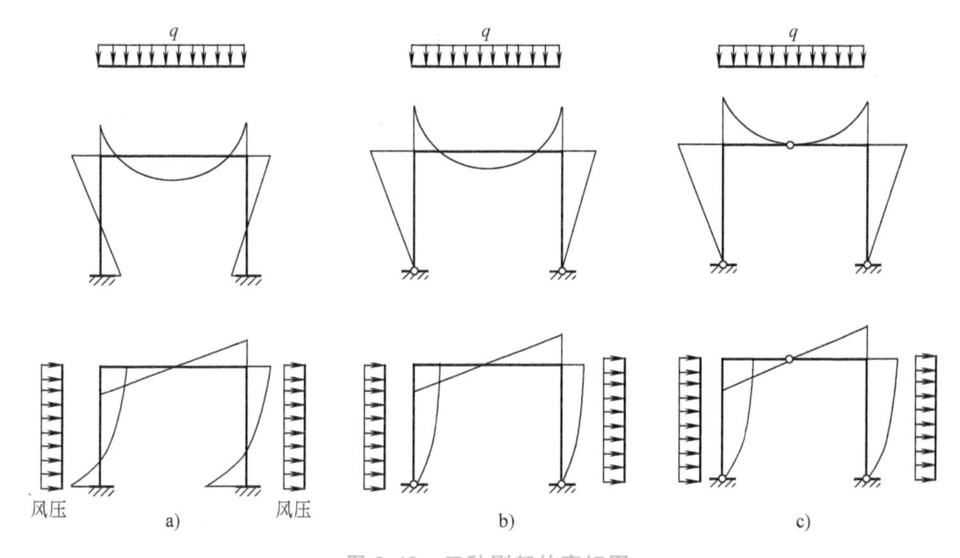


图 3-43　三种刚架的弯矩图

a）无铰刚架　b）两铰刚架　c）三铰刚架

因此，刚架杆件一般采用变截面的形式，梁柱交界处的截面需加大，铰结点附近截面则减小从而节省材料。同时，为减少或避免应力集中，转角处常做成圆弧或加腋的形式，如图 3-45b 所示。

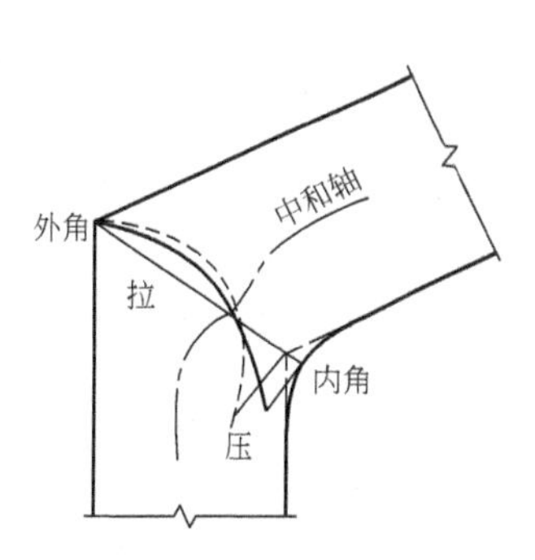


图 3-44　刚架转角截面的正应力分布

钢筋混凝土刚架的跨度通常在 40m 以下，一般不超过 18m，檐高不超过 10m 的无起重机或起重机起重量不超过 10t 的建筑中采用，否则跨度太大引起自重大、结构不合理和施工困难等。为减少材料用量，减小杆件截面和减轻自重，钢筋混凝土刚架的杆件一般采用矩形截面，也可采用工字形截面。近年来常用预应力钢筋混凝土和空腹刚架。在预应力刚架中预应力钢筋布置在受拉部位，采用曲线形钢筋后张法施工。空腹刚架有两种形式，一种是把杆件做成空心截面，如图 3-46a 所示；另一种是在杆件上留洞，如图 3-46b 所示。空心刚架也可采用预应力，但对施工技术和材料要求较高，故多用于较大跨度建筑中。

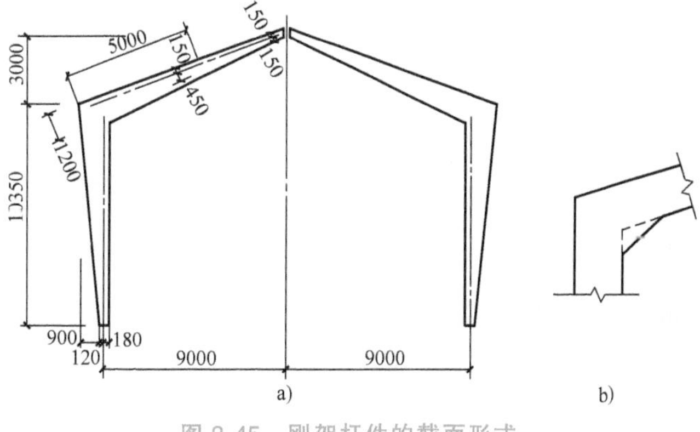


图 3-45　刚架杆件的截面形式

a）钢筋混凝土刚架　b）转角加腋

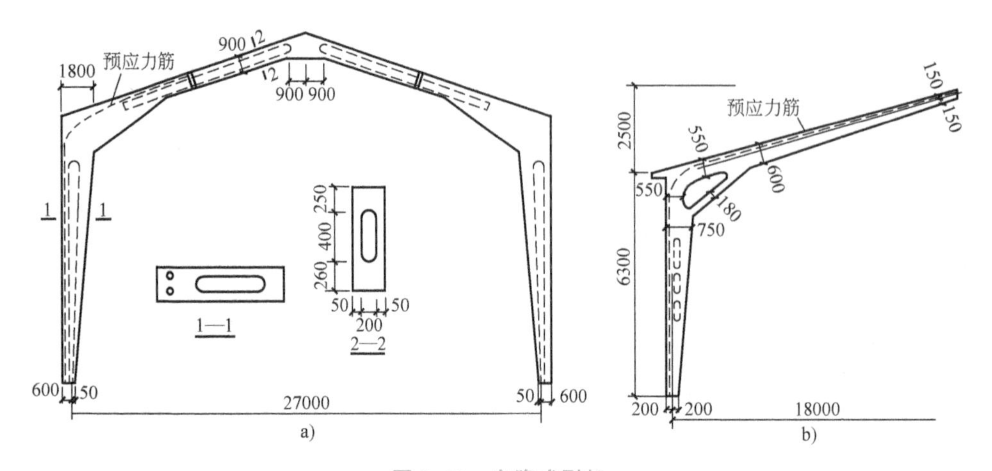


图 3-46 空腹式刚架

a）预应力空心截面刚架 b）预应力空腹刚架

变截面刚架中，刚架截面变化的形式应结合建筑立面要求确定。柱可做成外直里斜或里直外斜两种，如图 3-47 所示。

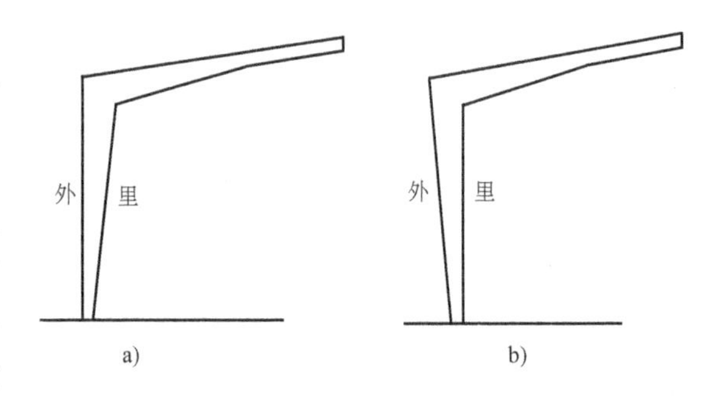


图 3-47 刚架柱的形式

a）外直里斜 b）里直外斜

实际工程中，多采用预制装配式钢筋混凝土刚架。刚架拼装单元的划分一般根据内力分布决定。单跨三铰刚架可分成两个 Γ 形拼装单元，铰结点设在基础和顶部中间拼接点部位。两铰刚架的拼接点一般设在横梁零弯点截面附近，柱与基础连接处做成铰结点，多跨刚架常采用 Y 形和 Γ 形拼装单元，如图 3-48 所示。

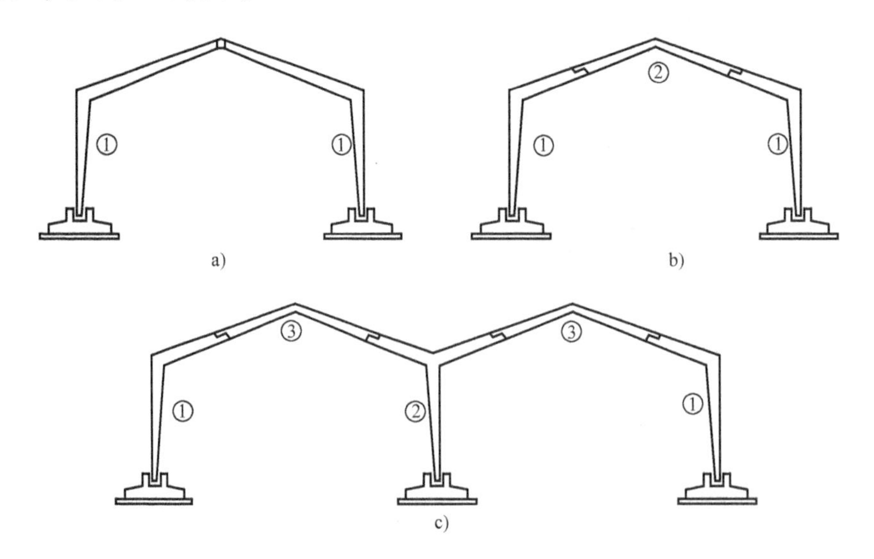


图 3-48 刚架杆件的截面形式

a）两个拼装单元 b）三个拼装单元 c）Y 形和 Γ 形拼装单元

刚架在不变荷载作用下弯矩零点的位置固定，可变荷载作用下弯矩零点的位置是变化的。因此，在划分构件单元时，零弯点的位置应根据主要荷载确定。

### 2. 单层排架结构体系

单层排架指的是柱与基础刚接，屋架与柱顶铰接的结构。由于单层排架结构跨度可达 30m 以上，高度达 20~30m，起重机吨位可达 1500kN 或更大，因此在单层厂房结构中应用最广泛。

（1）**单层排架的组成**　单层排架结构厂房，通常由以下构件组成：

1）屋盖结构：屋盖结构分为有檩体系和无檩体系两种。有檩体系指小型屋面板铺在檩条上，然后再铺设在屋架上；无檩体系指大型屋面板直接铺设在屋架上。屋盖结构由屋面板、天窗架、檩条、屋架和托架等构件组成。

其中，具有承重和围护作用的屋面板将屋面上的永久荷载和可变荷载传给屋架；天窗架将天窗上的荷载传给屋架；有檩体系的檩条承受小型屋面板传来的荷载，并将其传给屋架；屋架也称屋面大梁，它将屋盖的全部荷载传给柱子；托架是当柱间距大于屋架间距时用以支承屋架，并将屋架荷载传给柱子。

2）吊车梁：吊车梁用来承担起重机的竖向和水平荷载，并将其传给排架结构。

3）柱：包括排架柱和抗风柱两种。其中，排架柱承受屋盖、吊车梁、墙传来的竖向荷载和水平荷载，并把它们传给基础；抗风柱承受山墙传来的风荷载，并将其传给屋盖结构和基础。

4）支撑：支撑是为了加强厂房结构的空间刚度，承受并传递各种水平荷载，包括屋盖支撑和柱间支撑两种。

5）墙梁：墙梁即围护结构，包括圈梁、连系梁、过梁和基础梁。

其中，圈梁将墙体和厂房排架柱、抗风柱箍在一起，加强厂房整体刚度；连系梁连系纵向柱列，增强了厂房的纵向刚度并传递风荷载到柱子，同时将上部墙体重量传给柱子；过梁承受门窗洞口的荷载，并将它传到门窗两侧的墙体；基础梁承托围护墙体的重量，并将其传给柱基础，而不另作墙基础。

6）基础：基础的作用是将柱及基础梁传来的荷载传给地基。

（2）**单层排架的受力特点及种类**　单层排架结构所承受的荷载同单层刚架结构。按单层排架结构的组成和受力特点，可以简化成横向和纵向的平面排架。厂房的基本承重结构由横梁（屋面梁或屋架）与横向柱列（柱及基础）组成的横向排架，竖向荷载及横向水平荷载主要通过横向排架传到基础和地基。除横向排架外，厂房的纵向柱列通过吊车梁、连系梁、柱间支撑等构件也形成一个骨架体系，常称为纵向排架，其作用是：保证厂房结构纵向的稳定和刚度；承受作用在山墙和天窗端壁通过屋盖结构传来的纵向风荷载；承受起重机纵向水平荷载。纵向排架的柱距小，柱多，有吊车梁和连系梁等多道联系，又有柱间支撑的有效作用，因此一般可不对纵向排架进行内力分析与计算，仅在构造上采取必要的措施加以保证。

在屋面荷载作用下，屋架本身按桁架计算；当柱上作用有荷载时，屋架被认为只起将两柱顶联系在一起的作用，相当于一根横向的链杆。由于厂房有起重机，所以排架柱多采用阶梯形变截面。装配式钢筋混凝土排架结构是目前单层厂房中最基本的、应用比较普遍的结构形式。排架结构的构件种类少，适于预制装配、工业化生产和机械化施工。这种结构受力明确，设计和施工都方便。

排架结构按其所用材料分类，主要有钢筋混凝土排架结构以及钢屋架与钢筋混凝土柱组成的排架结构。图3-49所示为钢筋混凝土排架结构的几种形式。图3-50所示为钢屋架与钢筋混凝土柱组成的排架结构，这类结构的屋架与柱的连接也采用铰接，吊车梁可用钢筋混凝土吊车梁或钢吊车梁，它一般用于跨度较大的厂房。此外，当以砖墙或砖垛代替钢筋混凝土柱时，则为砖排架结构，一般用于轻型厂房。

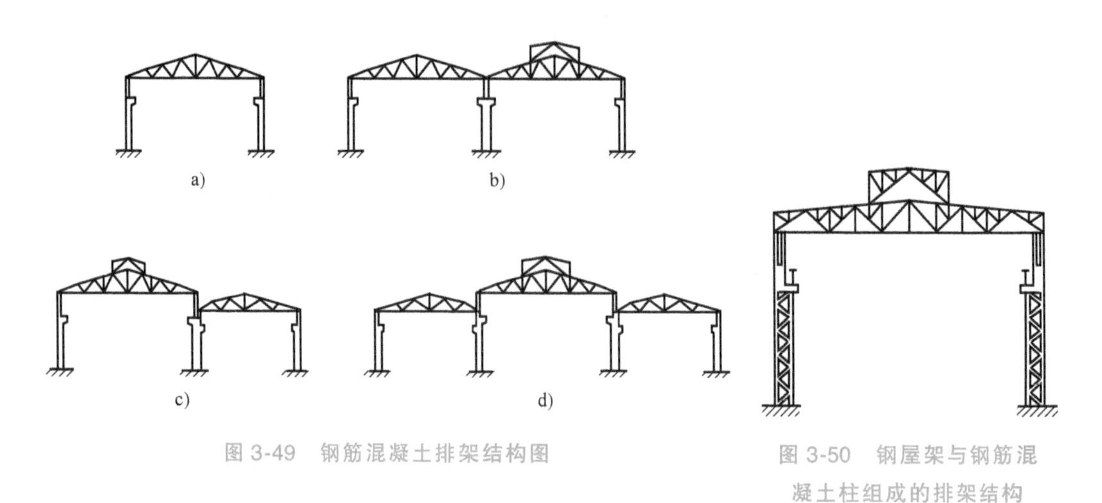


图3-49 钢筋混凝土排架结构图

图3-50 钢屋架与钢筋混凝土柱组成的排架结构

## 3.4 轻型钢结构工业厂房

近年来，我国建筑工程领域出现了产品结构调整，长期以来混凝土和砌体结构一统天下的局面正在发生变化，轻型钢结构以其自身的优越性引起业内关注，已经在工程中迅速得到合理应用。

轻型钢结构建筑，即轻钢建筑是指以轻型冷弯薄壁型钢，轻型焊接和高频焊接型钢，薄钢板、薄壁钢管，轻型热轧型钢及以上各构件拼接、焊接而成的组合构件等为主要受力构件，采用大量轻质围护隔离材料的单层和多层建筑。

目前，我国轻型钢结构发展迅速，与传统的钢筋混凝土结构、普通钢结构相比，轻型钢结构建筑具有很多优越性，如高强高韧性、抗震、轻质等，从而减轻地基的造价，成本低，可满足建筑上的大开间和灵活分隔，提高使用面积率，不消耗木材，可工厂化预制、可拼装、可拆卸，有建筑工期短、投资回收快、环境污染少等综合优势。适用于跨度、高度及起重机荷载很大以及温度很高的厂房，一般常用于黑色冶金及重型机械制造厂中的主厂房。

轻型钢结构工业厂房，包括承重结构系统及屋顶系统两大部分。在承重结构中，除基础及基础梁用钢筋混凝土外，其他梁、柱等构件均为钢质。屋顶系统的主要承重构件是屋架，屋架上设置檩条或大型屋面板。为保证钢屋架的稳定性及空间刚度，在屋架之间尚需设置上弦水平支撑、下弦水平支撑及垂直支撑。这里以单层钢结构工业厂房为例做些简单介绍。

### 3.4.1 承重结构系统

单层钢结构工业厂房承重结构系统包括钢柱、吊车梁、连系梁、基础梁、基础（基础梁、基础系用钢筋混凝土制成）等构件。

（1）**钢柱** 钢柱同钢筋混凝土一样，有不变截面和变截面两种（图 3-51），当厂房内没有桥式起重机时，采用不变截面柱；当有桥式起重机时，柱子通常做成变截面的，但变截面柱施工复杂，所以考虑不用变截面柱，而在柱上伸出牛腿以承托吊车梁。无论是变截面或不变截面柱都可分为实腹柱和格子柱两种。

当荷载不大时，常采用实腹柱，实腹柱可直接用工字钢做成或由钢板及型钢焊接（或铆接）而成工字截面。当荷载很大时，为节省钢材，可采用格子柱。格子柱是用槽钢、角钢或工字钢及连系板焊接而成的。

在变截面柱中，通常将下柱做成格子柱，而将上柱做成腹柱。

（2）**连系梁** 钢柱之间的连系梁，即是增强厂房纵向刚度的连系构件，又是支承墙壁的横梁，它的截面形式，根据墙厚的不同，可采用一个钢板和两个水平槽钢组成，或采用两个钢板和一个槽钢（工字钢）组成连系梁，通过焊在柱子上的牛腿传递荷载，如图 3-52 所示。

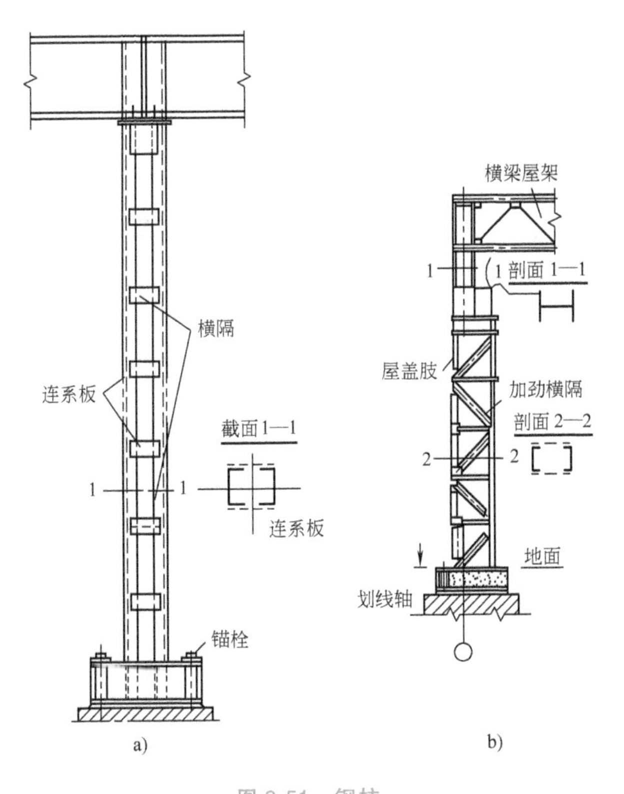


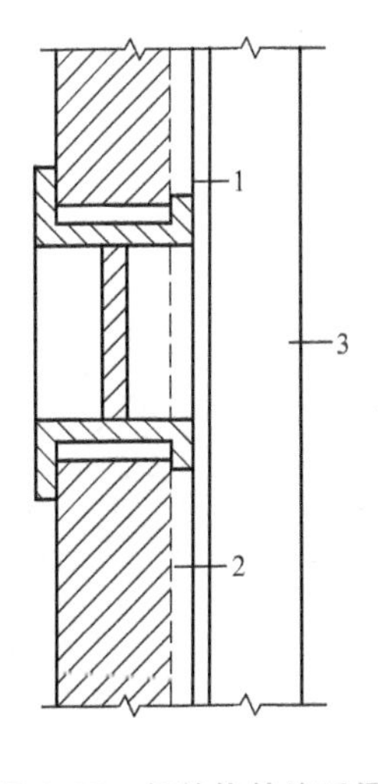


图 3-51 钢柱

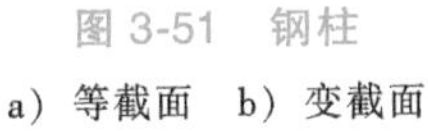
a）等截面 b）变截面

图 3-52 钢结构的连系梁

1—连系梁 2—牛腿 3—钢柱

（3）**基础和柱脚** 钢柱下的基础及基础梁仍用钢筋混凝土做成。由于钢柱内的应力很大，故在柱与基础之间要设置钢柱脚，以便将应力均匀地传递到钢筋混凝土基础上。柱脚做好后，其四周应包上混凝土，以防止周围土壤及水分的侵蚀，如图3-53所示。

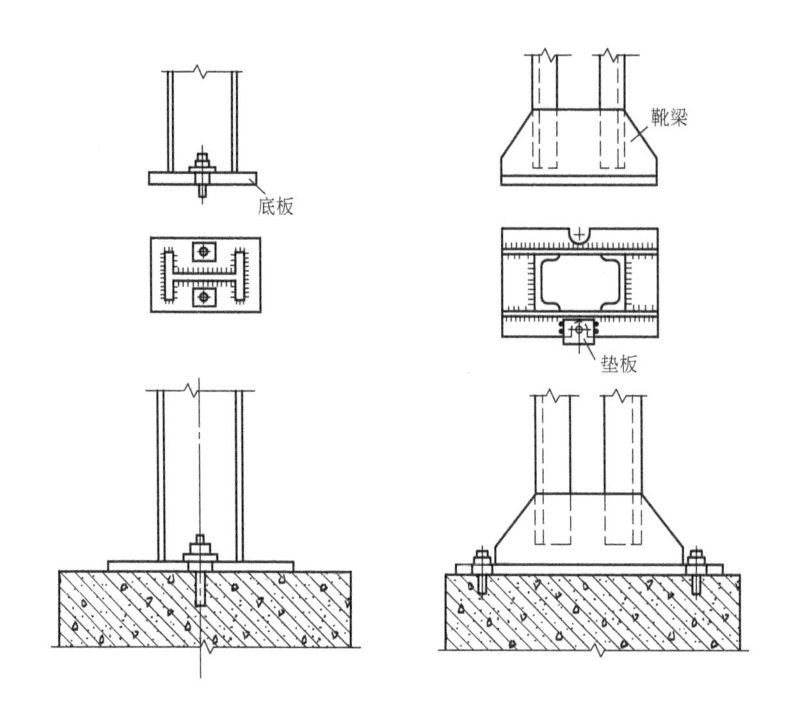


图3-53 钢柱的基础与柱脚

(4) **吊车梁** 钢吊车梁可以是实腹的，也可以是桁架的，最简单的实腹吊车梁是用工字钢造成，为使吊车梁能承担起重机的横向制动力，可在梁的上翼缘加焊钢板或槽钢，以增强其水平刚度（图3-54a）。当起重机起重量较大时，可采用由三块钢板焊成工字形截面的实腹梁（图3-54b），为加强腹板的稳定性，减少腹板厚度，每隔一定长度在腹板两侧设一对垂直的加劲板（图3-54c）。

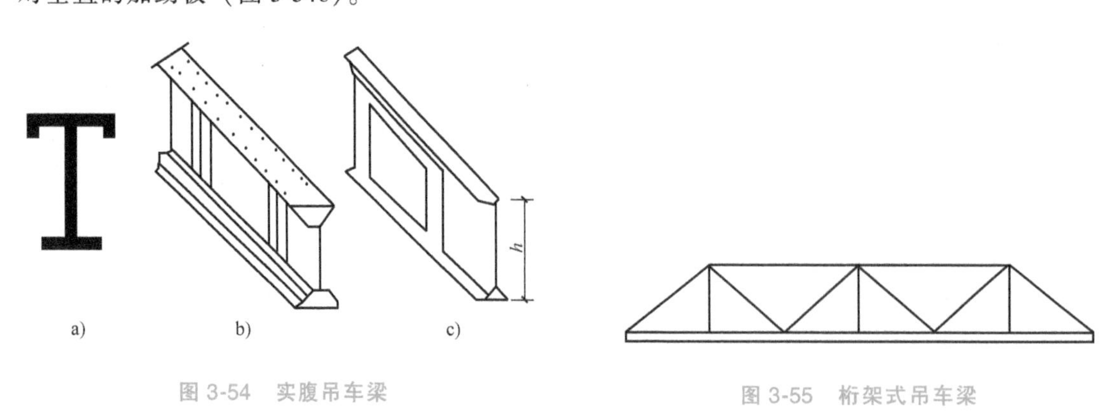


图3-54 实腹吊车梁

图3-55 桁架式吊车梁

为节省钢材，当吊车梁的跨度和荷载较大时，应采用桁架式吊车梁（图3-55）。

钢吊车梁与柱的连接方法如图3-56所示，钢轨与吊车梁的连接方法如图3-57所示。

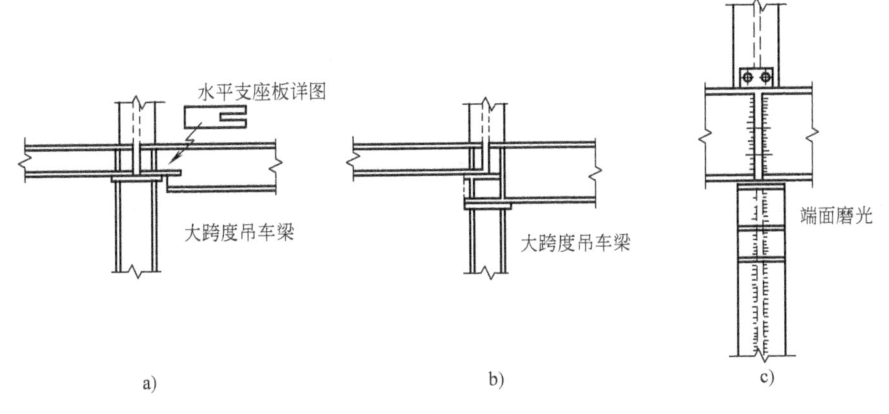


图 3-56　吊车梁与柱的连接

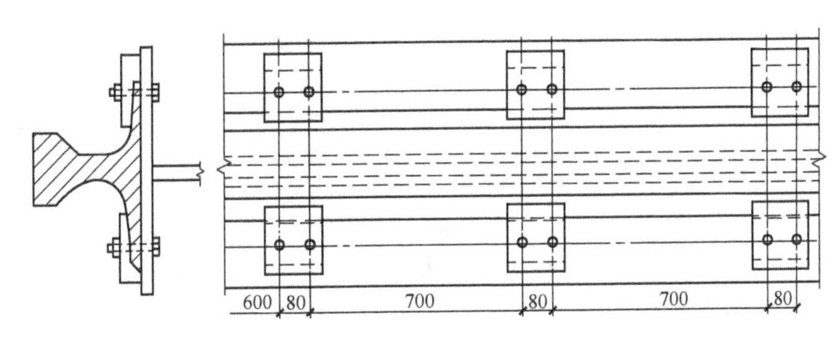


图 3-57　钢轨与吊车梁的连接

## 3.4.2　钢屋架

钢屋架有很多优点，如强度大、自重小、耐高温、制造和装配简单，故在大跨度工业厂房和高温车间中常常应用。

### 1. 钢屋盖结构的组成

钢屋盖结构由屋面、屋架和支撑三部分组成。

如图 3-58 所示，根据屋面材料和屋架间距离的不同，钢屋盖可以设计成无檩屋盖或有檩屋盖两种。

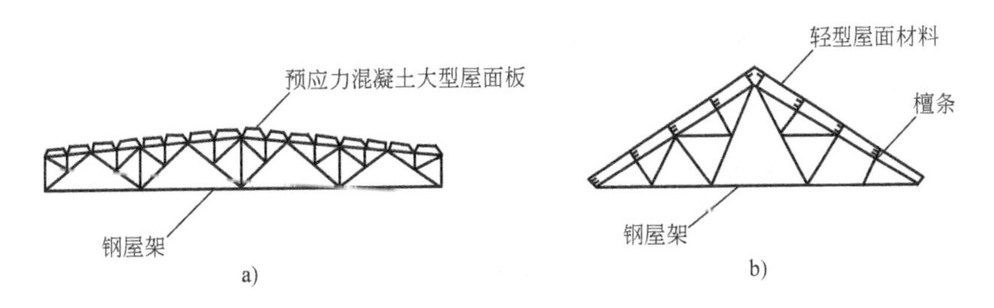


图 3-58　屋盖结构的组成

a）无檩屋盖　b）有檩屋盖

无檩屋盖是由钢屋架直接支承大型屋面板，其承重构件仅有钢屋架和大型屋面板，故构件种类和数量都少，安装效率高，施工进度快，便于做保温层，而且屋盖的整体性好，横向刚度大，耐久性好，在工业厂房中普遍采用。不足之处是大型屋面板的自重大，用料费，运输和安装不方便。

有檩屋盖是在钢屋架上放檩条，在檩条上再铺设石棉瓦、预应力混凝土槽板、钢丝网水泥槽形板、大波瓦等轻型屋面材料，由于这些轻型屋面材料的适用跨度较小，故需要在屋架之间设置檩条。其承重构件有钢屋架、檩条和轻型屋面构件，故构件种类和数量较多，安装效率低。但是结构自重轻，用料省，运输和安装方便。

2. 常用的屋架形式

常用的钢屋架有三角形、梯形和平行弦等形式，如图3-59所示。

三角形屋架一般用于屋面坡度较陡的有檩屋盖结构。图3-59a称为芬克式屋架，上弦杆根据需要可划分为任意等距离节间，长腹杆受拉，短腹杆受压，并可分成左、右两个较小的桁架，便于运输，它适用于各种跨度，是三角形屋架中应用最广泛的一种。图3-59b所示的屋架腹杆为人字式，节点数、腹杆数均较少，受压腹杆较长，适用于较小的跨度。当有吊顶棚时，应加上图中虚线所示的竖杆。三角形屋架的缺点是：由于它的外形与均布荷载的弯矩图不适应，因而弦杆内力沿屋架跨度分布很不均匀。若采用图3-59c、d所示的折线式下弦或折线式上弦梯形屋架，则可使弦杆内力分布趋于均匀。

梯形屋架的外形与弯矩图形接近，因而弦杆内力沿屋架跨度分布比较均匀，用料比较经济。梯形屋架在支座处既可与钢筋混凝土柱铰接，又可与钢柱刚接，目前在工业厂房中应用最多。梯形屋架的腹杆体系可采用图3-59e所示的人字式和虚线所示的再分式。人字式腹杆体系腹杆总长度短，节点较少；划分为小节间的再分式梯形屋架，上弦避免了局部受弯，用料经济，但节点与腹杆数量增多，制造较费工。当屋架跨度大于36m且设有纵向天窗时，为减小屋架的跨中高度，可将位于天窗范围内的屋架上弦改为水平直杆，如图3-59f所示。图3-59k所示为下弦向上曲折的梯形屋架，由于下弦中间部分为水平直杆，因而减少了屋架的水平推力，可改善框架的受力情况。适用于中等屋面坡度、荷载较轻、跨度较大的屋盖结构。图3-59j所示的屋架有较大的水平推力，宜与柱刚性连接。

平行弦屋架具有杆件规格化、节点构造统一、便于制造等优点，但弦杆内力分布不均匀，常用作单坡屋面的屋架及托架，如图3-59h、i所示。

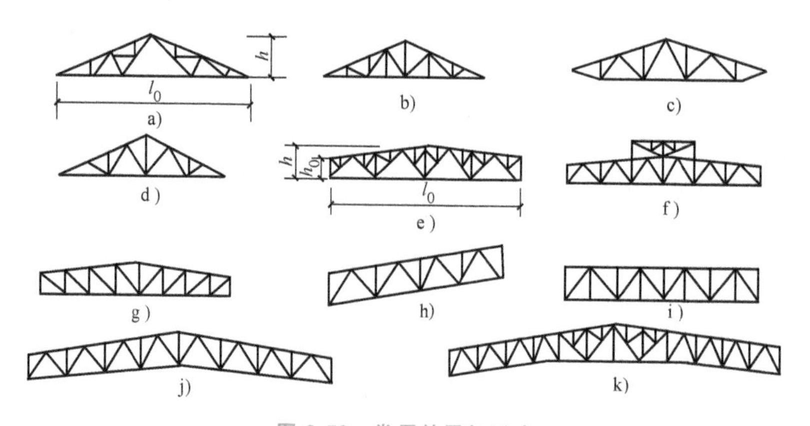


图3-59 常用的屋架形式

## 3.5　工业建筑的构造组成（构件）

工业建筑有多种分类方法，一般多采用从层数上进行区分，将工业建筑划分为单层工业厂房、多层工业厂房、混合厂房。

单层工业厂房是指层数仅为一层的工业厂房，它主要用于重工业类的生产车间，如冶金类的钢铁厂、冶炼厂，机械类的汽车厂、拖拉机厂、电机厂、机械制造厂，建筑材料工业类的水泥厂、建筑制品厂等；多层工业厂房是指层数在二层以上的厂房，它主要用于轻工业类的厂房，如电子类的电子元件、电视仪表，印刷行业中的印刷厂、装订厂，食品行业中的食品加工厂，轻工类的皮革厂、服装厂等；混合厂房是指单层工业厂房与多层工业厂房混合在一幢建筑中，这类厂房多用于化工类的建筑中。

多层及混合厂房在主要的结构构件组成上与单层工业厂房基本相同，为简化说明，本节以常用的钢筋混凝土单层工业厂房排架结构为例讲述工业建筑的构造组成。

钢筋混凝土单层工业厂房排架结构，一般可划分为承重构件和围护构件两部分，以下将分别介绍其主要的几种构件组成、性质及设计、施工等事项。图3-60所示为装配式钢筋混凝土骨架组成的单层厂房。

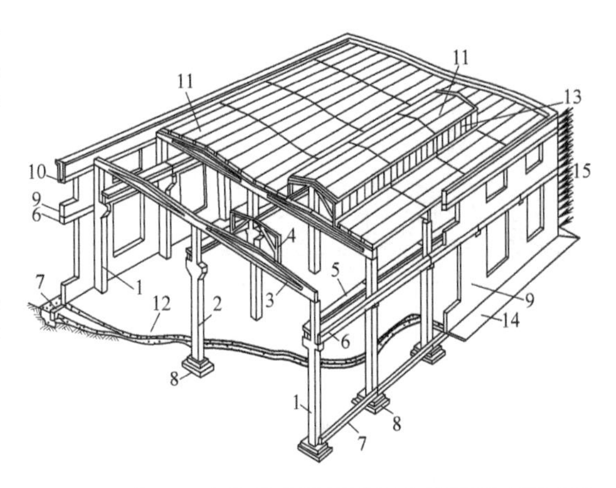


图3-60　单层厂房装配式钢筋混凝土骨架及主要构件

1—边列柱　2—中列柱　3—屋面大梁　4—天窗架　5—吊车梁　6—连系梁　7—基础梁　8—基础　9—外墙　10—圈梁　11—屋面板　12—地面　13—天窗扇　14—散水　15—风荷载

### 3.5.1　承重构件

#### 1. 柱

柱是厂房结构的主要承重构件，承受屋架、吊车梁、支撑、连系梁和外墙传来的荷载，并把荷载传给基础。目前一般工业厂房广泛地采用钢筋混凝土柱，有时也采用钢柱。柱的形式基本上可分为单肢柱和双肢柱两大类（图3-61）。其中单肢柱的截面形式有矩形、工字形和圆管形；双肢柱是由两根肢杆及若干腹杆连接而成的。肢的截面形式有矩形或圆管形等。厂房柱一般采用预制钢筋混凝土柱。

#### 2. 基础

基础承受柱子和基础梁传来的全部荷载，并传至地基。基础的类型较多，一般有杯口形基础、柱下条形基础和桩基础等。目前，厂房基础较常用的是杯口形独立基础。制作方法采用现场浇筑，如图3-62所示。

#### 3. 屋架

屋架是屋盖结构的主要承重构件，承受屋盖上的全部荷载，再由屋架传给柱子。同时屋架与柱和屋面构件连接起来组成一个整体的空间结构，对保证厂房的空间刚度起着重要作用。厂房的屋架除可采用钢屋架外，一般多采用钢筋混凝土屋架。钢筋混凝土屋架可分为桁架式和两铰拱或三铰拱两类，当厂房跨度较大时采用桁架式屋架，通常桁架式屋架按其外形有三角形、梯形、折线形等。各种屋架形式如图3-63~图3-66所示。

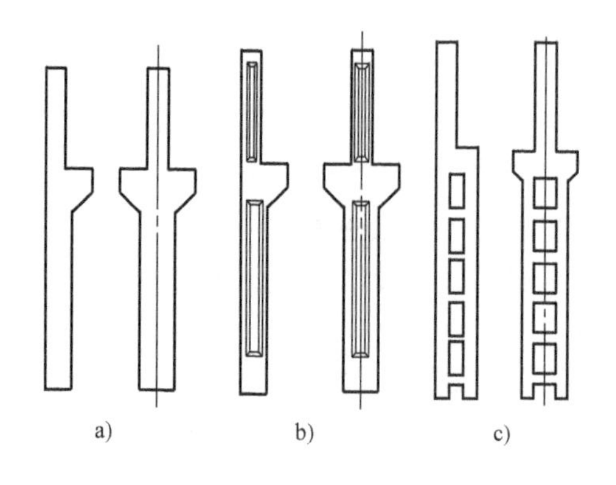


图3-61 柱的基本形式

a）矩形柱 b）工字形柱 c）双肢柱

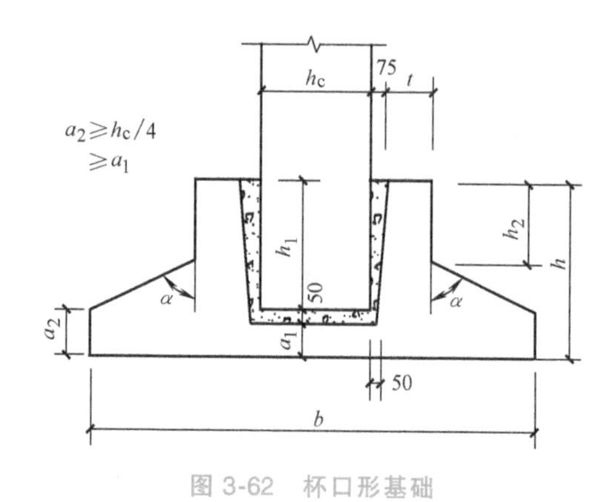


图3-62 杯口形基础

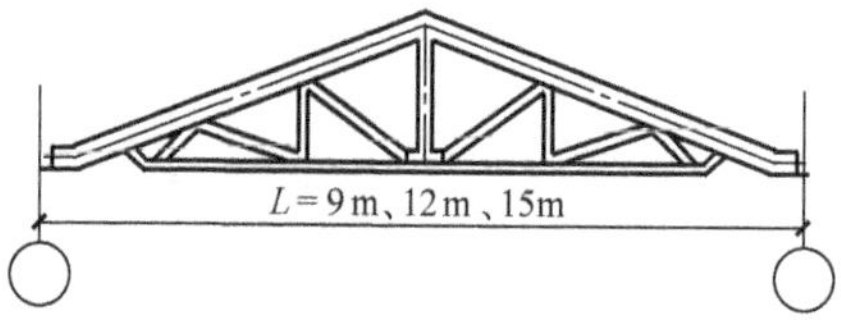

图3-63 三角形屋架

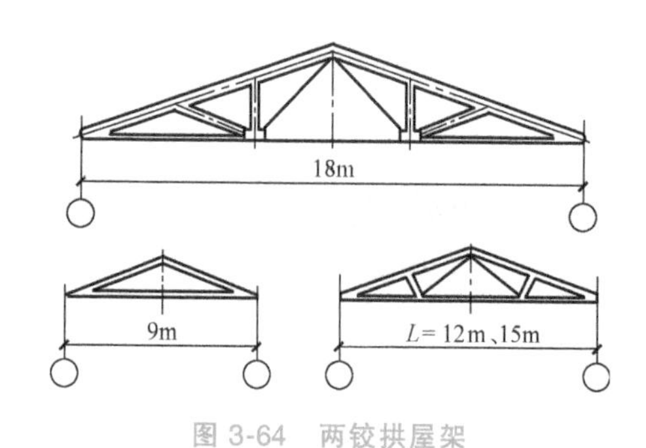


图3-64 两铰拱屋架

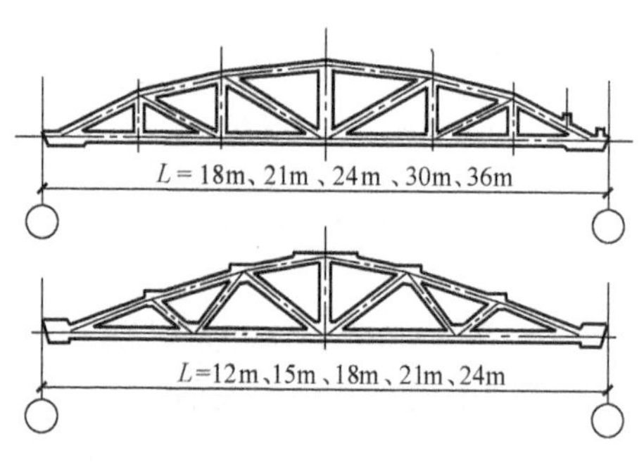


图3-65 折线形屋架

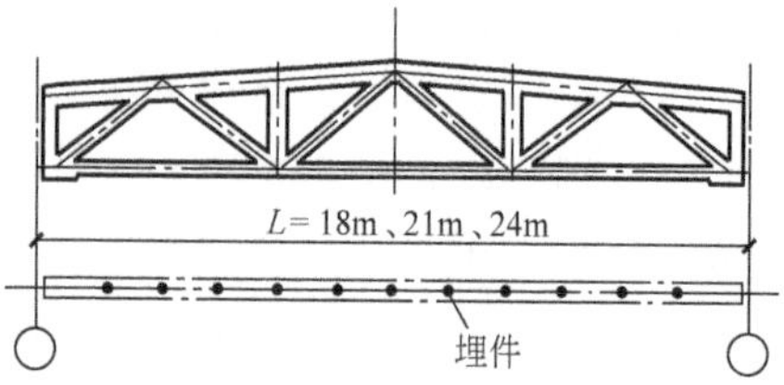

图3-66 梯形屋架

不论是屋面梁还是桁架式屋架均由国家统一编制出各种标准图集供设计采用。

4. 屋面板

屋面板是铺设在屋架或檩条或天窗架上，直接承受板上的各类荷载（包括屋面板自重、屋面围护材料、雪、积灰及施工检修等荷载），并将荷载传给屋架。此外，屋面板和屋架或屋面梁构成刚度较大和整体性较好的屋盖系统。常用的屋面板有预应力钢筋混凝土槽形屋面板和预应力钢筋混凝土F形屋面板。其中预应力钢筋混凝土槽形屋面板的外形尺寸（宽×长）常用的有1.5m×6.0m。国家统一编制出各种钢筋混凝土屋面板的标准图集供设计时采用。

5. 吊车梁

吊车梁设置在柱子的牛腿上，承受起重机和起重运动中所有的荷载（包括起重机自重、起重机最大起重量以及起重机起动或制动时所产生的横向制动力、纵向制动力及冲击荷载），并将荷载传给柱子。另外，吊车梁还有传递厂房纵向荷载保证厂房纵向刚度和稳定性的作用。吊车梁设计时可采用国家统一编制的标准图集。吊车梁的形式较多，按截面形式分，有等截面的T形、等截面工字形和变截面的鱼腹式吊车梁等。吊车梁可用钢筋混凝土和预应力钢筋混凝土制作。其中，等截面T形吊车梁为一般钢筋混凝土构件；等截面工字形和变截面的鱼腹式吊车梁为预应力钢筋混凝土构件。一般用6m柱距的吊车梁，其标志跨度为6m，实际长度为5950mm，两端各留25mm的缝隙。

6. 基础梁

在一般厂房中，基础梁的两端搁置在杯形基础的顶面，承受上部砖墙的重量，并把它传给基础。基础梁有钢筋混凝土和预应力钢筋混凝土两种，设计时可采用国家统一编制的标准图集。基础梁的截面形式一般为T形。其中，钢筋混凝土基础梁的梁高为450mm，预应力的为350mm，梁的标志跨度均为6m，实际长度为5950mm。基础梁的断面形状及基础梁的放置可参见图3-67和图3-68。

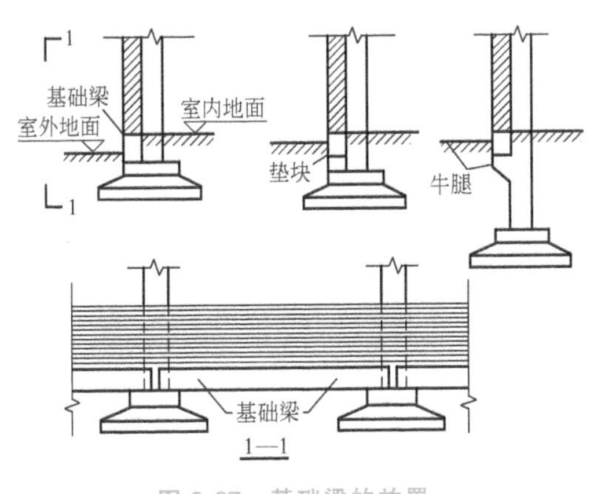


图3-67　基础梁的放置

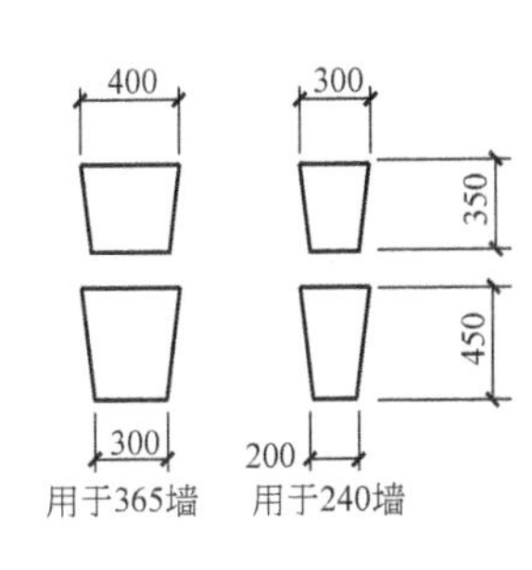


图3-68　基础梁的断面形状

7. 连系梁

连系梁是厂房纵向柱列的水平连系构件，用以增加厂房的纵向刚度，承受风荷载或上部墙体的荷载，并传给纵向柱列。另外，当厂房外墙的高度超过15m时，外墙的砌体强度不足以承受其自重，应设置连系梁。通常连系梁是预制构件，有钢筋混凝土和预应力钢筋混凝土两种，设计时可采用国家统一编制的标准图集。连系梁的截面形式有矩形和L形，采用螺栓连接的方法与厂房的柱连接。连系梁的标志跨度均为6m，实际长度为5950mm。

8. 圈梁

圈梁是指连续设置在墙体同一水平面上交圈封闭的梁，其作用是将墙体同厂房的排架柱、抗风柱连在一起，以加强整体刚度和稳定性。圈梁不承受砖墙的重量，圈梁埋置在墙内，同柱子连接仅起拉结作用。圈梁应与柱子伸出的预埋筋进行连接。

9. 支撑系统构件及抗风柱

（1）**支撑系统构件**　支撑构件的作用是加强厂房结构的空间整体刚度和稳定性。它主要传递水平风荷载以及起重机产生的水平制动力。支撑构件有柱间支撑系统和屋盖结构支撑系统。其中，柱间支撑的作用主要是加强厂房的纵向刚度和稳定性。它分上部和下部两种，前者位于上柱间，用以承受作用在山墙上的风力，并保证厂房上部的纵向刚度。后者位于下柱间，承受上部支撑传来的力和吊车梁传来的起重机纵向制动力，并把它们传至基础。柱间支撑一般多采用钢材制作，有时也可用钢筋混凝土制成。

屋盖结构支撑包括有水平支撑（上弦或下弦横向水平支撑、纵向水平支撑）、垂直支撑及纵向系杆（或称加劲杆）等，如图 3-69 和图 3-70 所示。

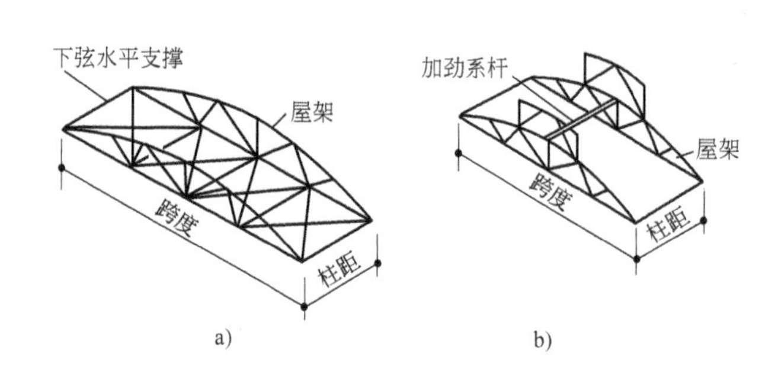


图 3-69 水平支撑式屋盖结构

a）下弦支撑 b）纵向水平系杆

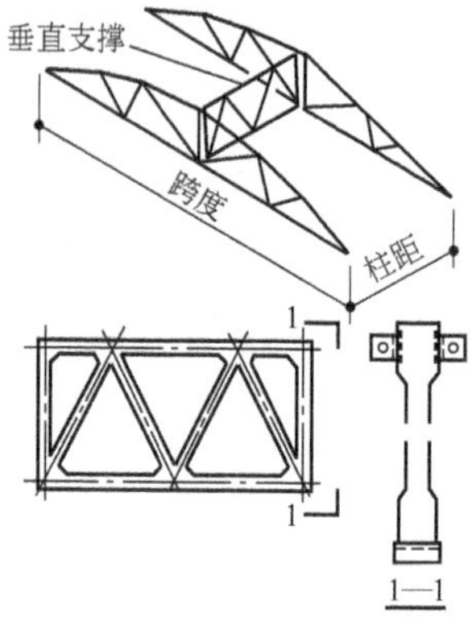

图 3-70 垂直支撑式屋盖

1）上弦横向水平支撑。上弦横向水平支撑保证屋架上弦的侧向稳定，同时将抗风柱传来的风荷载传递到纵向排架柱顶。

2）下弦横向水平支撑。下弦横向水平支撑将屋架下弦受到的水平力传到纵向排架柱顶。厂房振动荷载较大时，均应设置下弦横向水平支撑。

3）纵向水平支撑。纵向水平支撑提高厂房刚度，保证所承受的横向水平力能纵向分布至相邻的排架上，以增强排架的空间工作。

4）垂直支撑。垂直支撑保证屋架的侧向稳定，并提高厂房的整体刚度。垂直支撑可用钢筋混凝土或角钢制作。

5）纵向系杆。纵向系杆一般在屋架上弦或下弦中间节点，沿纵向通长设置一道。当设有天窗架时，由于在屋面中间开了一个大缺口，以致引起屋架侧向不稳定，因此需要在屋架上弦中间设一道通长的纵向系杆，以保证天窗下屋架的侧稳定。通常有钢筋混凝土系杆和钢系杆。

屋盖结构支撑与屋架的连接可采用螺栓连接与焊接连接两种方法。

（2）**抗风柱** 单层厂房的山墙面积较大，所承受的风荷载也大，因此，通常在山墙处设置抗风柱来承受墙面上的风荷载，一部分风荷载是由抗风柱直接传至基础，另一部分风荷载则由抗风柱上端通过屋盖系统传到了厂房纵向柱列上去。

抗风柱一般采用钢筋混凝土或砌体。其间距可根据厂房跨度而取 6m 或 4.5m 为宜。抗风柱的上柱一般采用矩形截面 400mm×350mm，下柱采用工字形截面。抗风柱的下端应插入杯形基础内，上端应通过特制的弹簧板与屋架连接（图 3-71）。

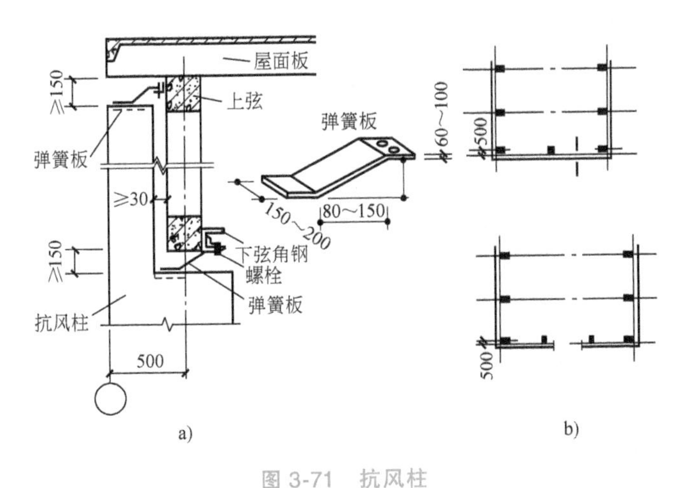


图 3-71　抗风柱

a）抗风柱与屋架的连接　b）抗风柱的位置

## 3.5.2　围护构件

### 1. 屋面

屋面是厂房围护构件的主要部分。它受外界自然条件的直接影响，须处理好屋面的防水、排水、保温、隔热等问题。

### 2. 外墙

工业建筑的外墙，按其承重类型来分，有承重墙和自承重墙等。

厂房的大部分荷载是由排架结构来承担的，因此厂房的外墙通常采用自承重墙的形式，除承受墙体自重及风荷载外，主要是起着防风、防雨、保温、隔热、遮阳、防火等作用。

由于工业厂房的承重墙在构造上与第2章中的民用建筑承重墙构造基本相似，故本节不再介绍。

### 3. 门窗

门是厂房交通运输、货物和人流的出入口；窗在厂房中主要起采光和通风作用。

**(1) 天窗构造**

1) 矩形天窗。工业厂房中的天窗类型很多，但矩形天窗在我国应用比较普遍，它一般是沿厂房的纵向布置，在厂房屋面两端和变形缝两侧的第一个柱间常不设天窗。这样一方面

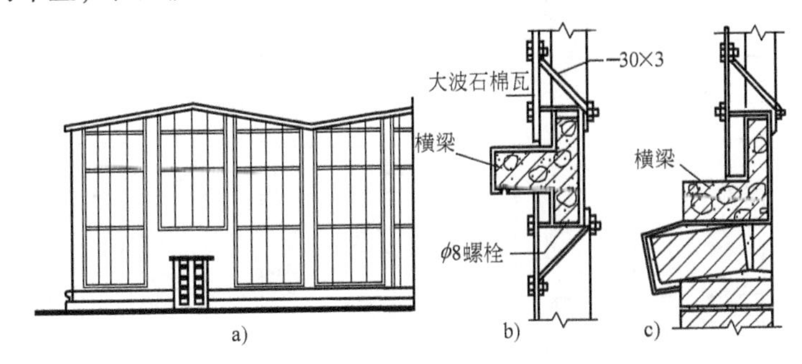


图 3-72　轻质板材墙

a）立面　b）中间节点　c）下部节点

可简化构造，另一方面还可作为屋面检修和消防的通道。

矩形天窗主要由天窗架、天窗端壁、天窗屋顶、天窗侧板、窗档与天窗扇等组成，如图 3-73 所示。其中，天窗架与天窗端壁是天窗的承重构件。天窗屋顶构造与厂房屋顶的构造相同。天窗侧板即天窗窗口下部的围护构件，它的主要作用是防止屋面上的雨水流入或溅入。窗档是由通长的等肢角钢制成的，作为悬吊窗扇用。天窗扇一般为单层，有木制和钢制两种。其中，钢天窗扇具有耐久、耐高温、重量轻、挡光少、使用过程中不易变形、关闭严密等优点，因此工业建筑中通常采用钢制天窗扇。天窗扇的开启方式一般采用上悬式。

2）矩形通风天窗。当室外风速较大时，天窗可能产生倒灌风的现象，这就影响天窗排气的效果。为了解决这个问题，在天窗两侧外加设挡风板，使挡风板内侧与天窗口间的气流能经常处于负压，这样天窗就能稳定地将车间内部的余热或有害气体排至室外（图 3-74）。通风天窗主要用于热加工车间。

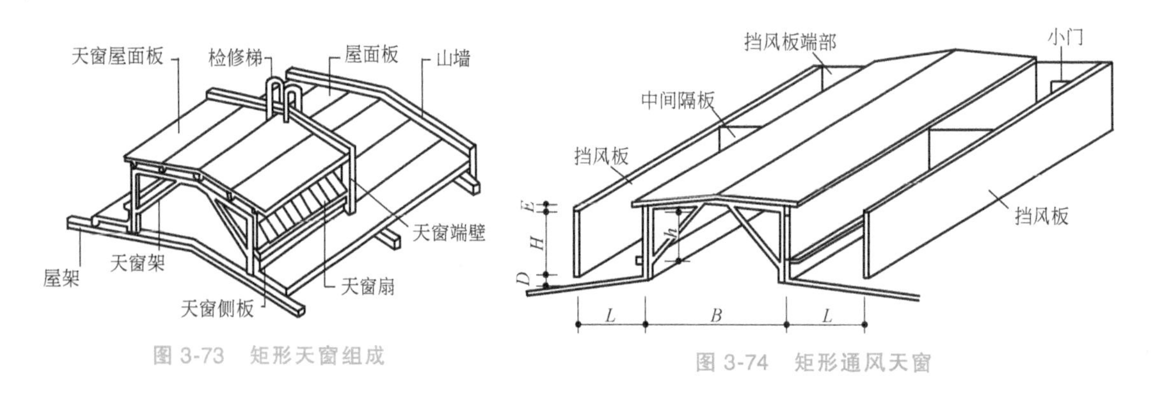


图 3-73 矩形天窗组成

图 3-74 矩形通风天窗

挡风板的形式有立柱式（直或斜立柱式）与悬挑式（直或斜悬挑式）两种。挡风板常用波形石棉水泥瓦、钢丝水泥瓦、瓦楞铁等轻质材料制成。

3）天井式天窗。天井式天窗是将一个柱距内的部分屋面板下沉，在屋面上形成若干凹陷的矩形天窗井，并可以在每个井壁的三面或四面设置天窗排气口。天窗井的位置可根据需要灵活布置，有一侧布置、两侧布置和跨中布置等形式，如图 3-75 所示。但是，为了排水与清灰的方便，一般多布置在车间的一侧或两侧。这种天窗在我国已经广泛采用。

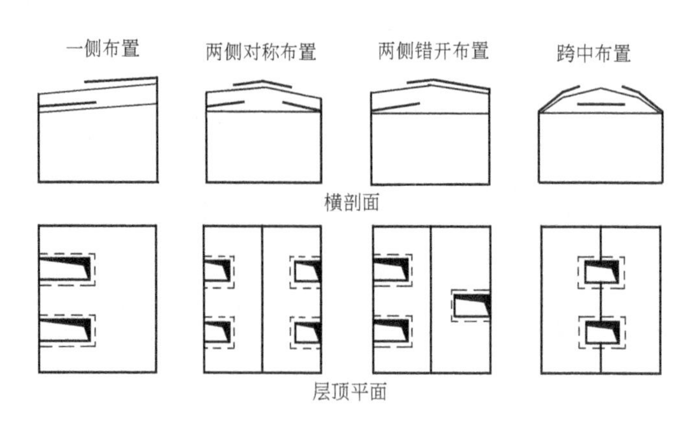


图 3-75 天井式天窗布置形式

4）平天窗。平天窗与一般屋顶上侧面采光的天窗不同，它是利用屋顶水平面来进行采光的，如图3-76所示。这种天窗采光效率高，约为矩形天窗的2~2.3倍。另外，由于这种天窗省去了天窗架、天窗端壁等笨重构件，从而减轻了屋盖荷载，其构造简单、施工方便、经济，而且还可以在各种类型的屋顶上设置。但是，平天窗需要解决阳光直射所产生的辐射热和眩光、防雨的可靠措施、寒冷地区凝结水的排除、防止冰雹的破坏以及积雪和积灰的清除等问题。这种天窗在一些冷加工车间中应用较为广泛。

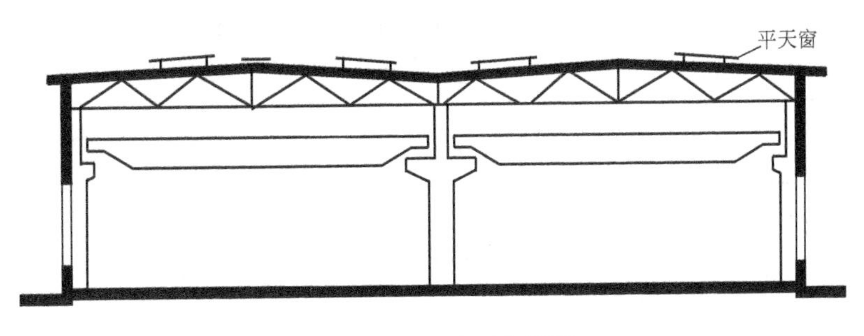


图3-76　平天窗厂房剖面

（2）**侧窗**　在工业厂房中，为了满足生产所提出的采光和通风的要求，在外墙上需设置侧窗。有时还要根据生产工艺的特点，满足其他一些特殊的要求，如有爆炸的车间，侧窗应便于泄压；要求恒温的车间，侧窗应有足够的保温隔热性能；洁净车间要求侧窗防尘、密闭等。

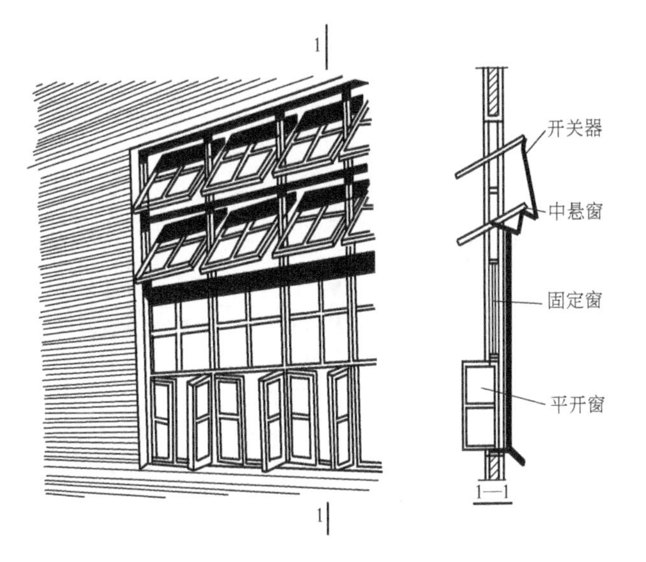


图3-77　侧窗常见形式

由于工业厂房比较高大，有些工业厂房对采光要求较高，所以侧窗的面积也比较大。单层厂房的侧窗一般都是单层窗。只有在严寒地区的一些采暖车间或对保温要求高的恒温车间，才考虑在4m以下高度范围内设置双层窗。工业厂房侧窗常见的开启方式有：中悬窗、平开窗、固定窗和垂直旋转窗等，如图3-77所示。一般厂房的侧窗常将平开窗、中悬窗或固定窗组合在一起使用。

单层厂房的侧窗可用木材、钢材、钢筋混凝土等材料制成。目前常用的为钢侧窗。侧窗的洞口尺寸应为300mm的扩大模数，其组成及构造要求基本上与民用建筑相同，即应具有坚固耐久、用料经济、开关灵活、接缝严密等特点。

## 3.6　工业建筑采光与通风

在“2.10采光与通风”中已讲述了建筑采光的基本概念和民用建筑采光与通风的基本

知识，此处不再赘述。

### 3.6.1 生产场所采光等级与采光面积的确定

我国《工业企业采光标准》（GB 50033）根据工业建筑的生产车间和工作场所对采光的不同要求，将采光分为五种等级。五种采光等级及对应采光系数的最低值见表3-1，不同的生产车间和工作场所应具有的采光等级见表3-2。生产车间和工作场所的采光口的面积是在确定采光系数最低值 $C$ 后（表3-3），根据 $C$ 值确定窗地面积比，再确定采光口（窗）的面积。采光面积通常是根据采光、通风、立面处理等要求综合考虑的。工业建筑采光设计应避免在工作区内产生眩光。

表3-1 生产车间工作面上的采光系数 $C$ 的最低值（摘自GB 50033）

| 采光等级 | 视觉工作分类 | | 室内天然光照度最低值/lx | 采光系数最低值(%) |
|---|---|---|---|---|
| | 工作精确度 | 识别对象的最小尺寸 $d$/mm | | |
| Ⅰ | 特别精细工作 | $d \leqslant 0.15$ | 250 | 5 |
| Ⅱ | 很精细工作 | $0.15 < d \leqslant 0.3$ | 150 | 3 |
| Ⅲ | 精细工作 | $0.3 < d \leqslant 1.0$ | 100 | 2 |
| Ⅳ | 一般工作 | $1.0 < d \leqslant 5.0$ | 50 | 1 |
| Ⅴ | 粗糙工作及仓库 | $d > 50$ | 25 | 0.5 |

注：采光系数最低值是根据室外临界照度为5000lx制定的。如采用其他室外临界照度值采光系数最低值应作相应的调整。

表3-2 生产车间和工作场所的采光等级（摘自GB 50033）

| 采光等级 | 生产车间和工作场所名称 |
|---|---|
| Ⅰ | 精密机械、机电成品检验车间；工艺美术厂雕刻、刺绣、绘画车间；毛纺厂选毛车间 |
| Ⅱ | 精密机械加工、装配、精密机电装配车间；仪表检修车间；主控制室、电视机、收音机装配车间；光学仪器厂研磨车间；无线电元件制造车间；印刷厂排字、印刷车间；针织厂精纺、织造、检验车间；制药厂制剂车间 |
| Ⅲ | 机械加工和装配车间：机修、电个车间；理化实验室、计量室、木工车间；面粉厂制粉车间；塑料厂注塑、拉丝车间；制药厂合成药厂合成药车间；冶金工厂冷轧、热轧、拉丝车间；发电厂汽轮机车间 |
| Ⅳ | 焊接、钣金、铸工、锻工、热处理、电镀、油漆车间；食品厂糖果、饼干加工和包装车间；冶金工厂熔炼、炼钢、铁合金冶车间；水泥厂烧成、磨房、包装车间 |
| Ⅴ | 锅炉房、泵房、汽车库、煤的加工运输、选煤车间；转运站、运输通廊、一般仓库 |

表3-3 窗地面积比

| 采光等级 | 采光系数最低值(%) | 单侧窗 | 双侧窗 | 矩形天窗 | 锯齿形天窗 | 天平窗 |
|---|---|---|---|---|---|---|
| Ⅰ | 5 | 1/2.5 | 1/2.0 | 1/3.5 | 1/3 | 1/5 |
| Ⅱ | 3 | 1/2.5 | 1/2.5 | 1/3.5 | 1/3.5 | 1/5 |
| Ⅲ | 2 | 1/3.5 | 1/3.5 | 1/4 | 1/5 | 1/8 |
| Ⅳ | 1 | 1/6 | 1/5 | 1/8 | 1/10 | 1/15 |
| Ⅴ | 0.5 | 1/10 | 1/7 | 1/15 | 1/15 | 1/25 |

## 3.6.2 生产场所内部自然采光

单层厂房天然采光方式如图3-78所示。

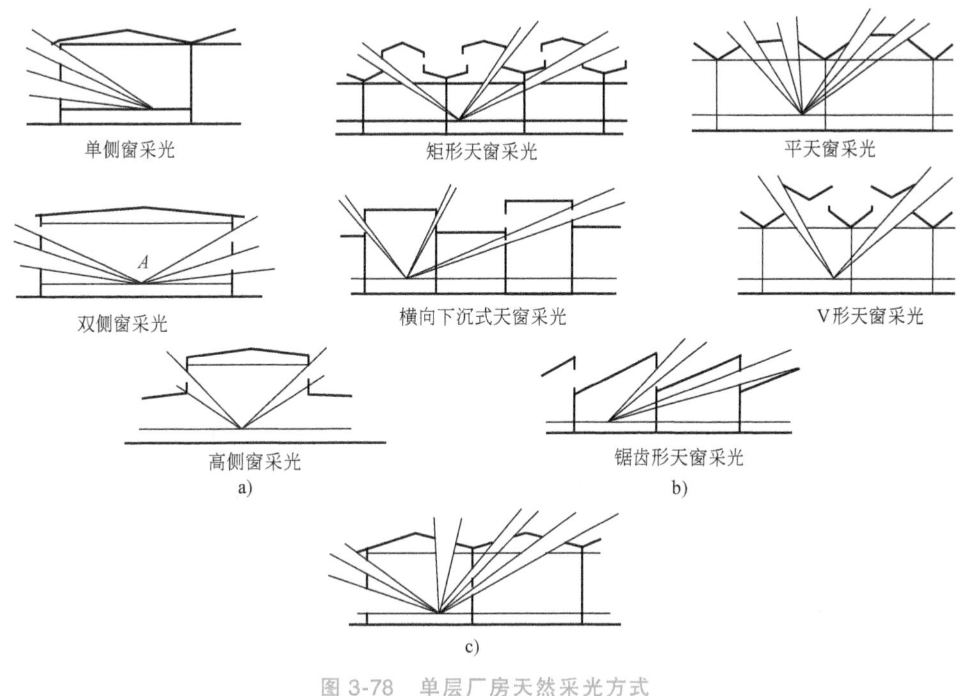


图3-78 单层厂房天然采光方式

a）侧面采光 b）顶部采光 c）混合采光

(1) **侧面采光** 侧面采光可分为单侧采光和双侧采光。当厂房跨度较小时，可用侧面采光，但侧面采光的有效深度不大，单侧采光的有效深度约为工作面至窗口上沿垂直距离的两倍。光线在深度方向的衰减幅度比较大，光线不够均匀(图3-79)。适当提高侧窗上沿的高度，离窗较远处的光线会有所改善。因此，有的厂房用增加高侧窗来解决远窗点的采光，或者采用高低窗结合的方法来解决厂房的采光问题。通常高侧窗下沿距吊车梁顶面600mm左右，低侧窗下沿可稍高于工作面，可使光线能无遮挡地照进厂房内（图3-79）。为使厂房靠外墙处的光线较均匀，窗间墙不宜设计过宽，一般应小于或等于窗口的宽度。侧面采光比顶部采光造价便宜，构造也简单，施工方便，屋顶无集中荷载，在满足采光要求的前提下应首先采用。

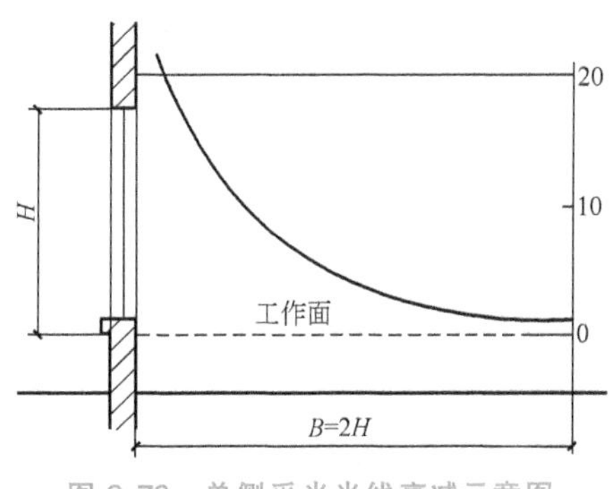


图3-79 单侧采光光线衰减示意图

(2) **顶部采光** 通常用于侧墙上不能开窗的厂房和连续多跨厂房的中部采光，顶部采光光线均匀，采光效率高，但构造复杂，造价较高。采光天窗有矩形天窗、锯齿形天窗、横向天窗、平天窗、井式天窗等。

《工业企业采光设计标准》（GB 50033）规定：顶部采光时，Ⅰ~Ⅳ级采光等级的采光均匀度不宜小于0.7。为满足这一规定，相邻两天窗中线间的距离不宜大于工作面至天窗下沿高度的两倍。通常工作面取地面以上1.0~1.2m高。

（3）**混合采光** 通常当侧面采光有效深度不够或光线不足，或侧窗不宜开得过大的厂房应用混合采光。

## 3.6.3 生产场所内部自然通风

根据热压原理和风压原理，在确定厂房朝向的基础上，考虑风向的变化，选择进风口和排风口，组织好厂房内部的通风。

### 1. 冷加工车间的通风

夏季冷加工车间的热源主要来自人体散热、设备散热和围护结构向室内的散热。冷加工车间在剖面设计时应结合生产工艺流程和建筑平面设计，考虑以下几点：厂房的长轴尽量垂直夏季主导风向，组织好空气流动路线，利用通道组织穿堂风；限制厂房的宽度在60m左右，否则应辅以通风设备；合理布置和选择进排气口位置、形式，利用通风原理加速空气对流。

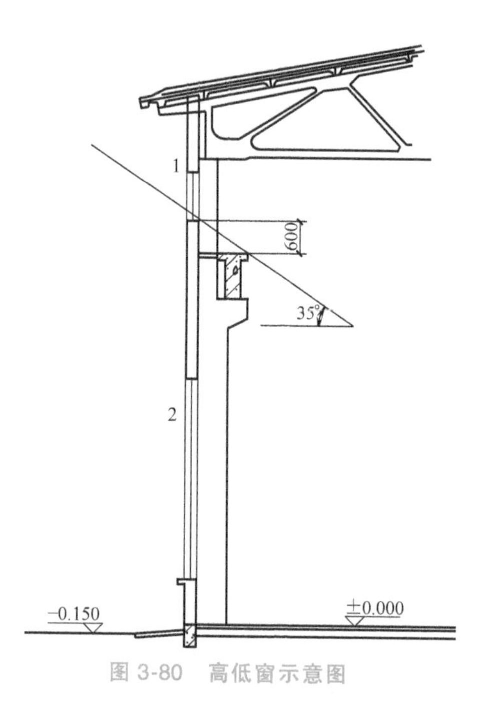

图3-80 高低窗示意图

### 2. 热加工车间的通风

热加工车间在生产过程中一般会产生较多的余热和有害气体，所以对热加工车间的通风在剖面设计时应给予足够的重视。

（1）**进、排气口的布置** 热加工车间主要利用低侧窗和大门进风，利用天窗或高侧窗排气，进排气口的高差越大，通风越有利，排走的热气越多（图3-80）。在南方炎热地区的热加工车间，尽可能减少低侧窗窗台高度，提高排风效果，一般0.5~1.0m，如图3-81a所示。而北方冬季寒冷地区，进风侧窗分为上下两排低侧窗，夏季时，开启下排侧窗，关闭上排侧窗，增大进出风口的高差；冬季时，关闭下排侧窗，开启上排侧窗，避免冷风直吹室内人体，如图3-81b所示。

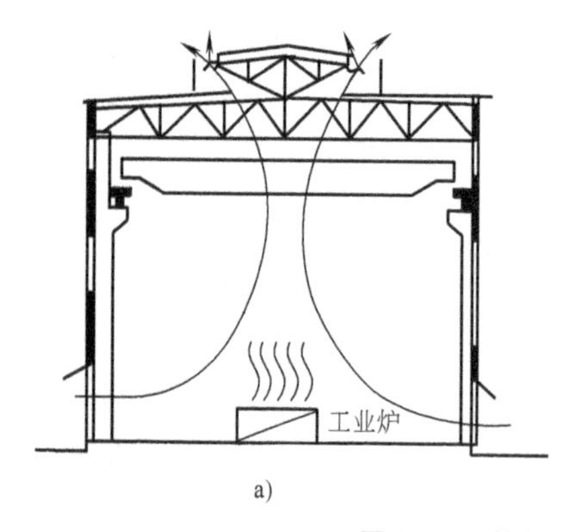

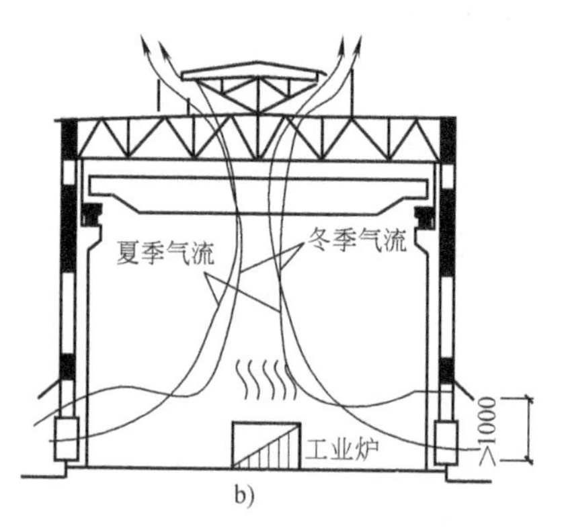

图3-81 热加工车间进排风口位置

a）炎热地区热加工车间剖面 b）冬季寒冷地区热加工车间剖面

进排风口位置与高度关系如图 3-82 所示。

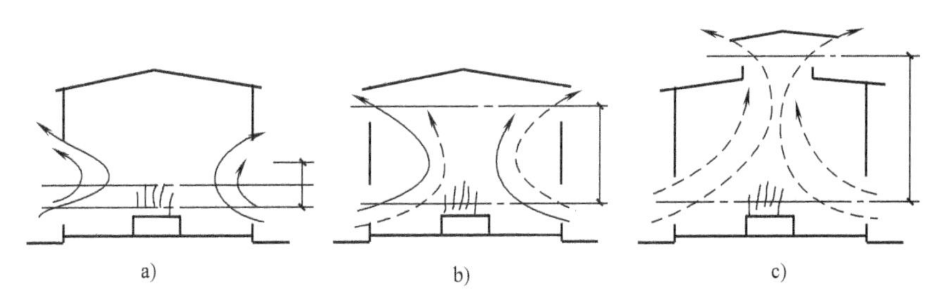

图 3-82　进排风口位置与高度关系

a）只设低侧窗　b）设高侧窗、低侧窗　c）设低侧窗及天窗

（2）**合理布置厂房内部热源**　对于有穿堂风的车间，热源应布置于夏季主导风的下风侧。对于主要利用热压通风的车间，热源应布置于天窗下，使热气流通迅速排出。

（3）**开敞式外墙**　开敞式外墙适用于只要求防雨而不要求保温的一些热加工车间和仓库。例如，冶金工业的脱锭车间、钢坯车间和钢材库等均可采用开敞式外墙。开敞式外墙优点是进排气阻力系数小、通风量大、对流迅速、散热快、造价低，缺点是受外界环境影响较大，通风不稳定。

需要强调的是，组织好厂房的通风，天窗形式的选择也非常重要。应根据不同生产性质的厂房，不同地区的气候条件，选择阻力系数较小、排风量大、防雨好、结构简单、施工方便、造价低的通风天窗，常用的通风天窗有矩形通风天窗和下沉式通风天窗。

## 习　题

**一、解释以下专业术语**

①柱网；②定位轴线；③牛腿；④框架结构体系；⑤抗风柱；⑥基础梁；⑦吊车梁；⑧连系梁；⑨圈梁。

**二、问答题**

1. 说说生产工艺和建筑平面设计的关系。

2. 生产场所的建筑平面设计为什么不能由建筑设计人员单独完成，而要由工艺设计人员先进行工艺平面设计？

3. 生产场所平面根据生产工艺流程、工段组合、运输组织及采光通风等要求不同，可以布置成哪几种形式？请画图说明。

4. 生产厂房的高度是根据什么确定的？简述生产工艺与剖面设计的关系。

5. 简述框架结构体系的形式、特点及结构布置。

6. 画图说明单层工业厂房的荷载传递路线。

7. 厂房自然通风有几种方式？如何布置热加工车间的进、排气口？

4

# 第4章

# 房屋建筑构造

## 4.1 建筑构造概述

建筑是建筑物和构筑物的统称。关于建筑物和构筑物的区别及其各自的文化内涵与所涉及的具体工程类型，本书绪论已有详细说明。任何形式的建筑，无论恢宏或简单，都必须通过技术和构造去实现。随着建筑技术的发展，建筑构造已发展成为一门专门的技术学科。它是研究建（构）筑物各组成部分的构造原理和构造方法的学科。其研究任务是根据建筑、结构、材料及施工等方面的要求，选择合理的构造方案，设计适用、坚固、经济、耐久、美观的构配件，并将它们组合成建筑整体。

### 4.1.1 建筑构造与建筑类型

建筑构造与建筑类型密切相关，不同的建筑类型有不同的构造处理方法。根据建筑物承重结构的材料可将建筑物分为以下几类：

1）木结构建筑，指以木材作房屋承重骨架的建筑。我国古代建筑大多采用木结构，它具有自重轻、构造简单、施工方便、造价低等特点；但由于木材抗腐蚀性和耐久性不好、防火性差，目前已很少采用。

2）砖、石结构建筑，指以砖或石材作为建筑承重结构的建筑。这种结构便于就地取材，能节约钢材、水泥和降低造价；但抗害性能差，自重大。不宜用于地震设防地区和地基软弱地区。

3）混合结构建筑，指用两种或两种以上的建筑材料混合组成承重骨架的建筑，如由砖墙、木楼板构成的砖木结构建筑；由砖墙、钢筋混凝土楼板构成的砖混结构建筑；由钢屋架和混凝土（或柱）构成的钢混结构建筑。这种结构多用于层数不多（六层或六层以下）的民用建筑及小型工业厂房中。其中砖木结构建筑已很少采用。

4）钢筋混凝土结构建筑，指承重结构全部用钢筋混凝土材料制成的建筑。如框架结构、剪力墙结构、框剪结构、筒体结构等，由于钢筋混凝土材料自身具有可塑性、耐火性、抗震性强，坚固耐用等优点，它广泛用于各种工业及民用建筑中。

5）钢结构建筑，建筑的承重构件全部采用钢材。钢结构力学性能好，便于制作和安装，工期短，结构自重轻，适宜超高层和大跨度建筑中采用。

根据建筑物承重结构体系，又可将建筑物分为以墙承重的梁板结构建筑、骨架结构建筑、剪力墙结构建筑、大跨度结构建筑等几种类型。这部分内容详见第2章民用建筑及其结构与第3章工业建筑及其结构。

在建筑构造设计中，防火是不容忽视的。现行《建筑设计防火规范》（GB 50016）把建筑的耐火等级分为四级，详见本书第2章。

《民用建筑设计通则》（GB 50352）以主体结构确定的建筑耐久年限，将建筑物分为四级，见表4-1。

表4-1　建筑物耐久等级表

| 耐久等级 | 耐久年限 | 适用范围 |
|---|---|---|
| 一级 | 100年以上 | 适用于重要的建筑和高层建筑，如纪念馆、博物馆、国家会堂等 |
| 二级 | 50~100年 | 适用于一般性建筑，如城市火车站、宾馆、大型体育馆、大剧院等 |
| 三级 | 25~50年 | 适用于次要的建筑，如文教、交通、居住建筑及厂房等 |
| 四级 | 15年以下 | 适用于简易建筑和临时性建筑 |

### 4.1.2　建筑的构造组成

民用建筑一般是由基础、墙体（柱）、楼板层、地坪、屋顶、楼梯和门窗等几大部分，以及其他一些附属部分，如阳台、雨篷、台阶、烟囱等构成的，如图2-1所示。它们的具体构造将于本章下面各节详述。

工业建筑的构造组成与工业建筑的结构类型有关。以常用的钢筋混凝土单层工业厂房排架结构为例，其承重结构的构件组成一般包括基础、柱子、吊车梁、连系梁、屋盖结构、支撑系统构件等部分。已在3.5节对工业厂房的构造组成做了详细介绍，这里不再赘述。

### 4.1.3　建筑构造的影响因素

建筑物从建成到使用，都要受到许多因素的影响，这些因素主要有以下几个方面：

#### 1. 外界环境的影响

1）外力作用的影响，主要指人、家具和设备以及建筑自身的重量，风力，地震力，雪荷载等。这些外荷载的大小是建筑结构设计的主要依据，也是结构选型及构造设计的重要基础，起着决定构件尺度、用料多少的重要作用。

2）自然气候条件的影响，我国各地气候条件差异较大，对于不同的气候，如风、雨、雪、日晒等的影响，建筑构造应该考虑相应的防护措施。

3）人为因素的影响，由于人们日常进行的生产和生活活动所造成的如火灾、爆炸、机械振动、噪声等现象，也往往会对建筑构造造成影响。必须针对其采取相应的构造措施，以防止建筑物遭受损失。

#### 2. 建筑技术条件的影响

建筑技术条件指建筑材料技术、结构技术和施工技术等。随着这些技术的发展和变化，建筑构造技术也不断翻新、丰富多彩。因此，建筑构造没有一成不变的固定模式，在设计中应紧跟时代步伐，不断创新和发展。

#### 3. 经济条件的影响

随着建筑技术的不断发展和人们生活水平的日益提高，人们对建筑的使用要求也越来越高。建筑标准的变化带来建筑的质量标准、建筑造价等也出现较大差别。对建筑构造的要求也将随着经济条件的改变而发生着大的变化。

#### 4. 建筑标准的影响

不同的建筑具有不同的建筑标准。建筑标准一般包括建筑的造价标准、装修标准和设备标准。不同的建筑标准对建筑构造会产生不同的影响。

### 4.1.4 建筑构造的设计原则

建筑构造在设计中不仅要考虑到建筑分类、组成部分、模数协调以及许多因素的影响，还要遵循以下原则：

1）坚固、耐久。建筑构造应该坚固耐用，这样才能保证建筑物的整体刚度、安全可靠、经久耐用。

2）技术先进。建筑构造设计应该从材料、结构、施工三方面引入先进技术，但是，应因地制宜，不能脱离实际。

3）经济合理。建筑构造设计处处应该考虑经济合理，在选用材料上要注意就地取材，注意节约钢材、水泥、木材三大材料，并在保证质量的前提下降低造价。

4）美观大方。建筑构造设计是建筑设计的继续和深入，建筑要做到美观大方，构造设计是非常重要的一环。

总之，在建筑构造的设计中，必须满足以上原则，才能设计出合理、实用、坚固、美观的建筑作品来。

## 4.2 地基与基础工程

地基与基础对房屋的安全和使用年限占很重要的地位。如基础设计不良、地基处理考虑不周，可使建筑物下沉过多或出现不均匀沉降，致使墙身开裂，严重的可导致建筑物倾斜、倒塌。在设计之前，必须对地基进行钻探，充分掌握并正确地分析地质资料，在此基础上进行妥善的设计，以免造成后患。

### 4.2.1 地基与基础的关系

#### 1. 基础、地基的概念及相互关系

基础是房屋埋在地面以下的承重结构，它承受房屋上部的全部荷载并传递到下部的地基上。

基础下面承受压力的土层称为地基。

地基承受建筑物荷载产生的应力和应变随着土层深度的增加而减小，在达到一定深度后就可以忽略不计。地基由两部分组成，直接承受建筑荷载的土层为持力层，持力层以下的为下卧层，如图 4-1 所示。

地基可分为天然地基和人工地基两类。凡具有足够的承载能力，不需要经过人工加固，可直接在其上建造房屋的天然土层称为天然地基。按照《建筑地基基础设计规范》（GB 50007）将地基土分为五类：岩石、碎石土、砂土、黏性土和人工填土。

当土层不具有足够的承载力时，必须经过人工加固后方可在其上建造房屋。这种经过人工处理过的土层，称为人工地基。常用的地基加固方法有压实法、换土法、桩基法和化学加固法等。

基础是建筑的重要组成部分，但地基不是建筑物的一部分，两者在作用和结构上有所不同，但在构造上却是密切相关的。地基和基础是否坚固，直接关系着整座建筑物的安危。

2. 埋深

基础埋置深度指由室外设计地面至基础底面的垂直距离，简称埋深（图4-2）。确定埋深的基本原则：在保证安全和坚固的前提下，基础埋深尽可能小，但一般不宜小于 0.5m。

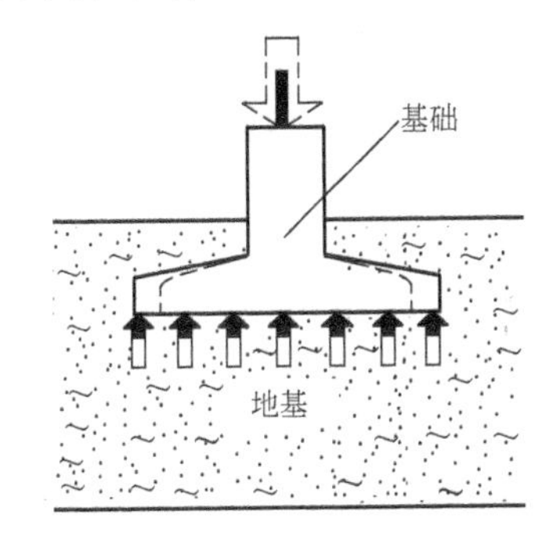

图 4-1　基础、地基的关系

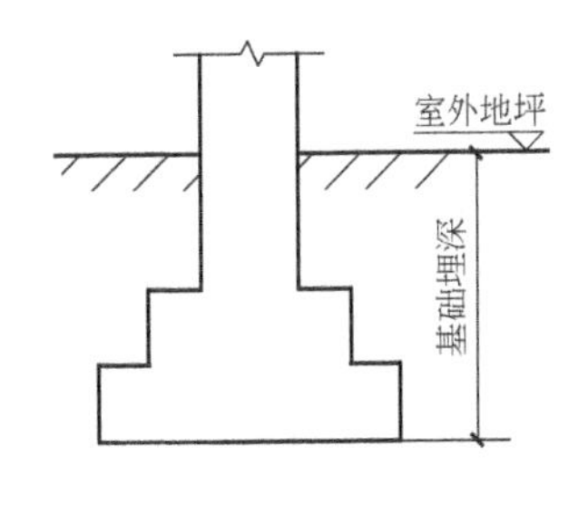

图 4-2　基础的埋深

在设计基础埋深时，还应考虑以下几个方面的影响因素：

（1）**地基的影响**　房屋要建造在坚实可靠的地基上，而不能设置在承载力差、压缩性强的土层上。由于地基土形成的地质变化不同，每个地区土层的地质构造和土层分布状况会有所不同，即使相同地区，土层的这些性质也会有很大差别。在选择埋深时，应根据建筑物的大小、特点、刚度与建筑所在地区土层性质的不同区别对待。比如土层是由两种以上的土质构成，基础埋深则应该根据上下两层土的承载能力和土层厚度的大小来决定。

（2）**水文地质条件的影响**　地下水对基础的埋深有很大影响。如黏性土在地下水位上升时，会因为其含水率的增加而强度降低，当地下水位下降后，基础将会下沉。因此，当地下水位较高，基础不可能埋在地下水位以上时，则应该将基础底面埋置在最低地下水位以下不小于 200mm 的深度；当地下水位较低时，基础埋深应该在地下水位以上（图 4-3）。

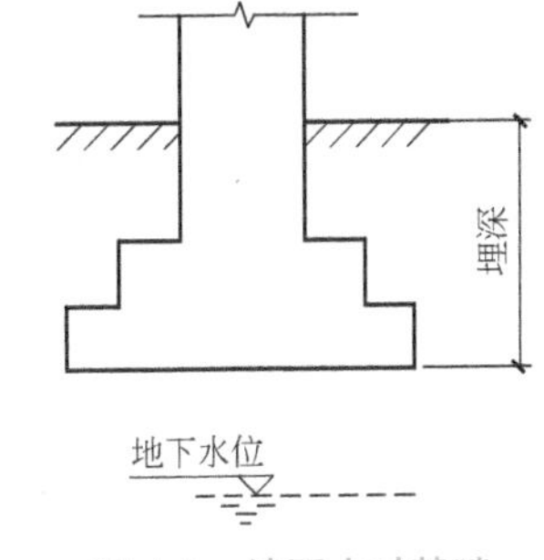

图 4-3　地下水对基础埋深的影响

（3）**冻结深度的影响**　冻结土与非冻结土的分界线称为冻土线，冻土线与室外地面的垂直距离称为冻结深度。世界上各个地区的气候不同，寒冷的程度不同，地基的冻结深度也会不同。

在冻结深度不大的地方，一般习惯做法是使基础深度大于冻结深度；在冻结深度很深的严寒地区，若一概将基础埋深大于冻结深度，则必然使造价显著提高。为此，可根据情况，将基础提高至当地的冻土线以上。基础下面所保留的一部分冻土，其厚度按土的情况和冻结深度而定，以在冻胀时所产生的压力不致影响建筑物的安全为限。这样，就可使基础的造价大为降低。

（4）**地下室的影响**　建筑物有无地下室和地下室的空间高度对基础的埋置深度有着直接的影响。

（5）**相邻建筑物基础的影响**　一幢建筑物基础的埋深还会受到一些相邻建筑物基础的类型、埋深 $h$、距离 $l$ 大小等因素的影响（图 4-4）。新设计的建筑基础埋深一般不宜大于原有建筑物基础埋深。

（6）**设备基础的影响**　自重很大的建筑设备往往放在建筑物的底层，这些设备的基础也会直接影响着建筑的埋置深度（图 4-5）。

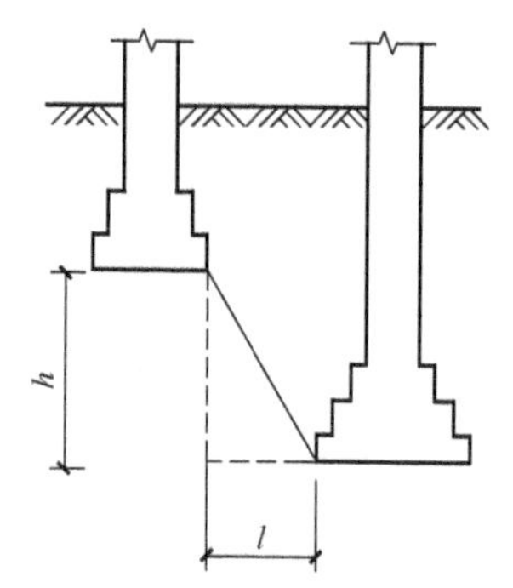


图 4-4 相邻建筑基础的影响

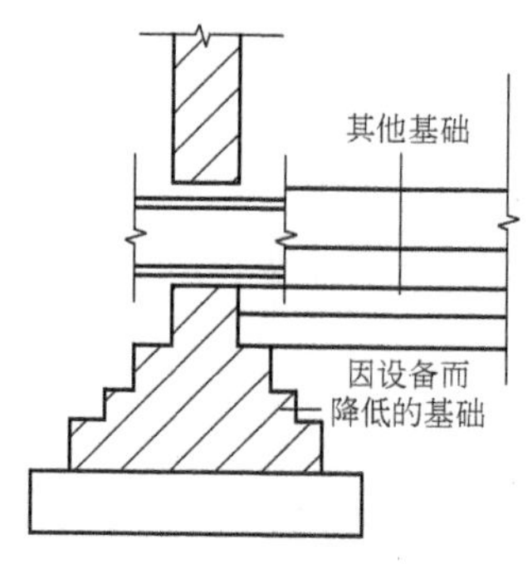


图 4-5 设备基础的影响

## 4.2.2 基础的类型

基础的类型很多，设计时应该根据建筑物上部的结构、荷载的大小、不同的地基土质选择不同形式的基础。对于民用建筑基础，可以按以下几种情况分类：

（1）**根据基础埋深分类** 根据基础埋深的大小可以将基础分为两类：浅基础（埋深≤5m）和深基础（埋深>5m）。

（2）**根据基础的构造形式分类** 基础的类型按照构造形式的不同可以分为条形基础、独立基础、井格式基础、片筏基础、箱形基础、壳体基础（图4-6a）。

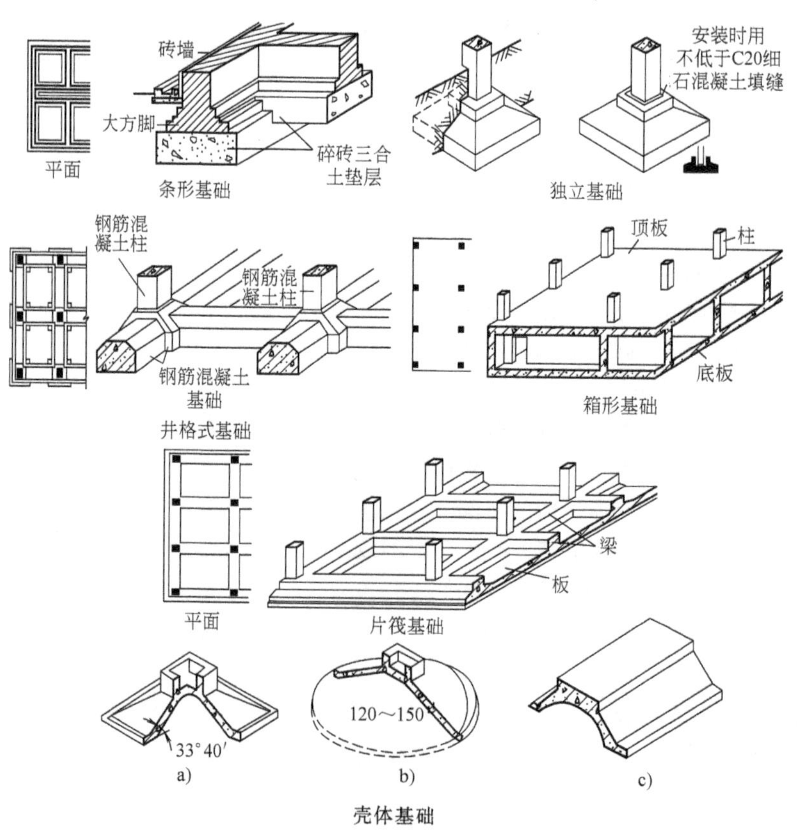


图 4-6 基础的构造形式分类

a）方壳 b）圆壳 c）条形壳

(3) **根据基础的材料分类**　基础按照采用的材料不同可以分为砖基础、灰土基础、灰浆碎砖三合土基础、混凝土基础、钢筋混凝土基础。

(4) **根据基础的传力性能分类**　基础按照传力性能又可以分为刚性基础和柔性基础。

刚性基础：指用抗拉和抗剪强度比较低、抗压强度比较高的刚性材料建成的基础。常见的有：砖基础、毛石基础、混凝土基础、灰土基础、三合土基础等。

柔性基础：指用抗拉、抗压和抗剪强度都很强的材料建成的基础。常见的有：钢筋混凝土基础。

### 4.2.3　地下室的防潮和防水构造

地下室是建筑物中处于地面以下的房间。它可以是一层、两层，也可以是多层。部分高度在地面以上，另一部分高度在地面以下的房间，叫作半地下室（图 4-7）。在建筑工程中，许多设备用房都采用地下室或者半地下室的形式。

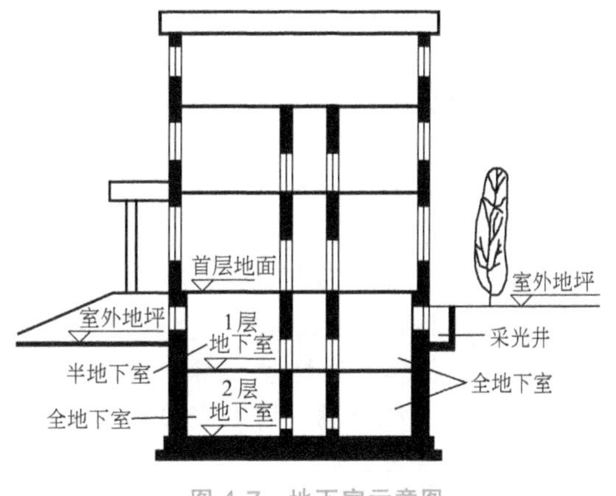

图 4-7　地下室示意图

地下室与其他的房间一样由顶棚、底板和墙体组成。其中由于底板和外墙处于地面以下，会经常受到下渗的地面水（雨、雪等）、土壤中的潮气和地下水的侵袭，轻则引起墙面灰皮起股脱落，影响美观，或者出现霉点，这些霉点对人体的健康是有危害的；严重时，地下室将不能正常工作，或者影响建筑物的耐久性。因此，防潮、防水问题是地下室构造设计中必须解决的重要问题。

#### 1. 地下室防水构造

当设计最高地下水位高于地下室地坪时，地下室的外墙和底板均受到地下水压力的侵袭（外墙受地下水的侧压力、底板受地下水的浮力），这时必须考虑对地下室外墙和底板作防水处理（图4-8）。常用的做法有以下三种：

(1) **沥青卷材防水**　又分为外防水和内防水。

外防水是将防水层贴在地下室外墙的外表面。外防水构造要点是：先在墙外侧抹 20mm 厚的 1∶3 水泥砂浆找平层，并刷冷底子油一道，然后选定油毡层数，分层粘贴防水卷材，防水层以高出最高地下水位 500～1000mm 为宜。油毡防水层以上的地下室侧墙应抹水泥砂浆并涂两道热沥青，直至室外散水处。垂直防水层外侧砌半砖厚的保护墙一道。

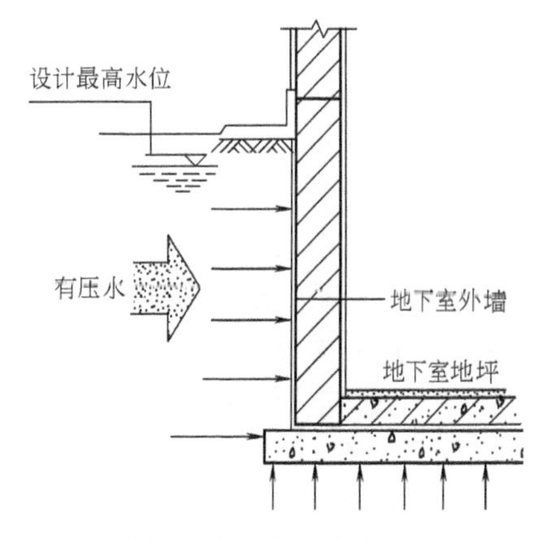

图 4-8　地下室的防水原理

内防水是将防水层贴在地下室外墙的内表面，这样施工方便，容易维修，但对防水不利，故常用于修缮工程。

地下室地坪的防水构造是先浇混凝土垫层，厚约 100mm；再以选定的油毡层数在地坪垫层上做防水层，并在防水层上抹 20 ~ 30mm 厚的水泥砂浆保护层，以便于上面浇筑钢筋混凝土。为了保证水平防水层包向垂直墙面，地坪防水层必须留出足够的长度以便与垂直防水层搭接，同时要做好转折处油毡的保护工作，以免因转折交接处的油毡断裂而影响地下室的防水。

（2）**防水混凝土防水** 当地下室地坪和墙体均为钢筋混凝土结构时，应采用抗渗性能好的防水混凝土材料，常采用的防水混凝土有普通混凝土和外加剂混凝土。普通混凝土主要是采用不同粒径的骨料进行级配，并提高混凝土中水泥砂浆的含量，使砂浆充满于骨料之间，从而堵塞因骨料间不密实而出现的渗水通路，以达到防水目的。外加剂混凝土是在混凝土中掺入加气剂或密实剂，以提高混凝土的抗渗性能。

（3）**弹性材料防水** 随着新型高分子合成防水材料的不断涌现，地下室的防水构造也在更新。如，我国目前使用的三元乙丙橡胶卷材，能充分适应防水基层的伸缩及开裂变形，拉伸强度高，断裂延伸率大，能承受一定的冲击荷载，是耐久性极好的弹性卷材；又如，聚氨酯涂膜防水材料，有利于形成完整的防水涂层，对在建筑内有管道、转折和高差等特殊部位的防水处理极为有利。

2. 地下室防潮构造

（1）**地下室防潮的原因** 当地下水的常年水位和最高水位都在地下室地坪标高以下时，地下水不能直接侵入室内，这时地下室的外墙和地坪仅受到土层中潮气（即土层中的毛细管水和地面水下渗形成的无压水）的作用，地下室只需作防潮处理（图 4-9）。

（2）**地下室底板防潮** 地下室的底板一般均采用混凝土材料制作，混凝土防潮的做法很简单，只需在混凝土地面上平铺冷底子油两道即可。因此，地下室的防潮重点在于墙体防潮。

（3）**地下室墙体防潮** 若墙体材料为钢筋混凝土时，采用自防水的办法。

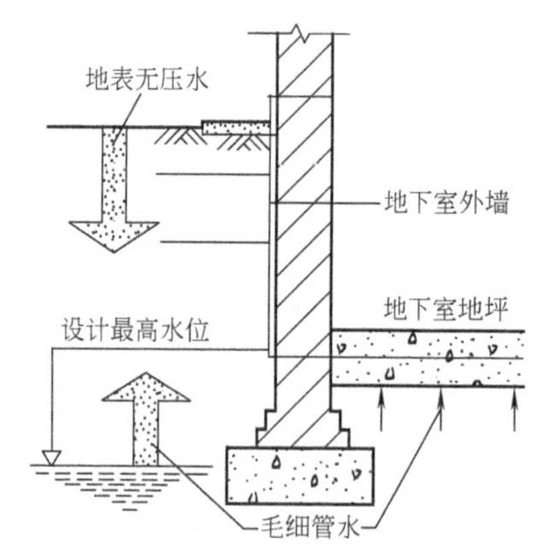

图 4-9 地下室的防潮原理

## 4.3 墙体

### 4.3.1 墙体的作用及技术要求

1. 墙体的作用

在民用建筑中，墙体是建筑物的重要组成部分，墙体的作用概括起来有：承重、围护和分隔空间等。

1）承重作用：即墙体承受着由板、梁等传来的荷载和自身的重量。

2）围护作用：墙体能够对自然界中的风、雨、雪、阳光、噪声起到一定的抵御作用，对室内的温度和湿度等有一定的保护作用。

3）分隔作用：能把室内划分为若干个使用空间。

2. 墙体的技术要求

（1）**功能方面的要求**

1）保温要求与隔热要求。在寒冷地区，为了减少室内温度的散失，建筑物的外墙应该具有保温作用，以保持室内具有适宜的温度。

在炎热地区，为了避免室内温度过高影响生活和工作，墙体应该具有足够的隔热功能。可采取的措施有：增加墙体的厚度、选择热导率小的墙体材料、采取隔蒸汽措施等。

2）隔声要求。噪声过大让人难以忍受，为了避免室外或相邻房间的噪声干扰，墙体设计时应考虑隔声措施。

3）防火要求。对于不同耐火等级的建筑物，墙体也应作相应的防火处理，以保证人们的人身财产安全。

4）防水、防潮要求。在卫生间、厨房、实验室等有水的房间及地下室的墙应采取防水和防潮措施。既保证墙体的坚固耐用，又使室内有良好的卫生环境。

5）建筑工业化的要求。在大量民用建筑中，墙体的工程量占着相当大的比重。因此，墙体的设计和建造也应朝着建筑工业化的方向发展。

（2）**结构方面的要求**

1）墙体必须具有足够的强度和稳定性。强度是指墙体承受荷载的能力。稳定性是指墙体在外荷载作用下不致变形过大而遭破坏或超过规定限度的能力。墙体的强度和稳定性的大小直接决定着建筑物的整体刚度、耐久性和抗灾性。

2）墙体结构布置方案。结构布置是指梁、板、墙、柱等结构构件在房屋中的总体布局。其中，墙体在布置时必须同时考虑建筑和结构两方面的要求，即满足建筑设计的房间布置、空间大小划分等使用要求，又应该选择合理的结构承重方案，使之安全承担房屋上的各种荷载，坚固耐用，经济合理。

大量民用建筑常用的墙体布置方案有：横墙承重方案、纵墙承重方案、纵横墙承重方案、半框架承重方案，详见第2章2.7节。

### 4.3.2 墙体的类型

（1）**按照墙体所处的位置分类** 墙体按其所处的位置分为两类：内墙和外墙。外墙位于建筑的四周，分隔室内外空间，抵抗大气的侵袭。内墙位于建筑的内部，用于分隔室内空间。

（2）**按照墙体的布置方向分类** 墙体按照布置方向可以分为横墙和纵墙。横墙是指沿建筑物短轴方向布置的墙体；纵墙是指沿建筑物长轴方向布置的墙体（图4-10）。

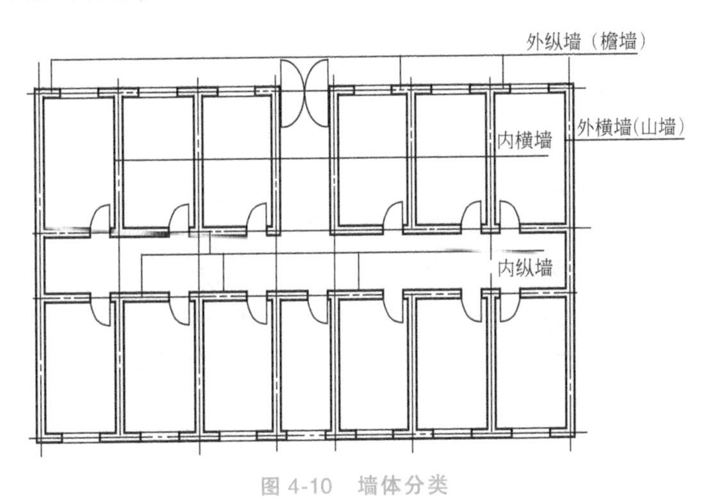


图4-10 墙体分类

将以上两种分类方法结合起来，墙体又可以叫作内纵墙、内横墙、外纵墙（檐墙）、外横墙（山墙）。

（3）**按照受力情况分类** 在混合结构的建筑中，墙体按照受力情况可以分为承重墙和非承重墙。非承重墙又可以分为自承重墙和隔墙。

（4）**按照材料及构造方式分类** 墙体按照材料及构造方式墙体可以分为实体墙、空体墙和组合墙。实体墙和空体墙均由单一材料组成，组合墙由两种以上的材料组成。实体墙与空体墙的区别在于空体墙内部有空腔。

（5）**按照施工方法分类** 墙体按照施工方法可以分为块材墙、板筑墙和板材墙。

### 4.3.3 砖墙

#### 1. 砖墙材料

（1）**砖** 砖的种类很多，从材料上看有黏土砖[⊖]、灰砂砖、页岩砖、煤矸石砖、水泥砖、炉渣砖等；从形状上看有实心砖和空心砖等。我国普通砖的标准尺寸是240mm×115mm×53mm。砖的尺寸规格（加灰缝）长：宽：厚=4：2：1，这个尺寸便于组砌成以砖厚为基数的任何尺寸的砌体。砖的强度等级是由它的抗压强度确定的，分别为MU30、MU25、MU20、MU15和MU10。

（2）**砂浆** 砂浆是由胶结材料和填充材料加水按照不同的比例搅拌而成的，常用的砂浆有水泥砂浆、混合砂浆、石灰砂浆和黏土砂浆。比例不同，砂浆的等级不同，目前砂浆的强度等级有M15、M10、M7.5、M5、M2.5、M1、M0.4共7个级别。

#### 2. 砖墙的组砌方式

砖墙的组砌方式是指砖在墙体中的排列方式。砖墙组砌的关键是错缝搭接。在砖的组砌方式中，把砖的长度方向平行于墙的长度方向的砖叫顺砖，而把砖的长度方向垂直于墙的长度方向的砖叫丁砖。为了保证墙体的强度，砖砌体的砖缝必须横平竖直，错缝搭接，避免通缝。同时砖缝砂浆必须饱满，厚薄均匀。常用的错缝方法是将丁砖和顺砖上下皮交错砌筑。每排列一层砖称为一皮。常见的组砌方式有：全顺式（120墙）、一顺一丁、多顺一丁、十字丁（梅花丁）、两平一侧式（180墙）等。

#### 3. 砖墙的细部构造

墙体的细部构造包括门窗过梁、窗台、勒脚、散水、明沟、变形缝、圈梁、构造柱和防火墙等。

（1）**门窗过梁** 门窗过梁是指门窗洞口上的横梁，其作用是支撑门窗洞口上的重量和梁、板传来的荷载，并将这些荷载传给门窗间墙。门窗过梁的种类很多，主要有砖拱过梁、钢筋砖过梁和钢筋混凝土过梁等几种，目前用得较多的是砖砌过梁和钢筋混凝土过梁两大类。砖砌过梁又分为砖砌平拱过梁和钢筋砖过梁。

砖砌平拱是我国的传统做法，拱高为一砖，用砖竖砌或侧砌，灰缝上宽下窄使侧砖向两边倾斜，相互挤压形成拱的作用，两端下部伸入墙内20~30mm，中部起拱的高度约为跨度的1/50。它的优点是钢筋、水泥用量少，缺点是施工速度慢。注意：有集中荷载的半砖墙不宜使用。

---

⊖ 按照我国有关规定，现已禁止使用普通黏土砖。

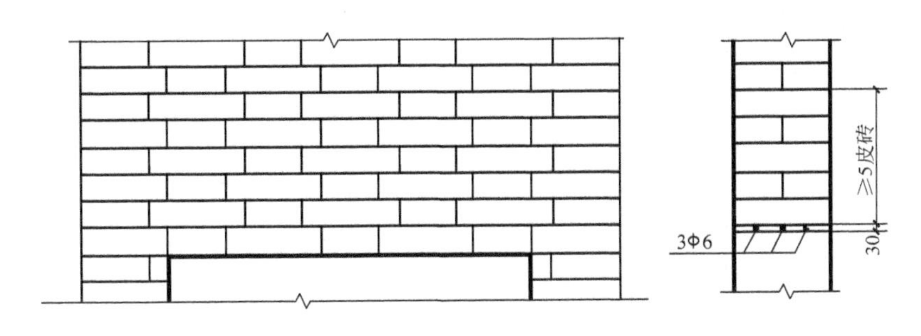


图4-11　钢筋砖过梁构造示意图

钢筋砖过梁是指砖缝内配钢筋的砖砌平过梁。钢筋直径6mm，间距小于120mm（图4-11）。

用M5水泥砂浆砌筑钢筋砖过梁，高度不少于5皮砖，且不小于门窗洞口的1/4。由于施工麻烦，常用于2m以内的门窗洞口。

当门窗洞口较大或上部出现集中荷载时常采用钢筋混凝土过梁（图4-12）。钢筋混凝土过梁根据施工方式可分为现浇和预制两种，梁高及配筋由计算确定。为了施工方便，梁高尺寸应与砖的皮数相适应，故常见梁高为60mm、120mm、180mm、240mm。梁宽一般与墙同厚，为了避免"冷桥"作用，其截面也可以采用L形或组合型。

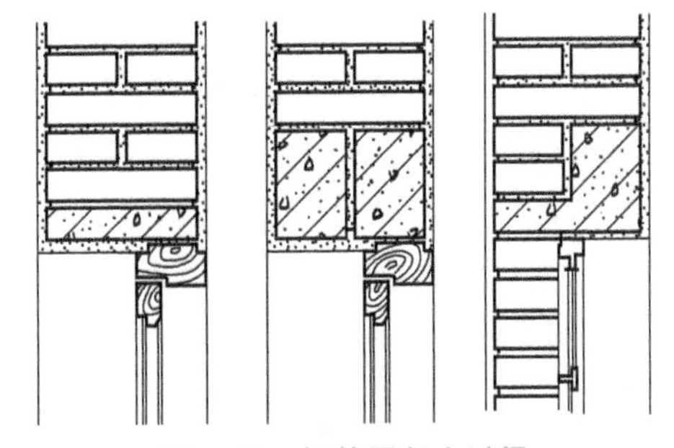

图4-12　钢筋混凝土过梁

（2）**窗台**　窗台的作用是防止沿窗子流下的雨水污染墙面。根据用材的不同，窗台一般有砖砌窗台和混凝土预制窗台两种。从形式上看，窗台有悬挑窗台和不悬挑窗台两种。悬挑窗台的挑出长度不大于60mm，并应设滴水。窗台表面除作抹灰或贴面处理外，还应有一定的排水坡度。

（3）**墙脚构造**　墙脚是指室内地面以下、基础以上的这段墙体，外墙的墙脚又称勒脚。墙脚的构造包括墙身水平防潮层、勒脚、散水。

1）墙身水平防潮层。墙身设置水平防潮层的目的是防止墙身受潮。水平防潮层一般设置在低于室内地坪60mm，同时还应高于室外地面150mm的位置。常见的做法有三种：

a. 防水砂浆防潮层——采用质量比1：2的水泥砂浆加入质量分数3%~5%的防水剂砌成厚度为20~25mm的防潮层或用防水砂浆砌筑三皮砖做防潮层，这种方法构造简单，便于施工。

b. 细石混凝土防水层——采用60mm的细石混凝土，内配3根Φ6钢筋，其防潮性能较好。

c. 油毡防潮层——先抹20mm水泥砂浆找平，上铺一毡二油。这种方法防水较好，但不利于抗震。

2）勒脚。勒脚具有防潮、防水、保护墙脚及避免机械碰撞的作用。其高度$H$不低于50mm。勒脚常见的做法有两种：①砖砌勒脚外侧面抹灰，多用于一般建筑；②砖砌勒脚外侧面用天然石材或人工石材贴面，用于高标准建筑；③用既防水又坚实的材料砌筑勒脚，如条石、混凝土等（图4-13）。

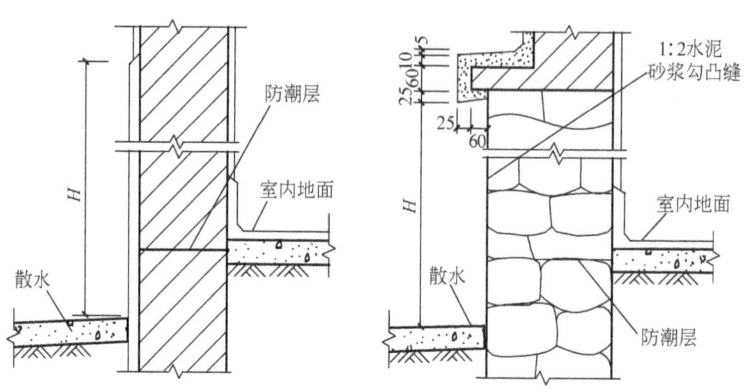


图4-13 勒脚

3）散水、明沟。房屋的四周可用散水或明沟排除雨水。当屋面为有组织排水时一般设散水，当屋面为无组织排水时一般设明沟。散水的坡度一般为3%～5%，宽度要求比屋檐挑出宽200mm，一般为600～1000mm。材料可选用砖、毛石、混凝土等。明沟的沟底常做纵坡，坡度为0.5%～1%，坡向窨井。沟中心应正对屋檐滴水位置，外墙与明沟之间应做散水。

（4）**圈梁、构造柱** 圈梁、构造柱均是为了增加墙体的整体刚度和稳定性，减轻地基不均匀沉降对房屋的破坏，抵抗地震力的影响。

1）圈梁。圈梁有钢筋混凝土圈梁和钢筋砖圈梁两种，圈梁的截面高度不应小于120mm，在不良地基上的砌体房屋中，圈梁截面高度不应小于180mm。圈梁配筋要求详见表4-2。圈梁均应闭合，若遇有与标高不同的洞口，应上下搭接。对于不同地震烈度区的墙体，圈梁应满足不同的设置要求。表4-3是装配式混凝土楼盖、木楼盖的砖房中的圈梁应满足的设置要求。

表4-2 圈梁配筋要求

| 最小配筋量 | 纵向钢筋 | 4Φ8 | 4Φ10 | 4Φ12 |
|---|---|---|---|---|
| | 箍筋间距/mm | 250 | 200 | 150 |
| 构造要求 | 多层砖房的圈梁应符合下列构造要求：<br>1. 圈梁应周围闭合，如遇有洞口应上下搭接；2. 圈梁宜与预制板设在同一标高处或紧靠楼板底；3. 钢筋混凝土圈梁的截面高度不应小于120mm，宽度宜同墙厚、软弱地基上增设圈梁的截面高度不应小于180mm，配筋不少于4Φ12；4. 屋盖处必须采用现浇钢筋混凝土圈梁；5. 圈梁与钢筋混凝土门框立柱交接时，圈梁钢筋伸入立柱内的长度不小于35$d$；6. 圈梁兼作过梁时，过梁配筋应按计算另加 | | | |

表4-3 圈梁的设置要求

| 烈 度 | | 6、7 | 8 | 9 |
|---|---|---|---|---|
| 设置位置 | 沿外墙及内纵墙 | 屋盖处及隔层楼盖处 | 屋盖处及每层楼盖处 | 屋盖处及每层楼盖处 |
| | 沿内横墙 | 同上；屋盖处间距小于7m，楼盖处间距小于15m；构造柱对应部位 | 同上；屋盖处沿所有横墙，且间距小于7m，楼盖处间距小于7m，构造柱对应部位 | 同上；各层所有横墙 |

2）构造柱。钢筋混凝土构造柱是从构造角度考虑设置的，是防止房屋倒塌的一种有效措施。构造柱的最小截面尺寸为 240mm×180mm，它可以不单独设置基础，但应伸入室外地面以下 500mm，或者锚入基础圈梁内。

多层砖房构造柱的设置部位是：外墙四角、错层部位横墙与纵墙的交界处、较大洞口两侧、大房间内外墙交接处。除此之外，可根据表 4-4 进行设置。

表 4-4　构造柱设置要求

| 多层房屋层数 | | | | 各种层数和烈度均设置的部位 | 随层数或烈度变化而增设的部位 |
|---|---|---|---|---|---|
| 6 度 | 7 度 | 8 度 | 9 度 | | |
| 四、五 | 三、四 | 二、三 | | 外墙四角，错层部位横墙与外纵墙交接处，较大洞口两侧，大房间内外墙交接处 | 7～9 度时，楼、电梯间的横墙与外墙交接处 |
| 六～八 | 五、六 | 四 | 二 | | 隔开间横墙（轴线）与外墙交接处；山墙与内纵墙交接处；7～9 度时，楼、电梯间的横墙与外墙交接处 |
| | 七 | 五、六 | 三、四 | | 内墙（轴线）与外墙交接处；内墙局部较小墙垛处；7～9 度时，楼、电梯间横墙与外墙交接处；9 度时内纵墙与横墙（轴线）交接处 |
| 底层框架 | 上部结构按多层砖房设置构造柱 | | | | |
| 多层内框架 | 外墙、楼（电）梯间四角；6 度不低于五层时，7 度不低于四层时，8 度不低于三层时和 9 度时，抗震墙两端和外纵、横墙对应于中间柱列轴线的部位。构造柱截面不宜小于240mm×240mm。纵向钢筋不少于 4Φ14 | | | | |
| 空旷砖房 | 舞台口横墙两侧及墙两端应设置构造柱，构造柱截面与墙同厚，并不小于 240mm×240mm，纵向钢筋不少于 4Φ16 | | | | |

## 4.3.4　砌块墙

砌块是一种有别于传统黏土砖的墙体砌筑材料。它的尺寸一般较大，但表观密度较黏土砖小。采用砌块做墙体材料，是改变墙体手工砌筑方式，提高劳动效率，减少黏土砖用量的途径之一。用砌块墙体建造的房屋即为砌块建筑（图4-14）。

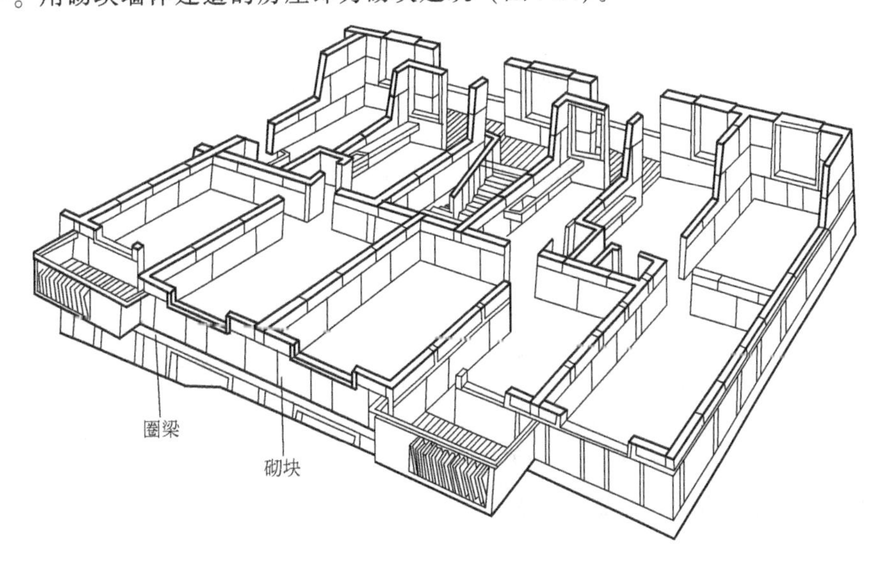


图 4-14　砌块建筑

砌块的分类如下：

1）根据材料的不同，砌块可分为混凝土砌块、石膏轻骨料混凝土砌块、加气混凝土砌块、炉渣混凝土砌块等。

2）据砌块形状构造不同，砌块可分为实心砌块、空心砌块、微孔砌块等。

3）根据尺寸的大小不同，砌块可分为大型砌块、中型砌块、小型砌块。

砌块建筑的构造与砌体结构基本相同，主要需注意的几个地方是：

1）在楼层的墙身标高处应加设圈梁，断面尺寸与砌块协调。

2）在外墙转角或内外墙交接处，应加设构造柱。

3）门窗过梁与窗台通常应采用预制钢筋混凝土构件。

4）砌块垒墙时，应注意彼此的交错搭接方式，为满足砌筑的需要，应在多种规格的砌块间进行排列设计。

### 4.3.5 复合墙体

复合墙体是指由两种以上材料组合而成的墙体。复合墙体包括主体结构和辅助结构两部分，其中主体结构用于承重、自承重或空间限定，辅助结构用于满足特殊的功能要求，如保温、隔热、隔声、防火以及防潮、防腐蚀等要求。复合墙体具有综合性强、使用效率高等特点，对改善墙体性能、改善室内空间环境及节约建筑能耗等具有重要意义，是对传统的单一材料墙体的突破。目前我国使用的复合墙体主要以保温复合外墙为主，请参阅本书第6章。

### 4.3.6 隔墙与隔断

#### 1. 隔墙

隔墙是用来分隔建筑物室内空间的非承重构件。它不承受任何外来荷载，其本身的重量由楼板或小梁承担。设计时应使其薄、自重轻，并具有一定的隔声能力。对于有特殊要求的房间，隔墙的防潮、防火、防水性能也应予以满足。

隔墙的类型，常见的有砌筑隔墙、轻骨架隔墙和条板隔墙等。

#### 2. 隔断

隔断是指用来分隔室内空间的装饰构件。它与隔墙有相似之处，但也有根本区别。隔断的作用在于变化空间或遮挡视线。

隔断的形式很多，常见的有屏风式隔断、镂空式隔断、玻璃墙式隔断、移动式隔断、家具式隔断等。

## 4.4 楼地层

### 4.4.1 楼地层的组成及设计要求

楼地层包括楼板层和地坪层，楼板层和地坪层都是建筑物中的水平承重构件。其作用是承受人、家具和设备等的静、活荷载，其中楼板层将这些荷载连同自重一起传给承重墙和下部的梁柱；地坪层将这些荷载连同自重一起传给与之相连的地基。

1. 楼地层的组成

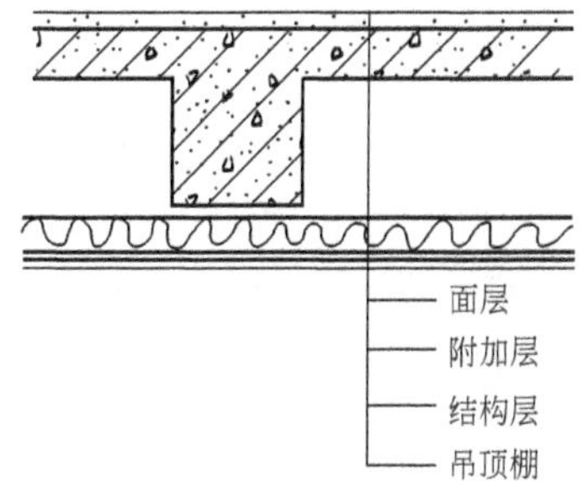

图 4-15 楼地层的组成

楼板层由面层、附加层、结构层和顶棚四部分组成（图 4-15）。结构层是楼面的支撑构件，主要功能在于承受楼板层上的荷载并将其传给墙柱，同时还对墙身起水平支撑作用，如：预应力空心板、钢筋混凝土现浇板。面层是结构层的上覆盖层，它主要使楼面光整、耐磨、易于清扫，同时也对室内装饰起重要作用，如：花岗石楼面、水磨石楼面。附加层又称功能层，目的是起到隔声、隔热、防水、保温等作用。顶棚是楼板结构层的下覆层，主要保护楼板、安装灯具、遮盖管线等，并起到修饰美化房间的作用，如直接抹灰顶棚、吊顶棚。

地坪层由面层和基层组成，基层一般由垫层、结构层、附加层（主要有找平层、保温层、防水层）构成（图 4-16）。地坪层的面层和楼板层的面层一样，是人们直接接触的部分，必须具有满足人们使用要求的功能。

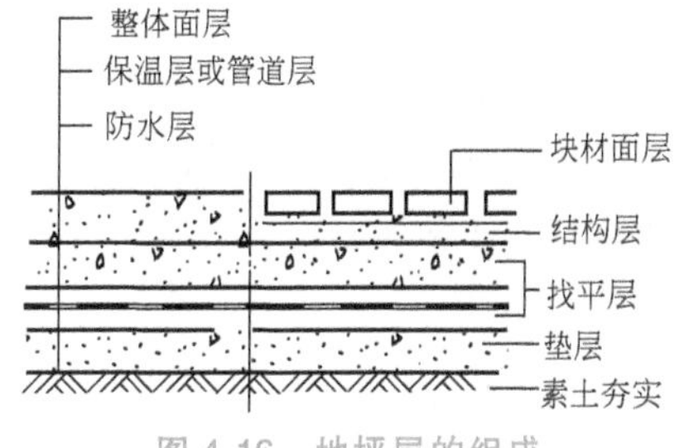

图 4-16 地坪层的组成

2. 楼地层的设计要求

楼地层在使用的过程中，除了承受自重和上部荷载外，还应该满足以下要求：

1）保证其有足够的强度和刚度，以满足对结构安全的要求。

2）楼地层应具有一定的防火、隔声作用，以避免上下楼层之间的相互干扰和保证人身财产安全。

3）特殊房间（如：卫生间、厨房）的楼地层应具有一定的防水能力，以防止渗透，影响建筑物的正常使用。

4）在现代建筑中，智能化要求越来越高，各种服务设施也日趋完善，电气、电话、计算机更加普及，有更多的设备管道、管线将借楼地层来敷设。为保证室内平面布置更加灵活，空间使用更加完整，在楼地层的设计中，必须仔细考虑各种设备管线走向。

5）多层房屋的楼地层造价一般占建筑总造价的 20%～30%。因此，楼地层的设计必须经济、合理。

## 4.4.2 楼地层的类型

1）根据材料和结构形式的不同，楼地层可以分为木楼板、砖拱楼板、钢筋混凝土楼板和压型钢板组合楼板四种。

木楼板具有自重轻、保温性能好、舒适、有弹性、节约钢材和水泥等优点。但是木材易腐、易燃、耐久性差，为节约木材，已很少采用。

砖拱楼板是利用砖砌成拱形结构形成的，砖拱由墙或梁支撑。砖拱楼板可以节约木材、钢材、水泥，但其造价较高且抗震性能差，施工不易，不宜在地震区或地基条件差的情况下使用。

钢筋混凝土楼板强度和刚度、耐久性、防火性能均比上述两种楼板好；另外，它还具有良好的可塑性，因此使用最为广泛。

压型钢板组合楼板是在压型钢梁上铺设压型钢板，再在其上整浇混凝土而构成的。它的特点是自重轻、强度高、施工方便，但是防火性能差、造价高。

2）根据施工方法的不同，楼板层可以分为两种：现浇板和预制板。

现浇板是指在施工现场直接浇注，拆模后即可使用的楼板。现浇板整体性能好，刚度大，利于抗震，应用广泛。但模板使用量大，施工速度慢。

预制板是指在施工现场以外的工厂里或施工现场预先将需要的构件制作好，经过拼接和安装才能使用的楼板。预制板可以分为装配式和装配整体式。预制板能节约模板，并能改善工人的劳动条件，有利于提高劳动生产率和加快施工速度。但其整体性差，房屋刚度也不如现浇板。

3）钢筋混凝土楼板按照施工方式的不同也分为装配整体式钢筋混凝土楼板、现浇式钢筋混凝土楼板、装配式钢筋混凝土楼板三种。

4）地坪层与地面。

a. 地坪层构造。地坪层指建筑物底层房间与土层的交接处，其作用是承受地坪上的荷载，并将其均匀地传给地坪以下土层。按地坪层与土层间的关系不同，可分为实铺地层和空铺地层两类（图4-17）。

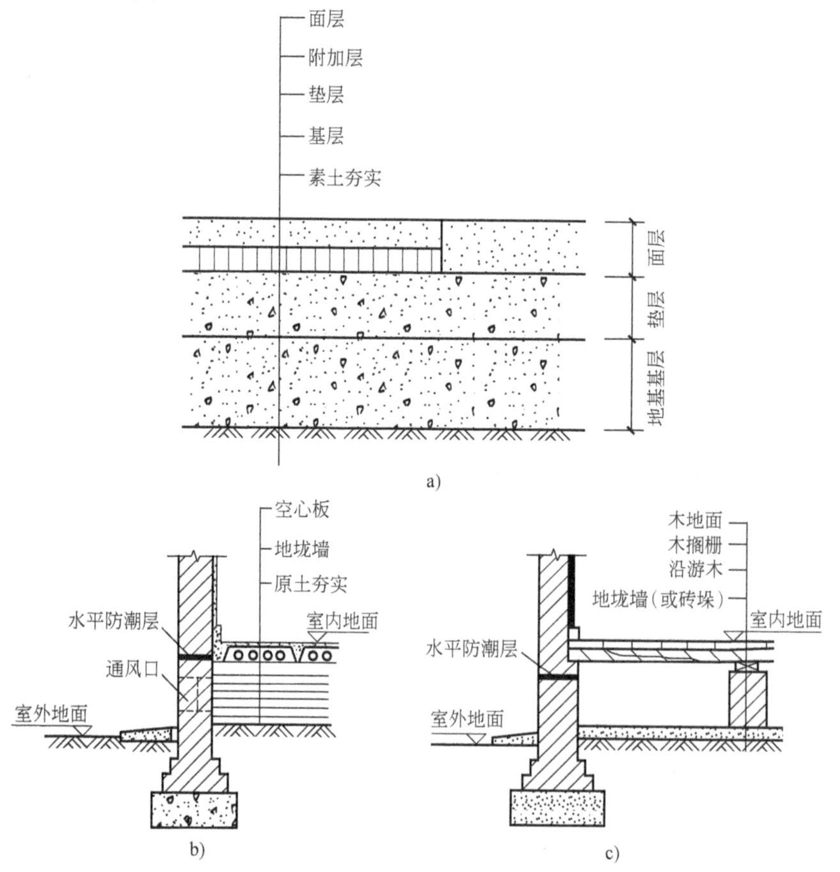


图4-17 实铺地层和空铺地层

a）实铺地层 b）钢筋混凝土预制板空铺地层 c）木板空铺地层

b. 对地面的要求。地坪层与楼板面层一样，是人们日常生活直接接触的地方，根据不同的房间类型对面层有以下基本要求：坚固耐磨、平整光洁、不起灰；有一定的弹性；地面面层材料热导率低，给人以温暖舒适的感觉；易清洁、经济；满足某些特殊要求，如防火、防水、防静电、防腐蚀等。

c. 地面的类型。按面层所用材料和施工方式不同，常见地面做法可分为以下几类：

a）整体地面：包括水泥砂浆地面、菱苦土地面、细石混凝土地面、水泥石屑地面、水磨石地面等。

b）块材地面：是利用各种人造的或天然的预制块材、板材镶铺在基层上面。块材地面包括铺砖地面、缸砖、地面砖及陶瓷锦砖地面、天然石板地面等。

c）塑料地面：常用的塑料地毡为聚氯乙烯塑料地毡、聚氯乙烯石棉地板和涂料地面。

d）木地面：空铺木地面、实铺木地面、条木地面及拼花木地面等。

### 4.4.3 阳台与雨篷

阳台是连接室内的室外平台，给居住在建筑里的人们提供一个舒适的室外活动空间；雨篷位于建筑物出入口的上方，用来遮挡雨雪，保护外门免受侵蚀。有楼层的建筑，常设阳台和雨篷，为人们提供户外活动的场所。另外，阳台和雨篷的设置对建筑的外观也至关重要。

#### 1. 阳台的类型、组成和排水

（1）**阳台的类型**

1）根据阳台与建筑主体的相对位置不同，可分为挑（凸）阳台、凹阳台、半挑（凸）阳台（图4-18）。

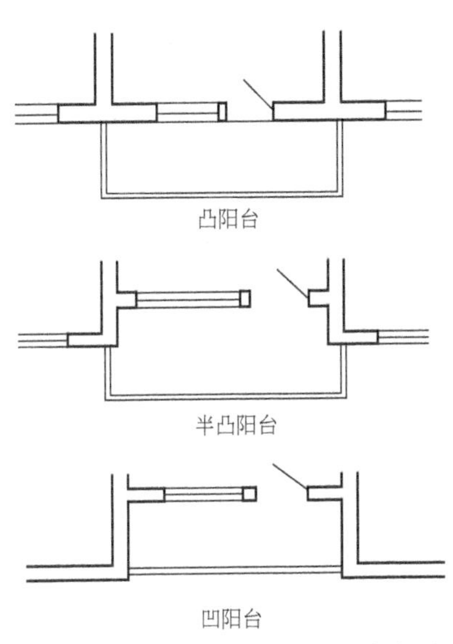

图4-18　按相对位置划分的阳台类型

2）根据阳台在外墙上的位置不同，可分为中间阳台和转角阳台（图4-19）。

3）阳台按使用功能不同又可分为生活阳台（靠近卧室或客厅）和服务阳台（靠近厨房）。

（2）**阳台的组成**　阳台由阳台板和阳台栏板（杆）组成。阳台板是阳台的支撑体，支撑着阳台上的各类荷载及自重；阳台栏板（杆）是围护构件，保护人在阳台上活动时的安全。

钢筋混凝土阳台有现浇式、装配式或现浇与装配结合的形式。

阳台栏板（杆）常见的有四种做法：砖砌栏板、钢筋混凝土栏板、金属栏板以及混合栏板。

（3）**阳台的排水**　由于阳台处于户外，经常受到雨水的侵蚀，所以阳台的排水设置很重要。为防止阳台上的雨水流入室内，要求阳台表面比内地坪低20～30mm。另外，阳台应做排水坡度，使排水迅速，坡度一般可取1%，并在阳台一侧设排水孔，与雨水管相连；不能与雨水管相连时，必须用塑料管或金属管做水舌，伸出阳台至少60mm，以防止排水时溅入下层阳台（图4-20）。

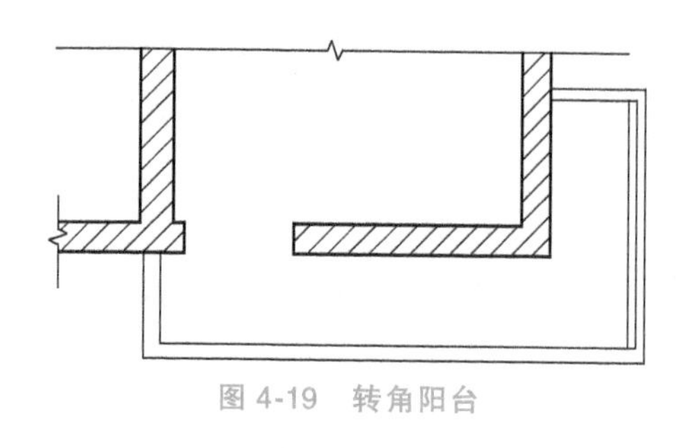
图 4-19 转角阳台

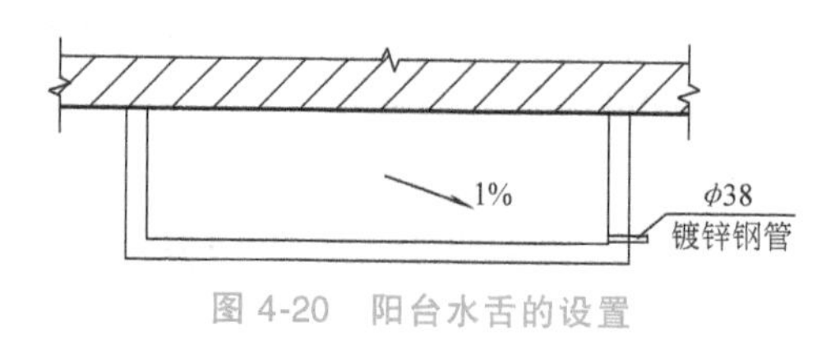

图 4-20 阳台水舌的设置

2. 雨篷的类型和构造

雨篷一般设置在房屋的入口处，以保护外门免受雨淋或雨水斜淋入室内。在窗户上设置的雨篷还可兼作遮阳用。此外雨篷还可以丰富建筑物的立面，由于房屋的性质、出入口的大小和位置、地区气候特点以及立面造型的要求等，雨篷的形式可做成多种多样。根据雨篷板的支承方式不同，有悬板式和梁板式两种。中小型的雨篷都是悬挑构件，如图 4-21 所示。一般从过梁中挑出，挑出长度不超过 1.5m；当挑出过大时，则宜另设立柱支撑。梁板式雨篷多用在宽度较大的入口处，悬挑梁从建筑物的柱上挑出，为使板底平整，多做成倒梁式。

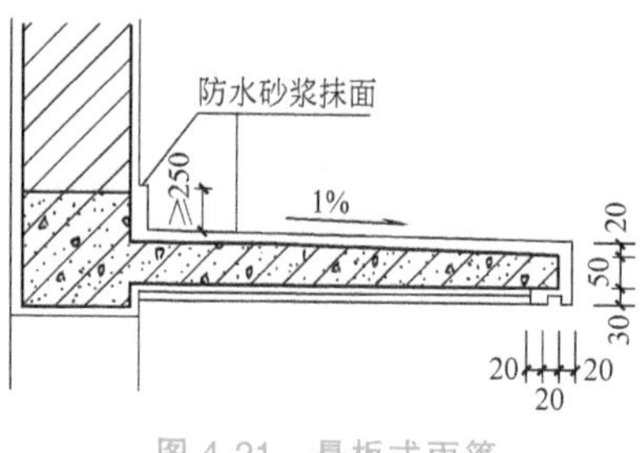

图 4-21 悬板式雨篷

## 4.5 屋顶

### 4.5.1 屋顶的作用及要求

1. 屋顶的作用

屋顶是建筑物最顶部的围护结构，主要功能是承受自重和屋面上的人、雨、雪等荷载，是建筑物的重要组成部分。屋顶主要作用为：

1）抵抗大自然对建筑物内部的不利影响，如风、雨、雪、日晒等。

2）具有保温、隔热的作用，使得建筑物内部区别于外部而冬暖夏凉。

3）不同造型的屋顶对建筑物的外观上的美感起着很大的作用。

2. 屋顶的设计要求

根据屋顶的作用，可知屋顶的设计要求有以下几个方面：

1）必须具有一定的防水性能和迅速排水的能力，同时具有保温和隔热性能。由于屋面是建筑物的上覆盖层，分隔室内外空间，因此，防止雨水和雪水渗入室内是屋顶的首要要求。

2）结构上要求安全可靠。屋顶不仅承受自身重量，而且还承受着屋面上的设备、人、雨水和雪的重量，所以，屋面必须具有足够的强度、刚度和稳定性。

3）满足人们对建筑艺术即美观方面的需求。既要满足结构、功能方面的要求，又要满足审美情趣的需要。

### 4.5.2 屋顶的类型

1. 根据坡度的不同进行分类

屋顶的种类较多，根据坡度的不同大致可以分为两类：平屋顶和坡屋顶。其中，坡度小于等于 10%的屋顶称为平屋顶，常用坡度为 2%～5%；坡度大于 10%的屋顶称为坡屋顶。

平屋顶构造简单，施工方便，适于工业化的建造方式。坡屋顶坡度较大，排水较好，保温、隔热较佳，但施工麻烦。常见的坡屋顶有：四坡顶、歇山顶、庑殿顶、悬山顶、硬山顶、出山顶等，见绪论图 0-19。

此外，随着社会和科技发展，出现了一些新形式的屋顶，如拱结构、薄壳结构、悬索结构、折板结构、网架结构屋顶等，多用于大跨度的公共建筑。

2. 根据防水材料的不同进行分类

屋顶的防水性能是屋顶设计的重点。根据防水材料的不同可将屋顶分为五类，分别是瓦屋面、波形瓦屋面、卷材防水屋面、钢筋混凝土自防水屋面和现浇混凝土防水屋面。

### 4.5.3　屋顶的构造

1. 屋顶的组成

屋顶一般由以下几层构成：屋面、结构层、顶棚。有时建筑物的屋顶还增加保温层或者隔热层、透气层等，如图 4-22 所示。

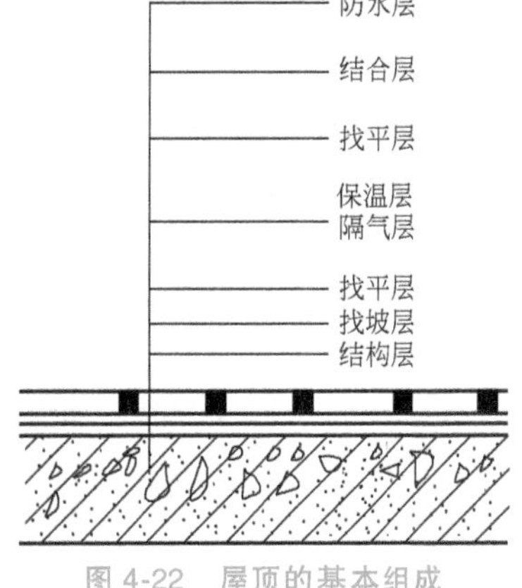

图 4-22　屋顶的基本组成

(1) **屋面**　屋面是屋顶的面层，直接接触自然环境。因此，它应该有一定的防水、抗渗能力。

(2) **结构层**　屋顶的结构层主要承受荷载的作用，因此，结构层应具有足够的强度和刚度。

(3) **保温层、隔热层、透气层**　保温层和隔热层分别是为了寒冷和炎热地区的室内温度不致过热和过冷而设置的。保温层和隔热层的共同点是：材料的热导率均很小。

(4) **顶棚**　顶棚位于屋顶的最下面。顶棚的形式因屋面结构形式的不同而异。常见的有：抹灰顶棚、吊顶棚等。

2. 平屋顶的构造

平屋顶相对坡屋顶而言，节约材料、预制化程度高、便于屋面上人。

(1) **平屋顶的排水构造**

1) 平屋顶排水的原则。要使屋面排水通畅无阻，须选择合适的屋面排水坡度。从排水角度考虑，要求排水坡度尽量大点，但从结构上、经济上以及上人活动等的角度考虑，又要求坡度尽量小点。坡度一般常根据屋面材料的表面粗糙程度和功能需要而定。常见的防水卷材屋面和混凝土屋面，多采用 2%～3%的坡度，上人屋面多采用 1%～2%的坡度。

2) 平屋顶排水的方式。屋面的排水方式分为无组织排水和有组织排水两类，如图 4-23 所示。无组织排水，指雨水顺着屋面流下并从屋檐直接落到地面上的排水方式。其屋檐要挑出，形成挑檐，并应作好房屋勒脚、散水或明沟的处理。当房屋高、雨水量大时，应采用有组织排水。有组织排水，是指设置与排水方向垂直的纵向天沟（又称“檐沟”），将落下的雨水汇集到槽沟中，再顺槽沟经雨水口和雨水管（又称“水落管”）转后通过明沟排放到地下排水系统中去。

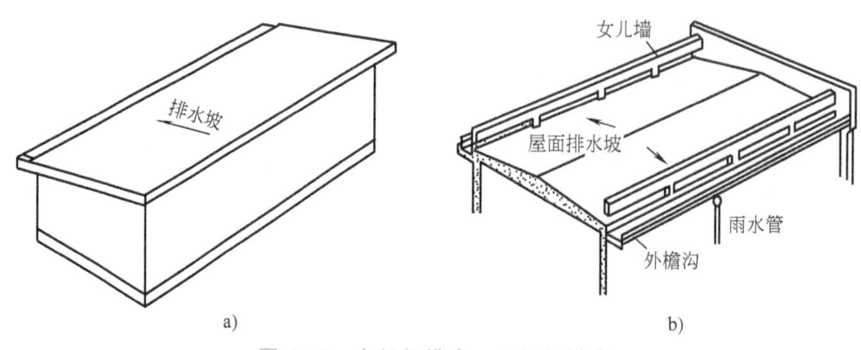


图 4-23 有组织排水、无组织排水

a）无组织排水 b）有组织排水

根据雨水管的位置不同，有组织排水又分为外排水和内排水两种方式。外排水，是指雨水在檐沟中汇集后，经雨水口和设置在室外的雨水管排落到地面的有组织排水方式；内排水，是指雨水顺坡汇集到檐沟或天沟中后，经雨水口和设置于室内的排水管排到地面的排水方式。

3）排水坡度的形成。排水坡度的形成主要有搁置坡度和垫置坡度两类。搁置坡度，又称结构找坡，是指屋顶的结构层根据屋面的排水坡度搁置成倾斜，再做屋顶防水层等。垫置坡度，又称填坡或材料找坡，是指屋顶结构层水平设置，而在其上采用轻质的材料如炉渣等垫置出需要的排水坡度，再做屋顶防水层等，如图 4-24 所示。

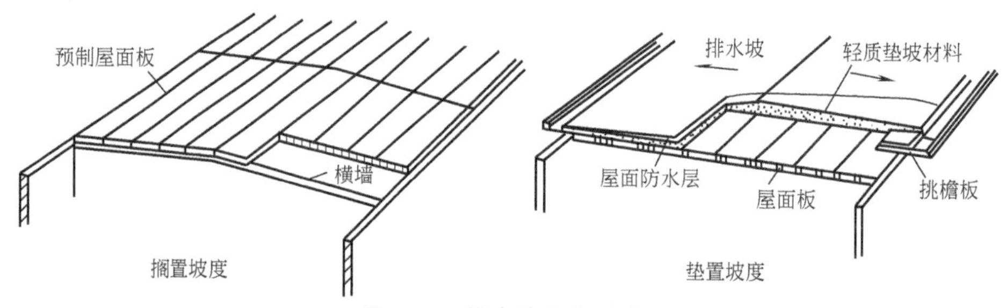


图 4-24 排水坡度的形成

（2）**平屋顶的防水构造** 平屋顶按防水材料的不同，可分为刚性防水屋面和柔性防水屋面两类。刚性防水屋面是指用刚性防水材料作防水层的屋面，常见的刚性防水材料有：防水砂浆、细石混凝土、微膨胀混凝土。柔性防水屋面又称卷材防水屋面，是指用防水卷材和粘结剂结合在一起，形成连续致密的构造层，达到防水目的的屋面。柔性防水屋面的防水层具有一定的延伸性和适应变形的能力，而刚性防水屋面材料脆、易开裂，所以各自的构造有所不同。

1）刚性防水屋面。

a. 刚性防水的材料及其构造。刚性防水的材料最常见的是细石混凝土，它是由质量比 1：2：4的水泥、砂、小粒径石子（5~10mm）组成的，其强度不低于 C20，一般铺设厚度为 35~45mm。防水砂浆一般是在 1：2~1：2.5 水泥砂浆中加入质量分数为 5%~10%的防水剂组成的，铺设厚度一般为 20~30mm，且分数次才能完成，最后一层要压光。微膨胀混凝土指胶凝材料为微膨胀水泥的混凝土，一般铺设厚度为 40mm，其他构造均同细石混凝土。

无论采用何种材料，刚性防水屋面的构造层一般有：防水层、隔离层、找平层和结构层，如图 4-25 所示。

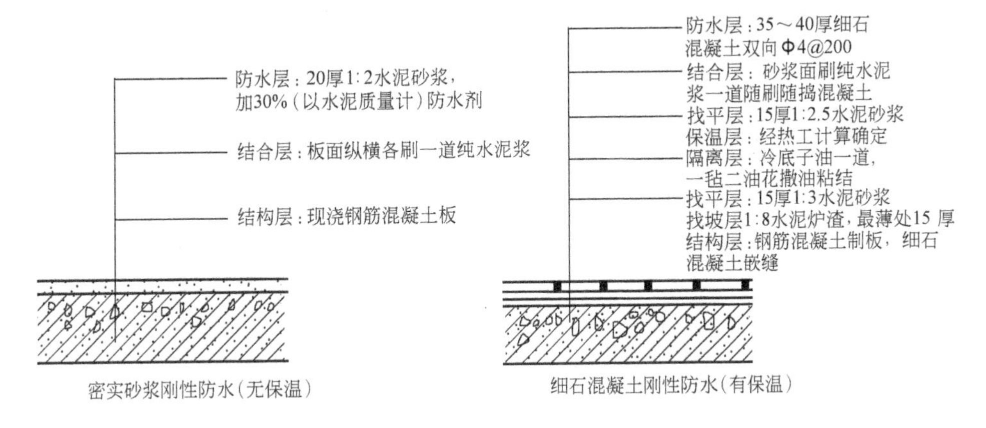


图 4-25　刚性防水的构造

b. 刚性防水屋面的变形与防止开裂的措施。刚性防水屋面的最大弱点在于容易因开裂而失去防水功能，针对这一点可以采用设置分仓缝和浮筑防水层的方法加以防止。分仓缝用于不设隔离层的刚性防水屋面，为防止刚性防水层在屋面热胀冷缩时产生无规律的裂缝，采取人为分割的方法将刚性防水层"化整为零"，其划分方式如图 4-26 所示。浮筑防水层即设置隔离层将防水层与结构层分离，从而达到防止防水层裂缝的目的。常用隔离层可采用铺纸筋灰、低强度等级砂浆，或薄砂上铺一层油毡。

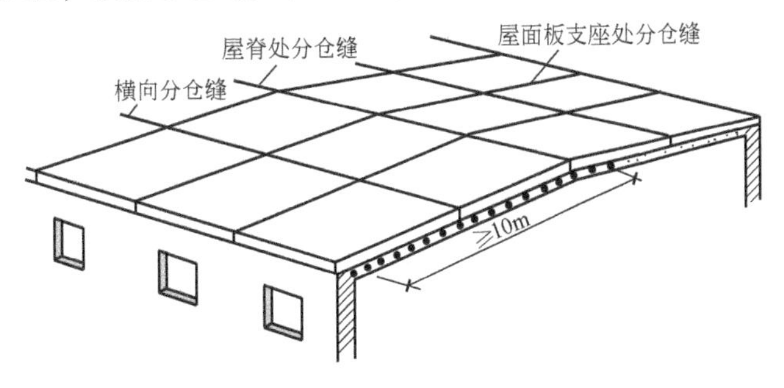


图 4-26　房屋进深大于 10m 分仓缝的构造

c. 刚性防水屋面的节点构造。刚性防水屋面在泛水、檐口、变形缝、雨水口等处往往有其一定的构造做法。

泛水：即屋面防水层与墙体交接处的防水处理。一般采用挑砖的处理方式。

檐口：刚性防水屋面的檐口形式常见的有：自由落水檐口、女儿墙外排水檐口、挑檐沟外排水檐口等。对于自由落水檐口，当悬挑较短，小于或等于 450mm 时，可将钢筋混凝土防水层直接挑出，如图 4-27 所示；当悬挑较长时，应采用结构悬挑，然后在结构层上做防水层。对于女儿墙外排水檐口，一般配合立面设计利用倾斜的屋面板构成天沟排水，如图 4-28 所示。对于挑檐沟外排水檐口，一般做成槽形檐沟板，并在檐沟板内设置纵坡，如图 4-29 所示。

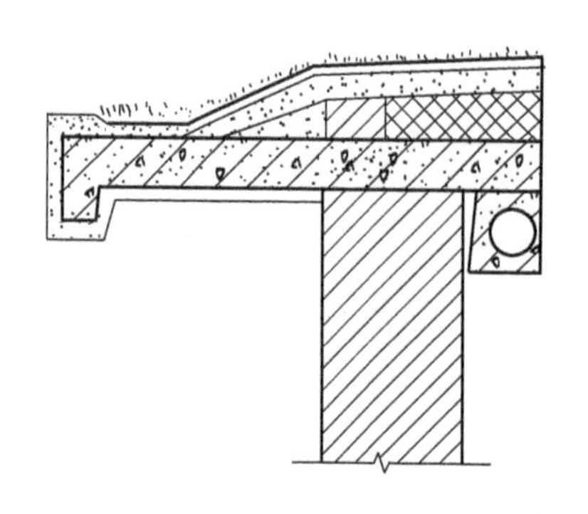

图 4-27 刚性防水檐口防水层悬挑

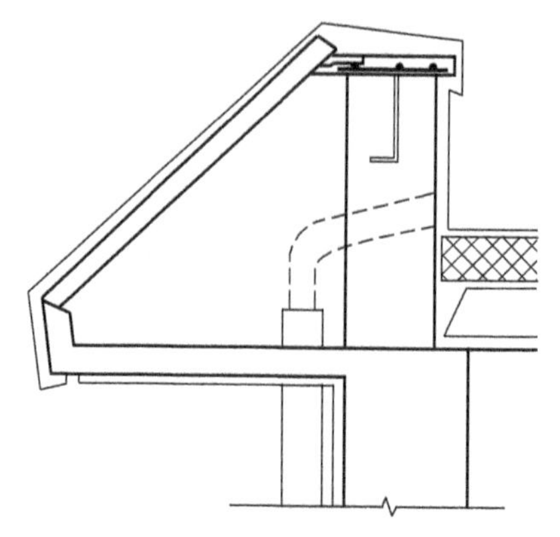

图 4-28 刚性防水女儿墙外排水

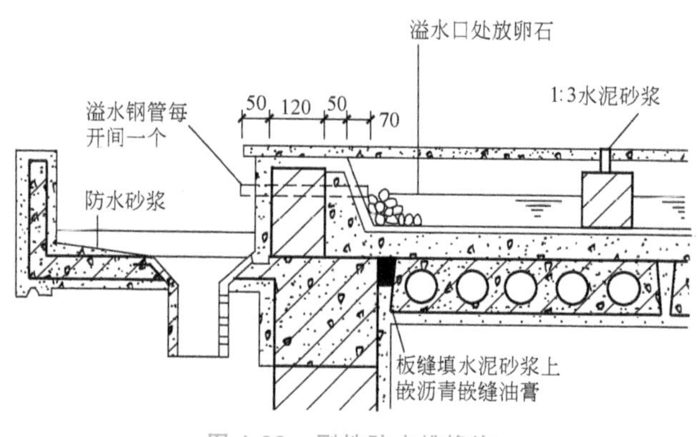


图 4-29 刚性防水挑檐沟

变形缝：其处理原则是既保证缝两侧自由变形又不漏雨和渗水，常见做法如图 4-30 所示。

雨水口：雨水口在挑檐沟等处为直管式雨水口，如图 4-31 所示；在女儿墙外排水檐口处为弯管式雨水口，如图 4-32 所示。

2）柔性防水屋面。防水卷材常见的类型有：沥青类防水卷材、高聚物改性沥青类防水卷材、高分子类防水卷材。因其适应温度变化，不均匀沉降等性能好，得到广泛的应用，特别是新型环保材料的出现使其使用前景更加宽广。

a. 柔性防水材料。

卷材：沥青防水卷材，使用沥青浸涂原纸、纤维织物、纤维毡等胎体材料再撒以粉粒状材料而成，其标号按照每平方米的克数而定，用于屋面防水时不应低于 350 号；高聚物改性沥青防水卷材，把沥青浸涂改为高聚物改性沥青浸涂胎体材料而成，常见的如 SBS 改性沥青油毡；高分子类防水卷材，指以各种合成橡胶或其混合物为主要原料，加入化学辅剂和填充材料加工制成，其重量轻、使用温度范围广、延伸性能好的特点使其得以广泛的应用。

卷材粘结剂：冷底子油，是将沥青溶解在煤油、轻柴油中而制成的，用作涂刷结构层的基面；沥青胶，指在沥青中加入填充料如滑石粉、云母粉、石棉粉等加工而成；对于高聚物改性沥青类防水卷材和高分子防水卷材采用与卷材配套使用的溶剂型胶粘剂。

b. 卷材防水屋面防水层的组成与构造。卷材防水屋面的基本层次按其各自的作用分为：

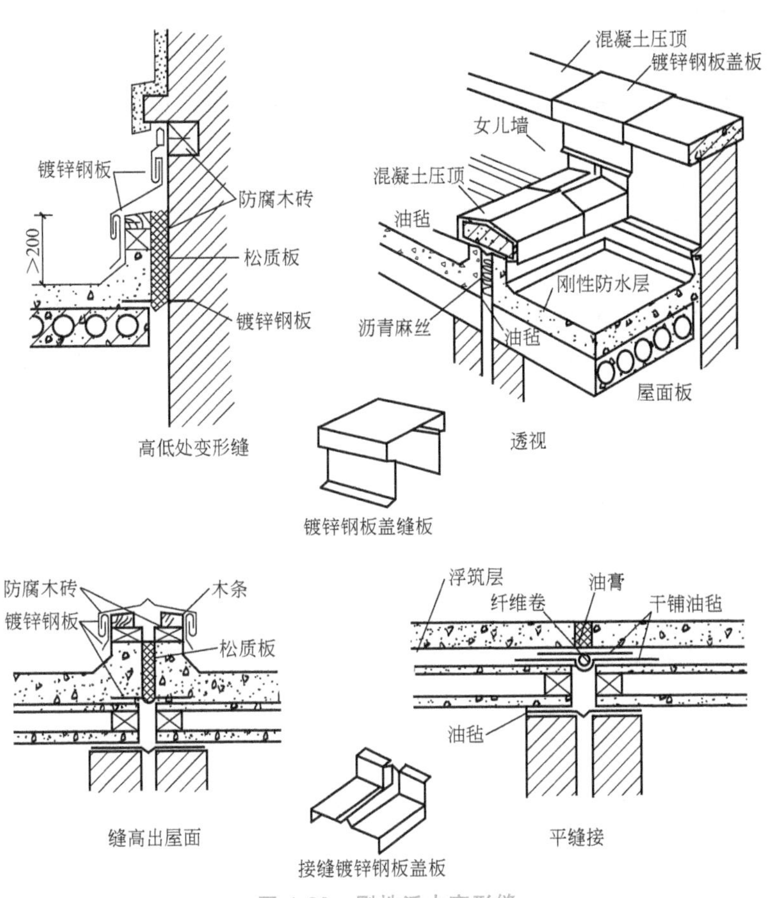


图 4-30　刚性泛水变形缝

结构层、找平层、结合层、防水层、保护层，如图 4-33 所示。

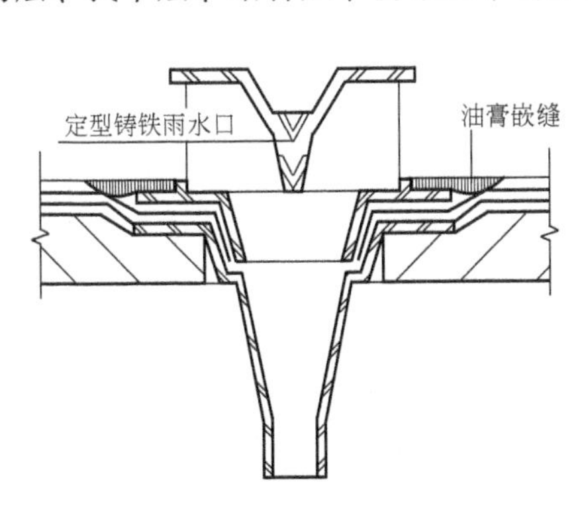


图 4-31　刚性防水屋面直管式雨水口

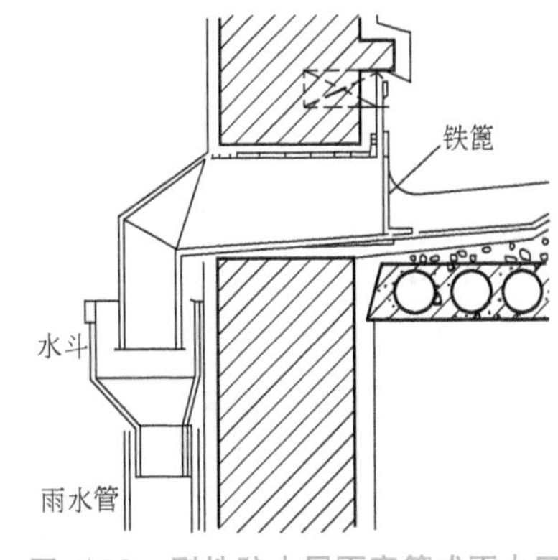


图 4-32　刚性防水屋面弯管式雨水口

结构层：多为钢筋混凝土屋面板。

找平层：为防水层提供坚固而平整的基层，一般采用 20mm 厚 1∶3 水泥砂浆，也可采用 1∶8 沥青砂浆，宜设置分格缝。

结合层：主要为在基层与卷材粘结剂间形成一层胶质薄膜，使卷材与基层胶结牢固。

防水层：主要有沥青类防水层、高聚物改性沥青类防水层、高分子类卷材防水层三种。

保护层：为使防水层不致因阳光和大气迅速老化及减小暴雨对防水层的冲刷，不上人沥青油毡屋面可在防水层上撒粒径为3~5mm的小石子作为保护层，俗称绿豆砂保护层；上人屋面一般在防水层上现浇30~40mm厚细石混凝土或铺设缸砖、混凝土板等块材。

c. 卷材防水屋面的节点构造。卷材防水屋面在泛水、檐口、变形缝、雨水口等处，比较刚性防水屋面，构造有所不同。

泛水：首先应将屋面卷材继续铺至垂直墙面，并加铺一层卷材，泛水高度不小于250mm；其次屋面和垂直墙面的交接处的砂浆找平层应抹成圆弧形或45°斜面，在卷材粘结剂的作用下使卷材铺贴牢实；另外，泛水的上口应收头固定，一般可采取设置通长槽压入卷材，设置挑砖、镀锌钢板盖住泛水的上口或两者都采用，如图4-34所示。

图4-33 卷材防水屋面的基本组成

图4-34 卷材防水屋面泛水构造

檐口：对于自由落水式挑檐的檐口主要应处理好防水层在挑檐处的收口，如图4-35所示；对于悬挑檐沟防水如图4-36所示；对于女儿墙外排水檐口构造做法同泛水构造。

变形缝：构造处理的原则是既要保证屋顶有自由变形的可能，又要能防止雨水的渗入，对于等高屋面变形缝和不等高变形缝分别有不同的构造措施，如图4-37所示。

雨水口：雨水口的构造原则要求排水通畅、不易积留，雨水不能从口侧边渗漏，如图4-38所示。

屋面上人孔：开孔处设置立砖围圈，泛水、收口等构造同变形缝处，如图4-39所示。

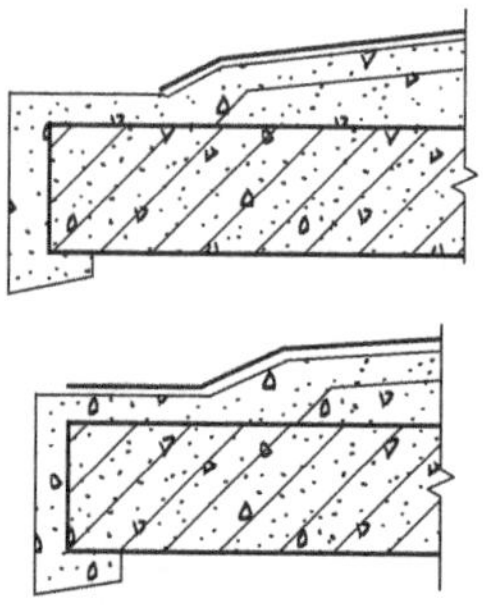

图4-35 卷材自由落水式挑檐的檐口

屋面出入口应设置门槛挡水，如图4-40所示。

3）涂料防水和粉剂防水屋面。所谓涂料防水屋面是指利用涂刷在屋面基层上的涂料干燥固化形成的不透水层达到防水目的的屋面。所谓粉剂防水是指在找平层上直接铺设5~10mm厚的拒水粉达到防水目的的屋面。

a. 涂料防水屋面的构造组成。涂料防水屋面由找平层、底涂层、中涂层、面层组成，如图4-41所示。

找平层：涂料防水屋面的找平层的一般做法是质量比1：2.5~1：3的水泥砂浆，做15~20mm厚，并设分格缝，要求平整、坚实、洁净、干燥。

底涂层：将稀释的涂料均匀涂布于找平层上；中涂层：先铺设玻璃纤维网格布作为加强胎体材料，再涂刷涂料。

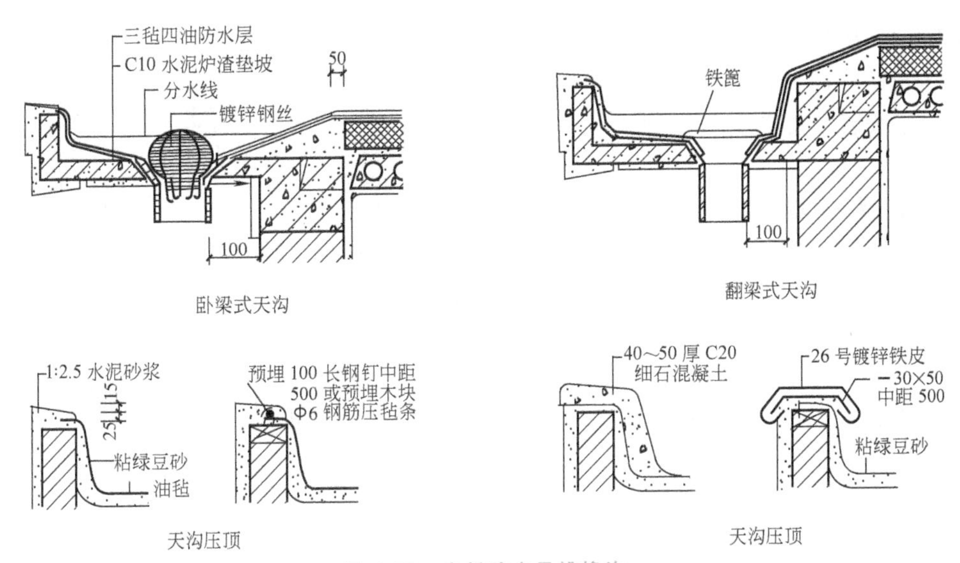


图 4-36　卷材防水悬挑檐沟

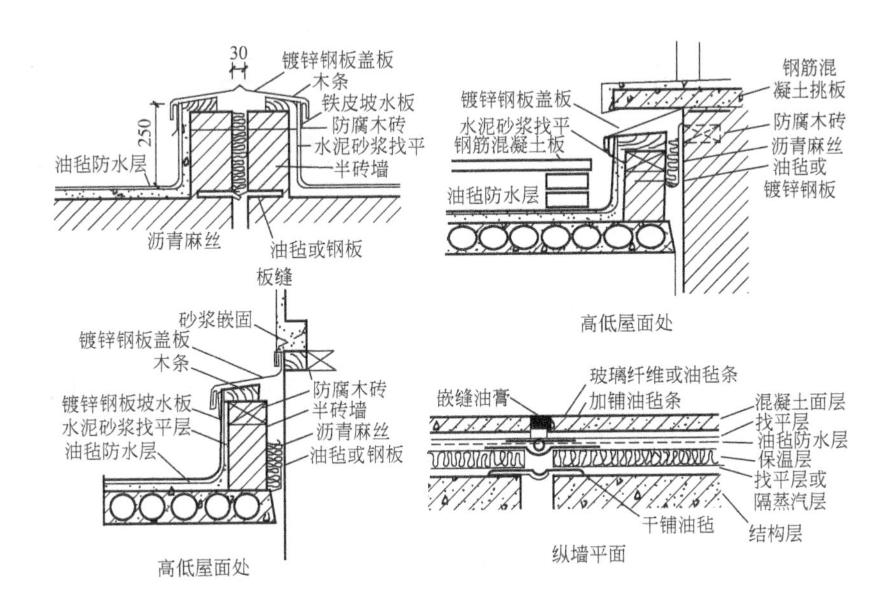


图 4-37　卷材防水屋顶变形缝

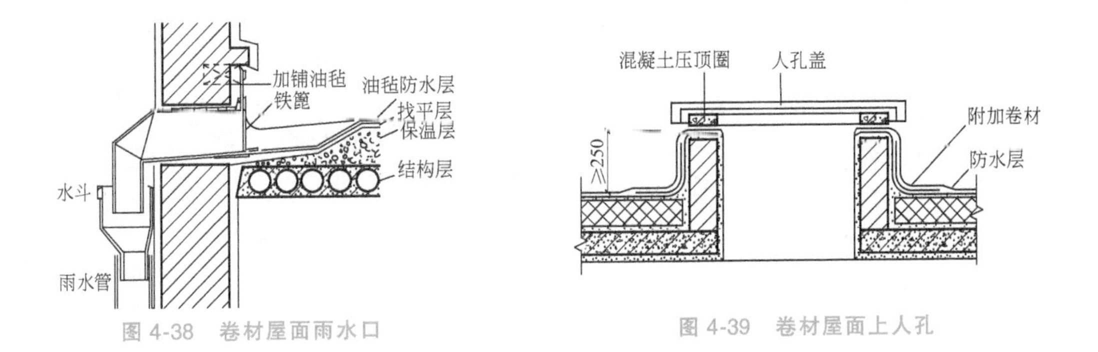


图 4-38　卷材屋面雨水口

图 4-39　卷材屋面上人孔

面层：根据需要可做细砂保护层。

b. 粉剂防水屋面构造组成。粉剂防水屋面由找平层、防水层、覆盖层和压面组成，如图4-42所示。

找平层：粉剂防水屋面的找平层一般为30~35mm厚C15的细石混凝土。

防水层：采用5~15mm厚的拒水粉，铺设时应避开大风天气。

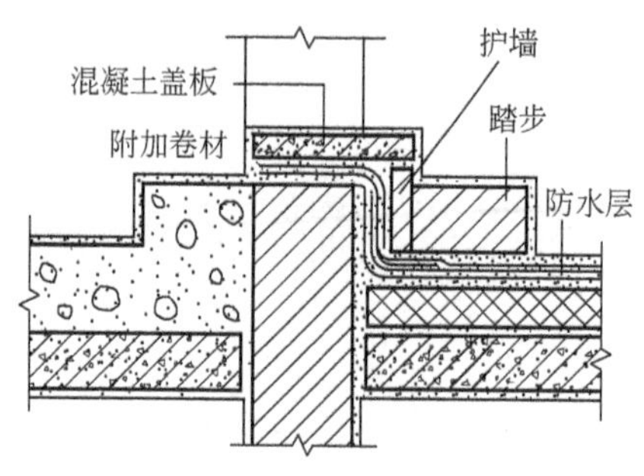


图4-40 卷材屋面出入口

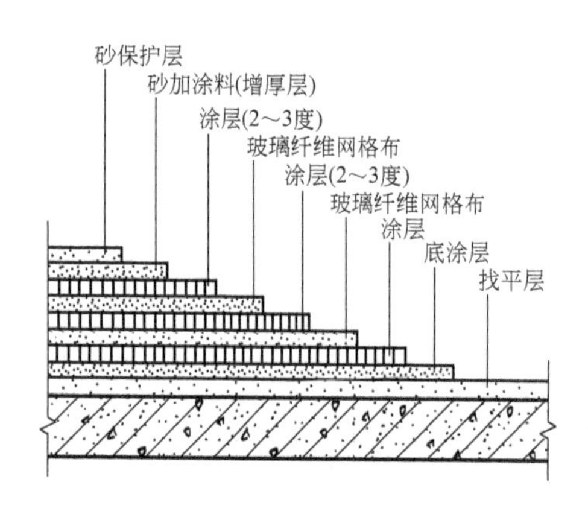


图4-41 涂料防水层的构造组成

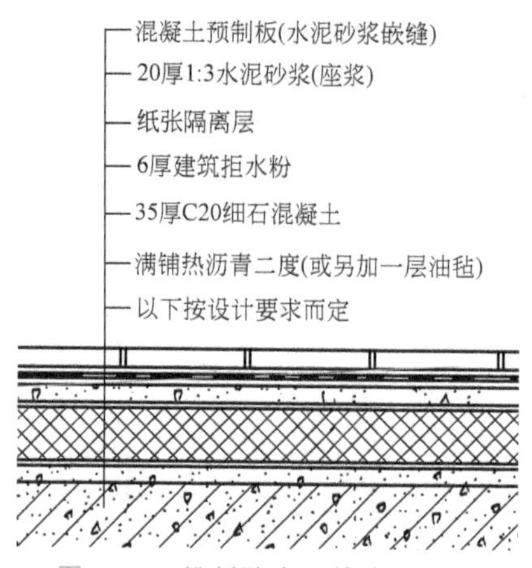


图4-42 粉剂防水层的构造组成

覆盖层和压面：随铺随用油纸或无纺布覆盖，压面可采用细石混凝土或铺设缸砖、预制混凝土板。

（3）**平屋顶的保温隔热构造** 屋顶作为外围护结构，同外墙一样，不仅要遮风避雨还应具有保温和隔热功能。保温和隔热都是要阻止热量的传递和转移，但是保温是防止热量外散，隔热是阻止室外热量进入室内，两者阻止热量传递的方向相反，故构造和技术有很大不同。

1）平屋顶的保温。在地处严寒地区的冬季，为使室内热量不至从屋顶散失太快及避免由于屋顶内表面温度降低而产生的结露现象，必须在屋面结构中设置保温层。保温层结构由保温层和隔气层组成。保温材料一般采用松散的材料，可以直接松散设置如膨胀蛭石，也可将松散材料与水泥、沥青等整体拌和，或者使用块状的保温材料，如：加气混凝土板、泡沫混凝土板等。常见的油毡平屋顶保温屋面的构造如图4-43所示。

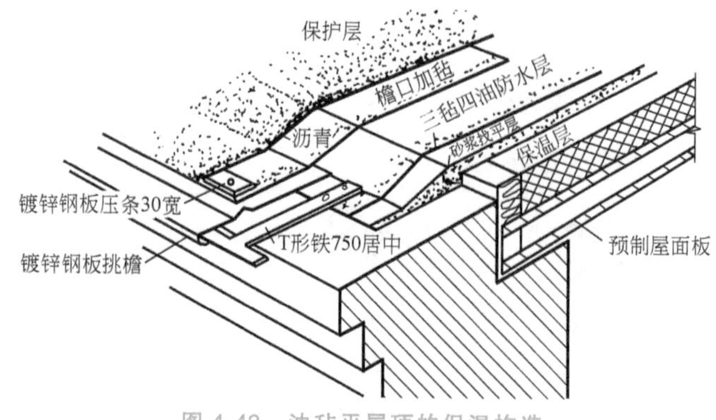


图4-43 油毡平屋顶的保温构造

2）平屋顶的隔热。屋顶的隔热主要是减少直接作用于屋顶表面的太阳辐射热量，常见的有屋顶通风隔热、屋顶蓄水隔热、屋顶植被隔热、屋顶反射阳光隔热等。其中屋顶通风隔热最常用，它可以利用架空层遮挡阳光、利用架空层内空气与外部空气的对流降低室内温度，构造简单，如图 4-44 所示。屋顶蓄水隔热、屋顶植被隔热构造要求复杂，应用于建筑要求较高的地方。

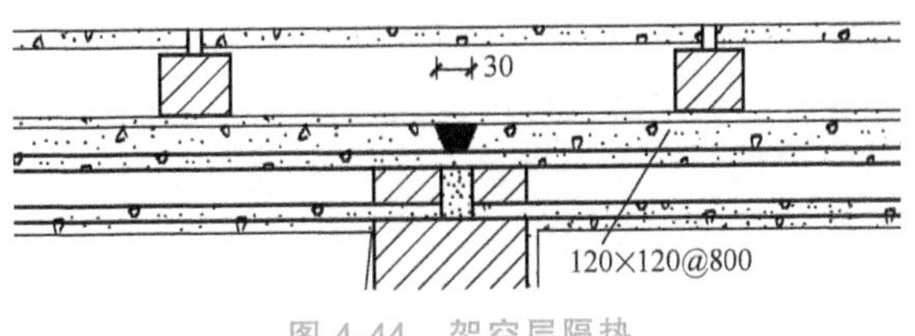

图 4-44　架空层隔热

3. 坡屋顶构造

坡屋顶作为传统的屋顶形式，常见于古建筑、仿古建筑中。其形式多样，构造精美。坡屋顶往往由承重结构、面层、顶棚及附属层组成。

传统坡屋顶的结构层由椽子、檩条、屋架、木梁组成。根据檩条的搁置方式不同，又可分为山墙支承和屋架支承。山墙支承是指檩条直接搁置在砌成山尖形的山墙上，如图 4-45 所示。屋架支承是指一个个屋架通过支撑连接成整体，檩条搁置在屋架上，根据屋架的不同又有三角屋架、梁架之分。还有一种小间距布置椽架而不用檩条，称为椽式结构，如图 4-46 所示。坡屋顶的屋面构造如图 4-47 所示。

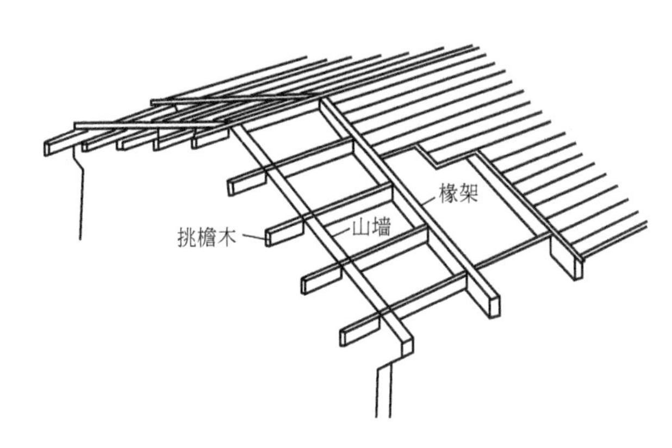

图 4-45　坡屋顶的山墙支承

4. 坡屋顶的保温隔热

（1）**坡屋顶保温构造**　坡屋顶的保温层一般布置在瓦材与檩条之间或吊顶棚上面。保温材料可根据工程具体要求选用松散材料、块体材料或板状材料。坡屋顶的隔热构造设置与保温层的设置相同。

（2）**坡屋顶隔热构造**　炎热地区在坡屋顶中设进气口和排气口，利用屋顶内外的热压差和迎风面的压力差，组织空气对流，形成屋顶内的自然通风，以

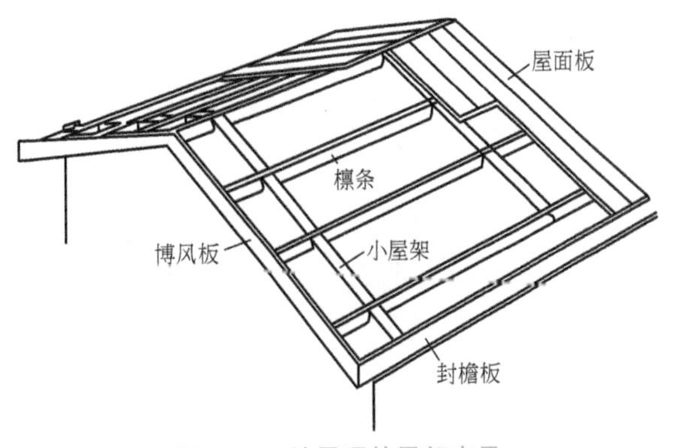

图 4-46　坡屋顶的屋架支承

减少由屋顶传入室内的辐射热，从而达到隔热降温的目的。进气口一般设在檐墙上、屋檐部位或室内顶棚上；出气口最好设在屋脊处，以增大高差，有利加速空气流通。

（3）**屋顶与设备管道的关系** 设备与屋顶的关系主要是指为检修而设置的上人孔、某些管道须伸出屋面等情况（图4-48）。

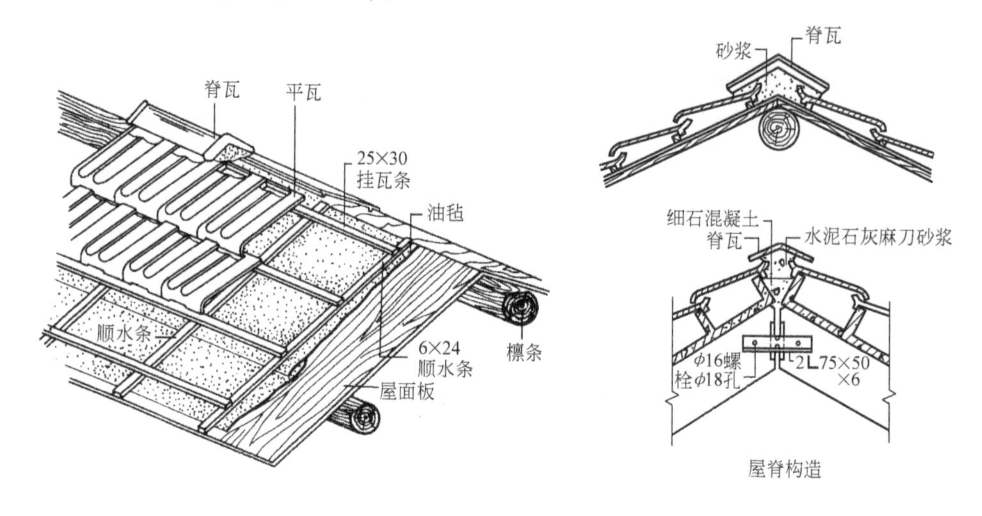


图4-47 坡屋顶常见的屋面构造

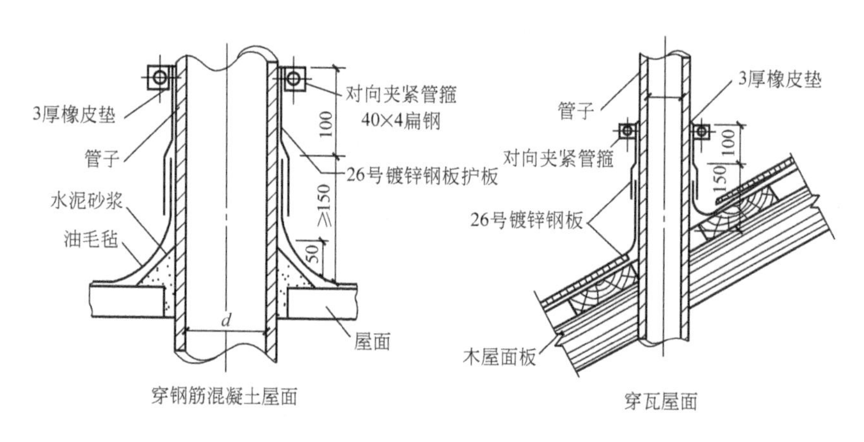


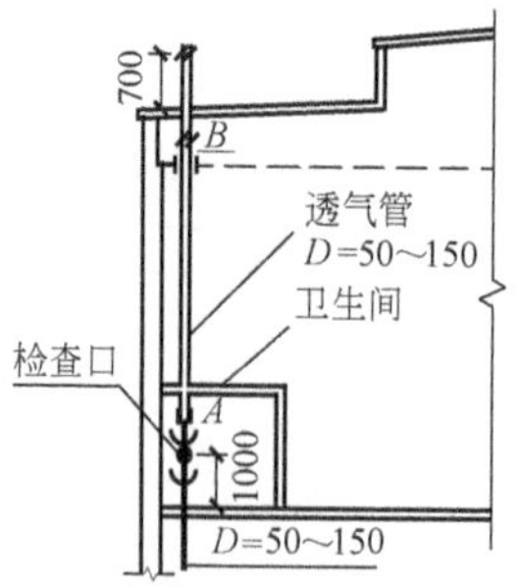


室内排水管道立管示意图

图4-48 管道出屋面构造

# 4.6　楼梯与台阶

作为建筑物竖向空间的联系通道，楼梯、电梯、台阶、坡道等承担建筑物上下层的交通、疏散功能。其中，楼梯使用最为广泛。楼梯的设计要求坚固、耐久、防火，利于上下通行和搬运方便，同时还要考虑美观方面的要求。

垂直升降电梯则主要用于高层建筑；自动扶梯仅用于人流量大且使用要求高的公共建筑，如商场、候车楼等；台阶用于室内外高差之间和室内局部高差之间的联系；坡道则由于其无障碍流线用于多层车库通行汽车和医疗建筑中通行担架车等，在其他建筑中，坡道也作为残疾人轮椅车的专用交通设施。

## 4.6.1　楼梯的组成、分类与尺度

### 1. 楼梯的组成

楼梯一般由梯段、平台和栏杆扶手三部分组成，如图 4-49 所示。

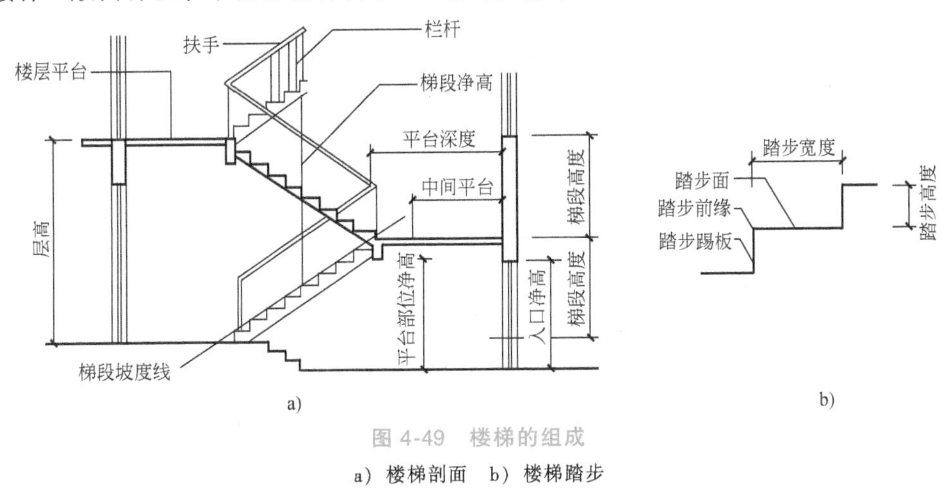


图 4-49　楼梯的组成

a）楼梯剖面　b）楼梯踏步

（1）**梯段**　设有踏步供楼层间行走的倾斜通道段落称为梯段，分为板式和梁板式。一般梯段的踏步步数为防止使用者感到疲劳不宜超过 18 级，同时为防止步数过少不易察觉而摔倒也不宜少于 3 级。

（2）**平台**　平台是指两梯段之间的水平板，平台按所处位置和高度不同分为中间平台和楼层平台。其中两楼层之间的平台称为中间平台，用于转折方向和供行人暂息调节体力。与楼层地面标高齐平的平台称为楼层平台，用于分配从楼梯到达各楼层的人流及改变行进方向、暂息。

（3）**栏杆、扶手**　栏杆或栏板是设在梯段及平台边缘的安全保护构件。其上部供人用手扶持的配件，称为扶手。一般设置在梯段的边缘和平台临空的一边，要求它必须坚固可靠，并保证有足够的安全高度。

### 2. 楼梯的分类

（1）**按所用材料分类**　根据所用的材料不同，楼梯可分为木楼梯、钢楼梯、钢筋混凝土楼梯及混合式楼梯等。

（2）**按所在位置分类** 根据所在位置不同，楼梯可分为室内楼梯和室外楼梯。室内楼梯又可分为主要楼梯、辅助楼梯；室外楼梯又可分为安全楼梯、防火楼梯。

（3）**按楼梯形式分类** 楼梯形式的分类主要有以下几种：

1）直行单跑楼梯。如图4-50a所示，楼梯无中间信息平台，一般踏步数不超过18级，仅用于层高不大的建筑。

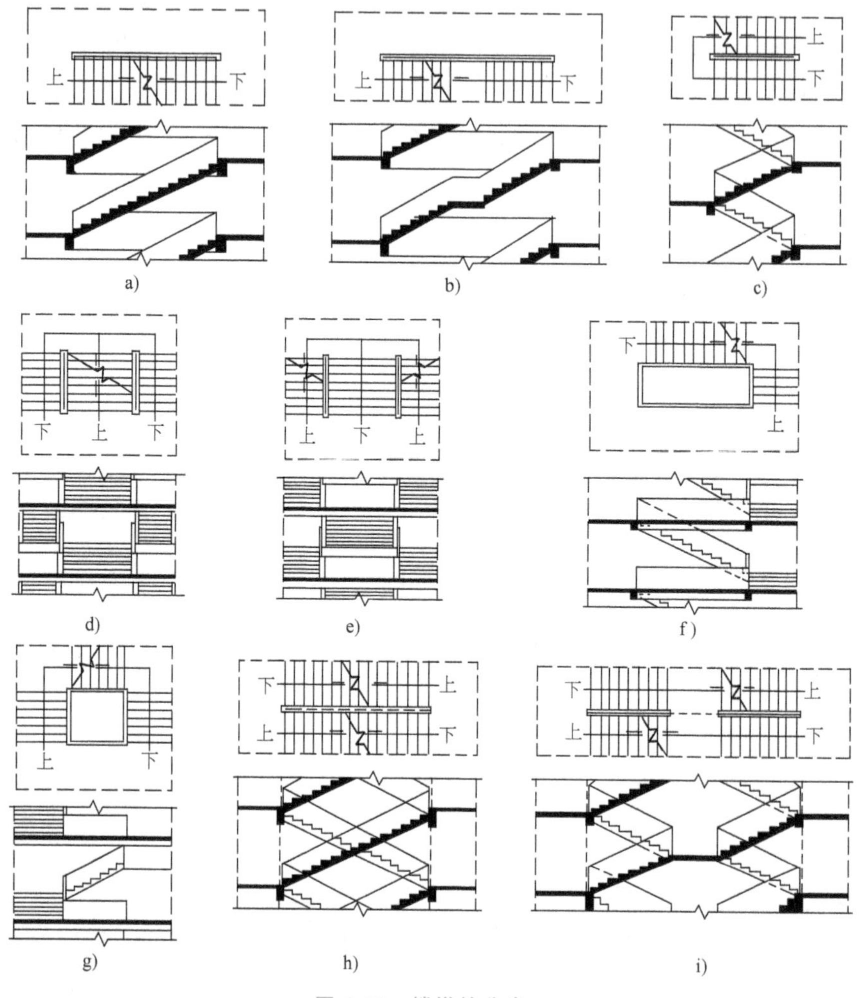


图4-50 楼梯的分类

a）直行单跑楼梯 b）直行多跑楼梯 c）平行双跑楼梯 d）平行双分楼梯 e）平行双合楼梯 f）折行双跑楼梯 g）折行多跑楼梯 h）、i）交叉跑（剪刀）楼梯

2）直行多跑楼梯。如图4-50b所示，是直行单跑楼梯的延伸，仅增设了中间平台，将单梯段变为多梯段，一般为双跑梯段，适用于层高较大的建筑。

3）平行双跑楼梯。如图4-50c所示，此种楼梯由于上完一层楼刚好回到原起方位，与楼梯上升的空间回转往复性吻合，比直跑楼梯节约面积并缩短人流行走距离，是最常用的楼梯形式之一。

4）平行双分双合楼梯。如图4-50d、e所示，平行双分楼梯形式是在平行双跑楼梯基础上演变产生的。其梯段平行而行走方向相反，且第一跑在中部上行，然后自中间平台处往两边以第一跑的二分之一梯段，各上一跑到楼层面。通常在人流较多，梯段宽度较大时采用。平行双合楼梯与平行双分楼梯类似，区别仅在于楼层平台起步第一跑梯在两边。

5）折行多跑楼梯。如图 4-50f、g 所示，折行双跑楼梯，此种楼梯人流导向较自由，折角可变。当折角>90°时，由于其行进方向类似直行双跑梯，故常用于仅上一层楼面的影剧院、体育馆等建筑的门厅中。当折角<90°时，其行进方向回转延续性有所改观，形成三角形楼梯间，可用于上多层楼面的建筑中。对于折行三跑楼梯，其中部形成较大梯井，在设有电梯的建筑中，可利用梯井作为电梯井位置。由于有三跑梯段，常用于层高较大的公用建筑中。当楼梯井未作为电梯井时，因楼梯井较大，不安全，供少儿使用的建筑不能采用此种楼梯。

6）交叉跑（剪刀）楼梯。如图 4-50h、i 所示，可认为是由两个直行单跑楼梯交叉并列布置而成的，通行的人流量较大，且为上下楼层的人流提供了两个方向，有利于楼层人流的多方向进入，但仅适合层高小的建筑。当层高较大时，可设置中间平台，中间平台为人流变换方向提供了条件，如商场、多层食堂等，另外还可在中间再加上防火分隔墙，并在楼梯周边设防火墙，开门形成楼梯间。这种楼梯可以视为两部独立的疏散楼梯，满足双向疏散的要求，在有双向疏散要求的高层建筑中常采用。

7）螺旋楼梯。通常是围绕一根单柱布置，平面呈圆形。其平台和踏步均为扇形平面，踏步内侧宽度很小，并形成较陡的坡度，行走时不安全，且构造较复杂。这种楼梯不能作为主要人流交通和疏散楼梯，但由于其造型美观，常作为建筑小品被采用。

8）弧形楼梯。如图 4-51 所示，弧形楼梯与螺旋形楼梯的不同之处在于前者围绕一较大的轴心空间旋转，未构成水平投影圆，仅为一段弧环，并且曲率半径较大。其扇形踏步的内侧宽度也较大，使坡度不至于过陡，可以用来通行较多的人流。弧形楼梯同时也是折形楼梯的演变形式，当布置在公共建筑门厅时，具有明显的导向性和优美轻盈的造型。但其结构和施工难度较大，通常采用现浇钢筋混凝土结构。

### 3. 楼梯的尺度

（1）**楼梯段宽度、长度** 楼梯段宽度是根据通行人流量的大小、搬运物品的需要和安全疏散的要求来确定的。对于主要楼梯的梯段宽度应根据建筑物的特征，按人流股数确定，通常不应小于两股人流。一般每股人流的宽度为 550mm+（0~15）mm。建筑设计规范中对梯段的宽度加以限定，如：住宅建筑≥1100mm，公共建筑≥1300mm。

楼梯段长度则是每一梯段的水平投影长度。其取值一般为 $L$=踏面宽度 $X$×（踏步数-1）。

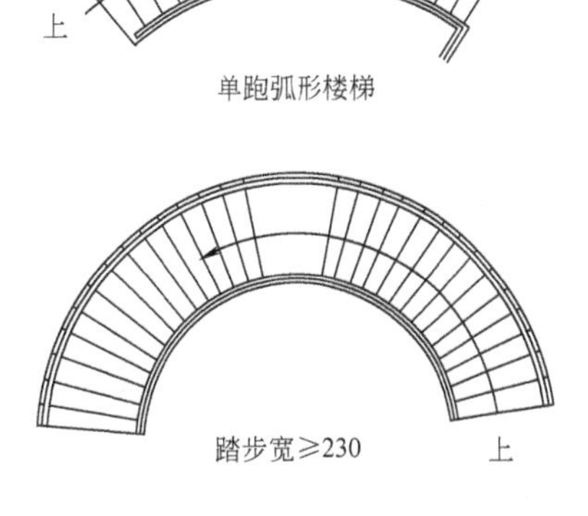

图 4-51 弧形楼梯

（2）**楼梯平台宽度** 为保证楼梯的通行能力和在楼梯的各部位都不受阻碍，平台的最小净宽度应不小于楼梯段净宽度，如图 4-52 所示。对于不改变行进方向的平台，其宽度可不受此限制。同时为便于搬运家具，医院建筑还应保证担架在休息平台处能转向通行，其中间平台宽度应不小于 1800mm。对于直行多跑楼梯，其中间平台宽度等于梯段宽，或不小于 1000mm。对于楼层平台宽度，则应比中间平台更宽松一些，以利于人流分配和停留。

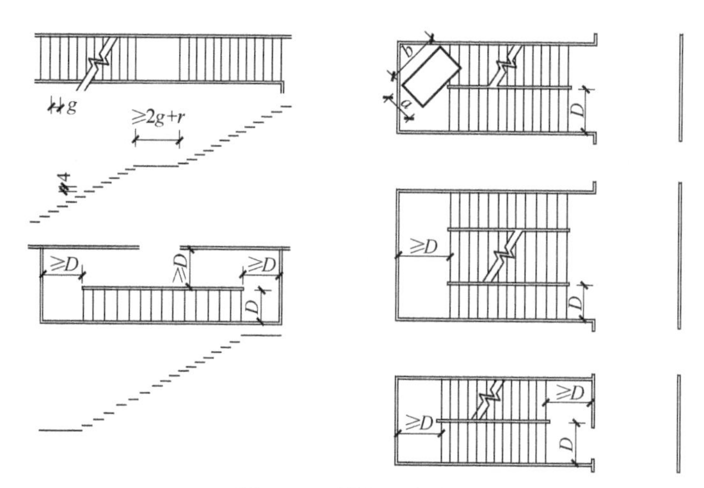

图 4-52 楼梯平台净宽

(3) **楼梯坡度与踏步尺寸** 楼梯坡度由两个因素确定：一是行走舒适；二是节约楼梯间面积。在实际应用中均由楼梯踏步高宽比决定。常用坡度为 1∶2 左右，人流量大，安全要求高的楼梯坡度应该平缓一些，反之则可陡一些，以节约楼梯面积。楼梯踏步的踏步高和踏步宽一般根据经验数据确定。踏步的高度，成人以 150mm 左右较适宜，不应高于 175mm。踏步的宽度（水平投影宽度）以 300mm 左右为宜，不应窄于 250mm。在踏步宽度一定的情况下增加行走舒适度，可将踏步出挑 20~30mm，如图 4-53 所示。

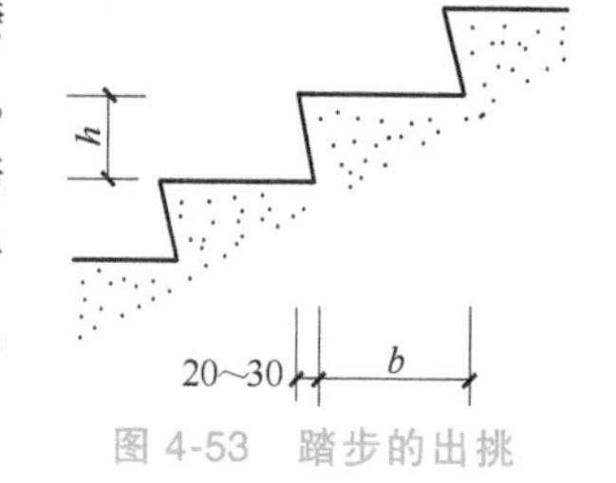

图 4-53 踏步的出挑

民用建筑中，楼梯踏步的最小宽度与最大高度的限制值见表 4-5。

表 4-5 楼梯踏步最小宽度和最大高度 （单位：mm）

| 楼梯类别 | 最小宽度 $b$ | 最大高度 $h$ |
|---|---|---|
| 住宅公用楼梯 | 250(260~300) | 180(150~175) |
| 幼儿园楼梯 | 260(260~280) | 150(120~150) |
| 医院、疗养院等楼梯 | 280(300~350) | 160(120~150) |
| 学校、办公楼等楼梯 | 260(280~340) | 170(140~160) |
| 剧院、会堂等楼梯 | 220(300~350) | 200(120~150) |

(4) **楼梯的净空高度** 楼梯的净空高度，包括楼梯段的净空高和平台走道处的净空高。楼梯平台上部及下部走道处的净空高不应小于 2000mm。楼梯段净空高为自踏步的前缘线量至上方突出物下缘间的垂直高度，应保证人们的行走不受影响，最好使人的上肢向上伸直时不触及上部结构，一般不小于 2200mm，如图 4-54 所示。

(5) **扶手高度** 梯段栏杆扶手高度由人体重心高度和楼梯坡度大小等因素决定，在 30°左右的坡度下常采用 900mm；儿童使用的楼梯一般为 600mm。对一般室内楼梯 ≥900mm，靠梯井一侧水平栏杆长度>500mm，其高度 ≥1000mm，室外楼梯栏杆高 ≥1050mm。

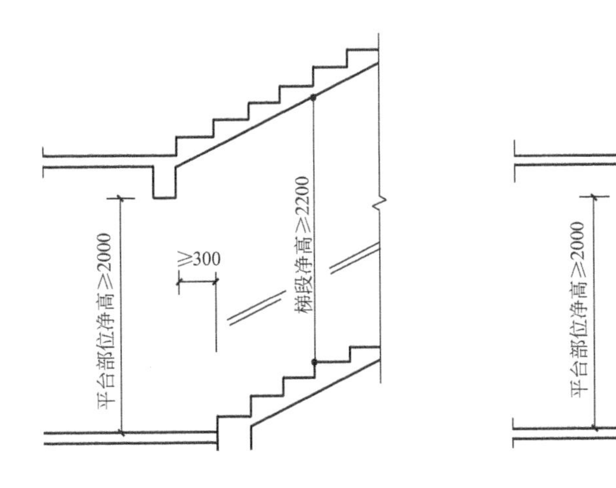


图4-54 楼梯净空高度

（6）**梯井宽度** 梯井，指梯段之间形成的空档，空档从顶层到底层贯通。为安全起见，宽度不应过大，以60~200mm为宜。

## 4.6.2 钢筋混凝土楼梯的结构与构造

钢筋混凝土楼梯具有坚固耐久、防火性能好、可塑性强等优点，得到广泛应用。按其施工方式可分为现浇整体式和预制装配式。预制装配式有利于节约模板、提高施工速度，使用较为普遍。

### 1. 现浇钢筋混凝土楼梯

现浇钢筋混凝土楼梯是在配筋、支模后将楼梯段、平台等浇注在一起，所以整体性好。现浇钢筋混凝土楼梯主要分为梁板式和板式两种类型。

梁板式楼梯由梯段板、斜梁、平台板和平台梁组成，如图4-55所示。梯段板上的荷载通过斜梁上传至平台梁，再传到砖墙上。梯段板靠墙一边可搭在墙上，不设斜梁；另一种做法是梯段两边均搭在斜梁上，斜梁可在梯段板下面，也可在梯段板以上。前者称明步做法，后者称暗步做法。明步做法楼梯外形轻巧，常被采用。

板式楼梯指的是梯段板采用板式结构。梯段板上、下两端支承在平台梁上，楼梯间进深较小时也可不设平台梁，将梯段板与休息平台结成一块整板，支承在楼梯间的纵向承重墙上，如图4-56所示。

### 2. 预制装配式钢筋混凝土楼梯

（1）**小型装配式楼梯** 小型预制装配式楼梯是将踏步、斜梁、平台板和平台梁分别预制，然后进行组装。主要特点是构件小而轻，易制作。但施工较慢，有时耗费人力较多。

（2）**中型装配式楼梯** 中型构件装配式楼梯，一般将楼梯分为梯段、休息平台等构件。平台板可预制为实心平板、槽形板；梯段可预制成板式、折板式、槽板式、空心梯段等。

（3）**大型装配式楼梯** 楼梯梯段与平台梁连在一起，每个构件包括一个梯段和两个平台梁。这种楼梯装配速度快，但由于构件不在同一平面内，生产这种预制构件困难较大，所以采用较少。

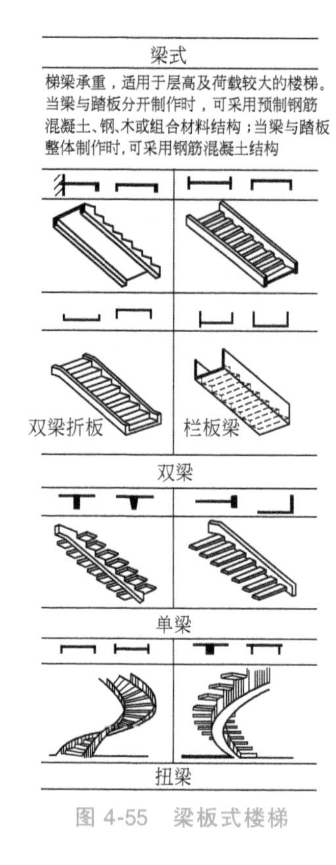


图 4-55 梁板式楼梯

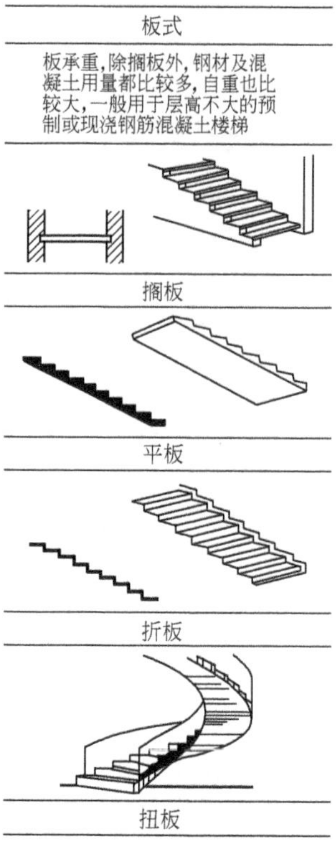

板式

板承重，除搁板外，钢材及混凝土用量都比较多，自重也比较大，一般用于层高不大的预制或现浇钢筋混凝土楼梯

搁板

平板

折板

扭板

图 4-56 板式楼梯

3. 钢筋混凝土楼梯细部构造

楼梯踏步的踏面应光洁、耐磨，易于清扫。面层常采用水泥砂浆、水磨石等，也可采用铺缸砖、贴油地毡或铺大理石板。前两种多用于一般工业与民用建筑中，后几种多用于有特殊要求或较高级的公共建筑中。

为防止行人在上下楼梯时滑跌，特别是水磨石面层以及其他表面光滑的面层，常在踏步近踏口处，用不同于面层的材料做出略高于踏面的防滑条，或施工时预先刻出防滑凹槽，常用的防滑条材料有：水泥铁屑、金刚砂、金属条、陶瓷锦砖以及带防滑条的缸砖等。

## 4.6.3 台阶与坡道

由于建筑物的室内外高差不同，在建筑物入口处常设置台阶或坡道。建筑物内部有高差时也用台阶连接。

1. 台阶

台阶由踏步和平台组成。其形式有单面踏步式、三面踏步式等。台阶的形式由设计者根据立面设计统一考虑。

2. 坡道

室外门前为便于车辆出入，常做坡道。坡道材料常见的有混凝土或石块等，面层也以水泥砂浆居多，对经常处于潮湿、坡度较陡或采用水磨石作面层的，在其表面必须作防滑处理。坡道的坡度不宜过大，一般不宜大于1∶10，室内坡道不宜大于1∶8，供轮椅使用的坡道的坡度不应大于1∶12。室内坡道水平投影长度超过15m时，宜设休息平台。供轮椅使用的坡道两侧应设高度为 650mm 的扶手。坡道应设防滑地面。

### 4.6.4 电梯与自动扶梯

另外一种联系建筑物上下空间的方法是使用电梯。当房屋层数较多（住宅 7 层及 7 层以上），或房屋高度在 16m 以上时，则需要根据层数、使用人数和使用面积设置电梯。一些公共建筑虽然层数不多，但当建筑等级较高（如宾馆）或有特殊需要（如医院）时，也应设置电梯。对于高层及重要建筑，除设置乘客电梯之外，还应设置消防电梯。交通建筑、大型商业建筑、科教展览建筑，如车站、机场、大型商场、文化展览馆等，为了加快密集人流的疏导，应设置自动扶梯。

#### 1. 电梯

电梯分为客梯、货梯和专用电梯三种。客梯：主要用于人们在建筑物中的垂直联系。货梯：主要用于运送货物及设备。专用电梯：用于特定目的修建的电梯，如消防电梯用于发生火灾、爆炸等紧急情况下作安全疏散人员和消防人员紧急救援使用。观光电梯是把竖向交通工具和登高流动观景相结合的电梯，故其轿厢是透明的。

电梯通常由机房、井道、轿箱三大部分组成。轿箱作载货和载人用，电梯箱门的开启方式有：中分推拉门、中分双扇推拉门、双扇推拉门等多种。电梯井道是电梯运行的通道，各层有出入口，井内有导轨、轨道撑架、平衡锤及缓冲器等。电梯机房通常设在井道上方。机房的平面尺寸须根据机械设备尺寸的安排及管理、维修等需要来确定，高度一般为 2.5 ~ 3.5m。电梯井道和机房可用砖砌成，但大多数为钢筋混凝土结构，如图 4-57 所示。

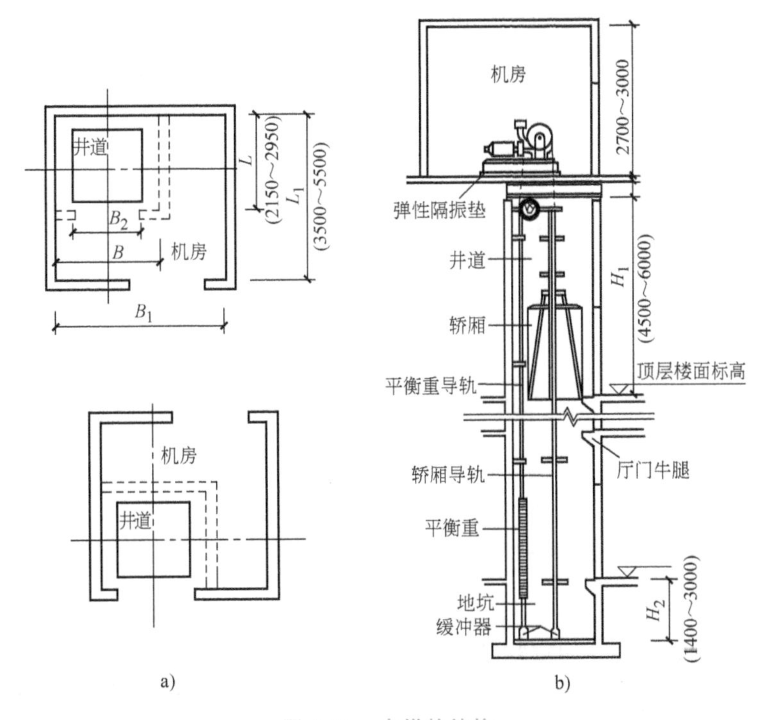


图 4-57 电梯的结构

a）平面 b）通过电梯门剖面

2. 自动扶梯

自动扶梯适用于有大量人流上下的公共场所，如火车站、机场、地下铁道站、商店及展览馆等。一般来说，可以正逆运行，机器停转时可作普通楼梯使用。自动扶梯应设置在大厅中的明显位置，上下两端应比较开敞，避免面对墙壁和死角。自动扶梯的布置形式，分平行排列式、交叉排列式和集中交叉式等几种，基本结构如图 4-58 所示。自动扶梯的坡道比较平缓，一般采用 30°，运行速度为 0.5～0.7m/s，宽度按输送能力有单人和双人两种（表 4-6），根据通行量来决定。

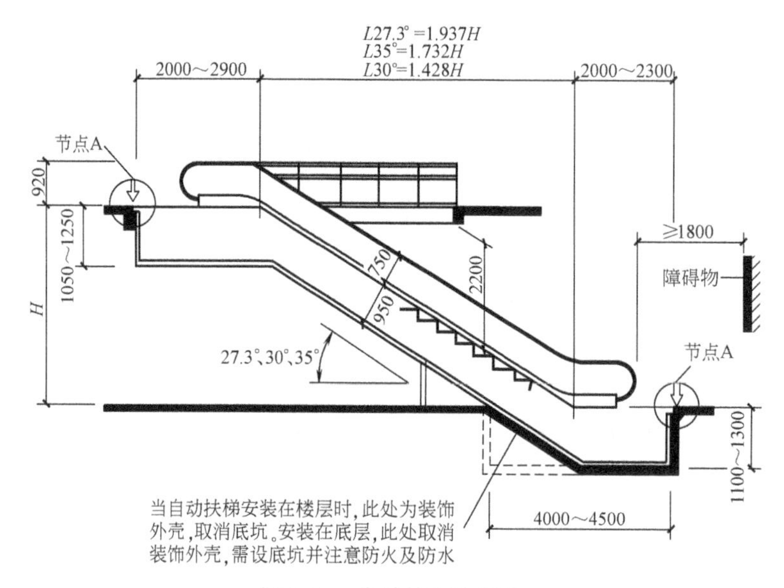


图 4-58 自动扶梯的结构

表 4-6 自动扶梯型号规格

| 梯型 | 输送能力/(人/h) | 提升高度 $H$/m | 速度/(m/s) | 扶梯宽度 | |
|---|---|---|---|---|---|
| | | | | 净宽 $B$/mm | 外宽 $B_1$/mm |
| 单人梯 | 5000 | 3～10 | 0.5 | 600 | 1350 |
| 双人梯 | 8000 | 3～8.5 | 0.5 | 1000 | 1750 |

## 4.7 门窗

### 4.7.1 门窗的作用与类型

作为建筑物的围护部件，门窗都各有其不可或缺的作用。

门窗在建筑立面构图中的影响也较大，它的尺度、比例、形状、组合、透光材料的类型等，都影响着建筑的艺术效果。

1. 门的作用

1）交通与疏散。门的主要作用是交通联系和人流疏散。门的大小、数量、位置及开启方向，都应满足建筑物相应的使用要求和防火规范规定的人流疏散的要求。

2）围护和分隔。门的另一主要作用是在必要时将房间或建筑物与外界隔离，不受不利因素的影响，达到安全、隐秘的目的。

3）采光和通风。通过门可以达到一定程度的采光和通风的目的。

4）美观。门是入口的主要组成部分，所以外门是房屋立面处理的重点之一。

5）其他特殊作用。具有特殊使用要求的建筑物，需要使用有特殊作用的门，如密封门、防火门、防辐射门等。

2. 门的类型

**（1）根据材料的不同分类**

1）木门：常见的形式有镶板门、夹板门、玻璃门等几种。其构造组成一般包括门框、门扇、亮子窗、五金附件等主要部分。门的尺度根据交通运输和安全疏散要求设计。一般供人日常生活进出的门，高度在1900~2100mm；门的宽度，单扇门为800~1000mm，双扇门为1200~1800mm。公共建筑和工业建筑的门可按需要适当提高。由于木门的热胀冷缩性和耐久性不佳，以及过多消耗木材，对木门的使用在逐渐减少。

2）钢门：钢门是用型钢或薄壁空腹型钢在工厂制作而成的。它符合工业化、定型化与标准化的要求。在强度、刚度、防火等性能方面，均优于木门窗，但在潮湿环境下易锈蚀，耐久性差，存在关闭不严、形式单一、自重大、保温、隔声性能差等缺点。目前已经基本被淘汰，仅在个别临时建筑上才使用。

3）铝合金门：轻巧美观，性能较好，使用范围广泛。特别是彩色铝合金门前景广阔。

4）塑料、塑钢门：塑料门采用硬质PVC塑料制成，造型美观、防腐、密闭、隔热、无须刷漆维护。塑钢门是在塑料门的基础上，加入钢筋骨架，增加了门的刚度，使塑料门的尺寸限制得到改善。再加上其相对更为低廉的价格优势，因此得到较为广泛的应用。塑钢门的品种、类型、规格、尺寸较多，安装时均应符合设计要求，包括对开启方向安装位置、连接方式及塑钢门的型材壁厚等的考虑，还有塑钢门的防腐处理及填嵌、密封处理也应符合设计要求。

**（2）根据开启方向不同分类**

1）平开门：即水平开启的门（图4-59a）。平开门一般有单扇门和双扇门之分，可以内开和外开。房间的门，一般应内开；安全疏散门应外开。除特殊要求的以外，宽度小于1.0m的门为单扇门，宽度大于1.0m的门为双扇门。

2）弹簧门：弹簧门如图4-59b所示，类似于平开门，只是门扇与门框的连接方式采用弹簧铰链或地弹簧，有单面弹簧和双面弹簧之分。弹簧门一般仅用于人流出入频繁或有自动关闭要求的地方，幼儿园、托儿所等建筑中不宜采用。

3）推拉门：推拉门的门扇安装在门上下部位的滑轨上，有上悬、下悬之分（图4-59c）。推拉门开启占用空间小，但构造复杂。

4）折叠门：折叠门（图4-59d）是将多扇门用铰链结合在一起，向一个方向开启。

5）其他：如旋转门用于人流不大但要求室内密闭的场合，上翻门、升降门、卷帘门等需较大的空间，如图4-59e、f、g、h所示。

**（3）根据功能要求不同分类** 除普通门外，还有通风、遮阳用的百叶门，用于保温、隔热的保温门，用于隔声的隔声门，以及防火门、防辐射门等。

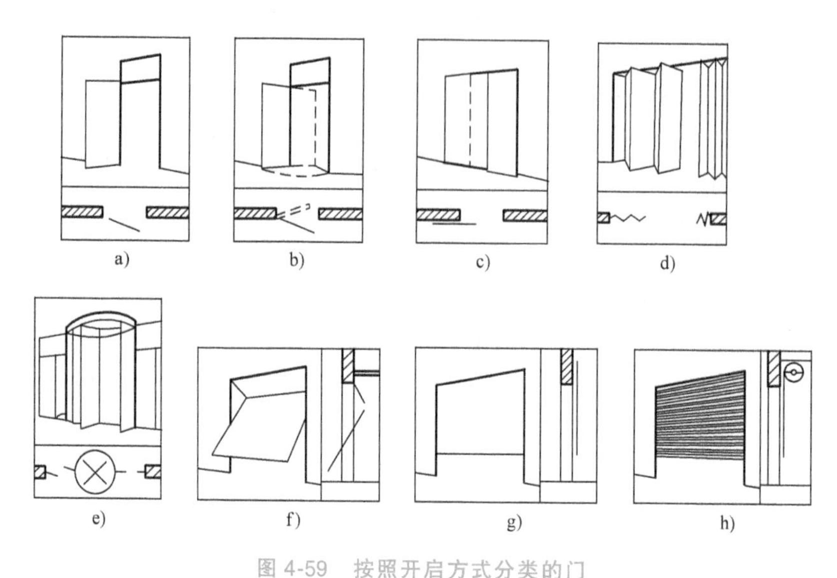

图4-59 按照开启方式分类的门
a）平开门 b）弹簧门 c）推拉门 d）折叠门 e）转门
f）上翻门 g）升降门 h）卷帘门

3. 窗的作用

（1）**采光与通风** 窗的作用主要是采光、通风及眺望。窗的大小、位置、数量的选择主要依靠采光要求来确定。开窗还能达到通风的目的，利于室内外空气的流通。

（2）**围护** 窗必须能适时地开闭，防止风、雪、雨、烈日、冷流、蚊虫等自然因素的侵扰，以维护室内合适的居住环境。

（3）**隔声** 噪声极易通过窗户传入室内，因此设计时应采取某些隔声构造及措施。

（4）**美观** 设计建筑立面时，窗的造型常常是可以出彩的地方。

4. 窗的类型

（1）**根据材料的不同分类**

1）木窗：木窗一般由窗框（包括上下框和边框）、窗扇（玻璃扇、纱扇）、五金（铰链、风钩、插销）及附件（窗帘盒、窗台板）等组成。木窗自重轻、制作维修方便、密闭性好，但易因气候变化而胀缩，易被虫蛀、腐蚀，耐久性不好，将逐渐受到限制使用。

2）钢窗：钢窗坚固耐用、防火防潮。因材料断面小，钢窗的透光率大，可达到木窗的160%，但造价高。但同样存在潮湿环境下易锈蚀，耐久性差，形式单一、自重大，保温、隔声性能差等缺点。目前应用已很少。

3）铝合金窗：铝合金窗不易生锈、耐腐蚀、密闭性好、不需刷油漆、装饰性好，目前得到广泛的采用。

4）塑料、塑钢窗：造型美观、防腐、密闭、隔热、无须刷漆维护，价格较低廉，已得到较广泛的应用。与塑料、塑钢门一样，塑料窗是采用硬质PVC塑料制成的，而塑钢窗是在塑料窗的基础上，加入钢筋骨架，增加了窗的刚度，使塑料窗的尺寸限制得到改善。

5）其他：随着科技的发展，更多、更好的材料逐渐被应用到各类窗户中，如改性玻璃钢、高分子纳米材料等。

（2）**根据镶嵌材料的不同分类**　根据镶嵌材料的不同，窗又有玻璃窗、纱窗、百叶窗、保温窗之分。

（3）**根据开启方向不同分类**（图 4-60）

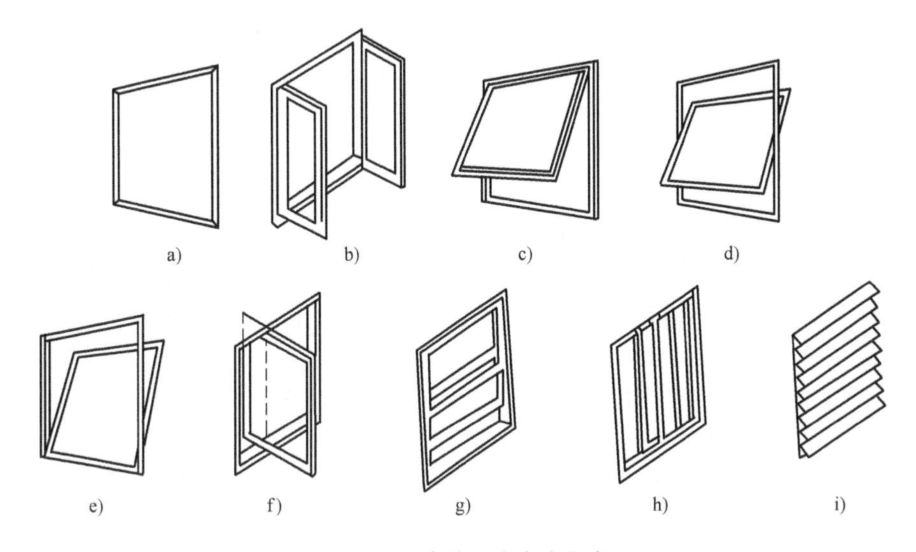


图 4-60　窗的开启方式分类

a）固定窗　b）平开窗　c）上悬窗　d）中悬窗　e）下悬窗　f）立旋转窗
g）垂直推拉窗　h）水平推拉窗　i）百叶窗

1）固定窗：固定窗不开启，一般不设窗扇，仅作采光、眺望之用。

2）平开窗：平开窗在窗扇的一侧设合页等铰链，与窗框相连。可内开、外开，有单扇、双扇之分。构造简单，采光通风效果好，应用广泛。

3）横旋转窗（悬窗）：根据轴心位置的不同，分为上悬窗、中悬窗、下悬窗，其中下悬窗很少采用，上悬窗和中悬窗多用于外窗，通风和防雨的效果较好。

4）立旋转窗：区别于横旋转窗，立旋转窗的转动轴位于上下冒头的中间部位，窗扇可立向转动。立旋转窗通风效果好，便于擦洗，但构造复杂，应用不多。

5）推拉窗：推拉窗有上下推拉、左右推拉之分。推拉窗的开启不占用空间，但通风面积小，仅为平开窗的一半。目前铝合金窗、塑料窗等多采用推拉窗的形式。

（4）**根据窗的开设位置不同分类**　根据窗在建筑物上的开启的位置不同，有侧窗、天窗之分。设置在建筑物的内外墙的窗称为侧窗。设置在建筑物的屋顶的窗称为天窗。天窗根据构造的方式不同有上凸式天窗、下沉式天窗和锯齿形天窗之分。

## 4.7.2　铝合金门窗

### 1. 铝合金门窗的特点

1）自重轻。铝合金门窗用料省、自重轻，较钢门窗轻 50%左右。

2）性能好。密封性好，气密性、水密性、隔声性、隔热性都较钢、木门窗有显著的提高。

3）耐腐蚀，坚固耐用。铝合金门窗不需要涂涂料，氧化层不褪色、不脱落，表面不需要维修。铝合金门窗强度高，刚性好，坚固耐用，开闭轻便灵活，无噪声，安装速度快。

4）色泽美观。铝合金门窗框料型材表面可通过表面着色、镀膜处理获得不同的色彩和花纹，如古铜色、暗红色、黑色等，有良好的装饰效果。

2. 铝合金门窗的设计要求

1）应根据使用和安全要求确定铝合金门窗的风压强度性能、雨水渗漏性能、空气渗透性能综合指标。

2）铝合金组合门窗设计宜采用定型产品门窗作为组合单元。非定型产品的设计应考虑洞口最大尺寸和开启扇最大尺寸的选择和控制。

3）外墙门窗的安装高度应有限制。

3. 铝合金门窗框料系列

系列名称是以铝合金门窗框的厚度构造尺寸来区别各种铝合金门窗的称谓，如：平开门门框厚度构造尺寸为50mm宽，即称为50系列铝合金平开门，推拉窗窗框厚度构造尺寸90mm宽，即称为90系列铝合金推拉窗等。实际工程中，通常根据不同地区、不同性质的建筑物的使用要求选用相适应的门窗框。

铝合金门窗常用的形式有推拉门窗、平开门窗、卷帘门等。往往通过现场测量后统一下料、制作，现场安装，方便快捷。其配套的构件等往往品种、规格繁多，且发展趋势较大。各地根据实际经验制定有各种规范。

### 4.7.3 塑钢门窗

塑钢门窗是以改性硬质聚氯乙烯（简称UPVC）为主要原料，加上一定比例的稳定剂、着色剂、填充剂、紫外线吸收剂等辅助剂，经挤出机挤出成型为各种断面的中空异型材。经切割后，在其内腔衬以型钢加强筋，用热熔焊接机焊接成型为门窗框扇，配装上橡胶密封条、压条、五金件等附件而制成的门窗即所谓的塑钢门窗（图4-61）。塑钢门窗具有如下优点：

1）强度好、耐冲击。

2）保温隔热、节约能源。

3）隔声效果好。

4）气密性、水密性好。

5）防火性能好。

6）耐腐蚀性强，耐老化，使用寿命长。

7）外观精美、清洗容易。

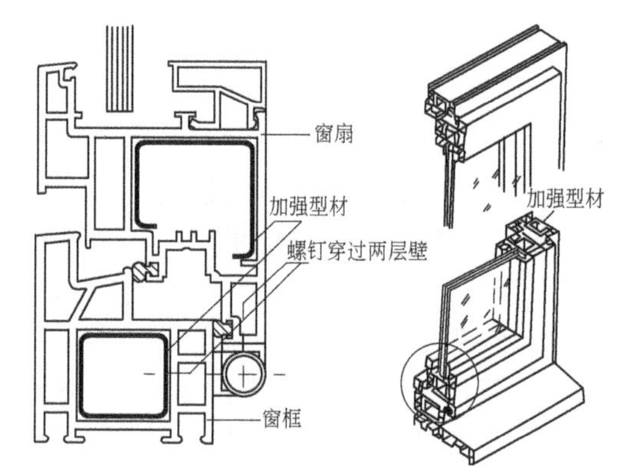


图4-61 塑钢窗的构造

### 4.7.4 遮阳构件

建筑设计中主要房间的朝向非常重要，好的朝向可以有足够时间的日照。然而，眩光和夏季阳光直射造成的高温都将影响房间的正常使用。所以，房屋应考虑采取一定的遮阳措施。遮阳措施有绿化遮阳、设施遮阳两方面，设施遮阳又包括简易活动遮阳和建筑构件遮阳板。绿化遮阳，可靠近房屋种植树木或攀缘植物，有较好的遮阳效果，且可改善空气质量，保护生态环境。遮阳设施，即是为房屋增设遮阳用的构件或调整常规构件达到遮阳的目的，主要有各种形式的遮阳板。

1. 遮阳设施的主要作用

1）防止阳光直射进屋，避免造成夏季的高温和局部高温。

2）防止阳光直射进屋而产生的眩光给房间的使用带来不便。

3）防止阳光直射进屋对一些不宜受阳光直射的物体造成的损害。

2. 遮阳设施的设计原则及类型

遮阳设施的设计原则是：综合解决遮阳、隔热、通风、采光等一系列问题；构造简单、经济、耐久，综合立面设计达到一定的建筑装饰效果。遮阳设施的选择应根据阳光照射角度的大小，建筑物的朝向等。

常见的遮阳设施有：水平式遮阳板、垂直式遮阳板、混合式遮阳板、挡板式遮阳板。

（1）**水平式遮阳板**　水平式遮阳板能阻挡照射角较大的阳光，适用于南向和接近南向的建筑及北回归线以南低纬度地区的北向和接近北向的建筑。其形式有百叶板、栅形板、实心板等。可以安装单层、多层及靠墙、离墙安装。

（2）**垂直式遮阳板**　垂直式遮阳板能阻挡照射角较小的阳光和从侧面斜射进来的阳光，而对照射角较大的阳光没有阻挡作用。所以，其适用于偏东、偏西的南向或北向的建筑。垂直遮阳板也可倾斜设置，用于东西向建筑。遮阳板可采用钢筋混凝土预制、钢丝网水泥抹灰及金属板材制作。

（3）**混合式遮阳板**　混合式遮阳板，即将垂直式遮阳板和水平式遮阳板联合应用，效果很好。其适用于南向及其附近朝向的建筑门窗。根据阳光的不同有各种形式，可将不同类型的水平和垂直遮阳板结合，以达到较好的遮阳效果。

（4）**挡板式遮阳板**　挡板式遮阳板适用阳光照射角度小，且正射的阳光，常用于东、西向及接近东、西向建筑的门窗。可采取百叶板、格板、实心板等形式。常用的材料较多，如钢筋混凝土、金属板材、塑料、吸热玻璃等。

### 4.7.5　门窗的隔声设施

门窗的隔声处理对于房间的使用功能影响很大，特别是对于噪声控制要求严格的房间，如设备机房与控制室之间的门窗。在建筑设计时，可以改进平面布置和设置前室来减少噪声的干扰。对于平面受限的建筑可对门窗采取一定的构造措施来达到隔声的效果。

1）提高窗的隔声性能可采用的措施有以下两种：

① 在构造上尽量减少缝隙，并对缝隙作密闭处理。一般的方法有：在窗框四周填塞吸声材料，如聚乙烯泡沫塑料、矿棉毡等；在窗扇与窗框间、玻璃与窗扇之间作密封处理。

② 做成双层窗或安装双层、多层及中空玻璃。双层玻璃间的距离以80～100mm为宜。不同的构造措施使窗的隔声量各不相同。

2）提高门的隔声性能可采用的措施有以下两种：

① 提高门扇的隔声能力。一般可加大门扇的质量，但会使门扇开启不便。还可采用多层复合结构的门扇，利用门扇的空腔构造及吸声材料增加门扇的隔声能力。

② 对门缝、门框与洞口之间的缝隙进行处理。在门框四周填塞吸声材料。

## 4.8　变形缝

建筑物在气温变化、地基不均匀沉降及地震等因素的影响下，结构内部会产生附加应力和变形，如处理不当将会造成建筑物的破坏，产生裂缝甚至倒塌。其解决办法有两类：一是加强建筑物的整体性，使之具有足够的强度与刚度来克服破坏应力；二是预先在变形敏感部位将结构断开，留出一定缝隙，使之有一定的变形能力。这种将建筑物垂直分割开来的预留缝隙称为变形缝。变形缝有三种：伸缩缝、沉降缝和防震缝。

伸缩缝应保证建筑构件在水平方向自由伸缩变形，防震缝主要是防地震水平波的影响，但三种缝的构造基本相同。

构造要点：将建筑构件全部断开，以保证缝两侧自由变形。沉降缝则保证建筑构件在垂直方向自由沉降变形。变形缝应力求隐蔽，还应采取措施以防止风雨对室内的侵袭。

建筑物的伸缩缝、沉降缝、抗震缝等各种变形缝是火灾蔓延的途径之一，尤其纵向变形缝具有很强的拔烟火作用，为此，必须作好防火处理。变形缝的基层应采用不燃烧材料，其表面装饰层宜采用不燃烧材料，严格限制可燃材料使用。变形缝内不准敷设电缆、可燃气体管道和甲、乙、丙类液体管道。如上述电缆、管道确需穿越变形缝时，应在穿过处加不燃材料套管保护，并在空隙处用不燃材料严密填塞。此外，对于通风、空气调节系统的风管，在穿越变形缝时，也应在缝的两侧设置防火阀。

除防火措施外，各种管道穿越建筑变形缝还必须采取抗变形措施，或补偿管道伸缩和剪切变形的装置。其办法可以在管道穿越变形缝处设置软管或伸缩节，也可自行设计制作套有数个自由度的抗变形装置，防止沉降或伸缩时损坏管道。线槽穿过建筑物的变形缝时同样应对穿越部位的线槽作处理，穿过变形缝的线槽应断开底板，并在变形缝的两端加以固定，保护地线和导线应留有足够的补偿余量。

## 4.8.1 伸缩缝

建筑物因温度变化产生热胀冷缩，将会在结构内部产生温度应力，而当建筑物长度超过一定限制或建筑平面变化较多时，会因此而产生开裂。为防止这种情况发生，常沿着建筑物长度方向每隔一定距离或平面变化处预留缝隙，将建筑物基础以上部分全部断开，这种缝隙称为伸缩缝（或称温度缝）。

### 1. 伸缩缝的设置

伸缩缝要求把建筑物的墙体、楼板、屋面等地面以上部分全部断开，而基础因受温度变化影响较小，不需断开。伸缩缝的最大间距视其不同的材料而定，详见表4-7。另一方面，也可通过施加预应力来加强建筑物的整体性，抵抗可能产生的温度应力。

表4-7 砌体房屋伸缩缝的最大间距

| 砌体类别 | 屋盖或楼盖类别 | | 间距/mm |
|---|---|---|---|
| 各种砌体 | 整体式或装配整体式钢筋混凝土结构 | 有保温层或隔热层的屋盖、楼盖 | 50 |
| | | 无保温层或隔热层的屋盖 | 40 |
| | 装配式无檩体系钢筋混凝土结构 | 有保温层或隔热层的屋盖、楼盖 | 60 |
| | | 无保温层或隔热层的屋盖 | 50 |
| | 装配式有檩体系钢筋混凝土结构 | 有保温层或隔热层的屋盖 | 75 |
| | | 无保温层或隔热层的屋盖 | 60 |

（续）

| 黏体类别 | 屋盖或楼盖类别 | 间距/mm |
|---|---|---|
| 黏土砖、空心砖砌体 | 黏土瓦或石棉水泥瓦屋盖、木屋盖或楼盖，砖石屋盖或楼盖 | 100 |
| 石砌体 | | 80 |
| 硅酸盐块体和混凝土砌块砌体 | | 75 |

2. 伸缩缝的构造

为保证伸缩缝两端的建筑物能在水平方向自由伸缩，应有一定的缝宽，一般为20~40mm。对于不同的结构，其结构处理、节点构造也不相同。

（1）**伸缩缝结构处理** 对于砖混结构，墙、楼板及屋顶处可采用单墙也可采用双墙承重方案，如图4-62所示。对于框架结构，一般可采用悬臂方案及双梁双柱方式，如图4-63所示。

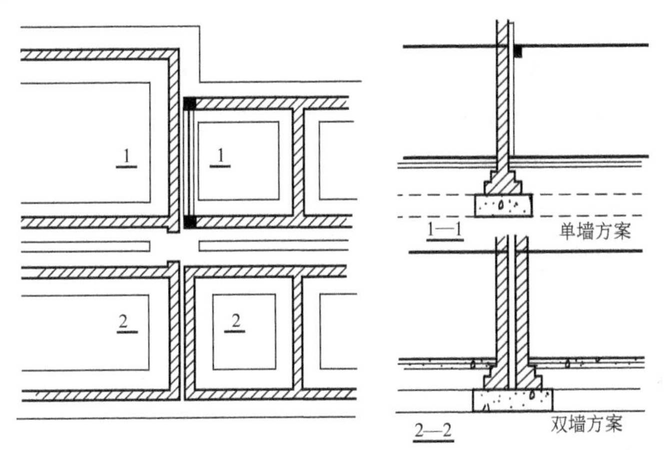


图4-62 伸缩缝的双墙承重方案

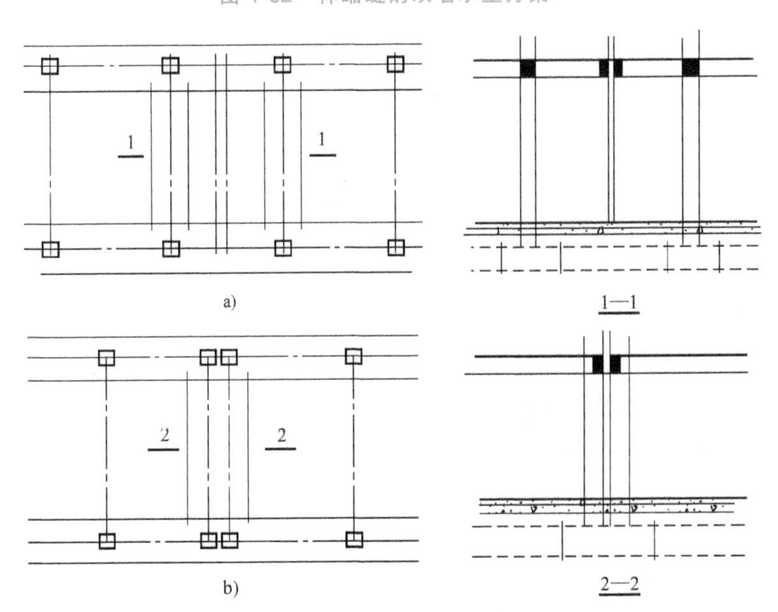


图4-63 伸缩缝的悬臂方案及双梁双柱方式

a）悬臂方案 b）双梁双柱方式

（2）**伸缩缝节点构造**

1）墙体伸缩缝构造：墙体伸缩缝一般做成平缝、企口缝、错口缝或凹缝等形式。对于外界风雨等的侵蚀，变形缝外墙一侧常用沥青麻丝、油膏等有弹性的防水材料塞缝。如缝较宽，缝口可用镀锌钢板等进行处理。

2）楼地面伸缩缝构造：楼地面伸缩缝构造位置应与墙体、屋顶一致。缝内填塞沥青麻丝、油膏等有弹性的防水材料，上铺活动盖板或橡胶地板等材料。而顶棚盖板仅能固定一端，以保证两端结构能自由伸缩。

3）屋顶伸缩缝构造：屋顶伸缩缝一般两类：同一标高位置屋顶处和墙与屋顶高低错落处。而根据上人与否构造不同。上人屋面采用油膏嵌缝并作好泛水处理；不上人屋面则可在伸缩缝处加砌矮墙，屋面防水及泛水除要求高外，盖缝处应能允许自由伸缩而不造成渗漏。对于此类构造应把握原则，其构造形式应随建筑结构的发展而发展。

## 4.8.2 沉降缝

由于地基条件不同及建筑物本身荷载不同，建筑物可能产生不均匀沉降，为防止此类应力将建筑物拉裂，常在建筑物某些部位设置从基础到屋面全部断开的垂直沉降缝（图4-64）。

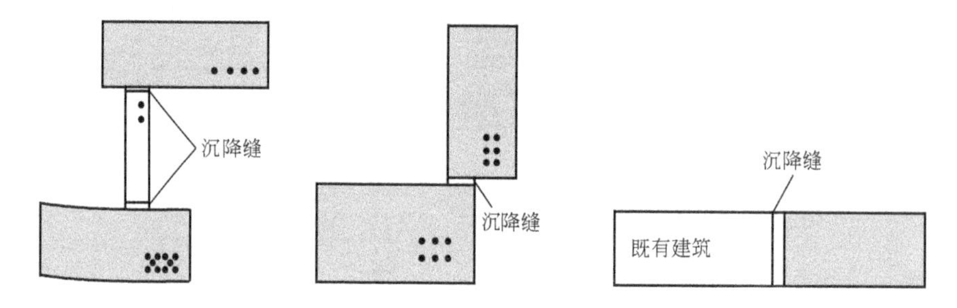


图4-64 沉降缝的设置部位示意图

### 1. 沉降缝的设置

对于以下情况均应考虑设置沉降缝：

1）同一建筑物相邻部分的高度相差较大，或荷载相差悬殊，或结构形式变化较大。

2）建筑物相邻部分基础的形式、宽度及埋置深度相差较大，造成基础底部应力相差较大。

3）建筑物建在不同地基上且难以保证均匀沉降。

4）建筑物体型复杂、连接部位较薄弱。

5）新建建筑物与原有建筑相毗连。

沉降缝设置复杂，故应在设计、施工等环节上尽量防止不均匀沉降，以达到少设、不设沉降缝的目的。

### 2. 沉降缝的构造

与伸缩缝不同，沉降缝主要满足建筑物各部分在垂直方向的自由沉降变形，故应将建筑物从屋顶到基础全部断开。同时沉降缝也应兼顾伸缩缝的作用，满足伸缩缝的构造要求。沉降缝的宽度可根据地基情况及建筑物的高度而定，参考表4-8中的数据。

表 4-8　房屋沉降缝的宽度

| 房屋层数 | 沉降缝宽度/mm | 房屋层数 | 沉降缝宽度/mm |
| --- | --- | --- | --- |
| 二至三层 | 50～80 | 五层以上 | 不小于 120 |
| 四至五层 | 80～120 | | |

注：当沉降缝两侧单元层数不同时，缝宽按高层者取用。

不同结构、不同部位沉降缝的构造各不相同：

1）对于墙体，盖缝条应满足水平伸缩和垂直沉降的变形要求。

2）对于楼地面，应考虑变形对地面交通和装修带来的影响，顶棚盖缝处理也应考虑变形方向。

3）对于屋顶沉降缝，应考虑不均匀沉降对屋面防水和泛水带来的影响，应考虑沉降变形与维修的余地。

4）对于基础，应充分考虑不均匀沉降，而彻底断开。基础沉降缝形式较多，对于常见的砖条基处理方法有双墙偏心基础、挑梁基础和交叉式基础。

#### 3. 沉降缝的最小宽度

1）当高度不超过 15m 时，可采用 70mm。

2）当高度超过 15m 时，按不同设防烈度增加缝宽：6 度地区，建筑每增高 5m，缝宽增加 20mm；7 度地区，建筑每增高 4m，缝宽增加 20mm；8 度地区，建筑每增高 3m，缝宽增加 20mm；9 度地区，建筑每增高 2m，缝宽增加 20mm。

### 4.8.3　防震缝

建于地震区的建筑物应充分考虑地震对于建筑物的影响，除采取一定的抗震措施外，在设防烈度为 8 度和 9 度的地区，遇如下情况时设置抗震缝：

1）建筑立面高差 6m 以上。

2）建筑有错层且错层高差较大。

3）建筑物相邻各部分结构的刚度、质量截然不同。

#### 1. 防震缝的设置

防震缝的位置应考虑与伸缩缝、沉降缝统一协调设置，并满足防震缝的要求。防震缝应将建筑物分成若干体型简单、结构刚度均匀的独立单元。

#### 2. 防震缝的构造

防震缝的宽度，在多层砖混结构中按设防烈度不同取 50～70mm；在多层钢筋混凝土框架建筑中，建筑物高度≤15m 时为 70mm；当建筑物高度超过 15m 时，缝宽见表 4-9。

表 4-9　防震缝的设置　（单位：mm）

| 结构体系 | 建筑高度 $H\leqslant15$m | 建筑高度 $H>15$m，每增高 5m 加宽 | | |
| --- | --- | --- | --- | --- |
| | | 7 度 | 8 度 | 9 度 |
| 框架结构、框剪结构 | 70 | 20 | 33 | 50 |
| 剪力墙结构 | 50 | 14 | 23 | 35 |

设置防震缝时基础一般不需断开，当建筑物体型复杂，各部分刚度相差较大时，则必须将基础分开。防震缝两侧应考虑双墙、双梁柱形式，以加强建筑物刚度。防震缝在墙体、楼

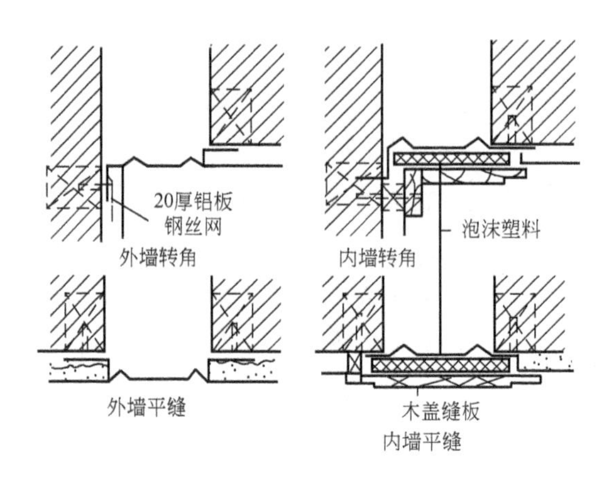


图4-65 防震缝的构造

地层、屋顶各部分的构造基本上和伸缩缝、沉降缝相同，区别主要是其缝口更宽，因此盖缝防护措施更应处理好，防震缝通过墙、地面、楼板及屋顶等部位时，其盖缝处理措施各有不同，此处不细述，图4-65所示为防震缝在内外墙处的处理方法。

## 习 题

**一、判断题**

请判断以下说法是正确的，还是错误的。

1. 根据《建筑设计防火规范》(GB 50016)，高层建筑的耐火等级为一、二级。(　　)

2. 如建筑物设有防水构造，可以在建筑底层平面图中看到。(　　)

3. 建筑平面图可作为分层、砌筑内墙、铺设楼板等工作的依据。(　　)

4. 建筑立面图主要表达建筑物的体型和外貌，以及外墙部分构件的形状、位置及相互关系。(　　)

5. 地基分为人工地基和天然地基两大类。(　　)

6. 混凝土基础是柔性基础。(　　)

7. 当地下水的常年水位和最高水位低于地下地面标高时，且地基范围内无形成滞水可能时，地下室的外墙和底板应作防水处理。(　　)

8. 墙既是建筑物的承重构件，又是围护构件。(　　)

9. 在单层厂房的横向变形缝处，应采用双柱双轴线。(　　)

10. 基础圈梁可用来代替防潮层。(　　)

11. 外窗台应设置排水构造，并采用不透水面层。(　　)

12. 按构造要求，过梁、主梁必须是连续闭合的。(　　)

13. 楼梯坡度的范围在25°~45°之间，普通楼梯的适宜坡度为30°。(　　)

14. 在严寒地区采用内落水可以防止雨水管因结冻而胀裂。(　　)

15. 刚性防水屋面的整体性好，能适应温度、振动的变化作用。(　　)

16. 转门不能作为疏散门。当设置疏散口时，需在转门两旁另设疏散用门。(　　)

17. 柱网选择的实质是选择房屋的跨度与柱距。(　　)

**二、选择题**

请把以下问题的正确答案的序号填写在（　　）里。

1. 温度缝又称伸缩缝，是将建筑物（　　）断开。

A. 地基基础墙体楼板、楼梯　　B. 地基基础楼板、楼梯、屋顶
C. 墙体楼板、楼梯、屋顶　　D. 墙体楼板、屋顶

2. 刚性屋面的浮筑层可用的材料为（　　）。
A. 水泥砂浆　　B. 石灰砂浆　　C. 细石混凝土　　D. 防水砂浆

3. 砖砌窗台的出挑尺寸一般为（　　）。
A. 100mm　　B. 60mm　　C. 120mm　　D. 180mm

4. 预制钢筋混凝土楼板在承重墙上的搁置长度应不小于（　　）。
A. 100mm　　B. 80mm　　C. 120mm　　D. 180mm

5. （　　）管线穿越楼板时，需加套管。
A. 下水管　　B. 自来水管　　C. 电信管　　D. 暖气管

6. 内墙面抹灰类装修，一般包括水泥砂浆，混合砂浆及（　　）。
A. 纸筋　　B. 水刷石　　C. 花岗石　　D. 干粘石

7. 悬索结构常用于（　　）建筑。
A. 多层　　B. 高层　　C. 超高层　　D. 单层

8. 教室净高常取（　　）m。
A. 2.4~3.0　　B. 2.8~3.3　　C. 3.0~3.6　　D. 4.2~6.0

9. 地下室防潮的构造设计中，应注意（　　）。
A. 在地下室顶板中间设水平防潮层
B. 在地下室底板中间设水平防潮层
C. 在地下室外墙外侧设垂直防潮层
D. 在地下室外墙外侧回填滤水层

10. 当室内地面垫层为碎砖或灰土材料时，其水平防潮层应设在（　　）的位置。
A. 垫层高度范围内　　B. 室内地面以下 0.06m 处
C. 垫层标高以下　　D. 平齐或高于室内地面面层

11. 常用的一般抹灰做法有（　　）。
A. 石灰砂浆面　　B. 水刷石面　　C. 纸筋石灰浆面
D. 混合砂浆面　　E. 斩假石面

12. 地坪层主要由（　　）构成。
A. 面层　　B. 垫层　　C. 结构层
D. 素土夯实层　　E. 找坡层

13. 下面哪些楼梯可作为疏散楼梯？（　　）
A. 螺旋楼梯　　B. 剪刀楼梯　　C. 直跑楼梯　　D. 多跑楼梯

14. 建筑物的耐火等级为一、二级时其耐久年限为（　　）年，适用于一般性建筑。
A. 50~100　　B. 80~150　　C. 25~50　　D. 15~25

15. 走道宽度可根据人流股数并结合门的开启方向综合考虑，一般最小净宽取（　　）。
A. 550mm　　B. 900mm　　C. 1100mm　　D. 1200mm

16. 对于要求光线稳定、可调节温湿度的厂房，如纺织厂，多采用（　　）的锯齿形天窗。
A. 窗口朝东　　B. 窗口朝南　　C. 窗口朝西　　D. 窗口朝北

17. 初步设计应包括：设计说明书、设计图、（　　）等四个部分。
A. 主要设备和材料表　　B. 工程预算书
C. 工程概算书　　D. 计算书

18. 建筑物之间的距离主要根据（　　）的要求确定。
A. 防火安全　　B. 降雨量　　C. 当地日照条件　　D. 水文地质条件

## 三、问答题

1. 建筑中作为交通联系部分的有哪些？包括哪些空间？其作用是什么？
2. 隔墙的作用是什么？从构造上说，有哪几大类？
3. 通风隔热屋面的隔热原理的什么？有哪些设置方式？
4. 何谓组织排水？请简要评述各种排水方式的优缺点及适用范围。
5. 简述建筑类型与建筑构造的关系。根据建筑物承重结构的材料可将建筑物分为几类？
6. 影响建筑构造的因素有哪些？建筑构造的设计原则是什么？
7. 何谓变形缝？有些建筑物为什么一定要设置变形缝？变形缝有哪几种？变形缝的构造要点是什么？简要说明建筑设备工程师掌握变形缝知识的重要性。（提示：管道穿过变形缝必须作工程技术处理。）

5

# 第 5 章 高层建筑

## 5.1 高层建筑概述

### 5.1.1 高层建筑的分类

目前，世界各国对高层建筑及超高层建筑还没有统一的划分标准。联合国教科文组织所属的世界高层建筑委员会于 1972 年建议，将高层建筑按层数和高度分为四类：

第一类：9~16 层（最高到 50m）。

第二类：17~25 层（最高到 75m）。

第三类：26~40 层（最高到 100m）。

第四类：40 层以上（即超高层建筑）。

随着高层建筑的发展，各国划分高层建筑的标准也都在作相应调整。

我国在 1983 年以前，以 8 层作为高层建筑的起点，《钢筋混凝土高层建筑结构设计与施工规定》第一章第 3 条："本规定适用于八层及八层以上的高层民用建筑……"。

自 1983 年 6 月 1 日开始试行的国家标准《高层民用建筑设计防火规范》规定适用于十层及十层以上的住宅建筑和建筑高度越过 24m 的其他民用建筑。

《民用建筑设计通则》（GB 50352—2005）将住宅建筑依层数划分为：

1）低层住宅（1~3 层）、多层住宅（4~6 层）、中高层住宅（7~9 层）与高层住宅（10 层及 10 层以上）。

2）住宅建筑之外的其他民用建筑高度，不大于 24m 者为单层和多层建筑，大于 24m 者为高层建筑（不包括建筑高度大于 24m 的单层公共建筑）。

3）建筑高度大于 100m 的民用建筑为超高层建筑。

为了简化对高层建筑的统计口径，建设部从 1984 年起，对住宅和非住宅一律以 10 层作为高层建筑统计的起点。

### 5.1.2 高层建筑的特点及其对城市环境的影响

高层建筑伴随着城市的发展而发展，是与工业化、信息化社会的到来同时产生的一种城市现象。它具有占地少，利于城市绿化，管线设施相对集中，节约市政工程投资，地下空间既是停车场又是城市防空避难所等优点，也有比一般多层建筑材料用量大，设备投资高，工程造价高，维护费用高等缺点。高层建筑在给人们提供了全新的工作和生活空间的同时，对城市环境和景观也产生了巨大影响。

1. 增加城市的现代化色彩，提高了工作效率

高楼大厦是现代社会物质文明的标志。在相同的平面面积上，高层建筑所容纳人数、机构数量是普通建筑的几倍甚至几十倍，城市的功能在这里集中，管理机构齐全，信息量大，工作效率高。例如，1991年3月竣工落成的日本东京市政大楼（高243m），总建筑面积达$35\times10^5m^2$，将拥有1000万人口的东京的行政机构全部集中在这个建筑物里，极大提高了人们的办事效率。它更是东京向21世纪发展的象征，是日本战后最引人注目的工程之一。

2. 促进科学技术的发展

高层建筑在建设和运营过程中，需要坚实的设计理论，现代化的设备和施工方法，性能卓越的建筑材料，先进的管理系统等支持，所以高层建筑推动和促进了相关领域的科学技术的发展，使人类在建筑科学技术及材料开发等方面迈向一个新的台阶。

特别是对建筑材料、施工方法等领域的科学技术发展的推动作用十分显著，尤其是在主体结构材料、楼板和外墙材料的开发应用方面最为突出。

3. 自然采光和换气效果差

密集的高层建筑，在城市的一片土地上制造出深谷，建筑物的自然采光能力大幅度降低，只得借助于人工照明。为了保证安全性，高层建筑的窗多数采用密闭型，自然通风换气几乎不可能，只能利用空调系统进行人工换气。同时高层建筑使城市街区的日照面积减少，日照时间缩短，人们就像生活在深谷之间。街区内的绿色空间也急剧减少，长期生活在这种环境中的人们远离自然，生活单调，工作紧张，常常感到身心疲劳。

4. 横向振幅较大，居住性差

建筑物的立面要受到风荷载的作用，随着高度的增高，风荷载增大，建筑物的横向振幅增大，例如美国100层左右的高层建筑上部横向振幅达1m左右，使居住性变差。另外，高层建筑对于地震荷载的抵抗力差，抗震设计标准要求高。

5. 对周围街区风向、风力的影响

高层建筑通常会给其周围的街道和普通建筑物带来风荷载的变化。由于建筑物体型高大，风力又不能透过建筑物，必然绕过建筑物，在它的周围形成较强的气流，使高层建筑周围的道路及低层建筑物所受风荷载加大，形成所谓的“高层建筑风”，如图5-1所示。

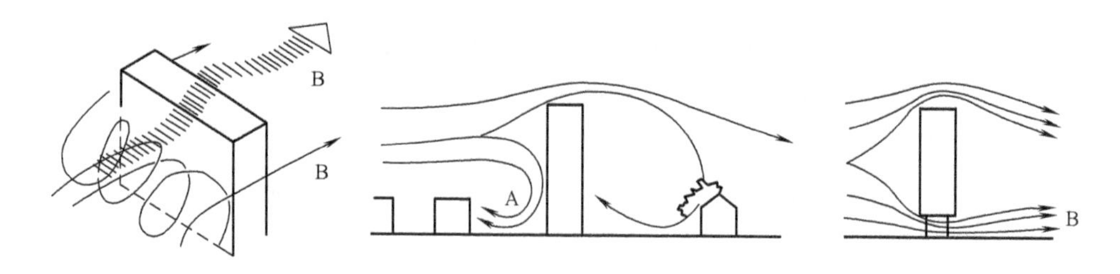


图5-1 高层建筑风形成示意图

A—旋风 B—高速风

6. 城市防灾成为新的课题

高层建筑的建筑容积率增大，容纳人数多，而纵向交通容量有限，且外部开放空间面积较少，因此在发生地震、火灾等灾害时，避难和消防难度较大，造成人员大量伤亡的事件在历史上已发生多起。例如1946年在美国拉萨卢旅馆火灾死亡61人，文考夫旅馆火灾死亡

119人，20世纪70年代初日本的千日酒家火灾死亡118人，韩国大然阁饭店火灾死亡164人，巴西的焦马大楼火灾死亡179人，1988年纽约的一座高楼火灾和费城第一子午广场大楼火灾中消防队员也死伤多人。这些惨痛的教训告诉人们，在建造高层建筑时必须充分考虑防灾措施（参阅第8.2与第11章）。

7. 通信电波的障碍

高层建筑体型较大，往往会造成电波传播的障碍，使得建筑物背后的一定区域范围产生电波不能到达的现象。目前已有学者进行了这方面的研究，提出在混凝土墙体中埋入金属质的电波传播材料，使电波可以通过高楼大厦，消除电波传递死角区域。

8. 促进建筑材料的制品化

高层建筑按建筑面积计算的材料重量大约为1200~1300kg/m$^2$。首先，将如此大量的材料、施工器具以及施工人员运送到高层部分，需要花费很长的时间和运力；其次，如果运送原材料到高空中作业，例如混凝土的搅拌、钢材的焊接、块体的砌筑等施工操作，就更增加难度。因此，高层部分既是一个交通不便的施工现场，又是施工操作难度大、危险性高的施工场所。

这种苛刻的施工条件，促进了建筑材料向制品化的发展。为了减少高空的施工操作和原材料运输的难度，人们在地面上的工厂将原材料加工成建筑构件，在现场进行组装和连接，在减轻高空作业量的同时，极大地提高了施工效率。例如，在工厂内用混凝土预制成楼板、梁、柱等构件，用钢材、铝合金、塑料等制成门窗构件，在现场安装或连接即可，甚至可以预制成房屋建筑的某些单元（厨房、厕所、浴室等），吊装到现场组装。可以说，高层建筑促进了建材制品化的开发与应用。

目前所采用的组装方式主要有：钢结构的骨架部分单独组装；楼板、外围幕墙等做成中、小型构件，用机械或手工搬运到现场安装到骨架上；大型板材与钢骨架的一体化组装，即将楼板、墙体、顶棚等部分做成大型板材，与钢骨架一起，将建筑物的一部分做成块状进行组装。

高层建筑与一般建筑在施工方面最大的不同在于高层部分。

9. 促进施工技术的创新

半模板式楼板就是为了在浇注楼板时去掉模板而开发的一种预应力钢筋混凝土楼板。在建筑工地常见到钢管、带孔的钢板以及连接件组成的脚手架，就是为了进行施工操作而搭设的临时设施。如果在现场浇注混凝土，则要根据所设计的构件尺寸和形状架设模板，将浇注的混凝土硬化以后再将模板拆除。这些为了施工操作而搭建，施工完成后再行拆除的临时设施，需要耗费巨大的人力物力，而且在高空搭建临时设施更不是一件容易的事情。

高层建筑为了提高其整体性，需要采用现浇楼板的施工方法。为了不搭设模板，可以首先在工厂中预制强度较高、截面较小的预应力板材，将其安装在主梁之间，施工时作为模板使用，在上面现场浇注混凝土，达到所要求的楼板的厚度，混凝土硬化后与模板混凝土粘结为整体，不需要拆除，该预制的混凝土板与浇注的混凝土成为一体，作为楼板。如图5-2所示，T形截面部分为预制的半模板式混凝土楼板，上面为现浇的混凝土，硬化后楼板的总厚度大约为150~200mm。这种楼板既实现了整体性，使建筑物的安全性提高，同时又不需要搭设模板。

10. 促进外墙结构形式和材料的开发

幕墙是高层建筑主要采用的墙体结构和材料。最早“幕墙”一词的含义仅仅区别于“承重墙”，指不承担荷载的墙壁，一般用于建筑物室内的隔墙。现在“幕墙”特指像帷幕一样安装在结构框架上，不承受荷载，只起围护作用的建筑物的外墙。幕墙结构对于建筑物的层间变形有足够的随从性，对于温度变形具有较强的吸收能力，承受风荷载的能力也较强，构件之间的变形接缝采用高弹性密封材料进行密封粘结，具有优良的密闭性、变形适应性、隔声性和耐火性。幕墙的大部分构件在工厂预制，在现场不需要搭设脚手架，采用简单易行的机械施工法或手工施工法即可将幕墙构件安装在本体上。幕墙是非常适合高层建筑的墙体结构形式和材料。

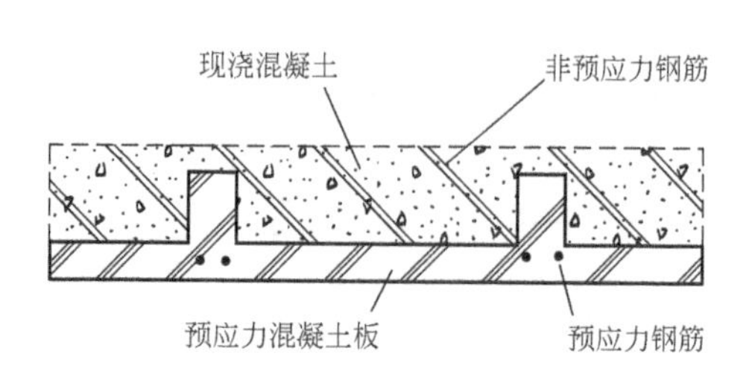

图 5-2 半模板式楼板

近代高层建筑的出现，可以说得益于钢铁、玻璃、混凝土等建筑材料的产生。从结构形式上采用以钢材或钢筋混凝土为承重材料的框架结构最为合理。因为墙体不承受荷载，可以减小墙体的厚度，同时可以改变传统的砌筑方式，采用大块的板材挂在框架上，以减轻施工强度，在没有安装幕墙构件之前，楼板可以先行施工，这样借助于建筑物内的楼板就可以进行幕墙的安装施工，不需要在建筑物外侧搭设脚手架。这一点正符合高层建筑的施工要求。

## 5.1.3 高层建筑的发展

自古以来，人类在建筑上就有向高空发展的愿望和需要。公元前四世纪巴比伦王所建造的巴贝尔塔（Tower of Babel. Babylon），塔高达 91.5m。在欧洲，古罗马时期的罗马城中就建有 10 层高的砖石建筑。在东方，我国自古就有“九层之台，起于累土”（老子）之美言。中国古代高层建筑技术主要表现在塔式建筑上。例如河南登封嵩岳寺塔（建于公元 523 年，10 层，高 41m）为砖砌单筒体结构，底层平面为 12 边形，直径 10.16m，内径 5m 余，壁体厚 2.5m，由基台、塔身、15 层叠涩砖檐和宝刹组成，塔下有地宫。嵩岳寺塔是密檐塔的早期形态，是国内唯一的一座十二边形塔（图 5-3）。嵩岳寺塔的轮廓线各层重檐均向内按一定的曲率收缩，轮廓线非常柔和丰圆，饱满韧健，似乎塔内蕴藏着一种勃勃生气。塔体呈白色，高高耸于青瓦红墙绿树之上，为山色林影增添了一段神奇（图 5-4）。

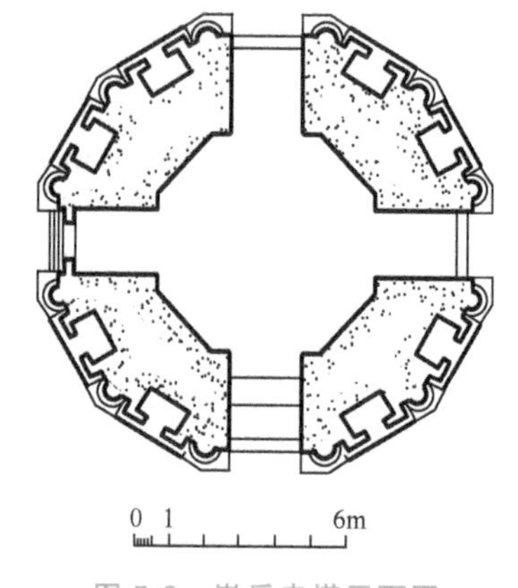

图 5-3 嵩岳寺塔平面图

据今大量的实物和考古发掘，我国古代建造的著名高层台塔，都是筒体结构，刚度很大，结构体系合理，有利于抵抗水平风载和地震水平力。如西安大雁塔（建于公元 704 年，7 层，高 64m），河北定县料敌塔（建于公元 1055 年，11 层，高 84m），山西应县佛宫寺释迦木塔（建于 1056 年，9 层，高 67m），南京报恩寺琉璃塔（建于公元 1412 年，高 9 层，约 80 余米，现已毁）等无一不体现了我国古代高层建筑的辉煌和能工巧匠的高超建筑技术。

图 5-4　嵩岳寺塔

近代高层建筑是美国最先建造的。1885 年，在芝加哥建成 10 层的家庭保险公司（Home Insurance）大楼，高 55m，采用铸铁柱和钢梁组成的框架结构。该楼是世界第一幢近代高层建筑，1986 年 1 月在芝加哥召开第三届国际高层建筑会议，纪念该楼诞生 100 周年。在近代高层建筑史上，西方一般把芝加哥誉为“高层建筑的故乡”。

1905 年，在纽约建成 50 层的都市大厦；1913 年，在纽约建成 60 层的伍尔沃斯（Woolworth）大楼，高 242m；20 世纪的 20～30 年代，美国在纽约曼哈顿建成高层建筑群；从 1929 年到 1933 年，又相继建成 9 幢 200m 以上的高层建筑，其中 1931 年在纽约建成的 102 层帝国大厦高达 381m。

第二次世界大战结束，世界各国进入了以经济建设为主的和平时期，高层建筑的建设也进入了鼎盛时期。1956 年，英国政府对首都伦敦撤销了对建筑物的高度限制，从此建造高层建筑成为城市开发的一个积极政策。1962 年，日本解除了对建筑物的高度限制，开始大量建造高层建筑。1972 年，美国在纽约建成 110 层的世界贸易中心大楼（图 5-5），高 417m。1974 年，在芝加哥建成的西尔斯大厦（图 5-6），地上 110 层，地下 3 层，高为 443m，外形特点是逐层上收，采用束筒式结构。1998 年，马来西亚在首都吉隆坡建成的双子塔（Petronas Towers），共 88 层，高 452m，两个独立的塔楼由在 41 与 42 楼的一座长 58.4m、距地面 170m 高的空中走廊连接起来，整栋大楼的格局采用传统伊斯兰教建筑常见的几何造型，独立塔楼外形像两个巨大的玉米，故又名双峰大厦（图 5-7）。双子塔是马来西亚石油公司的综合办公大楼，是马来西亚经济蓬勃发展的象征，也是吉隆坡的标志性城市景观之一。

我国从20世纪70年代开始建设高层建筑。1974年，在北京建成19层的北京饭店东楼，高87.15m；1976年，在广州建成33层的白云宾馆，高114.05m；1985年，在深圳建成50层的国际贸易中心大厦，高158.65m；1987年，在广州动工兴建63层国际大厦，高200m；同年在北京动工兴建57层京广中心大厦，高208m。进入90年代，我国的高层建筑水平又进入一个新的阶段，在上海、北京、深圳、广州等大城市，一座座高楼大厦拔地而起，其设计水平和施工技术也已接近国际水平。1998年，在上海浦东新区建成88层的金茂大厦（图5-8），高420.5m。

由于各国大城市人口密度增加，土地有限，促使建筑物向空间发展，与此同时，工业、建筑技术的发展又为高层建筑的发展创造了有利条件，高层建筑技术得到迅速发展，其特点是进一步向“高、深、大、复杂”方向发展。

由于高层建筑是商业社会的偶像，同时也是现代文明的象征，更是国家科技水平和经济实力的象征，于是在世界范围内曾一度掀起争夺世界第一高度的竞赛。据CTBUH（the Council on Tall Buildings and Urban Habitat，世界高层建筑与都市人居学会）发布的2015年度全球高楼报告显示，中国以62座雄踞2015年度全球高楼榜首。

随着科技进步，社会经济发展，在人类向高空延伸，向地下发展，向海洋拓宽，向沙漠进军，向太空迈进的步伐中，建设摩天大楼自然而然就成为人类的新追求。

图5-5 纽约世界贸易中心大楼

图5-6 芝加哥西尔斯大厦

### 5.1.4 超超高层建筑

由于世界人口继续增加，大城市人口密度在继续增大，地球表面被越来越多的建筑物、工业生产设施、道路等占据，城市内的绿地、开放空间日趋减少。地球宝贵的土地资源必然首先满足农田、森林、草地等需求，这样供人类居住、工作以及其他活动空间的建筑物必然向更高的空间或海上或者地下发展。于是，人们提出“超超高层建筑”的概念和构想。

图 5-7　马来西亚吉隆坡双子塔

图 5-8　上海金茂大厦

习惯上人们将高度超过 100m 的建筑叫作超高层建筑，关于“超超高层建筑”的高度，到目前为止还没有明确的规定。目前提出的超超高层建筑的构想，其高度均超过了 800m，明显高于目前已有的建筑。另外，超超高层建筑的功能也发生了根本的变化。到目前为止，建筑物的功能通常比较单一，或商厦，或写字楼，或者是居民住宅，而“超超高层建筑”是一个具有生活、工作、购物、休闲、科教等综合功能的建筑体，相当于一座小型城市。日本竹中、大林组、鹿岛、大成、清水等著名建设公司分别于 20 世纪 80 年代末期至 90 年代初期提出的关于超超高层建筑的构想见表 5-1。

表 5-1　超超高层建筑的构想

| 方案名称 | 空中城市 1000 | DIB-200 | 空中波利斯 2001 | X-SEED4000 | TRY2004 |
|---|---|---|---|---|---|
| 构想提出者 | 竹中 | 鹿岛 | 大林组 | 大成 | 清水 |
| 提案时间(年/月) | 1989/6 | 1990/9 | 1989/8 | 1990/11 | 1991/1 |
| 高度/m | 1000 | 2001 | 800 | 4000 | 2004 |
| 建筑面积/ha | 800 | 1100 | 150 | 5000~7000 | 8800 |
| 建设工期/年 | 14 | 25 | 7 | 30 | 7 |
| 费用/兆日元 | 4.7 | 46 | 1 | 150 | 88 |

注：$1ha=10^4m^2$。

### 1. “空中城市 1000”的构想

超超高层建筑“空中城市 1000”（图 5-9）的构思是竹中工务建设公司 1989 年 6 月提出的，它的高度为 1000m，地上直径 400m，最上部直径 160m，平面为一个六角圆锥形。“空中城市 1000”是一座人造立体城市，这座城市的总建筑面积达 $800\times10^4m^2$，可容纳 35000

人居住，大约10万人在这里工作。“空中城市1000”将居住、工作、商业、娱乐、教育设施等有机地结合起来，在使用功能上包括住宅、商业、业务办公、道路和公园绿地等四个方面，所用面积大约各占总面积的1/4。

该建筑物自重大约$600\times10^4$t，传统的梁、柱构成的框架结构很难达到所要求的承载力、抗震性能和结构稳定性，所以“空中城市1000”采用多角锥形的壳结构形式。其纵断面为凹形，凹入部分是空中平台，共有14层，空中平台与外部自然环境相连，有利于通风，透光，使城市功能和自然环境得到协调。图5-9是这座空中城市的构想图，为了在长期使用过程中能够根据需要改变内部的布局，主体骨架采用牢固的、永久型的结构形式，而内部采用灵活、可变的副结构形式。同时，为了提高抗震性和抵抗强风荷载的能力，引入最新的建筑技术——制震结构，以减少高层区振幅，创造舒适的居住空间。

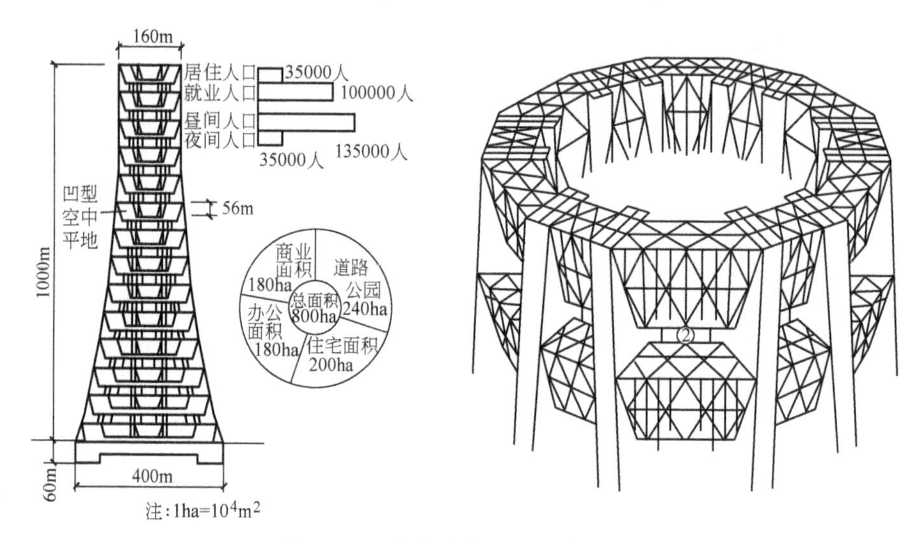


图5-9 “空中城市1000”构想图

### 2. “DIB-200”的构想

1990年9月鹿岛建设公司提出了超超高层建筑“DIB-200”的构想图（图5-10）。建筑物层数为200层，总高度大约为800m。该建筑物的整体由12个单元构成，每个单元是由直径约为50m的50层的圆柱形高层建筑组成的，各个单元可采用几种不同的组合形式。DIB-200的结构形式如图5-11所示，50层的单元建筑采用圆筒形钢束结构，然后用大型梁将各单元联结起来，形成整体上的超级框架结构。通过风洞实验已经证明，这种结构形式受风荷载较小，有利于减小建筑物的振幅。

建筑物的功能与优点如下：

1）办公楼、旅馆、住宅等使用功能可按单元划分，在建筑物总体中可分别配置在不同的位置。

2）可以在每个单元的上部设置空中广场、屋顶庭园等开放空间。

3）各单元明确划分，有利于防灾，可提高建筑物的安全性。

4）与外部空间相连接的面积大，有利于建筑物的采光和居住者向外眺望。

5）利用各单元之间的圆形连接，可分散、减轻风力荷载，也可减少“高层建筑风荷载”给周边环境带来的不良影响。

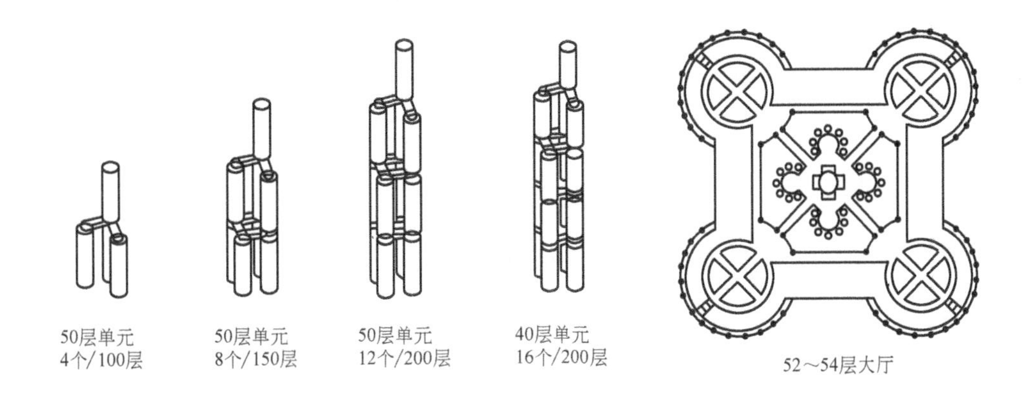


图 5-10　“DIB-200”的构想图

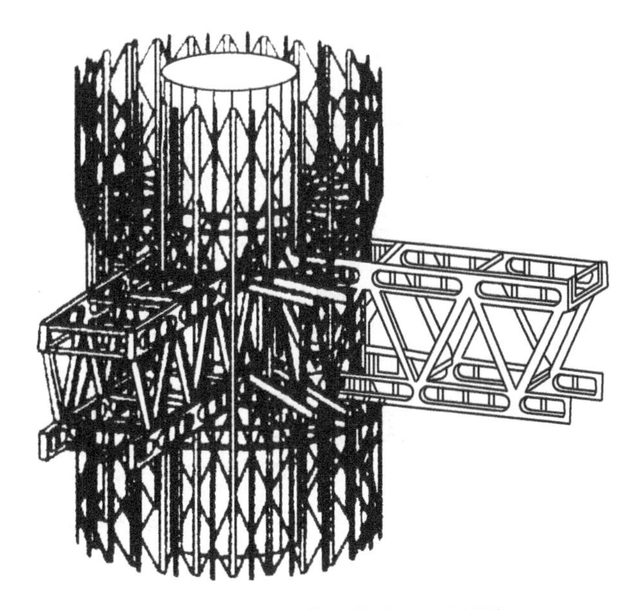

图 5-11　DIB-200 的结构图（超级框架）

### 3.“空中波利斯 2001”的构想

图 5-12 所示为大林组建设公司提出的空中波利斯 2001 的超超高层建筑的立面与平面构想图。构成这座建筑物的单元平面为边长 100m 的正三角形。在三角形的三条边上，配置办公、住宅、商业等设施，中央部分为天井。这种正三角形单元从上往下，按金刚石形状增殖，构成整个建筑物。整体上有效使用面积为 $1100\times10^4m^2$，高度方向每 80m 划分为一个区域，层高平均为 4m，相当于 20 层，总高度为 2000m，共划分为 25 个区域，相当于 500 层高的建筑。建筑物内沿高度方向每隔 80m 在天井部分设置人工平台，称为空中平地，作为广场、展览大厅、人工庭院、大型会场、购物中心等大型设施的空间。

空中波利斯 2001 的主体结构拟采用巨大架构形式，即将建筑物整体划分成若干个单元，每个单元的平面为边长 100m 的正三角形，高度为 80m，如图 5-13 所示。正三角形的各个顶

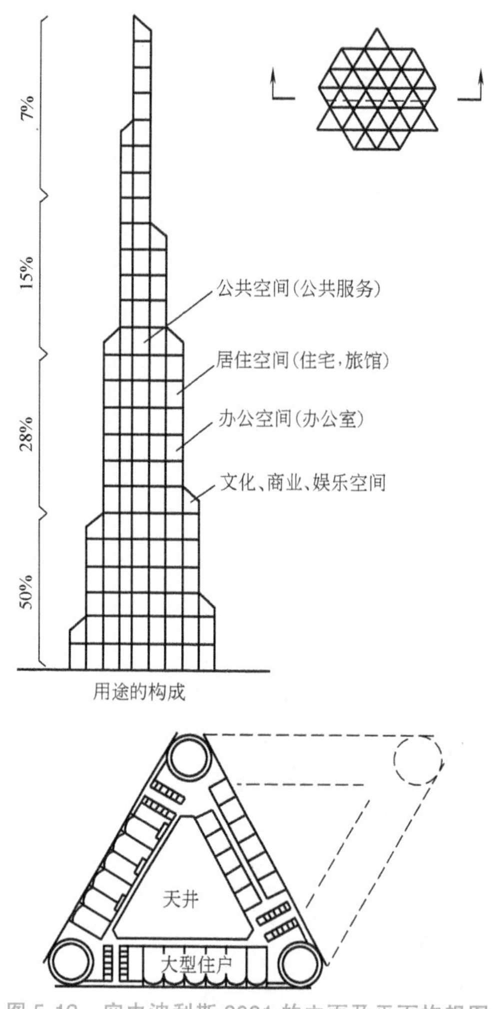


图 5-12 空中波利斯 2001 的立面及平面构想图

点设置圆形的柱子，单元的上下端设置大型梁，将单元之间连结起来，构成超级大型的钢骨结构。建筑物的基础采用地下连续壁组合的形式，并进行大深度挖掘，以固结砂砾层作为地基支持层，地基的承载力达到 $400t/m^2$。

4. “X-SEED4000” 的构想

大成建设公司提出的高度为 4000m 的超超高层建筑“X-SEED4000”的立面及平面构想图如图 5-14 所示。该建筑物以富士山的外形为设计思想，总高度设定为 4000m（富士山高度为 3776m）。按高度划分不同功能的区域，2000m 以下作为生活空间，在这里设置住宅、办公区、商店、会议及大型活动中心、学校等设施，用于人们的居住、工作、购物和学习等。从平面布局上看，该建筑物的平面图为圆形，从中心向外围分为核心区、中央区和外围区。外围区域以居住设施为主，同时设置一些必要的城市功能设施，如学校、邮局、银行及小型商店等；中央区域以办公、商业设施为主；在中核区域主要设置行政机关、国际交流等设施。建筑物的最下层重点配置城市生活基础设施，如管道、仓库、停车场、小型工厂等。在 2000m 以上空间，则利用空中优势，建立宇宙观测中心、能源工厂、豪华宾馆及超大视域空中度假区等。

如图 5-15 所示，X-SEED4000 的结构形式是立体网状结构，其基本骨架由三个圆锥形框架组成，以中核框架为核心，外围框架为主体，再用中央框架将两者有机地联结起来，整体形象与富士山的外形相似，呈悬垂曲线形的圆锥体。构成整体框架的梁、柱等分别是一个独立的框架结构体，再由这些独立的框架组成超级框架结构体。

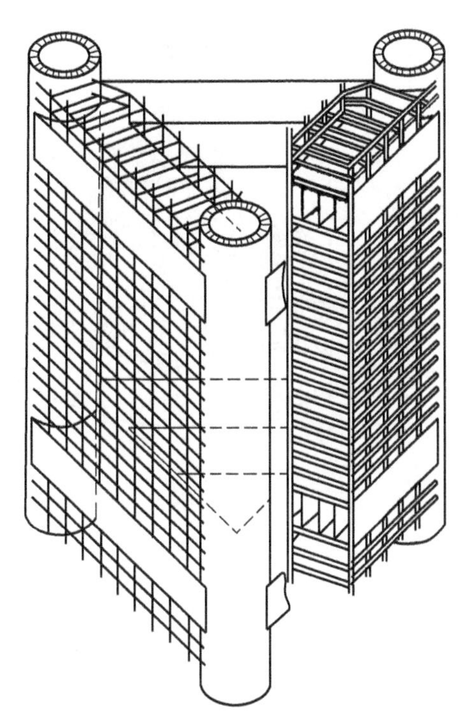
图 5-13　空中波利斯 2001 结构图

由以上几个构想方案可以看出，超超高层建筑是人类为了开辟、扩大新的生存空间所提出的大胆设想。但是，这种超超高层建筑已经不能单纯地作为建筑物来处理，这些构想的实现也远非现有的设计、施工技术以及材料所能完成的。它必须综合运用结构设计、材料、施工手段、防灾设备、环境、规划、建筑经济、物流、能源、信息、通信等各领域的知识和尖端技术，开发和创造建筑领域中许多前所未有的高精尖技术，才能实现人类向更高的生存空间迈进的理想。

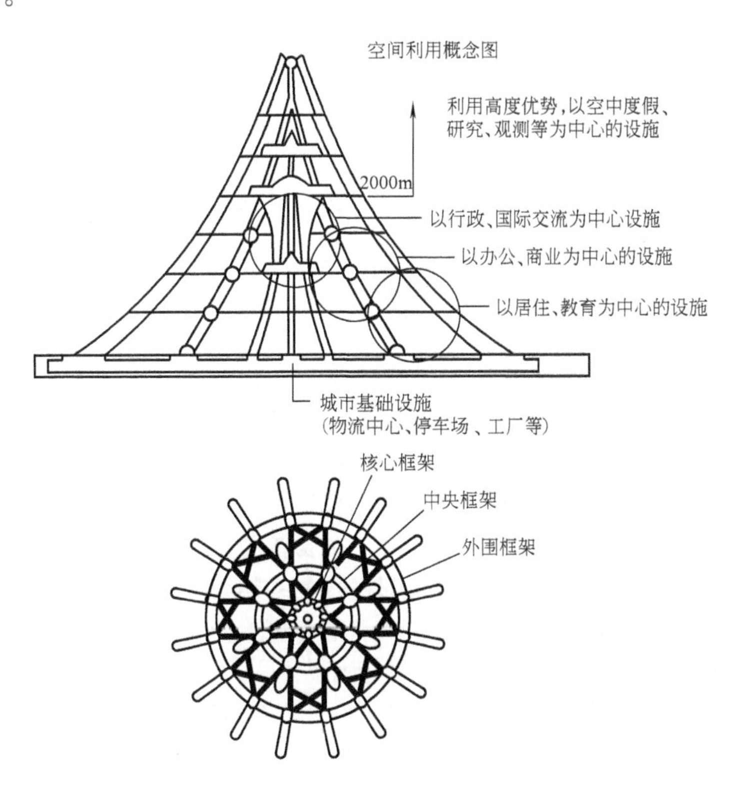

图 5-14　X-SEED4000 立面图及平面图

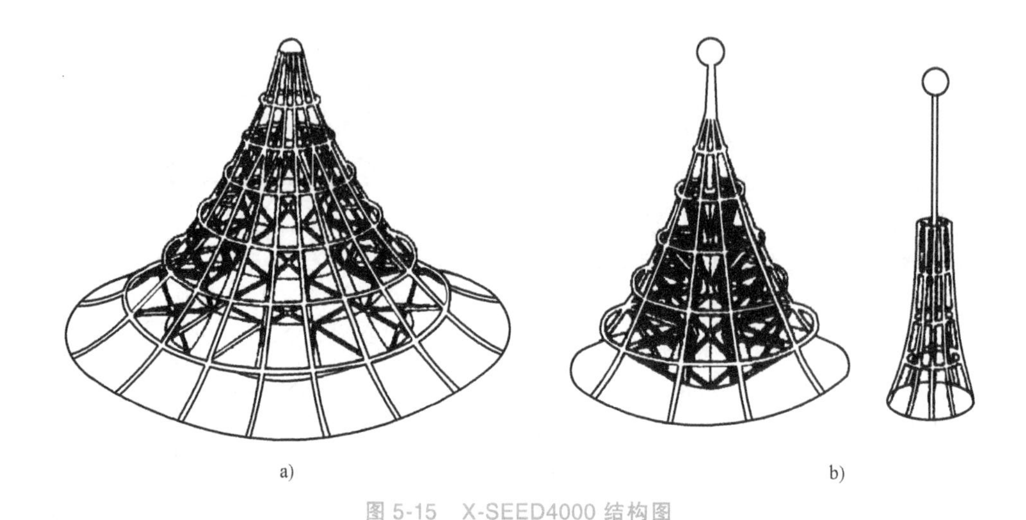

图 5-15 X-SEED4000 结构图

# 5.2 高层建筑的建筑设计

## 5.2.1 高层建筑的楼身形体设计

高层建筑的楼身体形设计应做到丰富多彩，但又不能以牺牲技术经济的合理性为代价。高层建筑的楼身体形是其立面塑造的基础，它直接反映了建筑标准层的配置和组合关系，常用的体形有几何体形、台阶体形、倾斜面体形、雕塑体形等。

### 1. 几何体形

几何体形是高层建筑乃至大量低、多层建筑中大量出现并运用得最广的体形。不论是由简单的几何平面构成，还是以其变化衍生的各种平面形式发展而成的几何体形，在平面功能布局和结构布置上都容易形成较强的逻辑性。所以，几何体形在各种类型的建筑中得到了广泛的运用。

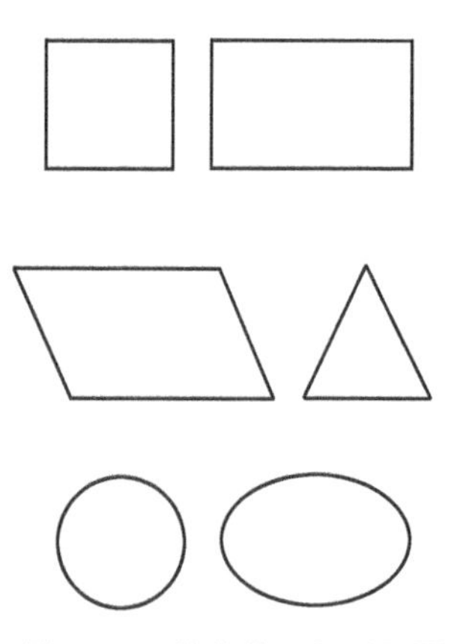
图 5-16 简单的几何形平面

用简单几何形平面（图 5-16）构成柱体；或者应用切割、叠加等手法将简单几何形进行变化，构成新的平面，再延伸成为柱体是塑造高层建筑的楼身体形的常用手法之一。

（1）**切割法** 所谓切割法就是在简单几何形体平面的基础上，以直线或曲线为“刀”对其进行切割，构成新的平面，再延伸成为柱体，如对三角形平面的角部进行各种切角处理。这样处理往往是为了便于布置室内空间和削弱风振的影响。简单几何形体常用的切割方式如图 5-17 所示。

在完整的基本几何形上做局部的简单切割，也是建筑实践中常用的造型手法之一。如在方形和圆形的边上挖槽处理，可以改变较大的体量感；方形、三角形和多边形平面中小的转角切割，除了改变内部空间的使用条件，也可以获得立面上的收束感。日本东京赤坂王子饭店、美国明尼阿波利斯市 IDS 中心大厦、纽约特鲁姆浦塔楼都是在矩形平面上进行齿形切割

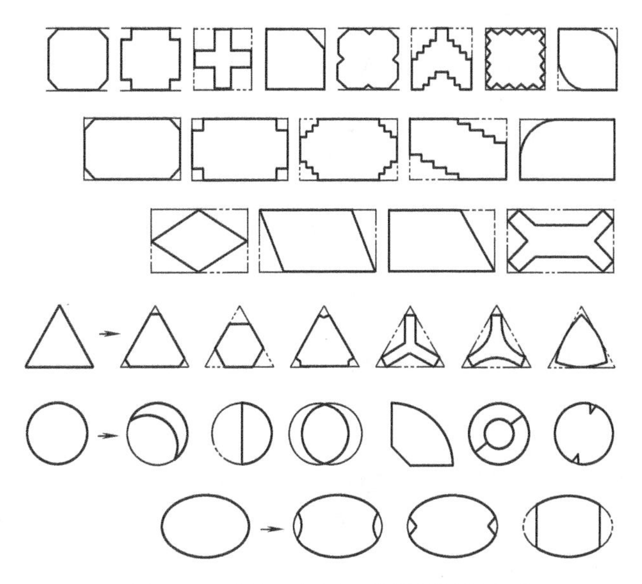

图 5-17 简单几何形体的常用切割方式

的实例，北京中国国际贸易中心是方形平面切圆角的实例，北京京广中心则是一个 1/4 圆切角的扇形平面实例。

(2) **叠加法** 所谓叠加法就是以相同或不相同的几何形相互错位相叠，构成新的平面形式，再延伸成为柱体，如方形的叠加（平行或旋转），圆形的叠加，方与圆的叠加等。常用的叠加方式如图 5-18 所示。例如，慕尼黑 BMW 公司办公楼是由 4 个同样大小的圆形呈花瓣状对称叠加构成的塔楼，深圳发展中心大厦是圆形、梯形组合平面。

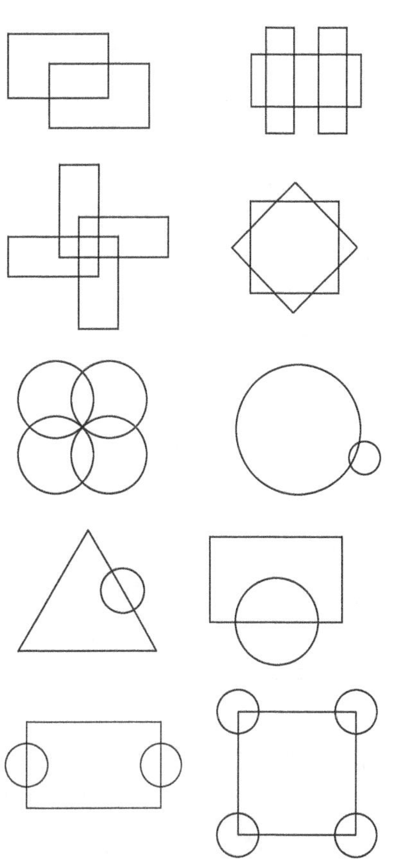

图 5-18 简单几何形体的常用叠加方式

2. 台阶体形

沿高层建筑主体由下至上作台阶状收缩，构成一块块屋顶平台或花园。对于板式高层，台阶可以在两端（纵向台阶），也可以在一侧或两侧（横向台阶）。对于塔式高层建筑一般从四面向上收，构成四面台阶或多面台阶。台阶形高层建筑较普遍，在旅游建筑中很多，在塔式高层建筑中运用更为广泛。

台阶形高层建筑的优点是：①下大上小，能减少风荷载；②可满足城市规划临街面与道路中心线间的限高规定（一般为 2 倍）；③适应功能变化要求，如下面为大进深的办公空间，上面为小进深的居住空间；④台阶形成的屋顶平台利于观景（风景美丽的地段尤其必要）；

⑤是创造高层建筑独特形象的有效手段。美国西尔斯大厦、休斯敦共和国银行都是奇特的台阶式外观造型的实例，而东京 NEC（日本电气株式会社）本部大楼是双面台阶的建筑实例。

#### 3. 倾斜面体形

利用倾斜面造型也是高层建筑体形塑造的常用手段。斜面所带来的动感和韵律可以使建筑外观舒展、流畅而富有个性。根据倾斜面在建筑外观上的数量与位置关系，可以分为单面倾斜、双面倾斜、四面倾斜、下部倾斜等几种构成方式，其中下部倾斜的方式又往往体现在前三种方式中。

倾斜面体形的高层建筑的体形造型奇特，容易形成一定的标志性。除了个别体量和层数不大的高层建筑可能采用上大下小的倒置斜面外，一般的倾斜面体形均沿高度增加逐渐减小平面，有利于结构抗风。但是，逐层变化的平面使得设计和施工较为复杂。美国旧金山泛美大厦、吉隆坡马来亚银行大厦、日本横滨标志塔楼、威海中信金融大厦等都是四面倾斜体形高层建筑的实例；日本大阪日航饭店和新德里市政府大厦是双面倾斜的造型的实例；广东国际大厦是局部倾斜的塔式高层建筑的实例；旧金山海特旅馆利用大面积的倾斜曲面进行造型，美国伊利诺伊州府大楼的倾斜面体形是由曲面构成的，而南非约翰内斯堡办公楼的倾斜面体形是运用倾斜直面造型的。

#### 4. 雕塑体形

雕塑体形的特点是沿塔楼竖向进行切割，用雕塑手法对塔楼雕刻处理，使之凹凸起伏、明暗对比，增强立体感，区别于一般几何形体，达到新颖奇特的效果。

雕塑体形在设计中大致可以分为几种倾向：①利用曲面或斜面对体形进行切割；②由多个几何形体纵横交错地叠合构成一个整体；③通过体量的对比或高低错落来组合形体；④利用外立面对完整的体形作有序列的雕琢；⑤以对某一对象抽象隐喻的方式塑造体形。当然，一个建筑的体形设计不可能完全教条地单纯遵循某一种方式，对雕塑体形的塑造有时往往也是多种设计方法的有机组合。

倾斜面造型的旧金山泛美大厦、螺旋退台的哥伦布环状办公楼、利用几何形切割的赤坂王子饭店、明尼阿波利斯市 IDS 中心大厦、纽约市的特鲁姆浦塔楼、西尔斯大厦、阿利德银行大楼、香港中银大厦、得克萨斯州休斯敦的潘索尔大厦等都是造型生动，富于雕塑感的高层建筑形体实例。

### 5.2.2 高层建筑的立面设计

高层建筑立面设计实际就是高层建筑艺术风格的创造。它与建筑技术（如材料、结构、设备、施工）、城市历史文脉、环境特点以及可持续发展的建筑理论等因素密切相关，这些因素都在不同程度影响着高层建筑的立面设计，也就是说影响高层建筑艺术风格的创造。以下是近 20 年来最引人注目的高层建筑艺术风格。

#### 1. 结构艺术风格的立面设计

20 世纪 60 年代以来，在现代建筑创作中，对结构原理的掌握和运用，引起了建筑设计师们的广泛关注。对结构艺术风格的体现，简单地说，就是把结构外露。著名建筑大师密斯·凡·德·罗推崇的“皮与骨”的玻璃外墙建筑，就是强调结构构件艺术构思的表现。他认为，摩天大楼的巨型钢铁网格能给人以强烈的视觉冲击。但并不是所有外露结构的建筑都能称得上“结构艺术”。“结构艺术”包括效能、经济、雅致三个方面的基本概念。效能是指充分发挥结构、材料的优势；经济是指相对较少的造价；雅致是指精美的结构外形。只有满足这三方面要求的建筑才能表现结构艺术（参见5.3.1）。

对新型结构方案的挖掘往往可以赋予建筑立面造型突出的个性特征。著名的芝加哥汉考克中心，100层，高344m，采用上小下大体型。结构为全钢巨型桁架体系，X斜撑暴露于外，作为立面造型的元素，使得立面简洁有力。X斜撑也使立面别具一格，成为建筑的标志性构件。结构体系、建筑美观、建筑形式融为一体，表现了结构的稳定与轻巧之美，被誉为结构艺术风格的精美之作。

对各种巨型结构造型潜力的挖掘和利用也是构成高层立面结构艺术风格的常用手段。香港中国银行大厦采用的就是外露的巨型桁架，并以此构成了建筑立面造型的鲜明个性，深圳四川大厦以方形平面四角的筒体构成立面的骨架，巴黎拉德方斯大门和上海证券大厦通过巨型的门式结构改变了建筑实体的体量感；明尼阿波利斯联邦储备银行则是综合了巨型结构和多种大跨度的结构形式在单一建筑中充分地进行组合。结构艺术风格带给建筑的个性化色彩使得这一立面设计手法在高层建筑中日益占据重要的地位。

东京“世纪塔”（Century Tower）也是一栋结构艺术风格的高层建筑，中庭把各部分空间联系起来，将变化的光影导入室内，通透而充满空间感。大厦外部大面积采用透明的玻璃幕墙和金属铝板，使得建筑轻盈而通透。办公层为大跨度悬吊式双层空间，电梯和各种辅助用房安排在建筑两侧。这种布局方式从建筑外观上也得到了充分的体现，正面大型的裸露框架和侧面呈片状的竖向分割，既带来视觉上的丰富和振奋，同时又是对功能和结构的明确表现。世纪塔从内部到外部将清晰的结构作为表现的重要手段，成为高层结构艺术风格立面的代表作品之一。

#### 2. 高技术派立面设计

20世纪以来，建筑施工装配化、集成化程度提高，施工更为简单、快速，材料与构件的连接更为简便、快速、坚固，技术表现的精美程度日益提高。因而，建筑设计师逐渐重视建筑技术的艺术表现力。“高技术”，顾名思义，它着重强调的是精密建筑技术的艺术表现力，并对其加以人性化的艺术塑造。

高技术派立面风格的特点是：①暴露结构系统和设备管线，以鲜明的平涂色块加以区分，成为重要的装饰手段；②通过透明玻璃清楚地展示内部交通系统，如自动扶梯、电梯和人的活动；③大面积使用透明玻璃、铝合金、不锈钢为外装饰材料；④建筑构配件加工制作的高度精细。

英国伦敦劳埃德保险公司大厦、香港汇丰银行、巴黎阿拉伯世界研究中心大楼、上海金茂大厦等都是最有代表性的高技术派建筑作品。

劳埃德保险公司大厦以暴露的交通塔和管线设备构成建筑的立面。设计中将建筑的交通、设备等服务功能以功能塔的方式脱离主体建筑的布局，使建筑内部空间完整、连续，而功能塔外不锈钢夹板的外饰面、空透的墙体，加上布置在外部的立体结构支撑柱和外露管道，更强化了技术精美的视觉效果。

香港汇丰银行的立面是玻璃与铝板饰面，高技术派特征体现在以下几个方面：①精密性。所有结构体系、设备、面材（包括铰接悬挂体系、贴面板、阳光收集器、楼板内的空调器、信号系统等）都是经过周密研制而成的，建成后的建筑立面非常精细，例如铝板面材的制造精度只有0.4mm的误差。②高质量。面材的涂层要求在230℃以上高温养护，达到不褪色，不起层，抗风化，耐腐蚀。③高性能。要求玻璃节能，观景视野开敞，能袒露结构、设施的形态和内部人员的活动状态。④精心设计窗户。内层为浅色玻璃，中间空气层中装有悬挂式遮阳，透明玻璃的固定式外层设有铝板遮阳，以防夏季直射阳光，遮阳板还可供维修人员站立之用。

巴黎阿拉伯世界研究中心大楼的南立面也是具有高技术派风格的设计。它的幕墙玻璃板上设有光电板机械装置，能随阳光的变化而调整，使室内获得最适度的日照。建筑立面精致优美，仿佛是一件精工雕琢的工艺品。

上海金茂大厦塔楼玻璃幕墙采用“双层皮”做法，在玻璃外罩了一层金属杆件和金属片构成的骨架网。不同形状的金属构件在一定程度上对玻璃面起到遮阳的作用，同时在立面上形成致密的格架，加上每隔一定楼层在立面上集中设置的深色“束腰”，仿佛是中国传统密檐塔的造型。金茂大厦以现代技术工艺的精美，表达了对历史的呼应。

### 3. 生态型立面设计

生态型的建筑设计既注重利用天然条件，也应用人工手段创造良好的富有生气的环境，同时还要控制和减少人工环境对自然资源的消耗。生态型建筑强调对自然环境的关注，要求建筑充分利用建设基地的有利条件，如气候、朝向、地形地势、植被条件等，提高能源的使用效率，尽量利用可再生能源，强调建筑材料的无污染、可循环性，强调对低消耗的地域材料、技术的使用，追求建筑环境与自然环境的亲和性。注重高层建筑中的小气候，强调小环境的舒适度，谋求人与自然环境的和谐。

随着中庭与高层建筑的结合，打破了高层建筑内部空间的封闭与单调，近年来又出现了分散式的空中花园，让高层建筑的使用者接近自然，创造出令人愉快的室内环境。马来西亚建筑师杨经文的绿色高层建筑受到人们的重视。他的理论是从“生物气候学”着手，根据当地环境和气候创造独特的低能耗高层住宅。其设计方法有以下特点：①把垂直交通核心设在建筑物温度高的一侧或两侧，一是可使大楼电梯间、卫生间等自然采光通风；二是使工作区与外部形成温度缓冲区（在炎热地区它是热的缓冲，在寒冷地区它能阻止冷空气渗透），从而降低能耗。②室内空间处理要求利用阳光和风，以改善室内环境，降低能耗。设置空中庭院，以楼梯或坡道联系。空中庭院不但是人们的交往空间，也起到组织自然通风的作用。③垂直景观。把植物引入高层建筑，改善微气候，并充分考虑灌溉与通风要求。④可调节的外墙。采用多向、多层、可开、可闭的外墙，以适应不同气候，减少空调、采暖的时间，降低能耗。他设计的马来西亚IBM大楼以其综合遮阳、分层绿化、空中庭院等表达了生态高层的设计思想。还有德国法兰克福商业银行总部大楼、香港汇丰银行、沙特阿拉伯国家商业银行大楼也都是生态型高层建筑的实例。

符合生态规律的高层建筑改善了城市区域环境，为城市创造了一个健康、宜人的人居环境，从而消除了高层建筑与大地的隔绝的感觉。

### 4. 历史文脉地方主义立面设计

反映城市历史文脉的地方主义的立面设计是从城市历史文脉与环境特点角度来创造高层建筑立面式样的。香港中银大厦节节高升的雕塑体形和神似中国密檐古塔的上海金茂大厦，都表现出设计者对中国传统文化特色和建筑特色的关注；吉隆坡石油大厦的创作灵感则来自伊斯兰塔，而其平面的方形加圆形的组合形式也与伊斯兰教义中代表美好信念的字母“R”有关，反映了马来西亚的地域文化特征。

法兰克福DG银行大厦面对宽阔而繁忙的美茵泽·兰德斯特雷斯大街，背靠安静而尺度一致的居住区，为了与这种环境协调，建筑师把这座塔式楼朝向商业街的一面设计成陡直的，而朝向住宅区的一面采用最小的尺度，采用了与所在城市建筑群相似的集合体，从立面上可以看到一系列与周围环境相呼应的外墙伸缩线。这幢高层建筑通过①加强沿街墙体和街道空间的传统风格；②沿用古典尺度和节奏与环境特色相呼应；③把体量化整为零，不对称来表达对这座城市历史文脉的理解。

### 5.2.3 高层建筑的标准层设计

高层建筑塔楼空间由重叠的水平空间与垂直空间两部分构成。水平空间重叠，即将无数个不同高度的水平面，以有效的方式组合成轮廓大致相同，并满足人的工作和生活需要的使用空间，如办公室、客房、卫生间、居室等。垂直空间，即在若干个水平面之间，用一定形式、内容的垂直体以某种方式贯穿其中，如电梯井、楼梯井和设备管井及结构支撑系统等，构成水平面与水平面之间的支撑和联系，从结构及交通等方面确保水平使用空间各功能顺利实现。

截取这种水平面和垂直体交汇处的任一单元段，即得到所谓的标准层。高层建筑塔楼空间设计实际上是从每个标准层入手的。因此，标准层设计是高层建筑设计的关键，在设计过程中出现的矛盾很大程度集中反映在标准层上。标准层设计合理与否在一定程度上决定了高层建筑整体设计的优劣。

在标准层设计中，由于垂直体需要竖向贯通，故常将楼梯、电梯、设备辅助用房、管井等集中布置，并与相应的结构形式构成“核心”，以抵抗巨大的风力及地震力，这部分通常称为“核心体”；而把用于办公、居住等人们日常使用部分称为“壳体”。所以，高层建筑标准层可以说是由“核心体”和“壳体”组成的。核心体布置与高层塔楼功能类型关系不大（参阅本章5.2.5），而“壳体”水平空间的组合则取决于塔楼功能类型。

我国目前最多的高层建筑塔楼功能类型为办公、旅馆、住宅，或三者组合形成的综合体。不同功能的高层塔楼，便有不同空间组合的标准层，设计中也必然有各自的规律。限于篇幅，本节仅简介最常见的高层办公建筑标准层。

高层办公建筑有多种分类方法，如按建筑环境观分类，可将高层办公建筑分为生态型办公楼和传统型办公楼；按使用性质可分为行政机关办公楼、商业贸易机构办公楼、电信办公楼、银行金融机构办公楼、科学研究机构办公楼等；按使用方式可分为专用办公楼、出租办公楼。

专用办公楼是指包括本单位或几个单位合用的办公楼或政府机构专用办公楼，如东京新都厅舍、巴西利亚国会大厦、加拿大多伦多市政厅、北京全国政协办公楼等。这类办公建筑在设计中对使用者已有明确的定位，设计应满足某种类型的单位办公需要，如政府办公楼需要更多地考虑它作为领导机构办公场所，多以中、小办公室为主。

出租办公楼是指高层办公楼建好后，以分层或分区等方式将楼层出租给某些公司、企业等机构，如深圳地王大厦、香港中环广场、芝加哥西尔斯大厦、上海金茂大厦等。由于这类办公建筑的使用者在设计时并不明确，所以在设计中应兼顾各种不同类型的办公方式，以优质的设计、良好的环境、先进的设施、周到的服务吸引客户，并尽可能争取较大的社会效益和经济效益。

确定高层办公建筑标准层平面形式的因素很复杂，包括审美心理、建筑功能、管理使用、基地状况、环境气候、技术条件等。建筑师必须综合以上多方面要求后，经过创作构思方能确定高层办公建筑标准层平面形式。总的说来，其平面形式是以下三种类型或其变形。

1. 塔形平面

塔形平面的进深与面宽没有明显差异（图 5-19），便于布置空间流动性大，进深大的办公空间，适用于需要空间大，工作联系密切，对私密性要求不高的机构作为办公室。塔形平面的办公空间围绕垂直核心体布置，其使用、联系、管理、安全疏散均较方便。塔形平面高层办公楼的抗风能力与结构材料比板式楼强，所形成的细窄阴影对周围建筑的遮挡影响相对较小，在高层办公建筑中运用最为广泛。

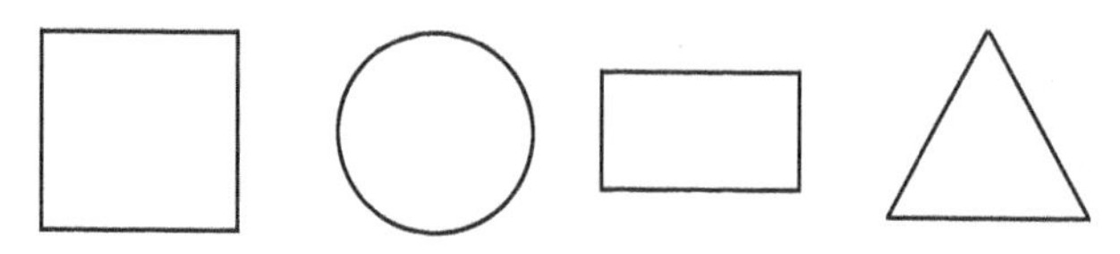

图 5-19 标准层塔形平面布置示意图

塔形平面按其平面形状分为以下几种形式：

（1）**正方形或矩形平面** 这种平面形式用地少，平面利用率高，空间方正好用。由于平面基本均衡对称，各个方向刚度接近，抗风性能好，结构设计简易，施工方便，其缺点是东、西向房间偏多，如图 5-20 所示。

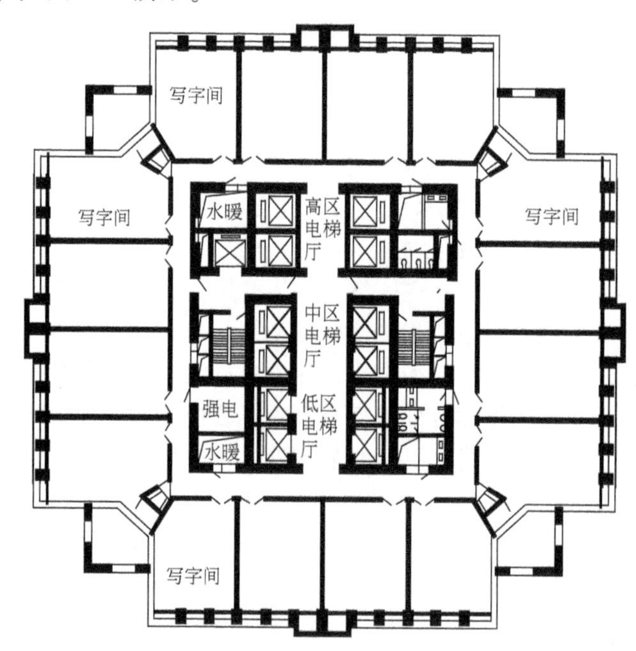


图 5-20 标准层方形平面布置形式（武汉世贸大厦）

（2）**三角形平面** 办公空间围绕三角形核心筒布置，走道较短，与垂直交通核心联系方便，在一定程度上能够弥补矩形平面在朝向方面的缺陷。但平面锐角处内部空间不好利用，往往加以切角，若为形成独特造型效果保留锐利的锐角，其内部空间可作井道式辅助空间，如图 5-21 所示。

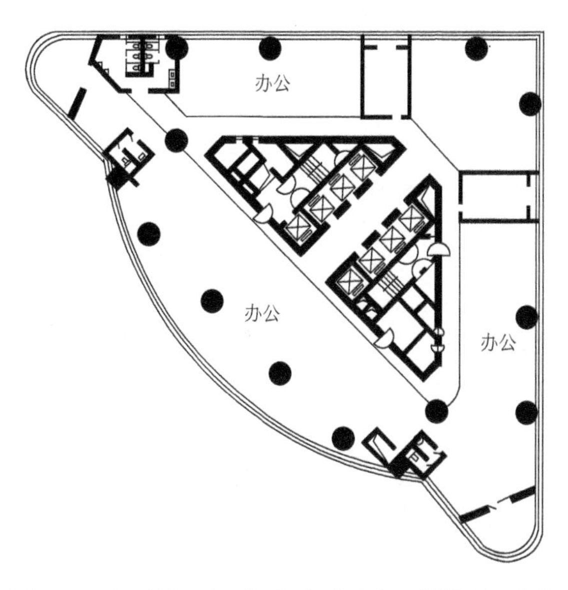


图 5-21　标准层三角形平面布置形式（深圳民政大楼）

（3）**圆形平面**　圆形平面能以较少的外墙得到较大的使用面积，其外墙要比相同面积的方形平面约少 10%，且走廊长度可减至最短。由于视野开阔，空间富有动感，最适合布置大开间办公室或景观办公室，如图 5-22 所示。圆形平面力学性能是各种平面中最好的，所受风力比矩形平面约少 30%。

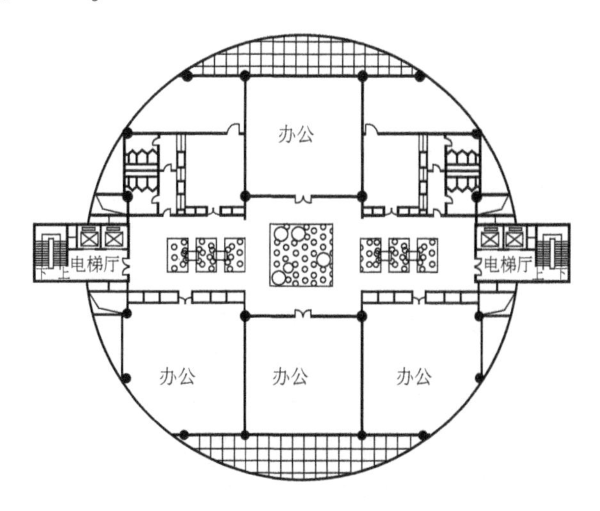


图 5-22　标准层圆形平面布置形式（黑龙江电力通信大厦）

2. 板形平面

板形平面是相对塔形平面而言，指标准层平面的纵轴向尺度比横轴向进深尺度大得多（图 5-23）。板形平面适宜建于狭长地段内。平面进深较浅，采光通风较好，适合于分隔成中小型的独立办公空间。板形平面便于布置明楼梯、明电梯厅、明厕所和明走道，天然光利用率高，通风好，节能，适合于行政或企事业机构作为管理型办公空间。但板形平面的狭长形态势必增加走道的长度，楼梯、电梯也将分散布置，从而增加了交通面积。它与塔形平面相比，板形平面的平面利用率不高。从体形看，因其受风面积很大，结构体系所能达到的高度有限，板式楼的阴影会长时间遮挡周围建筑的阳光。

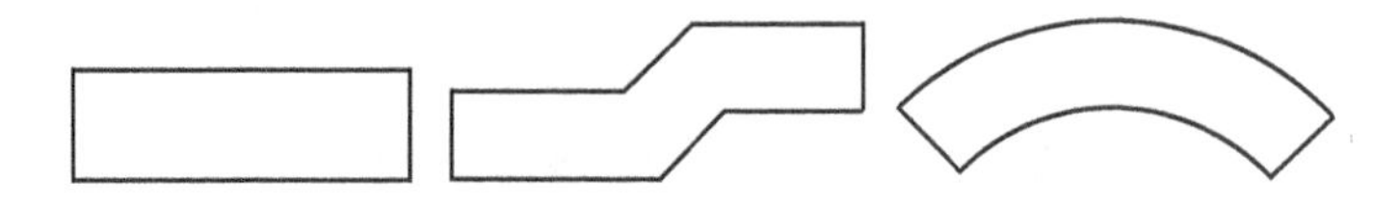

图 5-23 标准层板形平面布置示意图

高层板式楼造型也是丰富多彩，各式各样的。高层办公板式建筑常见形式有以下几种：

（1）**平板形平面** 这是运用最为广泛的狭长短形平面，其平面利用率相对同类型其他平面较高，结构简单，造价经济，核心体可布置于中间，也可布置于两侧，如图 5-24 所示。

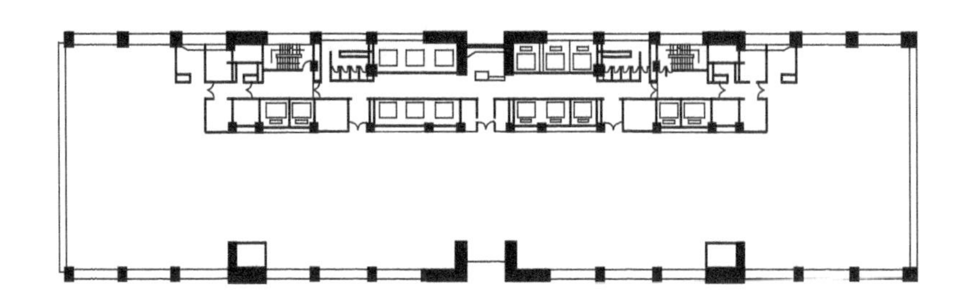

图 5-24 标准层平板形平面布置形式（东京长期信用银行）

（2）**错接板形平面** 纯粹的平板造型简洁，但形体显得单调。设计中常将平板平面在进深方向进行不同尺度的错位，以丰富形体轮廓，同时满足空间内部功能与地形的需要。核心体通常布置在错位处，如图 5-25 所示。

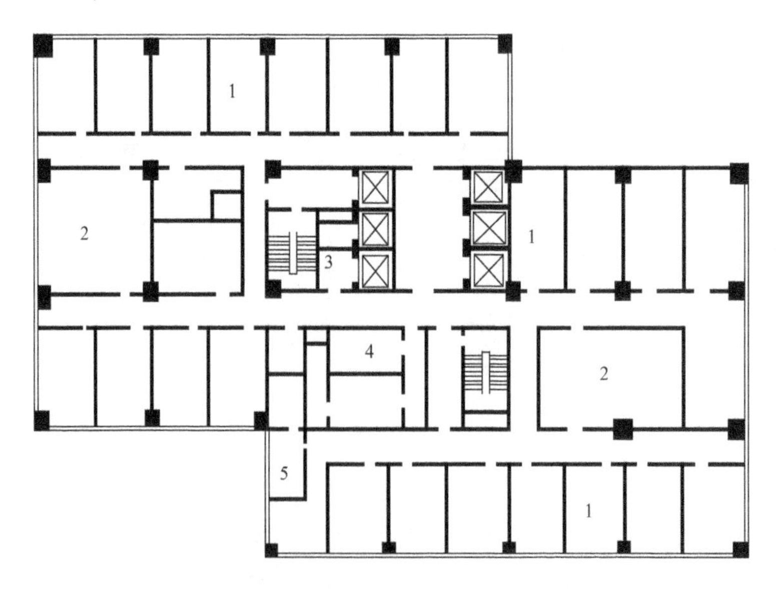


图 5-25 标准层错接板形平面布置形式（上海长安大厦）

1—办公 2—会议 3—接待 4—卫生间 5—开水

(3) **弧板形平面** 弧板形平面主要是为了表现其婉转柔美的形象，内部功能与平板形相似。设计中常将凹面作正立面，形象美观。弧板形平面常与平板形平面结合处理，以弥补平板楼形象单调的缺陷，或适应基地的形状（图5-26）。

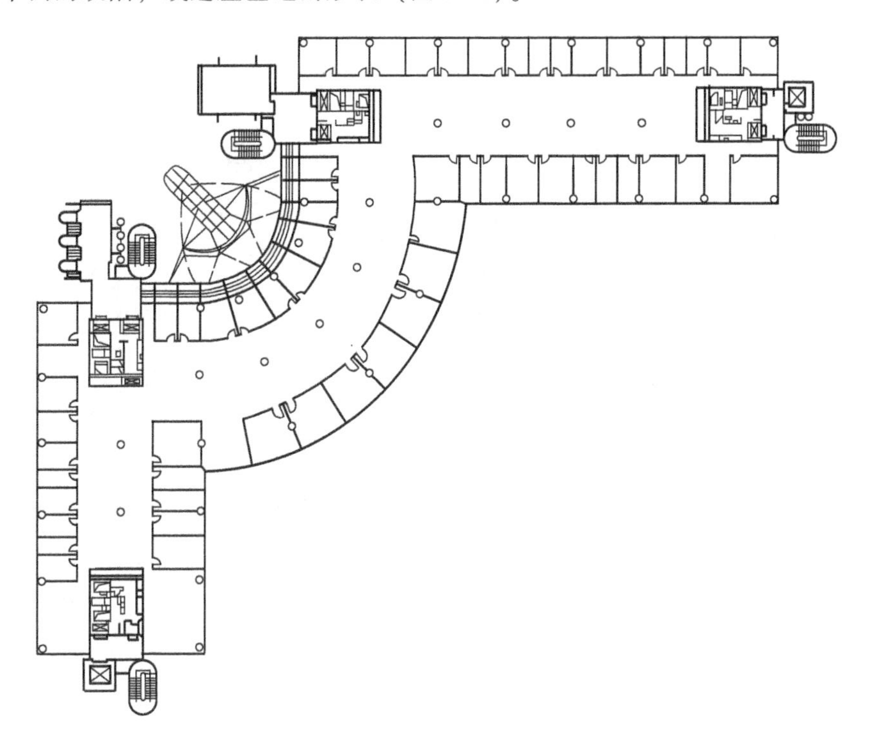

图5-26 标准层弧板形与平板形结合平面布置形式（英国四频道电视台）

3. 交叉形平面

交叉形平面在某种程度上可以说是介于板形平面和塔形平面之间（图5-27），它比塔形平面有更多的靠窗位置，获得了更好的自然采光条件，且在任何一平面上形成分区明确的自然单元，便于向相互没有联系的办公机构提供独立的使用空间，特别适合于出租办公楼。由于几个空间单元围绕公共服务核心布置，不会出现类似板形平面那样长长的走道，布局较为紧凑。

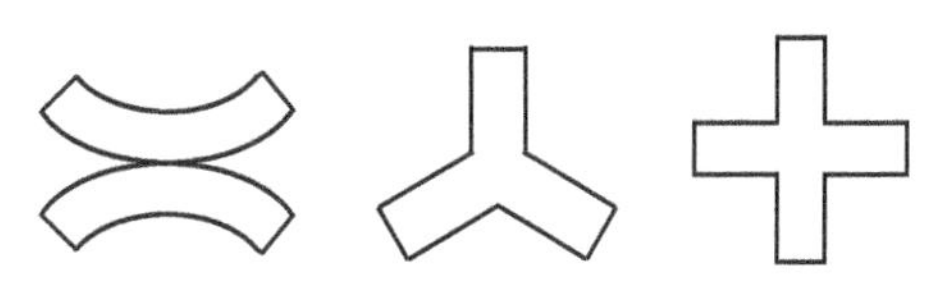

图5-27 标准层交叉形平面布置示意图

交叉形平面有以下几种基本形式：

(1) **Y字形平面** Y字形平面有较好的灵活性与适应性，根据平面层面积与地形，三叉翼可等长，也可异长，每叉翼内布置房间无暗室，可在中间设走廊服务于两边房间，也可取消分隔，形成相对独立的大空间，节省通道面积，如图5-28所示。

(2) **十字形平面** 十字形平面拥有Y字形平面的优点，且每层可布置更多房间，与交通服务核心联系也非常方便，如图5-29所示。

上述三种平面形式，仅仅是高层办公建筑最基本的三种形式。由于办公空间类型（特别是大空间办公与景观式办公）对平面形状的约束较小，这为创造别具一格、式样新颖、独有个性的平面形式提供了可能。建筑师可在地理环境、文化背景、气候条件等因素的基础上，充分发挥创造力。在上述三种基本形式的基础上可组合或衍生出变化多端、造型各异的平面形式（图5-30）。

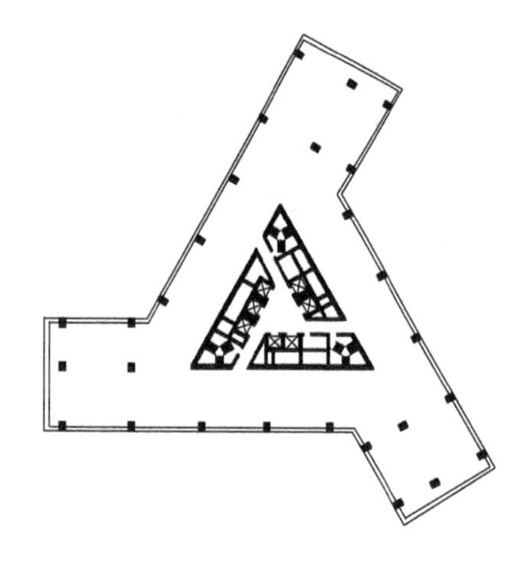

图5-28 标准层Y字形平面布置形式

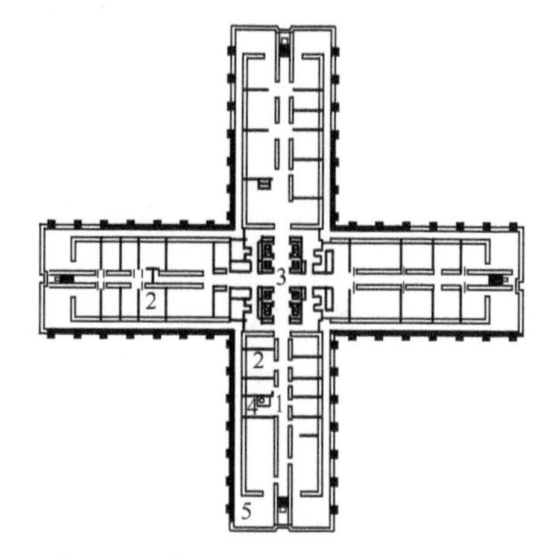


图5-29 标准层十字形平面布置形式

1—内廊 2—办公 3—中央核心筒
4—电梯 5—尾顶平台

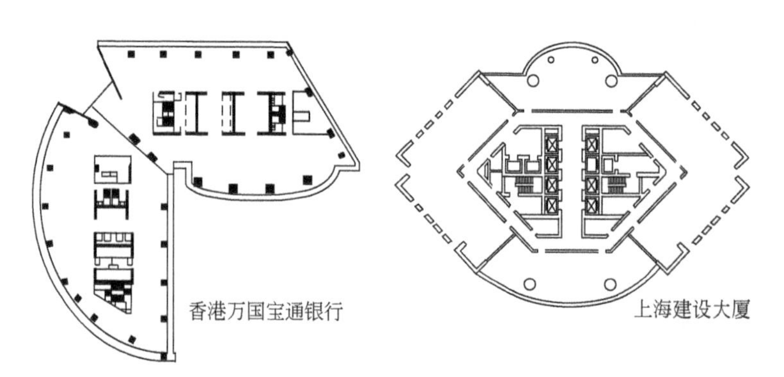


图5-30 标准层由基本形衍生的平面布置形式

## 5.2.4 高层建筑的剖面设计

高层建筑剖面设计的主要内容是确定建筑层高。建筑层高是高层建筑设计的一项重要参数，影响层高的因素很多，例如建筑的使用功能、结构选型以及各设备工种，如电气、给水排水、空调的要求。设计中应根据具体工程综合考虑，全面地把握问题，协调好各专业的关系，确定合理、经济的层高值。

层高尺寸是由功能所需净高和必要的吊顶内部空间高度所决定的。

### 1. 净高确定需考虑的因素

1）平面尺寸与室内空间感。

2）自然采光及窗口大小要求。

3）空调方式。

4）排烟方式。

5）照明方式。

6）消防喷洒方式。

2. 确定吊顶内部空间高度需考虑的因素

1）结构梁板高度。一般情况下梁板高度为700mm左右。按结构设计，在保证安全的前提下应尽量减少结构自身的高度。

2）设备管线高度。应包括几种类型设备的高度。空调主干管的高度应包括保温层的厚度，一般应大于400mm。主干管不可穿梁。设计中在不影响风量的情况下，可采用增大风管宽度，减小其高度的做法，适当降低吊顶高度。对于带走廊的平面布局，可将主风道置于走廊上面的吊顶内，走廊吊顶可降低至2.4m，没有走廊的大空间也可局部降低吊顶，布置风道。

高度超过50m或标准层面积超过1000m²的办公楼应设自动喷淋系统，因此吊顶内部空间还应考虑喷淋管的高度，为便于风管的检修，喷淋管一般位于风道上方，并应预留大于250mm的空间。特殊情况下，喷淋干管可以穿梁，但应在梁上预留套管。

高层建筑中电缆很多，往往需要设置电缆桥架。电缆桥架一般设于风道下方，高度以200mm为宜，不应小于150mm。图5-31为各设备管线在吊顶中位置。

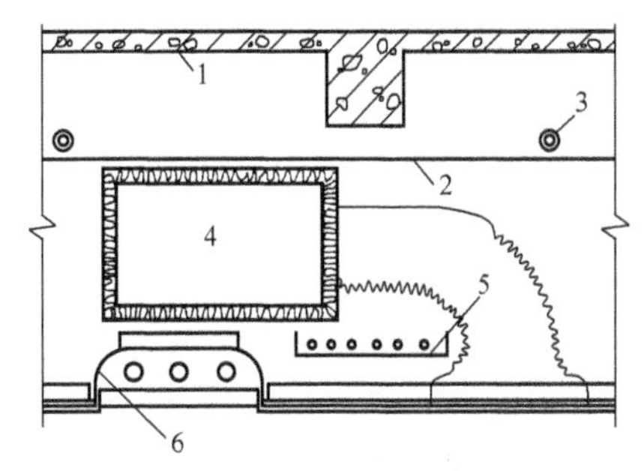

图5-31　各种设备管线在吊顶中位置示意图

1—结构楼板　2—结构主梁下及标高　3—消防喷淋干管可以穿梁　4—主风道连同保温层高度　5—电缆桥梁　6—灯具嵌入吊顶的总高度

设计中若建筑师与各工种设备工程师密切配合，可以在一定程度内降低设备占用高度，如喷淋管与电缆桥架可利用风道空间，与风道平行布置，但应注意二者与风道的交叉处应避开梁。

### 5.2.5　高层建筑核心体设计

1. 核心体的组成部分

核心体是高层建筑向高空发展的最基本的结构构件。通常为纵、横交错的剪力墙围合成的筒体。核心体也是高层建筑重要的功能空间，通常布置垂立交通与疏散系统、设备空间与服务空间，详见图5-32。

（1）**垂立交通与疏散系统**　核心体的位置往往是垂直交通和水平交通的转换站，核心体内设有电梯厅、电梯（客梯、货梯、消防电梯）、楼梯间、走道等垂直与水平交通设施，承担正常时期交通疏导功能及紧急时期疏散功能。因此，各交通设施的布局除满足紧凑高效、易于识别、便于集散等基本要求外，还必须满足防火要求。

（2）**设备空间**　设备空间是指与主要使用空间相关的各种设备空间，如水箱、强弱电配电房、空调机房以及水、电、暖通空调的各种管道井等。设备空间在核心体内的合理设置，能确保主要空间最大限度地满足使用功能的要求。

强电、弱电室一般每层都应设置，电气及水管井应考虑检修需要，电缆井、水管井需在管道安装好后用与楼板耐火极限相同的材料封堵，如防烟楼梯间和消防电梯不具备自然通风排烟条件，则必须设置独立的正压防烟系统。

（3）**服务空间**　主要使用空间以外的服务空间如洗手间、垃圾间、开水间、服务台等房

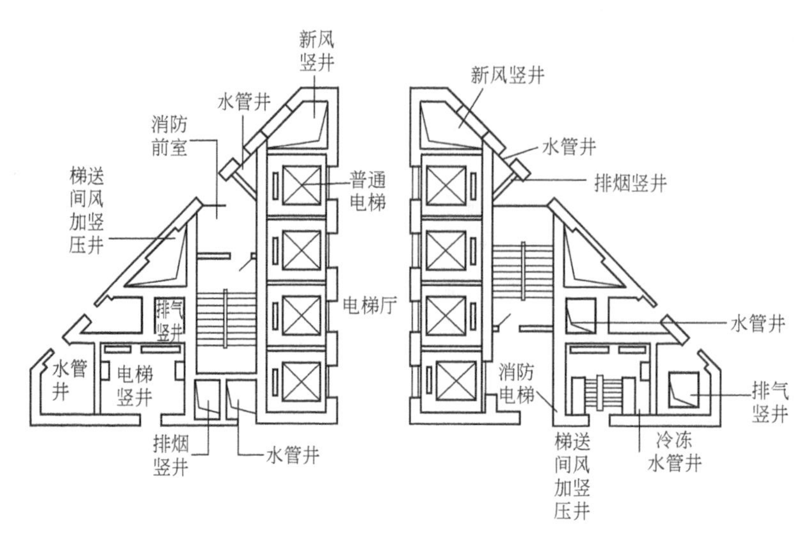


图 5-32 高层建筑核心体组成

间，往往由于有管道或管线竖向连通的要求而设置于核心体内。

综上所述，核心体既是高层建筑结构的重要组成部分，又是交通、水、电、通信、空调等设备、设施集中布置的地方。各种设备、设施数量随楼面面积、楼层数以及设备、设施选型的不同而不同。因此，核心体的基本尺度是比较灵活的，通过大量统计得到的经验数值：当以上三部分均设置于核心体内时，其总面积约为标准层面积的 20%～30%。高层住宅核心体所占的比值更小些。

2. 核心体的位置

高层建筑标准层由核心体和壳体组成。核心体往往设在建筑朝向、采光、通风等方面的最不利区域，并高度集中，以便把最佳部位留给主要使用空间。核心体与壳体的不同组合，可以构成多样的标准层形式。核心体在标准层中的位置关系分为以下三种形式：

（1）**中心核心体** 中心核心体的位置处于平面的中心，与平面几何中心一致，结构平面对称，使用空间绕其四周，占据着平面中最佳位置，采光、视线良好，交通路线简捷，是最理想的结构布置方式，因而高层建筑多采用这种平面布置形式，如图 5-33 所示。核心体结构多采用框筒体系。

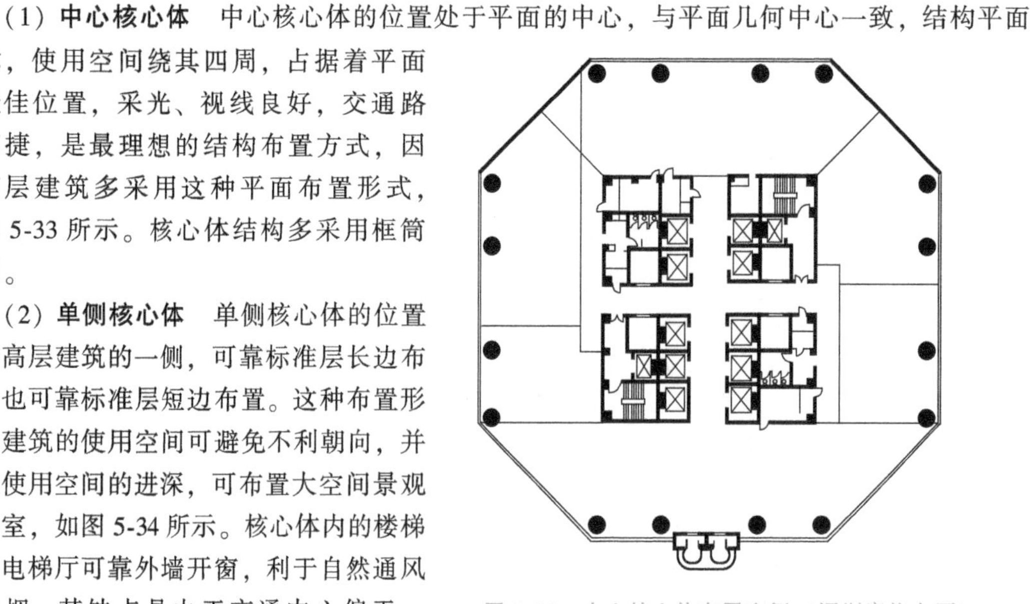

图 5-33 中心核心体布置实例（深圳赛格大厦）

（2）**单侧核心体** 单侧核心体的位置处于高层建筑的一侧，可靠标准层长边布置，也可靠标准层短边布置。这种布置形式，建筑的使用空间可避免不利朝向，并增大使用空间的进深，可布置大空间景观办公室，如图 5-34 所示。核心体内的楼梯间、电梯厅可靠外墙开窗，利于自然通风和排烟。其缺点是由于交通中心偏于一侧，路线较长，因而标准层面积较小。另外，由于结构偏心较大，为使重心与刚心一致，应有防止偏心的设计，因此在结构上不适合过高的建筑。单侧核心体多用于高层板式住宅，也可用于高层办公建筑。

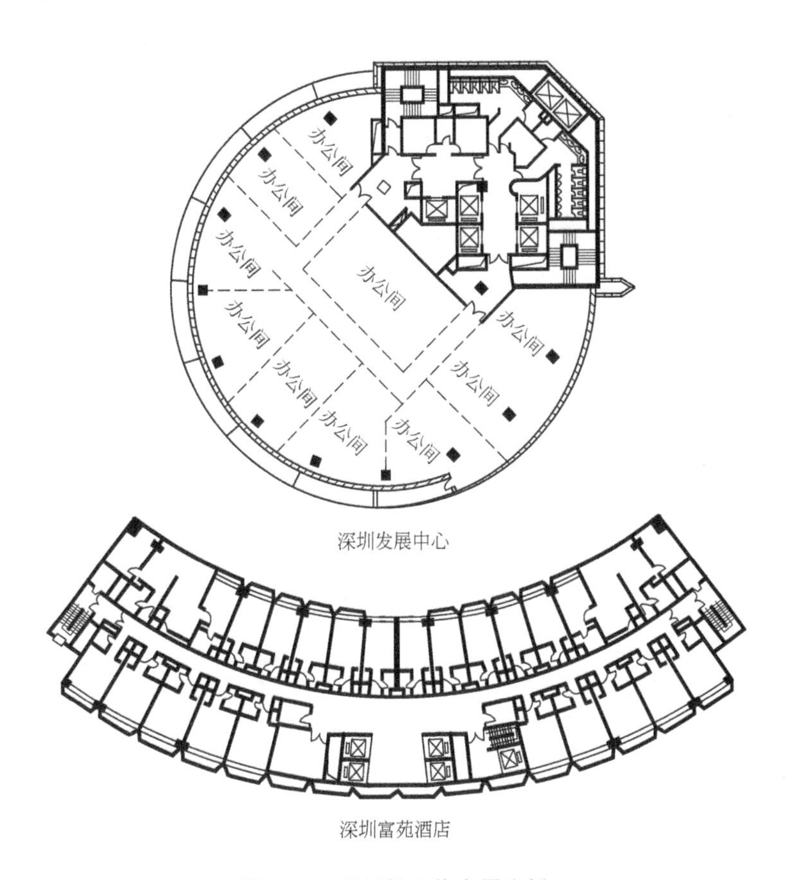


深圳发展中心

深圳富苑酒店

图 5-34 单侧核心体布置实例

(3) **双侧核心体** 双侧核心体的位置处于高层建筑的两端（图 5-35）。这种布置形式，建筑的使用空间较大而方整，可布置高度灵活的大空间景观式办公房间，使底层大厅通透、宽敞。由于交通系统位于建筑的两端，路线均匀、短捷，便于分区组织不同使用者的交通，在发生紧急事件时可确保双向疏散。双侧核心体常用于板式高层办公建筑、旅馆建筑，也适用于各层功能和层高不同的复合建筑。

采用双侧核心体时，中央使用部分的结构体系多采用框架结构。若在核心体之间架设大型梁，可以组成巨型框架，形成无柱使用空间，进一步增大了使用空间的灵活性。

(4) **体外核心体** 体外核心体的位置处于高层建筑主体空间的外部，以通道与之相连，如图 5-36 所示。这种布置形式，有利于创造大面积、完整、开敞的房间。核心体的数目可根据标准层的规模和交通组织而定，面积大的建筑可在多处设置疏散楼梯。体外核心体多用于大公司的办公楼，独家使用。采用体外核心体需要注意的是设备管道在各层的出口受到结构制约，核心体与使用部分的结合部的变形问题也应引起注意。

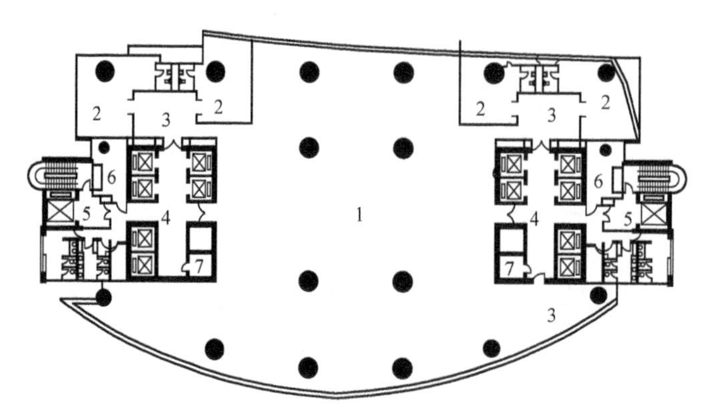


图 5-35 双侧核心体布置实例（深圳特区报业大厦）
1—普通办公 2—高级办公 3—办公休憩空间 4—电梯厅
5—前室 6—空调机房 7—管道井

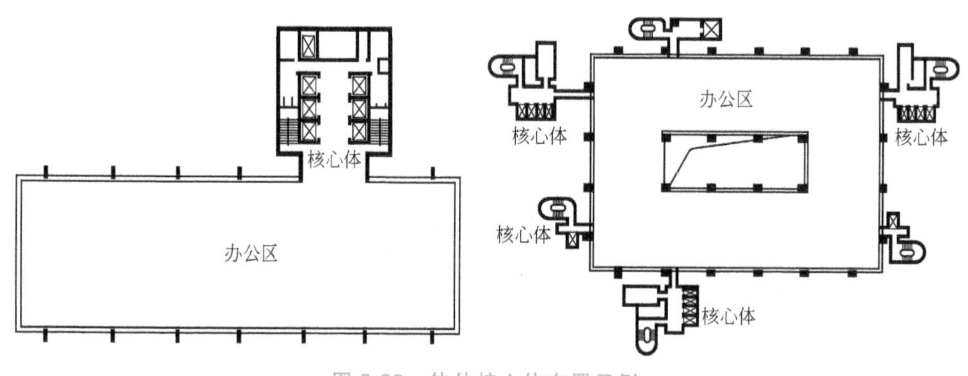


图 5-36 体外核心体布置示例

## 5.3 高层建筑的结构设计

### 5.3.1 高层建筑的结构艺术

结构艺术是建立在对工程原理（特别是结构原理和性能）充分理解、深度把握的基础上，以结构本身的独特形状与美观来表现和传达设计者审美感受和审美理念，让他人（欣赏者）以直觉的、整体的方式认识结构、把握结构，进而认识建筑、了解科学，并获得美感和精神享受，以满足审美需要，获得审美愉悦，受到真、善、美的熏陶和感染，它是设计者富有创造性的科学、艺术实践活动。

结构艺术包含着三个基本要素：效能、经济和雅致。

结构的效能，是指充分发挥结构材料的力学性能，有效减少结构材料的消耗，达到“少费多用（More with less）”的目的。尤其是在一些大的工程项目，如大跨度的桥梁、高层建筑以及大跨度屋盖的建设中，结构效能更有着十分重要的意义。从历史上看，对于轻质高强材料的追寻和合理使用也始终贯穿着建筑结构发展的整个历程，并将永远延续下去。中古时代的设计者们用石材作为哥特式大教堂的骨架，而工业革命以来的工程师则利用钢、铁和混凝土构造新颖的形式，它们不仅结构坚固，而且具有轻巧精美的外形。

结构的经济，即结构的经济性，就是能以较少的投入获得尽可能多的收益。无论何种业主，都要求将结构做得“经济”。有些设计师把结构艺术的经济性看作是创作结构艺术的最大障碍，但我们更愿意把它看为结构艺术创作灵感的源泉。建筑史上一些伟大作品也证明了这一点。

结构的雅致，就是要用美学的原则来表现结构，使结构物升华为结构艺术。众所周知，单纯的效能和经济观点已经造出太多没有吸引力的结构物，所以，结构艺术不能只有“效能”与“经济”两方面，还必须补充“雅致”这个要素。当然，美学原则不能损害结构的性能，也不能使其造价变得十分昂贵。意大利著名结构工程师和建筑师奈尔维曾经谈道：一个在技术上完善的作品，有可能在艺术效果上甚差，但是，无论古代还是现代，却没有一个从美学观点上公认的杰作而在技术上却不是一个优秀的作品。奈尔维的这段话是说，优秀的建筑作品必须在技术和艺术两个方面都具备很高的品质。总之，结构物只有同时具备了“效能、经济和雅致”三方面基本要素才能升华为结构艺术。

在高层建筑百年发展历程中，涌现出很多杰出的高层建筑结构艺术范例（参阅5.2.2）。

明尼苏达联邦储备银行（Federal Reserve Bank Building），它是世界上较早把悬挂结构用于高层建筑的实例。建成于1974年，平面呈长方形，体量为简洁的棱柱体。大厦12层楼的荷载通过吊杆悬挂在4榀高为8.5m、跨度为84m的桁架大梁上，并采用两条工字形钢做成悬链，对悬挂体系起辅助稳定作用。桁架大梁支撑在端部的两个巨大筒体上，从而在建筑底部形成了一片完全开敞的场地。空旷的底座、坚实的顶冠、精巧的钢链索、明亮的玻璃窗和悬挂在两座坚实混凝土塔楼间的箱形钢梁等单元构件，交相辉映，充分表现了结构的重要性。它们组合在一起形成了一幢匀称得体的建筑，再现了结构艺术的成就。

芝加哥汉考克大厦（John Hancock Center），它作为高层建筑发展第二阶段的代表作，无论在技术上还是在艺术上都堪称惊人之作。它最显著的特色是完全暴露在外观上的X形支撑。从技术上看，大厦四个立面上的共20个X形支撑与角柱、水平窗和裙梁共同组成了高效的建筑抗侧力系统。在其问世之初，曾一度被贬为“构筑物”。但汉考克大厦的造型及立面的处理充分表现了对结构性能的深刻掌握，表现了工业时代特有的准确性和逻辑性。其表现手法既不矫揉造作，也不为形式而形式，而是努力运用先进的结构技术所进行的革新与创造。汉考克大厦是高技术派（High-Tech）的代表作，也是结构艺术的佳作。

芝加哥西尔斯大厦（Sears Tower），它由成束捆扎在一起，22.85m见方的9个相同尺寸的筒体组成，形成框筒束结构（又称束筒结构）。并在第35层、第66层、第90层的3个避难层或设备层设置一层高的桁架，形成3道圈梁，以提高框筒束抵抗竖向变形的能力。

西尔斯大厦的9个筒体在51层以上根据不同的楼层有规则地截止退台，截面也随离地高度依次减小。该建筑的造型所表现的结构概念反映了高层建筑结构抗风设计的进步。从而形成了优美而富有变化的城市景观。有评论道，西尔斯大厦通过每个筒体截断的渐变使人们在围绕这座城市走动时感受有一种新鲜的印象。

类似的，如休斯敦市共和国银行奇特的台阶式外观造型，则是将传统坡屋顶的山墙形式作为体形变化的依据，利用台阶统一外部造型，并成为高、低体量的有效过渡。东京的NEC（日本电气株式会社）本部大楼自下向上逐渐缩小，形成三段，从正面看外形似一枚待发的火箭，显得雄浑挺拔。中部第13~15层处开有一个南北向风洞，以减弱建筑长边的风压力影响。这一开口的透空层使建筑采用了巨型钢框架（用方钢管组成的桁架）结构体系，4根巨型框架柱（由方钢管柱和人字形支撑组成）布置在塔楼的四角，巨型框架承担了全部风荷载和地震力，次框架只承担局部楼层的重力荷载。

香港中国银行大厦（Bank of China，HK），大厦的底层平面为52m×52m的正方形，由4个平面形状相同的框筒组成，在不同高度上斜向截割，上部造型为由正方形对角线划分出来的4个三角形所形成的参差收分体量，从而在外观上强调了三角形的母题。另一方面，它又由8片平面支撑和5根型钢混凝土柱组成，其中4片支撑沿四边垂直布置，另4片沿对角线斜向布置。8片支撑共有5个交汇点（四角和中心），布置5根柱子（中心柱到25层终止，4根角柱落地）。水平巨型支撑隐藏在玻璃幕墙之后，使大厦显得更加简洁明快、挺拔有力。设计者将对角支撑和分段截割筒体的思路独创地集聚在一起，巧妙地解决了超高层建筑抵抗侧向力的问题，并将含蓄深沉的建筑隐喻同抽象简洁的建筑造型完美结合。

### 5.3.2 高层建筑的结构类型

高层建筑可采用的结构类型有钢筋混凝土结构、钢结构、钢和钢筋混凝土相结合的组合结构、混合结构等。

我国的高层建筑中钢筋混凝土结构占主导地位，已建成多幢200m以上的钢筋混凝土建筑。但钢筋混凝土结构也有一些缺点，如构件占据面积大、自重大，且施工速度慢。例如我国广东国际大厦（63层），底层柱尺寸已达1.8m×2.2m，占据了大量的空间。

近年来，随着高层建筑建造高度的增加，以及我国钢产量的大幅度增加，采用钢结构的高层建筑也不断增多。如北京建成了京广中心（56层，208m）、京城大厦（52层，183m）等高层钢结构；上海建成了锦江宾馆分馆（46层，153.53m）、国际贸易中心（37层，139m）等高层钢结构。

钢和钢筋混凝土相结合的组合结构和混合结构，这种结构可以使钢和钢筋混凝土两种材料互相取长补短，取得经济合理、技术性能优良的效果。

组合结构是用钢材来加强钢筋混凝土构件的强度，钢材放在构件内部，外部由钢筋混凝土做成，成为钢骨（或型钢）混凝土构件，也可在钢管内部填充混凝土，做成外包钢构件，成为钢管混凝土。例如北京的香格里拉饭店就采用了钢骨混凝土柱。

混合结构是部分抗侧力结构用钢结构，另一部分采用钢筋混凝土结构（或部分采用钢骨混凝土结构）。多数情况下是用钢筋混凝土做筒（剪力墙），用钢材做框架梁、柱。例如上海静安希尔顿饭店就是这种混合结构。上海金茂大厦是用钢筋混凝土做核心筒，外框用钢骨混凝土柱和钢柱的混合结构。图5-37为美国西雅图双联广场大厦，58层，四根大钢管混凝土柱承受60%竖向荷载（混凝土抗压强度133MPa，直径3.05m，管壁厚30mm）。

### 5.3.3 高层建筑结构受力特点

高层建筑不但受到较大的侧向力（水平风力或水平地震作用）作用，而且其结构受力特点与多层建筑结构有很大的区别，使得侧向力成为影响结构内力、结构变形及建筑物土建造价的主要因素。在高层建筑结构中，荷载效应最大值（轴力$N$、弯矩$M$和位移$\Delta$）可由图5-38所示简图得到

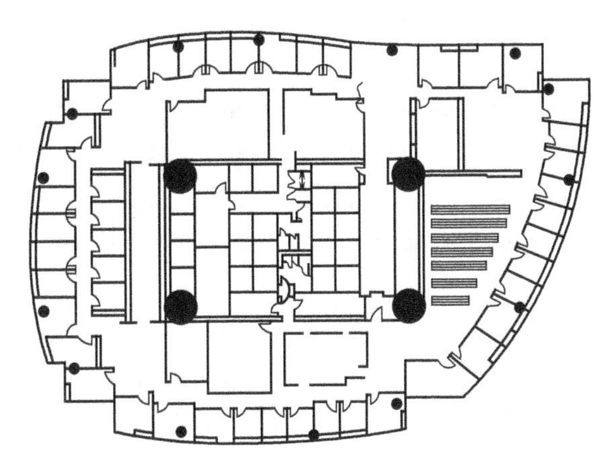

图 5-37　美国西雅图双联广场大厦

$$
\left.\begin{aligned}
N &= WH = f(H) \\
M &= \frac{1}{2}qH^2 = f(H^2) \\
\Delta &= \frac{qH^4}{8EI} = f(H^4)
\end{aligned}\right\} \qquad (5\text{-}1)
$$

式中　$W$——建筑每米高度上的竖向荷载；

$q$——平均布荷载；

$H$——建筑高度；

$EI$——建筑总体抗弯刚度（$E$ 为弹性模量，$I$ 为惯性矩）。

将式（8-1）表达的荷载效应与建筑物高度的关系示于图 5-39。弯矩值和侧向位移值常常成为决定结构方案、结构布置、构件截面尺寸的控制性因素。

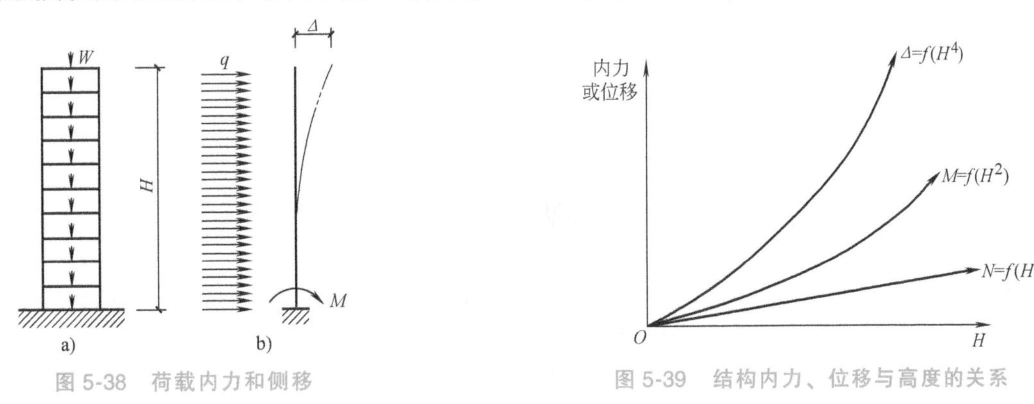


图 5-38　荷载内力和侧移　　图 5-39　结构内力、位移与高度的关系

因此，在高层建筑结构设计时，不仅要求结构具有足够的强度，而且还要求有足够的刚度，使结构在水平荷载作用下产生的位移限制在一定的范围内，以保证建筑结构的正常使用和安全。

## 5.3.4　高层建筑结构体系

对于高层建筑中，抵抗水平力成为确定和设计结构体系的关键问题。高层建筑中常用的结构体系有框架、剪力墙、框架-剪力墙、筒体以及它们的组合。

1. 框架结构体系

由框架梁和柱构成的框架结构体系，建筑平面布置灵活，可以做成有较大空间的会议室、餐厅、车间、营业厅、教室等。需要时，可用隔断分隔成小房间，或拆除隔断改成大房间，因而使用灵活。外墙用非承重构件，可使立面设计灵活多变。

框架梁应纵横向布置，形成双向抗侧力结构，使之具有较强的空间整体性，以承受任意方向的侧向作用力。

在结构受力性能方面，框架结构属于柔性结构，自振周期较长，地震反应较小，经过合理的结构设计，可以具有较好的延性性能。其缺点是结构抗侧刚度较小，在地震作用下侧向位移较大，容易使非结构构件的损坏（如填充墙、建筑装饰、管道设备等）破坏较严重。地震作用下的大变形还将在框架柱内引起 $p-\Delta$ 效应，严重时会引起整个结构的倒塌。当建筑层数较多或荷载较大时，要求框架柱截面尺寸较大，既减少了建筑使用面积，又会给室内办公用品或家具的布置带来不便。一般控制在 10~15 层（框架体系的其他内容见第 2.8 中相关内容）。

2. 剪力墙结构体系

剪力墙结构体系是利用建筑物墙体承受竖向与水平荷载，并作为建筑物的围护及房间分隔构件的结构体系。剪力墙一般沿建筑物纵向、横向正交布置或沿多轴线斜交布置，与水平向布置的楼盖结构组成一个具有很多竖向和水平向交叉横隔的空间盒子结构（典型布置如图 5-40 所示）。

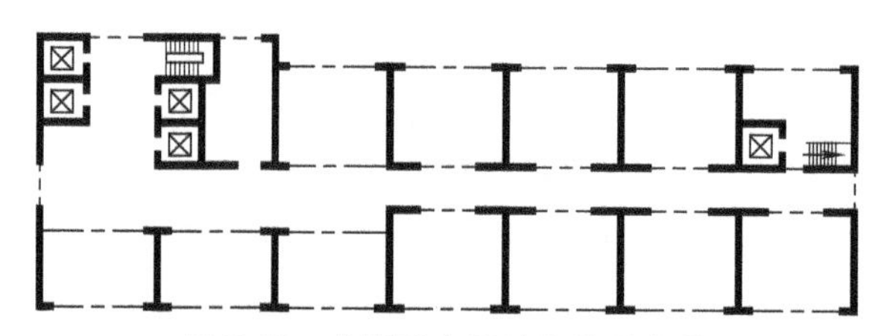

图 5-40 典型剪力墙结构体系布置

剪力墙在抗震结构中也称抗震墙。它在自身平面内的刚度大、强度高、整体性好，在水平荷载作用下侧向变形小，抗震性能较强。在国内外历次大地震中，剪力墙结构体系表现出良好的抗震性能，且震害较轻。因此，剪力墙结构在非地震区或地震区的高层建筑中都得到了广泛的应用。在地震区 15 层以上的高层建筑中采用剪力墙是经济的，在非地震区采用剪力墙建造建筑物的高度可达 140m。目前我国 10~30 层的高层住宅大多采用这种结构体系。剪力墙结构采用大模板或滑升模板等先进方法施工时，施工速度很快，可节省大量的砌筑填充墙等工作量。

为满足旅馆布置门厅、餐厅、会议室等大面积公共房间，以及在住宅底层布置商店和公共设施的要求，可将剪力墙结构底部一层或几层的部分剪力墙取消，用框架来代替，形成底部大空间剪力墙结构和大底盘、大空间剪力墙结构、框支剪力墙结构（图 5-41），但框支剪力墙结构体系，由于底层柱的刚度小，上部剪力墙的刚度大，形成上下刚度突变，在地震作用下底层柱会产生很大的内力及塑性变形，致使结构破坏较重。因此，在地震区不允许完全使用这种框支剪力墙结构，而需设有部分落地剪力墙。

### 3. 框架-剪力墙结构体系

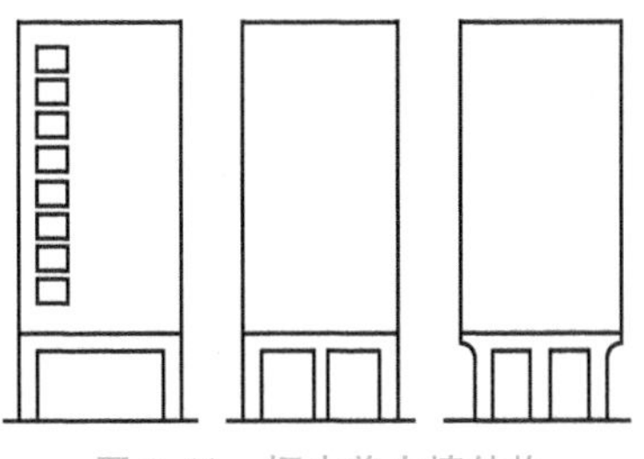
图 5-41　框支剪力墙结构

框架-剪力墙结构体系是一种受力特性较好的结构体系，其典型布置如图 5-42 所示。框架-剪力墙结构的刚度和承载力较高，在水平荷载作用下的层间变形减小，因而减小了非结构构件的破坏。当建筑物较低时，仅布置少量的剪力墙即可满足结构的抗侧要求；而当建筑物较高时，则要有较多的剪力墙，并通过合理的布置使整个结构具有较大的抗侧刚度和较好的整体抗震性能。框架-剪力墙结构体系应用范围很广，10~40 层的高层建筑均可采用这类结构体系。

### 4. 筒体结构体系

筒体结构为空间受力体系。筒体的基本形式有三种：实腹筒、框筒及桁架筒，如图5-43 a、b、c 所示；如果体系是由上述筒体单元所组成的，称为筒中筒或组合筒，如图 5-43d、e 所示。无论哪一种筒体，在水平力作用下都可以看成固定于基础上的箱形悬臂构件，它比单片平面结构具有更大的抗侧刚度和承载力，并具有很好的抗扭刚度。因此，该种体系广泛应用于多功能、多用途，层数较多的高层建筑中，特别适用于 30 层以上或 100m 以上的超高层建筑。

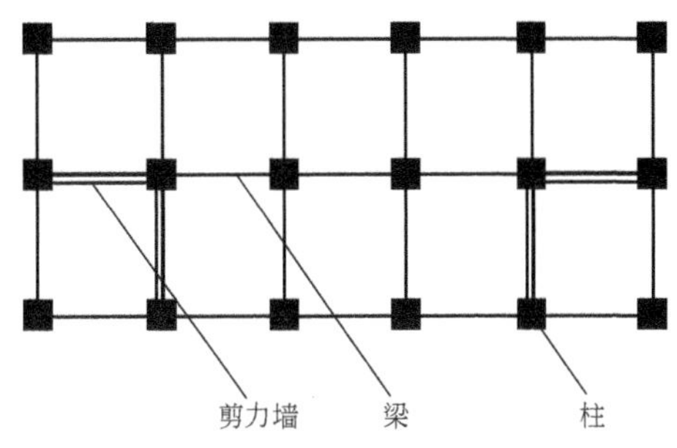

图 5-42　框架-剪力墙结构体系

### 5. 其他结构体系

较为新颖的结构体系有悬挂式结构、巨型框架结构、竖向桁架结构、高层钢结构中的刚性横梁和刚性桁架等（图 5-44）。这些结构已在实际工程中得到应用。如香港汇丰银行大楼

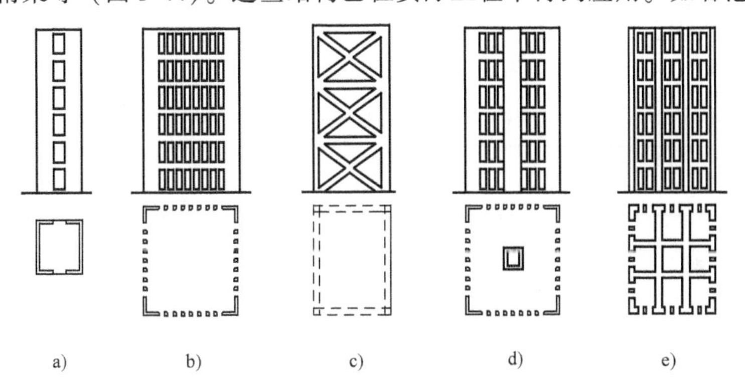

图 5-43　筒体结构体系

a）实腹筒　b）框筒　c）桁架筒　d）筒中筒　e）组合筒

采用的是悬挂式结构，深圳香格里拉大酒店采用的是巨型框架结构，香港中国银行采用的是巨型桁架结构。

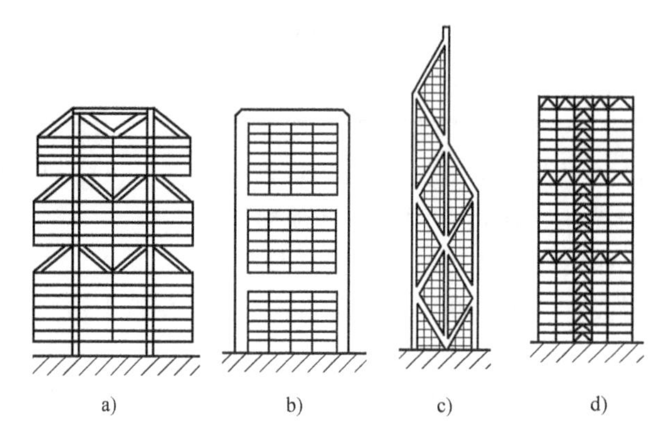


图 5-44 新型结构体系

a）悬挂结构 b）巨型框架结构 c）巨型桁架结构 d）刚性横梁或刚性桁架结构

不同的结构体系结构形式不同，抗侧移刚度差别也较大，适宜的建筑物高度也不相同。《高层建筑混凝土结构技术规程》（JGJ 3—2010）中将高层建筑分为两级，即常规高度的高层建筑（A级）和超限高层建筑（B级），其最大适用高度见表5-2和表5-3。

表 5-2 A级高度高层建筑最大适用高度 （单位：m）

| 结构体系 | | 非抗震设计 | 抗震设计 | | | | |
|---|---|---|---|---|---|---|---|
| | | | 6度 | 7度 | 8度 | | 9度 |
| | | | | | 0.20$g$ | 0.30$g$ | |
| 框架 | | 70 | 60 | 50 | 40 | 35 | |
| 框架-剪力墙 | | 150 | 130 | 120 | 100 | 80 | 50 |
| 剪力墙 | 全部落地剪力墙 | 150 | 140 | 120 | 100 | 80 | 60 |
| | 部分框支剪力墙 | 130 | 120 | 100 | 80 | 50 | 不应采用 |
| 筒体 | 框架-核心筒 | 160 | 150 | 130 | 100 | 90 | 70 |
| | 筒中筒 | 200 | 180 | 150 | 120 | 100 | 80 |
| 板柱-剪力墙 | | 110 | 80 | 70 | 55 | 40 | 不应采用 |

表 5-3 B级高度高层建筑最大适用高度 （单位：m）

| 结构体系 | | 非抗震设计 | 抗震设计 | | | |
|---|---|---|---|---|---|---|
| | | | 6度 | 7度 | 8度 | |
| | | | | | 0.20$g$ | 0.30$g$ |
| 框架-剪力墙 | | 170 | 160 | 140 | 120 | 100 |
| 剪力墙 | 全部落地剪力墙 | 180 | 170 | 150 | 130 | 110 |
| | 部分框支剪力墙 | 150 | 140 | 120 | 100 | 80 |

（续）

| 结构体系 | | 非抗震设计 | 抗震设计 | | | |
|---|---|---|---|---|---|---|
| | | | 6度 | 7度 | 8度 | |
| | | | | | 0.20g | 0.30g |
| 筒体 | 框架-核心筒 | 220 | 210 | 180 | 140 | 120 |
| | 筒中筒 | 300 | 280 | 230 | 170 | 150 |

对平面和竖向均不规则的结构或Ⅳ类场地上的结构，最大适用高度应适当降低。超过表内高度的房屋，应进行专门研究，采取必要的加强措施。

### 5.3.5　高层建筑结构布置原则

在高层建筑结构设计中，当结构体系确定后，结构总体布置应当密切结合建筑设计进行，使建筑物具有良好的造型和合理的传力路线。因此，结构体系受力性能与技术经济指标能否做到先进合理，与结构布置密切相关。

一个先进而合理的设计，不能仅依靠力学分析来解决。因为对于较复杂的高层建筑，某些部位无法用解析方法精确计算。因此，还要正确运用“概念设计”。“概念设计”是指对一些难以做出精确计算分析，或在某些规程中难以具体规定的问题，应该由设计人员运用概念进行判断和分析，以便采取相应的措施，做到比较合理地进行结构设计。以下论述的诸方面均须用概念设计的方法加以正确处理。

#### 1. 结构平面布置

高层建筑的开间、进深尺寸和选用的构件类型应符合建筑模数，以利于建筑工业化。在一个独立的结构单元内，宜使结构平面形状和刚度均匀对称。需要抗震设防的高层建筑，其平面布置应符合下列要求：

1）平面宜简单、规则、对称、减少偏心。

2）平面长度不宜过长，突出部分长度不宜过长，值宜满足有关要求。

3）不宜采用角部重叠的平面图形或细腰形平面图形。

#### 2. 结构竖向布置

高层建筑的高宽比不宜过大，一般将高宽比控制在5~6以下，当设防烈度在8度以上时，限制应更严格一些。

高层建筑的竖向体型宜规则、均匀，避免有过大的外挑和内收。

#### 3. 变形缝的设置

在高层建筑中，为防止结构因温度变化和混凝土收缩而产生裂缝，常隔一定距离设置温度伸缩缝；在高层部分和低层部分之间，由于沉降不同设置沉降缝；在地震区，建筑物各部分层数、质量、刚度差异过大或有错层时，设置防震缝。温度缝、沉降缝和防震缝将高层建筑划分为若干个结构独立的部分，成为独立的结构单元。变形缝其他构造见本书有关章节。

高层建筑设置“三缝”，可以解决产生过大变形和内力问题以及抗震问题，但也产生另外的问题。例如，由于缝的两侧均需布置剪力墙或框架而使结构复杂和建筑使用不便；“三缝”使建筑立面处理困难；地下部分容易渗漏，防水困难等，而更为突出的是，地震时缝两侧结构常因进入弹塑性状态，位移急剧增大发生互相碰撞而造成震害。

实践表明，高层建筑宜调整平面形状和结构布置，采取构造措施和施工措施，尽量不设缝或少设缝；需要设缝时，必须保证必要的缝宽以防止震害。

### 5.3.6 高层建筑的基础

高层建筑高度大、质量大，在水平力作用下有较大的倾覆力矩与剪力，对基础及地基的要求较高，因此基础的设计是高层建筑结构设计中的一项重要内容。

上部结构的特点是选择基础设计方案的重要因素。基础设计时要把地基、基础和上部结构当成一个整体来考虑：当上部结构刚度和整体性较差，地基软弱，且不均匀时，基础刚度应适当加强；当上部结构刚度和整体性较好，荷载分布较均匀，地基也比较坚硬时，则基础刚度可适当放宽。

一般情况下，地基的土质均匀，承载力高、沉降量小时，可以采取天然地基和竖向刚度较小的基础；反之，则应采用人工地基或竖向刚度较大的整体式基础。

单独基础和条形基础整体性差，竖向刚度小，不容易调整各部分地基的差异沉降，除非将基础搁置在未风化或微风化岩层上，否则不宜在高层建筑中应用。在层数较少的裙房中应用时，也需在单独柱基之间沿纵、横两个方向增设拉梁，以抵抗可能产生的地基差异沉降。

（1）**桩基础** 由桩和承台组成，具有承载力可靠、沉降小的优点，适用于软弱土壤。当采用桩基时，应尽可能采用单根、单排大直径桩或扩底墩，使上部结构的荷载直接由柱或墙传至桩顶；基础底板因受力很小而可以做得较薄，如果采用多根或多排小直径桩，基础底板就会受到较大弯矩和剪力，从而使板厚增大。采用桩基常常可以减少震害，但在地震区，应避免采用摩擦桩，因为在地震时土壤会因振动而丧失摩擦力。桩基还可以和箱或筏组成桩箱基础（图5-45）或桩筏基础（图5-46）。

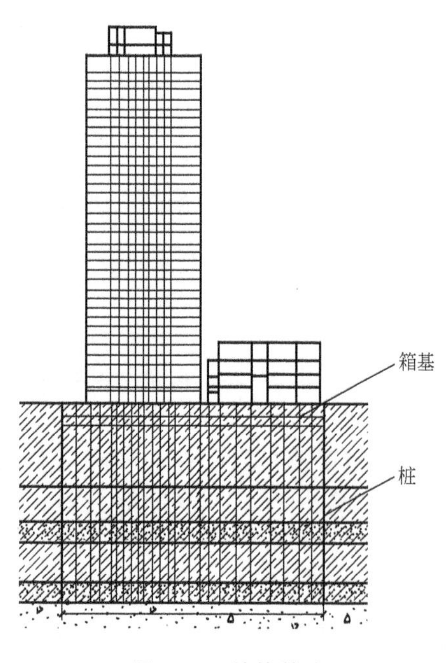

图5-45 桩箱基础

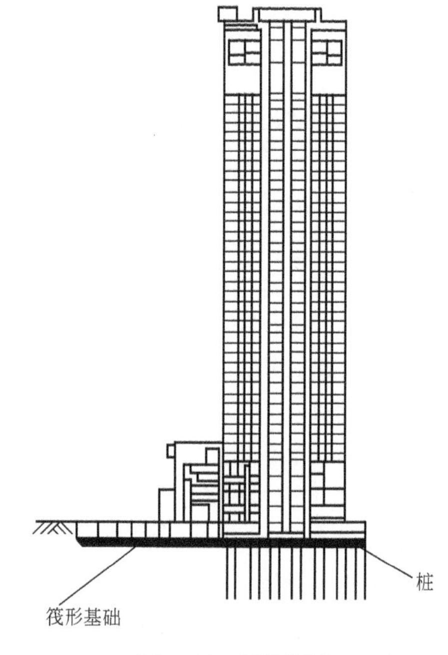

图5-46 桩筏基础

(2) **箱形基础**　是由顶板、底板和纵横墙体组成的钢筋混凝土整体结构，是高层建筑结构常用的形式。箱形基础（图 5-47）具有刚度大、整体性好的特点，可减少不均匀沉降，适用于上部结构荷载大而基础土质较软弱的情况。它既能够抵抗和协调地基的不均匀变形，又能扩大基础底面积，将上部荷载均匀传递到地基上，同时，又使部分土体质量得到置换，降低了土压力。

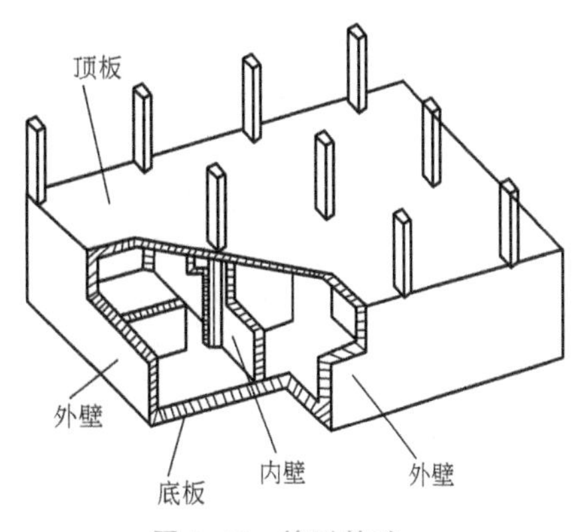

图 5-47　箱形基础

(3) **筏式基础**　分平板式和梁板式，如图 5-48 所示。筏式基础有足够的刚度以调整基底压力分布，减小不均匀沉降，因此可跨过局部软弱或易受压缩的地段。但筏基若没有考虑挖去的土用来补偿建筑物的荷载，则沉降量较大。若将筏基作为地下室底板，与侧墙和顶板组成具有相当刚度的地下空间结构，用作车库等，比箱形基础有更宽敞的利用空间。此时，由于地下挖去土方量大，有补偿基础的作用，钢筋混凝土筏板还可作为防渗底板。

为保证整体结构的稳定性，减小由基础变形引起的上部结构倾斜，基础埋深不能太小。在天然地基或复合地基上，基础埋深不宜小于建筑物高度的 1/15。如果采用桩基，则从桩顶算起，基础埋深不宜小于建筑物高度的 1/18。当地基为岩石时，基础埋置深度可减小一些，但应采用地锚等措施。

此外，无论何种形式的基础，均不宜直接置于可液化土层上。

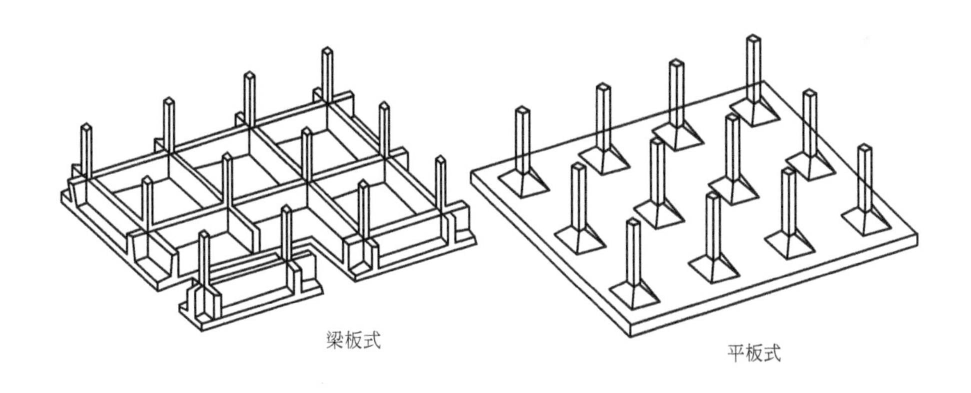

图 5-48　筏式基础

## 习　题

1. 高层建筑是如何分类的？
2. 简述高层建筑的特点及其对城市环境的影响。
3. 谈谈你的超超高层建筑的构想。
4. 以高技术派、生态型及历史文脉地方主义的立面设计风格为例，浅论高层建筑艺术风格的创造。
5. 由于高层建筑是国家科技水平和经济实力的象征，于是在世界范围内曾一度掀起争夺世界第一高度的竞赛。到20世纪末为止，世界上高度位于前十名的高层建筑的基本信息资料见表5-4，图5-49为其轮廓图。据悉，世界高层建筑与都市人居学会（CTBUH）每年都要发布全球高楼报告。

表5-4 世界前十名高层建筑（资料截至1999年）

| 序号 | 建筑名称 | 地址 | 建成年代 | 高度/m | 层数 | 用途 | 结构形式 |
|---|---|---|---|---|---|---|---|
| 1 | 双子塔 | 吉隆坡 | 1996 | 452 | 95 | 多功能 | S+C |
| 2 | 西尔斯大厦 | 芝加哥 | 1974 | 443 | 110 | 办公 | S+C |
| 3 | 金茂大厦 | 上海 | 1998 | 420 | 88 | 多功能 | S+C |
| 4 | 世界贸易中心 | 纽约 | 1972 | 417 | 110 | 办公 | S |
| 5 | 帝国大厦 | 纽约 | 1931 | 381 | 102 | 办公 | S |
| 6 | 中环广场大厦 | 香港 | 1992 | 374 | 78 | 办公 | S |
| 7 | 中国银行大厦 | 香港 | 1989 | 369 | 72 | 办公 | S+C |
| 8 | T/C 大厦 | 高雄 | 1997 | 347 | 85 | 多功能 | S |
| 9 | 阿摩珂大厦 | 芝加哥 | 1973 | 346 | 80 | 多功能 | S |
| 10 | 汉考克大厦 | 芝加哥 | 1969 | 344 | 100 | 多功能 | S |

注：S——钢结构；C——混凝土结构。

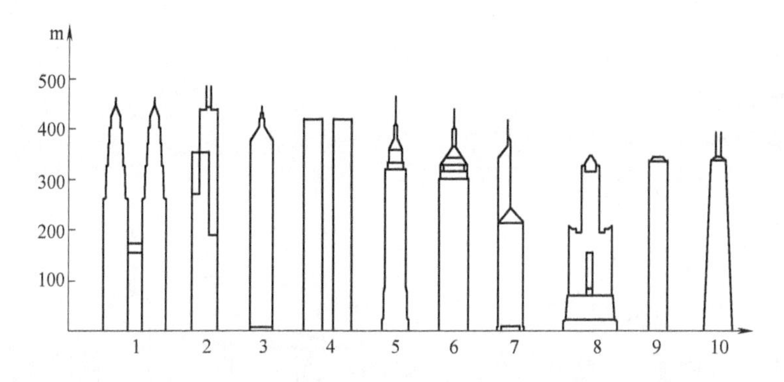


图5-49 世界前十名高层建筑轮廓图（资料截至1999年）

请查阅相关资料，仿照表5-3与图5-49，制作出截止到上一年度为止的世界前十名高层建筑的基本信息资料和轮廓图。

6. 简述高层建筑的垂直交通系统的功能。

7. 为什么说“标准层设计是高层建筑设计的关键”？

8. 解释：核心体、壳体。

9. 高层建筑剖面设计的主要内容是确定建筑层高。确定高层建筑层高主要应考虑哪些因素？

10. 何谓结构艺术？包含哪些基本要素？

11. 高层建筑可采用的结构类型有哪些？试分析高层建筑结构的受力特点。

12. 高层建筑常用的结构体系有哪些？试分析各类建筑结构的特点及适用范围。

13. 建筑高层建筑基础形式有哪几种？试分析各种基础的特点及适用范围。

14. 梁思成先生早年曾研究过佛塔类建筑，他把单层、多层、密檐、瓶形、金刚宝座等类型的佛塔进行分类、归纳、整理，绘制了“历代佛塔型类演变图”（图5-50）。请查阅有关文献资料，就本书中提出的“中国古代高层建筑技术主要表现在塔式建筑上”和“它们无一不体现了我国古代高层建筑的辉煌和能工巧匠的高超建筑技术。”谈谈你的看法。

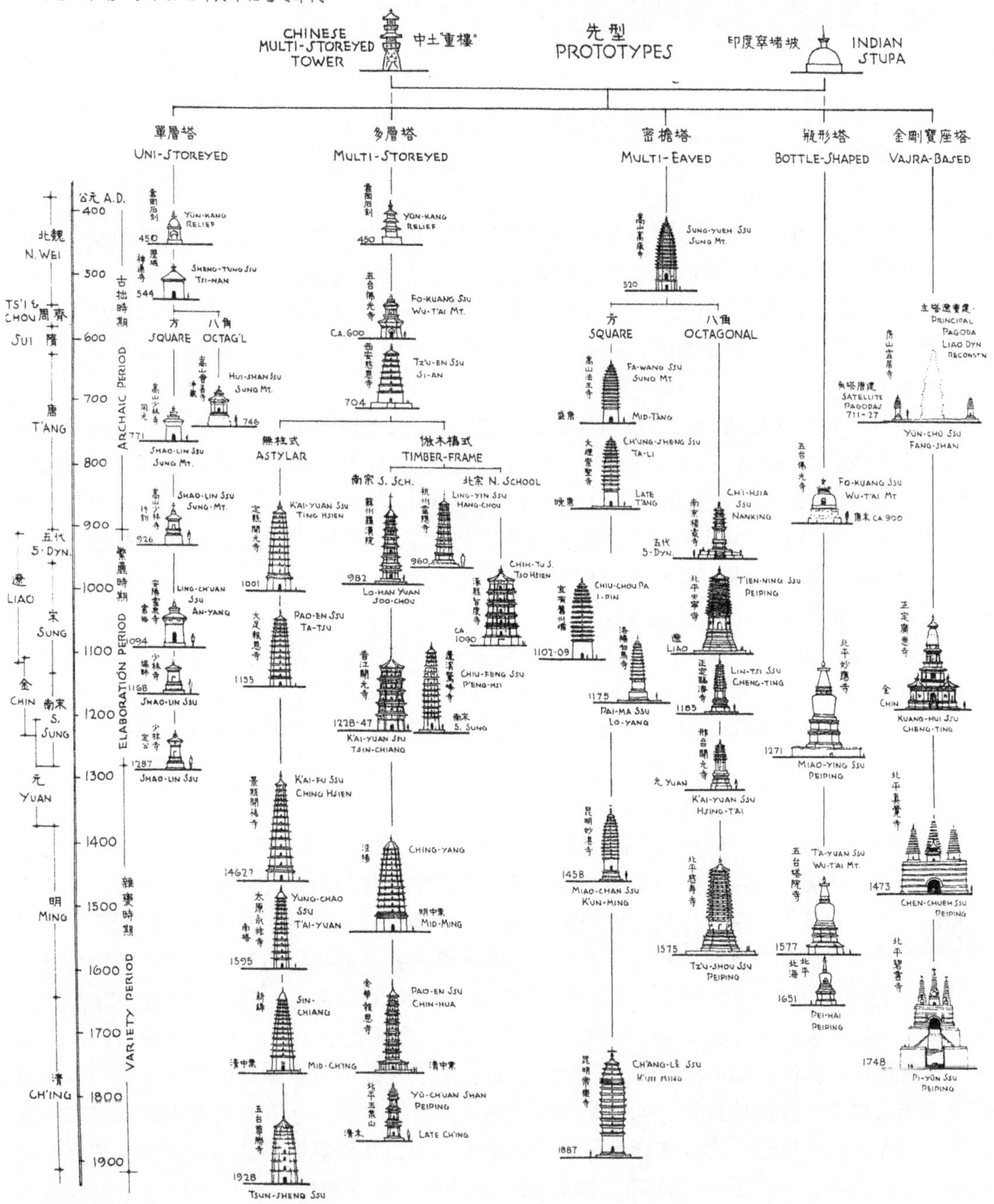


图 5-50　历代佛塔型类演变图

# 第 6 章 绿色建筑与建筑节能

## 6.1 绿色建筑概念

“绿色建筑”的概念，是因20世纪60年代末至70年代，西方国家出现能源危机、环境污染、气候变暖等问题，进而建筑节能问题被提到人类议事日程上。

我国20世纪80年代以来，城市建设发生了巨大变化，但也产生了一批以牺牲生态环境为代价、简单而粗放的开发方式，一部分建筑师在设计中缺乏对理念的提炼，以形式的原型来代替理念等。

2004年，我国在建筑行业开始强制推行建筑节能。2006年颁布实施我国第一部国家标准《绿色建筑评价标准》（GB/T 50378），2013年国家又发布《绿色建筑行动方案》。由此，“资源节约、环境保护”的策略已上升为国家发展战略。中共十八大报告，首次把“生态文明建设”列入建设有中国特色的社会主义五位一体的总格局中。2016年2月发布的《中共中央、国务院关于进一步加强城市规划建设管理工作的若干意见》中，提出了“适用、经济、绿色、美观”的新时期建筑方针。

关于“绿色建筑”的概念，现今人们对其内涵的认识与理解，因地理位置、人口与资源和经济发展水平等因素的影响而不同。《绿色建筑评价标准》（GB/T 50378）对绿色建筑的定义是：“在建筑的全寿命周期内，最大限度地节约资源（节能、节地、节水、节材）、保护环境和减少污染，为人们提供健康、适用和高效的使用空间，与自然和谐共生的建筑。”对这个定义可做如下解读：

1）绿色建筑首先考虑的是健康、舒适和安全。良好的室内外空间环境是不可缺少的部分。室内物理环境，包括人体通过感觉器官感受到的室内热环境、光环境、声环境、空气质量和房间日照状态等。室外环境是创造室内物理环境的基础。在满足对室内外环境要求的前提下，要求节能性好、资源消耗量低。节能，不能以牺牲人们的舒适度和工作效率为代价。

2）绿色建筑是在全寿命周期中实现高效率利用资源（能源、土地、水资源、材料）的建筑物。“全寿命周期”指的是产品整个生命历程，是从建材生产、建筑规划、设计、施工、运营维护及拆除、回用的过程。初始投资最低的建筑并不是成本最低的建筑。为了提高建筑性能必然要增加初始投资，如果采用全寿命周期模式核算，在有限的增加初期成本的条件下，大大节约长期运行费，使全寿命周期总成本下降，并取得明显的环境效益。按现有的经验，增加初期成本的5%~10%用于新技术、新产品的开发利用，将节约长期运行成本的50%~60%。

3）绿色建筑是对环境影响最小的建筑。建筑对环境影响很大，据估计，全球每年开采的 75 亿 t 原材料的 40%转化为建筑用的混凝土、钢材、石膏夹心板、玻璃、橡胶和其他部件，木材产量的 25%被用于建筑，全球建筑使用了水径流量的 16%，电量的 40%，结果建筑所产生的氮硫化合物占全部的 40%，导致温室气体大量排放和气候变化，造成了环境退化。另外，任何建筑都会产生“外部成本”（如治理环境污染的费用等），这些成本必须由环境或者整个社会所消化。

4）绿色建筑作为一种理念，并不指特定的建筑类型，适用于所有的建筑。绿色建筑是为人类提供健康、适用和高效地使用空间，最终实现与自然共生，从被动地减少对自然的干扰，到主动地创造环境的丰富性，减少资源需求，从狭义的“以人为本”转向子孙后代和全人类的“以人为本”。

## 6.2　绿色建筑技术

绿色建筑应根据其所在地域的经济条件、气候特征、文化传统等具体因素对不同的技术方法有所强调和侧重。绿色建筑技术不是独立于传统建筑技术的全新技术，而是传统技术和新的相关学科的交叉与组合，是符合可持续发展战略的新型的建筑技术，绿色建筑技术的许多领域需要人们不断地认识和研究。

### 1. 绿色建筑材料

传统的建筑材料如石材、木材、黏土砖、竹、草等都属于天然建材，在制造与使用过程中对地球环境的负荷相对最小，但天然材料不仅在数量上而且在性能上不能完全满足现代建筑的需求，已出现的各种人造材料如混凝土材料、钢材、铝及铝合金材料、玻璃、塑料等，正在研究的绿色建筑材料如新型混凝土材料、活性材料、多功能材料、生态环境材料等。应合理利用天然资源，充分利用人造材料以节约天然资源。就地取材，使用可持续发展的资源，使用低耗材料，避免使用产生有害化学物质的材料和使用不可再生资源，进行建筑废料的回收利用，尽可能少地对外界造成污染和环境破坏等。

### 2. 节约建筑用地

从建筑的角度看，节约用地是建房活动中最大限度地少占地表面积。

在城市建设中，应协调城市发展与土地资源、环境的关系，强化高效利用土地的观念，节约用地的途径是：建造多层、高层建筑，提高建筑容积率，同时降低建筑密度；利用地下空间，增加城市容量，改善城市环境；在居住区，提高住宅用地的集约度，为今后可持续发展留有余地，增加绿地面积，改善住区的生态环境。

在城镇和乡村建设中，要合理用地，尽量不占用耕地和林地，因地制宜、因形就势，多利用零散地、坡地建房，充分利用地方材料，保护自然环境，使建筑与自然环境互生共融，增大绿化面积。

另外，利用原有基地，增加新技术不占新土地，将旧区改造为绿色住区；开发节地的建筑材料能有效地节约建筑用地。

### 3. 节约用水

重复利用污水和废水是节约用水的重要途径，污废水处理后可用于冲厕所、浇灌，作为工业和商业设施的冷却水。“中水道”技术可以达到污废水的重复利用目的。在建筑中使用节水设备是节水的重点。另外，雨水重复利用技术投资少、见效快、能发挥综合效益。

4. 垃圾资源化和处理

尽可能减少废弃物的产生，控制垃圾污染，加强垃圾处理，实现垃圾处理无害化、减容化、资源化。垃圾综合利用技术主要包括：垃圾的利用技术（有垃圾焚烧热回收利用法和垃圾的燃料化利用法）、垃圾堆肥化处理技术和垃圾填埋。

5. 建筑节能技术

1）建筑使用过程中照明节能技术。减少不必要的照明负荷，推行绿色照明工程，使用节能电灯和电器，采用蓄能空调错峰填谷等。

2）减少单位构件量的平均生产用能。这是一个关系到采矿、冶炼、加工、运输等各工业门类的复杂而综合的问题。

3）减少构件的使用量。减少建筑物的建造量，选用节省建材的构造方法，提高加工时材料的使用率，再生利用加工时剩余的边角废料。

4）延长建筑物的使用寿命。延长每一个小构件的使用年限，协调构件寿命。

5）利用可再生的清洁能源。除了太阳能利用外，充分利用地冷地热能，可大量节约供暖空调能耗，提高室内热环境质量；风能发电和水力技术的应用；生活垃圾废弃物焚化利用技术等。

6）其他建筑节能技术，详见本章第6.5~第6.9。

绿色建筑是一项系统工程，它贯穿于立项、规划、设计、施工以及后期使用的全过程，不仅需要各专业工程师运用可持续发展的设计方法和手段，还需要决策者、管理机构、社区组织、业主及使用者都具备环境意识、共同参与营建。

## 6.3 建筑节能概述

### 6.3.1 建筑节能的概念

在能源消耗中，建筑能耗占的份额很大。根据统计，建筑能耗在总能耗中约占25%~40%，发达国家的建筑能耗占国家总能耗的40%~48%。我国的建筑能耗占国家总能耗的25%左右。在这里需要指出的是，这并非我国房屋建筑能源利用效率高所致，而是由于我国房屋建筑的照明、电梯、热水供应、供暖、通风和空气调节等建筑设备配备标准比较低，消费水平低，致使房屋建筑能耗少。据研究，我国房屋建筑的能量利用效率仅为30%左右，供暖地区平均每平方米建筑面积一个供暖季的能耗是气候条件相近的发达国家的3倍左右，而居室平均温度仅为16℃。房屋建筑的能量利用效率低的主要原因是房屋建筑的围护结构的保温性和密闭性较差，致使能量浪费严重。于是，建筑的“节省资源与能源”的问题被提到人类的议事日程上来，建筑节能成为全世界建筑界共同关注的课题。

所谓“建筑节能”，就是在建筑材料生产、房屋建筑施工及使用过程中，合理地使用、有效地利用能源，以便在满足同等需要或达到相同目的的条件下尽可能降低能耗，实现提高建筑舒适性和节约能源的目标。因此，“建筑节能”包括两个方面的含义，一是节省建设材料，降低建筑物的建造成本；二是减少建筑物在使用过程中的能耗，包括照明、电梯、热水供应、供暖、通风和空气调节等建筑设备运行时的能耗，其中控制室内温度和空气品质的设备是建筑能耗的主要部分。

### 6.3.2 建筑节能的必要性与紧迫性

1）国际能源危机加剧。目前，石油、煤炭、天然气这三种传统化石能源占能源消费约90%以上，然而2004年世界能源统计年鉴的数据显示，世界石油总储量仅可供生产41年，全球天然气储量仅可开采63年。日本能源研究机构也指出，全球煤炭埋藏量可开采231年；核反应原料铀已探明储量可供72年使用。在世界能源供给结构转轨的大趋势下，不考虑建筑节能而建造的房屋，终有一日会因为没有能源可用，被社会淘汰。

2）我国人均储量少，能源成为我国经济命脉所在。我国能源总量丰富，但人均能源可采储量远低于世界平均水平。能源的供给，直接影响到经济社会发展，甚至威胁到国家安全稳定。

3）我国建筑耗能总量庞大，建筑节能状况落后。我国的建筑用能效率，比发达国家低10个百分点。

4）建筑节能是改善空间环境的重要途径。我国能源消费结构以煤炭为主，建筑供暖75%以上用煤，煤炭的大量燃烧带来大气污染，破坏生态环境。一些大城市由于聚集集中带来的能耗高度集中，城市热岛效应越来越明显。与此同时，大量使用空调设备来满足舒适的热环境要求，能耗大量增加。这种恶性循环影响了人居生存环境。

建筑节能需要投入一定的资金，但一次投资后，可在短期内回收，长期受益。为使我国国民经济持续、稳定、协调发展，保护生态环境，建筑节能势在必行。

为了从设计阶段控制建筑能耗，我国制定了《公共建筑节能设计标准》（GB 50189—2015）、《居住建筑节能设计标准》等节能标准，这些规范的颁布实施，对于改善环境、节约能源、提高经济效益和社会效益起到了重要作用。

### 6.3.3 建筑节能的重点领域

自1973年发生石油危机以来，发达国家“建筑节能”经历了三个阶段：

第一阶段，在建筑中节约能源。

第二阶段，在建筑中保持能源，在建筑中减少能源的散失。

第三阶段，在建筑中提高能源利用率。

现阶段我国提出的“建筑节能”应是第三阶段的内涵，不是消极意义上的节省，而是积极意义上的提高能源的利用率，建筑节能要与提高室内热环境舒适度结合起来。

建筑能耗包括建造过程的能耗和使用过程的能耗两个方面。建造过程能耗是指建筑材料、建筑构配件、建筑设备的生产和运输以及建筑施工和安装中的能耗；使用过程能耗是指建筑使用期间供暖、通风、空调、照明、家用电器和热水供应的能耗。一般日常使用能耗与建造能耗之比约为8：2~9：1，日常使用能耗的50%~60%用于供暖和空调。因此，建筑节能的重点领域是供暖和降温能耗。

## 6.4 建筑节能的基本原理

### 6.4.1 建筑热工设计区划指标及设计原则

室外热环境对建筑的各方面都有很大影响，建筑设计需要与当地的热环境相适应。《民用建筑热工设计规范》（GB 50176—2016）将建筑热工设计区划分为两级。建筑热工设计一级区划指标及设计原则应符合表6-1的规定，建筑热工设计一级区划可参考《居用建筑热工设计规范》（GB 50176—2016）附录A图A.0.3。

表6-1 建筑热工设计一级区划指标及设计原则

| 一级区划名称 | 区划指标 | | 设计原则 |
|---|---|---|---|
| | 主要指标 | 辅助指标 | |
| 严寒地区(1) | $t_{min\cdot m}\leqslant-10℃$ | $145\leqslant d_{\leqslant5}$ | 必须充分满足冬季保温要求,一般可以不考虑夏季防热 |
| 寒冷地区(2) | $-10℃<t_{min\cdot m}\leqslant0℃$ | $90\leqslant d_{\leqslant5}<145$ | 应满足冬季保温要求,部分地区兼顾夏季防热 |
| 夏热冬冷地区(3) | $0℃<t_{min\cdot m}\leqslant10℃$<br>$25℃<t_{max\cdot m}\leqslant30℃$ | $0\leqslant d_{\leqslant5}<90$<br>$40\leqslant d_{\geqslant25}<110$ | 必须满足夏季防热要求,适当兼顾冬季保温 |
| 夏热冬暖地区(4) | $10℃<t_{min\cdot m}$<br>$25℃<t_{max\cdot m}\leqslant29℃$ | $100\leqslant d_{\geqslant25}<200$ | 必须充分满足夏季防热要求,一般可不考虑冬季保温 |
| 温和地区(5) | $0℃<t_{min\cdot m}\leqslant13℃$<br>$18℃<t_{max\cdot m}\leqslant25℃$ | $0\leqslant d_{\leqslant5}<90$ | 部分地区应考虑冬季保温,一般可不考虑夏季防热 |

注：本表内容取自《民用建筑热工设计规范》（GB 50176—2016）。

建筑热工设计二级区划指标及设计要求应符合表6-2所示的规定，全国主要城市的二级区属应符合《民用建筑热工设计规范》（GB 50176—2016）附录A表A.0.1的规定。如目标城镇在附录A表A.0.1中未涉及，可根据附录A表A.0.2的规定确定参考城镇，目标城镇的建筑热工设计二级分区区属和室外气象参数可按参考城镇选取。当参考其他城镇的区属和气象参数时，设计中应注明被参考城镇的名称。

表6-2 建筑热工设计二级区划指标及设计要求

| 二级区划名称 | 区划指标 | | 设计要求 |
|---|---|---|---|
| 严寒A区(1A) | 6000≤HDD18 | | 冬季保温要求极高,必须满足保温设计要求,不考虑防热设计 |
| 严寒B区(1B) | 5000≤HDD18<6000 | | 冬季保温要求非常高,必须满足保温设计要求,不考虑防热设计 |
| 严寒C区(1C) | 3800≤HDD18<5000 | | 必须满足保温设计要求,可不考虑防热设计 |
| 寒冷A区(2A) | 2000≤HDD18<3800 | CDD26≤90 | 应满足保温设计要求,可不考虑防热设计 |
| 寒冷B区(2B) | | CDD26>90 | 应满足保温设计要求,宜满足隔热设计要求,兼顾自然通风,遮阳设计 |
| 夏热冬冷A区(3A) | 1200≤HDD18<2000 | | 应满足保温、隔热设计要求,重视自然通风、遮阳设计 |

（续）

| 二级区划名称 | 区划指标 | | 设计要求 |
|---|---|---|---|
| 夏热冬冷 B 区（3B） | 700≤HDD18<1200 | | 应满足隔热、保温设计要求，强调自然通风、遮阳设计 |
| 夏热冬暖 A 区（4A） | 500≤HDD18<700 | | 应满足隔热设计要求，宜满足保温设计要求，强调自然通风、遮阳设计 |
| 夏热冬暖 B 区（4B） | HDD18<500 | | 应满足隔热设计要求，可不考虑保温设计，强调自然通风、遮阳设计 |
| 温和 A 区（5A） | CDD26<10 | 700≤HDD18<2000 | 应满足冬季保温设计要求，可不考虑防热设计 |
| 温和 B 区（5B） | | HDD18<700 | 宜满足冬季保温设计要求，可不考虑防热设计 |

注：本表内容取自《民用建筑热工设计规范》（GB 50176—2016）。

### 6.4.2 建筑得热与失热

#### 1. 建筑物得热

冬季供暖房屋的正常温度是依靠供暖设备的供暖和围护结构的保温之间相互配合，以及建筑的得热量与失热量的平衡得以实现的（图 6-1）。用公式表示为

建筑物总得热=供暖设备散热+建筑物内部得热+太阳辐射得热

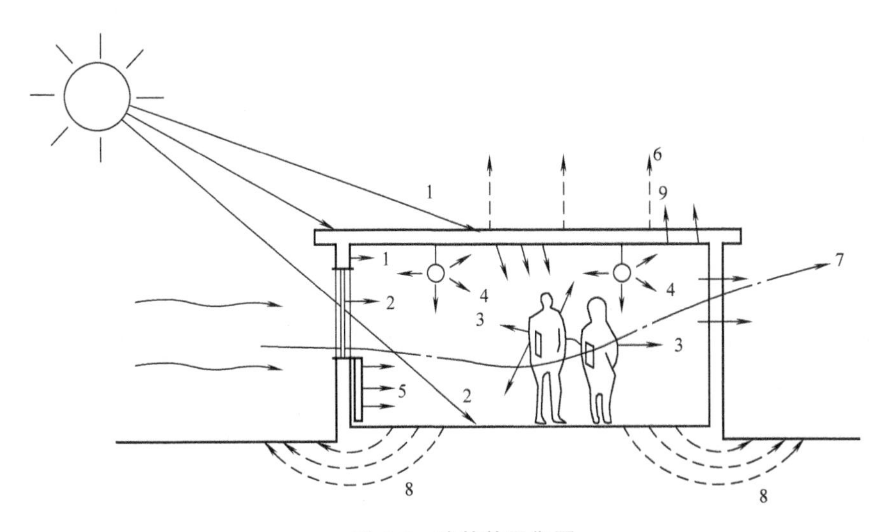


图 6-1 建筑热平衡图

非供暖区的房屋建筑有两类：一类是供暖房屋有采暖设备，总得热按上述公式计算；第二类是没有供暖设备，总得热=建筑物内部得热+太阳辐射得热。

在一般房屋中，建筑得热的主要来源有：

1）供暖设备提供的热量（约占 70%~75%）。

2）太阳辐射热供给的热量（通过窗户和其他围护结构进入室内，约占15%~20%）。

3）建筑物内部得热量（包括炊事、照明、家电和人体散热，约占8%~12%）。

2. 建筑物失热

对于有室内供暖设备散热的建筑，由于室内外存在温差（室内外日平均温差，北京地区 20~27℃，哈尔滨地区可达 28~44℃），且围护结构不能完全绝热和密闭，导致热量从室内向室外散失。

一般来说，建筑散失热量的途径主要有：

1）通过外墙、屋顶、地面、门窗等围护结构散失的热量（约占 70%~80%）。

2）由于通风换气和冷空气渗透产生的热损失（约占 20%~30%）。

3）热水排入下水道带走的热量。

4）水分蒸发形成水蒸气外排散失的热量等。

## 6.4.3 建筑传热的方式

由传热学可知，热量转移的方式分为辐射、对流和传导三种。建筑物内外热流的传递是随发热体（热源）的种类、受热体（房屋）部位、媒介（介质）围护结构的不同而不同。建筑围护结构本身的传热是与其本身材料性质有关的。不同性质的材料向外界辐射放热能力不同。一般建筑材料，如砖石、混凝土、油漆、玻璃等的辐射放热能力很强，发射率高达 0.85~0.9；而有些材料，如铝箔、抛光的铝，发射率低至 0.02~0.06。对于供暖建筑，当围护结构质量较差时，室外温度越低，则外围护结构表面温度也越低，邻近的热空气迅速变冷下沉，散失热量，房间内只有在供暖设备附近和上部较暖；当围护结构质量较好时，其内表面温度较高，室温分布较均匀，无急剧的对流换热现象产生，保温节能效果好。材料的热导率与其组成结构、密度、含水率、温度等因素有关，一般松散的轻质材料，导热性能差而保温性能好。在建筑热工设计中，常把热导率值小于 0.23W/(m·K) 的材料称为保温、隔热材料；把热导率在 0.05W/(m·K) 以下的材料称为高效保温材料。普通混凝土的热导率为 1.75W/(m·K)，黏土砖砌体为 0.81W/(m·K)，玻璃棉、岩棉和聚苯乙烯的为 0.04~0.05W/(m·K)。采用热导率较小的建筑材料有利于建筑保温节能。

通过建筑物围护结构的传热通常是辐射、对流、传导三种方式同时进行的综合作用效果。围护结构的传热过程，如图 6-2 所示，围护结构的内表面从室内空气中吸收热量，经围护结构内部由高温侧向低温侧传递，再由围护结构的外表面向低温的室外空气散发。

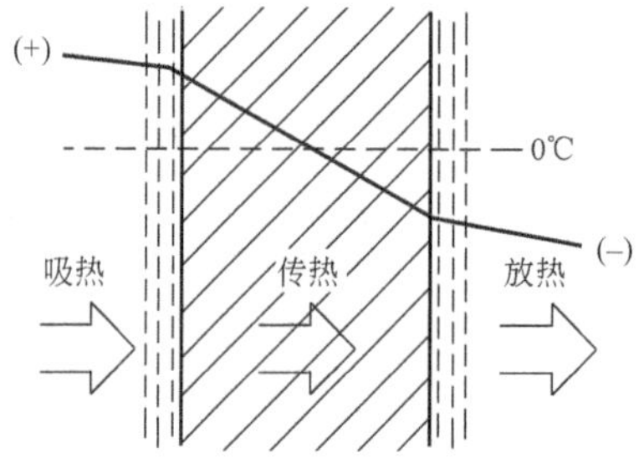

图 6-2 围护结构的传热过程

## 6.4.4 建筑保温与隔热

1. 建筑保温

保温是针对冬季传热过程而言的。建筑保温是指围护结构在冬季阻止室内向室外传热，从而保持室内适当温度的能力，保温性能通常用传热系数的数值来评价。我国北方三个城市普通住宅外围护结构传热系数见表 6-3，欧洲部分国家的新建房屋保温传热系数见表 6-4。

由传热学可知：

1）围护结构材料热导率越小，外、内表面的表面传热系数越小，围护结构厚度越大，围护结构传热系数也越小，单位时间内通过围护结构得热量值就越小，建筑保温效果越好。

表 6-3　我国北方三个城市普通住宅外围护结构传热系数

| 城　市 | 传热系数/[W/(m²·K)] | | | | |
|---|---|---|---|---|---|
| | 外墙 | | 外窗 | 屋顶 | |
| | 体形系数 $S \leqslant 0.3$ | 体形系数 $S > 0.3$ | | 体形系数 $S \leqslant 0.3$ | 体形系数 $S > 0.3$ |
| 北京 | 0.90 | 0.55 | 4.70 | 0.80 | 0.60 |
| 沈阳 | 0.68 | 0.56 | 3.00 | 0.60 | 0.40 |
| 哈尔滨 | 0.52 | 0.40 | 2.50 | 0.50 | 0.30 |

表 6-4　欧洲部分国家的新建房屋保温传热系数

| 国　　家 | 传热系数/[W/(m²·K)] | | |
|---|---|---|---|
| | 墙体 | 屋面 | 楼面 |
| 瑞典 | 0.17 | 0.12 | 0.17 |
| 丹麦 | 0.35~0.30 | 0.20 | 0.30 |
| 法国 | 0.54 | 0.32 | 1.00 |
| 芬兰 | 0.28 | 0.22 | 0.36 |
| 德国 | 1.20 | 0.30 | 0.55 |
| 挪威 | 0.25 | 0.23 | 0.23 |
| 英国 | 0.60 | 0.35 | |
| 瑞士 | 0.60 | 0.50~0.35 | 0.80~0.60 |
| 意大利 | 0.60 | 0.50 | |

2）建筑围护结构的传热量与其围护结构的面积成正比。在其他条件相同时，建筑物采暖耗热量随其体形系数 $S$ 增大而成正比例升高。建筑物的体形系数 $S$ 是指建筑物接触室外大气的表面积 $A$ 与其所包围的体积 $V$ 的比值，即 $S=A/V$。因此，体积大、体形简单的建筑以及多层和高层建筑，体形系数较小，对节能较为有利。

3）提高建筑的保温性能应选择传热系数较小、热绝缘系数较大的围护结构材料。如外墙和屋面，可采用多孔、轻质，且具有一定强度的加气混凝土单一材料，或由保温材料和结构材料组成的复合材料。对于窗户和阳台门，可采用不同等级的保温性能和气密性的材料。

### 2. 建筑隔热

隔热是针对夏季传热过程而言的，通常以 24h 为周期的周期性传热来考虑。建筑隔热是指围护结构在夏季隔离太阳辐射热和室外高温的影响，使其内表面保持适当温度的能力。建筑隔热性能常用夏季室外计算温度条件下，围护结构内表面最高温度值来评价。为达到改善室内热环境、降低夏季空调降温能耗的目的，建筑隔热可从以下几方面考虑：

1）抑制辐射热进入室内。建筑物周围设置遮挡，考虑太阳照射的方向性、合理设置窗口及位置，避免太阳照射。

2）抑制导热传热进入室内。在外围护结构设置隔热层。

3）抑制对流热进入室内和促进对流散热。设置容易开闭的通风口，当室外温度高于室内时关闭，抑制对流；利用风势和温度差，设置进出通风口，排除室内的高温空气；利用建筑外表面水的汽化吸热散热。

4）蓄热效果的利用。考虑大地温度较低的特点，与大地直接相连，利用传导传热使室内冷却。

### 6.4.5 空气间层的传热

房屋的某些部位上常设置空气间层，在空气间层内，传导、对流、辐射三种传热方式并存，但主要是空气间层内部的对流换热及间层两侧界面的辐射换热，如图6-3所示。影响传热的因素有空气间层的厚度、热流方向、空气间层的密闭程度、两侧的表面温度、两侧的表面状态等，其中空气间层的密闭程度影响最大。

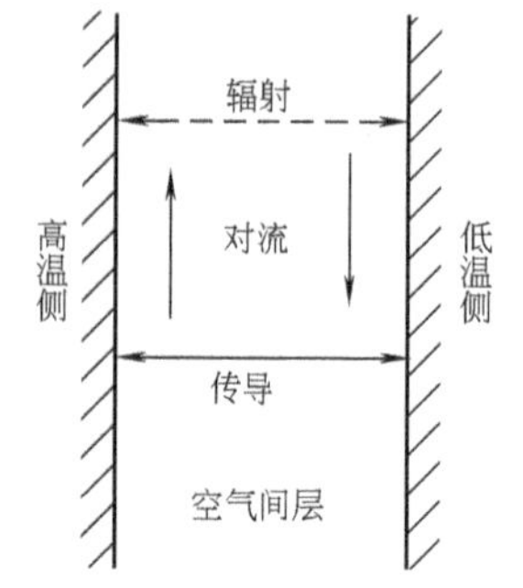

图6-3 空气间层的传热

空气间层的厚度加大，空气的对流增强，当厚度达到某种程度之后对流增强与热绝缘系数增大的效果互相抵消。当空气间层厚度达1cm以上时，增加厚度其热绝缘系数或导热几乎不变。一般0.5cm以下的空气间层内，几乎不产生对流。

热流方向对对流影响很大，热流朝上时，传热大。在同一条件下，水平空气间层、热流朝上时其传热最大；水平空气间层、热流朝下时，传热最小；垂直的空气间层则介入两者之间。

在施工现场制作的空气间层，密闭程度不同，对传热量有不同影响。

两侧表面温度对间层传热影响很大，当两表面温度差较大时，会增强对流且使辐射换热量增大。材质的表面状态对辐射率的影响很大，当使用辐射率小而又光滑的铝箔等材料时，有效辐射常数将变小，辐射换热量也就减少。

辐射换热量在空气间层的传热中所占比例较大，采用在内部使用铝箔等反射辐射效果好的材料或者在空气间层的低温侧设绝热材料，均可使空气间层的辐射换热量大幅度地减少。寒冷地区在空气间层的上下端，用软质泡沫塑料或纤维类绝热材料为填塞物作为气密封条，确保空气间层的绝热效果。温暖地区空气间层内适当通气，可将室内水蒸气排向室外，防止内部结露造成腐蚀。

### 6.4.6 建筑气密性

建筑气密性是指建筑物围护结构阻止空气流通的严密程度。由于受到外界空气流动及建筑物内外温差作用，以及开启的门窗及各种孔洞、缝隙的存在，则产生内外空气流通，外界冷空气进入房间，迫使室内热空气外流，引起换气热转移和建筑的通风换气。

建筑气密性指标主要用室内换气次数确定。换气次数为1h内通过孔隙进入室内空气量与室内体积之比值，单位为次/h。换气次数的确定应兼顾卫生和节能两方面。一般情况下，每人所需新鲜空气量约为20m$^3$/h。

## 6.5 建筑节能技术措施

当建筑物的总得热和总失热达到平衡时，室温得以保持。对于建筑物来说，节能的主要技术途径是：减小建筑物外表面积和加强围护结构保温，以减少传热耗热量；提高门窗的气密性，以减少空气渗透耗热量。在减少建筑物总失热量的前提下，尽量利用太阳辐射得热和建筑物内部得热，最终达到节约供暖设备供热量的目的。

由上可知，建筑围护结构散失的热量占建筑散失热量的份额很大，是探求建筑节能途径的主要关注的对象。例如北京地区，房屋建筑围护结构各部分散失热量的比例见表 6-5。

表 6-5　北京地区房屋建筑围护结构各部分散失热量的比例

| 围护结构名称 | 墙体 | 外窗 | 屋顶 | 外门 | 地面 |
|---|---|---|---|---|---|
| 散热比例(%) | 41.1 | 41.7 | 9.0 | 3.9 | 4.3 |

如北京地区居住建筑外墙的传热系数由原来的 1.28W/($m^2$ · K) 降低为 0.75W/($m^2$ · K)（表 6-2），才能达到节能 20%左右的目标。即使这样，我国与发达国家相比，依然还存在着很大的差距（表 6-4）。可见，我国在建筑节能方面还有大量的工作需要做。

### 6.5.1　建筑节能与地区自然条件

一个地区的气候是在许多因素综合作用下形成的，与建筑密切相关的气候要素，主要有太阳辐射、空气温度与湿度、风、雨雪。分析建筑物所在地的气候条件不仅是进行建筑节能设计的重要内容，而且是出发点。因为在进行建筑节能设计时，首先要考虑充分利用建筑所在位置的气候条件、地形地貌、地质水文资料，当地建筑材料情况，并在尽可能少用常规能源的条件下，遵循气候设计方法和建筑技术措施，创造出人们生活和工作所需要的室内环境。人类在长期建筑实践活动中，结合各自生活地区的气候条件，就地取材，因地制宜，积累了很多很好的建筑节能经验，请参阅本书绪论有关内容。

建筑物所在地区的气候条件会通过围护结构直接影响到室内环境，影响最为明显的是室内温度。为了保证室内环境达到人们的某种特定的要求（例如温度），就需要向室内补充一定的能量，以抵御室外气候的影响。在保持相同的室内环境条件时，室外气候不同，所消耗的能量是不同的，这就需要研究室外自然条件与建筑物的配置、朝向、间距、形状、体积的关系。从建筑节能的角度看，建筑物的朝向、间距、形状、体积、日照范围及建筑物本身的交通空间、中庭位置的布置与室外空间的利用都应密切结合其建筑物所在地区的气候条件进行综合考虑，请参阅本书第 9 章有关内容。

### 6.5.2　供暖建筑节能规划设计

供暖建筑节能规划设计包括建筑选址、分区、建筑布局、道路走向、建筑方位朝向、建筑体型、建筑间距、冬季季风主导方向、太阳辐射、建筑外部空间环境构成等方面。

1）建筑选址应选择平坦和向阳的基地，避免“霜洞效应”和“风影效应”。

2）建筑布局宜采用单元组团式布局，形成庭院空间，建立良好的气候防护单元，避免“风漏斗”和“高速风走廊”的道路布局和建筑排列。

3）建筑形态应采用体形系数小、冬日得热多、夏日得热少、日照遮挡少、利于避风的平整、简洁、美观、大方的建筑形态。

4）建筑间距应保证室内获得一定的日照量，并结合通风等因素综合确定。

5）建筑节能规划应利用建筑物阻挡冷风、避开不利的风向，减少冷空气对建筑物的渗透。

6）在我国建筑朝向主要应以南北向或接近南北向为好；建筑物的主要房间应设在冬季背风和朝阳的部位，以减少冷风渗透和围护结构散热量，多吸收太阳热。

### 6.5.3 墙体节能

由表6-4可知，北京地区房屋建筑围护结构各部分散失热量的比例中，墙体的散热所占的份额居第2位，比例达41.1%，仅比“外窗”少0.6个百分点。所以改善房屋建筑的墙体热工性能，减少墙体散热损失是建筑节能主要举措。例如，可在砖墙（空心砖或多孔砖墙）的外墙内表面抹水泥型或石膏型膨胀珍珠岩砂浆，以增加外墙热阻；框架结构的填充墙和多层住宅外墙可采用热导率较低的加气混凝土墙；此外，采用以浮石、火山灰渣或其他轻骨料制作的多排孔混凝土砌块，并用保温砂浆砌筑的轻骨料混凝土墙体也具有很好的节能效果。

随着科学技术进步和新材料的开发，采用新型保温复合墙体已经成为推进墙体节能的一项十分重要的有效举措。保温复合墙是复合墙体的一种（见第4章4.3.5），它是指由承重材料与聚苯板、或岩棉板、或玻璃棉板、或充气石膏板、或水泥膨胀珍珠岩板等高效保温材料复合组成的墙体。目前我国使用的保温复合墙有内保温复合外墙、外保温复合外墙和夹芯保温复合外墙。

1. 内保温复合外墙

内保温复合外墙有主体结构和保温结构两部分。主体结构一般为砖砌体、混凝土墙或其他承重墙体。保温结构由保温板和空气层组成。单一材料的保温板兼有保温和面层的功能，而复合材料的保温板则包括保温层和面层。保温结构中空气层的作用是防止保温材料吸湿和受潮并提高外墙的热阻，内保温复合外墙的构造如图6-4所示。

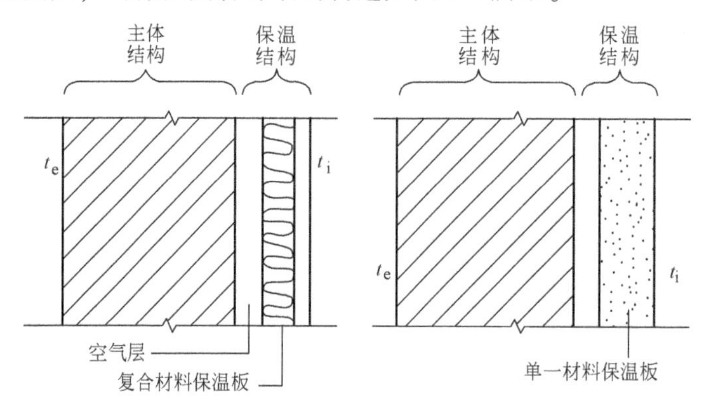


图6-4 外墙内保温的构造

$t_e$—室外温度 $t_i$—室内温度

内保温复合外墙施工时必须采用干法作业。干法作业可以避免保温材料受施工水分的侵害。在供暖建筑中，外墙内外两侧因存在温度差而形成内外蒸汽分压力差，水蒸气逐渐由室内通过外墙向室外扩散。内保温复合外墙无论是哪种主体结构都较其内侧的保温结构更为密实。为了保证保温材料在采暖期内不受潮，在保温层与主体结构之间设置一个空气层来解决保温材料受潮问题。这种结构防潮效果可靠，空气层还可以增加一定的热阻。

内保温复合外墙在构造上存在一些薄弱环节，必须对其进行保温处理。例如在丁字墙部位容易形成热桥（图6-5a），应保证热桥有足够的长度，并在热桥两侧加强保温，如图6-5b所示，以保证热桥处不结露。

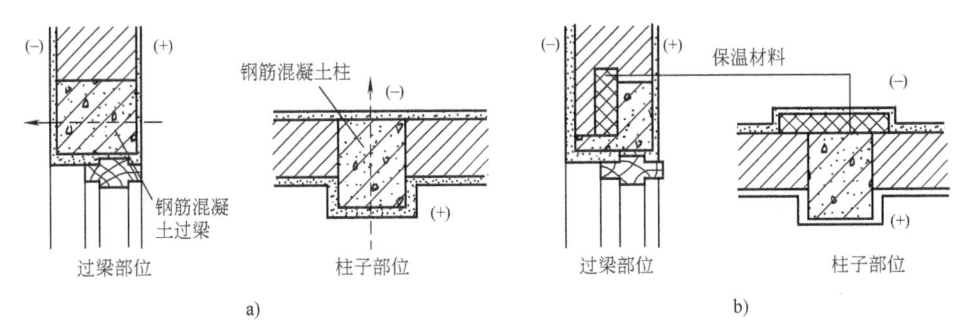


图 6-5　内保温复合外墙热桥及其局部保温措施

a）热桥形成示意　b）局部保温措施

踢脚板部位的热工特点与丁字墙类似，在此应设置防水保温踢脚板。又如拐角部位的温度常常比板面温度低很多，此处的保温也应加强。龙骨部位也是保温的薄弱环节之一。龙骨一般设在板缝处，以石膏板为面层的现场拼装保温板应采用聚苯保温龙骨。这些部位加强保温后的温度降低率见表 6-6~表 6-9。

表 6-6　加强保温后的温度降低率比较

| 编号 | 构造形式 | 室温/℃ | 板面 A 温度/℃ | 板面 B 温度/℃ | 丁字 C 温度/℃ | 温度降低率(%) |
|---|---|---|---|---|---|---|
| 1 | 317; A 150 B 150 C; 250 | 18 | 15.7 | 14.05 | 10.15 | 35.4 |
| 2 | A B C; 岩棉板; 聚苯保温龙骨 | 18 | 15.9 | 14.5 | 13.05 | 17.9 |

表 6-7　拐角加强保温后的温度降低率比较

| 编号 | 构造形式 | 室温/℃ | 板面 A 温度/℃ | 拐角 C 温度/℃ | 温度降低率(%) |
|---|---|---|---|---|---|
| 1 | 70; 300; 50 50; C A; 200 50 12 | 18.0 | 15.15 | 6.35 | 58.1 |

（续）

| 编号 | 构造形式 | 室温/℃ | 板面A温度/℃ | 拐角C温度/℃ | 温度降低率（%） |
|---|---|---|---|---|---|
| 2 | 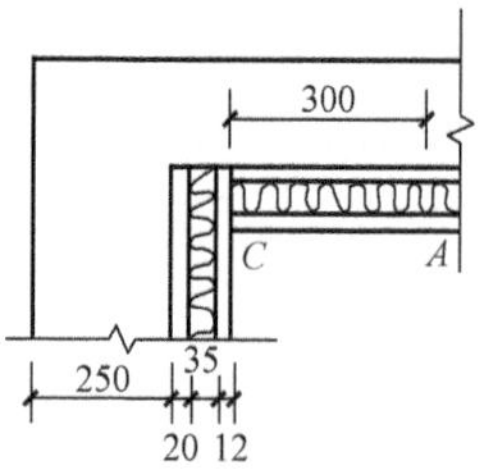 | 18.0 | 15.45 | 12.05 | 22 |

表6-8 表面加强保温后的温度降低率比较

| 编号 | 构造形式 | 室温/℃ | 板面A温度/℃ | 板缝B温度/℃ | 温度降低率（%） |
|---|---|---|---|---|---|
| 1 | 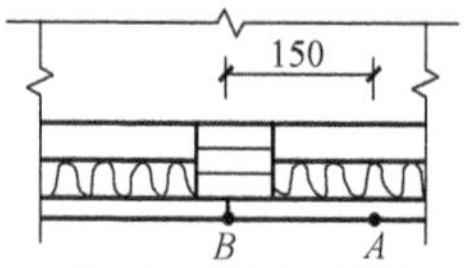 | 18.2 | 15.0 | 13.55 | 9.7 |
| 2 | 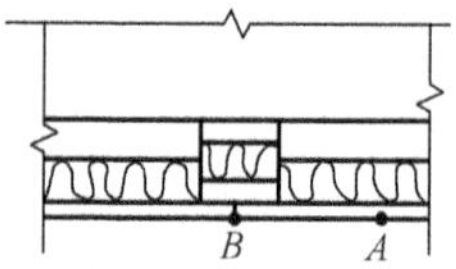 | 20.8 | 18.6 | 18.15 | 2.4 |

表6-9 设置防水保温踢脚板后的温度降低率比较

| 编号 | 构造形式 | 室温/℃ | 板面A温度/℃ | 拐角C温度/℃ | 温度降低率（%） |
|---|---|---|---|---|---|
| 1 | 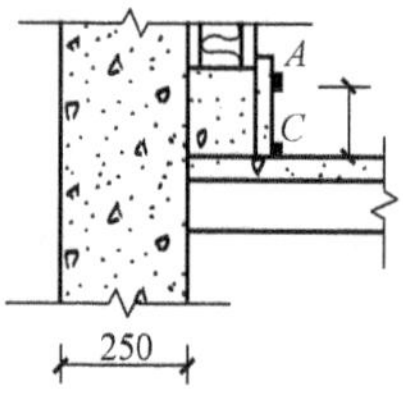 | 18.0 | 15.4 | 6.6 | 57.1 |
| 2 | 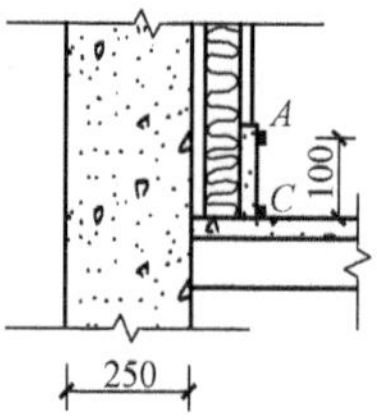 | 18.0 | 16.3 | 11.25 | 31 |

### 2. 外保温复合外墙

外保温复合外墙是在主体结构（承重外墙）的外表面上粘贴或吊挂保温层（聚苯板或岩棉板），然后再做外墙面层，其构造如图6-6所示。外保温复合外墙的特点是储热能力较强的主体结构位于室内一侧，有利于房间的热稳定性，减少室温波动，保温性能好；它还能使主体结构表面的温度差大幅度降低（图6-7），减少热应力，防止墙面面层产生裂缝，有效保护主体结构。这种墙体还有利于室内水蒸气通过墙体向外散发，以避免水蒸气在墙体内凝结而使之受潮（图6-8）。此外还可以防止热桥的产生。外保温复合外墙施工时不影响室内活动，对住户干扰少，且可避免室内装修对保温层造成损坏，便于对旧建筑进行墙体保温，是墙外保温复合墙体的发展方向。

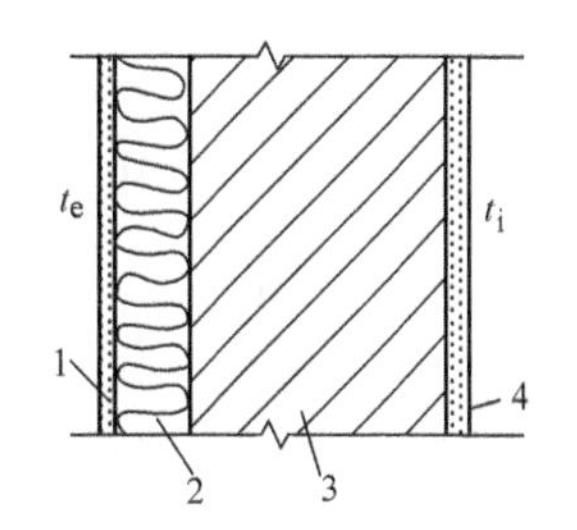


图6-6　外保温复合外墙构造

1—饰面层　2—保温层　3—结构层　4—抹灰层　$t_e$—室外温度　$t_i$—室内温度

### 3. 夹芯保温复合外墙

夹芯保温复合外墙是将保温层夹在墙体中间。保温材料可采用岩棉板、聚苯板、玻璃棉板或膨胀珍珠岩等。我国生产的夹芯保温复合外墙有钢筋混凝土岩棉复合外墙板、薄壁混凝土岩棉复合外墙板、泰柏板（三维板）、舒乐舍板等类型。夹芯保温复合外墙是在主墙施工时将其砌入墙体中间，如图6-9a所示，这种墙应用联合钢筋拉结，穿过保温层的钢筋，会造成热桥，降低保温效果。夹芯层也可以是空气间层，如图6-9b所示。

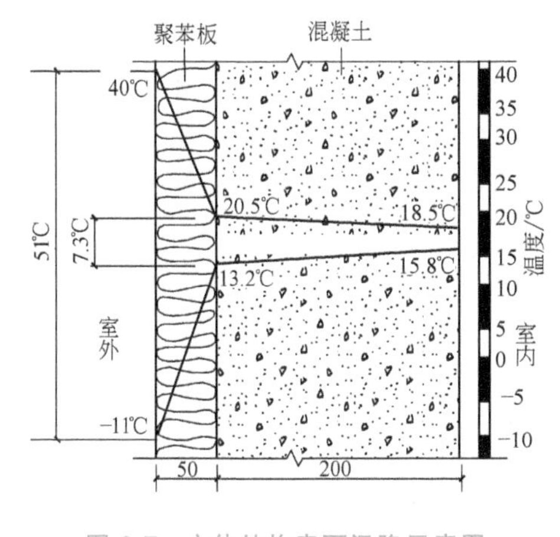


图6-7　主体结构表面温降示意图

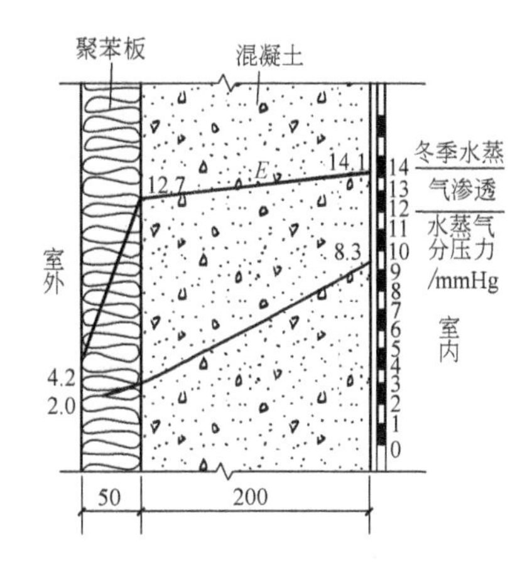


图6-8　室内水蒸气通过墙体向外散发示意图

注：1mmHg = 133.322Pa。

冬季供暖时期，由于围护结构两侧的温度差，水蒸气通过围护结构渗透过程中，当温度达到露点温度时，即水蒸气含量达到饱和时立即凝结成水，称凝结水。为防止保温结构内部产生凝结水，常在维护结构的保温层靠高温一侧，即蒸汽渗透一侧设置一道隔蒸汽层，如图6-10所示。隔蒸汽材料一般采用沥青、卷材、隔汽涂料以及铝箔等防潮、防水材料。

## 6.5.4　门窗节能

在建筑外围护结构中，门窗的保温隔热能力较差。从传热耗热量的构成看，窗户约占28%。窗户的传热耗热量与空气渗透耗热量相加，约占全部耗热量的57%。

（1）**采用适当的窗墙面积比**　窗墙面积比是指窗户洞口面积与房间立面单元面积的比值。窗户的传热系数大于同朝向的外墙传热系数，供暖热耗量随窗墙面积比的增加而增加。在采光允许的条件下，应控制窗墙面积比、夜间设置保温窗帘和窗板等。

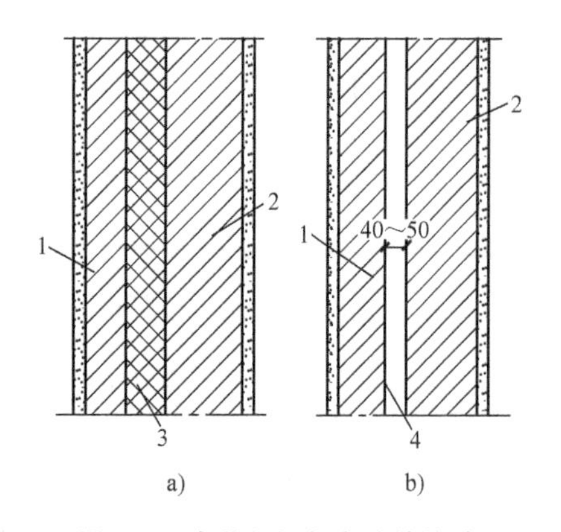


图6-9 夹芯保温复合外墙构造

a）夹层构造 b）利用空气间层

1—外墙 2—内墙 3—泡沫塑料

4—空气间层

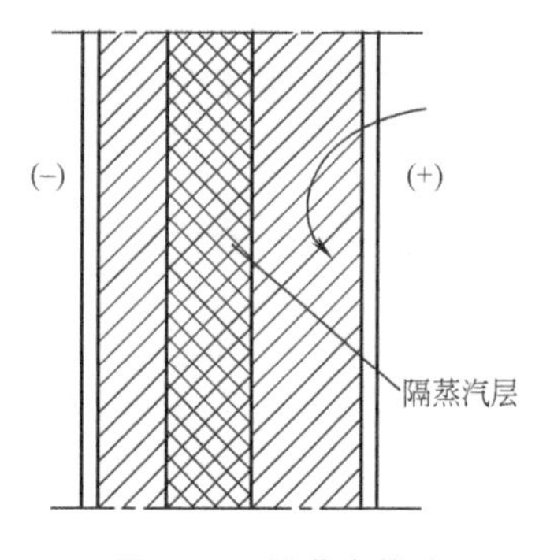


图6-10 隔蒸汽措施

（2）**改善窗户的保温性能** 一方面是改善玻璃部分的保温性能，增加窗玻璃层数，使用双层或三层玻璃窗，利用玻璃之间的密闭空气间层，增大热绝缘系数，降低窗户的传热系数。节能玻璃包括中空玻璃、吸热和热反射玻璃、泡沫玻璃及太阳能玻璃等，其中吸热玻璃和热反射玻璃不宜用在供暖地区。另一方面是改善窗框的保温性能，合理选择窗户类型，表6-10为常用窗户类型的传热系数。

表6-10 常用类型窗户的传热系数

| 窗框材料 | 窗户类型 | 空气层厚度/mm | 窗框窗洞面积比（%） | 传热系数 $K/[W/(m^2 \cdot K)]$ |
|---|---|---|---|---|
| 钢、铝 | 单层窗 | — | 20～30 | 6.4 |
| | 单框双玻璃窗 | 12 | 20～30 | 3.9 |
| | | 16 | 20～30 | 3.7 |
| | | 20～30 | 20～30 | 3.6 |
| | 双层窗 | 100～140 | 20～30 | 3.0 |
| | 单层+单框双玻璃 | 100～140 | 20～30 | 2.5 |
| 木、塑料 | 单层窗 | — | 30～40 | 4.7 |
| | 单框双玻璃窗 | 12 | 30～40 | 2.7 |
| | | 16 | 30～40 | 2.6 |
| | | 20～30 | 30～40 | 2.5 |
| | 双层窗 | 100～140 | 30～40 | 2.3 |
| | 单层+单框双玻璃 | 100～140 | 30～40 | 2.0 |

注：1. 本表中的窗户包括一般窗户、天窗和阳台门上部带玻璃部分。

2. 阳台门下部门肚板部分的传热系数，当下部不作保温处理时，应按表中值采用；当作保温处理时，应按计算确定。

（3）**提高门窗的气密性** 我国多数门窗，特别是钢窗气密性较差，改进门窗设计、提高制作安装质量、采用自粘性密封条是提高门窗气密性的重要措施。

（4）**提高户门、阳台门的保温性能** 不同类型的门传热系数值相差很大（表6-11）。应发展保温门，采用夹层内填充保温材料的户门，在门芯板上加贴保温材料的阳台门等，设置窗帘或窗盖板（内填沥青蛭石、沥青珍珠岩等），也是提高门窗保温性能的措施。

表 6-11 常用类型门的传热系数

| 序号 | 名称 | 传热阻/($m^2 \cdot K/W$) | 传热系数/[$W/(m^2 \cdot K)$] | 备 注 |
|---|---|---|---|---|
| 1 | 木夹板门 | 0.37 | 2.7 | 双面三夹板 |
| 2 | 金属阳台门 | 0.156 | 6.4 | |
| 3 | 铝合金玻璃门 | 0.164~0.156 | 6.1~6.4 | 3~7mm 厚玻璃 |
| 4 | 不锈钢玻璃门 | 0.161~0.150 | 6.2~6.5 | 5~11mm 厚玻璃 |
| 5 | 保温门 | 0.59 | 1.70 | 内夹 30mm 厚轻质保温材料 |
| 6 | 加强保温门 | 0.77 | 1.30 | 内夹 40mm 厚轻质保温材料 |

### 6.5.5 屋顶和地面节能

屋面的节能措施很多，在一般民用建筑中实体材料层节能屋面应用广泛。

平屋顶屋面保温层可采用厚度为 50~100mm 的加气混凝土块或架空设置的加气混凝土块，用散铺浮石砂作保温层，在架空层填充膨胀珍珠岩、岩棉或矿棉等。其中采用防水层在下、聚苯板在上的倒置式屋面保暖效果尤佳，构造如图 6-11 所示。

坡屋顶屋面可顺坡顶内铺玻璃棉毡或岩棉毡，也可在顶棚上铺设玻璃棉毡或岩棉毡，或喷、铺玻璃棉、岩棉、膨胀珍珠岩等松散材料。

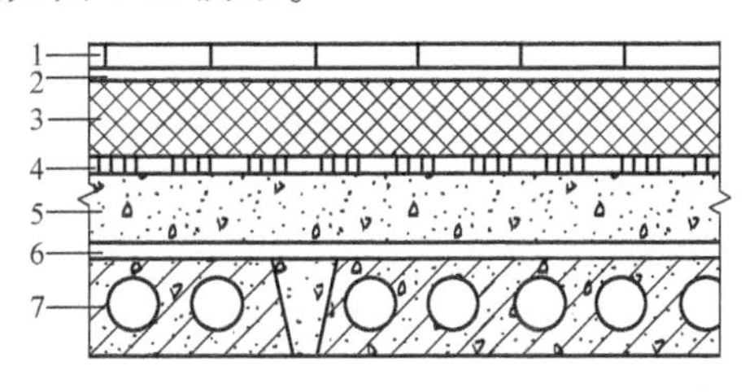


图 6-11 倒置式屋面

1—屋面板 2—水泥砂浆找平层 3—聚苯板保温材料 4—卷材防水层 5—水泥砂浆找平层 6—炉渣找坡 7—钢筋混凝土板

房间下部土壤温度变化不大，但与室外冷空气相邻的四周部分的地下土温度变化却很大。冬季受室外冷空气以及周围低温土壤的影响，将有较多热量由此散失。江南地区，夏季高温高湿的空气与低温的地面接触易结露，故应沿首层地面设置保温层，或在地基土设置防潮层后，设置绝热层，再做地面结构层，有利于保温隔热。

### 6.5.6 建筑遮阳

遮阳是通过一定的技术手段和设计方法，有效地组织和调节日照对建筑室内影响，是自然降低能耗，经济实用的好方法，分为以下三种类型：

1）设于室内的遮阳有一般的窗帘、活动的百叶板、保温盖板等，这类设施在一定程度上能遮挡太阳辐射热量，但相当一部分热量还会滞留在室内，另外遮阳与自然通风也会产生一定的矛盾。

2）设于室外的有木制的、金属的、各种硬质塑料的、混凝土的等各种遮阳板设施。从形式上可分为水平式、垂直式、方格式、花格式或挡板式等。一般水平式遮阳板适合于南向的房间；方格式遮阳板适合用于东南向或西南向的房间；垂直式遮阳板和花格式或挡板式遮阳板适合用于东向或西向的房间，但由于东西向的日照角度比较低，当窗户设置这两种形式的遮阳板后，一般也只能部分遮住东西向的日照。若要求全部遮住这两个朝向的日照，则可把遮阳板设计成可转动的。另外，还有竹帘、帆布篷、芦席、凉棚以及绿化遮阳等形式，各种设施适合的朝向如图6-12所示。

3）与透光材料一体的遮阳即利用一些折光系数较大的玻璃，如磨砂玻璃、折光玻璃、彩色玻璃等，对太阳光波有一定的折射、散射性能或使射入的阳光强度减弱。但由于玻璃的性能是不能随季节的不同而变化的，而且会给房间的通风造成一定影响，因此，这种方式的遮阳是有一定局限性的。

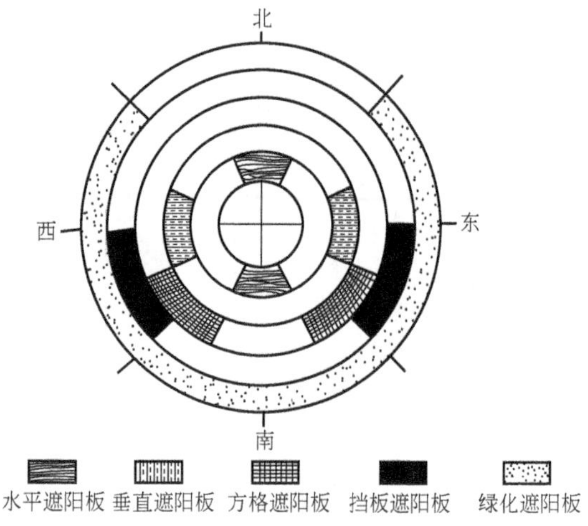

图6-12 遮阳形式适用范围

就节能而言，室外遮阳系统优于室内遮阳系统，在通常条件下，安装室外遮阳系统可使室内温度降低7~8℃，安装室内遮阳系统可使室内温度降低4~5℃。

### 6.5.7 自然通风

强化自然通风的有效方法之一是组织穿堂风，另一种方法是设置通风管道。住宅中的通风管道可保证室内在静风或弱风条件下正常通风，如图6-13所示，在外墙设小型通风管道，每个房间设气流控制阀，冬天室外新鲜空气经过通风管道在地下室升温后进入室内，在保证门窗气密性的情况下保持室内自然通风，新鲜空气经过居室后从厨房或卫生间的通风管道或隔楼中排出。

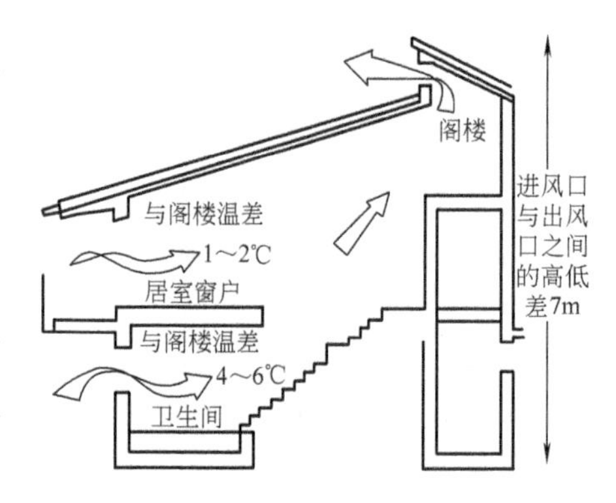

图6-13 利用室内高差的温差进行自然通风

### 6.5.8 红外热反射技术

在常温下，人和物体的散热主要以远红外线辐射传热的方式进行，一般建筑材料的热辐射发射率高达90%以上，故对热量的吸收能力极强，反射回去的热量很少。被建筑吸收的辐射热又以传导方式从另一面散发，对保温隔热极为不利。在建筑物内外表面或外围护结构内的空气间层中，采用高效热反射材料可将大部分红外线辐射热反射回去，达到保温隔热效果。

## 6.6 生态节能建筑技术

利用自然规律和周围自然环境条件，改善区域环境微气候，节约建筑能耗，发展生态节能建筑。除太阳能建筑外有掩土建筑、绿化建筑和自然空调式建筑。

掩土建筑有地下建筑和地面掩土建筑两种类型，掩土建筑具有节能节地，微气候较稳定，洁净，安静，防火、防震、防尘暴、隔声好，维修面少，有利于生态平衡及保护自然风景等优点，可提供冬暖夏凉的稳定温度条件，是一种经济型的建筑。

绿化建筑除美化环境外，还可改善局部热环境、调节空气湿度、降低噪声、防止灰尘等功能。绿化方式可分为入口绿化、围墙绿化、墙面绿化、窗台绿化、阳台绿化、屋顶绿化和屋角绿化等类型。传统植草屋面的做法是在防水层上覆土再植以茅草，随着无土栽植技术的成熟，目前多采用纤维基层栽植草皮。图 6-14 为日本的“环境共生住宅”植草屋面构造，野草生长基下为可“呼吸”的轻质滤层，其下为齿状保水槽、多重防水层和木板。

建筑绿化温室化是将农业和种植业的温室技术应用到建筑绿化中的一种方法，可更有效地实现生态建筑节能的效益。主要类型有平屋顶温室（传统钢筋混凝土屋顶上建屋顶温室）、坡地屋顶花园（坡地上房屋顶建温室花园）、毗连温室和下沉式温室等类型。

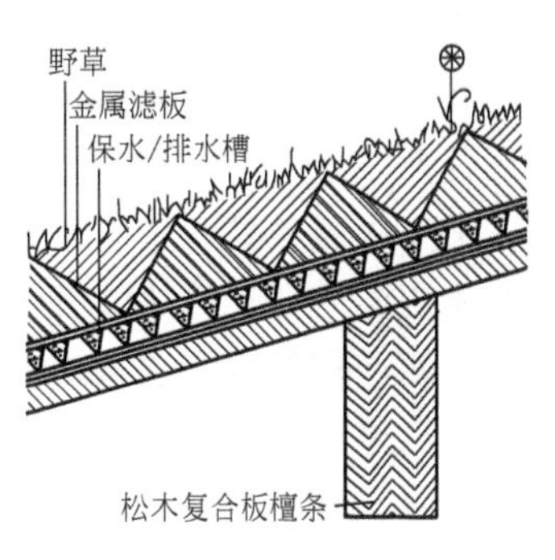

图 6-14　植草屋面

自然空调式建筑，是建筑物中由设在地下的底部铺有卵石储热层的蓄热库和一条掩入土中的双套管组成自然空调系统。室内空气受热升温后由排气管迅速排出室外，而室外新鲜空气经蓄热库降温后升入室内形成良好的有组织的通风换气循环系统，并起到调节温湿度的作用。

## 6.7　太阳能利用技术

太阳能是地球最主要的天然能量的源泉，是一种最丰富、最便捷、无污染的可再生能源，但其能量密度低，且有间歇性、变动性和方向性等特点。太阳能利用主要包括两个方面：一是太阳能热利用，如太阳能建筑、太阳能干燥器、太阳能热水器，太阳能工业热利用、太阳能热动力系统、太阳能热力发电、太阳能灶、太阳能制氢等；二是太阳能光利用，如光发电、光化学制氢、自然采光等。利用太阳能应从本地区太阳能资源的实际情况出发，因地制宜，才能取得好的效益。

在建筑中进行太阳能利用的基本原理是通过集热器吸收太阳光热，将太阳能转化成热能（或机械能），利用热能加热空气进行供暖或通风（图 6-15）。经过良好设计，达到优化利用

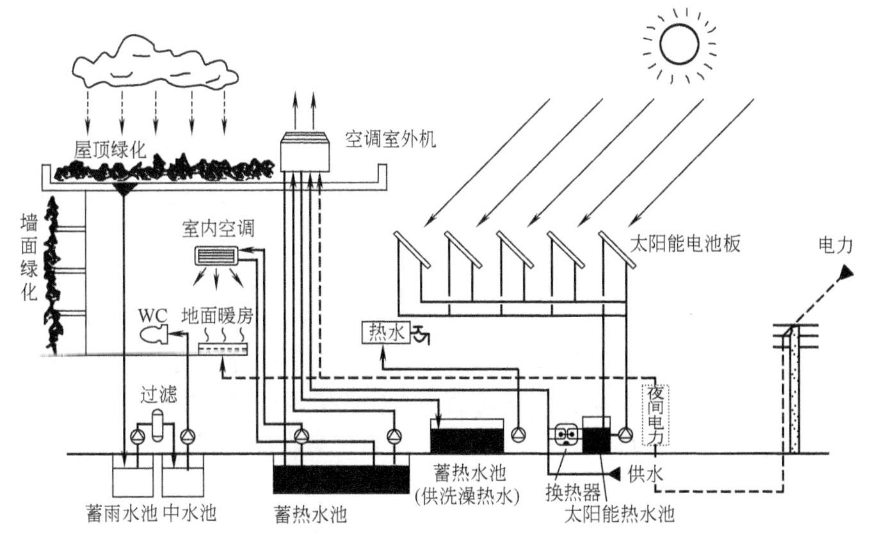

图 6-15　利用太阳能供暖或通风

太阳能的建筑称为“太阳能建筑”。用于冬季供暖的叫太阳能暖房，用于夏季制冷的叫太阳能冷房。

1. 被动式太阳能建筑

被动式太阳房是通过建筑朝向和位置的合理设计，内部空间和外部形体的巧妙处理，建筑材料和结构构造的恰当选择，使建筑能够集取、储存、分布太阳热能。一般由双层玻璃窗、集热储热墙、活动隔热保温装置等组成。被动式太阳能采暖系统具有简单、经济、管理方便的优点。

（1）**直接受益式** 冬季太阳从南面窗直接射入房间内部，用楼板、墙等作为吸热和储热体，当室内温度低于储热体表面温度时，这些物体即向室内供热。如图 6-16 所示，集热装置为南向双层玻璃窗，它直接收集射入室内的太阳能；集热储热墙是一种附有玻璃或透明塑料薄片形成空间层的墙体，白天太阳光加热空气间层，并通过墙顶和墙底部通风口形成对流向室内供暖，夜间主要靠储热墙体释放热量向室内供暖。直接受益式是最广泛的一种应用方式，构造简单易于安装和维护；与建筑功能配合紧密，便于立面处理，室温上升快，但室内温度波动大。

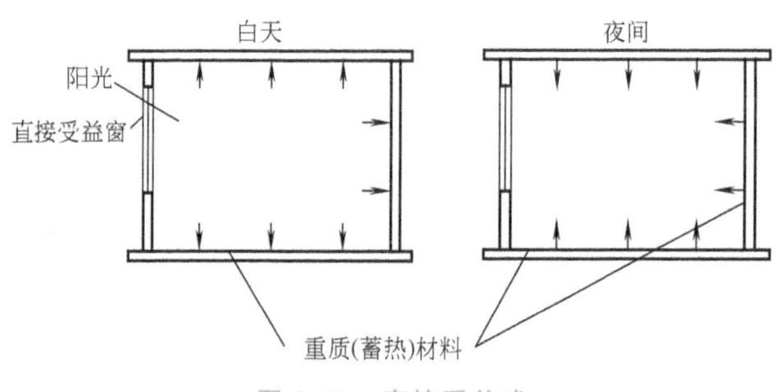


图 6-16 直接受益式

（2）**蓄热墙式**（包括水墙和特朗伯墙） 该方式是在向阳侧设置带玻璃罩的储热墙体，墙体可选用砖、混凝土、石料、水等储热性能好的材料。墙体吸收太阳辐射后向室内辐射热量，同时加热墙内表面空气，通过对流使室内升温。该形式与直接受益式相结合，既可充分利用南墙集热，又可与建筑结构相结合，并且室内昼夜温度波动较小，系统集热效率较高。

图 6-17 所示为特朗伯集热墙冬季工作状况，集热墙向阳外表面被涂以深色的选择性涂层以加强吸热并减少辐射散热，使该墙体成为集热和储热器；待到需要时（如夜间）又成为放热体。离外表面 10cm 左右处装上玻璃或透明塑料薄片，使与墙外表面间构成一空气间层。冬季白天有太阳时，主要靠空气间层被加热的空气通过墙顶与底部通风孔向室内对流传热。夜间则主要靠墙体本身的储热向室内传热。

在这个被动系统中，夏季仍然采用间接接受太阳能供暖的相同构件可以使建筑物冷却。夜间，将活动隔热层移开让特朗伯集热墙向室外辐射散热而得到冷却，再从室内吸收热量，如图 6-18b 所示。白天，将隔热窗帘或百叶放在特朗伯集热墙与玻璃之间，玻璃顶和底部通风孔都开启，如图 6-18a 所示，隔热层外表面用浅色或铝箔反射太阳热，玻璃与隔热层之间的空气受太阳辐射加热上升由顶部通风孔流出，冷空气则由底部通风孔进来维持隔热层与墙体冷却。

（3）**附加阳光间式** 附加阳光间式是蓄热墙式和直接受益式的混合产物，如果将集热墙

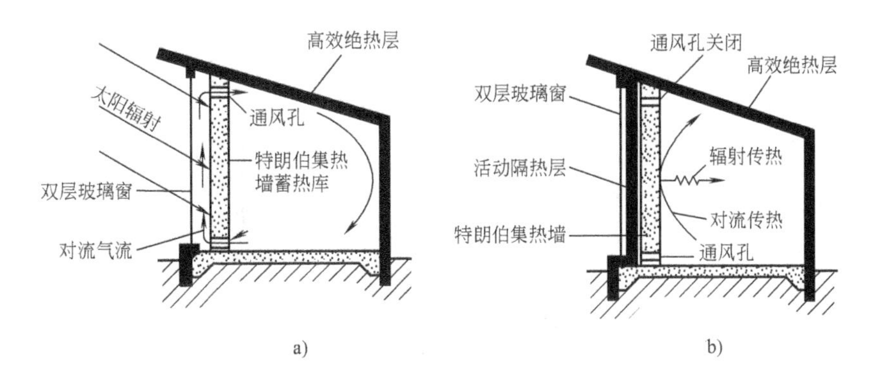


图 6-17　特朗伯集热墙冬季工作情况

a）白天　b）夜间

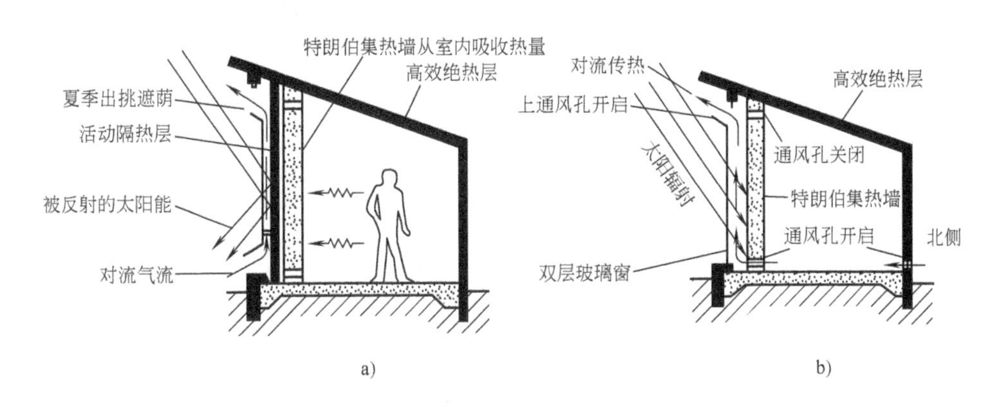


图 6-18　特朗伯集热墙夏季工作情况

a）白天　b）夜间

的透明层与墙体之间的距离加大就形成了典型的附加阳光间式太阳房，如图 6-19 所示。阳光间作为集热蓄热部件附加在采暖房的外面，其公共墙是集热蓄热墙。附加阳光间属一种多功能的房间，可用来作为休息、娱乐、养花等，是寒冬季节让人们置身于大自然中的一种室内环境，也是为其毗连的房间供热的一种有效设施。该形式与蓄热墙式相比，增大了集热面积；与直接受益式相比，采暖房间的温度波动及眩光程度均小，而且与相邻内侧房间组织方式多样。中午日光间内升温较快，应通过门窗或通风窗合理组织气流将热空气及时导入、导出室内（图 6-20）。

（4）**蓄热屋顶式**　效率较高的蓄热屋面是由水袋及顶盖组成的（图 6-21）。冬季，水袋受到太阳光照射而升温，热量通过下面的金属顶棚传递至室内，使房间变暖；夏季，室内热量通过金属顶棚传递给水袋，在夜间，水袋中的热量以辐射、对流等方式散发至天空。水袋上有活动盖板以增强蓄热性能，夏季，白天盖上盖板，减少阳光对水袋的辐射，使其吸纳较多的室内热量；夜晚打开盖板，使水袋中的热量迅速散发到空中。冬季，白天打开盖板，而夜晚盖上盖板。该形式适合冬季不太寒冷且纬度较低的地区，因为纬度高的地区冬季太阳高度角低，水平面上集热效率低，严寒地区冬季易冻结。另外，系统中的盖板热阻要大，储水容器密闭性要好。

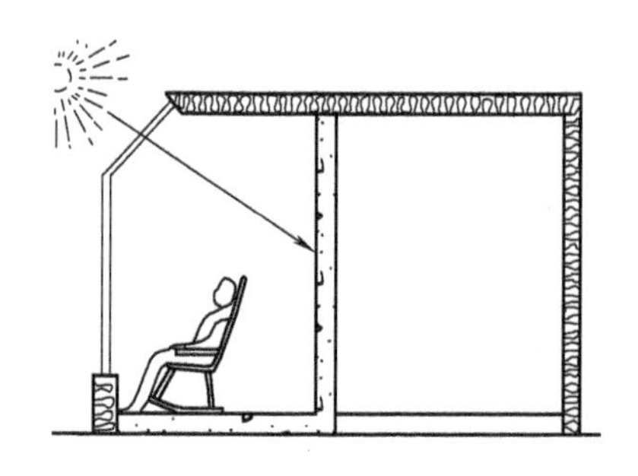

图 6-19 附加日光间基本形式

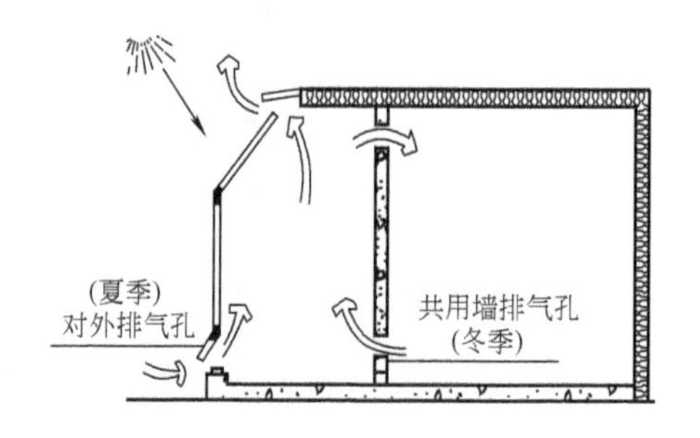


图 6-20 开设内外通风窗改善日光间工况

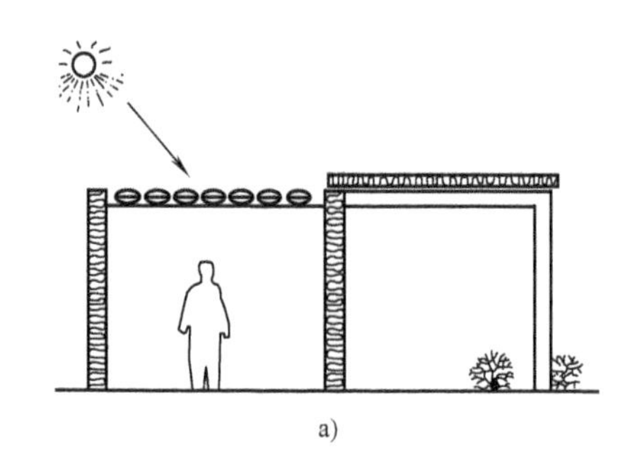


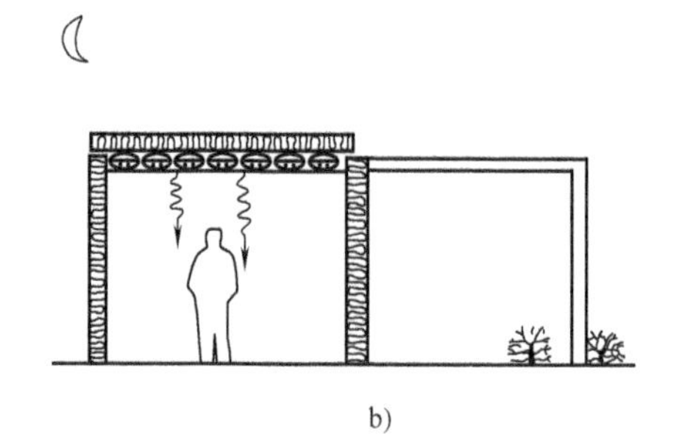


图 6-21 蓄热屋顶式集热

a）冬季白天工况 b）冬季夜间工况

### 2. 主动式太阳能建筑

以主动供暖系统供暖的建筑称为主动式太阳能建筑，系统主要由集热器、管道、蓄热器、风机、泵以及散热器等设备组成，靠机械动力驱动达到收集蓄存和输出太阳能（图 6-22）。按集热器与集热介质不同分为空气集热式和液体集热式等多种形式，按太阳能的利用方式又分为直接式和间接式（热泵式）。主动式系统要有专门设备，系统较为复杂，一次性投资大，一般用供水系统兼作供暖系统，多用于大型公共建筑中。

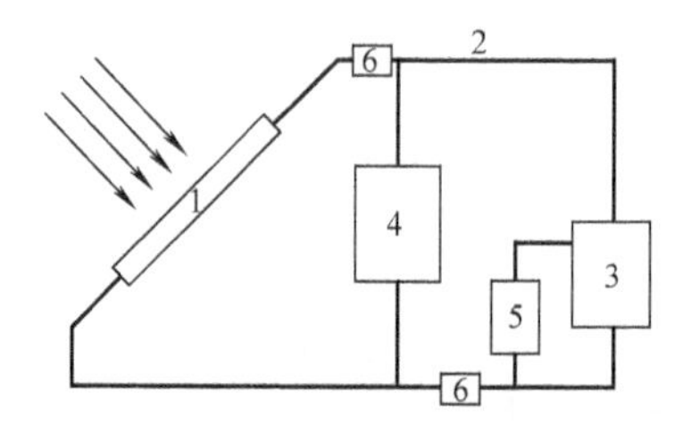


图 6-22 主动式太阳能供暖系统

1—集热器 2—供热管道 3—散热器 4—蓄热器 5—辅助热源 6—风机或泵

传统形式是在建筑的向阳面设置太阳能空气集热器，用风机将空气通过贮热层送入建筑物内，并与辅助热源配合。由于空气的比热容小，从集热器内表面传给空气的传热系数低，所以需要大面积的集热器，热效率低。

把集热器放在坡屋面，利用混凝土地板作为蓄热体的称为集热屋顶式，如日本 OM 阳光体系住宅，冬季，室外空气被屋檐下的通气槽引入，通过安装在屋顶上的玻璃集热板加热，上升到屋顶最高处，通过通气管和空气处理器进入垂直风道转入地下室，加热室内厚混凝土地板，同时热空气从地板通风口流入室内（图 6-23），该系统也可在加热室外新鲜空气的同时加热室内冷空气（图 6-24），但需要在室内上空架设通风机和风口，把空气吸入并送到屋面集热板下。夏季白天集热的热空气能够加热生活热水，夜晚与冬季白天相同，但送入室内的是凉空气，起降温作用（图 6-25）。

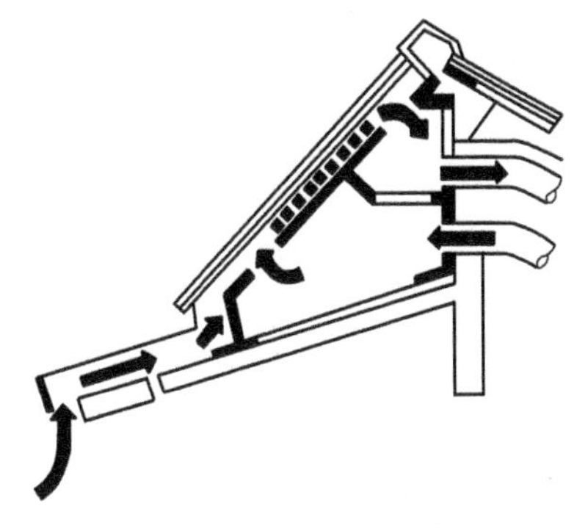

图 6-23　集热屋顶式

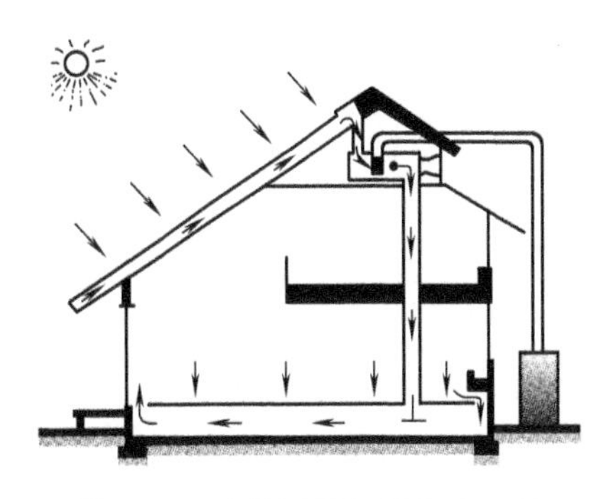

图 6-24　集热屋顶冬季白天工况

(加热室外空气送入室内)

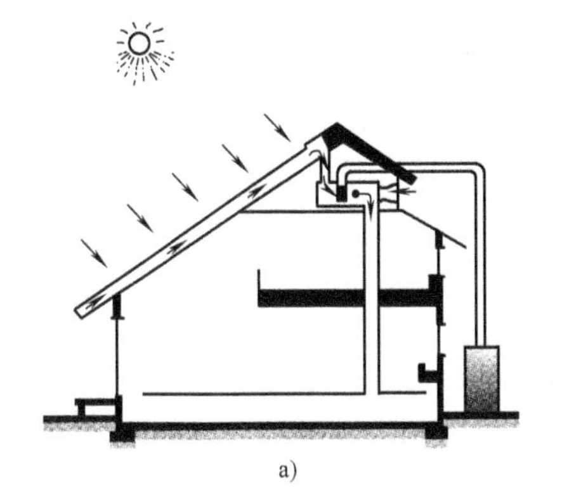

a)

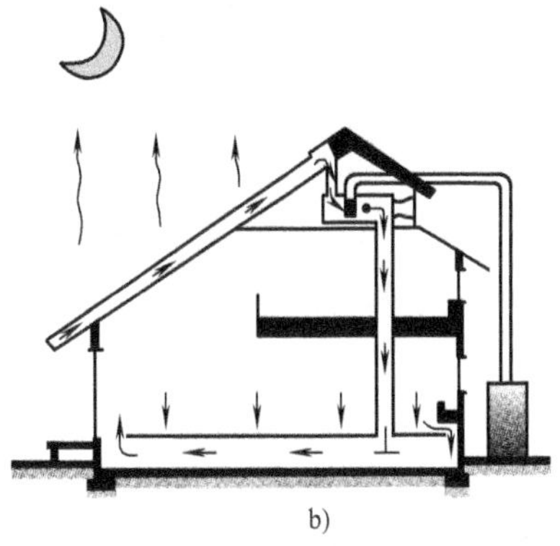

b)

图 6-25　集热屋顶夏季工况

a）白天，热空气送入水箱　b）夜晚，室外凉空气送入室内

## 6.8　自我生存型建筑

随着社会文明的进步，人们对现代建筑会提出更高、更广的要求，不仅要求建筑能耗低，而且要求建筑与自然、环境和人能够有机地结合起来，更好地满足人们对物质文明及精神文明的要求，为人们提供更多的适合未来生活的建筑空间与环境，让人们生活得更舒适、更美好，于是提出了自我生存型建筑（也叫“环境共生型建筑”）的概念。这个概念的提出标志着人类对处理自身与自然的关系有了新的认识，从为了自身的生存与发展，向自然索取，与自然斗争和对立，发展到与自然界和谐共生的生存理念。这是符合可持续发展的原则的。

自我生存型建筑是指通过结构设计和材料、设备的合理使用，求得资源与能源最大限度的循环利用，在对建筑物断绝能量供给的情况下，建筑物自身具有生存下去的能力。具有这种自我生存能力的建筑叫作自我生存型建筑。这种思想在住宅上实现，叫作自我生存型住宅。

自我生存型住宅的基本概念如图 6-26 所示。在自我生存型住宅内，设置薄型热泵、风力发电和太阳能发电系统，导入排水与水循环利用系统。居住者利用被动式空调和户外起居，能够保持身体健康，并且利用室内无土栽培[㊀]系统来达到绿化空间的目的。这种住宅采用高效保温隔热材料与合理的结构形式，提高建筑物本身的保温、隔热能力，减少能量的损失，达到节省能源的目的。

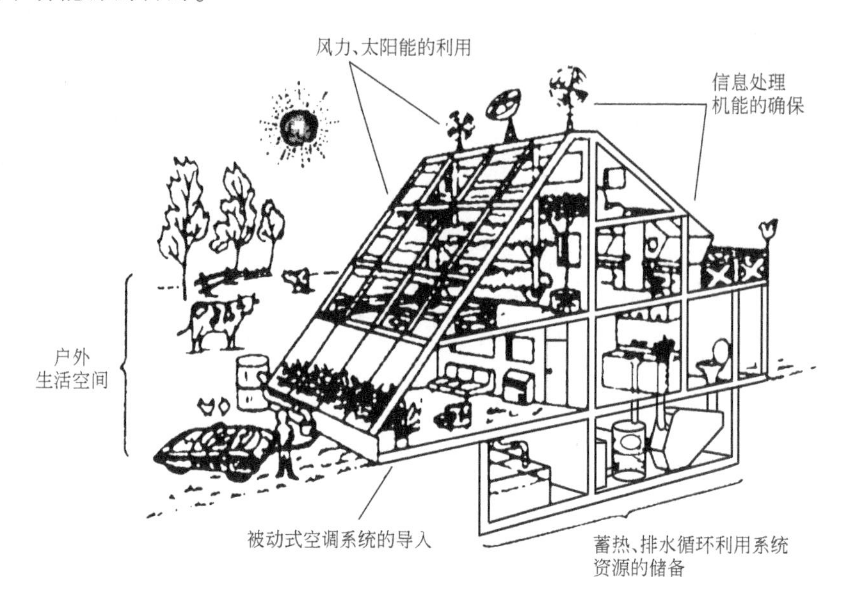


图 6-26 自我生存型住宅概念图

在自我生存能力中，能量的供给系统是最重要的。实现自我生存型建筑的关键技术是如何给建筑物提供能量。自我生存型建筑的能源自我供给主要是依靠“主动太阳能利用系统”和“被动太阳能利用系统”。主动太阳能利用系统是指以太阳能集热器和太阳能电池为基本装置，将太阳光照的热能蓄积起来，或转换为电能，为建筑物提供能量。而被动太阳能利用系统以建筑物围护结构的保温隔热为基础。前者是积极地利用太阳的能量，后者是通过提高建筑物的保温隔热性来减少太阳热量的传入或损失。两者并用是实现自我生存型建筑的重要途径。目前利用太阳能为建筑物提供能源的主要方法有太阳能综合利用系统、热回收型多功能热泵系统、无土栽培系统、水资源有效利用系统、风力资源利用系统、采用节能型材料和建筑结构形式等。下面简要介绍太阳能综合利用系统。

太阳能是一种非污染性、可再生的绿色能源。太阳能的利用，可以解决煤炭、石油等化石类能源的危机，以及传统的发电方法所带来的环境污染。太阳能发电有两种方式，一种是光—热—电转换方式，另一种是光—电直接转换方式。光—热—电转换方式是通过利用太阳辐射产生的热能发电，一般是由太阳能集热器将所吸收的热能转换成工质的蒸汽，再驱动汽轮机发电。太阳能热发电的缺点是效率很低而成本很高。光—电直接转换方式是利用光电效应或光化学效应，直接把光能（太阳辐射能）转化成电能的装置，光—电转换的基本装置就是太阳能电池。

㊀ 无土栽培是指不用天然土壤栽培作物，而将作物栽培在营养液中，这种营养液可以代替天然土壤向作物提供水分、养分、氧气、温度，使作物能够正常生长并完成其整个生命周期。无土栽培又被称为营养液栽培，简称水培、水耕栽培技术。

将太阳光的热能转化为电能、热能及生物能的系统叫作综合太阳能利用系统，该系统用于住宅，即为房屋综合太阳能利用系统，如图 6-27 所示。房屋综合太阳能利用系统能够将住宅所需要的光能、热能的费用降低为原来的几分之一，同时还能给人类提供生存所必需的氧气和水，具有净化空气的功能，是实现自我生存型建筑的重要途径。

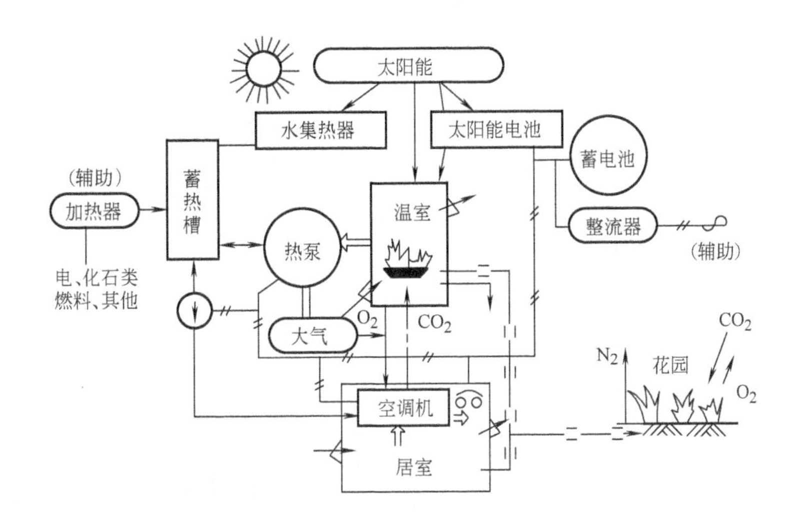


图 6-27　房屋综合太阳能利用系统

综合太阳能利用系统目前存在的主要问题是，太阳热量集热器和太阳能电池的价格较高，与其价格相比使用寿命较短，能量变换率较低，单位面积上能量密度低，受天气影响较大。

目前太阳热量集热器已有许多机种。太阳热量集热器有时也用于提高太阳热的集热效率，在普通住宅上主要是以太阳能热水器的形式集热或蓄热，用于建筑物供热水和供暖、通风和空气调节。

太阳能电池一般设置在建筑物的南面屋顶或阳台上，作为辅助电源如果能在住宅及其他建筑物上普及使用，可望能节省大量的能量。

## 6.9　节能型建筑实例

### 1. 就地取材的样板——天使一号广场

位于英国曼彻斯特的天使一号广场（图 6-28）是英国高品集团（Co-operative）的新总部大楼。它由 3Dreid 建筑师事务所设计，并于 2012 年建成，容纳了 3 万多 $m^2$ 的高质量办公空间。资料显示，这里与高品集团之前的总部大楼相比，可降低能耗 50%，减少碳排放 80%，节省营业成本高达 30%。

值得一提的是高品集团所实行的本地采购和可持续性原则。据了解，这座大楼的能源来自于低碳的热电联产系统，由本地“高品农场”生产的油菜籽作为生物质燃料，为热电联合发电站供能，剩余的庄稼外壳会回收成为农场动物的“盘中餐”。多余的能量则会供应给电网，或是应用在其他的 NOMA 开发项目（由高品集团发起的英国最大的地区改造项目）

中。剩余废弃的能量则会输送给一台吸收式制冷机，用来给建筑物制冷。

设计师考虑到全球气候变暖的问题，根据2050年的天气预测数据采取了相应的措施。就算未来夏季的平均气温升高3~5℃，冬季降水增加30%，建筑物也是可以应付有余的。而且建筑物的织物系统和环境系统经过设计之后，随着气温的逐年上升还会变得越来越高效。

图6-28 天使一号广场（英国 曼彻斯特）

此外，这座大楼合并了废水回收和雨水收集系统，确保了楼宇的低水耗。大楼还采用低能耗的LED照明，尽量采用自然光照，所以距离窗户7m之外是不设置办公桌的。这里还配有电动汽车的充电站，便更能满足未来楼宇居民的出行需求。

2. 全电式智能建筑——西门子水晶大楼

这座投资3500万欧元，历时一年半建造的西门子水晶大楼（图6-29）目前已经成为英国伦敦的全新地标性建筑。它由威尔金森·艾尔（Wilkinson Eyre）建筑设计师事务所设计，德国西门子公司建造。

水晶大楼是一座“全电式”的智能建筑，采用了以太阳能和地源热泵提供能源的创新技术，大楼内无须燃烧任何矿物燃料，产生的电能也可存储在电池中。此外，水晶大楼还融合了可将雨水转化为饮用水的雨水收集系统、黑水（厕所污水）处理系统、太阳能加热和新型楼宇管理系统，使得大楼可自动控制并管理能源。这里还设有电动汽车充电站，且是伦敦电动汽车充电网络项目“Source London”的一部分。

图6-29 西门子水晶大楼（英国 伦敦）

据报道，伦敦的西门子水晶大楼只是西门子计划修建的全球三个城市能力中心中的第一座，也是最大的一座。未来几年，还会有另外两座城市能力中心将在上海和华盛顿落成，让我们拭目以待吧。

3. 美国最环保的摩天大楼——美国银行大厦

美国银行大厦（Bank of America Tower）（图6-30）在纽约布莱恩特公园（Bryant Park）的对面，是美国第一座获得绿色能源与环境设计先锋奖（LEED）白金级认证的商业高层建筑。该大厦共有54层，高366m，有210万$ft^2$（$1ft^2=0.0929m^2$）的办公空间，造价达20亿美元。由Cook +Fox事务所设计，于2009年完工。

这栋大楼最受瞩目的应是环保技术的应用。它可以极大限度地重复使用废水和雨水，每年可节省百万加仑（$1USgal=3.78541dm^3$）的纯水消耗。大楼的晶面幕墙还可高效利用太阳能，且可捕捉到光照角度的改变，高性能的全玻璃外墙同时保证了日光利用的最大化。

值得一提的是，这座大厦还有一座 4.6MW 的天然气发电厂，配合储冰系统，高峰时期可为大厦减少 30%的用电需求。此外，它还配有通顶的玻璃幕墙、高级地下空气循环系统等环保装置，被称为美国最环保的建筑。

图 6-30　美国银行大厦（美国 纽约）

### 4. 节能环保的中国第一高楼——上海中心大厦

上海中心大厦（图 6-31）高 632m，其自身应用的多项可持续发展节能技术涉及照明、供暖、制冷、发电以及可再生能源等技术领域。据预测，这些节能技术每年将为大厦减少碳排放 2.5 万 t。

大厦外部的造型呈旋转式，不对称的外部对立面可降低大厦 24%的风荷载（空气流动对工程结构所产生的压力），其塔冠部分安装的呈漏斗状的螺旋形的雨水收集系统可将收集的雨水导入水箱，供大楼使用。

大厦的外玻璃幕墙有特制的彩釉，在夏季可以起到遮光效果，每层设置的横档也可有效阻挡夏季的强烈阳光。

大厦的照明系统采用高效的 LED 光源、全方位中央绿色照明控制系统等绿色节能装置。

大厦利用地热资源进行供暖和制冷。

大厦在 565~578m 安装 270 台 500W 风力发电机，总装机功率为 135kW，每年可提供约 119 万 kW · h 的可再生能源，这些能源将用于建筑的外部照明及部分停车库的用电需求。

### 5. 世界最节能环保的摩天大厦——珠江城大厦

珠江城大厦（图 6-32）位于广州珠江新城 CBD 核心区域，一直被国外媒体喻为“世界最节能环保的摩天大厦”。这座将建筑艺术与生态技术融为一体的摩天大楼（建筑塔楼高 309m，71 层）已获得数个国际环保奖。

图 6-31　上海中心大厦（中国 上海）

图 6-32　珠江城大厦（中国 广州）

广州珠江城大厦利用风能、太阳能自行发电，可自行生产其所需能源，多余的电还可以卖给电网。

该大厦节能效应的最大贡献来自空调系统。大厦采用的冷辐射顶棚，可节省空调能耗约25%。当将室内温度设为28℃时，人可感受到26℃的体感温度。

该大厦外墙使用透明的双层玻璃幕墙，幕墙安装有光伏发电设备，可利用阳光发电。还装有其他太阳能板为大厦提供热水。

该大厦外墙和楼顶的结构使得大厦的房间在白天完全可利用日光照明。

资料显示，这座大厦每年至少可减少二氧化碳排放量3000~5000t，相比常规非节能建筑，建筑自身能耗降低近60%。

### 6. 全球最大的太阳能办公大楼——日月坛·微排大厦

日月坛·微排大厦（图6-33）位于中国山东德州市，总建筑面积达7.5万$m^2$，是当今全球最大的太阳能办公大楼，也是目前世界上最大的集太阳能光热、光伏、建筑节能于一体的高层公共建筑。

日月坛·微排大厦是2010年第四届世界太阳城大会的主会场，目前已将展示、科研、办公、会议、培训、宾馆、娱乐等功能集于一身。它综合应用了多项太阳能新技术，如吊顶辐射供暖制冷、光伏发电、光电遮阳、游泳池节水、雨水收集、中水处理系统、滞水层跨季节蓄能等技术，节能效率高达88%，被誉为全球低碳中心。

图6-33 日月坛·微排大厦（中国 德州）

### 7. 自动遮阳的绿色楼宇——万科中心

万科中心（图6-34）位于深圳市的大梅沙度假村，总建筑面积80200$m^2$。

该中心采用能自动调节的外遮阳系统。这套系统可根据太阳的高度以及室内的照度自动调节“会呼吸”的穿孔透光板，从而达到理想的遮阳效果。在水资源节约方面，建筑内部采用了全面的雨水回收系统，可以将屋面和露天雨水收集处理后蓄积在水景池内，回用于草地绿化。此外，该项目还将所产生的污水全部回收，通过人工湿地进行生物降解处理，用于本地灌溉、清洗等用途。资料显示，这里每日的水处理量达100t，大大减轻了市政用水的负担。

该中心的光伏发电系统每年可提供25万kW·h的电量。太阳能热水系统可为大厦游泳池以及淋浴、洗手供应热水。

图6-34 万科中心（中国 深圳）

8. 加拿大最可持续建筑物——马尼托巴水电大楼

马尼托巴水电大楼（Manitoba Hydro Place）（图6-35）位于加拿大温尼伯（Winnipeg）市中心，高23层，建筑面积达69.5万$ft^2$，是加拿大第四大能源公司——马尼托巴水电局的新总部大楼，于2009年正式投入使用，被称为加拿大最具可持续性的建筑物。

资料显示，它的能耗只相当于普通办公楼的四分之一，且还可抵抗该地区的极端气候，它曾被高层建筑委员会（The Council for Tall Buildings）评选为美洲最佳建筑。

这座建筑主要通过被动方式来节能。建筑底部的两座塔楼形状像大写的字母A，在北部顶端相会，在南部的底端分开，从而可捕捉到充足的阳光。塔楼张开的部分容纳了一系列的冬季花园，就像肺一样吸纳进新鲜的户外空气，并送到工作场所。每一座中庭都设置了瀑布，根据季节加湿或干燥空气。高达377ft（115m）的呈“热烟囱”形状的主楼坐落于主入口，形成了天际线的标志。大厦所装置的环保热循环系统可为办公室供暖和制冷。

9. 欧洲最大的垂直太阳能建筑——CIS太阳能大厦

CIS太阳能大厦（CIS Solar Tower）（图6-36）位于英国曼彻斯特，是在有40多年历史

图6-35 马尼托巴水电大楼（加拿大 温尼伯）

图6-36 CIS太阳能大厦（英国 曼彻斯特）

的原有大楼基础上翻新而成的。这座大楼最突出的亮点是大楼外部装有7000余块垂直太阳能板。该大厦是世界14座超级太阳能大厦之一。

### 10. 首座将风电与建筑融合的摩天大楼——巴林世界贸易中心

巴林世界贸易中心（BWTC）（图6-37）位于巴林首都麦纳麦的费萨尔国王大道，高240m，是拥有两座50层的双子塔结构的建筑物。它是世界上将风力发电机组与大楼融为一体的首座摩天大楼。

这座大楼的亮点是双子塔之间16层（61m）、25层（97m）和35层（133m）处所装置的重达75t的跨越桥梁和三座直径29m的风力发电机。风帆一样的楼体形成两座楼之间的海风对流，从而加快了风速。

图6-37 巴林世界贸易中心（巴林 麦纳麦）

资料显示，三台发电风车满负荷时的转子速度为38r/min，通过安置在引擎舱的一系列变速箱，让发电机可以1500r/min的转速运行发电。在风力强劲或需要转入停顿状态时，翼片的顶端便会向外推出，增加转子的总力矩，从而达到减速的目的。发电风车能承受的最大风速是80m/s，且可经受住4级飓风（风速69m/s以上）。这三台发电风车每年约能提供1200MW·h（120万kW·h）的电力，大约相当于300个家庭的年用电量，可支持大楼所需用电的11%~15%。

## 习　题

**一、选择题**

1. 带有保温砌体砌筑的墙体，应采用具有（　　）的砂浆砌筑。

A. 一定强度　　B. 保温功能且具有一定强度　　C. 预拌　　D. 现场搅拌

2. 外墙、外墙凸窗的侧面或毗邻不采暖空间墙体上的门窗洞口四周的侧面，应根据设计要求采取（　　）措施。

A. 砂浆填充　　B. 发泡剂填充　　C. 保温材料填充　　D. 节能保温

3. 屋面节能工程使用的保温隔热材料，其热导率、密度、（　　）或压缩强度、燃烧性能应符合设计要求。

A. 厚度　　B. 抗拉强度　　C. 抗压强度　　D. 抗冲击性能

4.《建筑节能工程施工质量验收规范》（GB 50411—2007）适用于（　　）的民用建筑工程。

A. 新建　　B. 改建　　C. 节能改造　　D. 扩建

5. 墙体节能工程所使用的保温隔热材料，其（　　）应符合设计要求。

A. 热导率　　B. 密度　　C. 抗压强度或压缩强度　　D. 燃烧性能

6. 用于地面节能工程的保温材料，下列（　　）必须符合设计要求和强制性标准的规定。

A. 热导率和密度　　B. 抗裂强度或抗震强度　　C. 抗压强度或压缩强度　　D. 燃烧性能

7. 外墙节能构造的现场实体检验目的是（　　）。

A. 检验墙体保温材料的种类是否符合设计要求

B. 检验保温层厚度是否符合设计要求

C. 检查保温层构造做法是否符合设计和施工方案要求

D. 检验保温层的保温性能是否符合要求

**二、问答题**

1. 何谓“建筑物得热”与“建筑物失热”？写出建筑热平衡方程。

2. 何谓“建筑气密性”？简要说明“建筑气密性”对建筑能耗的影响。

3. “生态节能建筑技术”就是“立体绿化技术”？简要分析它们之间的关系。

4. 为什么采用“建筑遮阳”“自然通风”可以降低建筑能耗？

5. 简要说明红外热反射技术在建筑节能工程中的应用。

6. 简要说明建筑“保温”与“隔热”之异同。

7. 简要分析绿色建筑与建筑节能之间的关系。

8. 简要分析主动式太阳能建筑与被动式太阳能建筑之异同。

9. 简要分析建筑节能与地区自然条件的关系。

**三、综合实践题**

在老师指导下，组建一个小组，选定某一建筑。

1. 若是既有建筑，请提出该建筑绿色化改造方案。

2. 若是正在设计阶段的建筑，请提出该建筑绿色化设计方案。

3. 若该建筑已有（或已实施）绿色化设计（改造）方案，请分析其设计思想、设计方法和技术措施，提出改进意见和建议（分析当前绿色建筑设计和实践中的误区）。

将以上调查、分析和研究结果，撰写成文（不少于 1000 字）。

# 第7章 建筑工业化与装配式建筑

## 7.1 概述

### 1. 建筑工业化

建筑工业化，是指采用现代工业化生产方式来建造（制造、运输、安装和管理）不同类型的房屋[7-1]。

建筑工业化，是伴随西方工业革命出现的一种新的房屋建造方式。第二次世界大战后，西方国家在战后重建时期，为解决大量住房需求而大力推行之，一时风靡于欧美[7-2]。法国现代建筑大师勒·柯布西耶（Le Corbusier，1887—1965）认为“房屋是居住的机器”，曾构想，盖房子也能像制造汽车一样，在工厂进行批量生产[7-3]。我国自20世纪50年代起就倡导、推广建筑工业化，由于种种原因，发展曲折[7-4]；近年来，我国政府出台并制定了一系列政策措施、制定相关技术标准规范、开展产业化示范试点等工作，有力地推动建筑工业化步入新的发展时期[7-5]。

建筑工业化，以实现“四节一环保”（节能、节地、节水、节材，保护环境）要求，减少现场施工湿作业与人员投入，提高劳动生产率，加快建设速度，降低工程成本，提高工程质量为宗旨，把不同类型的房屋作为工业产品，在设计阶段，分别采用统一的结构形式、标准化的构配件，在建筑构配件生产基地（工厂）用工业化生产方式，集中、批量制造定型的建筑构配件（包括结构、装修、水电等设备），运输至房屋建造施工现场，按现代管理科学理论与方法组织机械化施工安装（组装），从而大大减少施工现场的工作量和劳动力；代替建筑业分散的、低水平的、低效率的传统手工业生产方式，促进建筑行业产业转型与技术升级。

建筑工业化主要特征是采用先进、适用的科学技术、工艺装备、管理方法，实现建筑设计标准化、构配件生产工业化、施工安装机械化、组织管理科学化。

### 2. 装配式建筑

装配式建筑（Assembled Building）的定义是：结构系统、外围护系统、设备与管线系统、内装系统的主要部分采用预制部品部件集成的建筑[7-6]。

这个定义表明：装配式建筑是一个系统工程，由结构系统、外围护系统、设备与管线系统、内装系统四大系统组成（图7-1），是将预制部品、部件通过模数协调、模块组合、接口连接、节点构造和施工工法等集成装配而成的，在工地高效、可靠装配并做到主体结构、建筑围护、机电安装一体化的建筑。

装配式建筑强调“四大系统”之间的集成及各系统内部的集成过程；在系统集成的基

础上，装配式建筑强调集成设计，突出在设计过程中将“四大系统”综合考虑，一体化设计，这是构配件工厂化生产和装配化施工建造的前提。

装配式建筑设计应统筹规划设计、生产运输、施工安装和使用维护，进行建筑、结构、设备、室内装修等专业一体化的设计，同时要运用建筑信息模型技术，建立信息协同平台，加强设计、生产、运输、施工各方之间的关系协同，并应加强建筑、结构、设备、装修等专业之间的配合。

装配式建筑强调现场采用干作业施工工艺，干式工法是装配式建筑的核心内容。我国传统现场具有湿作业多、施工精度差、工序复杂、建造周期长、依赖现场工人水平和施工质量难以保证等问题，干式工法作业可实现高精度、高效率和高品质。

《装配式混凝土建筑技术标准》（GB/T 51231—2016）提出了“外围护系统”的概念。在建筑物中，围护结构指建筑物及房间各面的围挡物。《装配式混凝土建筑技术标准》（GB/T 51231—2016）从建筑物的各系统应用出发，将外围护结构及其他部品部件统一归纳为外围护系统。

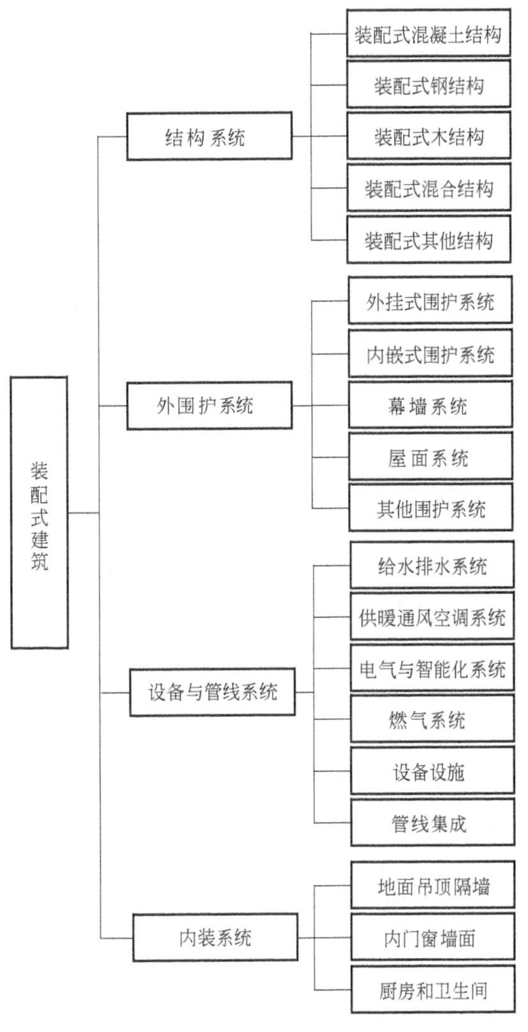


图 7-1　装配式建筑

装配式建筑“四大系统”之一的“内装系统”表征着建筑的功能和性能的完备性，要采用装配式装修的设计建造方式。装配式装修以工业化生产方式为基础，采用工厂制造的内装部品，部品安装采用干式工法。推行装配式装修是推动装配式建筑发展的重要方向，其优势体现在：①部品在工厂制作，现场采用干式作业，可以最大限度保证产品质量和性能；②提高劳动生产率，节省大量人工和管理费用，大大缩短建设周期，综合效益明显，从而降低生产成本；③节能环保，减少原材料的浪费，施工现场大部分为干式工法，减少噪声、粉尘和建筑垃圾等污染；④便于维护，降低了后期运营维护的难度，为部品更换创造了可能；⑤工业化生产的方式有效解决了施工生产的尺寸误差和模数接口问题。

集成式厨房、集成式卫生间是装配式建筑装饰装修的重要组成部分，其设计应遵循标准化、系列化原则，在注意厨房、卫生间的“集成性”和“功能性”的同时，应充分考虑厨房、卫生间空间能按需组合（或分隔），要符合干式工法施工的要求，在制作和加工阶段全部实现装配化。

装配式建筑鼓励采用设备管线与建筑结构系统的分离技术，使建筑具备结构耐久性、室内空间灵活性及可更新性等特点，同时兼备低能耗、高品质和长寿命的可持续建筑产品优势。

装配式建筑的特点是：①以完整的建筑产品为对象，以系统集成为方法，体现加工和装配需要的标准化设计；②以工厂精益化生产为主的部品部件；③以装配和干式工法为主的工地现场；④以提升建筑工程质量安全水平、提高劳动生产效率、节约资源能源、减少施工污染和建筑的可持续发展为目标；⑤基于 BIM 技术的全链条信息化管理，实现设计、生产、施工、装修和运维的协同。

### 3. 装配式建筑种类

按照建筑结构形式的不同，装配式建筑可分为装配式混凝土建筑、装配式钢结构建筑与装配式木结构建筑（图 7-1）。

1）装配式混凝土建筑（Assembled Building with Concrete Structure）：建筑的结构系统由混凝土部件（预制构件）构成的装配式建筑[7-7]。

装配式混凝土结构（Precast Concrete Structure）：由预制混凝土构件通过可靠的连接方式装配而成的混凝土结构[7-7]。

装配整体式混凝土结构（Monolithic Precast Concrete Structure）：由预制混凝土构件通过可靠的连接方式进行连接并与现场后浇混凝土、水泥基灌浆料形成整体的装配式混凝土结构，简称装配整体式结构[7-7]。

多层装配式墙板结构（Multi-Story Precast Concrete Wall Panel Structure）：全部或部分墙体采用预制墙板构建成的多层装配式混凝土结构[7-7]。

预制混凝土构件（Precast Concrete Component）：在工厂或现场预先生产制作的混凝土构件，简称预制构件[7-7]。

2）装配式钢结构建筑（Assembled Building with Steel-Structure）：建筑的结构系统由钢部（构）件构成的装配式建筑[7-8]。

3）装配式木结构建筑（Prefabricated Timber Buildings）：建筑的结构系统由木结构承重构件组成的装配式建筑[7-9]。

装配式木结构（Prefabricated Timber Structure）：采用工厂预制的木结构组件和部品，以现场装配为主要手段建造而成的结构。它包括装配式纯木结构、装配式木混合结构等[7-9]。

预制木结构组件（Prefabricated Timber Components）：由工厂制作、现场安装，并具有单一或复合功能的，用于组合成装配式木结构的基本单元，简称木组件。木组件包括柱、梁、预制墙体、预制楼盖、预制屋盖、木桁架、空间组件等[7-9]。

部品（Part）：由工厂生产，构成外围护系统、设备与管线系统、内装系统的建筑单一产品或复合产品组装而成的功能单元的统称[7-9]。

4）装配式木混合结构（Prefabricated Hybrid Timber Structure）：由木结构构件与钢结构构件、混凝土结构构件组合而成的混合承重的结构形式。它包括上下混合装配式木结构、水平混合装配式木结构、平改坡的屋面系统装配式以及混凝土结构中采用的木骨架组合墙体系统[7-9]。

### 4. 预制率与装配率

预制率和装配率是现行工业化建筑评价体系中重点考核的指标。

预制率，是工业化建筑室外地坪以上的主体结构和围护结构中，预制构件部分的混凝土用量占对应构件混凝土总用量的体积比。它是衡量主体结构和外围护结构采用预制构件的比率。

工业化建造中的预制构件（Precast Component）是指不在建筑物施工现场原位浇筑的建筑构件，包括预制外承重墙、内承重墙、柱、梁、楼板、外挂墙板、楼梯、空调板、阳台、女儿墙等结构构件。

装配率，是工业化建筑中预制构件、建筑部品的数量（或面积）占同类构件或部品总数量（或面积）的比率。它是衡量工业化建筑所采用工厂生产的建筑部品的装配化程度。

建筑部品包括非承重内隔墙、集成式厨房、集成式卫生间、预制管道井、预制排烟道、护栏等。

## 7.2　装配式建筑的研究开发与工程实践

### 7.2.1　装配式建筑的研究开发

装配式结构体系是建筑工业化产业链中的重要环节。建筑工业化发展进程中，世界各国都十分重视对装配式结构的基础理论研究和应用技术开发，特别是工业发达国家对装配式结构技术开展了多项研究，开发了各种装配式结构体系及与之相关的各种新技术、新材料和新工艺，大大推动了装配式建筑的发展。

我国从20世纪50年代开始研究建筑工业化问题，在许多城市按照苏联模式建立预制构件生产基地，推广装配式大板居住建筑体系，为城市大规模快速开发建设做出了贡献。

为适应装配式建筑技术迅速发展和推广的需要，建设部在1979年颁布《装配式大板居住建筑结构设计和施工暂行规定》（JGJ 1—79）。

但由于受当时的技术、材料、工艺和设备等条件的限制，已建成的装配式大板建筑显现渗、漏、裂、冷等问题，引起住户不满。自此，我国装配式建筑迅速滑坡。

21世纪初，我国装配式建筑又重新崛起并得以迅速发展，这是因为随着社会经济发展和科学技术进步，建筑领域新材料、新工艺、新设备的涌现和装配式建筑技术的进步，主要表现在以下几方面[7-10]。

1. 设计概念的进步

在设计规范中，强调采用预制构件和现浇混凝土相结合的技术，使装配式结构的设计应实现等同现浇混凝土结构的设计，具有与现浇结构基本等同的整体性能及抗震性能，满足承载力、延性和耐久性等要求。

2. 预制构件中受力钢筋连接技术的进步

预制构件受力钢筋的连接技术是装配式结构的关键技术之一。预制构件受力钢筋的连接技术有许多种，但以钢筋套筒灌浆连接技术应用最为广泛，大量工程实践证明，这是一项十分成熟的技术。钢筋套筒灌浆连接技术是我国设计规范推荐的一项主要装配式结构连接技术。设计规范推荐的另一项主要连接技术，是钢筋约束浆锚搭接连接技术，采用此类接头连接的装配整体式剪力墙的承载能力、变形能力、延性与现浇构件基本一致，抗震性能也较好。

3. 预制夹心外墙板技术的进步

基于对预制混凝土夹心外墙板所做的理论研究成果和工程实践经验，目前，我国设计规范只推荐承重的非组合墙板。这种预制混凝土夹心外墙板的内叶墙板承重，对其技术要求与对普通剪力墙板的技术要求完全相同；内外叶墙体的连接采用高强玻璃纤维拉结件或不锈钢拉结件。

4. 材料及施工机具的进步

目前，我国吊装机具、施工用支撑系统、大型起重机和运输用车等施工设备和技术都有长足进步，为装配式建筑发展提供了有力的技术支撑。

5. 系列装配式建筑技术标准的研制颁布与实施

近年来，住房和城乡建设部为了贯彻落实《中共中央　国务院关于进一步加强城市规划建设管理工作的若干意见》和《国务院办公厅关于大力发展装配式建筑的指导意见》（国办发［2016］71号），健全装配式建筑标准规范体系，组织有关单位研制颁布了系列装配式建筑国家标准，主要有：

1）《装配式混凝土建筑技术标准》(GB/T 51231—2016)（自2017年6月1日起实施）。

2）《装配式钢结构建筑技术标准》(GB/T 51232—2016)（自2017年6月1日起实施）。

3）《装配式木结构建筑技术标准》（GB/T 51233—2016)（自2017年6月1日起实施）。

4）《装配式建筑评价标准》（GB/T 51129—2017)（自2018年2月1日起实施）。

### 7.2.2 装配式建筑的工程实践

1. 装配式混凝土建筑

北京某公租房项目[7-11]为装配式混凝土建筑，装配式剪力墙结构体系，总建筑面积为56.5万$m^2$，其中地上建筑面积36.5万$m^2$，容积率2.5，绿地率30%，总户数5048套，建筑层数为14~28层，建筑最大高度为79.60m（图7-2）。该项目所有住宅楼全部采用建筑工业化方式建造。

图7-2 北京某公租房小区（装配式混凝土建筑）

（1）**户型标准化设计** 该项目均采用小户型。一居室建筑面积约为35$m^2$，两居室建筑面积约为60$m^2$。经户型优化，图7-3中A、B、C均为两居室户型（5400mm×7200mm），D为一居室户型（3600mm×6600mm）。户型的标准化设计保证了预制构件模具的重复利用率，有效地降低预制构件生产成本，为项目工业化建造打下了坚实的基础。

（2）**厨卫标准化设计** 北京某公租房项目的各户型的厨房和卫生间均设计为标准模块。图7-3中A~C户型的厨房均采用燃气型模块、D户型的厨房采用电气型模块；4种户型的卫生间均采用同一种模块（表7-1）。厨房和卫生间的设计标准化为装配式内装及橱柜、洁具

图 7-3　北京某公租房项目的户型平面图

的标准化提供了条件。

表 7-1　厨房和卫生间标准模块重复使用情况

| 模块类型 | 应用户型 | 开间进深尺寸 | 重复使用次数 | 使用比例 |
|---|---|---|---|---|
| 厨房Ⅰ | 图 7-3 之 A、B、C 户型 | 1.5m×2.1m | 4430 | 88% |
| 厨房Ⅱ | 图 7-3 之 D 户型 | — | 628 | 12% |
| 卫生间 | 图 7-3 之 A、B、C、D 户型 | 1.5m×1.8m | 5058 | 100% |

(3) **结构标准化设计** 现以B1地块某号楼为例，简介其结构标准化设计。

某楼采用装配式剪力墙结构，预制构件包括预制外墙板、预制内墙板、叠合楼板、预制阳台板、预制空调板、预制楼梯板。装配式装修包括干式地暖、整体厨卫、同层排水、快装隔墙等。

某号楼5~28层采用的预制水平构件类型及数量见表7-2和图7-4，2层及以上层采用预制竖向构件类型及数量见表7-3和图7-5。

表7-2 北京某公租房项目某号楼预制水平构件一览表

| 类型 | 编号 | 重量/kN | 标准层 | 整楼 | B1地块 |
|---|---|---|---|---|---|
| 叠合板 | YB-1/YB-1F | 17.1 | 6 | 168 | 1860 |
| | YB-2/YB-2F | 19.0 | 3 | 84 | 930 |
| 预制阳台板 | YYTB-1/YYTB-1F | 9.4 | 1 | 27 | 364 |
| | YYTB-2/YYTB-2F | 9.4 | 1 | 27 | 364 |
| 预制空调板 | YKTB-1 | 2.8 | 6 | 162 | 1860 |
| 预制楼梯 | YLTB-1 | 25.0 | 1 | 28 | 202 |
| | YLTB-2 | 25.0 | 1 | 28 | 202 |
| 合计 | | | 30 | 830 | 9300 |

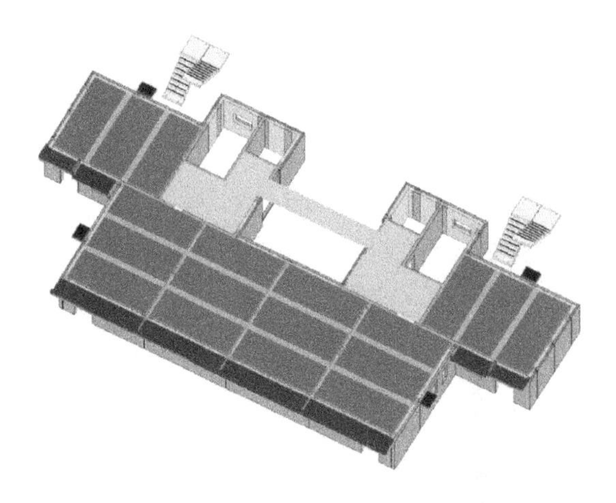

图7-4 北京某公租房项目某号楼预制水平构件布置示意图

表7-3 北京某公租房项目某号楼预制竖向构件一览表

| 类型 | 编号 | 重量/kN | 标准层 | 整楼 | B1地块 |
|---|---|---|---|---|---|
| 预制外墙 | YWQ-1/YWQ-1F | 51.6 | 1 | 24 | 309 |
| | YWQ-1a/YWQ-1aF | 51.6 | 1 | 24 | 174 |
| | YWQ-2/YWQ-2F | 40.8 | 1 | 24 | 309 |
| | YWQ-3/YWQ-3F | 46.1 | 1 | 24 | 174 |
| | YWQ-3a/YWQ-3aF | 46.1 | 1 | 24 | 174 |
| | YWQ-4/YWQ-4F | 58.3 | 1 | 24 | 309 |
| | YWQ-5 | 28.1 | 4 | 96 | 1236 |

（续）

| 类型 | 编号 | 重量/kN | 标准层 | 整楼 | B1 地块 |
|---|---|---|---|---|---|
| 预制外墙 | YWQ-6/YWQ-6F | 43.6 | 1 | 24 | 309 |
| | YWQ-7 | 19.2 | 4 | 96 | 696 |
| | YWQ-8/YWQ-8F | 42.2 | 1 | 24 | 174 |
| | YWQ-9/YWQ-9F | 46.5 | 1 | 24 | 174 |
| | YWQ-10 | 37.1 | 2 | 48 | 348 |
| | YWQ-11/YWQ-11F | 37.7 | 1 | 24 | 174 |
| 预制内墙 | YNQ-1 | 22.4 | 2 | 48 | 618 |
| | YNQ-2 | 38.1 | 6 | 144 | 1044 |
| 合计 | | | 38 | 912 | 8502 |

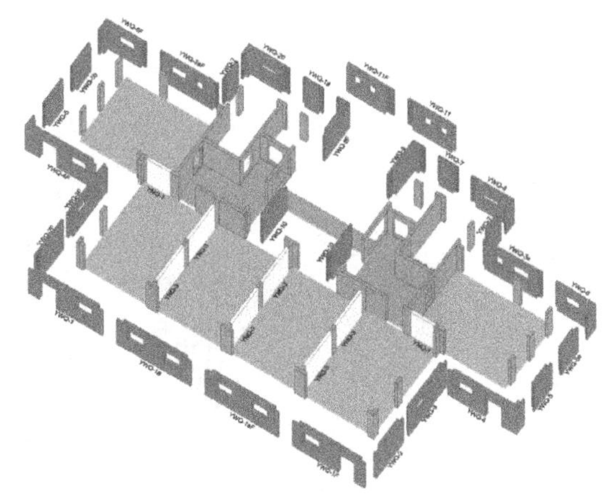

图 7-5　北京某公租房项目某号楼预制竖向构件布置示意图

（4）**钢筋连接技术措施**　受力钢筋连接主要采用套筒灌浆连接（图 7-6）或浆锚搭接连接（图 7-7）。

图 7-6　套筒灌浆连接

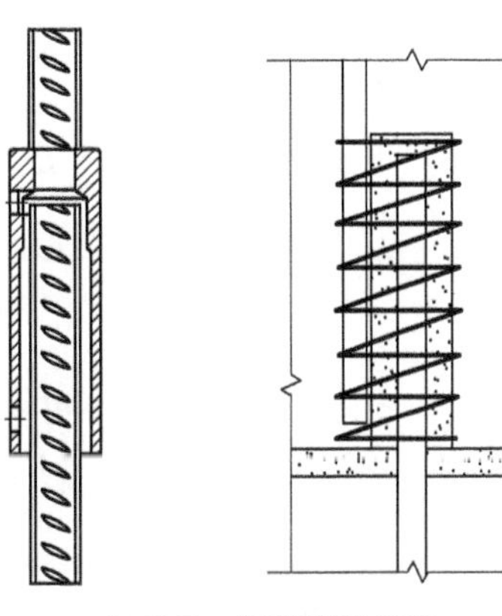

图 7-7　浆锚搭接连接

（5）**接缝防水技术措施**　为防止装配式建筑接缝渗漏水，采用多重防水技术措施，主要有：①PE 防水胶条；②外侧防水胶勾缝；③导水槽等结构防水构造；④叠合梁现浇带；

⑤预制墙板间的灌浆料密封。外墙竖缝与水平缝防水技术措施如图7-8和图7-9所示。

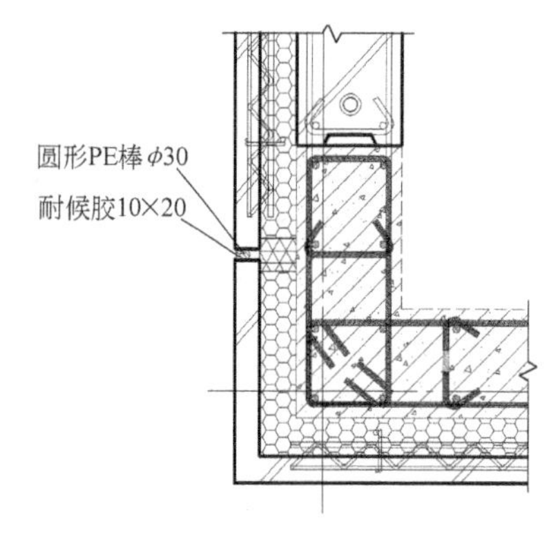


图7-8 外墙竖缝防水技术措施

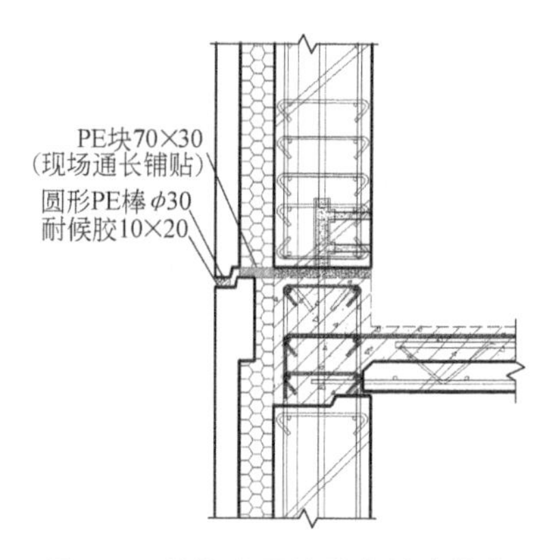


图7-9 外墙水平缝防水技术措施

2. 装配式钢结构建筑

山东某住宅楼[7-12]为装配式钢结构建筑（图7-10），总建筑面积为6627m²，地上12层，无地下室，首层层高为4m，2~12层为3m，屋顶电梯间为4.1m。

设计效果

施工过程

建成实景

图7-10 山东某装配式钢结构住宅楼

(1) **结构系统** 该项目为全钢结构，采用钢框架-支撑结构，柱采用异形钢柱及矩形钢管混凝土，梁及支撑采用热轧H型钢，梁柱连接采用外套板连接方式，如图7-11所示。混凝土楼梯在工厂预制，现场安装（图7-12）。

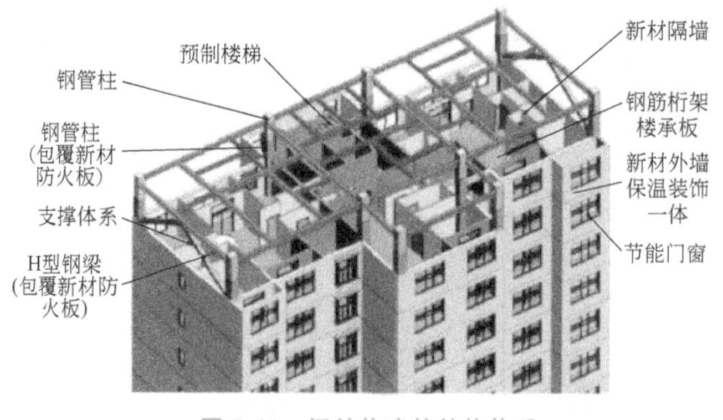


图7-11 钢结构建筑结构体系

（2）**外围护系统** 围护体系采用轻钢龙骨复合外墙板。这种外墙板是由SIP基础板通过锚栓固定于轻钢龙骨外侧，新材内叶板固定于轻钢龙骨内侧，龙骨间填充岩棉保温的复合墙板（图7-13）。

外墙板与主体结构的连接。轻钢龙骨复合外墙板采用吊挂方式与主体结构连接（图7-14），墙板上部为承重节点，采用螺栓连接；墙板下部为非承重节点，墙板中的预制螺栓与楼板上的角钢连接，角钢上是竖向长条形孔，同样可以实现竖向滑动。

图7-12 预制混凝土楼梯

横、竖缝的防水措施。轻钢龙骨复合外墙板横缝与竖缝均同时采用材料防水和构造防水两种措施。墙板上下口（竖缝为两侧）设置企口，阻断了水流通路，企口内填充成品胶条、密封胶、聚氨酯发泡胶；在室内侧，用砂浆填充并用密封胶密封（图7-15、图7-16）。

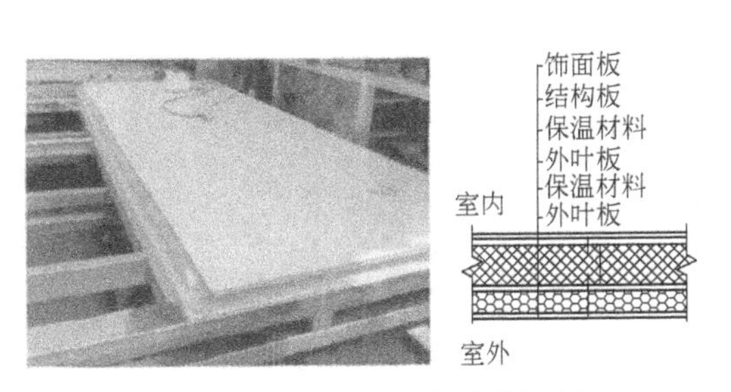


图7-13 轻钢龙骨复合外墙板

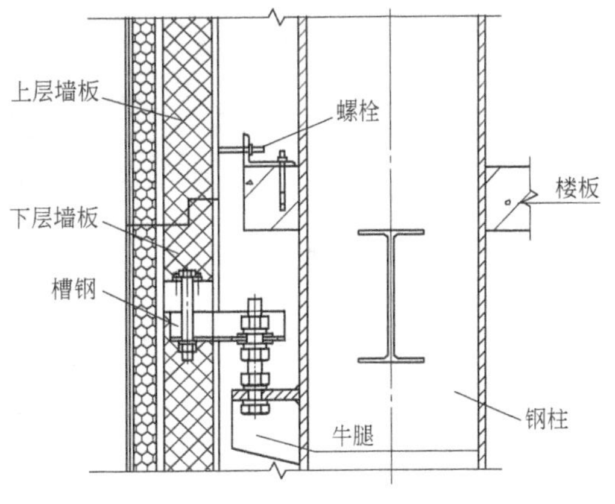


图7-14 连接构造

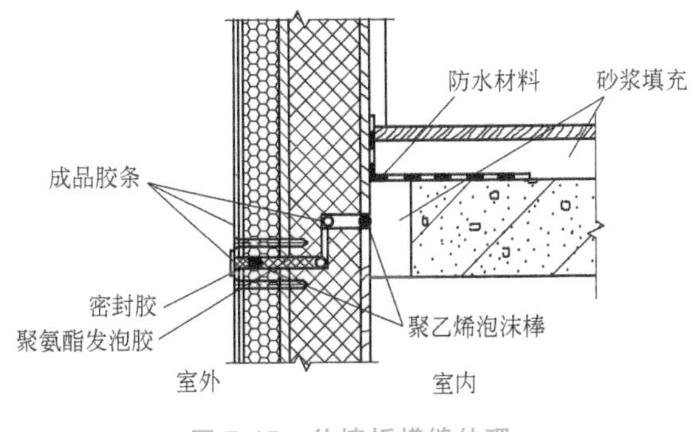


图7-15 外墙板横缝处理

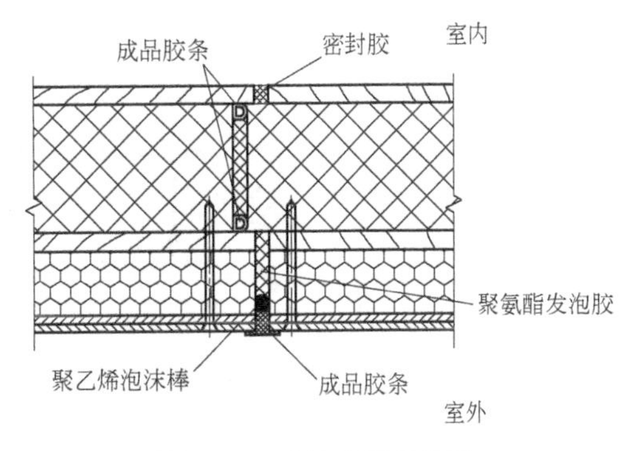


图7-16 外墙板竖缝处理

（3）**管线系统** 墙体管线均在工厂进行预先埋设。埋设前按照设计图根据保温材料的结构形式采用不同的埋设方式。对于块状保温材料采用机械开槽的形式将管线提前埋设于保温材料内，然后通过复合设备进行复合。对流体式保温材料采用将管线固定于一侧板材上，再后浇流体式保温材料的形式进行墙体制作。

（4）**预制构件远距离大批量运输** 外墙运输，因其尺寸大、自重大，是装配式建筑施工安装的一个重要的关键环节。该项目采取将大件墙体化整为零，将墙体局部再模块化，将局部模块运到现场再合成的办法，实现了大批量长距离运输。

### 3. 装配式木结构建筑

苏州某住宅项目[7-13]为装配式木结构建筑（图7-18）。项目位置临近太湖，占地面积为24267m²，总建筑面积为39273m²，由3幢多层住宅与12幢低层住宅组成（图7-17）。其中，12幢低层住宅采用装配式轻型木结构，桁架、梁、墙体、楼盖等构件在工厂预制，现场装配完成。

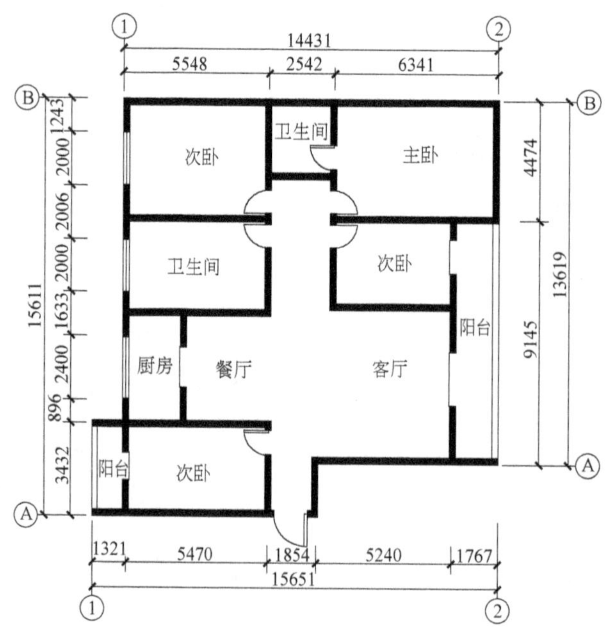


图7-17 苏州某装配式木结构住宅

（1）**结构体系** 该项目结构体系为轻型木结构（图7-18），它包括结构框架的规格材料（实心木）、覆盖框架的墙面板、屋面板和楼面板（胶合板或定向木片板）等，装配化程度较高，项目所用的桁架、柱梁、墙体、楼板等均在工厂预制（预制率>90%），运到现场与基础连接、接通水电后即可投入使用。

(2) **构件运输**　经验收合格的预制构件，均用硬纸板、塑料薄膜、木夹板等材料进行包装保护。墙板、桁架等竖向放置在车辆上运输，在构件之间设置固定支架，楼板、柱梁等水平放置在车辆上运输，层间放置垫木，防止运输过程中损坏。

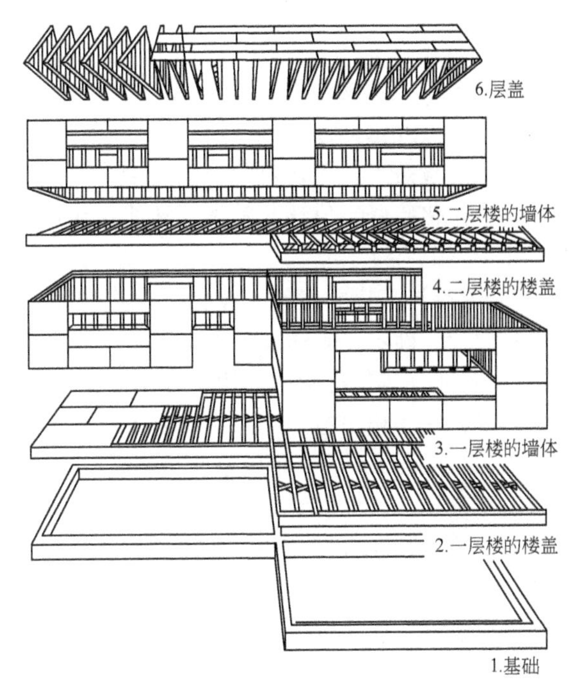


图7-18　装配式木结构建筑的结构体系

(3) **现场组装**（图7-19）　现场施工安装人员分为2组。一组为吊装组，由6名工人组成，其中1人负责协调、检查，2人负责地面绑扎，3人负责安装；另一组为定位组，由3名工人组成，其中2人负责调整，1人负责临时固定。预制构件运输到施工现场，按照施工组织设计，放置到位后，由负责安装的工人及时将构件固定，并按照施工组织设计，设置临时支撑，每天安装一层。

图7-19　装配式木结构建筑组装现场

(4) **内装系统一体化**　该项目内装系统采用“单向保温透气墙”与“集成式楼盖”。

单向保温透气墙体，集成了外饰面基层、防水、结构、保温、内装基层等多道工序，具有结构、保温、防水功能，根据具体工程项目要求，也可集成外装、内装、水电管线等。采用“单向保温透气墙”减少了现场工作量，提高了施工效率。

集成式楼盖，集成了水电管线、结构层、楼面基层等工序，现场可根据楼盖预制时预留的水电通道，采用干式工法，在现场组合安装水电管线，满足建筑使用功能和建筑性能。

## 7.3 我国建筑工业化发展方向

我国社会经济发展已进入新时代，近年来，国家出台并制定了一系列政策措施[7-14]，扶持推动建筑工业化。

装配式建筑是工业化建筑的形式之一。装配式建筑具有标准化设计、工厂化生产、装配化施工、一体化装修、信息化管理、智能化应用的特征。今后，我国建筑工业化发展将体现在以下几个方面：

1）全面推进多模式建筑工业化工作。建筑工业化是项巨大的系统工程，应统筹规划，做好顶层设计，确定正确的发展方向，多模式全面推进，协调、共同发展。

2）加强研发与工程示范应用。各相关科研机构、高校、企业及产业联盟等，要加强关键技术研发，完善相关标准体系，做好工程应用试点，为建筑工业化发展提供技术支撑。

3）更加注重市场化引导。今后，各地区、各企业在推广、发展建筑工业化时，将更加注重市场化引导，因地制宜，根据不同建筑类型选择不同的工业化建筑体系，以取得较好的社会与经济效益，同时提高企业的市场竞争力。

4）推进建筑工业化全产业链建设。实践表明，建筑工业化必须是全产业链的工业化。建筑工业化要贯穿从建筑设计、生产制作、运输配送、施工安装到验收运营的全过程。“建筑设计”是实现建筑工业化的龙头，必须紧紧抓住、抓好；“工厂化生产”是实现建筑工业化的关键，必须重点做好；“装配式施工安装”是实现建筑工业化的重点环节，要全面贯彻“四节一环保”；还要用信息化手段实现无缝连接，才能彰显建筑工业化可以“降低资源消耗、减少环境污染、减轻劳动强度”之优势。

5）加强BIM技术应用。发展建筑工业化必然要加强BIM技术的应用，建立一套以信息技术为支撑的管理系统，将设计、采购、生产、配送、存储、施工、财务、运营、管理等各个环节集成在统一的信息化数据平台，共享信息和资源，对建筑建造的全过程进行有效管理。

## 习　题

1. 装配式建筑只是实现建筑工业化的形式之一，凡按照工业化生产方式建造的建筑，如木结构建筑、钢结构建筑，均应视为工业化建筑，其建造过程也都应视为建筑工业化方式。请说说建筑工业化与装配式建筑的关系。

2. 为什么说，装配式建筑贯穿着从建筑设计、生产制作、运输配送、施工安装到验收运营的全过程？

3. 何谓预制率？何谓装配率？有人说，“预制率”与“装配率”是工业化建筑的特点和优势的表征，认为只有满足一定的预制率和装配率的建筑才可称之为工业化建筑。然而，也有人认为，采用多高的预制率与装配率应充分考虑该建筑的特性，发展装配式建筑可以采用装配与现浇相结合的模式，而不是为了简单满足预制率而预制，过高的预制率还会造成成本与费用的增高。再者，如过高追求预制率、装配率，在实际建造过程中会遇到其他一些问题，如超高层建筑可能导致施工周期的延长，因为高空吊装大型预制构件时耗时较长、难度较大；有些施工现场受成本与管理水平约束可能需要更大场地存放大量预制构件；城市中大型预制构件的车辆运输可能导致交通拥堵及不可忽视的碳排放污染等问题。请说说你对这个问题的看法。

4. 分析装配式建筑在技术上采取将设备管线系统与建筑结构系统分离的原因。（提示：在传统的建筑设计与施工中，一般均将室内装修用设备管线预埋在混凝土楼板和墙体等建筑结构系统中。在后期长时期的使用维护阶段，大量的建筑虽然结构系统仍可满足使用要求，但预埋在结构系统中的设备管线等早已老化无法改造更新，后期装修剔凿主体结构的问题大量出现，也极大地影响了建筑使用寿命。）

5. 根据国内外标准化专家、学者的研究成果，现代标准化活动应遵循的基本原则可概括为以下八项，即①超前预防原则；②系统优化原则；③协商一致原则；④统一有度原则；⑤动变有序原则；⑥互换兼容原则；⑦阶梯发展原则；⑧滞阻即废原则。标准化的形式主要有①简化；②系列化；③组合化；④综合标准化；⑤超前标准化。

请应用标准化科学原理解释以下问题：

1）为什么说标准化设计是实施装配式建筑的关键环节？

2）为什么说模块是标准化设计中的基本单元？模块化的作用是什么？为什么同类模块必须具有互换性？为什么模块化为实行大规模定制生产创造了前提？

3）为什么说模块或者部品、部件之间的共享边界接口的标准化，可以实现通用性和互换性？

6. 无论在东方还是西方，都有着应用木材营造建筑的悠久历史。在我国，山西应县八角形九层木塔是中国现存最高（67.31m）最古老（建于1056年）的纯木结构建筑；在欧洲，整个村子、城镇的房屋（住宅、教堂等）或者构筑物（风车、钟塔等）均为木结构建筑已屡见不鲜。随着时代发展和科技进步，由于现代装配式木结构建筑采用标准化设计，使用新材料、新工艺和构件（包括内外墙板、梁、柱、楼板、楼梯等）工厂化生产，运送到施工现场进行装配，比传统木结构建筑更具优越性。

表7-4是2008年—2016年世界上已建成的部分典型木结构建筑，其中加拿大哥伦比亚大学（UBC/University of British Columbia）能容纳400多名学生住宿的学生公寓是目前世界上最高（共18层，高53m）的现代装配式木结构建筑（图17-20）。

表7-4　2008年—2016年世界上已建成的部分典型木结构建筑

| 项目名称 | 地点 | 层数 | 高度/m | 结构体系 | 建成时间 |
|---|---|---|---|---|---|
| Limnologen | 瑞典韦克舍 | 8 | 23.8 | 首层混凝土+上部CLT剪力墙结构 | 2008 |
| Stadtbaus | 英国伦敦 | 9 | 29.7 | 首层混凝土+上部CLT剪力墙结构 | 2009 |
| Holz8(H8) | 德国巴德艾比林 | 8 | 25.0 | CLT剪力墙+混凝土核心筒 | 2011 |
| Life Cycle Tower One(LCT ONE) | 奥地利多恩比恩 | 8 | 27.0 | CLT剪力墙+胶合木梁柱+混凝土核心筒 | 2012 |
| Forté | 澳大利亚墨尔本 | 10 | 32.1 | 首层混凝土+上部CLT剪力墙结构 | 2012 |
| Cenni di Cambimmento | 意大利米兰 | 9 | 28.0 | 首层混凝土+上部CLT剪力墙结构 | 2012 |
| UBC学生公寓 | 加拿大温哥华 | 18 | 53.0 | 胶合木框架+CLT楼板+混凝土核心筒 | 2016 |

该公寓总建筑面积逾15000m$^2$，采用胶合木框架-混凝土核心筒混合木结构体系、全预制外墙板挂置技术和木柱、木楼板标准化钢连接件技术，配合现代化的吊装机械，在不到80d的时间内就完成了结构整体及外墙的安装。

《中共中央　国务院关于进一步加强城市规划建设管理工作的若干意见》中提出，在具备条件的地方，倡导发展现代木结构建筑。请查询有关资料，通过对现代装配式木结构建筑的研究与比较，说说现代装配式木结构建筑与传统木结构建筑相比，有哪些突破及你对发展现代木结构建筑的认识。

7. 请阅读以下资料，检索文献，为本资料增补适当文字与图片，撰写一篇关于国外建筑工业化发展的研究报告。报告题目可自定。具体要求由任课老师确定。

最早的装配式建筑，在西方可追溯到17世纪向美洲移民时期所用的木构架拼装房屋。1903年，英国工程师John Alexander Brodie用预制混凝土作为建筑材料，在利物浦埃尔登街建造了一幢装配式公寓（图7-21）。

第二次世界大战后，建筑工业化在西方得到快速发展。大型公共建筑伦敦水晶宫是座装配式建筑，被称为工业革命的重要成果。建筑大师柯布西耶在战后城市重建背景下，以模数化、标准化为基础，在1952

图 7-20 现代装配式木结构建筑（加拿大 UBC 学生公寓）

年设计建造了居住单元系列。

为解决莫斯科住房短缺问题，在时任苏共莫斯科市委书记的赫鲁晓夫的督促下，维塔利·帕夫洛维奇于 1961 年设计了一种五层预制混凝土建筑，即著名的“赫鲁晓夫楼”。至今，莫斯科别利亚耶沃地区仍保留着大量“赫鲁晓夫楼”（图 7-22）。

图 7-21 1903 年建造的埃尔登街装配式混凝土公寓（1964 年拍摄）

以苏联为代表的东欧国家在 20 世纪中叶，大力推行工厂化生产，在建筑定型设计、构件标准化与工厂预制、预制构件装配方法等方面都有很大发展。1966 年，塔什干发生一场大地震，致 30 万人无家可归，苏联政府用工业化方式对城市进行快速重建，有 60%的住宅和 70%的学校采用预制装配式建筑。塔什干成为灾后城市工业化重建的典型。

图 7-22 莫斯科别利亚耶沃地区“赫鲁晓夫楼”群

1972 年，苏联捐赠给智利一套建筑工业化流水线，组建了名为 KPD 的工厂（图 7-23）

图 7-23　1972 年苏联捐赠给智利的建筑工业化流水线

1964 年建造的芝加哥 Marina city，即玉米楼与 1967 年建造的蒙特利尔 67 号住宅是技术与艺术结合较好的装配式建筑作品。

20 世纪 80 年代，在巴黎东郊大诺瓦西区建成的“天空之城”公寓的外立面采用的是预制装配式系统。

2015 年，纽约建成的迷你公寓共 9 层，有 50 多个标准单元，每个单元包括的设备与管道及装修都是在工厂预制，现场拼装的。

8. 我国从 20 世纪 50 年代开始研究发展建筑工业化。查阅资料，写篇关于我国建筑工业化发展的文章。文章题目可自定，具体要求由任课老师确定。

# 第 8 章 建筑设备与智能建筑

## 8.1 建筑与建筑设备的关系

在绪论中已指出，人类的大部分时间是在建筑空间（居住空间或生产工作空间）中度过的，建筑的功能已不仅限于栖身居住，它已经成为人们学习、生活、工作、交流的场所。任何建筑，如果只有遮风避雨的建筑物外壳，缺少相应的建筑设备，其使用价值将是很低的。

随着科学技术的发展，社会文明的进步，人们物质、精神生活水平的提高，人们对建筑的要求也越来越高。建筑，除了应具备最基本功能，即满足人们生活的空间需要之外，人们还对建筑功能提出了更高更多的要求：希望建筑环境舒适、健康、明亮、色彩宜人，要求建筑具有安全性、防御性、私密性、耐久性、舒适性、便利性、节能性、美观性等。为了实现这些建筑现代化功能，就必须安装相应的设备。完善的设备在现代建筑中发挥着最直接的作用，它是现代建筑实现功能的物理基础和技术手段，是建筑的重要组成部分，它直接影响着建筑功能。对使用者来说，建筑物的规格、档次的高低，除了建筑面积大小的因素外，建筑设备及其功能的完善程度将是决定性的因素之一。建筑、建筑设备和建筑功能是不可分离的。随着社会发展与科技进步，建筑设备的作用与重要性有增无减，建筑设备占用的建筑空间在逐渐扩大，而且建筑设备的投资占建筑总投资的比例也正在日益增大。

所谓建筑设备是指供电、燃气、给水、排水、供暖、通风、空调、制冷、排烟、消防灭火、避雷、垃圾处理等常规建筑设备，此外，人们已经把电梯系统、通信系统、网络系统、安全监控系统等也作为建筑设备来对待。设想一下，如果一幢建筑没有上述这些设备，这幢建筑除了能够遮风避雨外，还具有什么功能。

上述所有建筑设备、设施、装置都安装在建筑物内，也必然要求与建筑、结构及生产工艺设备等相协调，综合进行设计和施工，才能使建筑物高效地发挥功能。因此，建筑设备工程与房屋建筑有着密不可分的联系。对于一幢具有现代设备的房屋来说，它的设计乃至以后的建筑施工和建筑维修管理工作都是由建筑、结构、公用设备等专业的工程技术人员在明确分工，紧密配合、统一协调之下共同完成的。

现代建筑工程师（从事建筑、规划、结构、施工等专业技术人员）如果不具有建筑设备方面的知识是不可能做好建筑设计、建筑施工和房屋维修管理的，或者工作起来很困难。同样，公用设备工程师（从事暖通空调、给水排水、动力等专业技术人员）在进行建筑公用设备工程设计之前，首先要掌握建筑设计意图及相关技术资料，在设计公用设备工程过程中，怎样合理地对建筑设备、设施、装置及其系统进行综合设计，与建筑设计、结构设计、施工方法等有着密切的关系。特别是一些管道和线路的敷设，或采用地下布置（管沟敷设或直埋），或沿地面布置，或沿建（构）筑物布置，或架空布置，无论采取何种布置形式，在具体布置时，必然和房屋的各组成部分（如基础、墙身、楼板层、地面、屋顶、楼梯、门窗等）发生关系，或贴近它们，或穿过它们（图 8-1～图 8-3），或者某些系统与建筑结构本身就融为一体（例如纺织厂空调系统就很典型，如图 8-4 所示），这样就常会产生一些矛盾；在施工过程中，也会产生一些矛盾。还有，这些管道和线路对小区的环境、景观都有直接的影响，即使地下埋设的管线，也影响着地面空间的大小。这就要求公用设备工程师必须掌握建筑工程的知识，根据场地条件、相关建筑空间特性（形状、规模、色彩等空间形象）、生产工艺、管线性质等，经济合理地选择管线敷设方式，决定管线走向和敷设宽度，正确处理好管线与建筑物、构筑物、交通运输及各种生产设施的相互关系。只有这样才能搞好房屋公用设备工程的设计、施工安装和设备维修管理，在与其他专业工种合作过程中减少矛盾，即使有了矛盾，也可通过协商，合理地解决，减少工作中的困难。公用设备工程领域的建筑环境与能源应用工程专业、能源与动力工程专业、给排水科学与工程专业及与其相近专业（如环境工程、安全工程、食品科学与工程、化学工程与工艺、油气贮运工程等）[㊀]的学生学习本课的目的也在于此，因此不可忽视对“建筑概论”课程的学习。

图 8-1　管道与柱的交接关系

图 8-2　管道与墙和顶棚的交接关系

图 8-3　排风口对建筑物外观的影响

顶棚箱式空调系统是近年从结构形式的角度提出的一种节能型的空调系统，如图 8-5 所示。这种空调系统把整个顶棚作为风管，由于其断面面积较大，空气在其中的流速很低，于是整个顶棚就相当于一个送风静压箱，不再另外配置送风管道。而顶棚是由多层材料组合而成的（图 8-6），自身具有隔热功能，可达到节能目的。这种空调系统是需要建筑工程师与公用设备工程师密切配合才能完成的。

建筑与建筑设备，在提出建筑规划的早期阶段就应当互相配合，在调查、规划和讨论的

㊀ 见《注册公用设备工程师执业资格制度暂行规定》（2003 年 3 月 27 日人事部、建设部人发［2003］24 号发布）。

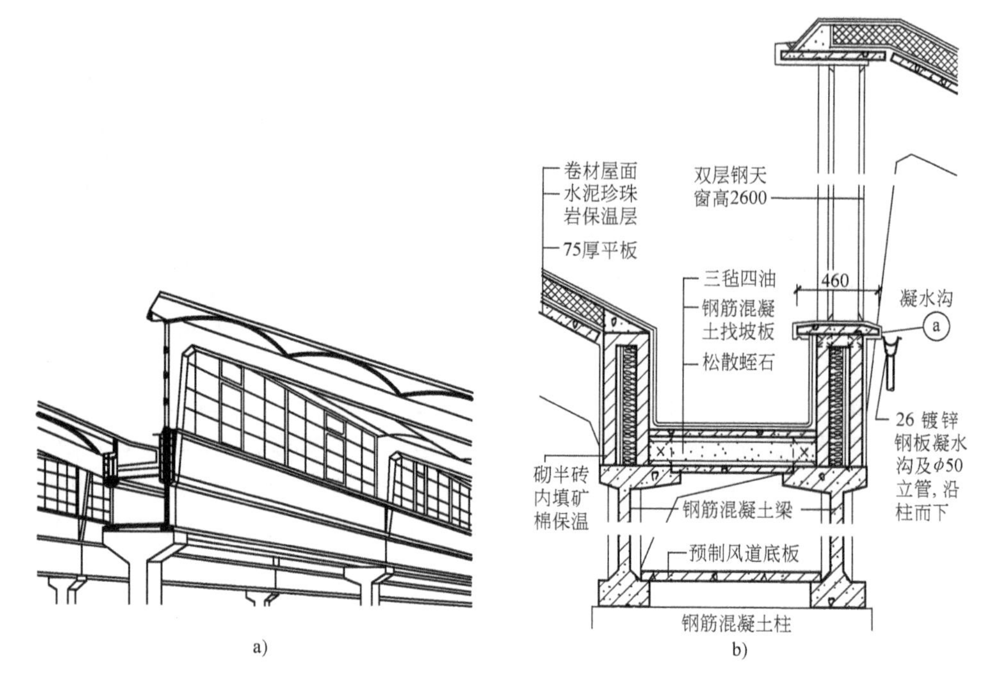


图 8-4 纺织车间空调系统利用柱与梁做支风道

a）轴测图 b）剖面图

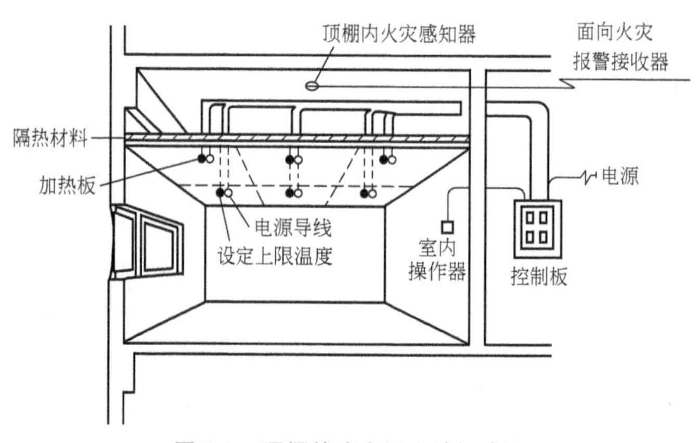


图 8-5 顶棚箱式空调系统概念图

基础上，一般要对建筑总体布置（建筑物的空间、体型等）、结构布置（构成建筑物结构主体的基础、柱、梁、抗震墙等）、设备布置（满足各种用途的系统和机器、设施等）进行商讨，提出能够满足三方面技术要求的初步布置方案。

公用设备工程师在布置设备时必须把握建筑空间的特性（形状、规模、色彩等空间形象），掌握当地的特点以及道路、地形等周围环境、气候等自然条件、噪声等社会条件，而且还要提出防灾、避难等问题。具体来说，公用设备工程师应就以下事项向建筑工程师提出技术要求：

**（1）对机房位置、尺寸和结构的技术要求**

1）提供机器发出的热量、声音和振动的有关数据和相应的技术处理措施与方法。

2）提供机器、设备与设施的重量，请结构工程师考虑结构上的技术处理措施。

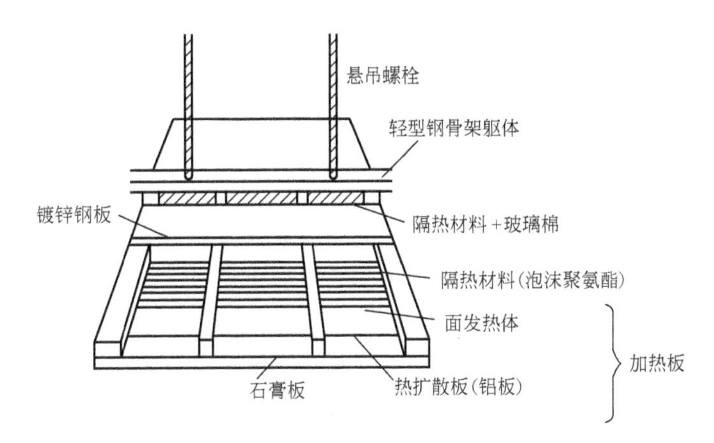


图 8-6　由多层材料组合成的顶棚构造示意图

3）提供机器、设备与设施的搬入和更换等问题。

4）楼板和梁等的高度问题。

（2）**配电室的位置、尺寸和结构的技术要求**

1）防水、防潮问题（潮湿是配电室的大敌）。

2）热、声和振动问题。

3）重量大的机器、设备与设施的结构问题。

（3）**管线与通风空调管道等的空间位置与尺寸**

1）竖井空间的大小（扣除掉梁等尺寸后的有效空间面积）。

2）管线与通风空调管道等的准确定位，特别是管道穿梁和楼板的管道的空间位置，特别要注意排水管道及其安装坡度。

3）管道检查口位置。

（4）**伸出屋顶和室外的机器、设备与设施的布置**

1）设计规范和有关法律的规定。

2）噪声和臭气等对周围环境的影响。

（5）**防火分区、排烟设备等对建筑、结构的技术要求**

（6）**建筑物可能结露的部位及其绝热材料的选择与确定**

## 8.2　高层建筑的公用设备系统

### 8.2.1　公用设备系统与建筑设计的关系

为了保障高层建筑实现现代化功能，给使用者创造舒适、明亮、安全、健康的生活与工作环境，必须设置相应的公用设备系统。功能完善的现代化设备是高层建筑实现设计功能的物理基础和技术手段，是高层建筑的重要组成部分。

高层建筑的公用设备系统十分复杂，主要包括垂直交通系统、空调系统、给排水系统、电气系统、消防系统以及建筑智能化系统等。所有这些公用设备系统都安装在建筑物内，这就要求建筑、结构、公用设备等各个专业的工程技术人员既分工明确，又密切配合，在建筑师统筹、协调之下，综合进行设计，合理布局，使高层建筑高效地发挥功能。

本节主要从建筑设计的角度，讲述在建筑设计中，如何实现设备系统与建筑设计的合理配合。这种配合贯穿了设计的全过程，往往在提出建筑规划的早期阶段就需要公用设备工程师参加，在调查、规划和讨论的基础上，一般要对建筑总体布置、结构布置、设备布置等问题进行充分商讨，形成能够满足各方面技术要求的初步方案。双方需要讨论的具体事项如下：

1）设备用房的位置、面积、尺寸及其与主体结构的相互关系。

2）设备管线、井道体系的空间位置、走向与尺寸规格。

3）屋顶及室外大型设备的设置与建筑规范、环境污染的关系。

4）建筑与设备的防灾处理，如防火分区，排烟设备与建筑之间的关系。

5）大型室内设备的进入、安装、检修方式等。

随着设计的深入，这种配合会变得更加密切，主要表现在以下方面：

1）与设备的散热、噪声、振动相应的建筑构造措施。

2）设备的重量与梁高、板厚的关系。

3）如何处理设备间的防水、防潮。

4）如何规划复杂的设备竖井。

5）设备管线与建筑空间的关系等。

在建筑师与设备工程师频繁的相互配合、反馈中，建筑设计得以深入与合理化。因而在建筑的设计中，建筑师必须了解相关设备方面的知识，特别是了解设备布置与土建设计的关系；而公用设备工程师也必须了解建筑工程的知识，在布置设备时必须把握高层建筑空间的特性（形状、规模、色彩等空间形象），掌握当地的特点以及道路、地形等周围环境、气候等自然条件和社会条件，仔细考虑防灾、避难等问题，经济合理地选择管线敷设方式，决定管线走向和敷设宽度，正确处理好管线与建筑的关系。

在高层建筑中，因建筑高度大，层数多，设备所承受的负荷很大。从建筑物与设备系统的有效利用角度考虑，要节约设备管道空间，合理降低设备系统造价。因此，高层建筑除了用地下层或屋顶层作为设备层外，往往还有必要在中间层设置设备层，以使空调、给水等设备的布置达到经济、合理。最早明确设置中间设备层的高层建筑，是1952年竣工的39层的联合国大厦。

所谓设备层，是指高层建筑物中某层的有效面积大部分作为空调、给水、排水、电气、电梯机房等设备布置的楼层。设备层的具体位置，应配合高层建筑的使用功能、建筑高度、平面形状、电梯布局、空调方式、给水方式等因素综合考虑。表8-1为国外典型的高层建筑设备层所在位置。

表8-1 国外典型高层建筑设备层所在位置一览表

| 名　　称 | 层数 | 建筑面积/$m^2$ | 设备层位置/层 |
|---|---|---|---|
| 曼哈顿花旗银行(纽约) | -5,60 | 208000 | -5、11、31、51、61、62 |
| 伊利诺伊贝尔电话公司(芝加哥) | -2,31 | 902000 | -2、3、21、31 |
| 神户贸易中心 | -2,26 | 50368 | -2、12、13 |
| 东京IBM大厦(HR) | -2,22 | 38000 | -2、21 |
| NHK播音中心(HR) | -1,23 | 64900 | -1 |
| 京王广场旅馆 | -3,47 | 116236 | -3、8、46 |

设置中间设备层应注意以下问题：

1）为了支承设备重量，要求中间设备层的楼板结构承载能力比标准层大；而考虑到设备系统的布置方式不同，中间设备层的层高会低于或高于标准层。

2）施工时，需要预埋管道附件（支架）或留孔洞，结构上需考虑防水、防振措施。

3）从高层建筑的防火要求来看，设备竖井应处理层间分隔；但从设备系统自身的布置要求来看，层间分隔增加了设备系统的复杂性，需处理好相互关系。

4）标准层中插入设备层，增加了施工的难度。从目前国内外高层建筑情况来看，往往采用中间设备层，其原因是有利于设备系统（特别是空调系统和给水排水系统）的布置和管理。一般情况下，每 10~20 层设一层中间设备层。设备层高度以能布置各种设备和管道为准。例如，有空调设备的设备层，通常从地坪以上 2m 内放空调设备，在此高度以上 0.75~1m 布置空调管道和风道，再上面 0.6~0.75m 为给水排水管道，最上面 0.6~0.75m 为电气线路区。如果没有制冷机和锅炉，仅有各种管道和其他分散的空调设备，国内常采用层高 2.2m 以内的技术夹层。

5）在高层建筑中，一般将产生振动、发热量大的重型设备（如制冷机、锅炉、水泵、蓄水池等）放在建筑最下部，将竖向负荷分区用的设备（如中间水箱、水泵、空调器、换热器等）放在中间设备层；而将重力小的设备，体积大、散热量大、需要对外换气的设备（如屋顶水箱、冷却塔、送风机等）放在建筑最上层，如图 8-7 所示。

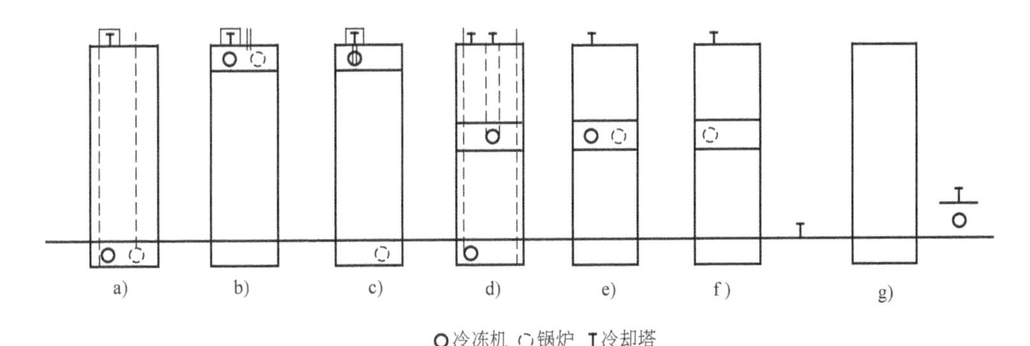


图 8-7　制冷机与锅炉房布置方式

a）冷热源集中在地下层　b）冷热源集中布置在最高层　c）热源在地下层，冷却机在顶层
d）部分冷冻机设在中间层　e）冷热源集中在中间层　f）部分冷冻机、冷却塔放在地面上　g）设置独立机房

## 8.2.2　高层建筑的垂直交通系统

高层建筑的垂直交通系统承担正常时期交通疏导及紧急状态下应急疏散功能。因此，各交通设施的布局除满足紧凑高效、易于识别、便于集散等基本要求外，还必须满足防火要求。

核心体的位置往往是垂直交通和水平交通的转换站，而核心体的电梯（客梯、货梯、消防电梯）是高层建筑垂直交通与水平交通的转换枢纽，也是进入楼层的“门户”。因此，它既有作为转换交通的空间尺度要求，又有作为楼面总体面貌的形象要求。从运行效率、缩短候梯时间以及降低建筑费用与良好的空间环境来考虑，电梯应集中设置，组成电梯厅。其位置应布置在门厅中容易看到的地方，并使各使用部门的步行路径短捷、均等。电梯厅的面积与电梯数量、布置方式有直接的关系，详见有关设计规范及相关文献资料。

当建筑超过一定层数时，为了提高电梯的运载能力与运行速度，减少人在轿厢内的停留时间，提高运行效率，电梯应分区运行。分区一般按每15层左右作为一区，低区层数可稍多一些，高区宜少些，并在竖向空间布局时考虑将人多的空间（办公、餐饮等）布置在低层区，人少的空间（旅馆、公寓）布置在高层区或中层区。每个分区由一到数部电梯组成，每个分区的电梯自成一组，互相连成一排布置，每排不超过4部。这样，电梯的速度可随分区所在部位的增高而加快，即高层区电梯速度比中低层区为快，再加上高层区电梯在中低层不停站，大大缩短了运行时间，从而降低电梯能耗。关于电梯分区问题更详细的讨论请参阅有关设计规范及相关文献资料。

高层建筑还必须设置消防电梯。消防电梯是在火灾发生时供运送消防人员、消防器材以及抢救受伤人员的交通工具。火灾时，普通客梯应立即降到首层停驶，普通人员通过疏散楼梯间疏散至高层建筑底层，消防人员及消防器材则通过消防电梯迅速到达起火层进行扑救工作。因此，消防电梯对于减少高层建筑火灾损失和人员伤亡具有重要的作用。关于消防电梯的设置范围、数量、设计要求等，请参阅有关设计规范及相关文献资料。

### 8.2.3 高层建筑的空调系统

本节的目的在于了解高层建筑空调系统与土建设计之间的关系，使公用设备工程设计在参与高层建筑工程设计中能很好地与土建工程设计人员配合，提高整个高层建筑的工程设计质量。关于高层建筑空调系统的组成及其设备布置，冷、热源设备及冷却塔位置，各种空调方式特点及其在高层建筑中的应用等专门技术问题均不是本书讨论范围，相关问题由建筑环境与能源应用工程专业的专业课解决，或参阅有关设计规范及相关文献资料。下面仅介绍几个高层建筑空调系统与土建设计之间有较为密切关系的问题。

#### 1. 关于空调系统分区问题

高层建筑通常采用玻璃幕墙等轻质外墙体系，故建筑物的热容量小、对外界环境变化较敏感，在不同朝向、不同高度的空调负荷差别很大。为适应这一特点，有必要按照层数、朝向、用途、使用时间等条件对空调系统进行分区。这样有利于减少管道和风道的尺寸，便于调节管理以及节省运行费用和能源。

#### 2. 空调设备对建筑立面的影响

冷却塔、新风口、排风口等空调设备需要布置在室外，或在外墙上开口，从而对建筑立面造成影响。在设计中如果忽视这些设施的外观处理，往往会导致整个建筑形象的破坏。以深圳地王大厦为例，冷却塔不放在裙房屋面上，而置于办公塔楼屋顶的两个圆塔内和公寓屋顶的红冠内，同时解决了噪声和视线景观的问题，保留了漂亮的裙房屋顶花园。这样做虽然造价较昂贵，但综合效益却提高了。另外，深圳地王大厦的避难层和通风口经过精心处理后，反而成了立面造型的亮点，如图8-8所示。

#### 3. 外墙上风口的位置

新风口应布置在上风方向，取未被污染的空气，避开邻近的有害物排出口。排风口应布置在下风方向，要与新风口保持一定的距离和高差，同时为防止倒灌应设避风百叶。新风口和排风口均应设为防雨淋百叶风口（即侧壁格栅风口）参见图8-3。

4. 设备管道与建筑空间

空调系统的管道尺寸较大，往往占用较多的建筑空间，因此在确定层高时，必须结合不同空调系统的特点（即管道大小不同），既要保证使用的要求，又不能浪费空间。

5. 自然风对空调系统的影响

由于自然风的风速随高度的增加而逐渐增大，这样使得高层建筑外表面的渗透风和表面传热系数也随着建筑高度的增加而增大，从而增加了空调负荷。因此应通过建筑手段，提高外围护结构的气密性，以降低高层建筑空调能耗。

6. 空调系统大型设备（冷热源）的位置

高层建筑空调系统大型设备有锅炉、制冷机、冷却塔、空调机组等。由于高层建筑空调负荷大（每平方米建筑面积所需平均制冷功率为 0.11~0.16kW），冷热源设备也很庞大。在布置这些大型设备位置时，不仅要考虑空调系统自身的经济合理性，还要兼顾建筑功能的要求和建筑结构的合理性，设备的安装和维护管理也需要考虑。而且在方案阶段就应将其纳入设计构思之中，进行统筹安排。

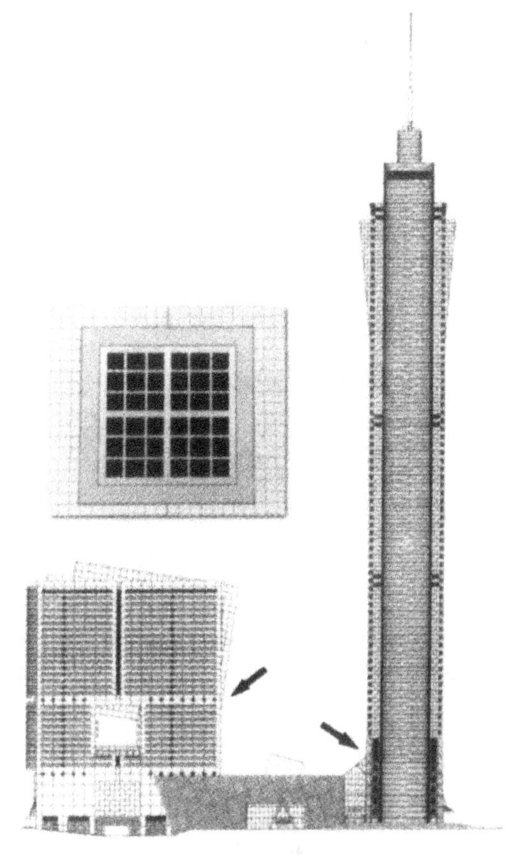
图 8-8 深圳地王大厦立面通风口造型

高层建筑的冷热源设备的位置通常有 7 种布置方式，如图 8-7 所示。为节省机房所占有效建筑面积，除采用区域供冷、供热外，大多数是将冷热源机房布置在地下层、中间设备层、屋顶层。下面将分别对制冷机房和冷却塔的设备布置与建筑的关系问题进行讨论。

（1）**制冷机及其机房设备的布置** 制冷机房设备主要有制冷机组、冷冻水泵、冷却水泵等，在布置制冷机房设备时应注意以下事项：

1）这些大型设备的重量很大，公用设备工程师必须向设备供应方咨询准确的设备重量，及时提供给结构工程师，以便准确计算设计荷裁，建筑师也应掌握设备布置情况。

2）设备的几何尺寸较大，要求使用空间的高度也较高。机房净高一般在4~6m（离心式制冷机一般为4.5~5m，吸收式制冷机则要求设备顶部距板或梁下皮不小于1.2m）。当制冷机房布置在地下层时，可采用局部降低地坪或楼板（如制冷机房下层布置贮水池等净高要求低的房间）标高的方式来布置机房设备，这样就不必因局部高度要求而提高整层的层高。

3）制冷机房的位置，从结构上来看，布置在地下室最好，这样，其荷载对主体结构的影响最小。从建筑上来看，也是布置在地下室为好，因冷冻机组运行时产生的振动和噪声都很大，且有水洒落在地面，布置在地下室，对它的隔声、隔振和防水、防潮问题处理起来都比较简单。当然，布置在顶层时，这些问题处理起来也比较容易。

由于制冷机房的位置会影响空调冷冻水系统的设计费用和整个系统的运行效率。从节省冷冻水系统管道和提高系统运行效率来看，根据经验，将冷冻机布置在接近于空调系统底部的1/3处比较恰当（所以地下室未必是冷冻机的最好位置）。如芝加哥电报电话大楼60层，冷冻站放在第16层；芝加哥密执安大道900号大厦66层，冷冻站则放在第14层。

当把制冷机房布置在地面以上的中间设备层时，可将设备层设计为两层楼高，不布置机房的部分设计为局部夹层，这样既可充分利用空间，又不会影响建筑立面的竖向节奏。如68层的深圳地王大厦共设置了4个双层高的设备层（兼作避难层），在设备层内布置了大型泵房、变电站、空调等设备，局部设计为双层或夹层，充分利用空间，而外立面效果却完整统一，不受任何影响。

4）设备之间应留出符合规范要求宽度的检修通道。

5）设备订货与安装均需和建筑施工计划配合。大型空调设备（如制冷机组）属重型设备，往往交货期较长，而机房上面的顶板在设备全部就位以前，往往不能浇筑，这就会大大拖延建筑施工进度。因此，大型空调设备应提前订货或者在楼板上预留吊装机组的安装洞口，待机组安装好后，再封堵安装洞口。

6）大型空调设备（如制冷机组）的外形尺寸都很大，需要对设备运进安装现场作特殊考虑。如上海新锦江大酒店空调用制冷机组是布置在老锦江楼的地下室中，在将制冷机组运进老楼地下室时，采用了斜坡滑移方式（图8-9）。上海商城空调用制冷机组由于是布置在裙房，而采用了吊装方式。

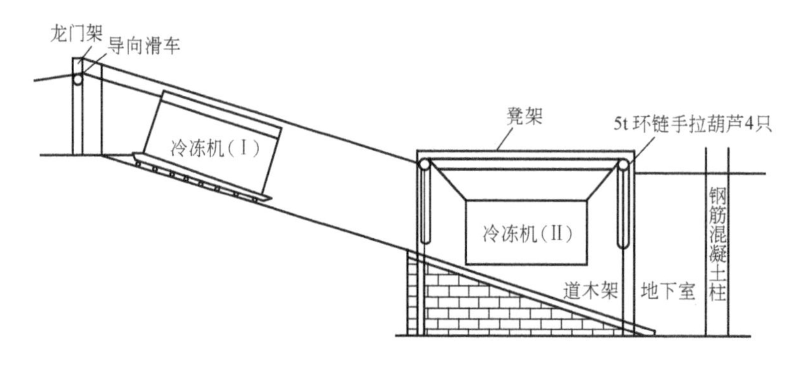


图8-9 冷冻机现场就位实例示意图（上海新锦江大酒店）

（2）**冷却塔的布置** 冷却塔是高层建筑空调系统关键设备之一，属于大型设备。在布置冷却塔设备时应注意以下事项：

1）一般都将冷却塔放置在高层建筑屋顶或裙房屋顶上，当有裙房时，最好把冷却塔放在裙房屋顶上。这样布置的优点是空气流通好，利于冷却水向大气散热；通过建筑的造型处理可以把高大的冷却塔掩盖起来，而不影响美观；位置高，对周边建筑的不利影响少；可减少冷却水管道行程，降低工程造价。

2）采用开放式冷却塔时，因冷却水在向大气散热时，加大了周围的空气的湿度，这可能使周围建筑物表面产生凝结水，特别是位于裙楼屋顶的冷却塔对本楼高层部分的外墙影响甚大，必须在设计时解决湿气凝结问题。机械通风的冷却塔，应考虑其产生的强噪声对周围环境的影响。

3）冷却塔与建筑物的墙体要有一定距离，塔与塔之间的距离应大于塔体半径的 0.5 倍。

4）冷却塔不能安装在有热空气或有扬尘的场所；塔顶也不能有建筑物或构筑物，否则，热空气会被吸入冷却塔内，影响冷却塔效率。

### 8.2.4　高层建筑的防火排烟系统

高层建筑发生火灾的危害性很大，极易造成严重的人员伤亡事故和重大经济损失。高层建筑发生火灾时，人员往往还在远离地面的位置，将他们全部迅速地疏散到安全地带是高层建筑防灾的重要环节。

高层建筑水平与垂直方向交通体系组织最简明、最充分地体现在标准层平面，它既能表示出水平运动的规律，又能通过楼梯在平面中的布局反映出垂直运动的规律。因此，高层建筑标准层防火设计要重点抓住两个问题：一是对水平疏散流线的组织，二是对水平与垂直运动交点即核心体内的楼梯位置、数量、布置方式的重点处理。

高层建筑排烟系统设计应注意，高层建筑产生的烟囱效应使上下各层的烟气存在压差，对自然排烟有着十分明显的影响，所以对自然排烟应有限制的采用。

对于净空高度大于 12m 的中庭，不能采用高侧窗或天窗进行自然排烟，因火灾初期的烟温低，烟气不能再上升，易产生层化㊀现象，使烟气无法排出。

关于高层建筑的防火排烟系统的一些具体的问题，参见本书第 11 章。有兴趣欲做深入研究的读者可参阅其他相关文献资料。

## 8.3　智能建筑的定义与特点

### 8.3.1　智能建筑的定义

智能建筑不再是传统意义上的建筑物，而是现代通信技术（Communication）、信息与计算机技术（Computer）、自动化控制技术（Control）、图形显示技术（CRT）和大规模集成技术等先进技术在现代综合管理系统作用下与建筑技术的完美结合的产物。

智能建筑尽管在近几年发展极为迅速，但目前人们对智能建筑的定义说法很多，至今还没有一个统一的定义。这是由于使建筑产生智能的各类设备和系统的科技水平发展迅速，建筑的“先天智能”在快速增强；人们对于信息、环保、节能、安全的观念和要求也在不断地提高，对建筑的“智能”提出了更高的期盼。因而“建筑智能化”的概念必然不断地更新，促使建筑的“智商”不断提高。智能建筑的内涵和定义也随它的发展而不断地完善，趋于全面和准确。

各个国家及有关组织对智能建筑的理解是不完全一致的，因此他们按照各自对智能建筑的理解，给出的定义也不一样。归纳起来，对智能建筑具有代表性的几种流行的定义或概念大致有以下几种，可供参考。

---

㊀ 所谓“层化”现象是指当建筑空间较高，而火灾初期温度较低（一般火灾初期的烟气为 50～60℃），或在热烟气上升流动中过冷（如空调影响），部分烟气不再竖向上升，而按照倒塔形发展，半途改变方向，并停留在水平层面。这是由于烟气过冷后其密度加大，当它流到与其密度相等的空气高度时，便折转朝水平方向扩展，而不再上升。上升到一定高度的烟气随着温度的降低又会下降，使得烟气无法从高窗排出室外。

### 1. 美国智能建筑学会（AIBI）对智能建筑的定义

智能建筑是指通过将建筑物的结构、系统、服务和管理四项基本要求以及它们之间的内在关系进行最优化，为用户提供一个投资合理，且效率高、功能强、舒适便利、环境友好的建筑物。

智能建筑能够满足大楼的业主、物业管理人、租用人等从费用、舒适、便利、安全等方面进行综合比较，当然还要考虑系统的长远灵活性及市场的适应能力。经过十几年的发展，美国的智能建筑已经处于更高智能的发展阶段，进入“绿色建筑”的新境界。智能只是一种手段，通过对建筑物智能功能的配备，强调高效率、低能耗、低污染，在真正实现以人为本的前提下，达到节约能源、保护环境和可持续发展的目标。若离开了节能与环保，再“智能”的建筑也将无法存在，每栋建筑的功能必须与此功能带给用户或业主的经济效益密切相关，智能建筑的概念逐渐被淡化。

### 2. 欧洲智能建筑集团对智能建筑的定义

智能建筑是使其用户发挥最高效率，同时又以最低的保养成本进行最有效的管理其本身资源的建筑。

### 3. 日本智能大楼研究会对智能建筑的定义

智能建筑是指具备信息通信、办公自动化、信息服务以及楼宇自动化各项功能，并且通过高度智能化的大楼管理体系，保证建筑环境的舒适和安全，以提高工作效率。

### 4. 新加坡智能建筑协会对智能建筑的定义

智能建筑是指在建筑物内建立一个综合的计算机网络系统，该系统应能将建筑物内的设备自控系统、通信系统、商业管理系统、办公自动化系统以及智能卡系统和多媒体音像系统集成为一体化的综合计算机管理系统。该管理系统应能对建筑物内部实现全面的管理和监控，包括设备、商业、通信及办公自动化方面的管理。

### 5. 国际智能建筑协会（IIBI）对智能建筑的定义

智能建筑必须是在将来新的要求产生时可以导入相适应的新技术的建筑。

### 6. 我国建筑业对智能建筑的定义

智能建筑以建筑为平台，兼备通信、办公设备自动化，集系统结构、服务、管理及它们之间的最优化组合于一体，向人们提供一个高效、舒适、安全、便捷的建筑环境。我国建筑业对智能建筑的这个定义已经获得国内普遍认同。

综上所述，智能建筑是一个发展中的概念，它随着科学技术的进步和人们对其功能要求的变化而不断更新、补充内容。编者认为美国和我国对智能建筑的定义都提出了智能建筑的四个基本要素，并强调指出通过它们之间的内在联系，进行综合优化，阐述了优化的最终目的。

智能建筑四个基本要素的内涵是：

1）结构。建筑环境结构。它涵盖了建筑物内外的土建、装饰、建材、空间分割与承载。

2）系统。实现建筑物功能所必备的机电设施。如给水排水、暖通、空调、电梯、照明、通信、办公自动化、综合布线等。

3）管理。管理是对人、财、物及信息资源的全面管理，体现高效、节能和环保等要求。

4）服务。提供给客户或住户居住生活、娱乐、工作所需要的服务，使用户获得优良的生活和工作的质量。

智能建筑四个基本要素间的相互关系是：

1）结构是其他三个要素存在和发挥作用的基础平台，它对建筑物内各类系统的功能发挥起着最直接的作用，直接影响着智能建筑的目标实现，影响着系统安置的合理性、可靠性、可维护性和可扩展性等。

2）系统是实现智能建筑管理和服务的物理基础和技术手段，是建筑“先天智能”最重要的组成部分，系统的核心技术是所谓的“3C”技术，即现代计算机技术（Computer）、现代通信技术（Communication）和现代控制技术（Control）。

3）管理是使智能建筑发挥最大效益的方法和策略，是实现智能建筑优质服务的重要手段，其优劣将直接影响建筑物的“后天智能”。

4）服务是前三项的最终目标，它的效果反映了智能建筑的优劣。

因此，把握好这四个要素及其联系，综合考虑其相关性及相互的约束，充分合理地应用现有的技术及人们的有关知识，进行观察、思考、推理、判断、决策所确定的智能建筑的目标，投资才会合理，才会获得回报。只有不断把握现代技术发展动向，满足用户的需求，所建设的智能建筑才是可持续发展的。

### 8.3.2　智能建筑的特点

智能建筑相对于传统建筑具有以下四个特点：

（1）**提供安全、舒适和高效、便捷的建筑环境**　智能建筑有强大的自动监测与控制系统。该系统可对建筑物内的动力、电力、空调、照明、给水排水、电梯、停车库等机电设备进行监视、控制、协调、运行管理；智能建筑中的消防报警自动化系统和安保自动化系统可确保人、财、物的高度安全，并具备对灾害和突发事件的快速反应能力。智能建筑提供室内适宜的温度、湿度、新风以及多媒体音像系统、装饰照明、公共环境背景音乐等，使楼内工作人员心情舒畅，从而可显著地提高工作、学习、生活的效率和质量。其优美完善的环境与设施能大大提高建筑物使用人员的工作效率与生活的舒适感、安全感和便利感，使建造者与使用者都获得很高的经济效益。

（2）**节约能源**　节能是智能建筑的基本功能，是高效率、高回报率的具体体现。据统计，在发达国家中，建筑物的耗能占社会总耗能的30%～40%。而在建筑物的耗能中，供暖、空调、通风等设备是耗能大户，约占65%以上；生活热水占15%；照明、电梯、电视占14%；其他占6%。在满足使用者对环境要求的前提下，智能建筑通过其能源控制与管理系统，尽可能利用自然光和大气冷量（或热量）来调节室内环境，以最大限度地减少能源消耗。根据不同的地域、季节，按工作行程编写程序，在工作与非工作期间，对室内环境实施不同标准的自动控制。例如，下班后自动降低照度与温度、湿度控制标准。一般来讲，利用智能建筑能源控制与管理系统可节省能源30%左右。

（3）**节省设备运行维护费用**　通过管理的科学化、智能化，使得建筑物内的各类机电设备的运行管理、保养维修更趋自动化。建筑智能化系统的运行维护和管理，直接关系到整座建筑物的自动化与智能化能否实际运作，并达到其原设计的目标。而维护管理工程的主要目的是以最低的费用去确保建筑内各类机电设备的妥善维护、运行、更新。根据美国大楼协会统计，一座大厦的生命周期为60年，启用后60年内的维护及营运费用约为建造成本的3倍；依据日本的统计，一座大厦的管理费、水电费、燃气费、机械设备及升降梯的维护费，占整个大厦营运费用支出的60%左右，且这些费用还将以每年4%的幅度递增。因此，只有依赖建筑智能化系统的正常运行，发挥其作用才能降低机电设备的维护成本。同时，由于系统的高度集成，系统的操作和管理也高度集中，人员安排更合理，使得人工成本降到最低。

(4) **提供现代通信手段和信息服务** 智能建筑中具有功能完备的通信系统。通信系统可以多媒体方式高速处理各种图、文、音、像信息，突破了传统的地域观念，以零距离、零时差与世界联系；其办公自动化系统通过强大的计算机网络与数据库，能高效综合地完成行政、财务、商务、档案、报表等处理业务。

## 8.4 智能建筑的产生与发展

### 8.4.1 智能建筑的产生背景

20世纪80年代，世界由工业化社会向信息化社会转型的步伐明显加快。为了适应信息时代的要求，提高国际竞争能力，各国纷纷采用新技术和设施兴建或改建建筑大楼，如美国安全局的“五角大楼”。美国一些高新技术公司为了增强自身的竞争和应变能力，对办公和工作环境也进行了创新和改进，以提高工作效率。如美国UTBS公司（联合技术建筑系统公司）在1984年1月，把美国康涅狄格州（Connecticut）哈特福德（Hartford）市的旧金融大厦改建成一座都市大厦（City Palace）。这是世界上公认的第一座智能建筑。这座智能建筑与传统建筑的不同是，在该大厦中安装了计算机、移动交换机等先进的办公设备和高速信息通信设施，为客户提供了诸如语言通信、文字处理、电子邮件、信息查询等服务。同时大厦内的暖通、给水排水、防火防盗系统、供配电系统、电梯系统均由计算机监控。这是一幢用于出租的大厦，除了能提供舒适、安全、方便的办公环境外，还具有极高的灵活性和经济性。UTBS根据大厦业主租用的空间来设置程控交换机等设备的规模，用这些设备构成大厦信息与通信的控制中心，它为所有的承租户提供分摊式的租赁服务，同时该公司也负责系统的维护和营运管理。大厦在出租率、投资回收率、经济效益等方面获得了成功的同时，也为人们提供了更加人性化、舒适、节能、符合生态要求的生活与工作环境。

这种新型大厦的特点很快引起各国的重视。在这之后，日本、德国、法国、英国、泰国、新加坡等国家和我国台湾、香港等地区都积极发展建设智能化大厦，于是智能建筑由此兴起，而且随着现代科学技术的进步，智能建筑得到了高速发展。

欧洲国家的智能建筑的发展基本上与日本同步启动，主要集中在各国的大都市。1989年，在西欧的智能建筑面积中，伦敦占12%，巴黎占10%，法兰克福和马德里分别占5%。

日本自1985年开始建造智能大厦，并建成了电报电话株式社智能大厦（NTT-IB），同时制定了从智能设备、智能家庭到智能建筑、智能城市的发展计划，成立了“建设省国家智能建筑专业委员会”及“日本智能建筑研究会”，加快了建筑智能化的建设。

新加坡政府为推广智能建筑，拨巨资进行专项研究，计划将新加坡建成“智能城市花园”。韩国准备将其半岛建成“智能岛”。印度于1995年开始在加尔各答的盐湖城建设“智能城”。

智能建筑是现代高科技的综合结晶，因此其使用功能和技术性较传统建筑也有了深刻的变化。长期以来，人们通常把建筑看成是供人们进行生产、生活或其他活动的房屋或场所，更多地把它看作是艺术类学科，而对它在技术领域的概念却有所忽略，往往只关心建筑的外在表现，而忽视其许多内在功能要素。但智能建筑的出现改变了这一观念。今天的建筑已不仅限于居住栖身性质，它已经成为人们学习、生活、工作、交流的场所。在这样一个快节奏的信息时代，人们对建筑在信息交换、安全性、舒适性、便利性和节能性等诸多功能提出了更高、更多的要求。如果说钢铁、混凝土和玻璃等建筑材料使建筑的外观发生了变化，那么智能建筑就是从本质上改变了建筑在人们心目中的概念。建筑不再单单是一个用来遮风避雨的壳体，而将成为能够参与人类生产和生活活动的、具有“生命”特性的实体。现代科学技术为实现这样的建筑提供了重要手段。如果用人体作为一个形象的比喻，那么传统建筑只是具备了外在的“骨骼”和“肌肉”，而智能建筑则是在此基础上加上聪明的“头脑”和灵敏的“神经系统”的完整的“人”（表 8-2）。

表 8-2　智能建筑与人的类比

| 人 | 头脑 | 骨骼 | 肌肉 | 血管 | 神经系统 | 感觉器官 |
|---|---|---|---|---|---|---|
| 智能建筑 | 计算机控制管理中心 | 建筑的梁、板、柱等主体承重结构 | 建筑的填充墙及装修、维护结构 | 各种材料的配线、配管（如上、下水管道和电线管、燃气管等） | 由通信电线、电缆、光纤等组成的信息传送网及计算机网络系统 | 与计算中心相连的各类传感器、探测头、工作站、交换站和各职能部分 |

人类社会活动的需求是使建筑不断发展进步的根本动力。现代高新技术与传统建筑技术的结合，使建筑业充满了勃勃生机。从首座举世公认的智能建筑落成至今，虽然只有短短二十几年的时间，但智能建筑以其前所未有的、高效的信息传递速度和卓越的建筑自功化管理模式而得以迅猛发展，有着深刻的经济、社会和技术背景，归纳起来，主要有以下四个方面：

1. 经济背景

经济是人类一切活动和社会发展进步的基础，对于智能建筑的产生，经济同样起到决定性的作用。二次世界大战以后，全世界经济处于稳定快速的恢复和发展阶段。到了 20 世纪 80~90 年代，由于亚洲经济的崛起，世界经济已进入一个突飞猛进的发展时期，这一时期的经济呈现以下几个特点：

（1）**第三产业的崛起**　世界经济发展到 20 世纪中期，一些发达国家的第一、第二产业的发展已相对平缓，经营利润不高。于是，能产生高利润附加值的第三产业——信息服务业便得以蓬勃发展（图 8-10）。在发达国家，特别是在一些经济中心城市，第三产业在国民经济总产值和就业人口中都占有举足轻重的地位（图 8-11）。由于第三产业在国民生产总值中所占比例日趋增加，必然需要提供能提高其劳动生产率的工作环境。同时，在第三产业中，从事金融、贸易、保险、房地产、咨询服务、综合技术服务（国外也称其为第四产业或信息产业）等人员比例逐年提高，为这些人提供有利于提高劳动效率的舒适、方便、高效、安全的工作和居住场所便成为社会的迫切需要，而第三产业的高利润也为这些人租用高级工作和居住场所提供了经济保证和可能。

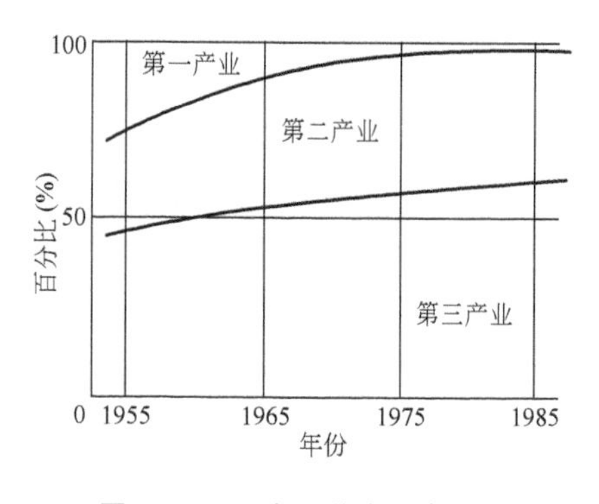


图 8-10 日本三种产业在国民经济发展中的比例

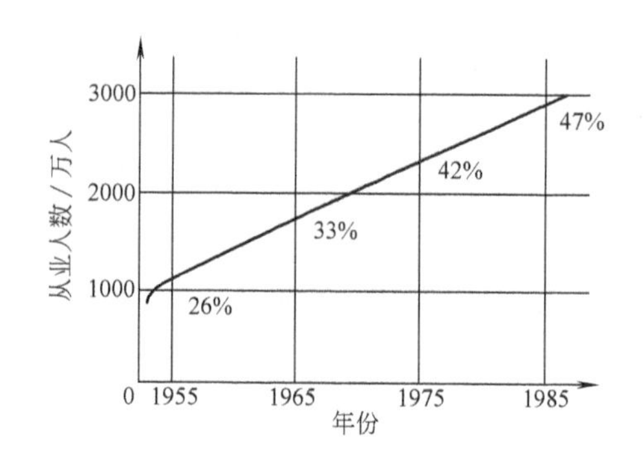


图 8-11 日本从事第三种产业人数发展情况

（2）**世界经济全球化** 20世纪80年代中期以来，区域经济被逐渐打破，各国经济日益被纳入世界经济体系。世界金融市场已跨越国界，跨国公司的扩张使生产、销售、科技开发国际化，加速了资金、技术、商贸、人才的国际流动。大批国际化的办公人员应运而生，他们在世界各地办公，彼此之间需要密切的信息交流与联系。于是，对办公室内办公手段与通信手段的要求也相应提高，这就为智能建筑提供了广阔的买方市场。

（3）**世界经济由总量增长型向质量效益型转变** 至20世纪90年代，由于世界生产技术由高消耗型向节约型转变，人类更加重视环境保护和可持续发展，生产目的由单纯追求规模效益转化为重视产品性能和质量，使产品本身包含更多的技术含量，生产中脑力劳动成分大大高于体力劳动成分，这就需要有与之相适应的大量办公场所。

以上三个经济特征是诱导和支撑智能建筑衍生的经济基础。但只有经济基础是不够的，智能建筑的产生同时还受到其他因素的影响和作用。

2. 社会背景

信息时代的到来，使世界各国政府都充分认识到，只要在信息领域内争得领先地位，就能在高科技上获得最大的成就，就能在经济上获得最大的利益，就能提高社会物质文明水平，为此都制定了相应的对策。如美国政府着力发展“信息高速公路”，我国政府推行“三金工程”等。此外，许多国家为了解决长期以来困扰国民经济发展的基础设施落后的问题，纷纷将原来由国家垄断经营的交通、邮电、通信等行业向民间或国外开放，使得信息领域的技术与设备标准的研究开发市场的竞争十分激烈。于是与信息工程密切相关的各种机构应运而生，他们为智能建筑的技术和设备选择提供了坚实而广泛的基础。智能建筑作为信息社会的一个节点已与信息化社会形成了互相依存、相互促进、相互推进的关系。

3. 技术背景

仅仅具备了经济条件和社会条件是不够的，智能建筑的产生还需要技术给予支持，通过具体的技术实现，并在技术的推动下发展。

20世纪80年代以来，在“第三次浪潮”的推动下，科学技术得以飞速发展。计算机技术、微电子集成技术使计算机技术、通信网络技术和控制技术发展迅猛（图8-12），而且与计算机技术相关的产品的性能价格比逐年下降。计算机技术在各行业领域得到了快速普及。

计算机技术的广泛应用，使应用行业出现了许多革命性的变化。如通信技术从常规话音通信技术上升为现代化通信技术，实现图、文、音、像信息的宽带传输，通信设施的数字化、宽带化、移动化和个人化对整个社会、经济、科学文化及日常生活产生巨大的影响，传统的仪表自动化技术发展成为计算机分散控制集中管理的集散型系统。计算机技术、通信网络技术和自动控制技术为智能建筑的实现提供了良好的技术保证，使智能建筑的实现具备了物质条件。

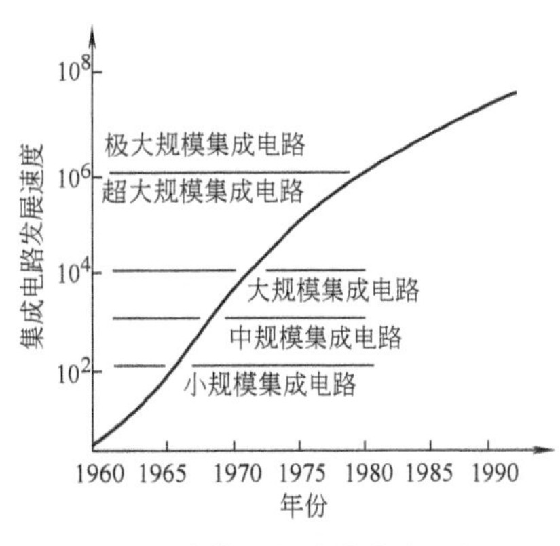

图 8-12　计算机集成技术发展概况

4. 生产、生活的客观要求

计算机技术、通信网络技术、数字化技术、多媒体应用技术等使人们的时空观发生了重大变化。随着生活水平的提高，人们对生产、生活场所的环境条件也提出了更高的要求，许多行业如银行、保险、证券、贸易、通信、计算机应用与服务行业不仅需要宽敞的建筑物空间而且还需要为其提供高效、舒适、安全、便捷的工作和生活环境，而智能建筑的出现正迎合了这种需求。

总之，智能建筑的产生并得到快速、大规模的发展是多种因素相互影响、共同作用的结果。

## 8.4.2　智能建筑的现状及未来发展趋势

自从第一座公认的智能建筑落成后，现今智能建筑在世界范围内方兴未艾，且正处于飞速发展阶段。美洲、欧洲、亚太及世界其他各地，无论是发达国家还是发展中国家，都高度重视智能建筑的发展，把它作为 21 世纪可持续发展战略实施的关键，都在按照各自对智能建筑的理解，竞相结合本国实际情况大力的研究与开发智能建筑，并制定出相应的规划、方针、政策与策略。

美国是最早建成智能建筑的国家，且早在 1985 年初就成立了“美国智能建筑协会”，到 1995 年，已累计建造了上万座各类智能建筑，而且今后智能建筑的比例还要大幅度增加。

英国、法国、加拿大、瑞典、德国等也相继在 20 世纪 80 年代末与 90 年代初建成了各具特色的智能建筑。

日本是紧随美国之后第二个建成智能建筑的国家，于 1985 年底成立了“建设省国家智能建筑专业委员会”，国家不仅对智能建筑给予政策上的支持，民间还成立了“日本智能建筑研究会”。到 2000 年，日本有 65%的建筑实现智能化。

新加坡的政府公共事业部门为了推广智能建筑，专门制定了《智能大厦手册》。

智能建筑所包含的建筑类型是多种多样的，除了最常提及的智能办公楼以外，还包括智能医院、智能学校、智能住宅、智能图书馆等。它们在本质上基本相同，只是在智能的侧重点上有所不同。另外，智能建筑的范围还在不断地扩展，智能小区、智能城市甚至智能国家也都在研究和逐步实践当中。有一个智能城市设计的重要案例，就是日本横滨的“未来港湾 21 世纪”城市设计。这一总面积达 $186km^2$ 的地区被确定为未来横滨新的城市中心，在地区建设中引入了智能化城市的概念，并且充分考虑了完善的防灾系统、港口转运系统、垃圾处理系统、给水排水系统及兼顾防灾集散之用的开放空间系统等。印度现在正在加尔各答的盐湖兴建一座名为“无穷大”的智能城市。新加坡政府则希望在不久的将来可以在整个国家实现智能化。

智能建筑在世界各国发展之路不一样，起步有早有晚，但从发展的角度来看，可以认为都还处于起步阶段。尽管如此，仍然可以十分乐观地指出，智能建筑未来发展之路是广阔的，而且伴随着现代科学技术的发展，建筑的智能化将势不可挡。从总的趋势来看，智能建筑今后将向以下4个方向发展。

1. 向深度发展

智能建筑的智能化程度将逐步提高，更加先进的自动化设备及网络技术将使智能建筑更具人性化。功能更强大、服务内容更广泛将是智能建筑发展的主流。也许在不久的将来，能够看到这样的智能建筑：“它可以按照自己所在的地理纬度来决定如何跟着太阳转，并决定如何躲避太阳光的直射”；“它可以漂浮在水上，或冒出地面或钻入地下，甚至还可以旋转”。这些听起来似乎都与现实的距离还很远，但有理由相信，随着人类科学技术的发展，这一理想终将实现。

2. 向广度发展

针对不同的使用要求，出现了各种类型的智能建筑，如智能学校、智能工厂、智能图书馆、智能车站、智能机场等，它们在设计上有其不同的侧重点，并且，它们之间可通过网络实现大范围的信息传递和交流，从而实现智能建筑的多样化以及各类更高标准的人居环境。如英国建筑师尼古拉斯·格雷姆肖（Nicholas Crimshaw）设计的滑铁卢火车站，用现代的智能化技术手段解决了每年运送1500万人经滑铁卢国际站乘坐“欧洲之星”（高速火车）往返欧洲大陆的问题，并提供了高标准和舒适的服务。又如日本米子国际会议中心内设计了一座象征“信息交流之船”的椭圆形多功能大厅，这是世界上最早的全部地板可变的多功能大厅。它采用双层地板系统，在平面地板下收藏有观众席的台阶状地板，两者之间转换大约需要60min。同时，在平面地板下设置了展览会用的配线槽，在舞台侧墙上还设置了电动控制的弓架式可变音响反射板。这些智能化设施，使得米子国际会议中心成为高标准的多功能会议中心。

3. 向规模化发展

智能建筑是一个综合性的系统，它以建筑物为整体，把各个相对独立的子系统用网络信息工具连接起来，构成集成系统。只有这种综合性的集成系统，才能通过监控中心协调各子系统工作，充分发挥各自的作用。因此，智能建筑由单体向规模化发展，即向着智能群体、智能区域、智能城市甚至是智能国家的方向发展，对于集中管理、减少投资以及更好地投入运行都十分有利。

4. 向可持续性方向发展

智能建筑向可持续性方向发展包含两方面的内容，一是将原有的非智能建筑改造为可持续性发展的智能建筑，二是考虑已建成的智能建筑如何适应未来使用与发展的需要。智能建筑可持续发展的内涵，主要包括以下4点：

1）高功能。智能建筑应是有知识力、竞争力和经济力的场所。

2）绿色。智能建筑应是节能、无污水、无污物、无废气、无电磁污染的场所。

3）安全健康。智能建筑应安全、无事故隐患、无信息病毒。

4）生态。智能建筑应创造回归自然的生态环境，形成资源可持续利用的良性循环。

### 8.4.3 我国智能建筑的发展

“智能建筑”这一概念自在国内提出之后，随着经济发展、科技进步，特别是随着智能系统设备产品供应商、系统集成商、房地产开发商和建筑事务所的大量推介，“智能建筑”已被社会各界广为接受。

我国对智能建筑的研究始于1986年。国家“七五”重点科技攻关项目中就将“智能化办公大楼可行性研究”列为其中之一，这项研究由中国科学院计算技术研究所1991年完成并通过了鉴定。起步期间，智能建筑主要是一些高档宾馆和有特殊需要的生产建筑，其所采用的技术和设备主要是从国外引进的。在此期间，人们对建筑智能化的理解主要包括：在建筑内设置程控交换机系统和有线电视系统等通信系统，将电话、有线电视等接到建筑中来，为建筑内用户提供通信手段；在建筑内设置广播、计算机网络等系统，为建筑内用户提供必要的现代化办公设备；同时利用计算机对建筑中机电设备进行控制和管理，设置火灾报警系统和安防系统为建筑和其中人员提供保护手段等。这时建筑中各个系统是独立的，相互没有联系。

1990年建成的18层北京发展大厦采用建筑设备自动化系统（Building Automation System，BAS）、通信网络系统（Communication Network System，CNS）和办公自动化系统（Office Automation System，OAS），但三个子系统没有实现统一控制，可认为是我国智能建筑的雏形。

1993年建成的位于广州市的广东国际大厦具有较完善的“3A”系统及高效的国际金融信息网络，通过卫星可直接接收美联社道琼斯公司的国际经济信息，并且还提供了舒适的办公与居住环境。广东国际大厦可称为我国大陆首座智能化商务大厦。

20世纪90年代中期，我国大陆房地产开发正热。房地产开发商在还没有完全弄清智能建筑内涵的时候，发现了“智能建筑”这个标签的商业价值。于是很多业主、设计者、开发者、营造者都迫不及待地在其促销广告中，把他们建造的各类建筑物名称前加上“智能”，更有甚者，还要在建筑物名称前冠以“3A”“5A”以至“7A”等字样。虽然其中不乏名不符实，甚至是商业炒作的建筑，但却推动了“智能建筑”概念在中国的迅速普及。20世纪90年代后期，沿海一带新建的高层建筑几乎全都自称是智能建筑，并迅速向中、西部地区扩展。

从技术方面讲，除了在建筑中设置上述各种系统以外，主要是强调对建筑中各个系统进行系统集成和采用综合布线系统。应该说，引入综合布线技术，曾使人们对智能建筑的概念产生某些混乱。例如，有的综合布线系统的厂商宣传，只有采用其产品，才能使大楼实现智能化等，夸大了其作用。其实，综合布线系统仅为智能建筑设备的很小的一部分。但不可否认，综合布线技术的引入，确实吸引了一大批通信网络和IT行业的公司进入智能建筑领域，促进了信息技术行业对智能建筑发展的关注。同时，由于综合布线系统的模块化结构，在建筑内部为语音和数据的传输提供了一个开放的平台，加强了信息技术与建筑功能的结合，对智能建筑的发展和普及产生了一定的推动作用。这期间，政府和有关部门开始重视、引导智能建筑向规范化、系统化、科学化方向发展，加强了对建筑智能化系统的管理，制定出台了一系列技术政策、技术标准等规范性文件。例如，2001年中华人民共和国建设部令第87号

《建筑业企业资质管理规定》中规定了建筑智能化工程专业承包资质，将建筑中计算机管理系统工程、楼宇设备自控系统工程、保安监控及防盗报警系统工程、智能卡系统工程、通信系统工程、卫星及共用电视系统工程、车库管理系统工程、综合布线系统工程、计算机网络系统工程、广播系统工程、会议系统工程、视频点播系统工程、智能化小区综合物业管理系统工程、可视会议系统工程、大屏幕显示系统工程、智能灯光与音响控制系统工程、火灾报警系统工程、计算机机房工程等18项内容统一为建筑智能化工程，纳入施工资质管理。

根据我国人群多集中居住于小区的特点，20世纪末我国开展了把信息技术应用于住宅小区的“智能住宅小区”建设。智能住宅小区与智能化的公共建筑（如宾馆、写字楼、医院、体育馆等）有很大的不同。住宅小区智能化正是实现信息化社会，改变人们生活方式的一个重要体现。当时，推动智能化住宅小区建设的主角是电信运营商，他们试图通过投资建设一个到达各家各户的宽带网络，为生活和工作在这些建筑内的人们提供各种智能化信息服务业务，用户通过这个网络接受和传送各种语音、数据和视频信号，满足人们信息交流、安全保障、环境监测和物业管理的需要。以此网络开展各种增值服务，如安防报警、紧急呼救、远程抄表、电子商务、网上娱乐、视频点播、远程教育、远程医疗以及其他各种数据传输和通信业务等，并以这些增值服务来回收投资。

智能建筑是不断发展的，对它的理解和认识也应以发展的眼光来看待。不同的国家、不同的人在不同的阶段，对智能建筑含义有着不同的理解，相应地，对智能建筑的区分也会有着不同的评判标准。只有正确理解、开发和利用智能建筑，并准确把握其发展和方向才能适应未来社会发展和进步的需要。

## 8.5 智能建筑的组成与功能

如前所述，智能建筑的“智商”是由安装于建筑物内的各智能化系统（包括内容、功能、质量）和管理水平确定的。智能建筑中的各智能化系统按其使用功能、管理要求和建设投资划分等级，实际上就是确定了智能建筑的“先天智能”等级。这些建筑中的智能化系统主要包括：

1）建筑设备自动化系统 BAS（Building Automation System）。

2）通信网络系统 CNS（Communication Network System）。

3）办公自动化系统 OAS（Office Automation System）。

4）综合布线系统 GCS（Generic Cabling System）。

5）智能建筑的系统集成中心 SIC（System Integrated Center）。

不同等级的智能建筑都应具有可扩展性、开放性和灵活性。它们的适用特征一般为：

甲级：适用于配置智能化系统标准高而齐全的建筑。

乙级：适用于配置基本智能化系统而综合型较强的建筑。

丙级：适用于配置部分主要智能化系统，并有发展和扩充需要的建筑。

国内多数学者认为：智能建筑的智能化构成通常包括五部分，即建筑设备自动化系统（BAS）、通信网络系统（CNS，也有人称通信自动化系统 CAS/Communication Automation System）、办公自动化系统（OAS，即所谓的“3A”）和综台布线系统（GCS）、建筑物管理系统（BMS，Building Management System），这五者之间有机结合程度决定了建筑智能化水平。

## 8.5.1　建筑设备自动化系统

建筑的智能化往往总是从建筑设备自动化系统（BAS，Building Automation System）开始的，它是另外两个系统（OAS、CAS）的基础，如图 8-13 所示。BAS 是以分层分布式控制结构来完成集中操作管理和分散控制的综合监控系统。它主要是指运用计算机（网络控制器或网络控制节点）对建筑的各监控现场的设备、设施（如空调系统，照明系统，供配电系统、给水排水系统、电梯系统、消防系统、安防系统）实行自动监控及物业管理，它还把各个子系统连接起来，各子系统之间也可有信息相互联动。BAS 在对建筑物各种设备、

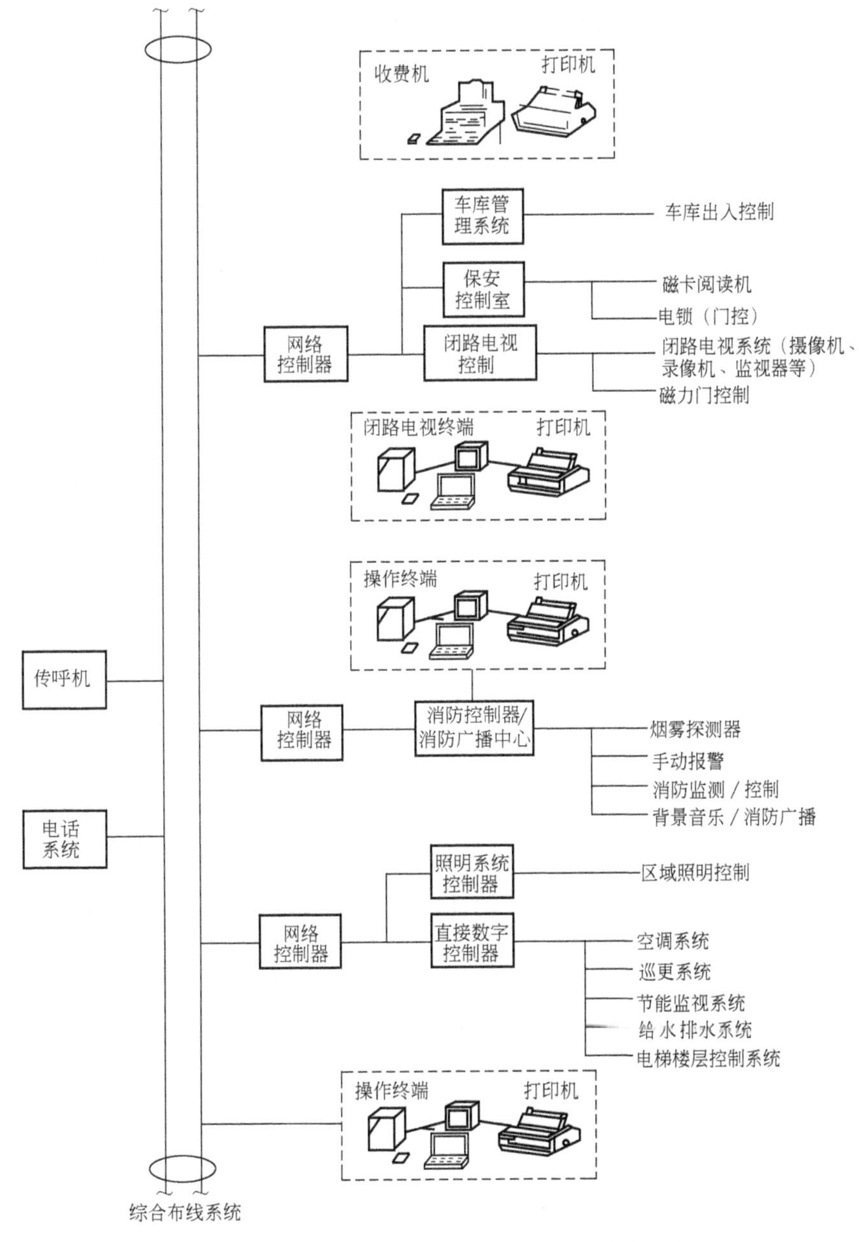


图 8-13　智能建筑的建筑设备自动化 BAS 构成示意图

设施实行自动监控和物业管理时，办公自动化系统与通信自动化系统起到了很大的作用。

BAS运行的目标是对建筑物内所有建筑设备进行全面有效的监控和管理，以保证建筑物内所有设备处于高效、节能和最佳运行状态。

国内有些学者从管理体制和安全性等方面考虑，把火灾报警系统（FAS，Fire Alarm System 或 Fire Automation System）和安全防范系统（SAS，Security Automation System 或 Security & Protection System）从建筑设备自动化系统划分出来，称之为“5A”型智能建筑。

FAS是自动监测区域内火灾发生时的热、光和烟雾，从而发出声光报警信号，并联动其他相关设备，控制自动灭火系统、紧急广播、事故照明、电梯、消防给水和排烟系统等，实现监测、报警灭火的自动化。智能建筑中，电气设备的种类和用量较多，建筑内陈设和装修材料大多是易燃的，无疑增加了火灾发生的概率。智能建筑大都是高层建筑，一旦发生火灾，火势猛、蔓延快，人员疏散和救灾困难，因此，智能建筑的火灾自动报警系统和消防联动系统是十分重要的，它的设置与设计应严格按照《建筑设计防火规范》（GB 50016—2014）、《火灾自动报警系统设计规范》（GB 50116—2013）等有关规定执行。

SAS通常是由闭路电视监控系统、门禁系统、防盗报警系统、停车库（场）管理系统和保安人员巡更管理系统等构成的。无论是金融大厦、证券交易中心、博物馆及展览馆，还是办公大楼、高级商场、高级公寓以及住宅小区，对保安系统均有相应的要求。SAS要求24h连续工作，监视建筑物的重要区域与公共场所，一旦发现危险情况或事故灾害的预兆，立即报警并采取对策，以确保建筑物内人员与财物的安全。

## 8.5.2 通信网络系统

通信网络系统（CNS，Communication Network System）是指通过铜线、光缆、微波或无线电波快速传递语音或图像信息的有效系统（图8-14）。它分散于建筑物的各个“角落”，是

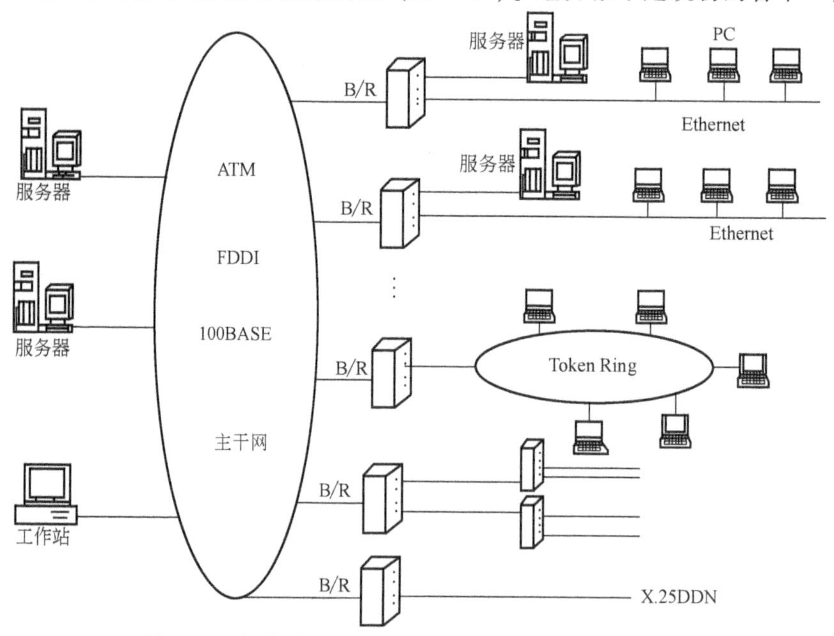


图8-14 智能建筑的通信网络系统CNS构成示意图

PC—微机 Ethernet—以太网 Token Ring—令牌网 ATM—显示传输方式

FDDI—光纤分布数字接口 X.25—分组数据网 DDN—数字数据网

建筑智能化的“中枢神经”。

它可保证建筑物内的语音、数据、图像的传输，同时外界公共通信网络（如公用电话网、综合业务数字网、计算机互联网、数据通信网、卫星通信网及广电网）相连，确保信息畅通，为建筑物内外提供有效的信息服务。CNS是通过用户交换机（PBX，Private Branch Exchange）来转接声音、数据和图像的，它借助公共通信网与建筑物内部布线系统的接口来进行多媒体通信。为各种宽带接入的驻地网以及拓展通信新业务提供了发展基础。

### 8.5.3 办公自动化系统

办公自动化系统（OAS，Office Automation System）是应用计算机技术、通信技术、多媒体技术和行为科学等先进技术，使人们的部分办公业务借助于各种办公设备，并由这些办公设备与办公人员构成服务于某种办公目标的人机信息系统（图8-15）。

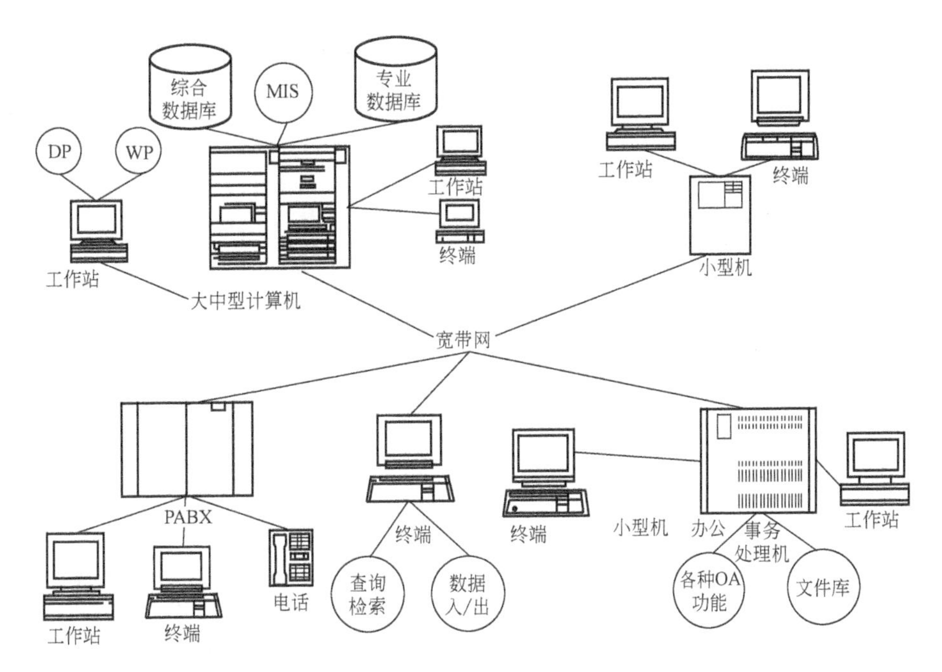


图8-15 智能建筑的办公自动化系统OAS构成示意图
DP—数据处理 WP—字处理 MIS—管理信息系统 PABX—程控数字用户交换机 OA功能—办公自动化功能

OAS需要有计算机网络与数据库技术作支撑，利用计算机多媒体技术，提供集文字、声音、图像为一体的图文式办公手段，为各种行政、经营的管理与决策提供统计、规划、预测支持，实现信息库资源共享与高效的业务处理。OAS已在政府、金融机构、科研单位、企业、新闻单位等的日常工作中起着极其重要的作用。在智能建筑中OAS通常由两部分构成，一是物业管理公司为租户提供的信息服务和物业管理公司内部事物处理的OAS；二是大楼使用机构与租用单位的业务专用OAS。虽然两部分的OAS是各自独立建立的，而且要在工程后期才实施，但它们的计算机网络系统的结构应在工程前期做出规划，以便设计综合布线系统（GCS，Generic Cabling System）。

办公自动化又可根据使用要求的不同分为事务型办公自动化系统、管理型办公自动化系统、决策型办公自动化系统及一体化办公自动化系统。

### 8.5.4 综合布线系统

综合布线系统是建筑物或建筑群内部之间的传输网络，又称之为信息高速公路，是智能建筑中连接3A系统各种控制信号必备的基础设施。它利用双绞线或光纤来传输智能建筑群内的语音、数据、图像及其他控制信号等，能使建筑物或建筑群内部的语音、数据通信设备、信息交换设备、建筑物物业管理及建筑物自动化管理设备等系统之间彼此相连，也能使建筑物内通信网络设备与外部通信网络相连。它通常由工作区（终端）子系统、水平布线子系统、垂直干线子系统、管理子系统、设备子系统及建筑群子系统6个部分组成，包括建筑物到外部网络或电话局线路上的连接点与工作区的语音或数据终端之间的所有电缆及相关联的布线部件。综合布线系统由不同系列的部件组成，其中包括传输介质、线路管理硬件、连接器、插座、插头、适配器、传输电子线路、电气保护设备和支持硬件。综合布线系统是针对计算机与通信的配线系统设计的，因此它可以满足各种不同计算机与通信的要求。

### 8.5.5 建筑物管理系统

如前所述，智能建筑的智能化主要取决于BAS、CNS和OAS三大要素，而建筑物管理系统（BMS，Building Management System）是在这三要素的基础上开发和设置的用于对建筑设备运营和信息组织实现自动化管理的专用计算机系统。它把相对独立的BAS、OAS、FAS、SAS等系统采用网络通信的方式实现信息共享与互相联动，以保证高效的管理和快速的应急响应。

综上所述，建筑智能化系统组成可简单归纳为“3A+GCS+BMS”，它们之间的相互关系如图8-16所示。

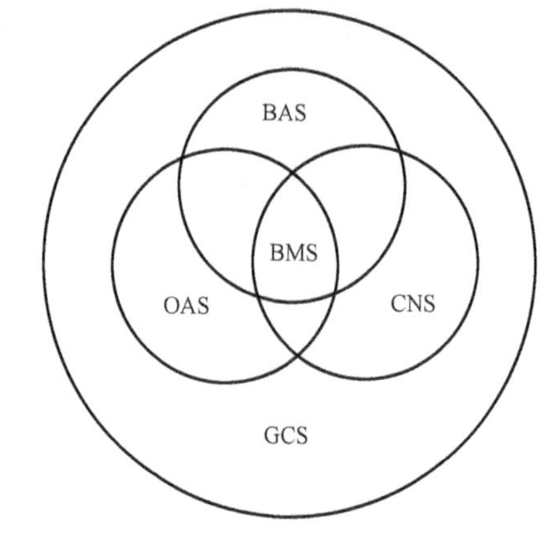


图8-16 智能建筑各子系统间关系

### 8.5.6 智能建筑系统集成中心

智能建筑系统集成中心（SIC，System Integrated Center）是将建筑内不同功能的智能化子系统在物理上、逻辑上和功能上链接在一起，以实现信息综合、资源共享，具有将各个智能化系统信息总汇集和进行各类信息的综合管理的功能，它体现了人、资源与环境三者的关系。人是加工过程的操作者与成果的享用者，资源是加上手段与被加工对象，环境是智能化的出发点和归宿目标。由于建筑智能化系统是多学科、多技术的综合渗透运用，系统集成实际上是体现总体规划和系统工程的思想。

图8-17所示为智能建筑系统体系结构及其总体功能的示意图。

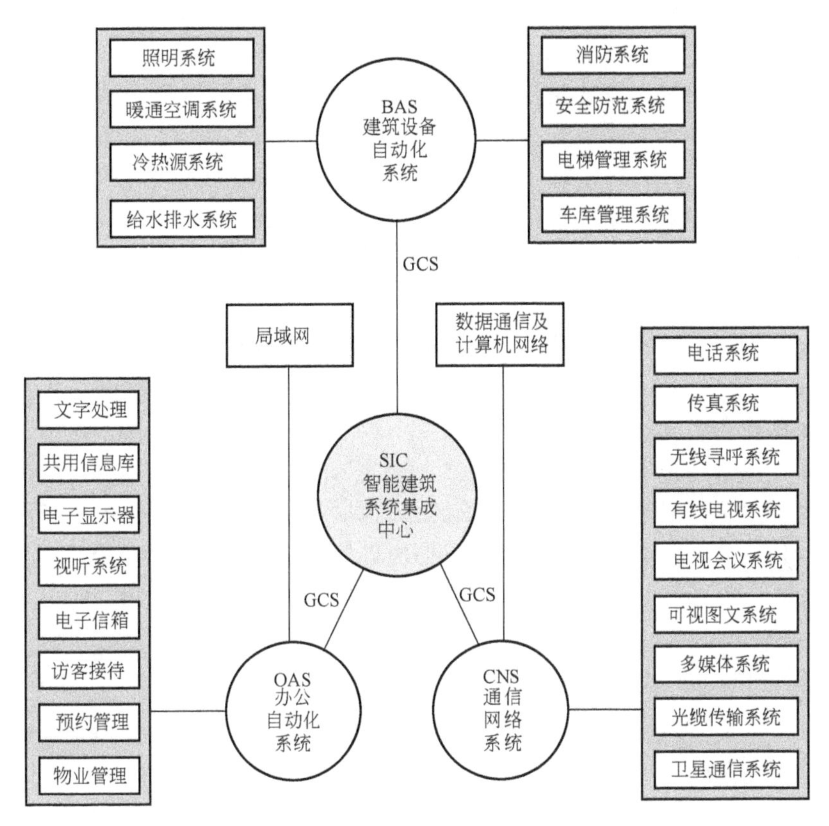


图 8-17　智能建筑总体功能示意图

## 8.6　建筑智能与建筑设计的关系

实现建筑智能化的目的是为使用者创造一个安全、方便、舒适、投资合理、能耗低、具有足够的灵活性及市场意义的建筑环境。在建筑物内设置的任何设施与系统都只能服从于这个目标。因此要用系统工程的观点正确处理好“人-智能系统-建筑”“人-信息-机器-环境”之间的关系，图 8-18 所示为人与信息、机器、环境之间的关系。

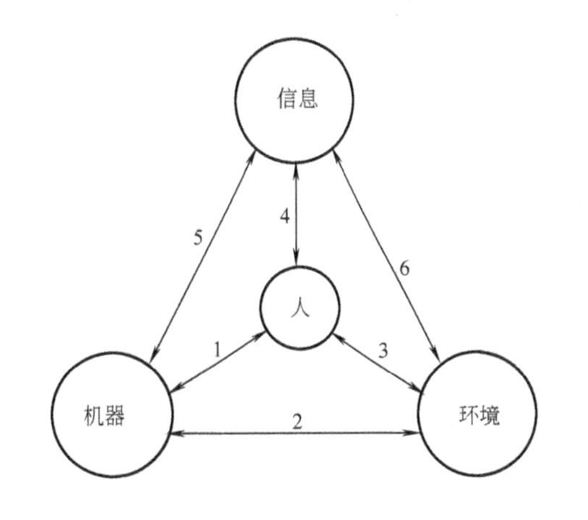


图 8-18　人与信息、机器、环境之间关系示意图

1—人机接口、人机工程学　2—家具、声、光、热、色　3—舒适性，使人精力集中，疲劳恢复快、充满创造性　4—可视界面上的交互、通信与作业　5—文档、网络、化息处理　6—信息共享的安全性及个人调用的私密性

在“人-智能系统-建筑”关系中，“人”是主体，“建筑环境”是平台，又是被处理的客体，如果没有摆正这两者之间的位置，只强调智能系统或孤立地强调建筑的“智能”，就会忽视建筑存在的价值，造成一种为智能而智能、为技术而技术的观点，而违背建造智能建筑的初衷。

智能建筑设计需要有高度的适应性，具体就是要求建筑环境的舒适性、结构的通融性以及空间的开创性。

一个优秀的智能建筑应该从建筑物设计开始，建筑物的环境和结构对系统安装的合理性、可靠性、可维护性和可扩展性有着十分重要的作用。所以，智能建筑的设计从场地选择，各智能子系统的设计，到建筑空间的配比，平面、立体的构思，各种智能设备专用房间的布局，各种管线、配线的竖向通道、水平通道，垂直交通的安排，室内外环境的设计，建筑结构能够为空间的重新分隔、智能化系统的扩充与更新提供较好灵活性等，都应有因地制宜的考虑和要求。

例如，由于网络的发展，使得家庭办公成为可能，这样在住宅中设置工作空间就成为必需。POS机和ATM机的出现，使得商场和银行的布局出现理念上的变化。因此，建筑师在设计方案阶段就应考虑建筑的智能化问题。

智能建筑要成为知识生产力的高效场所，就必须处理好“人-信息-机器-环境”之间的关系，如果要使“人”能够处于最佳工作状态，就必须有高度舒适的建筑环境，这就涉及要研究人类身体本质、生活习惯、建筑物所处的自然环境等诸多因素综合作用机理与效果。

## 习　题

**一、简答题**

1. 为什么说“建筑、建筑设备和建筑功能是不可分离的，建筑设备及其功能的完善程度是直接影响现代建筑功能的决定性因素”？

2. 哪些设备称之为建筑设备？

3. 为什么说“在现代建筑全寿命周期，许多工作都是由建筑、结构、公用设备等专业的工程技术人员，在既有明确的分工，又有紧密配合，且统一协调之下共同完成的”？

4. 公用设备工程师在建筑空间布置设备时必须把握建筑空间哪些特性？掌握建筑所在地哪些资料？应向建筑工程师提出哪些技术要求？

5. 建筑的公用设备系统（包括建筑智能化系统）主要是指哪些系统？各有什么功能？

6. 何谓高层建筑的设备层？在高层建筑中设置设备层应注意哪些问题？

7. 什么是智能建筑？有什么特点？它和传统建筑的区别是什么？

8. 被人们称之为“世界上第一座智能建筑”是哪个国家哪个城市的什么建筑？

9. 建筑的智能防火系统和信息通信系统各是由哪几个部分组成的？

**二、分析题**

1. 试分析高层建筑空调系统设计与建筑、结构等专业之间的关系。

2. 试分析智能建筑的产生背景、现状及未来发展趋势。

9

# 第 9 章 建筑外部空间环境

1981 年国际建筑学会第 14 届世界大会发表的《华沙宣言》明确指出：“建筑学是为人类建立生活环境的综合艺术和科学”，要人们“认识到人类-建筑-环境三者之间有密切的相关性”，对建筑及其外部空间设计的着眼点也由过去的“功能论”扩大为“人·建筑·环境”，开始注重建筑与空间和环境之间的和谐，赋予建筑空间以更广泛的内涵和外延。

从环境组成的诸多因素的角度来讲，建筑物受基地环境的影响，是组成环境的主要因素，也构成了建筑所在环境的主体形象和面貌特征；相应地，建筑物的建造改变了基地原来的环境，如空间形状、道路走向、生态等。建筑设计也可看成是总体环境设计的重点；另一方面，环境也反作用于建筑，建筑受到很多环境因素的制约和影响，建筑如果脱离了环境，对其本身也就无从评价。由于建筑和其所在的环境之间存在相互依存、相互影响和相互作用的关系，所以必须强调建筑和环境设计的总体效果和连续性。因此，要充分考虑建筑与周边环境和谐共存的关系。

大部分工业企业分散布置在城市的各个区域，或单独构成一个或几个工业园区，位于城市的一侧或近郊，成为城市的有机组成部分。一个较大的生产企业的基地大体上由厂前区、生产区与职工生活居住小区构成，在对基地进行总体规划总平面布置时，一定要注意这些区域的建筑群体与交通运输设施、工程管线、道路、地面、绿化、建筑小品等周围空间环境的关系，从而创造有特色的、和谐的外部空间环境，并以它们自己独立、完整的工业群体建筑形象，雄伟壮观的独特工业景观装扮着城市面貌，勾勒出别有韵味的天际轮廓（图 9-1～图 9-4）。

建筑的外部空间环境，过去在生产企业设计中考虑甚少，近些年来，生产企业在自身发展的同时，开始注意生产企业建筑的美学效果和艺术表现力，强调生产企业基地的规划与环境质量，并着力于建筑外部空间环境的美化，创造出千姿百态、绚丽多彩的工业景观。

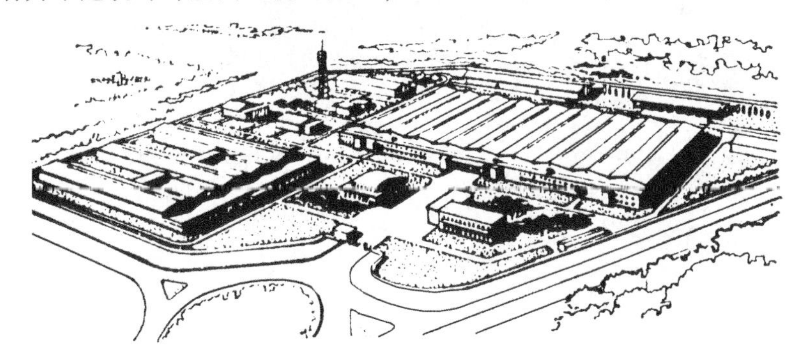

图 9-1　某纺织印染厂鸟瞰图

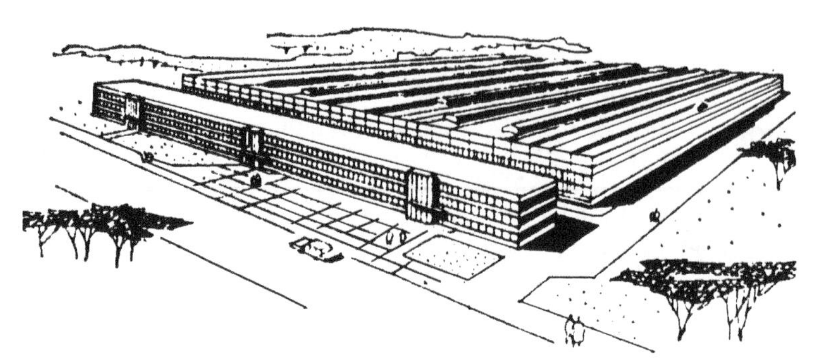

图 9-2 国外某机床联合制造厂鸟瞰图

图 9-3 夹河选煤厂鸟瞰图

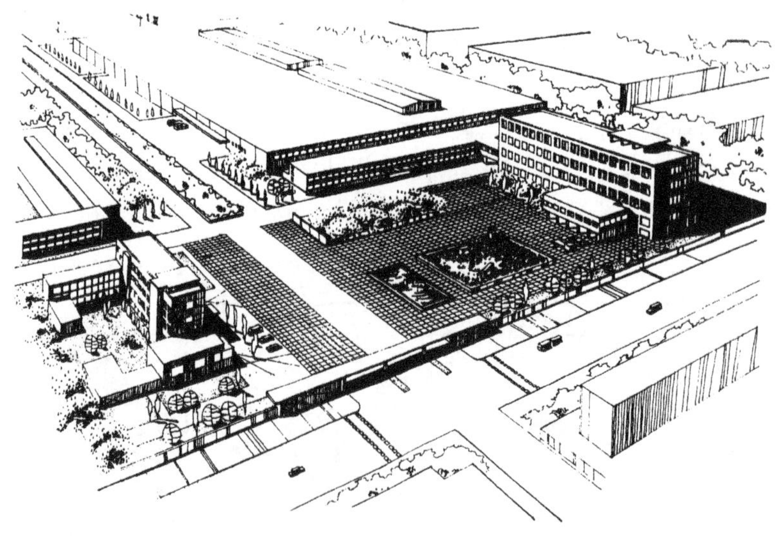

图 9-4 咸阳某电子厂鸟瞰图

由于公共设备工程师往往要参与确定重要工业构筑物位置和工业管道、线路走向及敷设方式的设计（详见本书第 10 章），而这些工程又是生产企业建筑外部空间环境的重要组成元素，其与生产企业建筑与环境的和谐决定着整个厂区建筑与外部空间环境的和谐程度。因此，公共设备工程师应该具有一定建筑与外部空间环境设计的知识。为此，本章以生产企业建筑与外部空间环境关系为例，主要通过对生产企业建筑外部空间环境构成要素（如空间尺度、垂直界面、地面、绿化、建筑小品）的综合协调统一方法的概要性介绍，简单地讲述有关建筑与外部空间环境综合协调处理的基本知识。

## 9.1　建筑外部空间环境设计概念

### 9.1.1　建筑外部空间的构成及其基本类型

外部空间是由人创造的有一定功能的外部环境（积极空间），它由建筑与地面（即垂直界面和底界面）两个要素构成。与建筑空间相比较，它是“没有屋顶的建筑”。显然，外部空间与建筑之间是相互依存、互补互逆的关系，好像模子与铸件一样。

外部空间具有两种基本类型。其一，由空间包围建筑，称为开敞的外部空间；其二，由建筑围合而成的空间，有明确的形状和范围，称为封闭或半封闭式的外部空间。实际上，由于建筑的围合程度不同，空间形状不同，又会产生各种不同的空间形式，如中心开敞空间、直线型空间和组合型空间等。一般来说，围合空间的建筑必须有两幢（面）以上，如果只有一幢（面）建筑，封闭性就会消失，转化为空间包围建筑了（图 9-5）。

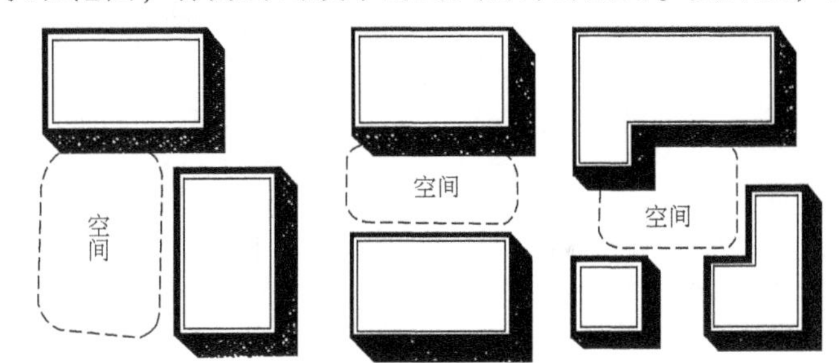


图 9-5　室外空间由两幢或更多的建筑构成

### 9.1.2　影响建筑外部空间环境的因素

由上可知，建筑物的外部空间一般是由建筑物（或构筑物）围合而成的，它们的外墙构成垂直界面，限定人们的视野范围，使人产生一种空间围合感，其限定程度与下列因素有关。

（1）**视距与建筑物高度之比**　人与周围建筑物的视距与墙高之比若构成 1∶1 的比例（或视角为 45°），则该空间将达到全封闭状态；若比例为 2∶1，则该空间处于半封闭状态；若比例为 3∶1，则封闭感最小；若比例为 4∶1，则封闭感完全消失。实际上，当一建筑物高度超过人的视线圆锥体时，空间围合感最强烈（图 9-6）。

（2）**平面布局**　当建筑物形成围合空间时，视线外泄越少，围合感就越强。减少视线外泄的办法是使围绕空间的各式建筑物尽量重叠，或利用绿化、地形、建筑小品（图 9-7）和其他屏障等阻挡视线。如果建筑呈一直线排列或位置安排十分零散，使建筑物之间无法体现任何内在关系时，那么这个外部空间就几乎毫无界限，当然也无围合感可言（图 9-8）。

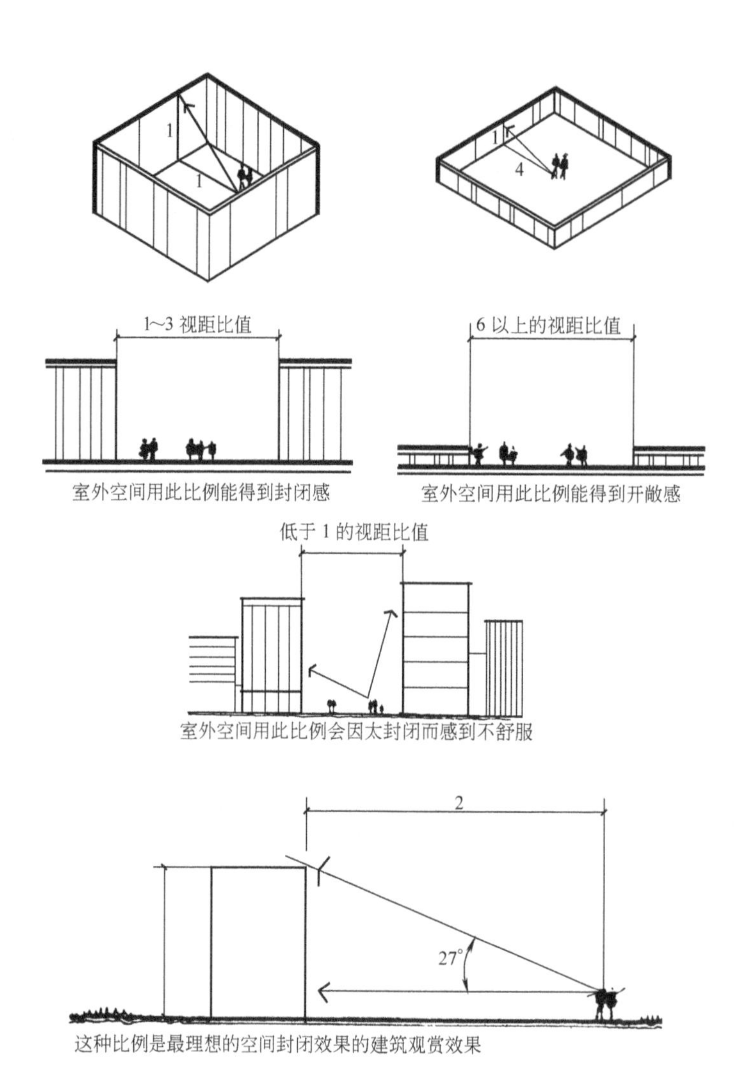


图 9-6 视距与建筑物高度之比示意图

图 9-7 利用建筑小品减少视线外泄

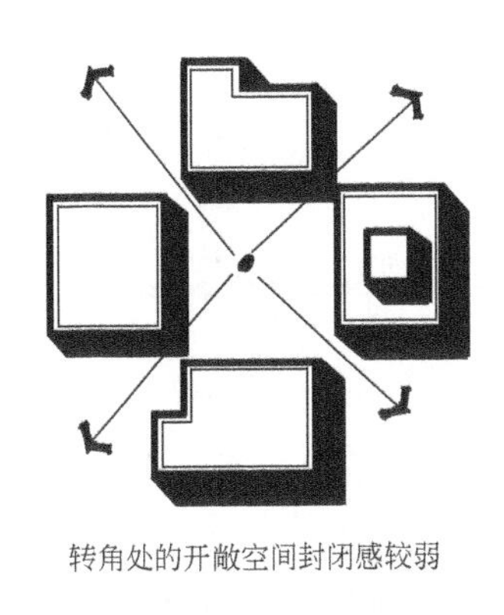

转角处的开敞空间封闭感较弱

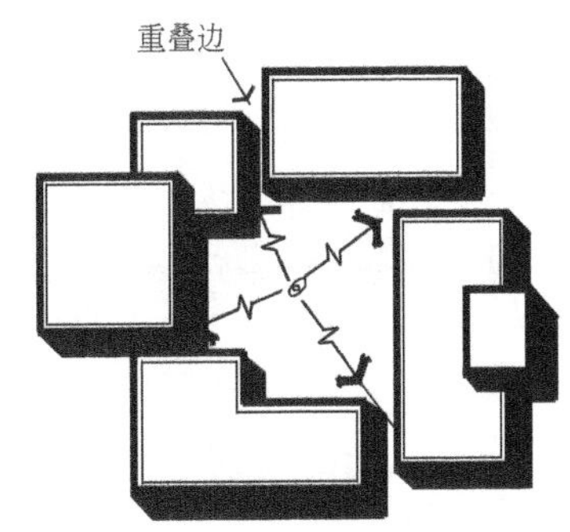


建筑边的重叠能封闭空间空隙

空间空隙可以通过其他的设计要素来弥补

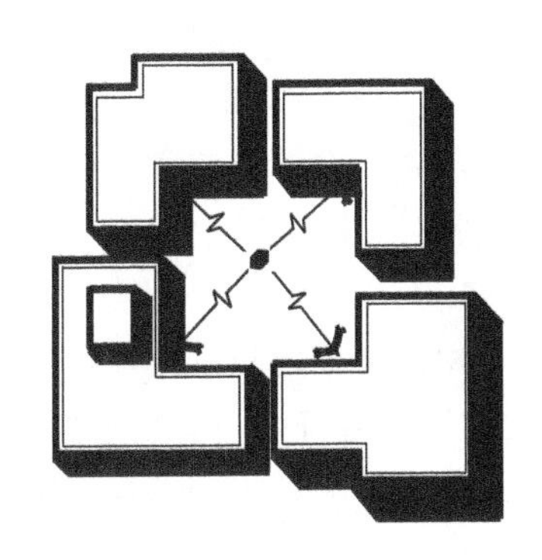

当转角处封闭时，封闭感极强烈

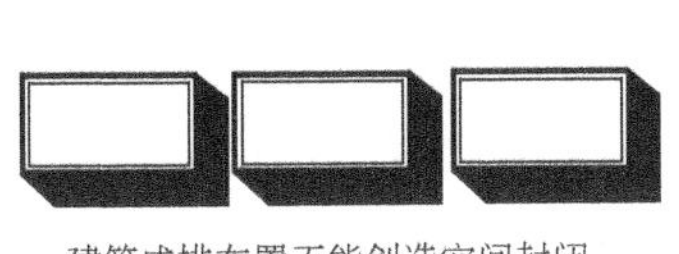

建筑成排布置不能创造空间封闭

建筑散点布置空间封闭感十分微弱

图 9-8　平面布局

一个空间的两面或三面都竖立着墙壁时（超过视线高 $H$>1.5m），就会有极强的围合感；如果四面都有墙，就会达到完全封闭。不过，即使是完全封闭的空间，也会由于平面的不同布置方法而产生不同的封闭效果。

(3) **空间的水平宽度**　研究指出，水平距离相距 24m 的建筑物围成的空间称为亲密空间，在此空间中，可以辨清建筑的细部和人的面目。亲密空间的最大距离不应大于 137m，因为在这个距离内可以看清行人的动作（图 9-9）。

(4) **地面处理**　地面是外部空间的底界面，是空间构成的重要因素，在对空间个性和限制空间的感受上起着重要作用，因此在地面铺设、地面高差处理、地面绿化等方面都要认真推敲。

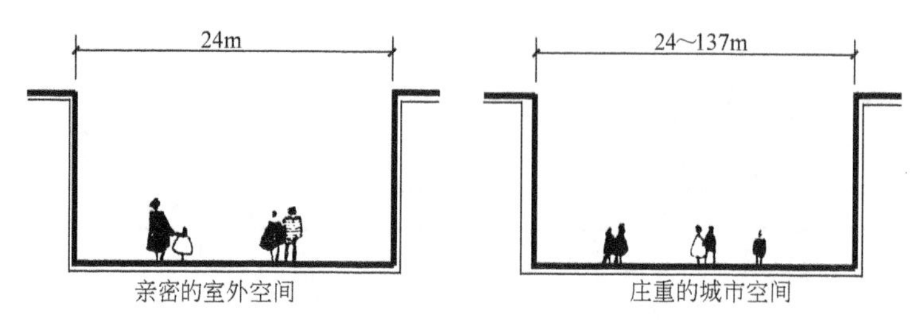


图 9-9 水平宽度示意图

### 9.1.3 基地红线

基地红线是在规划部门下发的基地蓝图上所圈定的工程项目建筑用地范围，是基地与相邻的其他基地的分界线。当基地与城市道路接壤时，其相邻处的建筑红线为城市道路红线。建筑物与基地红线之间的关系要注意以下五个方面：

1）根据城市规划要求，建筑物基底范围包括基础和埋地管线（除去与城市管线相连接的部分）都应控制在红线的范围之内。如果城市规划主管部门对建筑物边界距离还有其他要求，也必须遵守。

2）建筑物与相邻基地之间，应在边界红线范围以内留出防火通道或空地。如果建筑物前后都留有空地或道路且符合消防规范要求，也可以与相邻基地的建筑毗邻建造。

3）建筑物的高度不应影响相邻建筑物的最低日照要求。

4）建筑物的台阶、平台不得突出于城市道路红线之外；其上部的突出物也应在规定的高度以下和范围内，不允许突出于城市道路建筑红线。

5）紧接基地红线的建筑物不得朝向相邻地界开设门窗洞口，不得设阳台、挑檐，不得向相邻地界排泄雨水或废气。相邻地界为城市规划规定的永久性空地除外。

### 9.1.4 建筑外部空间环境设计的意义

建筑外部空间环境设计与美化已成为当今建筑师严肃对待的重要课题，它同功能、技术、经济等问题一样，已成为规划和建筑总体设计中的一个重要内容，其重要意义主要体现在以下三个方面：

（1）**体现环境设计的独立性和完整的设计思想** 建筑外部空间环境设计，摆脱了“工艺决定一切”设计思想的束缚，改变了听其自然、无所作为的观念。它是在满足生产工艺要求的前提下，规划、总图运输、建筑、工艺、环境、公用设备工程等各专业在自己的范围内，积极、主动、充分地考虑环境问题，并通过相互配合、协调得到综合性设计研究成果。建筑外部空间环境设计不再是工程建设后期的“边角处理”或“修修补补”，更不是随意附加一些假山喷泉、花坛盆景、花墙景门、亭阁游廊；而是在规划和建筑设计的蓝图上，就应该体现美化建筑外部空间环境的完整设计思想。只有这样，才能创造出一个统一、协调、优美的整体形象。

（2）**具有物质与精神方面的双重功能** 建筑空间及其外部环境，既要满足人们生产和日常生活的需要，又要满足人们精神生活的需要。生产工艺和设备固然是决定生产效益的主要因素，但人的素质和精神力量更是不容忽视的决定因素。人的智慧和精神力量是任何物质不能代替的。生产企业的总体规划和建筑设计不能只见机器不见人，只有工艺，没有人情。

人创造环境，同样，环境也“创造”人。两者是互相影响，互相作用的。在生产活动中，生产效率的高低，人们的生产积极性和技术水平的发挥，取决于人的素质和技术水平，同时，生产和生活的环境条件对劳动者生理和心理方面的影响也是十分明显的㊀。良好的建筑和环境设计，为职工提供安全、健康、舒适的作业环境，不仅改善劳动条件，提高劳动生产效率，而且易于消除职工作业疲劳，振奋职工工作精神，促进劳动者身心健康，减少各类事故的发生。一些从事高空、井下、高温等作业的企业，工作环境差，劳动条件艰苦，所以，更应该多为职工着想，在工程建设的规划设计阶段就应该注意建筑空间及其内外部环境的设计，创造一个安全、舒适、文明的生产和生活环境。

（3）**提高环境意识，建设环境友好型企业** 随着社会发展，人们环境意识和审美水平逐步提高。安全舒适、洁净优美的环境已成为人类社会文明的重要标志之一。当今，人们在改善和提高物质生活的同时，也渴望着文化、精神生活的提高。现代化工业生产工艺和生产技术，也对生产空间和生产环境提出了更高的要求，环境建设和精神文明建设相互作用，共同协调发展，才能彻底改变工业生产“脏、乱、差”的形象。

## 9.2 建筑与自然条件

### 9.2.1 不同气候地区的空间组织

地球上的气候区域可分为寒带、温带、干燥地带和热带，建筑的体型、朝向以及空间的布置应密切结合其特定的气候区域。

（1）**建筑物的交通空间** 在干燥带和热带，交通空间往往可起到降温隔热作用，因此常设置在建筑南侧或北侧或中部。在南方可以阻止强烈的阳光进入主要空间；而在寒带及温带地区，则可获得宝贵的日照，如图9-10a所示。

（2）**建筑物的中庭位置** 寒带地区中庭的设置是为了采光；而干燥带地区的中庭可用于遮阳降温；热带地区的中庭则是为了加强通风，如图9-10c所示。

（3）**室外空间的利用** 干燥带和热带室外空间的可利用程度较高，寒带及温带地区则较低，后者可用“过渡空间”的方式将自然空间纳入人工控制范围，如图9-10d所示。

（4）**日照范围** 不同气候区域接受阳光直接照射的区域不同，如图9-10b所示。在寒带及温带地区，阳光主要来自南向，在干燥带和热带则来自东西向，所以这些地方应采取有效的遮阳措施。在各气候区域对大部分建筑来说南向均为主要房间的最佳朝向，但寒带及温带气候区选择南向是为了纳阳，而在干燥带和热带选择南向则是为了避免过多日照。

建筑获得的日照状况和有效的日照时间是评价建筑物光环境质量优劣的基本指标。我国有关规范对各种建筑指定了设计标准，如住宅建筑每套必须有一间居室获得日照，日照时间为在大寒日2h或冬至日1h连续满窗日照。对于像托儿所、幼儿园、疗养院等卫生要求高的建筑，设计标准高。除了平面设计中考虑有关房间的朝向、开窗面积以及在形体上考虑避免

---

㊀ 见王保国、王新泉等编著《安全人机工程学》第2版，机械工业出版社，2016年7月。

日照的遮挡外，在总平面布置时要注意基地方位、建筑物朝向以及建筑物之间的日照间距。通常是以当地大寒或冬至日正午12时太阳角 $\alpha$ 作为确定建筑物日照间距 $L$ 的依据（图9-11）。

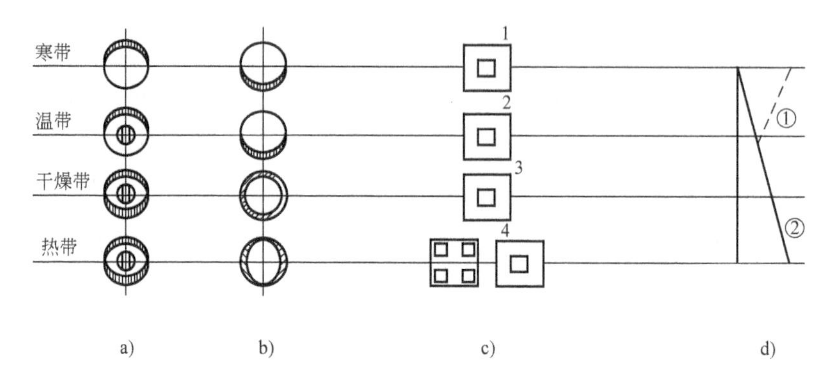


图9-10　不同气候区的空间组织

a）交通空间的位置　b）日照范围（干燥及热带地方有遮阳处理）

c）中庭位置　d）室外空间的可利用程度

1—中庭位置位于建筑中心；采光和供暖　2—中庭位置位于建筑中心；采光和供暖

3—中庭位置位于建筑中心；遮阳　4—提供良好的通

①—以中庭作为焦热空间　②—以中庭作为降温空间

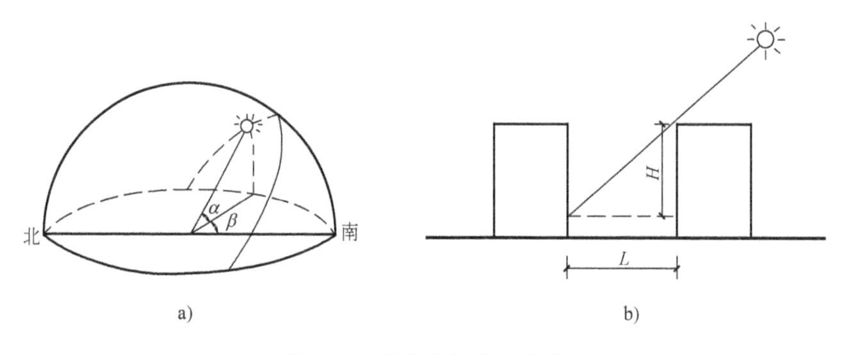


图9-11　建筑物的日照间距

a）太阳角高度和方位角　b）建筑物的日照间距

日照间距 $L$ 的计算公式为

$$L=H\cot\alpha\cos\beta$$

我国大部分地区日照间距 $L$ 为（1.0～1.8）$H$，越向南其间距越小。对于有特殊规定的建筑类型，设计时必须求得标准所规定的有效时间段内建筑物是否满足日照标准的要求。

## 9.2.2　建筑的体积与朝向

不同气候区域的建筑宽厚比、最佳朝向和建筑实体部分的理想位置不同，不同气候区域的建筑体积与朝向如图9-12所示。纬度较低地区的建筑需要较为扁平的平面，以减少东西向面积，如热带地区建筑东西向面宽与南北向的比例以1∶3为宜，而纬度越高，这一比例就越小，寒带地区就以 1：1 左右为佳，如使用圆柱体形可以最大限度地获取日照，如图 9-12a所示。

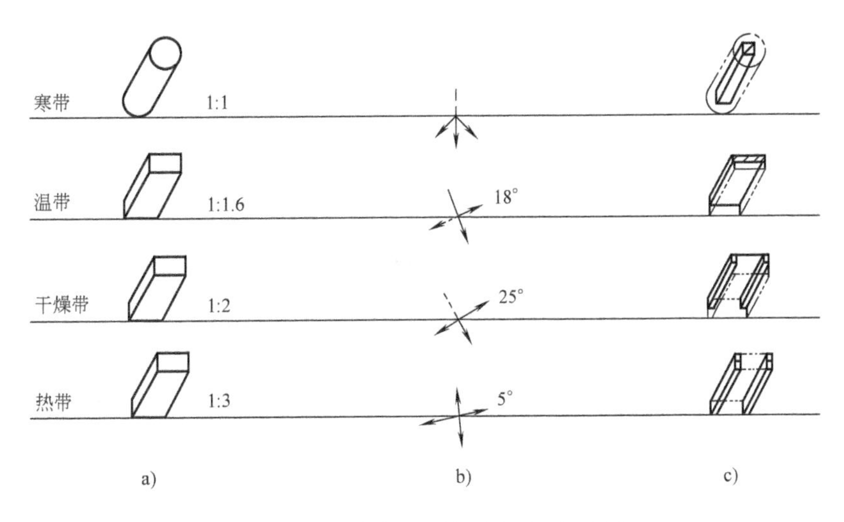


图 9-12　不同气候区域的建筑体积与朝向

不同气候区域建筑的理想朝向有助于建筑获得所需日照或避免过度的日照，如图 9-12b 所示。

热带、干燥带围合或封闭起来的建筑实体及核心部分应置于建筑东西向，前者应采取良好的遮阳设施以避免低角度的日照，后者的遮阳设施主要用于防止夏季日照。在温带地区，建筑核心最好置于北侧，主要空间位于南侧（能够获得足够的阳光）。寒带地区建筑应采用开放型的轮廓以最大限度地接受阳光与热量，而核心部分应置于中心用以获取日照和蓄热，如图 9-12c 所示。

## 9.2.3　建筑与风向

建筑物的通风状况是建筑设计要考虑的重要指标。除了建筑物室内通过门窗设计、合理组织穿堂风和自然通风等形成良好的通风外，整个基地上的建筑物布置都应该有利于形成良好的气流，并且不要对周边环境造成不良影响（见第 2 章 2.10）。从室内日照和通风等要求考虑，一般希望建筑的朝向是朝南或朝南稍带偏角（根据地区纬度和主导风向作适当调整）。图 9-13 所示是建筑设计中常用的风玫瑰图，是根据气象资料总结的当地常年及夏季的主导风向及其出现的频率。根据风玫瑰图，在设计中可以确

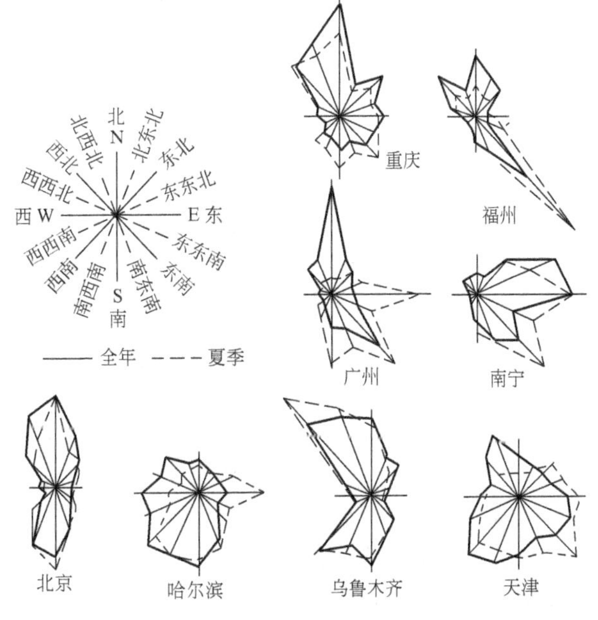


图 9-13　我国部分城市的风向玫瑰图

定建筑物之间的高低错落关系，建筑物相互位置的远近，自然风通过时的风向、风速对局部的影响等。有的建筑物在总平面布置时要进行模拟计算，甚至做风洞试验。

## 9.3 生产场区总平面功能布局

在企业的性质和规模确定之后，其功能布局，对生产企业环境美学上产生直接影响的因素主要有工艺流程、人流关系、区划方式、建筑项目、建筑的造型及其室内外空间的组织等。这里仅就工艺流程、人流关系和区划方式做一概念性介绍。

（1）**工艺流程** 工业生产一般都有一个从原料进厂，经过加工，制成产品后外运出厂的完整过程，这就是生产的工艺流程。生产的工艺流程对企业厂区布置而言，犹如企业机体的脉络，只有充分了解生产的工艺流程，才能使其在生产场区总平面布置中更好地发挥反映功能、表现特征的关键作用。图9-14～图9-16所示分别为机械加工、选煤厂、钢铁厂的生产工艺流程图。

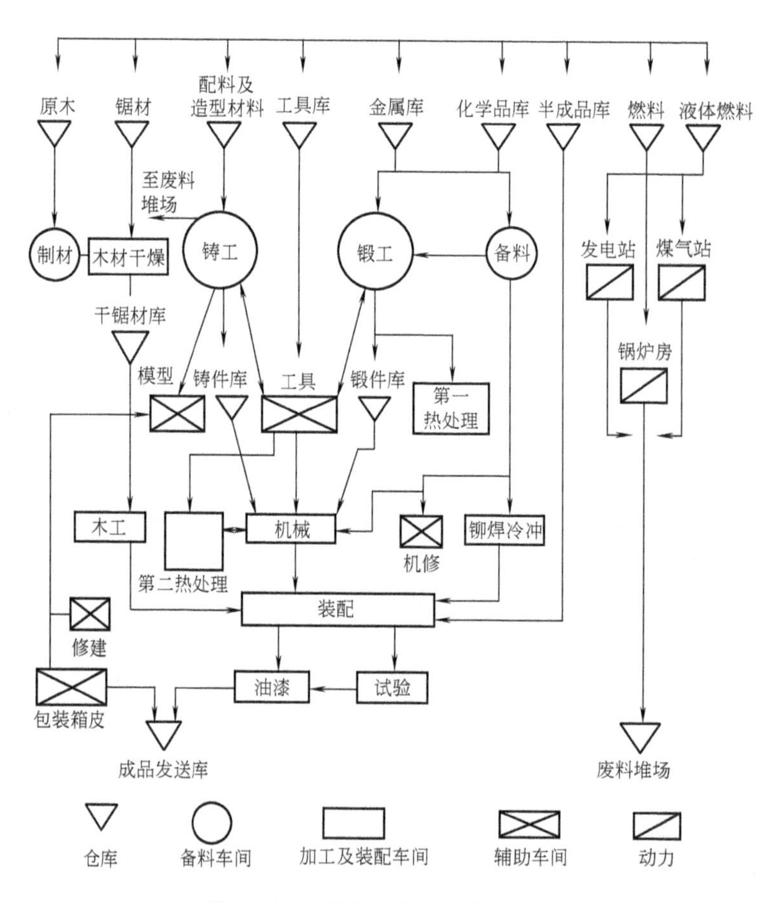


图9-14 机械加工生产工艺流程图

（2）**人流关系** 合理解决人流路线，一方面要满足生产、管理与生活方面的功能要求，使其人流路线短捷，且与货运路线交叉点尽量少；另一方面，又要满足人的精神方面的要求。根据研究，生产者对生产环境四维空间的感受，与其日常行走路线有着密切的关系。因

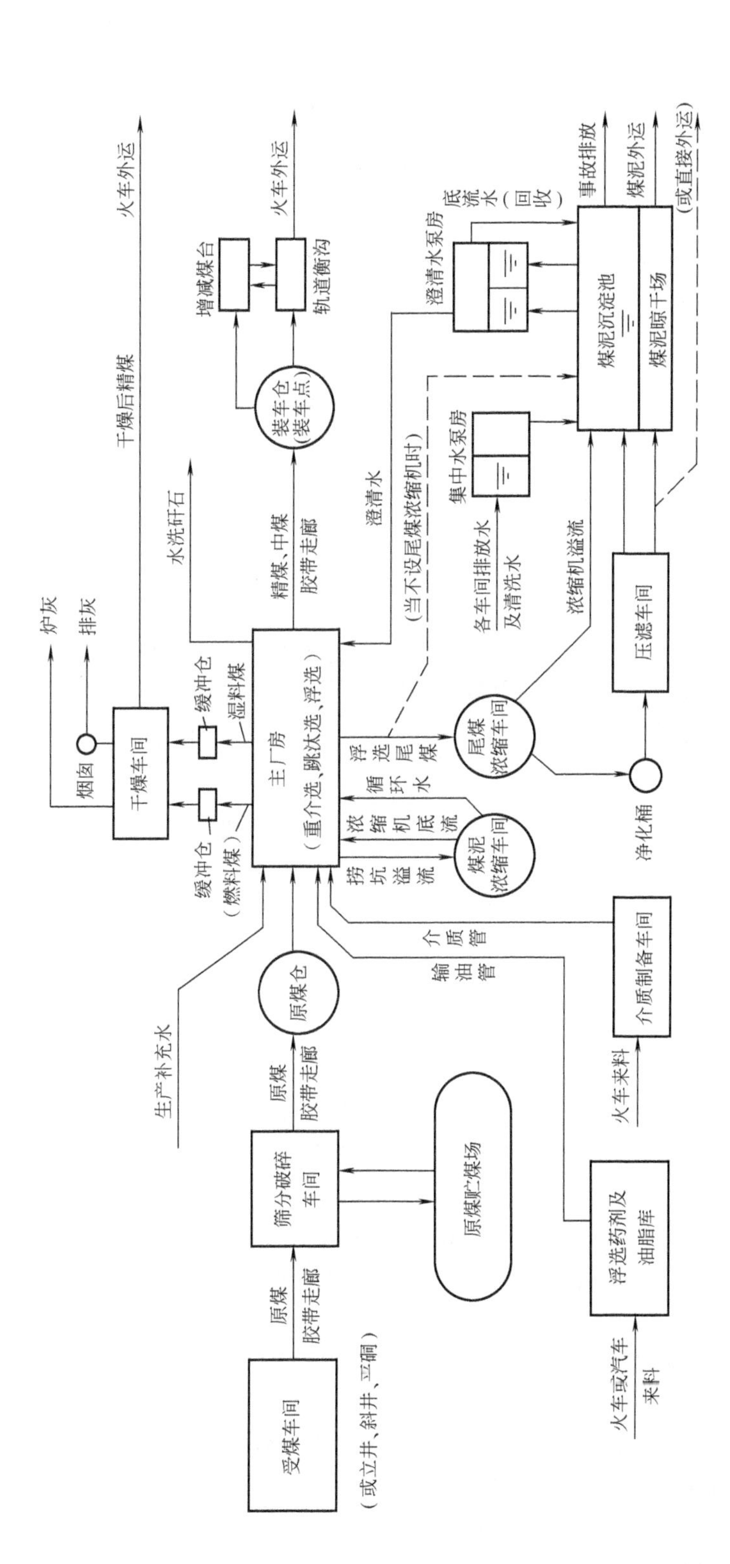


图 9-15　选煤厂生产工艺流程图

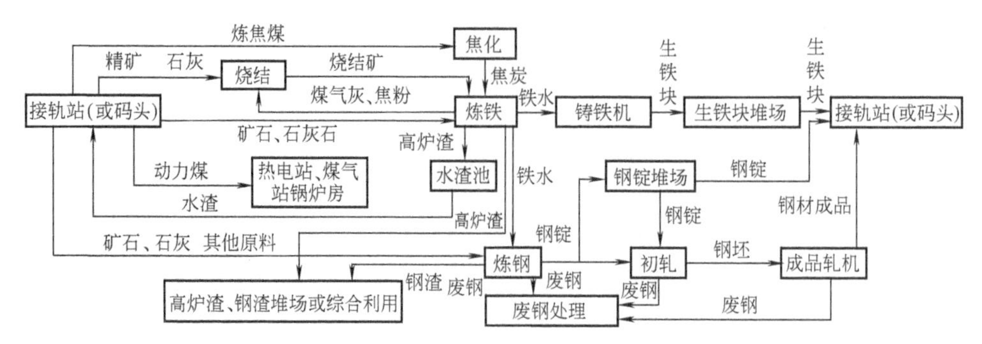


图 9-16 钢铁厂生产工艺流程图

此，生产场区内人流的流向、流量、公共人流的停驻点和集散点，是确定厂矿建筑空间环境设计的一项基本依据。由图 9-17 和图 9-18 可知，必须对生产场区出入口安排、功能分区、内部运输（铁路、道路等）网络构成及各类建筑物布置等问题进行认真仔细的研究，才能合理解决人流路线的组织布局。

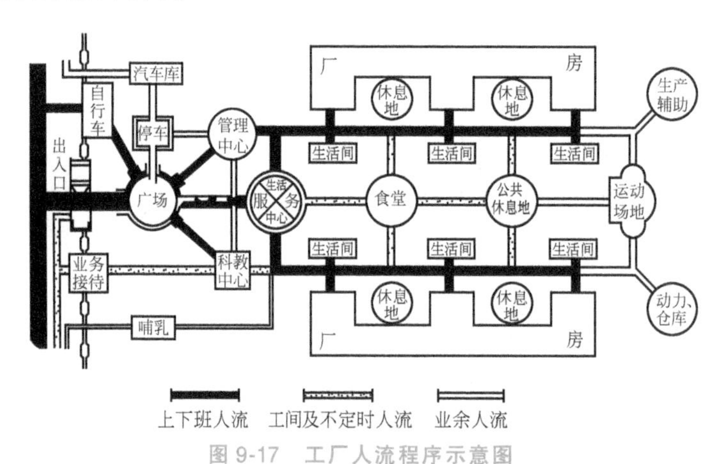


图 9-17 工厂人流程序示意图

合理组织人流和货流的具体表现为原材料、成品和半成品的运输及人流进出厂路线的合理组织。应使货流和人流路线短捷，避免或尽量减少人、货流交叉。关键在于正确选择人流和货流入口位置，一般人流主要出入口及生活间的位置应面向厂区主要干道；货流出入口大多布置在厂后临近仓库区，使物料入厂、成品出厂都很方便。

（3）**区划方式** 随着整个工艺流程的确定，总平面布置的功能分区，以及生产场区建筑的平面布局、形体组合等，也就可以结合建设生产场区的具体条件，综合考虑后确定下来。结合功能特征进行分区的方法，是生产企业总平面布置中最适用的区划方法。但是，由于生产性质、规模、工艺流程、基地的地形地物环境的不同，以及布局构思、手法的差异，具体的布局结构上，又可表现出不同的功能分区形式。

煤矿的工业场地，通常可按功能分为生产区、辅助生产区、贮运区和场前区等四大功能区。图 9-19 是徐家沟煤矿的总平面布置图，它典型地体现了上述区划方式。机电修配厂一类的总平面布置，其功能分区一般可划分为 5 个区，即生产区、辅助生产区、动力区、仓库区和厂前区，如图9-20 和图 9-21 所示。生产区是全厂生产的核心，位于厂区的中部，工艺生产流程线连续、短捷，与其他各功能区联系方便。辅助生产区位于生产区的一侧，为生产区的服务方便。动力区位于厂区的后部，既进出方便，又接近主要负荷重心。烟尘、噪声、振动等污染环境的因素对厂前区，以及整个厂区的影响都较小。仓库区位于生产区的另一侧，也靠近厂区货运的主要出入口，厂内外货物运输便利。厂前区位于全厂主要出入口，内外联系方便。

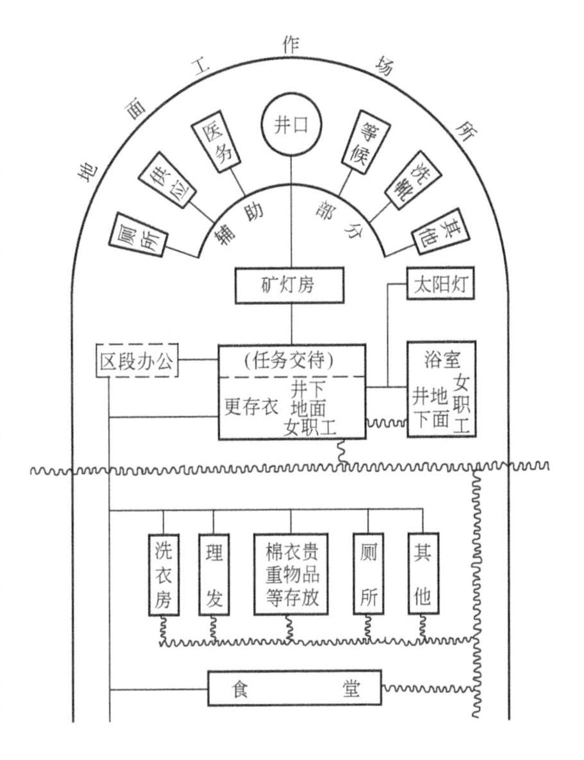


图 9-18　煤矿人流程序示意图

现代工厂的区划方式，一般是按全厂性建筑区（包括行政管理和服务性建筑、停车场、工厂大门等）、生产区（又称主区，包括主要、辅助生产厂房，仓库和动力设施区）和运输区（包括装卸货场等）进行区划的。

近年来，由于科学技术的发展和生产管理体制改革，企业工厂由“全能厂”向现代专业化工厂发展，涌现了大量的现代专业化工厂。生产工艺和生产设备也不断更新，使得厂矿建筑和空间环境也有了新的发展。生产建筑、附属建筑和行政生活用房逐步联合（图 9-22～图 9-24），以主要生产建筑为主体，发展大型联合厂房、多层和高层厂房、企业公园等，并注意厂房的建筑美学效果和表现力，强调工厂的规划与环境质量。而传统以分散而又相互牵制的建筑布置的功能分区方式，已不能适应现代生产、管理发展的需要。因此，外部空间由分散变成集中，对外部空间环境艺术处理的要求进一步提高，尤其美国、加拿大、德国等国家出现了“工业企业公园”，厂房周围留下大片绿化和发展用地。

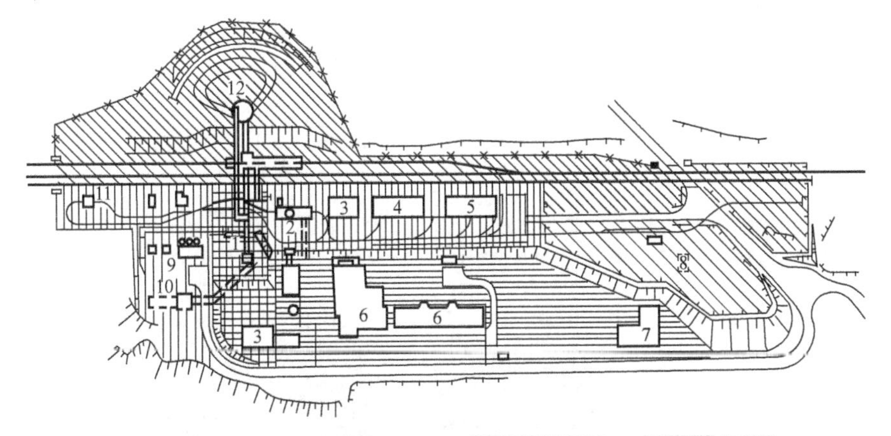


图 9-19　徐家沟煤矿工业场地布置及其功能分区

1—主井　2—副井　3—提升机房　4—材料库　5—机修车间　6—行政福利联合楼　7—食堂　8—坑木场　9—压风机房　10—预留通风机房　11—矸石翻车机房　12—贮煤场

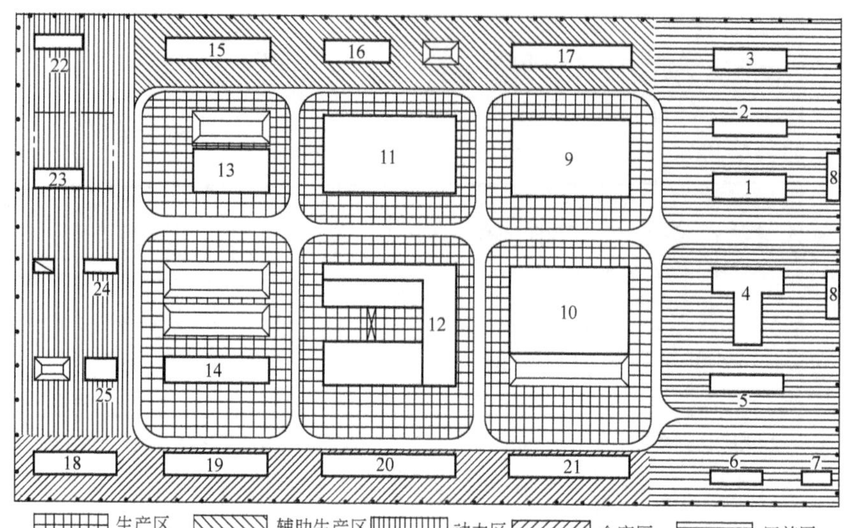


图 9-20 煤矿区一般机电修配厂功能分区

1—办公室 2—试验室 3—托儿所 4—食堂 5—浴室 6—汽车库 7—油脂库 8—车棚 9—电修厂 10—机加工车间 11—铆焊车间 12—铸工车间 13—锻工车间 14—铸工材料车间 15—机修车间 16—木模车间 17—工具及热处理车间 18—设备备件库 19—耐火材料库 20—金属材料库 21—半成品、成品库 22—变电所 23—氧气站 24—压风机房 25—锅炉房

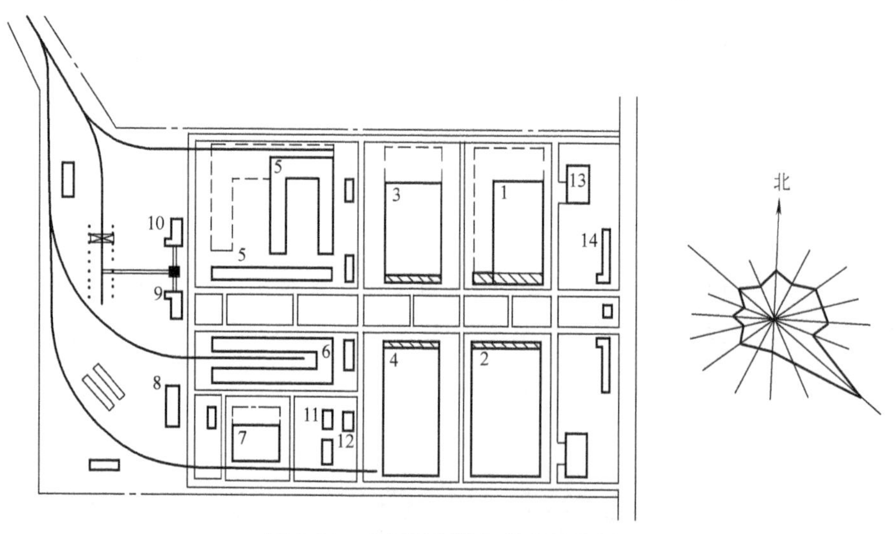


图 9-21 某机械制造厂的总平面图

1—辅助车间 2—装配车间 3—机械加工车间 4—冲压车间 5—铸工车间 6—锻工车间 7—总仓库 8—木工车间 9—锅炉房 10—煤气发生站 11—氧气站 12—压缩空气站 13—食堂 14—厂部办公楼图

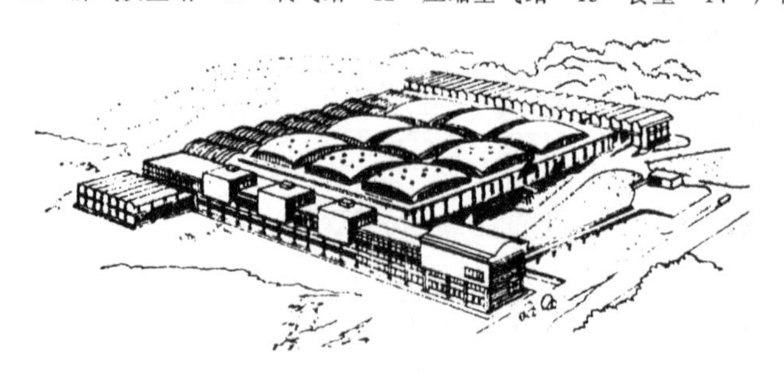

图 9-22 英国某橡胶制品厂

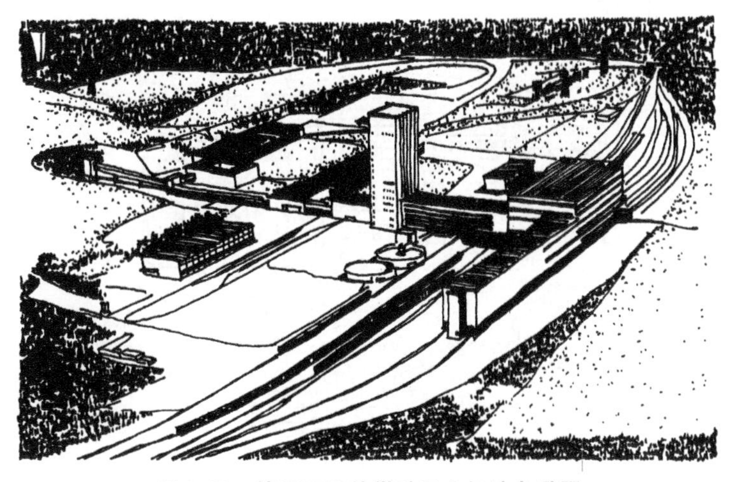

图 9-23　德国瓦恩特煤矿工业场地鸟瞰图

地处坡地或丘陵地带的生产场区，地形起伏大，道路及建筑空间布局多变，也给生产工艺流程及竖向布置带来较大的困难，在进行总平面布置时应尽可能利用生产场区自然地形条件。这样，除可减少土石方工程外，还可以借势造景，产生良好的景观效果，如图9-25和图 9-26 所示。

合理的功能区划，应确保整个厂区总平面布置的工艺流程连续、短捷和人流、物流路线的合理，并为全厂净化、绿化与美化环境奠定良好基础。

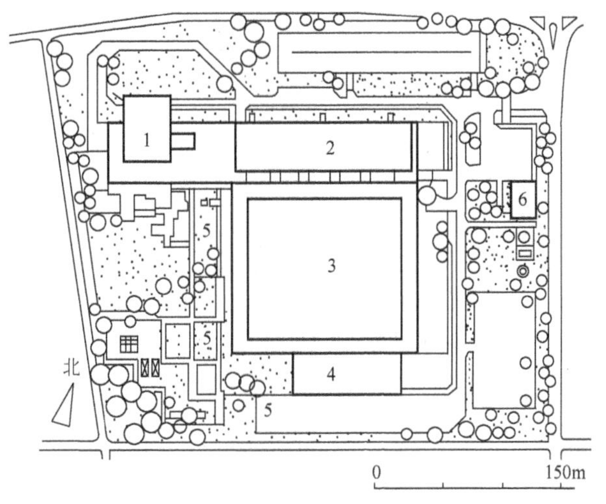


图 9-24　德国某化妆品厂总平面图

1—办公楼及饭厅　2—生产与包装车间　3—主厂房及仓库　4—装运站　5—消防队　6—动力站

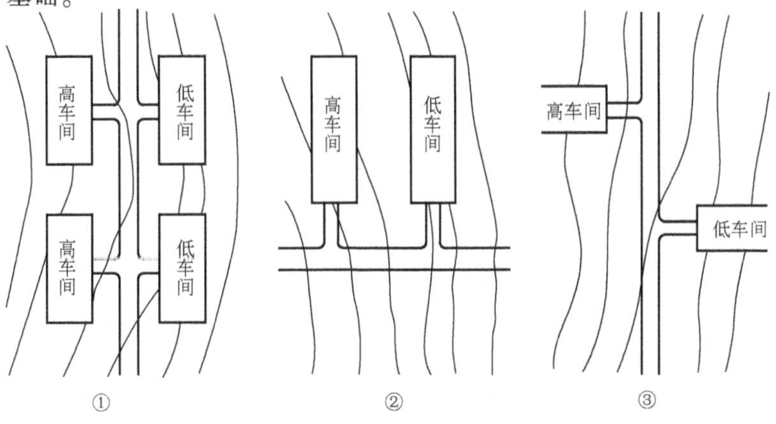


图 9-25　利用地形布置厂房示意图

①、②—车间平行于等高线　③—车间垂直于等高线

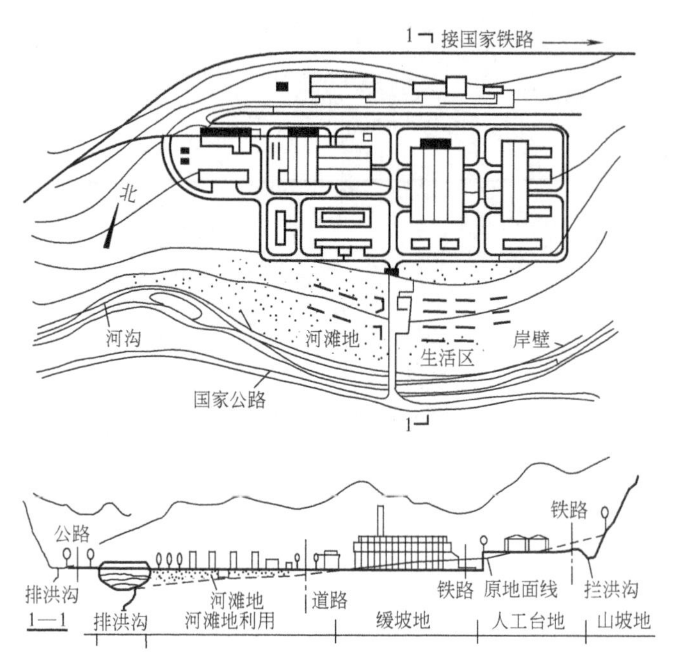


图 9-26 在坡地布置厂前区和生活区

## 9.4 生产企业厂前区空间环境设计

厂前区是生产企业人流通过和集散的中心，是生产企业对外联系的枢纽，是序列空间的始点，是形成人的第一印象的空间。也在很大程度上反映了一个生产企业的面貌。随着时代的前进和企业的发展，厂前区的变化尤为突出，这充分说明厂前区的重要性。

目前，厂前区建筑大多趋向合并，有些还与厂房组合，厂前区建筑数量减少。空间向开敞性发展，建筑区域划分不明显，但提高了对环境质量的要求。

### 1. 厂前区外部空间的构成要素

厂前区外部空间一般由总出入口、行政和生产管理办公楼、职工餐厅、生活室、试验室、产品陈列馆、生产企业史展览馆等建筑以及部分生产厂房围合而成。这些建筑和地面上的广场、主干道、绿化、建筑小品等成为外部空间的构成要素，这些要素形成该空间的特征，表现出其艺术质量。

由于生产企业规模、性质、生产特点、地形、运输和所处位置不同，形成的厂前区外部空间形式也多种多样，如图 9-27～图 9-30 所示。

### 2. 主要出入口处理

生产场区的出入口是其门户，它既是人流、车流通过的咽喉，也是生产企业性质和形象的一个重要标志。因此，它不仅要满足管理功能的要求，而且要满足较高的艺术要求。在建筑处理上应当简洁明快、朴素大方，与厂前区或生产场区的高大建筑物相呼应，形成统一的整体。与生产场区街景立面构图和干道绿化组织相结合，与厂前区空间环境相协调。造型应有时代气息，构造、色彩、材料应有特色。

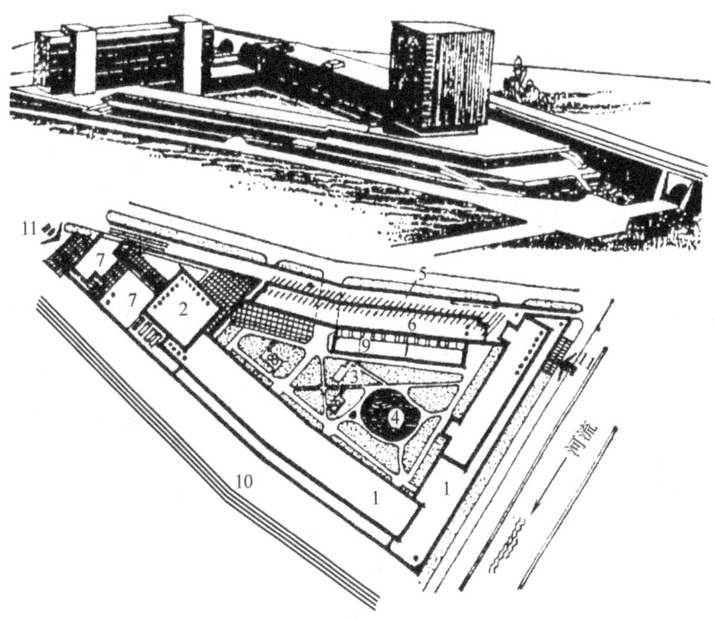


图 9-27　国外某机械厂厂前区群体建筑

1—生产厂房　2—技术研究中心　3—内部庭院　4—休息场地　5—停车场　6—停车场上的遮棚
7—厂前区　8—运动场地　9—上部采光窗　10—铁路　11—人流方向

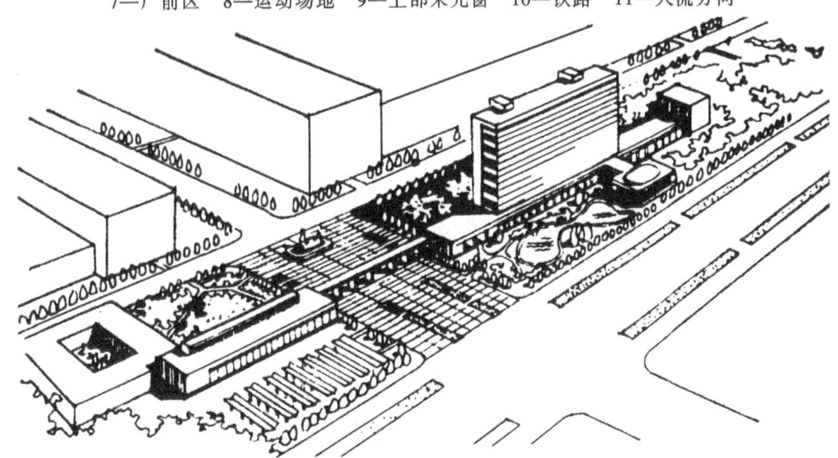

图 9-28　某重型机械制造厂厂前区鸟瞰图

图 9-29　位于坡地的某厂厂前区布置示意图

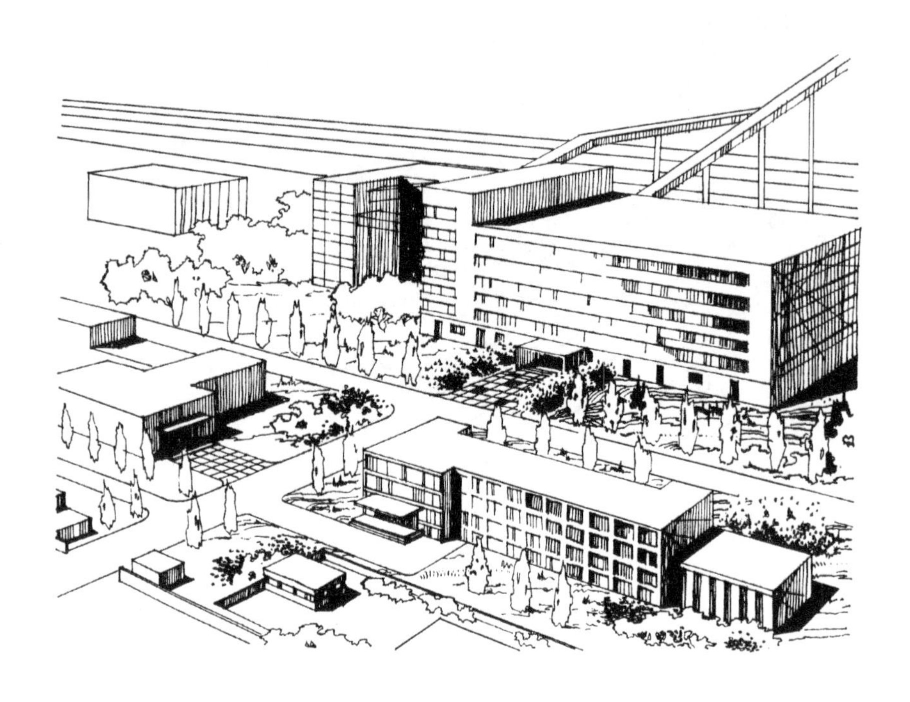

图 9-30 大屯选煤厂厂前区鸟瞰图

出入口一般由大门、值班室、停车场等组成。随着社会的发展，出入口也开始向多功能社会化方面转变，形式变得多种多样，如图 9-31～图 9-36 所示。

图 9-31 大门对称布置示意图

图 9-32 大门不对称布置示意图

图 9-33　德国法兰克福约翰内斯伐艾思别科印刷厂大门

图 9-34　某拖拉机厂大门

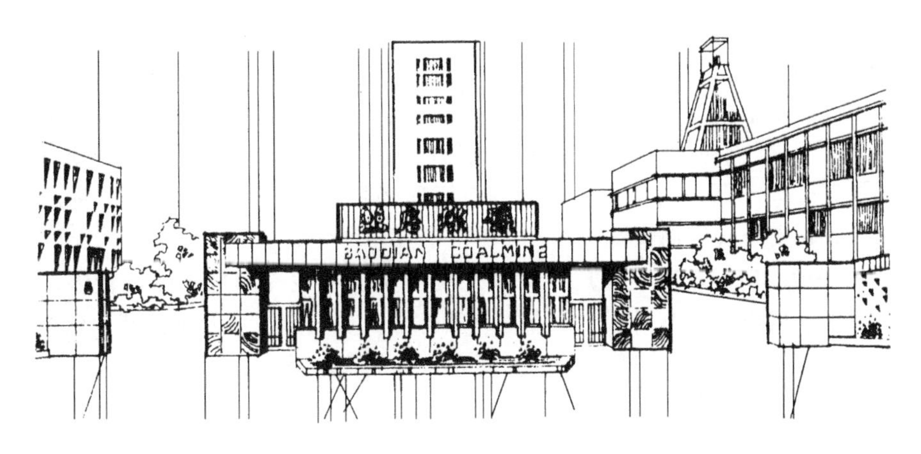


图 9-35　鲍店煤矿大门

图 9-36 国外某造纸厂大门

## 9.5 生产企业总平面设计的基本要求

生产企业总平面设计最显要的特征，是它的生产功利性。一般来说，生产企业的群体建筑是由生产性建筑、构筑物、科技试验与行政办公建筑、交通运输设施、工程管线、道路、绿化、建筑小品及其相应的内外空间所组成。在进行总平面布置时一定要注意这个建筑群体及其环境的设计，必须满足生产、使用功能的要求，同时，在进行建筑群体与环境的艺术处理时，应积极创造出既是生产、生活所必需的，又是与时代发展相适应的建筑空间环境，以体现宏伟的工业景观。

生产企业总平面设计应根据企业的生产性质、规模和生产工艺要求等确定，并结合所在地区的具体条件（气象、地形、地质、水、电、交通等），从平面、竖向、管线、运输、环境保护与绿化等不同角度，处理好它们之间的关系。

（1）**满足生产工艺要求，和谐建造空间环境** 在生产企业诸多生产、使用功能关系中，生产工艺流程是起主导作用的，是总平面布置的依据。在对企业的总平面布置时，必须确保工艺流程与功能分区合理，这是对生产企业总平面功能布局的基本要求。因此，生产企业功能分区、建筑与空间布局、运输线路及方式、动力供应及各种管线敷设等，都应符合生产工艺流程的要求。生产企业交通运输是实现工艺流程的重要环节，道路、轨道等交通空间的布置应力求短捷、顺直、紧凑、流畅，人货分流，不逆行，避免不必要的交叉。生产联系密切的车间尽可能靠近或集中，节约用地，节省投资，建成后能较快投产并发挥良好效益。在满足生产工艺流程要求的前提下，要以工业建筑的环境美学观点考虑生产企业建筑群体及周围空间环境艺术处理等问题，以获得良好的建筑空间环境效果，使之既有利于物质产品的生产，又有利于人们安全健康愉快地工作。

（2）**保证安全，有利环境** 生产企业生产的污染源及危险、危害因素较多，如有害气体、烟尘、污水、废渣、噪声及振动、火灾、爆炸等。从安全生产及工人劳动保护等方面考虑，道路空间及建筑布置应按规范保证有一定的安全距离，满足国家安全标准、消防规范等有关规定。应充分利用风向、流向、地形变化、绿化等因素及措施进行防护处理，净化环境(图 9-37)。

（3）**有利生产，方便生活** 结合生产工艺和当地的自然条件，本着有利生产、方便生

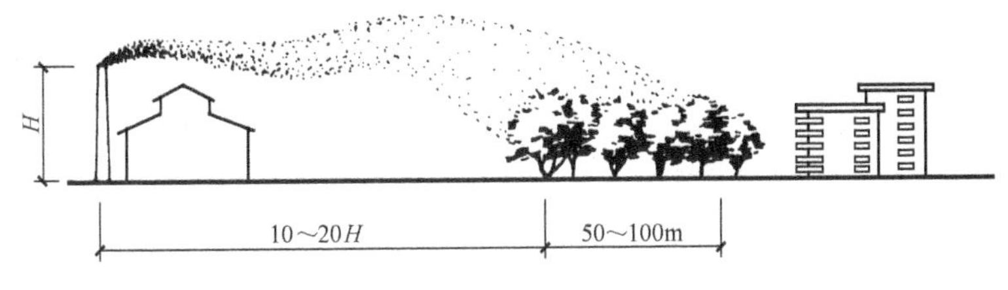


图 9-37　大气净化林带的布置

产管理和职工生活的原则，合理布置好行政管理和生活福利建筑，处理好生产区与厂前区、居住区的关系，处理好相应的厂内外环境空间与绿化、美化等问题。

(4) **留有更新、扩建余地**　随着社会经济发展和科学技术进步，企业的生产规模会不断扩大。采用新设备、新技术，生产工艺就需要不断地改造与更新。建筑形式与空间环境，应具有与这种发展趋势相适应的特性，设计时应考虑远期生产发展的需要，留有改建扩建的余地。

(5) **节约用地，降低能耗**　生产性建筑物、构筑物体量大，设备多，占地面积也大，很多生产企业工业设备外露、庞杂多变。总平面布置应特别注意节约用地。可采取采用建筑外形规整简洁、建筑物及构筑物的间距合理，合理地合并车间，适当增加建筑层数等措施，使工业企业的群体建筑呈现与民用建筑风貌迥然不同的工业景观。

## 9.6　场区管道支架与管道地沟

### 9.6.1　管道支架的作用与分类及设置

#### 1. 管道支架的作用

管道支架的作用是支承管道，并限制管道的变形和位移。支架要承受由管道传来的管内压力、外载负荷作用力（包括重力、摩擦力、风载等）以及温度变化时管道的变形弹性力，并将这些力传到支承结构上去。

#### 2. 管道支架的分类

管道支架的形式很多，可以根据管道与建筑物的相对位置、支架高度、支架在管道系统中所起的作用等进行分类。

按照管道与建筑物的相对位置不同，管道支架可分为室外管道支架和室内管道支架。

架空管线的支架按照不同的使用要求可以布置成低支架、中支架、高支架等几种形式(图 9-38)。

(1) **低支架**　管道保温外壳底部距地面的净高不小于 0.3m，一般 0.5 ~ 1.0m。通常采用毛石或砖砌结构，如所受轴向推力较大时，可用钢筋混凝土结构。

(2) **中支架**　净高为 2.5~4.0m，设在人行频繁的地方，一般采用钢筋混凝土结构或钢结构。

(3) **高支架**　仅在跨越铁路和公路时采用。跨越公路时，净高不应低于 4.5m；跨越铁路时，与轨顶净距不应小于 6.0m。高支架一般采用钢结构或钢筋混凝土结构。

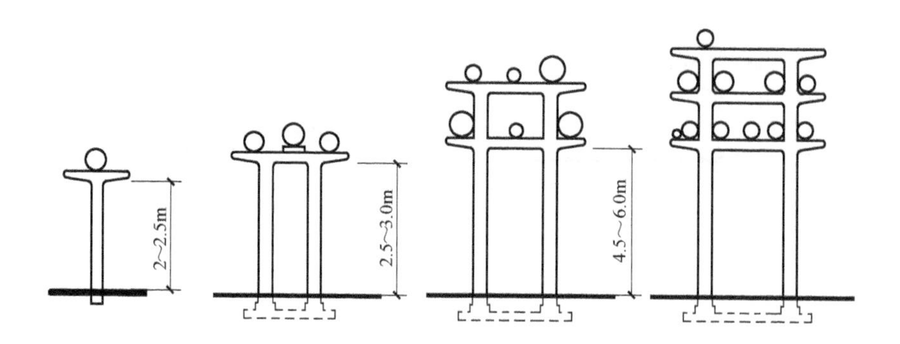


图 9-38 架空管线的支架

实际工程中可以根据地面人流与物流情况，交通运输对管架净空高度的要求，以及周围景观协调等因素来选用。生产工艺允许有局部起伏的管线，穿越道路或较高建筑物时，可局部提高管架高度，以免普遍使用高支架而提高工程造价。

按照管道支架对管道的制约情况，可分为固定支架、活动支架和摇摆支架三类。活动支架可分为刚性活动支架和柔性活动支架；摇摆支架可分为柱式摇摆支架、吊架式摇摆支架、吊架、摇摆支托和托架式摇摆支座五种。

3. 管道支架的设置

各种工程管道和线路的敷设可分别采用地下布置（管线沟敷设或直埋），沿地面或沿建（构）筑物布置，架空布置等几种形式。无论采取何种布置形式，它们对小区环境、景观都有直接的影响，即使地下埋设的管线，也影响所占地的地面空间。所以选择管线敷设方式时应根据场地条件、相关建筑空间特性（形状、规模、色彩等空间形象）、生产工艺、管线性质等，选择经济合理的管线敷设方式，决定管线走向和敷设宽度，正确处理好管线与建筑物、构筑物、交通运输及各种生产设施的相互关系，进而确定管道支架形式。

在各种敷设方式中，管线沿建（构）筑物布置和架空布置等形式，其外形特征比较明确，对生产区的空间组织与环境景观影响也较大。管线沿建筑、构筑物布置的形式主要有管线沿厂房外墙外柱布置（图 9-39）；管线沿挡土墙、护坡布置等（图 9-40）。这种布置形式比地下敷设和架空敷设节省土石方量、支架材料及建设资金。但应该注意管道支架及管线外形的整洁美观，沿厂房外墙窗户布置时应不影响车间采光和通风，管线通过道路或门洞时，要将管线抬高处理，以免影响交通。

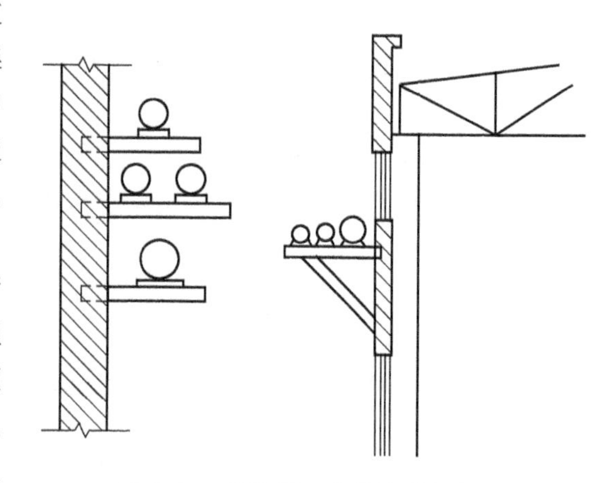

图 9-39 管线沿厂房外墙外柱布置

架空管线是将管线布置在支架上或管线通廊内，它有架设比较集中、便于管理维修、易于管线空间交叉和交接分支、便于采用预制支架构件和机械化施工等优点。现代企业中特别是冶金、化工、炼油等工业管线，普遍采用这种形式。

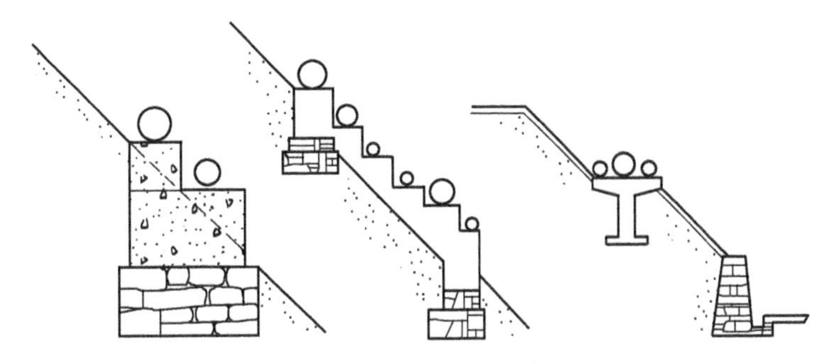

图 9-40　管线沿挡土墙或护坡布置

管线的综合布置，还可以采用由骨架组成一个通廊，将管线布置在通廊中，以及将管线架设在厂房屋顶上等形式。这种布置方式要求整个管线系统架设的外形整洁美观，注意管道外包材料的维修，保持管线颜色的色别和色调的统一，充分利用架空管线的动向、导向和分隔空间的性能来组织空间，进行架设系统的艺术处理，利用大型支架体现结构的形式美，利用跨越道路的廊、架，构成门、洞框景，以丰富空间景观（图 9-41）。

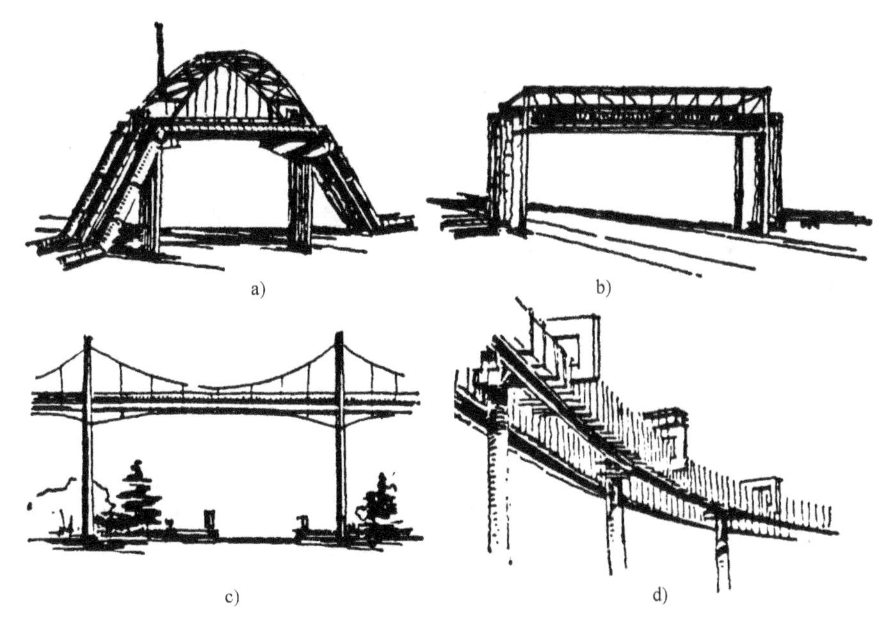

图 9-41　管道支架通廊

a）悬挂式　b）桁架式　c）梁式　d）悬索式

管道支吊架形式的确定还要根据对管道所处位置点上的约束性质来进行。若管道约束点不允许有位移，则应设置固定支架；若管道约束点处无垂直位移或垂直位移很小，则可设置活动支架。

活动支架的间距是由管道的允许跨距来决定的。而管道允许跨距的大小，决定于管材的强度、管子的刚度、外荷载的大小、管道敷设的坡度以及管道允许的最大挠度。

管道的允许跨距通常按强度及刚度两方面条件来计算，选取其中较小值作为管道活动支架的间距。

## 9.6.2 管道支架

### 1. 管道固定支架

固定支架是管道系统在任何方向的支承点，可承受垂直荷重和各方向的水平荷重。在该支承点上的管道不允许有任何方向的位移。两固定支架之间的管道因温度的变化而产生的伸缩量，借管道本身的自然补偿或特设的伸缩器来补偿。固定支架按其结构形式可分为空间构架式或柱形固定支架和支托架式固定支架两种。

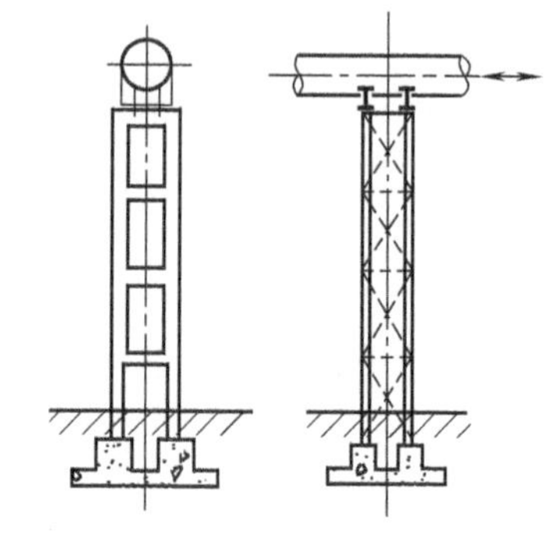

图 9-42 四肢式∏形固定支架示意图

（1）**空间构架式或柱形固定支架** 空间构架式或柱形固定支架的管道、支架（包括管托）及基础等相互间均为固定连接。一般采用四柱式∏形空间构架式固定支架（图9-42），当支架不高且受力较小时，也可采用人字形固定支架（图9-43），或者单柱式固定支架（图9-44）。

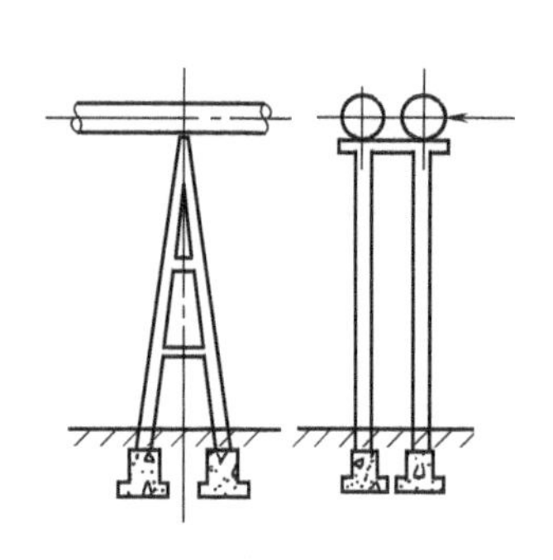

图 9-43 人字形固定支架示意图

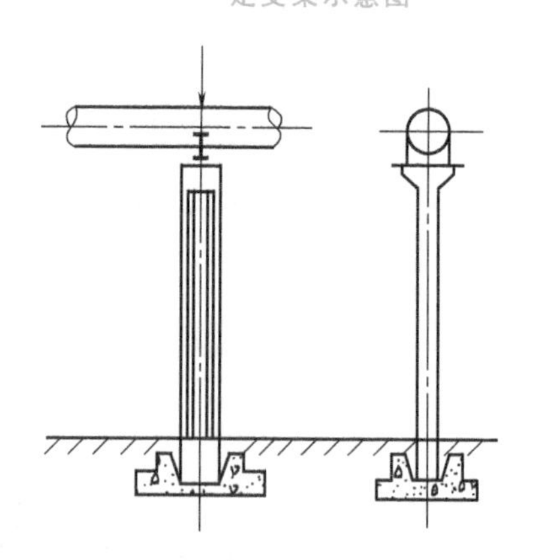

图 9-44 单柱式固定支架示意图

（2）**支托架式固定支架** 支托架式固定支架一般是与永久性建筑物固定连接形成的刚性支架（图9-45）。当与建筑物固定连接有困难而管道刚度较大时，在征得有关专业同意并保证管道强度的条件下，可以考虑将支架与管道固定连接，以形成刚性支架（图9-46）。

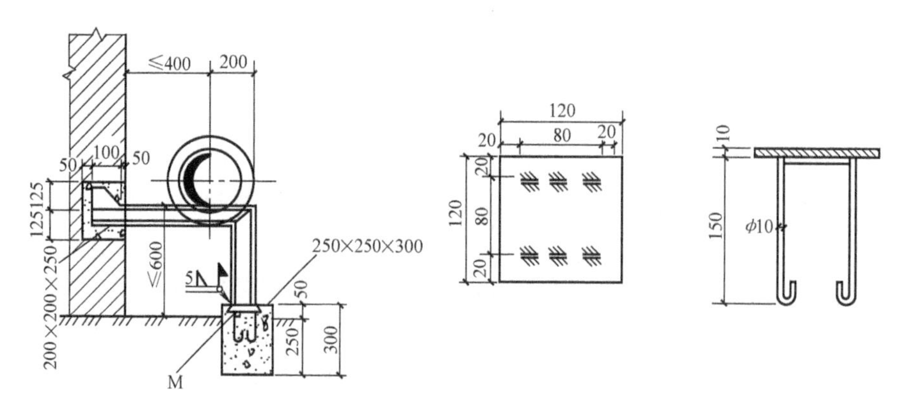


图 9-45 托架与永久性建筑物构成的固定支架

2. 管道活动支架

在垂直方向及垂直管线的水平方向为管道的支承点，可承受垂直荷载及垂直于管线方向的水平荷重，在顺管线方向可以使管道自由移动。

活动支架的结构形式有平面构架式或柱形活动支架、吊架式活动支架和支托架式活动支架三种形式。

(1) **平面构架式或柱形活动支架**　平面构架式或柱形活动支架一般设计为Π形平面构架式（图 9-47），也可设计成人字形（图 9-48），当管径较小时常采用单柱式活动支架（图 9-49）。

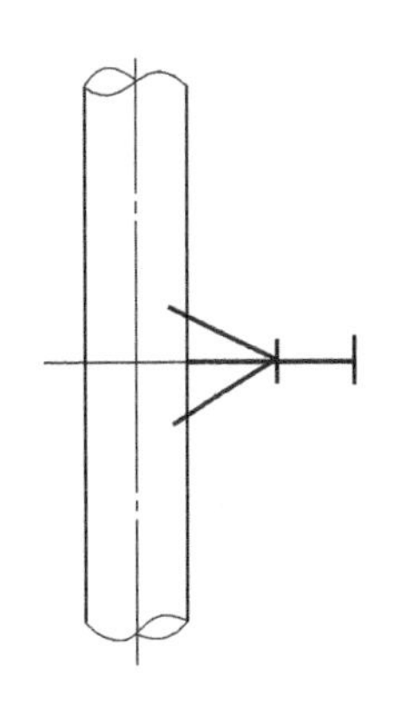

图 9-46　支架与管道固定连接平面示意图

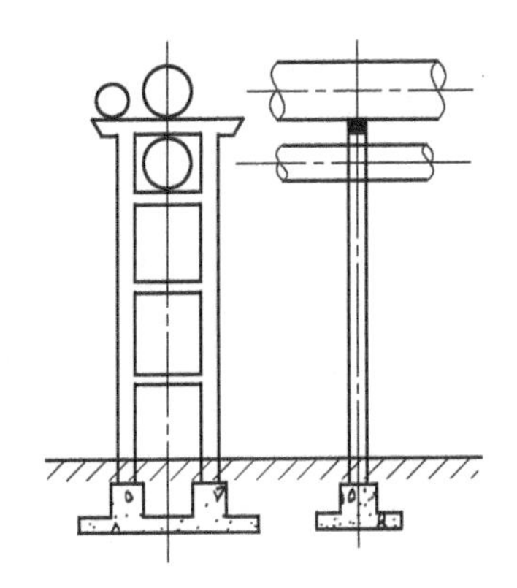

图 9-47　Π 形平面构架式活动支架

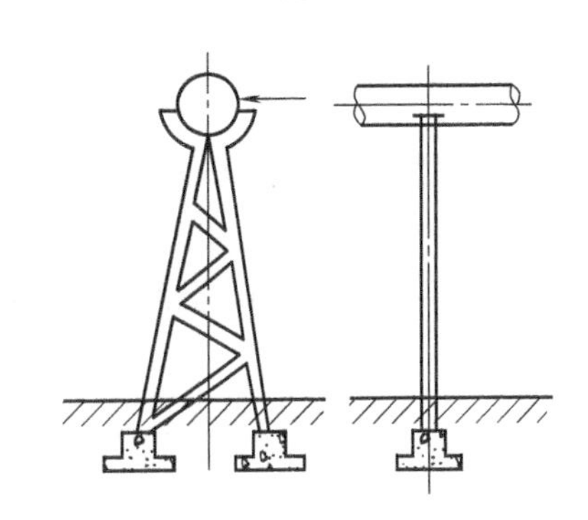

图 9-48　人字形活动支架

根据平面构架式或柱式活动支架与管道及基础的连接方式的不同又可分为刚性活动支架、柔性活动支架和铰接活动支架。不论刚性活动支架、柔性活动支架还是铰接活动支架，其与基础在垂直于管线方向和顺管线方向均为固定连接，它们的区别在于支架与管道及基础在顺管线方向的连接方式不同。

1) 刚性活动支架。刚性支架与管道及基础在顺管线方向为活动连接，支架顶端为自由端，不能适应管线热变化要求，以支架本身刚度抵抗水平推力 $p_m$，管线可沿支架顶端滑动或滚动，如图 9-50 所示。

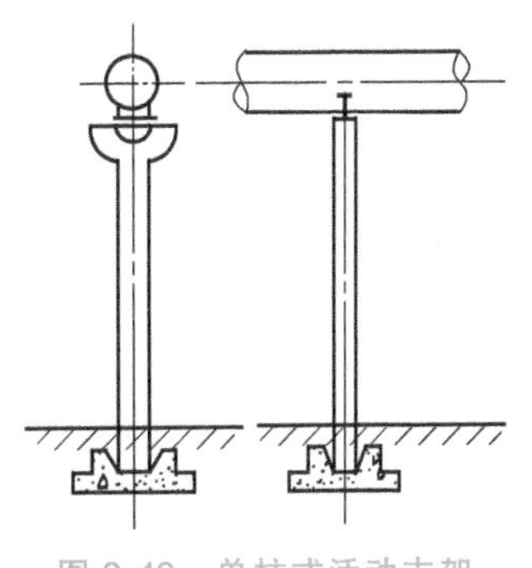

图 9-49　单柱式活动支架

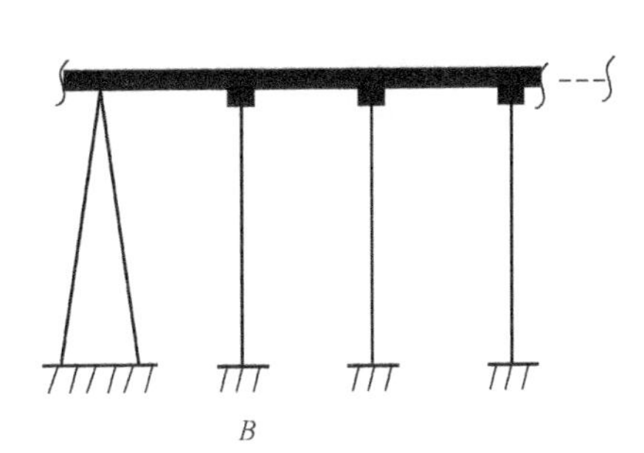


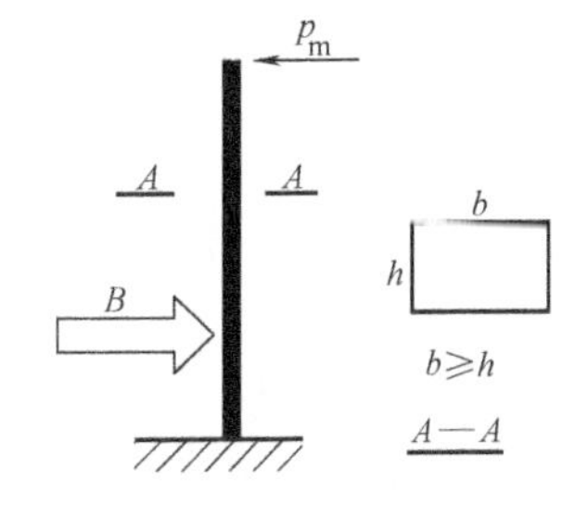


图 9-50　刚性活动支架

2）柔性活动支架。柔性活动支架与管道为铰接，支架与基础为固定连接，能承受支架变位产生的反弹力。由于出柱顶反弹力 $p_f<p_m$（$p_m$ 为摩擦推力），故当管线热变形时，柱顶也随之产生相应的变形，如图 9-51 所示。此种结构形式适用于较高的管架，特别是采用钢结构支架时，更能达到实用、轻巧、美观且施工方便的效果。

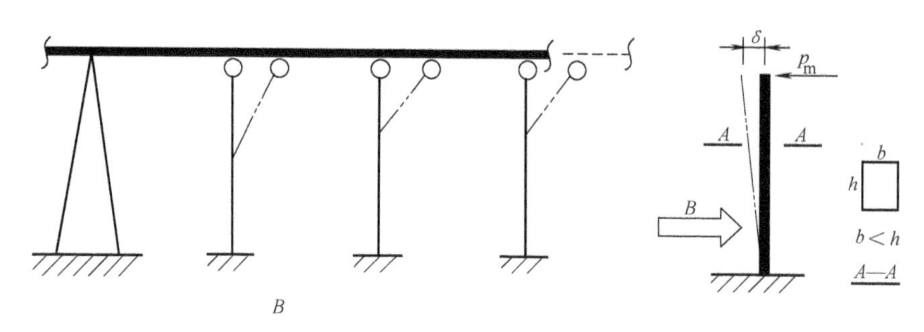


图 9-51 柔性活动支架

3）铰接活动支架。铰接活动支架与管道及基础之间均为铰接，故支架既允许有一定的转动，又能承受一定的弯矩值，以适应管线热变化要求，图 9-52 所示为半铰接活动支架。在设计铰接活动支架时，仅考虑垂直荷载，管线轴向水平推力，因 $p_f$ 很小，可忽略不计。

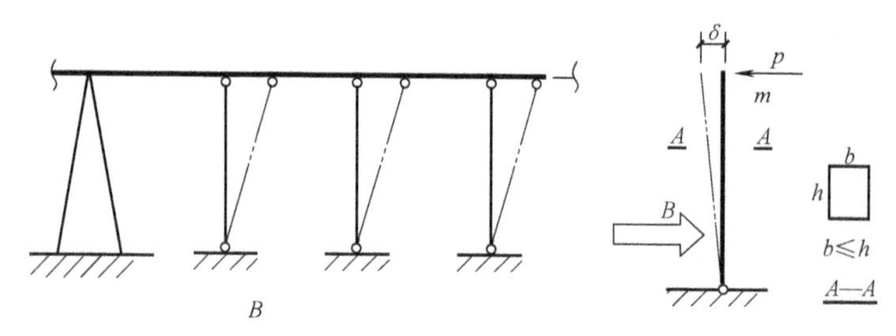


图 9-52 半铰接活动支架

（2）**吊架式活动支架** 所谓吊架式就是指管线借斜拉杆悬吊于平面构架式或柱式活动支架的伸出端上，如图 9-53 所示。这种方式一般在必须增加管线支架间距时使用。

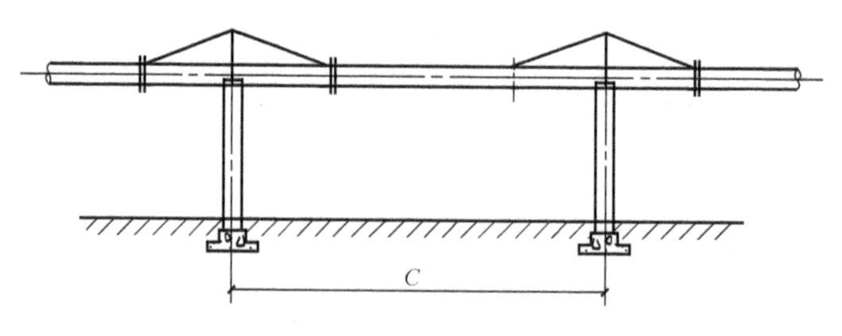


图 9-53 吊架式活动支架示意图

（3）**支托架式活动支架** 在顺管线方向，支架与管道、支架与底座（或与永久性建筑物构件的连接点）均为铰接；在垂直管线方向，支架与底座为固定连接，如图 9-54 所示。

3. 管道摇摆支架

当允许管道在平面上作任何方向的移动时，可采用管道摇摆支架。管道摇摆支架一般为

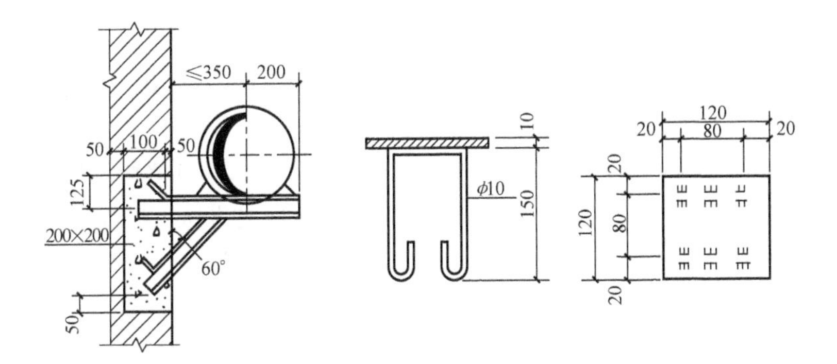


图 9-54　支托架式活动支架示意图

管道在垂直方向的支承点，吊架式摇摆支架也可兼作管道在水平方向的弹性支承。

摇摆支架的结构形式有：柱式摇摆支架、吊架式摇摆支架、吊架、摇摆支托、托架式摇摆支座五种，如图 9-55 所示。

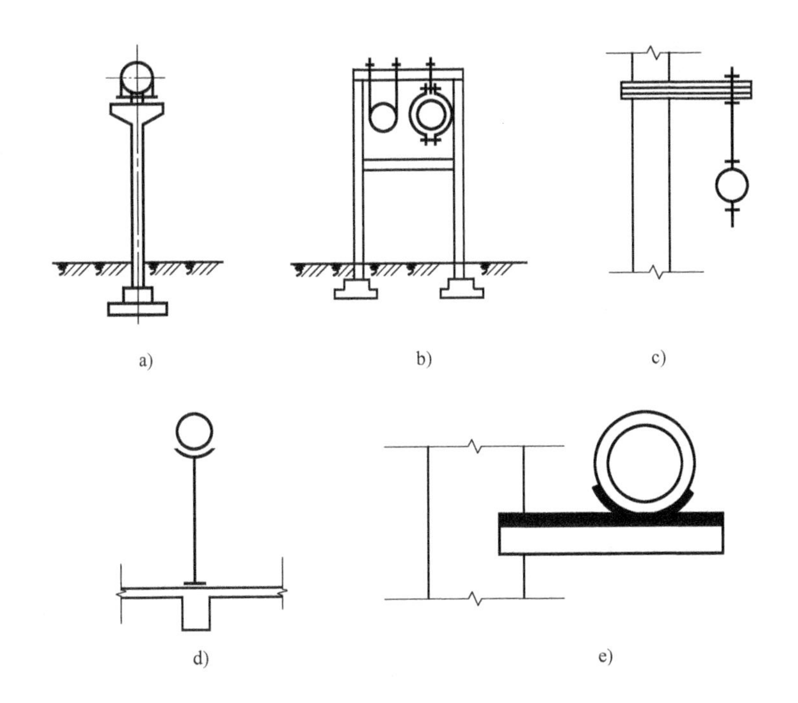


图 9-55　管道摇摆支架示意图

a）柱式摇摆支架　b）吊架式摇摆支架　c）吊架　d）摇摆支托　e）托架式摇摆支座

（1）**柱式摇摆支架**　柱式摇摆支架根据其连接情况的不同，又可分为铰接摇摆支架、柔性摇摆支架和刚性摇摆支架，如图 9-55a 所示。

1）铰接摇摆支架。支架与管道、支架与基础在任何方向均为铰接。

2）柔性摇摆支架。在任何方向，支架与管道是铰接，而支架与基础是固定连接。

3）刚性摇摆支架。在任何方向，支架与基础为固定连接，支架顶部为自由端，管道可在支架顶部移动。

（2）**吊架式摇摆支架** 管道借拉杆悬吊于框架式横梁上，如图 9-55b 所示。

（3）**吊架** 管道借拉杆悬吊于牛腿或其他永久性建筑物的构件上，如图 9-55c 所示。

（4）**摇摆支托** 在任何方向，管道与支架、支架与底座（支托与永久性建筑物构件的连接点）均为铰接，如图 9-55d 所示。

（5）**托架式摇摆支座** 管道自由支承于托架上，可在任何方向移动，如图 9-55e 所示。

图 9-56 所示为部分摇摆支架与永久性建筑物构件的连接的例子，其中图 9-56a 与图 9-56b为吊架的悬吊拉杆与永久性建筑物构件（梁或板）连接方法，图 9-56c 为摇摆支托与永久性建筑物构件的连接方法。

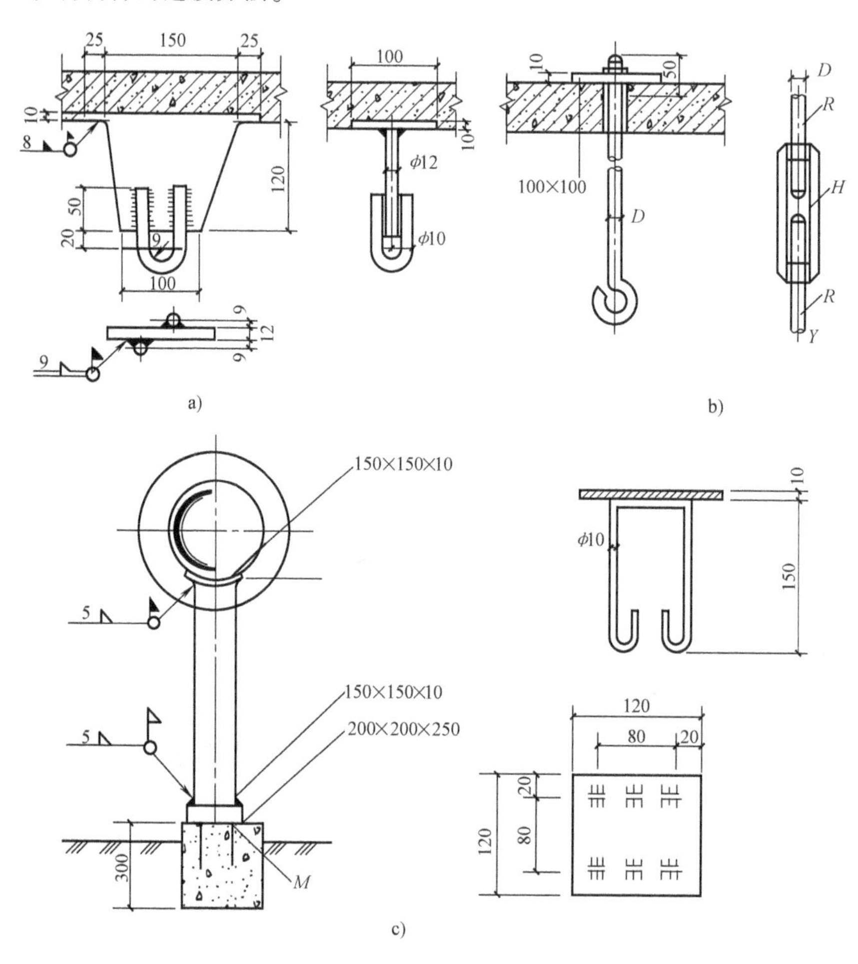


图 9-56 部分摇摆支架与永久性建筑物构件的连接方法

## 9.6.3 管道地沟

地沟按其构造可分为普通地沟和预制混凝土地沟；按其断面尺寸的大小可分为通行地沟、半通行地沟和不通行地沟，如图 9-57 所示。

### 1. 普通地沟

普通地沟为钢筋混凝土或混凝土基础，砖或毛石砌筑的沟壁，钢筋混凝土盖板。结构上，要求尽量做到不漏水，通常要在地沟内壁表面抹防水砂浆。地沟盖板应做出 0.01~0.02

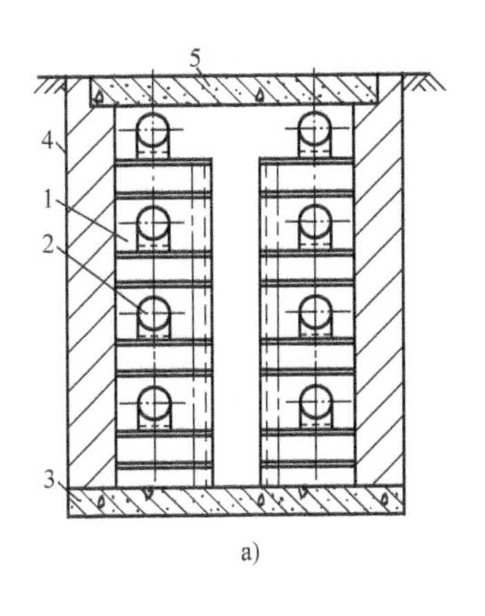


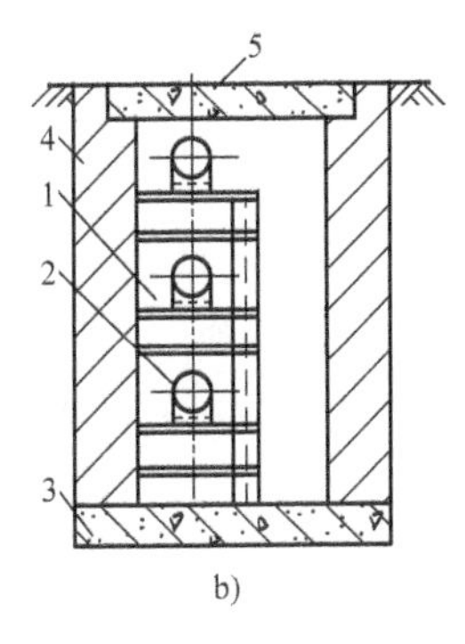


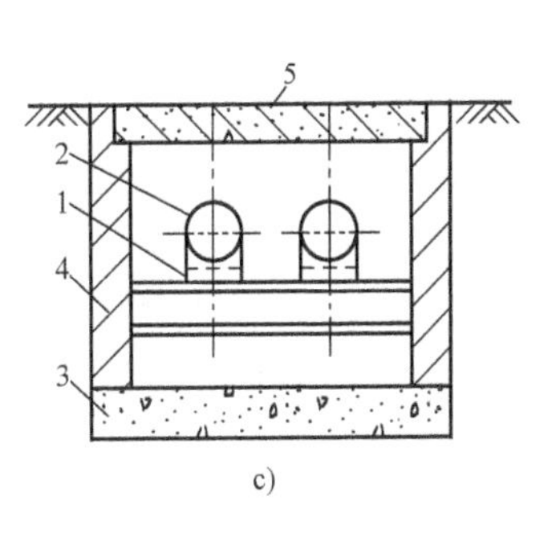


图 9-57 地沟

a）通行地沟 b）半通行地沟 c）不通行地沟

1—支架 2—管道 3—沟底

4—沟壁 5—沟盖

的横向坡度，盖板上覆土深度应不小于 0.3m。盖板之间及盖板与地沟之间应用水泥砂浆或热沥青填缝。沟底坡度可与管道坡度相同，但不得小于 0.002，坡向排水点。

当地下水位高于地沟时，必须采取防水或局部降低水位的措施。地沟常用的防水措施是在地沟外表面做沥青防水层，即用沥青粘贴数层油毛毡并外涂沥青，沟底打一层防水砂浆。局部降低水位的方法，是在沟底基础的下面铺一层粗糙的砂砾，在沟底 200~250mm 的砂砾中铺设一根或两根直径为 100~150mm 的钢管，钢管上钻有许多小孔。为清洗和检查排水管，每隔 50~70m 需设一个检查井。虽然这种方法可在局部把水位降低，但必须配备排水设备、增设排水设施，维护、管理工作量也较大，所以只在有特殊要求的地方或地下水位常年低于沟底部的地方采用。

### 2. 预制钢筋混凝土地沟

该地沟的断面形状为椭圆拱形。在素土夯实的沟槽基础上，现场浇筑钢筋混凝土地沟基础，厚度为 200mm。打好基础，便可进行管道安装和保温，最后吊装预制拱形沟壳。椭圆形钢筋混凝土拱壳厚 250mm，其椭圆长轴以下是直线段。拱壳脚基用细石混凝土浇筑，使之与地沟基础紧密嵌接；拱壳之间的接缝用膨胀水泥填塞。

不论哪种形式的地沟，其高度和宽度都应满足安装要求和实用要求，因此地沟的断面尺寸，应符合表 9-1 的规定。

表 9-1 地沟敷设有关尺寸 （单位：m）

| 名称<br>地沟类型 | 地沟净高 | 人行通道宽 | 管道保温表面与沟壁净距 | 管道保温表面与沟顶净距 | 管道保温表面与沟底净距 | 管道保温表面间净距 |
|---|---|---|---|---|---|---|
| 通行地沟 | ≥1.8 | ≥0.7 | 0.1~0.15 | 0.2~0.3 | 0.1~0.2 | 0.15 |
| 半通行地沟 | ≥1.2 | ≥0.6 | 0.1~0.15 | 0.2~0.3 | 0.1~0.2 | ≥0.15 |
| 不通行地沟 | | | 0.15 | 0.05~0.1 | 0.1~0.3 | 0.2~0.3 |

不通行地沟的高度，根据管道尺寸而定。不通行地沟适用于通常不需要维修，且管线在两条之内的支线管道，当其宽度超过 1.5m 时，可考虑设双槽地沟。其结构可用砖或钢筋混凝土预制块砌筑。地沟的基础结构根据地下水及土质情况确定，一般应修在地下水位以上。

如地下水位较高，则应设有排水沟及排水设备，以专门排除地下水。因热力管道不怕冻，一般可把管道敷设在冰冻线以上。地沟越浅，则其造价就越低。

半通行地沟适用于2~3根管道，且又不能开挖路面维修的情况。高度能使维修人员在沟内弯腰行走，一般净高为1.4m，通道净宽为0.6~0.7m。长度超过60m时，应设检修口。可用砖或钢筋混凝土预制块砌成。

通行地沟适用于厂区主要干线，管道根数多（一般超过6根）及城市主要街道下。为了检修人员能在沟内自由行走，地沟的人行道宽0.7m，高≥1.8m，每隔100m应设一个人孔。

## 习 题

1. 简述建筑与外部空间环境的关系。
2. 影响建筑外部空间环境的因素有哪些？为什么要对这些影响因素进行综合协调？
3. 为什么说建筑外部空间是“没有屋顶的建筑”？它由哪些要素构成？它与建筑之间有着什么样的关系？
4. 画图简述建筑外部空间的基本类型。
5. 简述建筑外部空间环境设计的重要意义。
6. 何谓基地（用地）红线？简述建筑物与基地红线之间的关系。
7. 建筑物之间的日照间距是如何确定的？
8. 为什么建筑物通风状况与建筑朝向有关？
9. 分析生产场区总平面功能布局的因素影响。
10. 简述生产场区总平面设计的基本要求。
11. 场区管道支架与管道地沟类型、作用及其与建筑外部环境的关系。

10

# 第 10 章 城市地下综合管廊

## 10.1 综合管廊发展概述

### 10.1..1 地下综合管廊概念及建设意义

城市中的电力线、通信线、给水管道、排水管道、供热管道、燃气（煤气）管道等市政管线的敷设方式，大多采用架空或直埋。1832 年，法国人在巴黎把电力线、通信线、给水管道、压缩空气管道等市政公用管道集中布设在同一地下管沟中（图 10-1）。此后，人们开始把两种及以上的城市工程管线集中布设在同一地下构筑物中，以取代传统的管线敷设方式。于是，人们把这类统一规划、设计、施工和维护管理、建于城市地下、用于容纳两类及以上城市工程管线的构筑物及附属设施（如专门检修口、吊装口和监测系统等）称之为“综合管廊”(Municipal Tunnel)，如图 10-2 所示。“综合管廊”也称之为“综合管沟”“管线共同沟”(如日本)、“共同管道”(如中国台湾)。

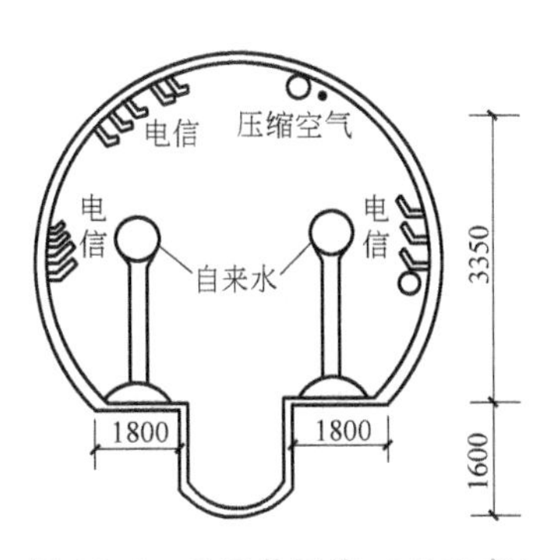


图 10-1 巴黎共同沟（1832 年）

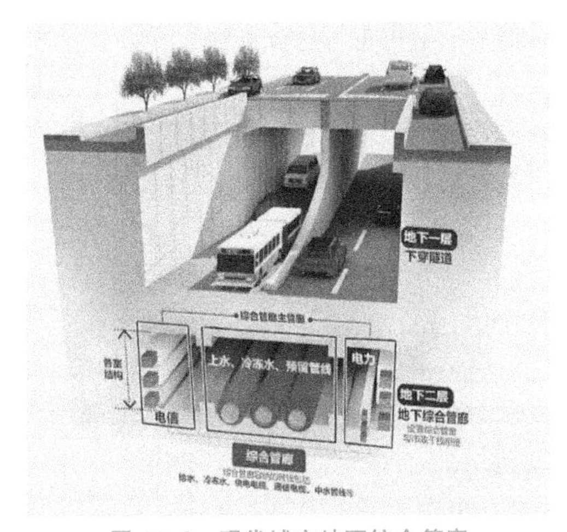


图 10-2 现代城市地下综合管廊

2015 年 8 月 3 日，国务院办公厅印发《关于推进城市地下综合管廊建设的指导意见》(以下简称《指导意见》)，部署推进城市地下综合管廊建设工作。《指导意见》指出，推进城市地下综合管廊建设，统筹各类市政管线规划、建设和管理，解决反复开挖路面、架空线网密集、管线事故频发等问题，有利于保障城市安全、完善城市功能、美化城市景观、促进城市集约高效和转型发展，有利于提高城市综合承载能力和城镇化发展质量，有利于增加公共产品有效投资、拉动社会资本投入、打造经济发展新动力。

城市地下综合管廊是新型城市市政基础设施建设现代化的重要标志之一，是保障现代城市正常运行的重要基础设施和“生命线”工程，与传统的管道架空或直埋的敷设方式相比，综合管廊充分利用了地下空间，完善城市基础设施，保证城市各项功能稳定、集约、高效运转的需要，代表着城市市政管线发展的方向，必将逐步取代传统的管线敷设方式，使城市市政基础设施的建设水平得到提升，对优化城市环境，起到良好的示范和推动作用。

建设地下综合管廊产生的经济社会效益是一种属于全社会共有的综合性效益，主要体现在以下几个方面：

1）综合管廊的建设，可避免给水管道、消防管道、污水管道、电力电缆、通信电缆工程的初期建设投入，从而把原来这些专业工程在同一工作面进行施工各自所需花费的时间，以及相互之间衔接、协调的时间，给了道路工程，使其尽早进行施工，从而加快了整个片区的建设速度。

2）综合管廊的建设，可避免将来因增设、维修各类管道，而引起的道路二次开挖，由此直接降低了道路的二次建设、维护费用，同时增加了路面的完整性和耐久性。此外，因避免了道路的开挖，从而减少了将来对城市交通的干扰，保证了道路交通的畅通，其经济社会效益难以计量。

3）综合管廊内管线不接触土壤和地下水，避免了土壤对管线的腐蚀，延长了管线的使用寿命。

4）综合管廊集约化敷设管线方式及完善的附属设施配置，对各种管线的维修保护能力大大增强，能“一目了然”地及时发现管廊里所有管线出现的故障，如供水管道“暗漏”的漏点，从而提高了管理效率，延长了其使用寿命；同时也为各种管线的扩容、更新提供方便，提高了城市可持续发展能力。

5）综合管廊的建设，减少了架空管线与绿化的矛盾，而且使地面片区更加整齐和美观。

6）综合管廊内管线的合理紧凑布置，有效利用道路地面以下的空间，促进了城市地下空间的开发利用。

7）提高了城市的综合防灾、减灾能力。

### 10.1.2 地下综合管廊常用术语

#### 1. 浇混凝土综合管廊（Cast-in-site Municipal Tunnel）

采用在施工现场支模、整体浇筑混凝土的综合管廊，称为现浇混凝土综合管廊，如图10-3所示。

图10-3 现浇混凝土综合管廊

2. 预制拼装综合管廊（Precast Municipal Tunnel）

综合管廊分节段在工厂内浇筑成型，经出厂检验合格后运输至现场采用拼装工艺施工成为整体。它包括仅带纵向拼缝接头的预制拼装综合管廊和带纵、横向拼缝接头的预制拼装综合管廊，如图 10-4 所示。

图 10-4　预制拼装综合管廊

3. 排管（Cable Duct）

按规划管线根数开挖壕沟一次建成多孔管道的地下构筑物称为排管，如图 10-5 所示。

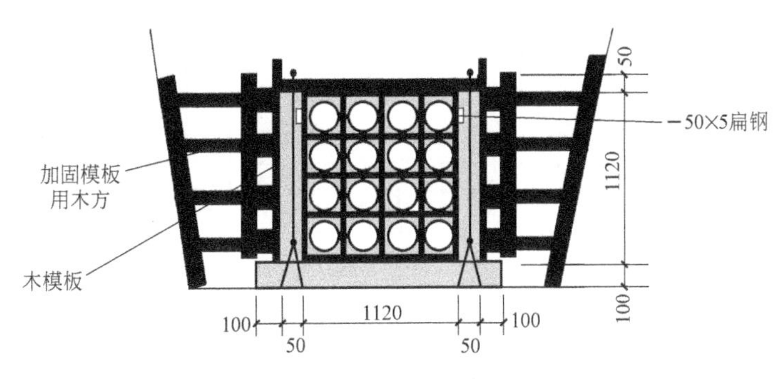


图 10-5　排管

4. 投料口（Manhole）

投料口是用于将各种管线和设备吊入综合管廊内，并满足人员出入而在综合管廊上开设的洞口，如图 10-6 所示。

5. 通风口（Air Vent）

供综合管廊内外部空气交换而开设的洞口称为通风口，如图 10-7 所示。

6. 管线分支口（Junction for Pipe or Cable）

管线分支口是综合管廊内部管线和外部直埋管线相衔接的部位，如图 10-8 所示。

图 10-6　投料口

图 10-7 通风口

图 10-8 管线分支口

7. 集水坑（Sump Pit）

集水坑是用来收集综合管廊内部渗漏水或供水管道排空水、消防积水的构筑物，如图 10-9 所示。

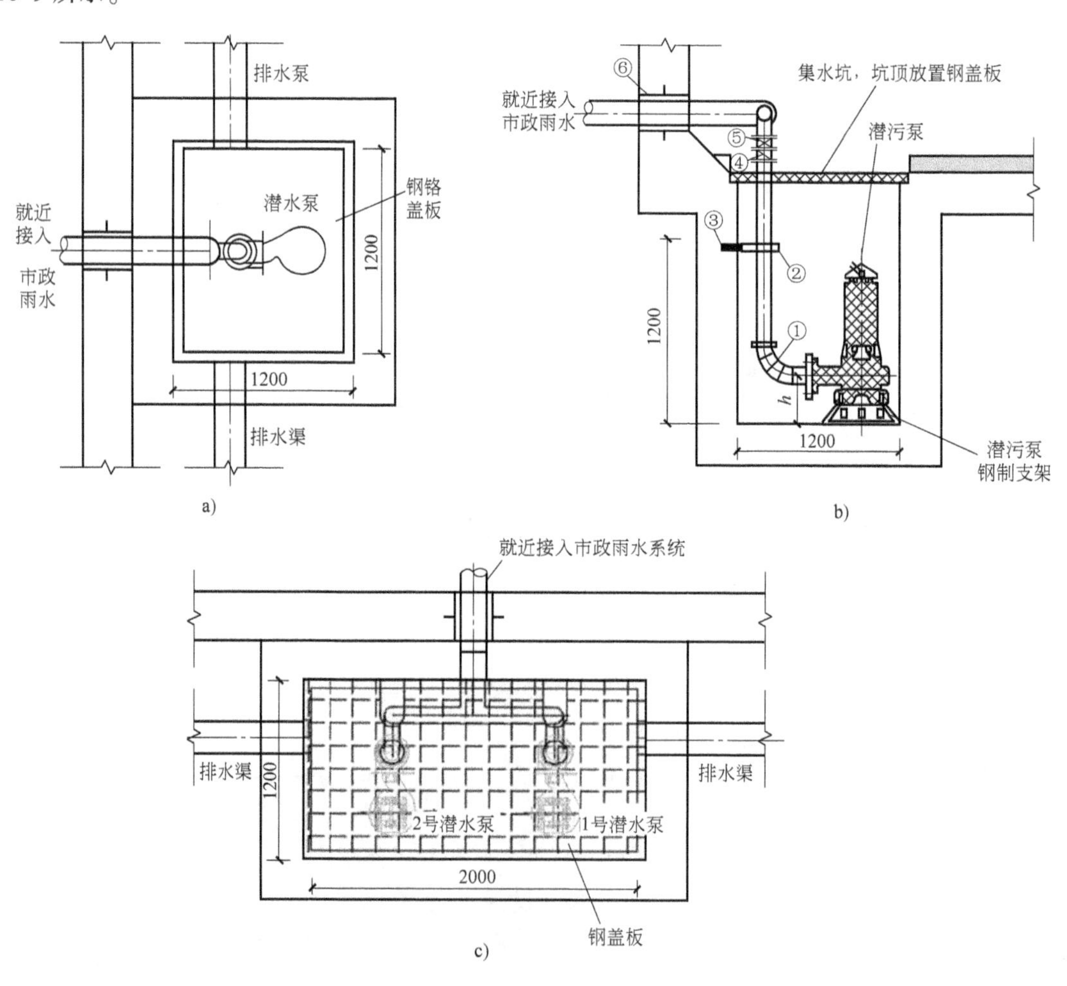


图 10-9 集水坑

a）单泵集水坑平面图 b）单泵集水坑剖面图 c）双泵集水坑平面图

8. 安全标识（Safety Mark）

安全标识是为了便于综合管廊内部管线分类管理、安全引导、警告警示而设置的铭牌或颜色标识，如图 10-10 所示。

9. 电缆沟（Cable Trench）

封闭式不通行、盖板可开启的电缆构筑物称为电缆沟，其盖板与地坪相齐或稍有上下，如图 10-11 所示。

图 10-10　安全标识

图 10-11　电缆沟

10. 电缆支架（Cantilever Bracket）

具有悬臂形式用以支承电缆的刚性材料支架称为电缆支架，如图 10-12 所示。

11. 电缆桥架（Cable Tray）

由托盘或梯架的直线段、弯通、组件以及托臂（悬臂支架）、吊架等构成具有密集支承电（光）缆的刚性结构系统称为电缆桥架，如图 10-13 所示。

图 10-12　电缆支架

图 10-13　电缆桥架

12. 防火分区（Fire Compartment）

防火分区是在综合管廊内部采用防火墙、阻火包等防火设施进行防火分隔，能在一定时间内防止火灾向其余部分蔓延的局部空间，如图 10-14 所示。

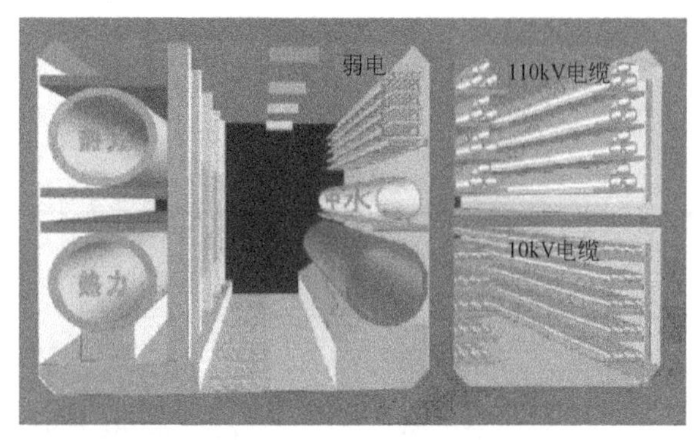

图 10-14 防火分区

13. 阻火包（Fire Protection Pillows）

阻火包是用于阻火封堵又易作业的膨胀式柔性枕袋状耐火物，如图 10-15 所示。

图 10-15 阻火包

## 10.2 地下综合管廊发展概况

### 10.2.1 国外地下综合管廊发展概况

法国 1832 年在巴黎建设世界上第一条地下综合管沟（管廊）。当时，在巴黎修建的这条地下共同管沟（管廊）内集中布设有电力线、通信线、给水管道、压缩空气管道等市政公用管道（图 10-1）。如今，巴黎已拥有较为完善的地下综合管廊系统，其总长度约有 100km。

英国 1861 年在伦敦建设地下综合管沟（管廊），管沟（管廊）内容纳了电力线、通信线、燃气管道、给水管道、污水管道等市政公用管道（图 10-16）。

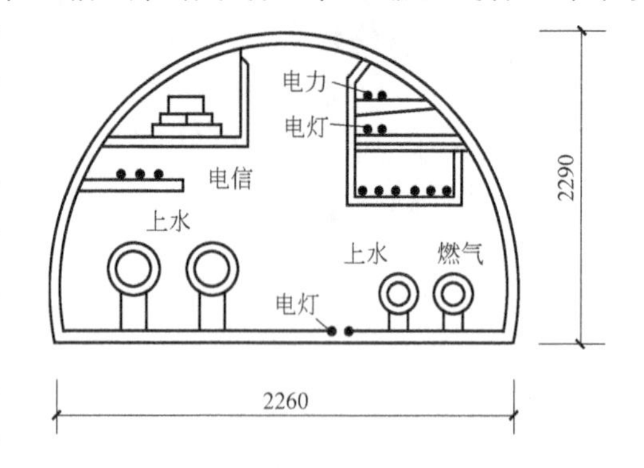


图 10-16 英国伦敦地下综合管沟（1861 年）

德国 1893 年在汉堡建设地下综合管沟（管廊），管沟（管廊）内容纳了电力线、通信线、热力管道、燃气管道、给水管道、污水管道等市政公用管道（图10-17）。

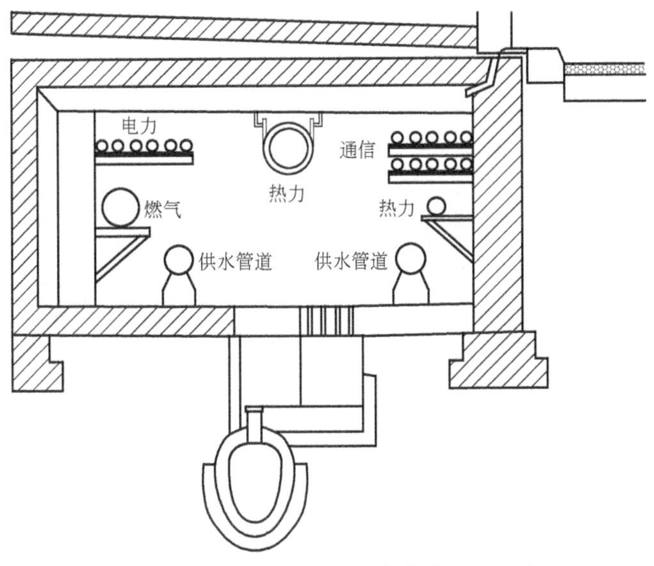


图10-17 德国汉堡地下综合管沟（1893年）

日本1926年在东京市中心九段地区的干线道路下建成了第一条地下综合管廊（日本称“共同沟”）。管廊内容纳了电力线、通信线、给水管道和煤气管道等市政公用管道（图10-18）。现在，东京地下综合管廊，经多年建设，其总长度已达126km，且已联成网络。据报道，在东京主城区内规划修建的地下综合管廊还有162km[80]。

世界上还有一些城市也建有较完备的地下综合管廊。如莫斯科，苏联1933年修建了地下共同沟（图10-19、图10-20）；西班牙1953年在马德里修建地下共同沟；纽约、斯德哥尔摩、蒙特利尔、巴塞罗那、里昂、多伦多、奥斯陆等城市都建有地下共同沟系统[81]。

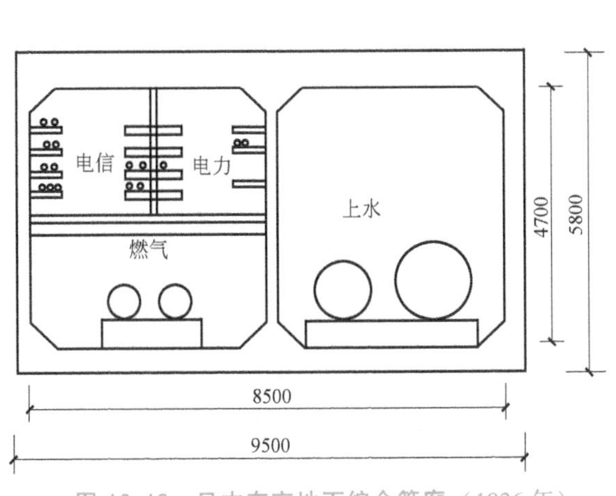


图10-18 日本东京地下综合管廊（1926年）

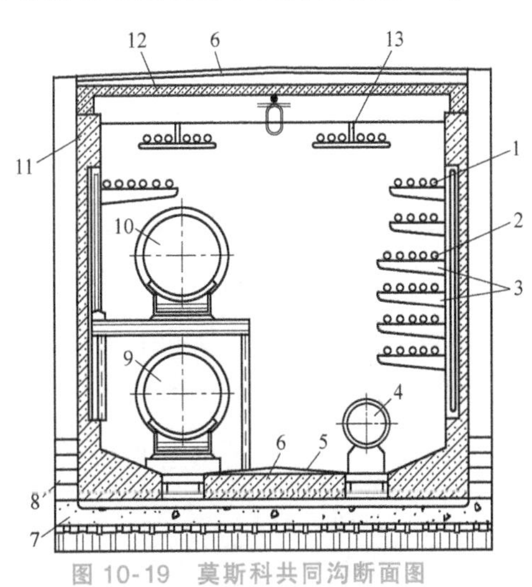


图10-19 莫斯科共同沟断面图

1—电力电缆 2—电信电缆 3—电缆桥架 4—自来水管 5—混凝土过道板 6—防水层 7—混凝土垫层 8—砖防护层 9—往程供热管 10—回程供热管 11—钢筋混凝土壁 12—钢筋混凝土顶板 13—内部电缆

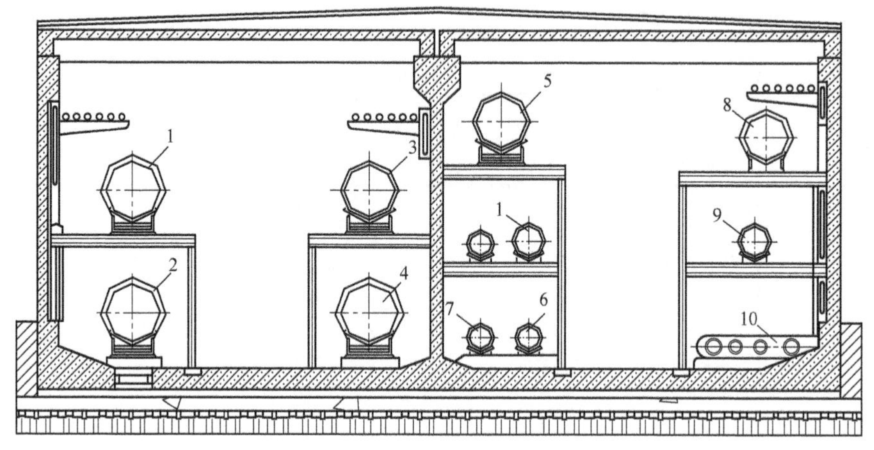


图 10-20 莫斯科共同沟断面图（双室）

1—蒸汽管 2—预备蒸汽管 3—送风管 4—往程供热管 5—回程供热管
6—压力凝缩管 7—软化管 8—通风管 9—热水管 10—保温燃料油管

### 10.2.2 国内地下综合管廊发展概况

国内建设城市地下综合管廊的起步较晚。根据资料介绍，我国第一条地下综合管廊是1958年在天安门广场下修建的，长1076m。1977年，为了配合毛主席纪念堂施工，又敷设了500m的综合管廊。

1978年，上海宝钢在地面以下5~13m处，动工兴建了一条综合管廊，把称之为宝钢生命线的电缆干线和支干管线大部分敷设在这条管廊内。

1979年，大同市建设了道路交叉综合管廊。

20世纪90年代后，城市地下综合管廊建设得到有关方面高度重视，国家开始部署开展城市地下综合管廊建设试点工作。在示范工程带动下，部分城市建成了一批具有国际先进水平的地下综合管廊（表10-1）并投入运营。于是，被称之为城市生命线工程的市政工程管线的安全水平和防灾抗灾能力得到明显提升，反复开挖地面的“马路拉链”问题得到明显改善，城市主要街道蜘蛛网式架空线逐步消除，城市地面景观明显好转。

表 10-1 2010年前部分城市建成的地下综合管廊长度

| 综合管廊名称 | 建成时间 | 长度/km |
|---|---|---|
| 上海张杨路 | 1994年 | 11.130 |
| 杭州火车站 | 1999年 | 0.500 |
| 上海安亭新镇 | 2002年 | 5.800 |
| 上海松江新城 | 2003年 | 0.323 |
| 佳木斯市临海路 | 2003年 | 2.000 |
| 杭州新塘新城 | 2005年 | 2.160 |
| 深圳盐田坳 | 2005年 | 2.666 |
| 兰州新城 | 2006年 | 2.420 |
| 昆明昆洛路 | 2006年 | 22.600 |
| 昆明广福路 | 2007年 | 17.760 |
| 北京中关村 | 2007年 | 1.900 |
| 宁波东部新城 | 2010年 | 6.160 |

1994 年，上海市开始建设浦东新区张杨路综合管廊，1994 年土建竣工，2001 年完成全部配套，全长 11125m。管廊沿道路两侧同时敷设，采用双室箱涵断面，容纳了给水、电力、通信线与煤气等市政管线（图 10-21），总投资达 3 亿。

图 10-21 上海市浦东张杨路综合管廊

上海还建成了总长约 10km 的嘉定区安亭新镇综合管廊系统和总长约 500m 的松江新城示范性地下综合管廊工程（一期），将给水、排水、消防、通信等市政管线纳入综合管廊，形成所谓“市政隧道”。上海“市政隧道”断面示意图如图 10-22 所示。

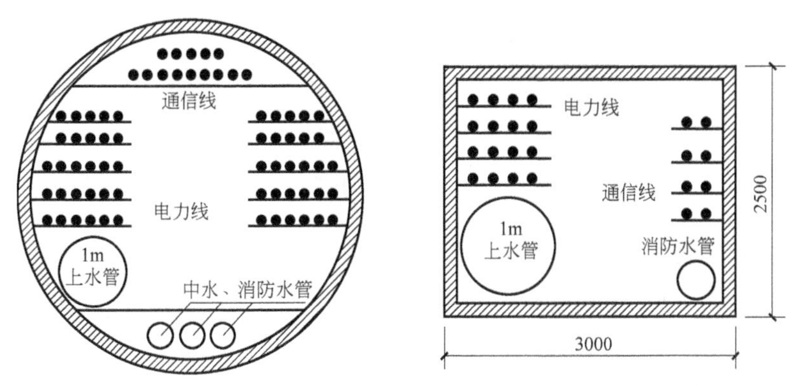


图 10-22 市政隧道断面示意图

2001 年，济南市在泉城路改建工程中，在道路南北两侧各建了一条地下综合管廊，对电力电缆、通信电缆、给水管道、供热管道、交通指挥、有线电视等各类管线及设施制订了统一的系统性纳入方案，并充分考虑了与周边道路管线的衔接和辐射。该管廊全长 1450m，沟高 2.75m，沟顶距地面 1.5~2m，采用混凝土浇筑（图 10-23）。

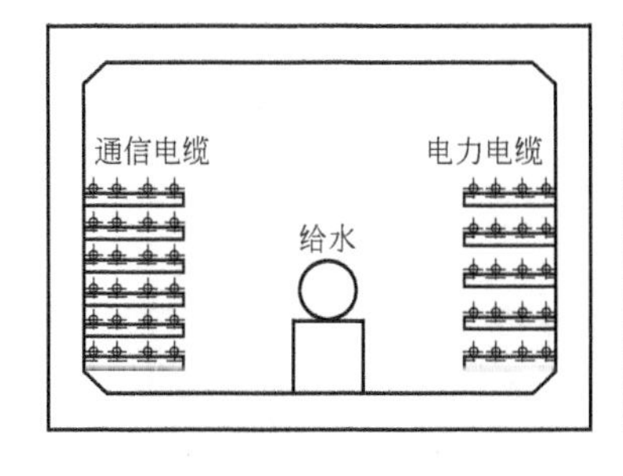


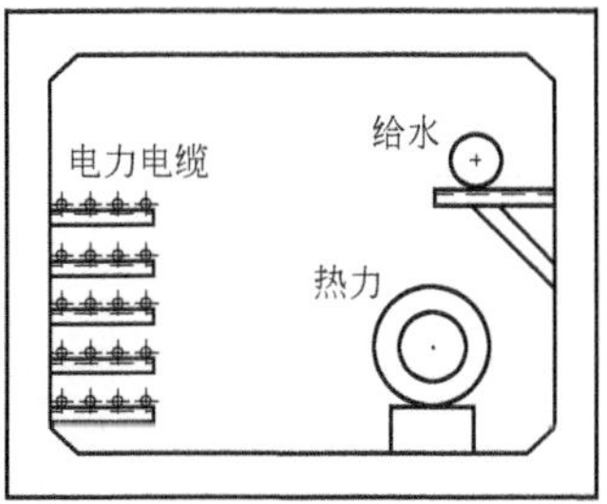

图 10-23 济南市在泉城路地下综合管廊（左—北侧，中—南侧）

2007 年，我国在北京中关村西区建成了一条现代化的综合管廊。该综合管廊主线长 2000m，支线长 1000m，容纳了水、电、冷、热、燃气、通信等市政管线。

2011年，石家庄正定新区出台《关于综合管廊工程建设的实施意见》，确定在正定新区起步区建设地下综合管廊，管廊总长为24000m，容纳的供热管道、供水管道、中水管道、通信电缆和110kV电缆、10kV电缆等管线，其中供热管道的最大直径达1200mm。管廊舱室分水、电两舱，部分为水、电、燃气三舱设计，设有专门的检修口、吊装口和监测系统（图10-24）。石家庄正定新区起步区建设的综合管廊规划设计统筹结合早，规划设计与附属设施标准高，容纳管线多，立体交叉节点多，应用新材料、新技术多。

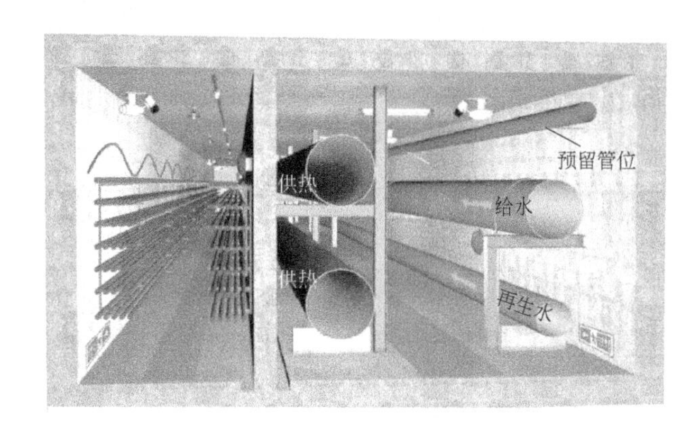


图10-24 石家庄市正定新区起步区建设地下综合管廊

2011年，苏州建成工业园区月亮湾综合管廊（图10-25）。按照《苏州市地下综合管廊专项规划》，苏州市区干线综合管廊总长约为175km，2015—2020年将建成63km，2021—2030年再建成112km。

2016年5月，贵阳市贵安新区建成我国首条地下管廊综合枢纽，并正式投入运营[3]。贵安新区中心大道综合管廊布设于线路左侧人行道及绿化带下，主线长2050m（全线规划路线约34.2km），支线过街管廊长224m，属于“三舱型”（分别为电力舱、综合舱、燃气舱）地下管廊，纳入的管线有通信、电力、燃气、给水、中水、雨水、污水等7类12种，布设于线路左侧人行道及绿化带下，是国内首批将燃气管道纳入舱室的综合管廊（图10-26）。据介绍，燃气管道施工中，现场每200m就要设一个露出地面的通风口，在舱底铺设2mm厚的不发火（防爆）面层，防止金属物品跌落擦出火花，并配备智慧化监控系统，对舱内温度、湿度等进行实时监测，从而有效消除了安全隐患。管廊特殊结构主要有投料口、通风口、端头井、管线引出端、支线交叉口、人员进出口等。管廊内有监控中心1座。

图10-25 苏州工业园区月亮湾综合管廊

图 10-26　贵阳市贵安新区中心大道综合管廊

根据住房和城乡建设部的最新统计数据，截至 2016 年 12 月 20 日，全国 147 个城市 28 个县已累计开工建设城市地下综合管廊 2005km。2017 年我国部分地区地下综合管廊建设概况见表 10-2[4]。

表 10-2　2017 年我国部分地区地下综合管廊建设概况

| 地　区 | 地下综合管廊建设简介 |
|---|---|
| 四川省 | 2017 年建地下综合管廊 150km 以上，其中成都市到 2020 年末建成地下综合管廊约 500km，泸州市在 2017 年建地下综合管廊总长度约 20km，规划近期建综合管廊工程约 57.9km |
| 青海省 | 2017 年开工建设 44 条地下综合管廊，总长 54.25km |
| 西宁市 | 2017 年开工建设 9 条地下综合管廊，总长 18.32km |
| 武汉市 | 2017 年开工建设黄孝河、东湖新城等地下综合管廊 65.04km |
| 海口市 | 2017 年建盐灶路等 9 条地下综合管廊 |
| 长沙市 | 2017 年建成地下综合管廊 41.89km |
| 杭州市 | 2016—2017 年内建地下综合管廊 32.26km，入廊管线有高低压电缆、通信、给水、污水、燃气管道等 |

（续）

| 地　区 | 地下综合管廊建设简介 |
| --- | --- |
| 乌鲁木齐市 | 2017年建10条地下综合管廊，总长近57km，入廊管道（线）有电力、通信、给水、热力、燃气、雨水、污水等 |
| 西安市 | 2017年开工建设地下综合管廊干、支线管廊35.7km，缆线管廊42km |
| 郑州市 | 2017年开工建设郑东新区白沙地下综合管廊工程，总长约18km，其中干线约13km，支线约4.5km |
| 兰州市 | 2017年开工建设3条地下综合管廊，总长22.25km，其中崔家大滩片区为15.2km、兰石CBD片区为6.86km、武威路双洞子段为0.19 km，管廊舱室为3舱或4舱，入廊管线为电力、通信、给水、中水、热力、燃气、雨水及污水（大部分污水管入管廊） |
| 江西省景德镇市 | 2017年在景东片区及高铁商务区建设地下综合管廊总长度为27.9km，入廊管线有给水、雨水、污水、燃气、电力、通信、广播电视，并预留有中水管位 |
| 海南省三亚市 | 2017年建地下综合管廊22km，采用管廊、管箱及管槽等3种方式实施 |
| 南宁市 | 2017年开工建设地下综合管廊总长达41.36km，拟年底建成，2018年投入运营 |
| 湖北省黄冈市 | 2017年新建地下综合管廊干线30231m，支线3686m，其中城区工程为该市首个PPP项目 |
| 吉林省吉林市 | 2017年建设地下综合管廊为7km |
| 青海省海东市 | 2017年开工建设35条地下综合管廊，总长35.93km |
| 山东省菏泽市 | 2017年开工建设首条地下综合管廊，总长6.6km |
| 天津市宝坻区 | 2017年开建首条地下综合管廊，全长6.8km，两舱，入廊管线有给水、热力、电力、通信等 |
| 河南省新安县 | 2017年开建地下综合管廊约4km，三舱，入廊管线有电力、通信、广播电视、给水、排水、热力、燃气等 |
| 云南省丘北县 | 2017年建成4条地下综合管廊干线14km，支线约40km，缆线管廊约35km |

### 10.2.3 地下综合管廊建设发展方向

#### 1. 地下综合管廊与地下空间建设相结合

在地下综合管廊建设的工程实践中，多发生管廊与各种类型的已建或规划的地下工程交叉情况，所以前期规划阶段就应统筹考虑。这样，不仅可避免后期各种矛盾，还可降低管廊造价。

#### 2. 地下综合管廊与海绵城市建设技术相结合

地下综合管廊建设与海绵城市建设相结合，在满足地下综合管廊总体功能的同时，还可提高城市排水防涝、应对洪涝灾害的能力。例如，在工程设计中采用将综合管廊功能与雨水调蓄功能相结合的模式。

#### 3. 预制拼装及标准化、模块化

地下综合管廊建设采用预制拼装技术可大幅降低施工成本，提高施工质量，缩短施工工期。综合管廊标准化、模块化是推广预制拼装技术的重要前提之一，可有效促进预制拼装技术的推广应用。

#### 4. “BIM+GIS”技术在综合管廊建设中的应用

采用“BIM+GIS”技术，将地下管线现状、地质条件、建筑物及周边环境等从宏观到微观信息全面进行采集、储存、管理、运算、分析、显示和描述，建立三维数字化模型，形成

动态大数据平台，以指导综合管廊的设计、施工和后期的运营管理，可有效提高地下综合管廊工程的建设和管理水平。

## 10.3　地下综合管廊类型

### 10.3.1　按容纳管线性质分类

#### 1. 干线管廊

干线管廊主要收纳的是从原站（如自来水厂、发电厂、燃气制造厂等）到支线管廊的管路，一般不与沿线地区的用户连接（图 10-27）。通常布置在道路中央下方或道路红线外。干线管廊内一般要求设置工作通道及照明、通风等设备。干线管廊特点：输送流量大且稳定，安全性高，内部结构紧凑，管理及运营比较简单。

#### 2. 支线管廊

支线管廊主要收纳的是从干线管廊分配、输送至各直接用户的管道（图 10-28）。通常布置在道路的两旁，内部要求设置工作通道及照明、通风设备。主要特点为：内部空间有效断面较小，结构简单，施工方便，设备多为常用定型设备。

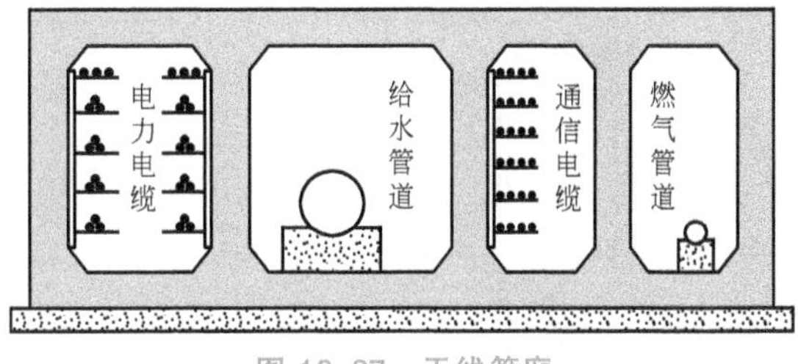

图 10-27　干线管廊

#### 3. 缆线型管廊

缆线型管廊主要收纳的是电力、通信、有线电视、道路照明等电缆（图 10-29）。一般设置在道路的人行道下面。主要特点为：多为矩形断面，埋深较浅，一般在 1.5m 左右，一般不要求设置工作通道及照明、通风等设备。

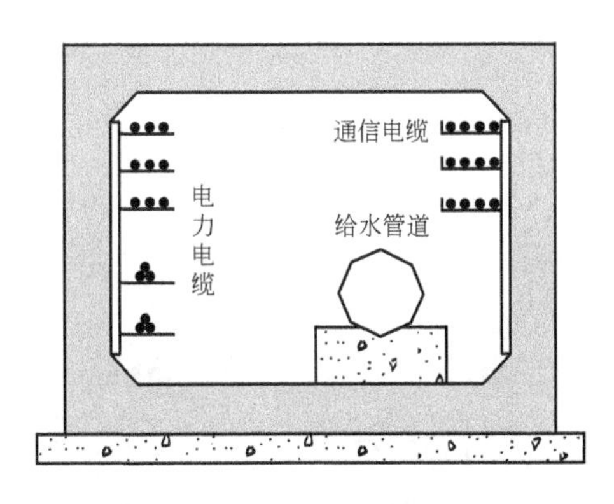

图 10-28　支线综合管廊

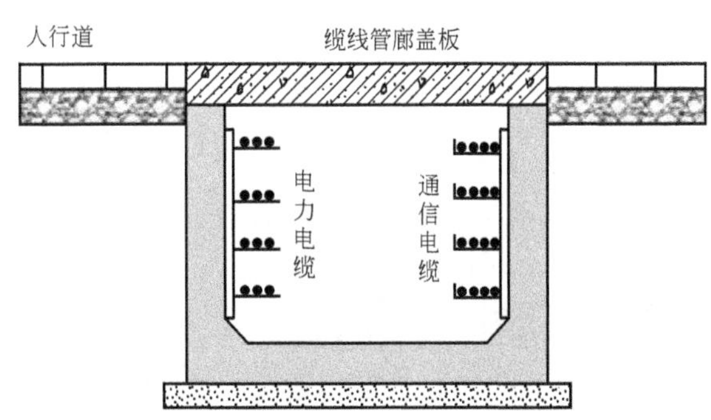

图 10-29　缆线型综合管廊

#### 4. 干支线混合型管廊

干支线混合型管廊一般适用于道路较宽的城市道路。

### 10.3.2　按断面形式分类

综合管廊按断面形式可以分为矩形综合管廊（图 10-30）、半圆形综合管廊（图10-31）、圆形综合管廊（图 10-32）和拱形综合管廊（图 10-33）。

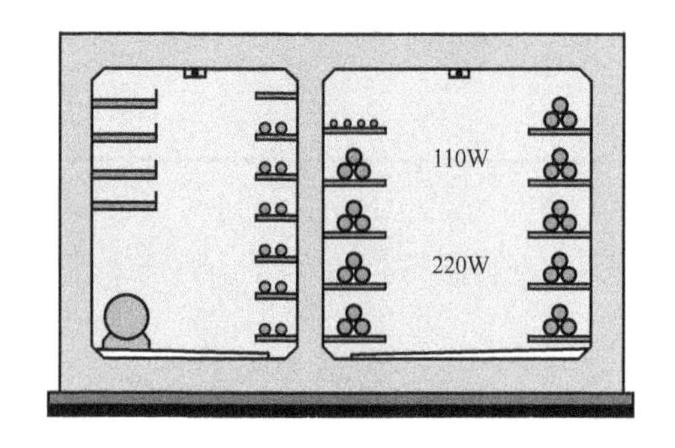


图 10-30 矩形综合管廊

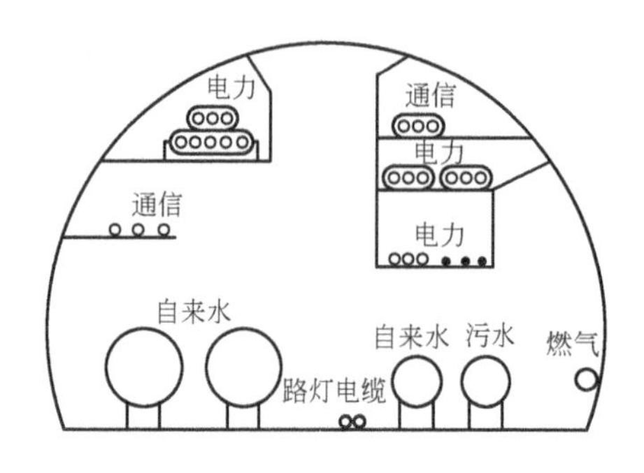


图 10-31 半圆形综合管廊

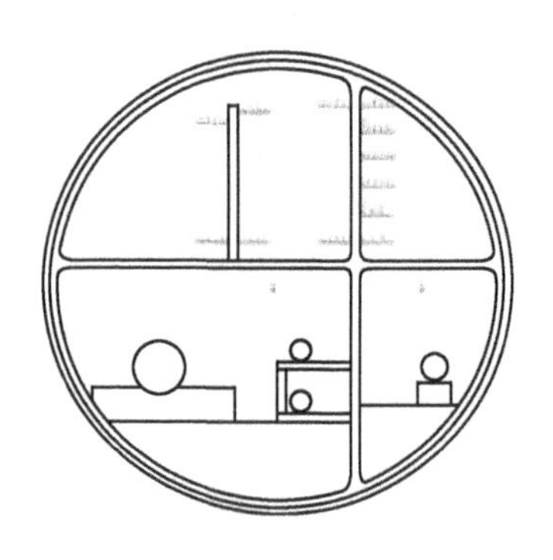

图 10-32 圆形综合管廊

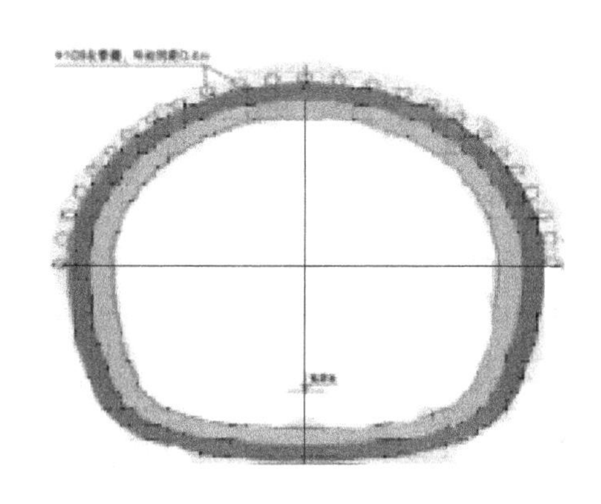

图 10-33 拱形综合管廊

## 10.3.3 按舱室数量分类

综合管廊按舱室数量可分单舱、双舱和多舱。单舱综合管廊的示意图如图 10-34 所示，双舱综合管廊的示意图如图 10-35 所示，多舱综合管廊的示意图如图 10-36 所示。

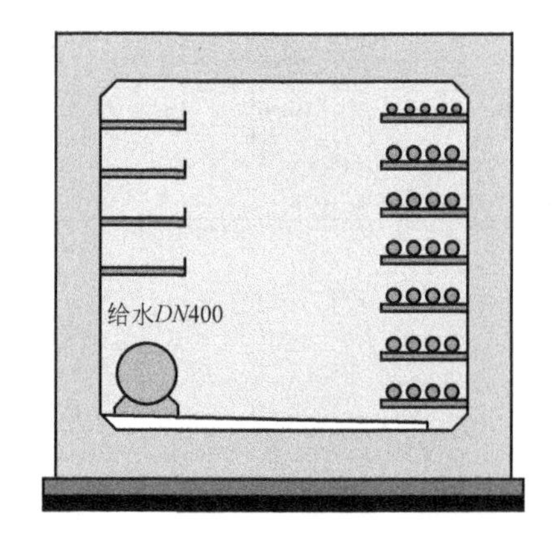


图 10-34 单舱综合管廊

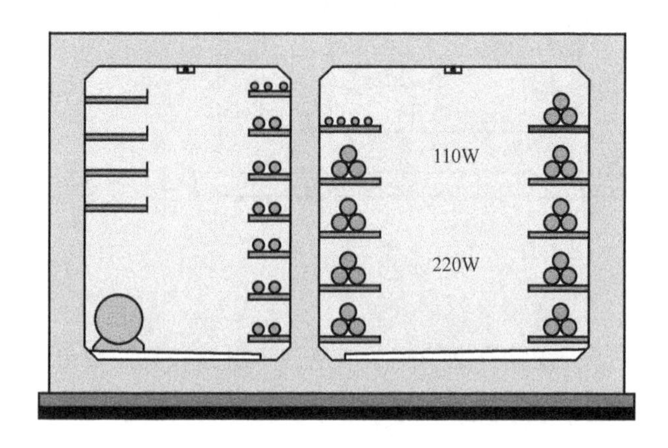


图 10-35 双舱综合管廊

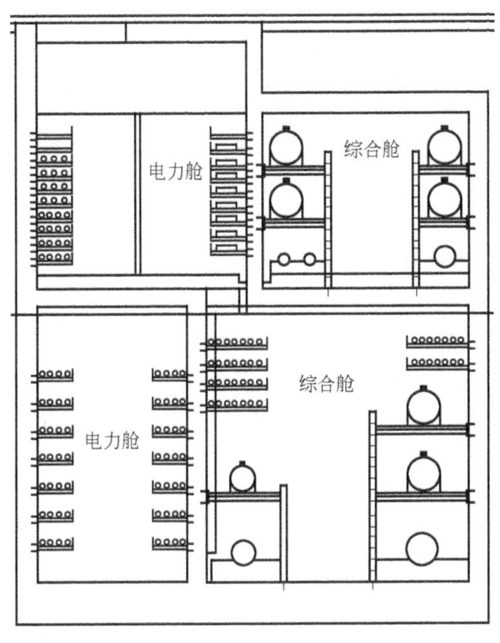


图10-36　多舱综合管廊

## 10.4　地下综合管廊工程建设

### 10.4.1　建设地下综合管廊的条件

适合建设地下综合管廊的条件可归纳如下：

1）城市核心区、重要广场、中央商务区、城市地下综合体或地下空间高强度成片集中开发区等建设工程地段。

2）主要道路的交叉口、道路与铁路或河流的交叉处、过江隧道、交通运输繁忙地段或地下管线较多的城市主干道以及配合轨道交通、地下道路等建设工程地段。

3）重要的公共空间、不宜开挖路面的路段或道路宽度难以满足直埋敷设多种管线的路段。

### 10.4.2　地下综合管廊的平面布置

在对地下综合管廊做平面布置时一般应遵循以下规定：

1）要适应城市功能分区、建设用地布局和道路网规划。

2）应结合城市地下管线现状，在城市道路、轨道交通、给水、雨水、污水、再生水、天然气、热力、电力、通信等专项规划的基础上确定综合布局。

3）应与地下交通、地下商业开发、地下人防设施及其他相关工程建设项目相协调。

4）能充分满足道路规划对管廊管位的要求，宜布置在对公用管线需求量较大的一侧，并对道路及其两侧建筑物的影响较小。

5）大管径管道宜布置于人行道、绿化带下且靠车行道一侧，小管径管道则宜布置在机动车道下且靠人行道一侧。

6）接出管线的长度短，且能满足与其他管线的交叉要求。

7）投料口、通风口、出入口等设施应与道路景观及功能相结合。

8）监控中心宜与相临的公共建筑合建，面积应满足使用要求。

### 10.4.3 地下综合管廊的断面布置

在对地下综合管廊进行断面布置时一般应遵循以下规定：

1）应按纳入管线的种类及规模、建设方式、预留空间等确定管廊断面形式。

2）应满足管线安装、检修、维护作业所需要的空间要求。

3）管线布置应根据纳入管线的种类、规模及周边用地功能确定。热力管道与电力管道不应同舱设置；110kV及以上电力电缆与通信电缆不应同侧设置，给水管道与热力管道同侧布置时，给水管道宜在上方；天然气管道与采用蒸汽介质的热力管道应设置在独立舱室内。

4）排水管如纳入综合管廊应采用分流制，雨水纳入综合管廊可利用结构本体或采用管道排水方式。

5）污水纳入综合管廊应采用管道排水方式，污水管道宜设置在综合管廊的底部。

### 10.4.4 地下综合管廊的工程施工

#### 1. 明挖现浇法

如图10-37所示，在地表进行地下基坑开挖，在基坑内施工做内部结构的施工方法称为明挖现浇法。其具有简单、施工方便、工程造价低的特点，适用于城市新开发地区的管廊工程施工。

#### 2. 明挖预制拼装法

如图10-38所示，采用大吨位运输设备把在预制构件厂制作的管廊运输至现场，用大吨位起重设备在现场进行拼装的方法称为明挖预制拼装法。这是一种较为先进的施工方法，施工速度快，施工质量易于控制，但工程造价较高。

图10-37 明挖现浇法

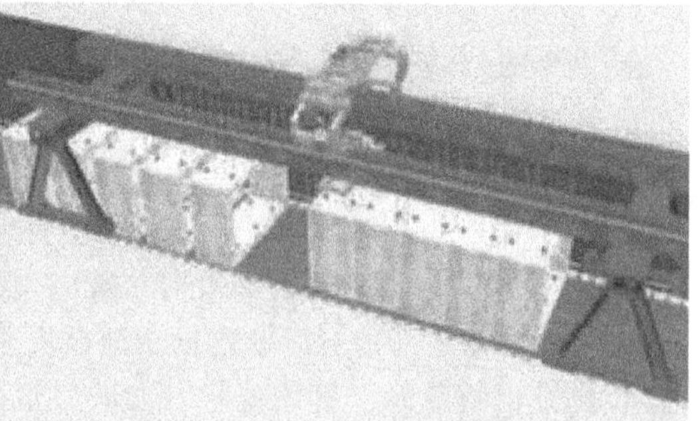

图10-38 明挖预制拼装法

#### 3. 顶管法

如图10-39所示，顶管法是在管廊施工时，通过传力顶铁和导向轨道，用支撑于基坑后座上的液压千斤顶将管道压入土层中，同时挖除并运走管道正面的泥土的施工方法。当管廊穿越铁路、道路、河流或建筑物等障碍物时，多采用这种暗挖式施工方法。这种施工方法无须明挖土方，对地面影响小；设备少、工序简单、工期短、造价低、速度快；该施工方法适用于软土或富水软土层、中型管道施工，但其适应管线变向能力差，纠偏困难。

4. 盾构法

采用盾构技术进行地下管廊施工借鉴于隧道施工的盾构技术，是一种全过程实现自动化作业的机械化施工方法。盾构机一般由掘进系统、推进系统和拼装衬砌系统组成，如图 10-40、图 10-41 所示。在用一组有形的钢质组件沿隧道设计轴线开挖土体并向前推进。这个钢质组件在初步和最终隧道衬砌建成前，主要起着防护开挖出的土体坍塌、防止地下水或流沙的入侵、保证作业人员和机械设备安全的作用。

图 10-39　顶管法

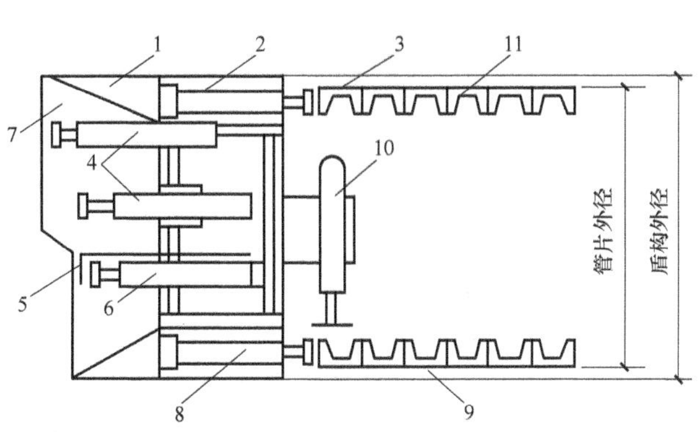


图 10-40　盾构机组成

1—切削环　2—支撑环　3—盾尾部分　4—支撑千斤顶　5—活动平台　6—活动平台千斤顶
7—切口　8—盾构推进千斤顶　9—盾尾空隙　10—管片拼装管　11—管片

图 10-41　盾构机

盾构作业方法是先在隧道某段的一端建造竖井或基坑，以供盾构设备安装就位。盾构从竖井或基坑的墙壁预留孔出发，在地层中沿着设计轴线，向另一竖井或基坑的设计预留洞推进。盾构推进中所受到的地层阻力，由盾构千斤顶反作用于竖井或基坑后壁的力予以克服，图10-42是盾构法施工的示意图。

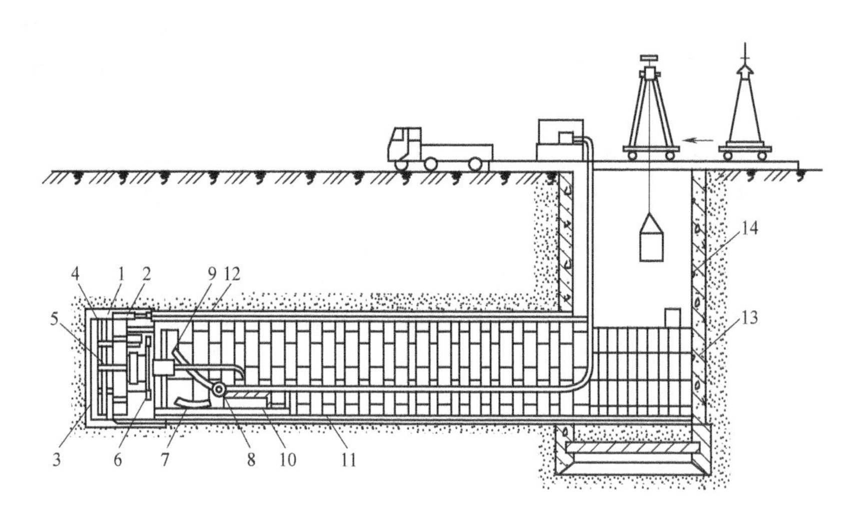


图10-42 盾构法施工示意图

1—盾构 2—盾构千斤顶 3—盾构正面网格 4—出土转盘 5—出土带式运输机 6—管片拼装机 7—管片 8—压浆泵 9—压浆孔 10—出土机 11—由管片组成的隧道衬砌结构 12—在盾尾空隙中的压浆 13—后盾管片 14—竖片

盾构是一个既能支撑地层压力，又能在地层中推进的钢筒结构，钢筒直径稍大于隧道衬砌的直径，在钢筒的前面设置各类的支撑和开挖土体的装置，在钢筒中段周圈内安装顶进所需的千斤顶，钢筒尾部是具有一定空间的壳体，在盾尾内可以安置数环拼成的隧道衬砌环。盾构每推进一环距离就在盾尾支护下拼装一环衬砌，并及时向盾尾后面的衬砌环外周的空隙中压注浆体，以防止隧道及地面下沉，隧道在盾构推进的过程中不断形成。

该法具有施工劳动强度低，不影响地面交通与设施，能很好地保护地面人文自然景观；施工中不受气候条件影响，不产生噪声和扰动；在松软含水层中修建埋深较大的长隧道往往具有技术和经济方面的优越性。其缺点是断面尺寸多变的区段适应能力差，盾构设备费昂贵，对施工区段短的工程不太经济。

## 10.4.5 地下综合管廊的避让原则

地下综合管廊在设计及施工中应遵循以下避让原则：①支线（非主要管线）让主线（主要管线）；②支管让干管；③小管让大管；④有压管让无压管；⑤低压管让高压管；⑥气体管让水管；⑦给水管让排水管；⑧一般管道让通风管；⑨金属管让非金属管；⑩常温管让高（低）温管；⑪少阀件管让多阀件管；⑫技术要求低的管线让技术要求高的管线；⑬检修少的方便的让检修多的困难的；⑭施工简单的让施工复杂的；⑮工程量小的让工程量大的，⑯临时管线让永久管线，⑰新管让旧管。

## 习　　题

1. 何谓地下综合管廊？地下综合管廊有哪几种类型？

2. 解释以下术语：①电缆沟；②现浇混凝土综合管廊；③预制拼装综合管廊；④排管；⑤投料口；⑥通风口；⑦管线分支口；⑧集水坑；⑨安全标识；⑩电缆支架；⑪电缆桥架；⑫防火分区；⑬阻火包。

3. 简要阐述建设地下综合管廊产生的综合性经济、社会效益体现在哪些方面。

4. 试分析建设地下综合管廊的适合条件。

5. 在对地下综合管廊做平面布置时一般应遵循哪些规定？

6. 在对地下综合管廊做断面布置时一般应遵循哪些规定？

7. 请简要说明，地下综合管廊在设计及施工中为什么①支管要让干管；②小管要让大管；③有压管要让无压管；④低压管要让高压管；⑤气体管要让水管；⑥给水管要让排水管；⑦一般管道要让通风管；⑧金属管要让非金属管；⑨常温管要让高（低）温管；⑩少阀件管要让多阀件管。

8. 比较分析地下综合管廊工程各种施工方法的适用条件及其优缺点。

9. 简述国内外地下综合管廊发展概况。

# 第 11 章 建筑安全

本章所讲述的建筑安全问题，主要是指建筑物抗震、防火、防爆及其在遭遇地震、火灾、爆炸等灾难性事故时，建筑物内人员安全疏散路线等问题，除此之外，本章内容不涉及建筑安全所包含的其他问题。对建筑安全领域其他问题有兴趣的读者，可研读相关文献。

## 11.1 建筑物抗震

地震是一种严重危及人们生命财产的突发性自然灾害。一次大地震可能在数十秒时间内将一座城市夷为平地，交通、通信、供电、供水、供暖等生命线工程中断，并往往导致严重的次生灾害，例如火灾、水灾、山崩、滑坡、泥石流、海啸、疾病等。

我国是一个地震频发的国家，6 度以及 6 度以上的地震区几乎遍及全国各个省和自治区。近几十年来的十多次大地震，给人们的生命财产造成了巨大的损失，在人们的心里留下了巨大的创伤。对于地震灾害要以预防为主，但是目前世界各国对于地震的准确预报仍然十分困难。因此，根本性的措施就是采取合理的抗震设计方法，提高建筑物的抗震能力，防止建筑物严重破坏，避免其倒塌。

抗震建筑，是指在抗震设防烈度为 6 度及以上地区必须进行抗震设计的建筑。从全球的重大地震灾害调查中可以发现，95%以上的人命伤亡都是因为建筑物受损或倒塌所引致的。探讨建筑物在地震中受损倒塌的原因，并加以防范，建造经得起强震的抗震建筑是减少地震灾害最直接、最有效的方法。提高建筑物抗震性能，是提高城市综合防御能力的主要措施之一。

### 11.1.1 地震术语

地球内部岩层破裂引起震动的地方称为震源。震源在地球表面的投影称为震中。地球上某一地点到震中的距离称为震中距。震中附近地区称为震中区，破坏最为严重的地区称为极震区，震源到震中的垂直距离称为震源深度（图 11-1）。

（1）**地震震级** 表征地震大小强弱的指标称为地震震级，它是一次地震释放能量多少的度量，是描述地震的基本参数之一。地震震级是 1935 年由 C. F. Richter 首先提出的，可用下式表示

$$M = \lg A \tag{11-1}$$

式中 $M$——地震震级，通常称为里氏震级；

$A$——由记录到的地震曲线图上得到的最大振幅，$A$ 是采用周期 0.8s、阻尼系数为

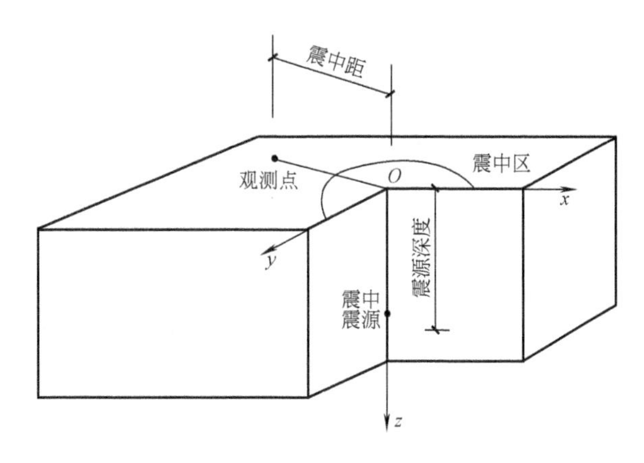


图 11-1 地震术语示意图

0.8、放大倍数为2800的标准地震仪，在距离震中100km处记录到的以μm为单位的最大水平位移的常用对数值。

按震级大小，地震可分为7类，见表11-1。

（2）**地震烈度** 地震烈度是指地震时在一定地点震动的强烈程度，它表示地震影响的程度，是根据人的感觉、地面建筑受破坏程度等综合因素的评定结果。浅源地震的震级与震中的地震烈度的大致对应关系见表11-2。表11-3摘自国家标准《中国地震烈度表》（GB/T 17742—2008）。

表 11-1 地震按震级的分类

| 类型 | 震级 |
| --- | --- |
| 超微震 | 震级<1 |
| 弱震和微震 | 1≤震级<3 |
| 有感地震 | 3≤震级<4.5 |
| 中强地震 | 4.5≤震级<6 |
| 强烈地震 | 6≤震级<7 |
| 大地震 | 震级≥7 |
| 巨大地震 | 震级≥8 |

表 11-2 震中烈度与震级的大致关系

| 震级 | 2 | 3 | 4 | 5 | 6 | 7 | 8 | >8 |
| --- | --- | --- | --- | --- | --- | --- | --- | --- |
| 烈度 | 1~2 | 3 | 4~5 | 6~7 | 7~8 | 9~10 | 11 | 12 |

表 11-3 中国地震烈度表（摘自GB/T 17742—2008）

| 地震烈度 | 人的感觉 | 房屋震害 | | | 其他震害现象 | 水平向地震动参数 | |
| --- | --- | --- | --- | --- | --- | --- | --- |
| | | 类型 | 震害程度 | 平均震害指数 | | 峰值加速度/($m/s^2$) | 峰值速度/(m/s) |
| Ⅰ | 无感 | — | — | — | — | — | — |
| Ⅱ | 室内个别静止中的人有感觉 | — | — | — | — | — | — |

（续）

| 地震烈度 | 人的感觉 | 房屋震害 | | | 其他震害现象 | 水平向地震动参数 | |
|---|---|---|---|---|---|---|---|
| | | 类型 | 震害程度 | 平均震害指数 | | 峰值加速度/($m/s^2$) | 峰值速度/(m/s) |
| Ⅲ | 室内少数静止中的人有感觉 | — | 门、窗轻微作响 | — | 悬挂物微动 | — | — |
| Ⅳ | 室内多数人、室外少数人有感觉，少数人梦中惊醒 | — | 门、窗作响 | — | 悬挂物明显摆动、器皿作响 | — | — |
| Ⅴ | 室内绝大多数、室外多数人有感觉，多数人梦中惊醒 | | 门窗、屋顶、屋架颤动作响，灰土掉落，个别房屋墙体抹灰出现细微裂缝，个别屋顶烟囱掉砖 | — | 悬挂物大幅度晃动，不稳定器物摇动或翻倒 | 0.31 (0.22～0.44) | 0.03 (0.02～0.04) |
| Ⅵ | 多数人站立不稳，少数人惊逃户外 | A | 少数中等破坏，多数轻微破坏和/或基本完好 | 0.00～0.11 | 家具和物品移动；河岸和松软土出现裂缝，饱和砂层出现喷砂冒水；个别独立砖烟囱轻度裂缝 | 0.63 (0.45～0.89) | 0.06 (0.05～0.09) |
| | | B | 个别中等破坏，少数轻微破坏，多数基本完好 | | | | |
| | | C | 个别轻微破坏，大多数基本完好 | 0.00～0.08 | | | |
| Ⅶ | 大多数人惊逃户外，骑自行车的人有感觉，行驶中的汽车驾乘人员有感觉 | A | 少数毁坏和/或严重破坏，多数中等破坏和/或轻微破坏 | 0.09～0.31 | 物体从架子上掉落；河岸出现塌方，饱和砂层常见喷水冒砂，松软土地上地裂缝较多；大多数独立砖烟囱中等破坏 | 1.25 (0.90～1.77) | 0.13 (0.10～0.18) |
| | | B | 少数中等破坏，多数轻微破坏和/或基本完好 | | | | |
| | | C | 少数中等和/或轻微破坏，多数基本完好 | 0.07～0.22 | | | |
| Ⅷ | 多数人摇晃颠簸，行走困难 | A | 少数毁坏，多数严重和/或中等破坏 | 0.29～0.51 | 干硬土上亦出现裂缝，饱和砂层绝大多数喷砂冒水；大多数独立砖烟囱严重破坏 | 2.50 (1.78～3.53) | 0.25 (0.19～0.35) |
| | | B | 个别毁坏，少数严重破坏，多数中等和/或轻微破坏 | | | | |
| | | C | 少数严重和/或中等破坏，多数轻微破坏 | 0.20～0.40 | | | |

（续）

| 地震烈度 | 人的感觉 | 房屋震害 | | | 其他震害现象 | 水平向地震动参数 | |
|---|---|---|---|---|---|---|---|
| | | 类型 | 震害程度 | 平均震害指数 | | 峰值加速度/($m/s^2$) | 峰值速度/(m/s) |
| Ⅸ | 行动的人摔倒 | A | 多数严重破坏或/和毁坏 | 0.49~0.71 | 干硬土上多处出现裂缝，可见基岩裂缝、错动、滑坡、塌方常见；独立砖烟囱多数倒塌 | 5.00 (3.54~7.07) | 0.50 (0.36~0.71) |
| | | B | 少数毁坏，多数严重和/或中等破坏 | | | | |
| | | C | 少数毁坏和/或严重破坏，多数中等和/或轻微破坏 | 0.38~0.60 | | | |
| Ⅹ | 骑自行车的人会摔倒，处不稳状态的人会摔离原地，有抛起感 | A | 绝大多数毁坏 | 0.69~0.91 | 山崩和地震断裂出现，基岩上拱桥破坏；大多数独立砖烟囱从根部破坏或倒毁 | 1.00 (7.08~14.14) | 1.00 (0.72~1.41) |
| | | B | 大多数毁坏 | | | | |
| | | C | 多数毁坏和/或严重破坏 | 0.58~0.80 | | | |
| Ⅺ | — | A | 绝大多数毁坏 | 0.89~1.00 | 地震断裂延续很长；大量山崩滑坡 | — | — |
| | | B | | | | | |
| | | C | | 0.78~1.00 | | | |
| Ⅻ | | A | 几乎全部毁坏 | 1.00 | 地面剧烈变化，山河改观 | — | — |
| | | B | | | | | |
| | | C | | | | | |

注：表中给出的“峰值加速度”和“峰值速度”是参考值，括弧内给出的是变动范围。

### 11.1.2 建筑抗震设防分类和设防标准

（1）**抗震设防的目的和要求** 建筑抗震设防的基本目的就是在一定的经济条件下，最大限度地限制和减轻建筑物被地震破坏，避免人员伤亡，减少经济损失。为此，许多国家和地区的抗震设计规范提出的抗震设计基本准则是“小震不坏、中震可修、大震不倒”。我国《建筑抗震设计规范》（GB 50011）明确提出了抗震设防“三个水准”的要求：

第一水准：当遭受低于本地区设防烈度的多遇地震影响时，建筑物一般不受损害或不需修理仍可继续使用。

第二水准：当遭受相当于本地区设防烈度的地震影响时，建筑物可能损坏，但经一般修理即可恢复正常使用。

第三水准：当遭受高于本地区设防烈度的罕遇地震影响时，建筑物不致倒塌或发生危及生命安全的严重破坏。

（2）**建筑抗震设防分类和设防标准** 对于不同的建筑物，地震破坏所造成的后果不同，因此对于不同用途的建筑物采取不同的设防标准是合理的。我国《建筑抗震设计规范》（GB 50011）将建筑物按其用途的重要性分为四类。

甲类建筑：指重大建筑工程和地震时可能发生严重次生灾害的建筑。这类建筑的破坏会导致严重的后果，其确定须经国家规定的批准权限批准。

乙类建筑：指地震时使用功能不能中断或需尽快恢复的建筑。如抗震城市中生命线工程的核心建筑。城市生命线工程一般包括供水、供电、交通、消防、通信、救护、供气、供热等系统。

丙类建筑：指一般建筑，包括除甲、乙、丁类建筑以外的一般工业与民用建筑。

丁类建筑：指次要建筑，包括一般的仓库、人员较少的辅助建筑物等。

各抗震设防类别建筑的设防标准，应符合下列要求：

1）甲类建筑。地震作用应高于本地区抗震设防烈度的要求，其值应按批准的地震安全性评价结果确定。抗震措施：当抗震设防烈度为6~8度时，应符合本地区抗震设防烈度提高一度的要求；当为9度时，应符合比9度抗震设防更高的要求。

2）乙类建筑。地震作用应符合本地区抗震设防烈度的要求。抗震措施：一般情况下，当抗震设防烈度为6~8度时，应符合本地区抗震设防烈度提高一度的要求；当为9度时，应符合比9度抗震设防更高的要求。对较小的乙类建筑，当其结构改用抗震性能较好的结构类型时，应允许仍按本地区抗震设防烈度的要求采取抗震措施。

3）丙类建筑。地震作用和抗震措施均应符合本地区抗震设防烈度的要求。

4）丁类建筑。一般情况下，地震作用仍应符合本地区抗震设防烈度的要求。抗震措施应允许比本地区抗震设防烈度的要求适当降低，但抗震设防烈度为6度时不应降低。

抗震设防烈度为6度时，除《建筑抗震设计规范》（GB 50011）有具体规定外，对乙、丙、丁类建筑可不进行地震作用计算。

### 11.1.3 建筑抗震设计方法

在进行建筑抗震设计时，要满足前述三个水准的抗震设防要求。我国的具体做法是通过简化的两阶段设计方法来实现。

（1）**第一阶段设计** 第一步采用第一水准烈度的地震动参数，计算出结构在弹性状态下的地震作用效应，与风、重力等荷载效应组合，并引入承载力抗震调整系数，进行构件截面设计，从而满足第一水准的强度要求；第二步则采用同一地震动参数计算出结构的弹性层间位移角，使其不超过规定的限值；同时采用相应的抗震构造措施，保证结构具有相应的延性、变形能力和塑性耗能能力，从而自动满足第二水准的变形要求。

（2）**第二阶段设计** 采用第三水准烈度的地震动参数，计算出结构的弹塑性层间位移角，满足规定的要求，并采取必要的抗震构造措施，从而满足第三水准的防倒塌要求。

### 11.1.4 建筑抗震性能化设计

当建筑结构采用抗震性能化设计时，应根据其抗震设防类别、设防烈度、场地条件、结构类型和不规则性、建筑使用功能和附属设施功能的要求、投资大小、震后损失和修复难易程度等，对选定的抗震性能目标提出技术和经济可行性综合分析和论证。

1）建筑结构的抗震性能化设计应符合下列要求：①选定地震动水准。对设计使用年限50年的结构，可选用《建筑抗震设计规范》（GB 50011）的多遇地震、设防地震和罕遇地震的地震作用；对设计使用年限超过50年的结构，宜考虑实际需要和可能，经专门研究后对地震作用做适当调整。②选定性能目标，即对应于不同地震动水准的预期损坏状态或使用功能，应不低于《建筑抗震设计规范》（GB 50011）对基本设防目标的规定。③选定性能设计指标。设计应选定分别提高结构或关键部位的抗震承载力、变形能力或同时提高抗震承载力和变形能力的具体指标，尚应计及不同水准地震作用取值的不确定性而留有余地。

2）建筑结构的抗震性能化设计的计算应符合下列要求：①分析模型应正确、合理地反映地震作用的传递途径和楼盖在不同地震动水准下是否整体或分块处于弹性工作状态。②弹性分析可采用线性方法，弹塑性分析可根据性能目标所预期的结构弹塑性状态，分别采用增加阻尼的等效线性方法以及静力或动力非线性方法。③结构非线性分析模型相对于弹性分析模型可有所简化，但二者在多遇地震下的线性分析结构应基本一致；应计入重力二阶效应，合理确定弹塑性参数，应根据构件的实际截面、配筋等计算承载力，可通过与理想弹性假定计算结果的对比分析，着重发现构件可能破坏的部位及其弹塑性变形程度。

3）设置建筑物地震反应观测系统。当建筑抗震设防烈度为7、8、9度时，高度分别超过160m、120m、80m的大型公共建筑，应按规定设置建筑结构的地震反应观测系统，建筑设计应留有观测仪器和线路的位置。

## 11.2　消防工作的行政管理和法规、标准

### 11.2.1　消防工作的行政管理

我国在国家层面上对消防（建筑防火）工作实施行政管理的机构是公安部，由国家授权，代表国家统一管理全国的消防（建筑防火）工作。各地公安部门的消防机构，负责管理本行政区域内的消防（建筑防火）工作。

公安部门消防机构作为政府行政主管部门，对消防工作进行管理主要有以下10个方面：

1）依照有关法律、法规和标准的规定，对各部门、各单位和居民住宅的消防工作进行监督检查。

2）进行消防宣传教育，监督有关单位消除火灾隐患。

3）审查各部门各单位制定的有关消防安全办法和技术标准。

4）监督检查建设项目在设计、施工过程中执行有关规范的情况，并参加竣工验收。

5）监督检查城市建设中的公共消防设施的规划建设、督促城市建设和城市管理部门维护、改善城市公共消防设施。

6）管理消防队伍，训练消防干警。

7）统一组织和指挥火灾的扑救工作。

8）组织调查火灾原因，掌握火灾情况，进行火灾统计。

9）领导消防科学技术研究工作，鉴定和推广消防科学技术研究成果。

10）对消防设备、器材的生产，在规格、质量方面实行监督。

### 11.2.2　消防法规与标准

在我国，法的整体由法律、法规和国家行政机关发布的规章等组成，一般又称为“法规体系”或“法群”，简称“法规”[189-193]。

消防法规体系是国家在消防方面的法律、法规、国家行政机关发布的消防规章、制度以及纳入国家法律、法规要强制执行的各类标准的总和，是我国法规体系中的重要组成部分，

都具有法的所有属性；它们和其他法规互相渗透，互相促进，作为管理消防工作的根据[163-174,194-219]，共同为我国现代化建设发挥法制作用，必须予以了解和掌握。

我国目前制定的有关消防法规主要有：

1）《中华人民共和国消防法》。

2）《公共娱乐场所消防安全管理规定》（公安部第39号令）。

3）《机关、团体、企业、事业单位消防安全管理规定》（公安部第61号令）。

4）《工业建筑供暖通风与空气调节设计规范》（GB 50019—2015）。

5）《民用建筑供暖通风与空气调节设计规范》（GB 50736—2012）。

6）《建筑设计防火规范》（GB 50016—2014）。

7）《汽车库、修车库、停车场设计防火规范》（GB 50067—2014）。

8）《人民防空工程设计防火规范》（GB 50098—2009）。

9）《建筑内部装修设计防火规范》（GB 50222—2017）。

10）《建筑灭火器配置设计规范》（GB 50140—2005）。

## 11.3 建筑物耐火等级和火灾危险性分类

耐火等级是衡量建筑物耐火程度的标准。建筑物的耐火等级是由《建筑设计防火规范》（GB 50016）规定的。耐火等级的高低取决于这些建筑构件在火灾高温下的耐火性能，即建筑构件的燃烧性能和耐火极限，它直接反映了火灾发生的频率及后果。

### 11.3.1 建筑构件的耐火极限

耐火极限是指对任一建筑构件按时间温度标准曲线进行耐火试验，从受到火的作用时起，到失去支持能力或完整性被破坏或失去隔火作用（背火温度大于220℃）时止的这段时间，用小时（h）表示。从耐火极限的定义可以看出，判断构件达到耐火极限的条件有三个，即失去稳定性、失去完整性、失去绝热性。失去稳定性是指构件在试验中失去支持能力或抗变形能力，此条件主要针对承重构件，如墙、梁或板、柱等承重构件；失去完整性是指分割构件（如楼板、门窗、隔墙、吊顶等）当其一面受火作用时，在试验过程中，构件出现穿透性裂缝或穿火孔隙，使其背火面可燃物燃烧起来；失去绝热性是指分隔构件失去隔绝过量热传导的性能。在试验中，试件背火面测点测得的平均温度超过初始温度140℃，或背火面任一测点的温度超过初始温度180℃时，均认为构件失去绝热性。

耐火极限与建筑材料的燃烧性能有关。根据建筑材料的不同燃烧性能建筑构件可分为：不燃烧体、难燃烧体、燃烧体三大类。不燃烧体是用不燃烧材料做成的建筑构件；难燃烧体是用难燃烧材料做成或用燃烧材料做成而用不燃烧材料作保护层的建筑构件；燃烧体是指用燃烧材料做成的建筑构件。

### 11.3.2 建筑物耐火等级的划分

建筑物耐火等级是按其耐火程度和使用性质划分的。建筑物的耐火等级是由建筑材料的燃烧性能和建筑构件最低的耐火极限决定的，而建筑物的耐火性能标准则主要是由建筑物的重要性和其在使用中的火灾危险性来确定的。例如，具有重要政治意义的建筑物或使用贵重设备的工厂和实验楼，以及使用人数众多的大型公共建筑或使用易燃原料的车间和热加工车间等，都应采用耐火性能较高的建筑材料和结构形式，有些建筑为了保证在 3~4h 燃烧时间内不发生结构倒塌，还必须在结构设计中通过耐火计算，而一般建筑则可采用耐火性能较低的建筑材料和结构形式。确定建筑物的耐火等级是《建筑设计防火规范》(GB 50016) 中规定的最基本的防火技术措施之一。

我国国家标准《建筑设计防火规范》(GB 50016) 将民用建筑物的耐火等级分为四级，见表 11-4。它们是按组成房屋的主要构件（墙、柱、梁、楼板、屋顶承重构件等）的燃烧性能（燃烧体、不燃烧体、难燃烧体）和它们的耐火极限来划分的。

表 11-4　民用建筑物构件的燃烧性能和耐火极限　（单位：h）

| 构件名称 | | 耐火等级 | | | |
|---|---|---|---|---|---|
| | | 一级 | 二级 | 三级 | 四级 |
| | | 燃烧性能和耐火等级 | | | |
| 墙 | 防火墙 | 不燃烧体<br>3.00 | 不燃烧体<br>3.00 | 不燃烧体<br>3.00 | 不燃烧体<br>3.00 |
| | 承重墙 | 不燃烧体<br>3.00 | 不燃烧体<br>2.50 | 不燃烧体<br>2.00 | 难燃烧体<br>0.50 |
| | 非承重墙 | 不燃烧体<br>1.00 | 不燃烧体<br>1.00 | 不燃烧体<br>0.50 | 燃烧体 |
| | 楼梯间<br>电梯井的墙 | 不燃烧体<br>2.00 | 不燃烧体<br>2.00 | 不燃烧体<br>1.50 | 难燃烧体<br>0.50 |
| | 疏散走道两侧的隔墙 | 不燃烧体<br>1.00 | 不燃烧体<br>1.00 | 不燃烧体<br>0.50 | 难燃烧体<br>0.25 |
| | 房间隔墙 | 不燃烧体<br>0.75 | 不燃烧体<br>0.50 | 难燃烧体<br>0.50 | 难燃烧体<br>0.25 |
| 柱 | | 不燃烧体<br>3.00 | 不燃烧体<br>2.50 | 不燃烧体<br>2.00 | 难燃烧体<br>0.50 |
| 梁 | | 不燃烧体<br>2.00 | 不燃烧体<br>1.50 | 不燃烧体<br>1.00 | 难燃烧体<br>0.50 |
| 楼板 | | 不燃烧体<br>1.50 | 不燃烧体<br>1.00 | 不燃烧体<br>0.50 | 燃烧体 |
| 屋顶承重构件 | | 不燃烧体<br>1.50 | 不燃烧体<br>1.00 | 燃烧体 | 燃烧体 |
| 疏散楼梯 | | 不燃烧体<br>1.50 | 不燃烧体<br>1.00 | 不燃烧体<br>0.50 | 燃烧体 |
| 吊顶(包括吊顶搁栅) | | 不燃烧体<br>0.25 | 难燃烧体<br>0.25 | 难燃烧体<br>0.15 | 燃烧体 |

《建筑设计防火规范》(GB 50016) 将厂房和仓库建筑物的耐火等级也分为四级，其构件的燃烧性能和耐火极限见表 11-5。

表 11-5 厂房（仓库）建筑构件的燃烧性能和耐火极限 （单位：h）

| 构件名称 | | 耐火等级 | | | |
|---|---|---|---|---|---|
| | | 一级 | 二级 | 三级 | 四级 |
| 墙 | 防火墙 | 不燃烧体<br>3.00 | 不燃烧体<br>3.00 | 不燃烧体<br>3.00 | 不燃烧体<br>3.00 |
| | 承重墙 | 不燃烧体<br>3.00 | 不燃烧体<br>2.50 | 不燃烧体<br>2.00 | 难燃烧体<br>0.50 |
| | 楼梯间<br>电梯井的墙 | 不燃烧体<br>2.00 | 不燃烧体<br>2.00 | 不燃烧体<br>1.50 | 难燃烧体<br>0.50 |
| | 疏散走道两侧的隔墙 | 不燃烧体<br>1.00 | 不燃烧体<br>1.00 | 不燃烧体<br>0.50 | 难燃烧体<br>0.25 |
| | 非承重墙 | 不燃烧体<br>0.75 | 不燃烧体<br>0.50 | 难燃烧体<br>0.50 | 难燃烧体<br>0.25 |
| | 房间隔墙 | 不燃烧体<br>0.75 | 不燃烧体<br>0.50 | 难燃烧体<br>0.50 | 难燃烧体<br>0.25 |
| 柱 | | 不燃烧体<br>3.00 | 不燃烧体<br>2.50 | 不燃烧体<br>2.00 | 难燃烧体<br>0.50 |
| 梁 | | 不燃烧体<br>2.00 | 不燃烧体<br>1.50 | 不燃烧体<br>1.00 | 难燃烧体<br>0.50 |
| 楼板 | | 不燃烧体<br>1.50 | 不燃烧体<br>1.00 | 不燃烧体<br>0.75 | 难燃烧体<br>0.50 |
| 屋顶承重构件 | | 不燃烧体<br>1.50 | 不燃烧体<br>1.00 | 难燃烧体<br>0.50 | 燃烧体 |
| 疏散楼梯 | | 不燃烧体<br>1.50 | 不燃烧体<br>1.00 | 不燃烧体<br>0.75 | 燃烧体 |
| 吊顶（包括吊顶搁栅） | | 不燃烧体<br>0.25 | 难燃烧体<br>0.25 | 难燃烧体<br>0.15 | 燃烧体 |

### 11.3.3 产生火灾的危险性分类

不同功能的建筑物或房间要求的耐火等级不同，它取决于产生火灾危险性的程度。对火灾危险性分类的目的，是为了在建筑防火要求上，有区别地对待各种不同火灾危险类别的生产或储存物品，使建筑物既有利于节约投资，又有利于保证安全。

设计工业厂房和库房，首先要确定生产或储存物品的火灾危险性类别，按照火灾危险性类别才能确定建筑物的耐火等级、层数、面积和设置必要的防火分隔物、安全疏散设施、防爆泄压设施以及考虑它在建筑总平面图上的适当位置和与周围建筑物之间的防火间距等。

不同的生产场所由于生产过程中使用或产生的物质不同，其火灾危险程度也不同，《建筑设计防火规范》（GB 50016）将生产的火灾危险性分为五类，见表 11-6，将库房储存物品的不同火灾危险性也分为五类，见表 11-7。

表 11-6 生产的火灾危险性分类

| 生产的火灾危险性类别 | 使用或产生下列物质的生产的火灾危险性特征 |
| --- | --- |
| 甲 | 1. 闪点<28℃的液体<br>2. 爆炸下限<10%的气体<br>3. 常温下能自行分解或在空气中氧化能导致迅速自燃或爆炸的物质<br>4. 常温下受到水或空气中水蒸气的作用,能产生可燃气体并引起燃烧或爆炸的物质<br>5. 遇酸、受热、撞击、摩擦、催化以及遇有机物或硫黄等易燃的无机物,极易引起燃烧或爆炸的强氧化剂<br>6. 受撞击,摩擦或与氧化剂、有机物接触时能引起燃烧或爆炸的物质<br>7. 在密闭设备内操作温度大于等于物质本身自燃点的生产 |
| 乙 | 1. 闪点≥28℃,但<60℃的液体<br>2. 爆炸下限≥10%的气体<br>3. 不属于甲类的氧化剂<br>4. 不属于甲类的化学易燃危险固体<br>5. 助燃气体<br>6. 能与空气形成爆炸性混合物的浮游状态的粉尘、纤维、闪点≥60℃的液体雾滴 |
| 丙 | 1. 闪点≥60℃的液体<br>2. 可燃固体 |
| 丁 | 1. 对不燃烧物质进行加工,并在高温或熔化状态下经常产生辐射热、火花或火焰的生产<br>2. 利用气体、液体、固体作为燃料或将气体、液体进行燃烧作其他用的各种生产<br>3. 常温下使用或加工难燃物质的生产 |
| 戊 | 常温下使用或加工非燃物质的生产 |

表 11-7 储存物品的火灾危险性分类

| 储存物品的火灾危险性类别 | 火灾危险性特征 |
| --- | --- |
| 甲 | 1. 闪点<28℃的液体<br>2. 爆炸下限<10%的气体,以及受到水或空气中水蒸气的作用,能产生爆炸下限<10%的气体的固体物质<br>3. 常温下能自行分解或在空气中氧化能导致迅速自燃或爆炸的物质<br>4. 常温下受到水或空气中水蒸气的作用,能产生可燃气体并引起燃烧或爆炸的物质<br>5. 遇酸、受热、撞击、摩擦催化以及遇有机物或硫黄等易燃的无机物,极易引起燃烧或爆炸的强氧化剂<br>6. 受撞击、摩擦或与氧化剂、有机物接触时能引起燃烧或爆炸的物质 |
| 乙 | 1. 闪点≥28℃,但<60℃的液体<br>2. 爆炸下限≥10%的气体<br>3. 不属于甲类的氧化剂<br>4. 不属于甲类的化学易燃危险固体<br>5. 助燃气体<br>6. 常温下与空气接触能缓慢氧化,积热不散引起自燃的物品 |
| 丙 | 1. 闪点≥60℃的液体<br>2. 可燃固体 |
| 丁 | 难燃烧物品 |
| 戊 | 不燃烧物品 |

## 11.4 防火与防烟分区

### 11.4.1 防火与防烟分区的定义和作用

建筑物的某空间发生火灾后，火势便会因热气体对流、辐射作用，或者是从楼板、墙壁的烧损处和门窗洞口向其他空间蔓延扩大，最后发展成为整座建筑的火灾。因此，对规模大、面积大，或多层、高层的建筑而言，在一定时间内把火势控制在一定区域内，对于灭火和疏散是非常重要的。

所谓防火分区就是采用防火分隔措施划分出的，能在一定时间内防止火灾向同一建筑的其余部分蔓延的局部区域。

在建筑物内采取划分防火分区这一措施，可以在建筑物内一旦发生火灾时，有效地把火灾控制在一定的范围内，减少火灾损失，同时可以为人员安全疏散、消防扑救提供有利条件。

防火分区按其作用一般分为水平防火分区和垂直分区。

防烟分区是以屋顶挡烟隔板、挡烟垂壁或梁为界，从地板到屋顶或吊顶之间的空间。划分防烟分区的目的是把火灾烟气控制在一定范围内，并通过排烟设施迅速排除。

### 11.4.2 防火与防烟分区

厂房、仓库、民用建筑的耐火等级与其用途有关，用途不同，要求其耐火等级也不同。除此之外，各类厂房、仓库、民用建筑的耐火等级还与其层数、长度、占地面积、建筑面积等要素有关。

《建筑设计防火规范》（GB 50016—2014）对各类厂房、仓库、民用建筑的耐火等级、长度、允许最多层数和最大允许建筑面积，均有十分明确的、规范性的、具体的技术要求。

《建筑设计防火规范》（GB 50016—2014）对采用防火墙等划分的防火分区的最大允许建筑面积做了具体规定，各类建筑划分防火分区时务必满足《建筑设计防火规范》（GB 50016—2014）的各项规定与要求。

防烟分区通常是以建筑物的每个楼层划分的。为节约投资，一个防烟分区可以跨越一个以上的楼层，但一般不宜超过三层，最多不应超过五层。这就是说，《建筑设计防火规范》（GB 50016—2014）允许一个楼层可以包括一个以上的防烟分区。

但《建筑设计防火规范》（GB 50016—2014）规定，疏散楼梯间及其前室和消防电梯间及其前室，作为疏散和扑救的主要通道，应单独划分防烟分区，并采用良好的防排烟设施；超高层建筑设置的避难间和避难层，不论面积多大，都应单独划分防烟分区，并应有良好的防排烟设施。

一般来讲，一个防火分区可根据实际情况划分为几个防烟分区。

### 11.4.3 防火间距

防火间距是指两相邻建筑物外墙的最近距离。换句话说，防火间距就是当两相邻建筑物某一幢着火，在二、三级风力条件下，如果20min无扑救，火势不致蔓延到相邻建筑物所需要的间距。

防火间距的作用，一是防止火灾时辐射热向周围相邻建筑物蔓延扩大；二是满足消防救火的需要，包括消防车通行、云梯车的操作扑救的技术性要求。

《建筑设计防火规范》（GB 50016—2014）对各类厂房、仓库、民用建筑与相邻的各类建筑之间的防火间距都做出了详细明确的规定，设计时必须符合《建筑设计防火规范》（GB 50016—2014）对防火间距的各项规定与要求。

### 11.4.4　主要防火与防烟分隔物

#### 1. 主要防火分隔物

防火分隔物是防火分区的边缘构件，一般有防火墙、耐火楼板、甲级防火门、防火卷帘、防火水幕带、上下楼层之间的窗间墙、封闭和防烟楼梯间等。其中，防火墙、甲级防火门、防火卷帘、防火水幕带是水平方向划分防火分区的分隔物，而耐火楼板、上下楼层之间的窗间墙、封闭和防烟楼梯间属于垂直方向划分防火分区的防火分隔物。

（1）**防火墙**　根据防火墙在建筑中所处的位置和构造形式，分为横向防火墙（与建筑平面纵轴垂直）、纵向防火墙（与平面纵轴平行）、室内防火墙、室外防火墙和独立防火墙等。

对防火墙的耐火极限、燃烧性能、设置部位和构造的要求是：

1）防火墙应为不燃烧体，耐火极限不应低于3.0h。高层建筑耐火极限定为3.0h。

2）防火墙应直接设置在建筑物的基础或钢筋混凝土框架、梁等承重结构上。轻质防火墙体可不受此限制，防火墙应从楼地面基层隔断至顶板底面基层，设计防火墙构造时，应考虑防火墙一侧屋架、梁、楼板等受到火灾的影响破坏时，不致使防火墙倒塌。

3）当屋顶承重结构和屋面板的耐火极限低于0.5h，高层厂房屋面板的耐火极限低于1.0h时，防火墙应高出不燃烧体屋面0.4m以上，高出燃烧体或难燃烧体的屋面不小于50cm。

4）建筑物的外墙为难燃烧体时，防火墙应凸出难燃烧体墙体的外表面0.4m以上，且在防火墙两侧的外墙应为宽度不小于2m的不燃烧体，其耐火极限不应低于该外墙的耐火极限。

5）防火墙内不应设置排气道。

6）防火墙上不应开设门、窗、洞口，如必须开设时，应采用固定的或火灾时能自动关闭的甲级防火门、窗。

7）可燃气体和甲、乙、丙类液体的管道严禁穿过防火墙。其他管道不宜穿过防火墙，如必须穿过时，应采用防火封堵材料将墙与管道之间的空隙紧密填实，当管道为难燃及可燃材料时，应在防火墙两侧的管道上采取防火措施，用不燃烧体将缝隙填塞密实。穿过防火墙处的管道保温材料，应采用不燃烧材料。

（2）**防火门**　防火门除具备普通门的作用外，还应具有防火、隔烟的特殊功能。在建筑物的防火分区之间如需要通行时，应设置甲级防火门。建筑一旦发生火灾时，它能在一定程度上阻止或延缓火灾蔓延，确保人员安全疏散。

防火门必须具有合理的选材、良好的结构、可靠的耐火性能。其耐火性能确定必须通过国家标准规定的试验方法，即按《门和卷帘的耐火试验方法》（GB/T 7633—2008）进行耐火检测。

防火门应具有自闭功能，双扇防火门应具有按顺序关闭的功能，常开防火门应能在火灾时自动关闭，并具有信号反馈的功能。防火门内外两侧应能手动开启。

防火门的分类：按其耐火极限分为甲级防火门、乙级防火门和丙级防火门；按其所用的材料分为木质防火门、钢质防火门和复合材料防火门；按其开启方式分为平开防火门和推拉防火门；按门扇结构分为镶玻璃防火门和不镶玻璃防火门；带上亮窗和不带上亮窗的防火门。

各级防火门其最低耐火极限分别为：甲级防火门 1.2h，乙级防火门 0.9h，丙级防火门 0.6h。通常甲级防火门用于防火墙上，乙级防火门用于疏散楼梯间，丙级防火门用于管道井等检查门。

(3) **防火卷帘** 用作建筑防火分区或防火分隔的防火卷帘，与一般卷帘在性能要求上的根本区别是，它必须具备必要的燃烧性能和耐火极限，以及防烟性能等。公共建筑的百货大楼营业厅、展览馆展览厅等，不便设置防火墙或防火分隔墙的地方，利用防火卷帘，把大厅分隔成较小的防火分区。

防火卷帘的分类和构造：防火卷帘是一种活动的防火分隔物，其耐火极限不应低于3.0h，一般是用钢板等金属板材，以扣环或铰接的方法组成可以卷绕的链状平面，平时卷起放在需要分隔的部位上方的转轴箱中，起火时将其放下展开，用以阻止火势从该部位蔓延。

防火卷帘按帘板的厚度分为轻型卷帘和重型卷帘。轻型卷帘钢板的厚度为 0.5~0.6mm，重型卷帘钢板的厚度为 1.5~1.6mm。重型卷帘一般适用于防火墙或防火分隔墙上。

防火卷帘按帘板构造可分为普通型钢质防火卷帘和复合型钢质防火卷帘。前者由单片钢板制成，后者由双片钢板制成，中间加隔热材料，代替防火墙时，如耐火极限达到 3.0h 以上，可省去水幕保护系统。

防火卷帘的安装要求：

1) 防火卷帘应做到开关灵活和密封，以保证受火作用时灵活放下。对用作划分防火分区和其他重要部位的防火卷帘的漏烟量要求是，两侧压力差为 20Pa 时，其值应小于 $0.2m^3/(m^2 \cdot min)$。

2) 防火卷帘的自动启闭机构应在金属外壳内封闭，以保证不受损坏和在火灾发生时能正常运转。

3) 防火卷帘的自动启动探测器，或易熔环（片）应在墙的两面安装（一个靠近洞口的顶部安装，另一个在墙两侧的顶棚上或靠近顶棚处安装），并和卷帘的开关联系起来，这样任何一个探头或易熔环的动作，都将使卷帘关闭。

4) 用防火卷帘代替防火墙时，其两侧应设水幕系统保护，或采用耐火极限不小于 3.0h 的复合防火卷帘。

5) 设在疏散走道和前室的防火卷帘，应具有在降落时有短时间停滞以及能从两侧手动控制的功能，以保障人员安全疏散；应具有自动、手动和机械控制的功能。

6) 为保证火灾初起时人员的安全疏散及消防人员顺利扑救火灾，防火卷帘应有一定的启闭速度。

(4) **防火窗** 防火窗是采用钢窗框、钢窗扇及防火玻璃（防火夹丝玻璃或防火复合玻璃）制成的，能起隔离和阻止火势蔓延作用的防火分隔物。

防火窗按照安装方法可分为固定窗扇防火窗和活动窗扇防火窗两种。固定窗扇防火窗不能开启，平时可以采光，遮挡风雨，发生火灾时可以阻止火势蔓延。活动窗扇防火窗，能够开启和关闭，起火时可以自动关闭，阻止火势蔓延，开启后可以排除烟气，平时还可以采光和遮挡风雨。为了使防火窗的窗扇能够开启和关闭，需要安装自动和手动开关装置。

防火窗按耐火极限可分为甲、乙、丙三级，其耐火极限甲级为1.2h，乙级为0.9h，丙级为0.6h。

（5）**防火水幕带** 防火水幕带可以起防火墙的作用，在某些需要设置防火墙或其他防火分隔物而无法设置的情况下，可采用防火水幕带进行分隔。

防火水幕带宜采用喷雾式喷头，也可采用雨淋式水幕喷头。水幕喷头的排列不应少于3排，防火水幕带形成的水幕宽度不宜小于5m。应该指出的是，在设有防火水幕带的部位的上部和下部，不应有可燃和难燃的结构或设备。

（6）**上、下层窗间墙** 为了防止火灾从外墙窗口向上层蔓延，一个最有效的办法就是增高上下楼层间窗间墙，即窗槛墙的高度，或在窗口上方设置挑檐。在《建筑设计防火规范》（GB 50016）中，虽然规定窗间墙、窗槛墙的填充材料应采用不燃材料，但对于防止火灾通过外墙窗口向上层蔓延并没有规定明确的防范技术措施。然而这一部位又恰恰是火灾向上层蔓延的一个途径，窗槛墙的高度如果小于1.0m，则很难起到防火作用。参照国外有关资料，建议窗槛墙高度不宜小于1.2m；若窗口上方设防火挑檐时，其挑出墙面的宽度不宜小于0.5m，檐板的长度应大于窗宽1.2m。设防火挑檐时的窗槛墙高度可减小，但其高度和挑檐宽度之和不应小于1.2m。防火挑檐可视具体情况灵活设置，并应采用不燃材料制作，具有一定的耐火性。

（7）**耐火楼板和防烟、封闭楼梯间** 这两者均属于垂直方向划分防火分区的分隔物（防烟、封闭楼梯间的主要功能是保证人员安全疏散）。凡符合建筑耐火设计要求的楼板则为耐火楼板，即一级耐火等级建筑物的楼板应为不燃烧体，耐火极限应在1.5h以上；二级耐火等级建筑物应为不燃烧体，耐火极限应在1.0h以上。防烟、封闭楼梯间的墙体和门都有一定的耐火性能要求，具有一定的防烟防火作用，所以按规范要求设置这两种楼梯间时则可以很好地起到防止火灾通过楼梯间向上层蔓延。

### 2. 主要防烟分隔物

常用的隔烟装置有：挡烟垂壁、挡烟隔墙、挡烟梁等，其主要构造和作用为：

1）挡烟垂壁：安装于吊顶下，能对烟和热气的横向流动造成障碍的垂直分隔体。它是用不燃烧材料制成的，从顶棚下垂不小于500mm的固定或活动的挡烟设施。活动挡烟垂壁系指火灾时因感温、感烟或其他控制设备的作用下，自动下垂的挡烟垂壁。并应由感烟探测器控制，或与排烟口联动，受消防控制中心控制，但同时应能就地手动控制。活动挡烟垂壁落下时，其下端距地面的高度应大于1.8m。

2）挡烟隔墙：专为挡烟而砌筑的隔墙。从挡烟效果看，挡烟隔墙比挡烟垂壁的效果要好些，因此在要求成为安全区域的场所宜采用挡烟隔墙。

3）挡烟梁：有条件的建筑物可利用从顶棚下凸出不小于0.5m的钢筋混凝土梁或钢梁进行挡烟。

## 11.5 建筑防爆

对于有爆炸危险的厂房或仓库，在建筑设计中应采取防爆措施，以防止和减少爆炸事故的发生，或当爆炸事故发生时，为了最大限度地减轻其危害，可从以下几个方面考虑。

### 11.5.1 建筑防爆设计

#### 1. 总平面布置防爆

在进行总平面设计时，采用对有爆炸危险的厂房和仓库进行独立布置，并保持一定的防火间距的方法进行防爆。主要有如下防爆措施：

1）有爆炸危险的甲、乙类生产厂房宜独立设置。

2）甲类厂房与重要公共建筑的防火间距不应小于50m，与明火或散发火花的地方的防火间距不应小于30m，与一般民用建筑的防火间距不应小于25m。

3）甲类仓库与甲类仓库之间的防火间距不应小于20m，与重要公共建筑的防火间距不应小于50m，与民用建筑、明火或散发火花的地方的防火间距不应小于25m。

4）对于有爆炸危险的厂房和仓库，应采用集中分区布置。有爆炸危险的生产界区和仓库应尽可能布置在厂区边缘，界区内建筑物、构筑物相互之间应留有足够的防火间距。界区与界区之间也应留有防火间距。

5）有爆炸危险的厂房和仓库宜布置在没有明火或散发火花的地点以及其他建筑物的下风向。厂房和仓库的平面主轴线宜与当地全年主导风向垂直，或夹角不小于45°，以利于自然排风排出可燃气体、可燃蒸气和可燃粉尘。其朝向应避免朝西，以减少阳光照射，防止室内温度升高。

#### 2. 建筑设计防爆

1）有爆炸危险的厂房在生产工艺允许的条件下宜采用单层建筑，有爆炸危险的仓库则应采用单层建筑，因为单层建筑便于进行如下防爆措施：

a. 便于设置较多的安全出口，有利于安全疏散和灭火工作。

b. 便于设置防火墙和防爆墙，将有爆炸危险的生产部位和使用明火的生产设备分隔布置，可以有效地防止爆炸事故的发生。

c. 便于设置天窗、风帽和通风气楼，创造自然通风的良好条件，有利于排除室内可燃气体、蒸气、粉尘，可以有效地防止其在室内与空气形成爆炸性混合物。

d. 便于设置轻质泄压屋盖，加大泄压面积有利于尽快释放爆炸时产生的大量气体和热量，降低室内爆炸压力。

e. 一旦发生倒塌破坏，影响范围小，便于修复。

f. 对单层仓储建筑来说，还有利于地面设较大的坡度、明沟、集油池，可以回收滴漏在地面上的易燃可燃液体，防止流散蔓延造成大面积火灾。

2）有爆炸危险的厂房和仓库不宜设在地下室或半地下室内。因为地下室或半地下室存在以下不利因素：

a. 自然通风条件不好，生产或储存过程中挥发的可燃气体、蒸气、粉尘，很容易与室内空气混合形成爆炸性混合物。

b. 地下室或半地下室，不能设置较多的安全出口，不利于人员和物资的安全疏散。

c. 不能设置泄压轻质屋盖、轻质外墙和泄压窗，发生爆炸时大量爆炸燃烧产物和未燃烧的爆炸性混合物不能迅速地排放室外，会加重爆炸的危害。

d. 地下室或半地下室发生爆炸时位于其上部楼层的房间，将会受到很大的影响。

e. 对于地下水位较高的地区，地下室或半地下室往往由于防水处理不当，发生渗水漏水现象，对于与水作用能够生成爆炸性物质的厂房和仓库，往往会成为爆炸的根源。

3）有爆炸危险的甲乙类厂房宜独立布置，并宜采用敞开式或半敞开式的厂房，因敞开或半敞开式建筑，自然通风良好，能使生产过程中“跑、冒、滴、漏”出来的可燃气体、可燃蒸气、可燃粉尘很快稀释扩散，不易形成爆炸混合物，因而能有效地排除形成爆炸的条件。

4）有爆炸危险的厂房和仓库的耐火等级不应低于二级。有爆炸危险的厂房和仓库由于会产生大量的可燃蒸气、可燃粉尘、可燃液体、可燃固体等物质，万一发生爆炸事故，往往会酿成火灾。因此，对于甲乙类生产厂房和仓库的耐火等级，不应低于二级。

5）有爆炸危险的厂房和仓库内的防火墙间距不宜过大，有爆炸危险的厂房和仓库内宜设置防火分隔墙以控制由于爆炸引起的火势的蔓延。防火墙的构造和强度必须满足防火防爆的有关规定。

### 11.5.2 结构设计防爆

对于有爆炸危险的厂房和仓库，选择合适的结构形式，可以在一旦发生火灾爆炸事故时，十分有效地防止建筑物发生倒塌破坏，减轻造成的危害和损失。

许多火灾爆炸事故实例表明，适合于爆炸危险厂房和仓库的结构形式应满足三个条件：一是整体性好、抗爆能力强，能很好地抵御巨大爆炸压力的作用；二是具有较好的耐火能力，能在一定时间内经受火灾爆炸时高温的作用；三是便于设置较大的泄压面积，在发生爆炸事故时能够最大限度地降低建筑物内的爆炸压力，使主体结构免遭损坏。

因此，对有爆炸危险的甲、乙类厂房，宜采用钢筋混凝土柱、钢柱承重的框架或排架结构。钢柱宜采用保护层。其中，框架结构防爆性能优于排架结构，现浇结构优于装配式结构。钢结构的外露钢构件，应采用不燃烧材料加做隔热保护层或喷刷钢结构防火涂料，以提高其耐火极限。砖混结构整体稳定性差、抗爆能力差，墙体不能设置较大的泄压面积，一般仅可用在规模较小的单层有爆炸危险的厂房和库房，并应采取措施提高其稳定性，增强其抗爆能力。通常采取的措施有：在砖墙上增设封闭式钢筋混凝土圈梁、在砖墙内配置钢筋、设置构造柱、增设屋架支撑，将檩条与屋架或屋面大梁的连接处焊接牢固等。

### 11.5.3 厂房和仓库的泄压

泄压设计是减轻爆炸事故危害的一项主要技术措施。有爆炸危险的厂房设置足够的泄压设施后，可大大减轻爆炸时的破坏强度，避免因主体结构遭受破坏造成重大人员伤亡和经济损失。

爆炸能够在瞬间释放出大量的气体和热量，使室内形成很高的压力。为了防止建筑物的承重构件因强大的爆炸压力遭到破坏，将一定面积的建筑构、配件做成薄弱泄压设施，其面积称为泄压面积。当发生爆炸时，作为泄压面积的建筑构、配件首先遭到破坏，将爆炸气体及时泄出，使室内的爆炸压力骤然下降，从而保护建筑物的主体结构，并减轻人员伤亡和设备破坏。泄压设计可按以下几方面考虑：

（1）**泄压设施** 有爆炸危险的甲、乙类厂房和库房，应设置必要的泄压设施。泄压设施宜首先采用轻质屋面板、轻质墙体和易于泄压的门、窗等作为泄压面积，不应采取普通玻璃作为泄压设施。作为泄压设施的轻质屋面板和轻质墙体单位质量不宜超过 $60\mathrm{kg/m^2}$。屋顶上的泄压设施应采取防冰雪积聚措施。选择材料还应注意其应具有在爆炸时容易被冲开或碎裂的特点，以便于泄压和减小危害。最好选用既能很好地泄压，又能防寒、隔热并便于在建筑物上固定的材料。

（2）**泄压面积** 有爆炸危险的甲、乙类厂房其泄压面积宜按下式计算

$$A = 10CV^{\frac{2}{3}} \tag{11-2}$$

式中 $A$——泄压面积（$\mathrm{m^2}$）；

$V$——厂房的容积（$\mathrm{m^3}$）；

$C$——厂房容积小于 $1000\mathrm{m^3}$ 时的泄压比 $\mathrm{m^2/m^3}$，可按表 11-8 选取。

（3）**泄压设置部位** 泄压设施的设置应避开人员集中的场所和主要交通道路，并宜靠近有爆炸危险的部位。散发较空气轻的可燃气体、可燃蒸气的甲类厂房，宜采用轻质屋面板的全部或局部作为泄压面积。顶棚应尽量平整、避免死角，厂房上部空间应通风良好。轻质屋面板的全部对非泄爆面一侧的墙，应采用钢筋混凝土防爆墙。用门、窗、轻质墙体作为泄压面积时，不应影响相邻车间和其他建筑物的安全。

表 11-8 厂房内爆炸性危险物质的类别与泄压比值

| 厂房内爆炸性危险物质的类别 | $C$ 值 |
|---|---|
| 氨以及粮食、纸、皮革、铅、铬、铜等 $K_{尘}<10\mathrm{MPa \cdot m/s}$ 的粉尘 | ≥0.030 |
| 木屑、炭屑、煤粉、锑、锡等 $10\mathrm{MPa \cdot m/s} \leqslant K_{尘} \leqslant 30\mathrm{MPa \cdot m/s}$ 的粉尘 | ≥0.055 |
| 丙酮、汽油、甲醇、液化石油气、甲烷、喷漆间或干燥室及苯酚树脂铝、镁、锆等 $K_{尘}>30\mathrm{MPa \cdot m/s}$ 的粉尘 | ≥0.110 |
| 乙烯 | ≥0.160 |
| 乙炔 | ≥0.200 |
| 氢 | ≥0.250 |

注：当厂房的长径比大于 3 时，宜将该建筑划分为长径比小于等于 3 的多个计算段，各计算段的公共截面不得作为泄压面积。

一般情况下，泄压比（泄压面积与厂房或库房体积的比值）值宜采用 0.05~0.22。爆炸威力较强或爆炸压力上升较快的厂房应尽量加大比值；体积超过 $1000\mathrm{m^3}$ 的建筑如采用上述比值有困难时，可适当降低，但不得小于 0.03。

### 11.5.4 其他防爆措施

1）采用不发生火花的地面。对散发较空气重的可燃气体、可燃蒸气的甲类厂房以及有粉尘、纤维爆炸危险的乙类厂房，应采用不发生火花的地面，防止由于铁器坠落或铁质工作或搬运机器时撞击产生火花，引起爆炸。采用绝缘材料做整体面层时，应采取防静电措施。

散发可燃粉尘、纤维的厂房内表面应平整、光滑，并易于清扫。

厂房内不宜设置地沟，必须设置时，其盖板应密封，地沟应采取防止可燃气体、可燃蒸气及粉尘、纤维在地沟内积聚的有效措施，且与相邻厂房连通处应采用防火材料密封。

2）采用隔热降温措施。对建筑的屋面采用隔热保温措施，对室内热源进行隔热措施或单独设置房间，防止夏季室内温度过高引起爆炸。

3）加强通风措施。为了防止厂房在生产过程中使用或产生的可燃气体、可燃蒸气、可燃粉尘等物质，与室内空气混合形成爆炸性混合物，可以采取自然通风措施，排除形成爆炸的条件。要使厂房始终保持良好的自然通风，在工艺操作许可的条件下，最好是采用敞开式或半敞开式建筑。必要时，可采用机械通风，但必须有备用风机和第二电源，以防万一。

4）采取措施导除静电。防止由于静电产生火花引起爆炸。

5）采取有组织排水措施，排除化学物品与水作用发生化学变化，引起爆炸的可能性。采取避雷措施，防止雷电火花引起爆炸。

6）防止电气设备着火。有爆炸危险的甲、乙类厂房和库房内的电动机、照明灯具、开关等电器设备应采用防爆型，以防止其产生电火花引起爆炸事故。

7）及时清除尘杂，避免由于尘杂积累引起爆炸。

## 11.6 安全疏散

### 11.6.1 安全疏散的概念

合理的建筑安全疏散设施应保证在火灾发生时人们能迅速安全地离开建筑物，安全脱离现场，减少人员伤亡。其中，从起火点到安全出口的距离称为疏散距离，所经历的时间称为疏散时间。其设计要点是：①要有足够数量的安全疏散出口；②限制安全疏散距离；③安全疏散出口宽度要适当；④选择的楼梯形式要合理。

### 11.6.2 民用建筑的安全疏散

民用建筑中设置安全疏散设施的目的在于发生火灾时，人员能从建筑物中迅速、有秩序地通过安全出口疏散出来，特别是商场、影剧院、歌舞厅、大型会堂等人员密集的建筑物和高层建筑中，安全疏散问题更为重要。设计中主要是通过规定一定的安全出口数量和一定的安全疏散距离来达到安全疏散的目的。

### 11.6.3 工业建筑的安全疏散

工业建筑设置安全疏散的目的是在发生火灾时，能够迅速、安全地疏散人员和转移贵重物资，减少火灾损失。为此，在设计中也是通过确定厂房内安全出口和疏散门、走道、楼梯的形式、位置、数量、宽度及安全疏散人数、疏散距离的控制来实现安全疏散的。

《建筑设计防火规范》（GB 50016—2014）对工业建筑厂房和仓库的安全出口和疏散门、走道、楼梯的形式、位置、数量、宽度及安全疏散人数、疏散距离都做了详细明确的具体规定，在做工业厂房、仓库建筑设计时，务必满员《建筑设计防火规范》（GB 50016—2014）对其安全疏散的各项规定与要求。

### 11.6.4 疏散楼梯和消防电梯

疏散楼梯是供人员在火灾紧急情况下安全疏散所用的楼梯。其形式按防烟防火作用可分为防烟楼梯间 、封闭楼梯间、室外疏散楼梯和敞开楼梯，其中防烟楼梯防烟防火作用、安全疏散程度最好，而敞开楼梯最差。

消防电梯是高层建筑中特有的消防设施。高层建筑发生火灾时，要求消防人员迅速到达高层起火部位，去扑救火灾和救援遇难人员。但普通电梯在火灾发生时往往失去作用，消防队员若从疏散楼梯登楼，体力消耗很大，难以有效地进行灭火战斗，而且还要受到疏散人员的阻挡。为了给消防人员扑救高层建筑火灾创造条件，对高层建筑必须结合其具体情况，合理设置消防电梯。故消防电梯与普通电梯要分开设置，并设置有必要的防火排烟设施。

## 习　题

**一、选择题**

1. 根据《中华人民共和国民用爆炸物品管理条例》，对建筑防火的管理机构是各地（　　）。

A. 劳动部门　　B. 公安消防机关　　C. 物资部门

2. 爆破器材必须储存在专用的（　　）内。

A. 爆破器材库　　B. 保管室　　C. 地下室

3. 当存在静电点火的危险时，所有金属设备、装置外壳，金属管道、支架、构件、部件等，一般应（　　）。

A. 相互连接　　B. 静电直接接地　　C. 绝缘

4. 在工艺流程中使用惰性气体或能放出（　　）气体的场所，必须配备可净化空气的装置。

A. 易燃　　B. 有毒　　C. 氧化

5. 厂房内的危险工艺设备，宜设在靠近（　　）。

A. 中央　　B. 窗口　　C. 外墙

6. 当民用建筑内的歌舞娱乐放映游艺场所设置在地下一层时，地下一层地面与室外出入口地坪的高差不应大于（　　）。

A. 10m　　B. 15m　　C. 9m

7. 高层建筑内的歌舞娱乐放映游艺场所（　　）布置在袋形走道的两侧，宜靠外墙设置。

A. 不应　　B. 应　　C. 必须

8. 在下列高层建筑中应设消防电梯的有（　　）。

A. 高度超过24m的公共建筑　　B. 塔式住宅

C. 一类公共建筑　　D. 33m以上的单元式住宅和通廊式住宅

9. 街区内的道路应考虑消防车通行，其道路中心线间的距离不宜大于（　　）。

A. 100m　　B. 120m　　C. 140m　　D. 160m

10. 对消防控制室的设置要求，正确的是（　　）。

A. 不宜设在高层建筑的地下一层　　B. 隔墙的耐火极限不低于1.5h

C. 楼板的耐火极限不低于0.5h　　D. 设直通室外的安全出口

11. 当建筑高度超过（　　）m时，应设置避难层（或者避难间）。

A. 80　　B. 100　　C. 120　　D. 150

12. 对高层建筑剪刀梯的设置要求不正确的是（　　）。

A. 应为防烟楼梯间　　B. 梯段之间为不燃体墙分隔

C. 设置为封闭楼梯间　　D. 剪刀梯应分别设置前室

13. 地上商店营业厅、展览建筑的展厅符合下列哪些条件时，其每个防火分区的最大允许面积可达到 $10000m^2$。(　　)

A. 设置在一、二级耐火等级的单层建筑内或者多层建筑的首层

B. 设置有自动喷水灭火系统

C. 设有排烟设施

D. 设置火灾自动报警系统

**二、填空题**

1. 居住建筑首层或首层及二层设置的百货商店、副食品店、粮油店、邮政储蓄所及理发店等小型营业性用房，该房总建筑面积不超过（　　），采用耐火极限不低于（　　）的楼板和耐火极限不低于 2.0h 且无门窗洞口的隔墙与居住部分及其他用房完全隔开，其安全出口与居住部分的安全出口，疏散楼梯（　　）。

2. 耐火等级的划分根据建筑物各主要组成构件（　　）性能和（　　）极限，将建筑物分为四个等级。

3. 一类高层建筑耐火等级应为（　　）级，二类高层建筑和裙房的耐火等级不应低于（　　），高层建筑的地下室耐火等级应为（　　）。

4. 高层建筑的周围应设（　　），当有困难时，可沿高层建筑的（　　）长边设置消防车道，当沿街长度超过（　　）或总长度超过（　　）时，应在适当位置设置穿过建筑的消防车道，建筑周围外墙 4m 范围内不得设置影响消防扑救的障碍物。

5. 单、多层民用建筑的消防车道，尽头式消防车道应设回车道或面积不大于（　　）的回车场。高层建筑尽头式消防车道应设有回车道或回车场，回车场不宜小于（　　）。大型消防车的回车场不宜小于（　　）。

6. 单、多层民用建筑消防车通道，消防车道的宽度不应小于（　　），当道路上空遇有管架、栈桥等障碍物时，其净高不应小于（　　）。

7. 高层建筑底边至少有一个长边或周边长度的 1/4 且不小于一个长边的长度，不应布置高度大于（　　）、进深大于（　　）的裙房。

8. 建筑物里设置中庭时，中庭与每层之间应进行防火分隔，防火分隔物的耐火极限不应小于 3.00h。必须设置门窗时，应采用火灾时能自行关闭的（　　）。防火门应为向疏散方向开启的平开门，并在关闭后应能从任何一侧手动开启。

**三、简答题**

1. 什么是防火间距？防火间距起什么作用？

2. 选定建筑物的耐火等级应考虑哪几个因素？

3. 民用建筑中，哪些部位不允许采用可燃材料装修？

# 参考文献


［1］ 高等学校土建学科教学指导委员会建筑环境与设备工程专业指导委员会. 全国高等学校土建类专业本科教育培养目标和培养方案及主干课程教学基本要求—建筑环境与设备工程专业［M］. 北京：中国建筑工业出版社，2004.

［2］ 国际建协. 北京宪章［J］. 世界建筑，2000（1）.

［3］ 肯尼斯·弗莱普顿. 千年七题：一个不适时的宣言——国际建协第20届大会主旨报告［J］. 建筑学报，1999（8）：11-15.

［4］ 鲍世行. 钱学森与建筑科学［C］//宋健. 钱学森科学贡献暨学术思想研讨会论文集. 北京：中国科学技术出版社，2001：386-395.

［5］ 吴良镛. 关于人居环境科学［C］//清华大学人居环境研究中心成立学术报告会论文集. 北京：清华大学人居环境研究中心，1995.

［6］ 清华大学建筑节能研究中心. 中国建筑节能年度发展研究报告 2007［M］. 北京：中国建筑工业出版社，2007.

［7］ 刘育东. 建筑的涵意［M］. 天津：天津大学出版社，1999.

［8］ 樫野纪元. 美しぃ环境をつくる建筑材料の话［M］. 东京：彰国社，1994.

［9］ 戴复东，戴维平. 欲与天公试比高——高层建筑的现状及未来［J］. 世界建筑，1997（2）：12-17.

［10］ 彭一刚，建筑空间组合论［M］. 北京：中国建筑工业出版社，1988.

［11］ Е В Васильев，Н Н Щетинин . Архитектура железнодорожных вокзалов［М］. Москва：Издательство вцспс профиздат，1966.

［12］ Э Н Зеликиной. Современные залы［М］. Москва：Издательство вцспс профиздат，1965.

［13］ Н Х Поляков. Основы проектирования планировки и застройки городов［М］. Москва：Издательство вцспс профиздат，1965.

［14］ S V シヨコレ. 建筑环境科学ハンドブック［M］. 尾岛俊雄，円満隆平，等译. 东京：森北出版株式会社，1979.

［15］ 重庆建筑工程学院建筑系，等. 工业建筑总平面设计［M］. 北京：中国建筑工业出版社，1984.

［16］ 刘水德. 现代工厂建筑空间与环境设计［M］. 北京：中国建筑工业出版社，1989.

［17］ 于正伦. 城市环境艺术：景观与设施［M］. 天津：天津科学技术出版社，1990.

［18］ 张敕. 建筑庭园空间［M］. 天津：天津科学技术出版社，1989.

［19］ 李善，等. 煤炭工业企业总平面设计手册［M］. 北京：煤炭工业出版社，1992.

［20］ 窦以德，等. 全国优秀建筑设计选［M］. 北京：中国建筑工业出版社，1997.

［21］ 中国住宅设计十年精品选编委会. 中国住宅设计十年精品选［M］. 北京：中国建筑工业出版社，1996.

［22］ 北京市建筑设计研究院. 住宅设计 50 年——北京市建筑设计研究院住宅作品选［M］. 北京：中国建筑工业出版社，1999.

［23］ 高层建筑设计资料图集编委会. 高层建筑设计资料图集［M］. 沈阳：辽宁科学技术出版社，1995.

［24］ 深圳建设局，深圳市城建档案馆. 深圳高层建筑实录［M］. 深圳：海天出版社，1997.

［25］ 雷春浓. 现代高层建筑设计［M］. 北京：中国建筑工业出版社，1997.

［26］ 吴景祥. 高层建筑设计［M］. 北京：中国建筑工业出版社，1987.

［27］ 姚时章. 高层建筑设计图集［M］. 北京：中国建筑工业出版社，2000.

［28］ 赵和生. 城市规划与城市发展［M］. 南京：东南大学出版社，1999.

[29] 许安之，艾至刚. 高层办公综合建筑设计 [M]. 北京：中国建筑工业出版社，1997.
[30] 翁如璧. 现代办公楼设计 [M]. 北京：中国建筑工业出版社，1995.
[31] 钱以明. 高层建筑空调与节能 [M]. 上海：同济大学出版社，1990.
[32] 中华人民共和国公安部. 高层民用建筑设计防火规范：GB 50045—1995（2001 年版）[S]. 北京：中国计划出版社，2001.
[33] 张关林，石礼文. 金茂大厦——决策・设计・施工 [M]. 北京：中国建筑工业出版社，2000.
[34] 美国高层建筑和城市环境协会. 高层建筑设计 [M]. 罗福午，英若聪，张似赞，等，译. 北京：中国建筑工业出版社，1997.
[35] 帕瑞克・纽金斯. 世界建筑艺术史 [M]. 顾孟潮，张百平，译. 合肥：安徽科学技术出版社，1990.
[36] 悉尼・利布兰克. 20 世纪美国建筑 [M]. 许为础，章恒珍，译. 合肥：安徽科学技术出版社，1997.
[37] 乐嘉龙. 中外著名建筑 1000 例 [M]. 杭州：浙江科学技术出版社，1991.
[38] 伊凡・扎可涅克，等. 世界最高建筑 100 例 [M]. 周文正，译. 北京：中国建筑工业出版社，1999.
[39] 日本建筑学会. 日本建筑设计资料集成・综合篇 [M]. 北京：中国建筑工业出版社，2003.
[40] 同济大学，等. 外国近现代建筑史 [M]. 北京：中国建筑工业出版社，1982.
[41] 邹德侬，戴路. 印度现代建筑 [M]. 郑州：河南科学技术出版社，2003.
[42] 吴焕加. 20 世纪西方建筑史 [M]. 郑州：河南科学技术出版社，1998.
[43] 朱德本. 当代工业建筑 [M]. 北京：中国建筑工业出版社，1996.
[44] 卢鸣谷，史春珊. 世界著名建筑全集 [M]. 沈阳：辽宁科学技术出版社，1992.
[45] 《中国建筑史》编写组. 中国建筑史 [M]. 3 版. 北京：中国建筑工业出版社，1993.
[46] 陈志华. 外国建筑史（19 世纪末叶以前）[M]. 2 版. 北京：中国建筑工业出版社，1997.
[47] 罗小未，蔡琬英. 外国建筑历史图说 [M]. 上海：同济大学出版社，1986.
[48] 建筑设计资料集编委会. 建筑设计资料集：1~5 集 [M]. 北京：中国建筑工业出版社，1978.
[49] 北京市建筑设计研究院，等. 高层建筑混凝土结构技术规程：JGJ 3—2002 [S]. 北京：中国建筑工业出版社，2002.
[50] 同济大学，等. 房屋建筑学 [M]. 4 版. 北京：中国建筑工业出版社，2006.
[51] 舒秋华. 房屋建筑学 [M]. 2 版. 武汉：武汉理工大学出版社，2002.
[52] 何益斌. 建筑结构 [M]. 北京：中国建筑工业出版社，2005.
[53] 中国建筑业协会建筑节能专业委员会. 建筑节能技术 [M]. 北京：中国计划出版社，1996.
[54] 宋德萱. 节能建筑设计与技术 [M]. 上海：同济大学出版社，2003.
[55] 周国恩. 建筑施工组织与管理 [M]. 北京：高等教育出版社，2002.
[56] 张国兴. 建筑企业管理 [M]. 武汉：武汉理工大学出版社，2005.
[57] 武明霞. 建筑安全技术与管理 [M]. 北京：机械工业出版社，2007.
[58] 陈东佐. 建筑法规概论 [M]. 2 版. 北京：中国建筑工业出版社，2005.
[59] 熊丹安，等. 建筑结构 [M]. 2 版. 广州：华南理工大学出版社，2006.
[60] 邱洪兴. 建筑结构设计 [M]. 南京：东南大学出版社，2002.
[61] 海诺・恩格尔. 结构体系与建筑造型 [M]. 林昌明，罗时玮，译. 天津：天津大学出版社，2002.
[62] 王心田. 建筑结构体系与选型 [M]. 上海：同济大学出版社，2003.
[63] 方鄂华，等. 高层建筑结构设计 [M]. 北京：中国建筑工业出版社，2003.
[64] SMITH B S，COULL A. 高层建筑结构分析与设计 [M]. 陈喻，龚炳年，等译. 北京：地震出版社，1993.
[65] 秦荣. 高层与超高层建筑结构 [M]. 北京：科学出版社，2007.
[66] 沈祖炎，陈扬翼. 网架与网壳 [M]. 上海：同济大学出版社，1997.
[67] MAKOWSKI Z S. 平板网架分析、设计与施工 [M]. 刘锡良，译. 天津：天津大学出版社，2000.

[68] 哈尔滨建筑工程学院. 大跨房屋钢结构 [M]. 北京：中国建筑工业出版社，1993.
[69] 朱海宁，王东，赵瑜. 轻型钢结构建筑构造设计 [M]. 南京：东南大学出版社，2003.
[70] 张文福. 空间结构 [M]. 北京：科学出版社，2005.
[71] 张毅刚. 大跨空间结构 [M]. 北京：机械工业出版社，2005.
[72] 周春山. 城市空间结构与形态 [M]. 北京：科学出版社，2007.
[73] 林世名，等. 建筑概论 [M]. 北京：中国建筑工业出版社，1981.
[74] 杨永祥，赵素芳. 建筑概论 [M]. 2版. 北京：中国建筑工业出版社，1990.
[75] 姜丽荣，等. 建筑概论 [M]. 2版. 北京：中国建筑工业出版社，2006.
[76] 白殿一. 标准编写指南——GB/T 1.2—2002 和 GB/T 1. 1—2000 的应用 [M]. 北京：中国标准出版社，2002.
[77] 梁思成. 梁思成文集（三）[M]. 北京：中国建筑工业出版社，1985：373.
[78] 梁思成. 图像中国建筑史 [M]. 梁从诫，译. 北京：百花文艺出版社，2001.
[79] 上海市政工程设计研究总院（集团）有限公司，同济大学，等. 城市综合管廊工程技术规范：GB 50838—2015 [S]. 北京：中国计划出版社，2015.
[80] 何雨. 地下综合管廊系统提升日本城市综合功能 [EB/OL]. (2015-08-07) [2015-08-09]. http://intl. ce. cn/qqss/201508/07/t20150807_ 6162757. shtml.
[81] 于祥明. 城市试点地下综合管廊建设未来投资达万亿 [N]. 上海证券报，2015-08-01 (2).
[82] 综合管廊的优点. [EB/OL] [2015-08-9]. 综合管廊（共同沟）专业门户网.
[83] 最新科研成果 [EB/OL]. [2015-08-9]. 综合管廊专业门户网.
[84] 国务院办公厅. 关于推进城市地下综合管廊建设的指导意见：国办发 [2015]61号 [A/OL]. (2015-08-10) [2015-08-10]. http://www. gov. cn/zhengce/content/2015-08/10/content_ 10063. htm.
[85] 焦永达，关龙，黄明利. 国内外共同沟建设进展 [J]. 市政技术，2005，23 (2).
[86] 唐海华，叶礼诚，刘涛. 国内外市政共同沟建设的现状与趋势 [J]. 建筑施工，2001，23 (5)：346-348.
[87] 徐秉章. 建设市政综合管廊中存在的主要问题及对策 [J]. 中国市政工程，2009 (4)：72-74.
[88] GUL POLAT. Factors Affecting the Use of Precast Concrete Systems in the United States [J]. Journal of Construction Engineering and Management, 2008, 134 (3): 169-178.
[89] PCI Industry Handbook Committee. PCI Design Handbook: Precast and Prestressed Concrete [M]. 7th ed. Chicago, PCI, 2010.
[90] Building Seismic Safety Council (BSSC) of the National Institute of Building Sciences. NEHPR Recommended Provisions for the Development of Seismic Regulations for New Buildings and Other Strutures (Volume I: Part 1 Provisions, Part 2 Commentary) [S]. Building Seismic Safety Council, Washington, DC, 2015.
[91] ACI Committee 318, Building Code Requirements for Structural Concrete (ACI 318-2011) and Commentary (ACI 318R-2011) [S]. American Concrete Institute, Farmington Hills, MI, 2011.
[92] 郭正兴. 新型预制装配混凝土结构规模推广应用的思考 [J]. 施工技术，2014，43 (1)：17-22.
[93] 王晓峰. 装配混凝土结构发展与标准规范体制改革 [R]. 2016.
[94] 国务院办公厅. 国务院办公厅关于大力发展装配式建筑的指导意见 [J]. 住宅产业，2016 (10)：24-26.
[95] 史玉芳，康珅，王秀芬. 基于SWOT分析的我国装配式建筑发展对策研究 [J]. 建筑经济，2016，37 (11)：5-9.
[96] 齐宝库，朱娅，刘帅，等. 基于产业链的装配式建筑相关企业核心竞争力研究 [J]. 建筑经济，2015，36 (8)：102-105.
[97] 杨仕文，徐霞，王森. 装配式混凝土建筑产业链关键节点及产业发展驱动力研究 [J]. 企业经济，

2016 (6): 123-127.

[98] 李伟，牛雪玲，李洪义. 住宅产业价值链的价值创造路径与机理研究——基于新型建筑工业化背景 [J]. 建筑经济，2015 (1): 99-102.

[99] 张玥，李卫东，刘美霞，等. 我国装配式建筑产业链构建和运行机制探讨 [J]. 住宅产业，2016 (10): 35-40.

[100] 肖岭峰. 走在中国装配式钢结构的前沿　宝钢开发装配式钢结构百年住宅体系 [J]. 中华建设，2017 (4): 13-15.

[101] 刘锋，王新. 钢结构装配式高层住宅的研究与实践 [J]. 住宅产业，2017 (3): 30-35.

[102] 黄文龙. 多层装配式木结构建筑关键技术研究 [J]. 特种结构，2017 (6): 83-88.

[103] 赵仕兴，周练，杨华明. 大力发展钢结构建筑，促进装配式建筑发展——以凉山州钢结构农房为例 [J]. 建筑技艺，2017 (3): 72-75.

[104] 赵妍，孙宇璇，何英杰，等. 从现代趋向当代——预制装配式木构建筑与建筑系统发展相关问题讨论 [J]. 城市建筑，2017 (13): 27-29.

[105] 编辑部. 全球最高18层全木结构学生公寓大楼结构封顶 [J]. 国际木业，2016 (10): 12-13.

[106] 文林峰. 以绿色理念引领装配式建筑发展 [J]. 建筑，2017 (20): 18-21.

[107] 杨学兵. 装配式木结构建筑体系发展与应用 [J]. 建设科技，2017 (19): 57-62.

[108] 中国建筑科学研究院，机械工业第六设计研究院有限公司，等. 绿色工业建筑评价标准: GB/T 50878—2013 [S]. 北京: 中国建筑工业出版社，2014.

[109] 中国建筑股份有限公司，中国建筑技术集团有限公司，等. 建筑工程绿色施工规范: GB/T 50905—2014 [S]. 北京: 中国建筑工业出版社，2014.

[110] 北京九鼎同方技术发展有限公司，国强建设集团有限公司，等. 大型塔式起重机混凝土基础工程技术规程: JGJ/T 301—2013 [S]. 北京: 中国建筑工业出版社，2014.

[111] 中国建筑科学研究院，等. 建筑工程施工质量验收统一标准: GB 50300—2013 [S]. 北京: 中国建筑工业出版社，2014.

[112] 江苏省建筑工程管理局，等. 建筑施工安全技术统一规范: GB 50870—2013 [S]. 北京: 中国计划出版社，2014.

[113] 广东坚朗五金制品股份有限公司. 住宅卫浴五金配件通用技术要求: JG/T 427—2014 [S]. 北京: 中国标准出版社，2014.

[114] 北京建工一建工程建设有限公司，北京市第三建筑工程有限公司，等. 建设工程施工现场环境与卫生标准: JGJ 146—2013 [S]. 北京: 中国建筑工业出版社，2014.

[115] 中国建筑第二工程局有限公司，中国建筑股份有限公司，等. 钢-混凝土组合结构施工规范: GB 50901—2013 [S]. 北京: 中国建筑工业出版社，2014.

[116] 住房和城乡建设部标准定额研究所，等. 建筑工程建筑面积计算规范: GB/T 50353—2013 [S]. 北京: 中国计划出版社，2014.

[117] 中国建筑标准设计研究院，中国建筑科学研究院，等. 装配式混凝土结构技术规程: JGJ 1—2014 [S]. 北京: 中国建筑工业出版社，2014.

[118] 哈尔滨工业大学，中国建筑科学研究院，等. 钢管混凝土结构技术规范: GB 50936—2014 [S]. 北京: 中国建筑工业出版社，2014.

# 信息反馈表

尊敬的老师：您好！

感谢您多年来对机械工业出版社的支持和厚爱！为了进一步提高我社教材的出版质量，更好地为我国高等教育发展服务，欢迎您对我社的教材多提宝贵意见和建议。另外，如果您在教学中选用了**《建筑概论》第2版（王新泉 主编）**，欢迎您提出修改建议和意见。索取课件的授课教师，请填写下面的信息，发送邮件即可。

**一、基本信息**

姓名：__________性别：_____职称：__________职务：__________

邮编：__________地址：________________________

学校：______________院系：____________任课专业：__________

任教课程：______________手机：____________电话：__________

电子邮件：______________________________QQ：__________

**二、您对本书的意见和建议**

（欢迎您指出本书的疏误之处）

**三、您对我们的其他意见和建议**

**请与我们联系：**

100037　机械工业出版社·高等教育分社

Tel：010-8837 9542（O）　刘涛

E-mail：ltao929@163.com　QQ：1847737699

http：//www.cmpedu.com（机械工业出版社·教育服务网）

http：//www.cmpbook.com（机械工业出版社·门户网）